Junqueira & Carneiro
Biologia Celular & Molecular

O GEN | Grupo Editorial Nacional – maior plataforma editorial brasileira no segmento científico, técnico e profissional – publica conteúdos nas áreas de ciências da saúde, exatas, humanas, jurídicas e sociais aplicadas, além de prover serviços direcionados à educação continuada e à preparação para concursos.

As editoras que integram o GEN, das mais respeitadas no mercado editorial, construíram catálogos inigualáveis, com obras decisivas para a formação acadêmica e o aperfeiçoamento de várias gerações de profissionais e estudantes, tendo se tornado sinônimo de qualidade e seriedade.

A missão do GEN e dos núcleos de conteúdo que o compõem é prover a melhor informação científica e distribuí-la de maneira flexível e conveniente, a preços justos, gerando benefícios e servindo a autores, docentes, livreiros, funcionários, colaboradores e acionistas.

Nosso comportamento ético incondicional e nossa responsabilidade social e ambiental são reforçados pela natureza educacional de nossa atividade e dão sustentabilidade ao crescimento contínuo e à rentabilidade do grupo.

Junqueira & Carneiro
Biologia Celular & Molecular

L. C. Junqueira

Professor Catedrático de Histologia e Embriologia da Faculdade de Medicina da Universidade de São Paulo (USP). Professor Emérito da USP. Membro da Academia Brasileira de Ciências e da Academia de Ciências do Estado de São Paulo. Research Associate da University of Chicago (1949). Member do International Committee in Biochemistry of Cancer from the International Union Against Cancer (1960-1965). Scientific Adviser da Ciba Foundation (1967-1985). Honorary Research Associate da Harvard University (1968). Honorary Member da American Association of Anatomists (1983). Comendador da Ordem Nacional do Mérito Científico (1995). Emeritus Member da American Society for Cell Biology (1998). Membro Honorário da Sociedade Brasileira de Biologia Celular (1999).

José Carneiro

Professor Emérito do Instituto de Ciências Biomédicas da Universidade de São Paulo (USP). Formerly Research Associate do Department of Anatomy da McGill University, Montreal, Canadá. Formerly Visiting Associate Professor do Department of Anatomy da Medical School da University of Virginia, Charlottesville, Virgínia, EUA.

Organizadoras

Chao Yun Irene Yan

Graduada em Biologia pela Universidade Federal do Rio de Janeiro (UFRJ). Mestre em Biofísica pelo Instituto de Biofísica Carlos Chagas Filho (IBCCF). Mestre e Doutora em Neurociências e Comportamento pela Columbia University, EUA. Pós-Doutorado na Rockefeller University, EUA. Livre-Docente pelo Instituto de Ciências Biomédicas da Universidade de São Paulo (ICB-USP). Professora Associada do Departamento de Biologia Celular e do Desenvolvimento do ICB-USP. Membro da Sociedade Brasileira de Biologia Celular e da Society for Developmental Biology.

Nathalie Cella

Graduada em Biologia pela Universidade de São Paulo (USP). Mestre em Bioquímica pela USP. Doutora em Biologia Celular e Molecular pela Universidade de Basel, Suíça. Pós-Doutorado na USP e na Baylor College of Medicine, EUA. Professora Doutora no Departamento de Biologia Celular e do Desenvolvimento do Instituto de Ciências Biomédicas da USP (ICB-USP). Membro da Sociedade Brasileira de Biologia Celular.

10ª edição

- Os autores deste livro e a editora empenharam seus melhores esforços para assegurar que as informações e os procedimentos apresentados no texto estejam em acordo com os padrões aceitos à época da publicação, *e todos os dados foram atualizados pelos autores até a data do fechamento do livro.* Entretanto, tendo em conta a evolução das ciências, as atualizações legislativas, as mudanças regulamentares governamentais e o constante fluxo de novas informações sobre os temas que constam do livro, recomendamos enfaticamente que os leitores consultem sempre outras fontes fidedignas, de modo a se certificarem de que as informações contidas no texto estão corretas e de que não houve alterações nas recomendações ou na legislação regulamentadora.

- Data do fechamento do livro: 20/01/2023.

- Os autores e a editora se empenharam para citar adequadamente e dar o devido crédito a todos os detentores de direitos autorais de qualquer material utilizado neste livro, dispondo-se a possíveis acertos posteriores caso, inadvertida e involuntariamente, a identificação de algum deles tenha sido omitida.

- **Atendimento ao cliente: (11) 5080-0751 | faleconosco@grupogen.com.br**

- Direitos exclusivos para a língua portuguesa
  Copyright © 2023 by
  Editora Guanabara Koogan Ltda.
  Uma editora integrante do GEN | Grupo Editorial Nacional S/A
  Travessa do Ouvidor, 11
  Rio de Janeiro – RJ – CEP 20040-040
  www.grupogen.com.br

- Reservados todos os direitos. É proibida a duplicação ou reprodução deste volume, no todo ou em parte, em quaisquer formas ou por quaisquer meios (eletrônico, mecânico, gravação, fotocópia, distribuição pela Internet ou outros), sem permissão, por escrito, da Editora Guanabara Koogan Ltda.

- Capa: Bruno Sales

- Editoração eletrônica: R.O. Moura

- Ficha catalográfica

CIP-BRASIL. CATALOGAÇÃO NA PUBLICAÇÃO
SINDICATO NACIONAL DOS EDITORES DE LIVROS, RJ

J94b
10. ed

Junqueira, L. C.
Biologia celular e molecular / L. C. Junqueira, José Carneiro ; organização C.Y. Irene Yan, Nathalie Cella. - 10. ed. - Rio de Janeiro : Guanabara Koogan, 2023.
: il. ; 28 cm.

Inclui bibliografia e índice
ISBN 978-85-277-3933-7

1. Citologia. 2. Biologia molecular. I. Carneiro, José. II. Yan, C. Y. Irene. III. Cella, Nathalie. IV. Título.

23-81947   CDD: 571.6
                  CDU: 576

Gabriela Faray Ferreira Lopes - Bibliotecária - CRB-7/6643

Colaboradores

Alicia Kowaltowski

Graduada em Medicina pela Universidade Estadual de Campinas (Unicamp). Doutora em Ciências Médicas pela Unicamp. Pós-Doutorado na Oregon Graduate Institute, EUA. Professora Titular do Departamento de Bioquímica, Instituto de Química, Universidade de São Paulo (IQ-USP). Membro da Academia Brasileira de Ciências (ABC).

Carolina Beltrame Del Debbio

Graduada em Enfermagem pela Universidade de São Paulo (USP). Doutora em Ciências, Biologia Celular e Tecidual pela USP. Pós-Doutorado na USP e na University of Nebraska Medical Center, EUA. Professora Doutora do Departamento de Biologia Celular e do Desenvolvimento do Instituto de Ciências Biomédicas da USP (ICB-USP).

Fábio Siviero

Graduado em Química pela Universidade de São Paulo (USP). Doutor em Bioquímica pela USP. Pós-Doutorado na USP. Professor Doutor do Departamento de Biologia Celular e do Desenvolvimento do Instituto de Ciências Biomédicas da USP (ICB-USP).

Fernanda Ortis

Graduada em Biologia pelo Instituto de Biologia da Universidade de São Paulo (USP). Doutora em Bioquímica pelo Instituto de Química da USP. Pós-Doutorado na Université Libre de Bruxelles, Bélgica. Professora Doutora do Departamento de Biologia Celular e do Desenvolvimento do Instituto de Ciências Biomédicas da USP (ICB-USP).

Marinilce Fagundes dos Santos

Graduada em Odontologia pela Universidade Estadual Paulista (UNESP). Mestre em Fisiologia Humana pela Universidade de São Paulo (USP) e Doutora em Biologia Celular e Tecidual pela USP. Pós-Doutorado na University of Tennessee, EUA e no National Institute of Craniofacial Research, EUA. Livre-Docente pelo Instituto de Ciências Biomédicas da USP (ICB-USP). Professora Titular do Departamento de Biologia Celular e do Desenvolvimento do ICB-USP. Membro da Sociedade Brasileira de Biologia Celular (SBBC).

Patricia Pereira Coltri

Graduada em Biologia pela Universidade de São Paulo (USP). Mestre e Doutora em Genética e Biologia Molecular pela Universidade Estadual de Campinas (Unicamp). Pós-Doutorado na USP e no University of California at Santa Cruz, EUA. Livre-Docente pelo Instituto de Ciências Biomédicas da USP (ICB-USP). Professora Associada do Departamento de Biologia Celular e do Desenvolvimento do ICB-USP. Membro da Sociedade Brasileira de Biologia Celular (SBBC) e da RNA Society.

Agradecimentos

Gostaríamos de agradecer a dois de nossos mestres: Prof. José Carneiro, por nos ensinar que a redação de um livro didático requer um carinho especial; e ao conjunto de todos os nossos alunos, que nos ensinam sempre como lecionar.

Finalmente, agradecemos a toda a equipe do Grupo Editorial Nacional (GEN) pelo empenho e pela paciência com o nosso aprendizado durante a edição desta obra.

Chao Yun Irene Yan
Nathalie Cella

Prefácio à 10ª edição

Biologia Celular e Molecular nasceu em 1972, quando os conhecimentos sobre essas duas áreas eram primariamente morfológicos. Desde então, graças aos avanços dos métodos científicos e da tecnologia, hoje conhecemos muito mais sobre o funcionamento das células. Nesta nova edição, reunimos uma equipe singular de pesquisadores e docentes na área de biologia celular e molecular, a fim de transmitir ao leitor o dinamismo da célula e dos tecidos vivos. Todos nós pesquisamos e lecionamos. Por isso, reconhecemos a importância de manter a didática fantástica dos professores Junqueira e Carneiro para comunicar as descobertas mais recentes.

Esperamos, assim, fazer jus ao legado da obra e despertar a paixão por essa área, que toda a equipe nutre.

Chao Yun Irene Yan
Nathalie Cella

Prefácio à 1ª edição

Citologia Básica apresenta as informações fundamentais e as descobertas mais recentes sobre a biologia celular, que interessam aos estudantes dos cursos de História Natural, Medicina, Odontologia, Veterinária e outras ciências biomédicas. Antes de começar a escrever este livro, escolhemos três características básicas e julgamos que o resultado está de acordo com nosso plano inicial. Ele é conciso, atualizado e abundantemente ilustrado.

No Capítulo 1 apresentamos uma visão geral, panorâmica, das células. Esse capítulo é quase um resumo do livro. Sua finalidade é estabelecer um arcabouço sólido, sobre o qual serão depois introduzidas as minúcias da estrutura e do funcionamento das células. No Capítulo 2 descrevemos os métodos de trabalho empregados em Citologia. Dados sobre a organização molecular das células, essenciais à compreensão do restante do livro, estão contidos no Capítulo 3, enquanto nos Capítulos 4 a 10 descrevemos as principais funções celulares, evitando estabelecer uma separação entre morfologia e função. Em vez de estudar as organelas isoladamente (aparelho de Golgi, mitocôndrias etc.), estudamos cada função celular, descrevendo ao mesmo tempo os elementos estruturais que nela tomam parte. A diferenciação celular é estudada no Capítulo 11. A célula vegetal, os vírus, as células procariontes e as células cancerosas são descritos nos quatro capítulos finais.

Nossa preocupação principal foi elaborar um livro de texto em linguagem simples, moderno e adequado aos programas de Citologia das diversas faculdades brasileiras. Limitamo-nos ao estudo das manifestações da atividade celular suscetíveis de serem aprendidas por métodos morfológicos e citoquímicos. Embora compreendendo que a delimitação do campo da Citologia é praticamente impossível, evitamos entrar no terreno da Bioquímica e da Genética, mantendo as informações sobre essas duas disciplinas dentro do mínimo absolutamente necessário para a compreensão da fisiologia celular. O Capítulo 3, com alguns dados bioquímicos, foi incluído porque muitos cursos de Citologia são ministrados antes dos cursos de Bioquímica. Evitando a duplicação de assuntos ensinados em outras disciplinas, conseguimos elaborar um livro de tamanho adequado à extensão dos cursos de Citologia ministrados nas universidades brasileiras.

L. C. Junqueira
José Carneiro

Material Suplementar

Este livro conta com o seguinte material suplementar:

- Ilustrações da obra em formato de apresentação (restrito a docentes).

O acesso ao material suplementar é gratuito. Basta que o docente se cadastre, faça seu *login* em nosso *site* (www.grupogen.com.br) e, após, clique em Ambiente de aprendizagem.

O acesso ao material suplementar online fica disponível até seis meses após a edição do livro ser retirada do mercado.

Caso haja alguma mudança no sistema ou dificuldade de acesso, entre em contato conosco (gendigital@grupogen.com.br).

Sumário

Capítulo 1 Introdução: Visão Panorâmica sobre Estrutura, Funções e Evolução das Células, 1
PATRICIA PEREIRA COLTRI

Capítulo 2 Biomoléculas e Constituição Celular, 15
FÁBIO SIVIERO

Capítulo 3 Métodos de Pesquisa em Biologia Celular e Molecular, 43
FÁBIO SIVIERO

Capítulo 4 Membranas Celulares, 71
FERNANDA ORTIS

Capítulo 5 Mitocôndrias: Centro do Metabolismo Energético e Participantes em Diversos Processos Celulares, 93
ALICIA KOWALTOWSKI

Capítulo 6 Comunicação e Sinalização Celular, 107
CAROLINA BELTRAME DEL DEBBIO

Capítulo 7 Citoesqueleto, 127
MARINILCE FAGUNDES DOS SANTOS

Capítulo 8 Adesão Celular, 155
MARINILCE FAGUNDES DOS SANTOS
CHAO YUN IRENE YAN
NATHALIE CELLA

Capítulo 9 Núcleo e Replicação Celular, 179
NATHALIE CELLA

Capítulo 10 Ciclo Celular: Mitose e Meiose, 199
CAROLINA BELTRAME DEL DEBBIO

Capítulo 11 Expressão Gênica, 221
PATRICIA PEREIRA COLTRI

Capítulo 12 Síntese de Proteínas: Tradução, 251
PATRICIA PEREIRA COLTRI

Capítulo 13 Endereçamento, Enovelamento e Degradação Proteica, 265
FÁBIO SIVIERO

Capítulo 14 Retículo Endoplasmático e Complexo de Golgi, 291
FERNANDA ORTIS

Capítulo 15 Transporte Através de Membranas Celulares e Tráfego Intracelular, 321
FERNANDA ORTIS

Capítulo 16 Morte Celular, 347
CAROLINA BELTRAME DEL DEBBIO

Capítulo 17 Diferenciação Celular, 359
CHAO YUN IRENE YAN

Glossário, 375

Índice Alfabético, 389

Junqueira & Carneiro
Biologia Celular & Molecular

Capítulo 1

Introdução: Visão Panorâmica sobre Estrutura, Funções e Evolução das Células

PATRICIA PEREIRA COLTRI

Padrões celulares e grandes grupos de seres vivos, *3*

Evolução das células, *5*

Células eucariontes compartimentalizadas, *8*

Citoplasma, *8*

Núcleo, *10*

Retículo endoplasmático, *11*

Complexo de Golgi, *12*

Lisossomos, *12*

Endossomos, *13*

Mitocôndrias, *13*

Peroxissomos, *13*

Bibliografia, *14*

Atualmente, os seres vivos são classificados em cinco grandes grupos ou reinos. Grande parte da diversificação desses grupos deveu-se ao aumento da complexidade intracelular, incluindo maior sofisticação de processos de expressão gênica e modificação de proteínas. Na primeira e segunda partes deste capítulo, serão abordadas a classificação dos seres vivos e também as estruturas celulares e suas origens; a compartimentalização intracelular marcante nos eucariotos será apresentada na última parte.

Padrões celulares e grandes grupos de seres vivos

O sistema mais antigo de classificação, criado por Lineu (1707-1778), dividia os seres vivos em dois reinos: o animal e o vegetal. No primeiro estavam incluídos os organismos heterotróficos – aqueles que dependem de outros seres vivos para se alimentarem; no segundo, estavam os organismos autotróficos fotossintetizantes, ou seja, aqueles capazes de produzir seu próprio alimento a partir da energia solar, como as plantas. Além destes, as bactérias, os mixomicetos e os fungos também integravam o reino vegetal. Essa classificação tem sido modificada à medida que novas informações sobre a relação evolutiva entre os organismos são descobertas.

Em 1969, Robert Whittaker (1920-1980) propôs classificar os seres vivos em cinco reinos (Figura 1.1), conforme a seguir:

- **Monera:** formado pelas bactérias, que são os únicos seres procariontes (as cianofíceas, ou "algas azuis", também são bactérias)
- **Protista:** compreende organismos eucariontes primariamente unicelulares de vida livre ou unicelulares coloniais (protozoários e fitoflagelados)
- **Fungi:** compreende todos os fungos
- **Plantae:** inclui as algas clorofíceas e os vegetais superiores
- **Animalia:** inclui todos os animais, isto é, os seres que, durante o desenvolvimento embrionário, passam pelo estágio de gástrula.

O conceito atual de protista não é o mesmo proposto por Haeckel (1834-1919) no passado. Atualmente, os protistas incluem os protozoários e os fitoflagelados; estes últimos são organismos com flagelos e autotróficos, capazes de obter energia a partir de compostos inorgânicos (p. ex., luz, água e amônia). Essa classificação também separou os fungos do grupo dos vegetais, diferentemente do que havia sido proposto por Lineu. Algumas características específicas distinguem os fungos de animais e vegetais, como:

- Ausência de clorofila ou qualquer pigmento fotossintetizante
- Ausência de parede de celulose e a presença de uma parede composta por quitina (característica dos animais)
- Não armazenamento de amido (reserva nutritiva dos vegetais) mas, sim, de glicogênio (reserva nutritiva dos animais).

Mais recentemente, o uso de marcadores moleculares possibilitou o estudo mais detalhado das relações evolutivas entre os organismos, ou filogênese. A elucidação da evolução molecular parece ser a melhor maneira de esclarecer as origens das células contemporâneas e de desvendar as características das células primordiais que apareceram há cerca de 3,5 bilhões de anos. Esses estudos utilizam diferentes moléculas para análise, como a sequência de aminoácidos nas proteínas e de nucleotídios nos ácidos nucleicos, ou avaliam enzimas importantes para o metabolismo dos organismos. A comparação da sequência de nucleotídios no RNA ribossomal (rRNA) é uma poderosa ferramenta no estudo da filogênese. Todas as células apresentam ribossomos, formados por rRNAs e proteínas. A sequência de nucleotídios dos rRNAs é bem conservada, ou seja, permaneceu relativamente constante em diferentes organismos, por essa razão, servem como "relógios moleculares". Em outras palavras, as diferenças entre sequências de rRNAs de duas espécies são usadas para estimar o tempo transcorrido desde que elas divergiram do seu ancestral comum, isso é, a sua distância evolutiva (Figura 1.2). Assim, duas espécies que apresentam, proporcionalmente, mais nucleotídios diferentes em suas sequências de rRNA divergiram há mais tempo, estando mais distantes do seu ancestral comum. Já duas outras espécies que diferem em poucos nucleotídios têm um ancestral comum mais recente. Essas análises serviram para desenhar novas árvores filogenéticas e possibilitaram a proposição de novas classificações para os organismos.

Com base na variação entre sequências de rRNA de diferentes organismos, o biólogo Carl Woese (1928-2012) propôs uma nova classificação dos seres vivos em três grandes domínios (ver Figura 1.1):

- Eubactéria, que inclui as bactérias
- Archaea, ou arqueobactéria, organismos procariontes com características específicas e diferentes de eubactérias e de eucariontes
- Eucarya ou eucarionte, que inclui todos os eucariotos, organismos com núcleo celular delimitado pelo envelope nuclear.

Nessa classificação, todas as bactérias estão no domínio eubactéria. O domínio archaea compreende os procariontes metanógenos (que produzem o gás metano como produto de sua metabolização) e os que vivem em condições extremas de temperatura, salinidade, acidez ou alcalinidade. O domínio eucarya ou eucarionte engloba todos os seres constituídos por células eucariontes, com sistema interno de membranas e compartimentalizações. Organismos de cada um desses domínios têm características moleculares marcantes. A maior diversidade é observada entre os microrganismos dos domínios eubactéria e archaea. A composição de bases (nucleotídios) nos rRNAs de archaea mostra algumas semelhanças com os seres do domínio eucarya, e outras com o domínio eubactéria. Archaea e eubactéria são procariontes e não apresentam envelope nuclear, de modo que os processos de transcrição e tradução ocorrem quase simultaneamente. Além de diferenças no rRNA, as células do domínio archaea têm paredes celulares sem proteoglicanos, compostos encontrados nas paredes das eubactérias. Por outro lado, apresentam genoma circular e muitos genes agrupados em *operons*, tal como observado em eubactérias.

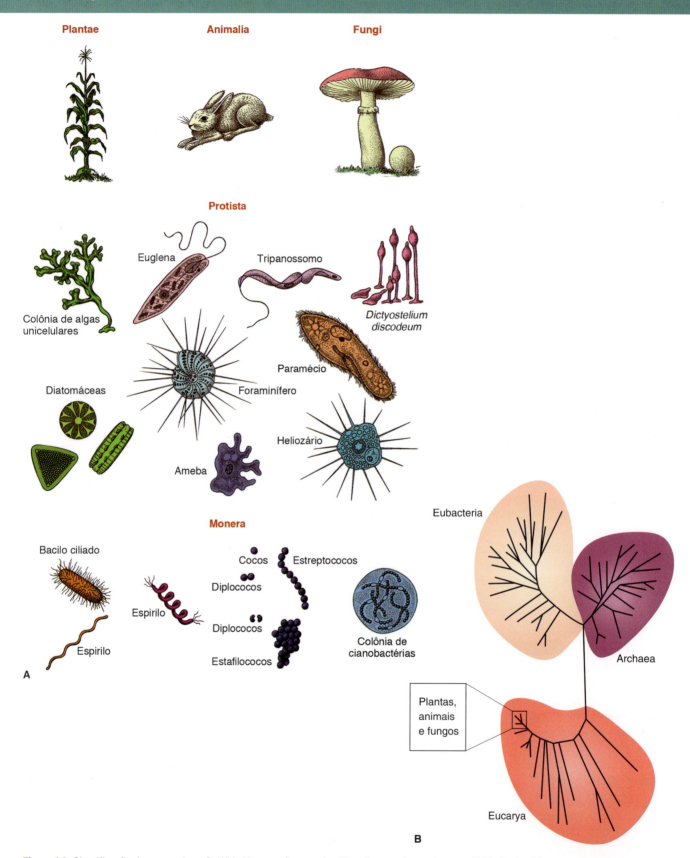

Figura 1.1 Classificação dos seres vivos. **A.** Whitakker propôs uma classificação com cinco reinos em 1969. O reino Monera, cujos organismos apresentam células procariontes, é composto por bactérias e algas cianofíceas. Nos demais reinos, os organismos são formados por células eucariontes. O reino Protista é composto de formas unicelulares ou unicelulares coloniais. O reino Fungi compreende os fungos. O reino Plantae inclui os vegetais superiores. O reino Animalia abrange todos os animais. **B.** Classificação dos três domínios, conforme proposto por Woese na década de 1970, com base na sequência de nucleotídios do ácido ribonucleico ribossomal (rRNA). Essa classificação separa Eubacteria, Archaea e Eucarya. A diversificação do rRNA em animais, plantas e fungos é pequena, como pode ser observado no quadrado em destaque no *canto inferior* dessa imagem. (**B**, adaptada de Kolter e Maloy, 2012.)

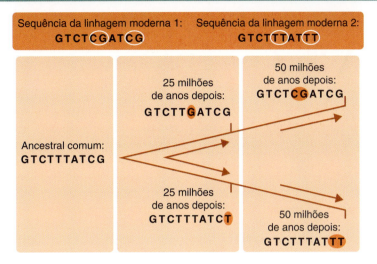

Figura 1.2 A sequência de ácido desoxirribonucleico de um gene muito conservado (p. ex., codificando o ácido ribonucleico ribossomal) foi usada como relógio molecular para estimar o tempo transcorrido desde o seu ancestral comum. Para esse gene, sabe-se que a taxa de alteração é de um nucleotídio/25 milhões de anos (nucleotídios sombreados). Como as linhagens mais recentes diferem em quatro nucleotídios, é possível inferir que seu ancestral comum viveu há pelo menos 50 milhões de anos.

Essa classificação e as informações moleculares possibilitaram inferir que a célula ancestral universal seria semelhante à da archaea (ver Figura 1.1). Uma das hipóteses é que o ancestral comum archaea teria ganho maior complexidade e dado origem aos eucariontes. Ao mesmo tempo, alguns desses ancestrais teriam sofrido modificações e gerado o domínio eubactéria. Outra hipótese é a de "termorredução" e considera que o ancestral comum teria sido um eucarioto mesófilo, ou seja, que sobrevive em temperaturas moderadas (entre 20 e 45°C). Esse eucarioto poderia ter sofrido modificações e dado origem a organismos termófilos, os quais podem sobreviver em temperaturas extremas (até 75°C), como é o caso dos seres do domínio archaea. Essa hipótese ajuda a explicar a origem da membrana plasmática observada nos domínios archaea e eucarya.

Evolução das células

O processo evolutivo que originou as primeiras células na Terra começou há, aproximadamente, 4 bilhões de anos. Naquela época, a atmosfera provavelmente continha vapor d'água, amônia, metano, hidrogênio, sulfeto de hidrogênio e gás carbônico. O oxigênio livre só apareceu muito tempo depois, devido à atividade fotossintética das células autotróficas. Uma das hipóteses para origem das células é a grande quantidade de água, distribuída em grandes oceanos e lagoas, que cobria a superfície da Terra há 4 bilhões de anos. Essa massa líquida, denominada "caldo primordial", era rica em moléculas inorgânicas e continha em solução os gases que constituíam a atmosfera daquela época. Sob a ação do calor e da radiação ultravioleta, vindos do Sol, e de descargas elétricas, oriundas das tempestades que eram muito frequentes, as moléculas dissolvidas no caldo primordial combinaram-se quimicamente para constituírem os primeiros compostos contendo carbono. Substâncias relativamente complexas como proteínas e ácidos nucleicos, que, nas condições terrestres atuais só se formam pela ação das células, teriam aparecido nessa mistura. As diferentes hipóteses para a origem da vida na Terra, entretanto, ainda são tema de debate na comunidade científica. Muitos pesquisadores argumentam que a síntese de compostos orgânicos não poderia ter ocorrido em oceanos, onde esses elementos estariam mais dispersos e em menor concentração. Ao contrário, os compostos inorgânicos utilizados como "matéria-prima" deveriam estar mais concentrados, em menor quantidade de água, e possivelmente estariam sujeitos a ciclos de ressecamento sob o Sol, para possibilitar a formação desses complexos orgânicos que originariam as células. Tendo ocorrido no caldo primordial ou em pequenas lagoas, esse tipo de fusão de compostos orgânicos é denominado **síntese prebiótica**. Esta originou-se sem a participação de seres vivos, a partir de compostos inorgânicos, e já foi demonstrada experimentalmente (Figura 1.3).

A síntese prebiótica propiciou o acúmulo gradual dos compostos de carbono na Terra, o que foi favorecido por três circunstâncias:

- A enorme extensão desse planeta, com grande variedade de nichos, onde provavelmente ocorreu a formação de moléculas que foram mantidas próximas umas das outras e, certamente, diferentes das existentes em outros locais
- O longo tempo, já que a síntese prebiótica ocorreu por cerca de 2 bilhões de anos
- A ausência de oxigênio na atmosfera, o que teria impedido que as moléculas recém-formadas fossem destruídas por oxidação. Na atmosfera atual da Terra, a síntese prebiótica seria impossível.

É provável que nesse ambiente tenham surgido os primeiros polímeros de aminoácidos e de nucleotídios, formando-se assim as primeiras moléculas de proteínas e de ácidos nucleicos. A teoria metabólica considera que o aparecimento das proteínas que funcionariam como enzimas, importantes para o metabolismo, teriam dado origem às células; no entanto, proteínas não podem se autorreplicar, o que torna essa hipótese menos provável. Uma outra teoria defende que o surgimento das bicamadas lipídicas e das membranas biológicas tenha sido

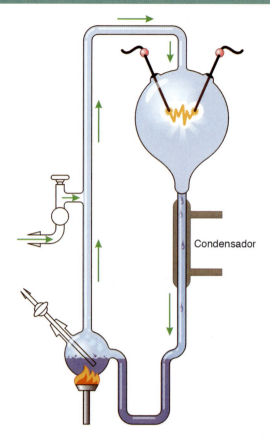

Figura 1.3 Aparelho criado por Stanley L. Miller para demonstrar a síntese de moléculas orgânicas sem a participação de seres vivos (síntese prebiótica), nas condições da atmosfera terrestre. O aparelho continha vapor d'água, proveniente do aquecimento do balão inferior. Pela torneira do lado esquerdo foram introduzidos metano, amônia, hidrogênio e gás carbônico, que, ao passarem pelo balão superior direito, eram submetidos a centelhas elétricas. Essa mistura tornava-se líquida no condensador e era recolhida pela torneira inferior. Observou-se que esse líquido continha diferentes moléculas de compostos de carbono (orgânicas), inclusive aminoácidos.

o ponto de partida para a formação de células, entretanto apenas os ácidos nucleicos realizam autoduplicação. A hipótese do *RNA world* baseia-se na premissa de que o próprio RNA catalisaria sua duplicação, sem a necessidade de proteínas (enzimas) ou outras moléculas. Essa teoria foi fortalecida com a descoberta de que RNAs da bactéria *E. coli* têm atividade enzimática sobre RNAs transportadores (tRNAs) e de que alguns rRNAs podem sofrer *autossplicing*. O processo de *splicing* consiste na remoção de sequências denominadas "íntrons" e na reunião dos éxons em RNAs precursores de eucariotos. No caso do *autossplicing*, a própria molécula de RNA seria capaz de clivar e remover trechos de nucleotídios de sua própria sequência, sem a necessidade de enzimas de natureza proteica para catalisar esse processo. Essa observação indica que esses RNAs apresentam atividade similar à de uma enzima, funcionando como "ribozimas". Essa hipótese foi formalizada por Walter Gilbert, em 1986, mas já era discutida desde a década de 1960, com trabalhos do biofísico Alexander Rich.

O fato é que, ao surgirem as primeiras moléculas de ácidos nucleicos com capacidade de se duplicarem, estava iniciado o caminho para a formação das primeiras células. Um sistema formado por ácidos nucleicos com atividade autocatalítica, ou seja, que possibilitasse a replicação de ácidos nucleicos, capazes de armazenar o material genético, deveria permanecer isolado para que as moléculas não se dispersassem no líquido prebiótico. Para que os ácidos nucleicos pudessem se replicar e formar proteínas, os componentes dessas reações precisariam estar concentrados e próximos, para que essas transformações acontecessem com maior facilidade e eficiência. A formação de moléculas de fosfolipídios que espontaneamente constituíram as primeiras bicamadas fosfolipídicas permitiu o agrupamento de moléculas de ácidos ribonucleicos, nucleotídios, proteínas e outras moléculas. Estava, assim, constituída a primeira célula, envolta por uma membrana fosfolipídica. Os fosfolipídios são moléculas alongadas, com uma cabeça hidrofílica e duas cadeias hidrofóbicas. Quando estão dissolvidas em água, as moléculas de fosfolipídios associam-se por interação hidrofóbica de suas cadeias hidrocarbonadas e constituem bicamadas espontaneamente, sem necessidade de energia (ver Capítulo 4).

Os dados hoje disponíveis tornam possível supor que, após o surgimento do RNA, há evidências da ocorrência do ácido desoxirribonucleico (DNA), formado pela polimerização de desoxirribonucleotídios sobre um molde de RNA. Esses dois tipos de ácidos nucleicos passaram a definir os tipos de proteínas a serem sintetizadas. Considerando a enorme variedade de proteínas celulares, formadas por 20 monômeros diferentes (os 20 aminoácidos), é pouco provável que todas tenham se formado por acaso. A síntese das proteínas deve ter tido ácidos nucleicos como molde inicial. Depois desse processo, as proteínas, ou polipeptídios, sofrem dobramentos nas três dimensões, resultando em domínios estruturais. Como essa estrutura é essencial para a sua função, o processo de dobramento em si também é importante, mantendo os domínios e assegurando a permanência dos organismos nos diferentes ambientes, ou seja, conferindo-lhes maior valor adaptativo.

As primeiras células, formadas por agregados de ácidos nucleicos e envoltas por membranas de fosfolipídios, eram procariontes e **heterotróficas**, ou seja, não eram autossuficientes, pois dependiam da disponibilidade de nutrientes e não eram capazes de sintetizar seus alimentos. A escassez de recursos diminuiu a capacidade de reprodução e a geração de descendentes desses organismos. Essas primeiras células eram também anaeróbias, pois não existia oxigênio na atmosfera.

A manutenção da vida na Terra dependia, então, do aparecimento das primeiras células autotróficas fotossintetizantes (ou fototróficas), ou seja, capazes de sintetizar moléculas complexas a partir de substâncias muito simples e da energia solar. Um sistema capaz de utilizar a energia do Sol e armazená-la em ligações químicas surgiu, muito provavelmente, em organismos procariontes semelhantes às "algas azuis" ou cianofíceas. A partir desse sistema, ocorreu a síntese de nutrientes e a liberação de oxigênio. Esse processo marcou o surgimento da fotossíntese, que depende de pigmentos celulares específicos como, por exemplo, a clorofila (pigmento de cor verde), que capta as radiações azul e vermelha da luz do Sol e utiliza essa energia para ativar processos sintéticos. O oxigênio liberado pela fotossíntese realizada pelas bactérias autotróficas acumulou-se e foi alterando a atmosfera. As moléculas do gás oxigênio (O_2)

difundiram-se para níveis mais elevados da atmosfera, onde se romperam sob ação da radiação ultravioleta, originando átomos de oxigênio. Muitos destes combinaram-se para formar ozônio (O_3), que tem grande capacidade de absorver a radiação ultravioleta. Essa propagação de ondas pode acarretar efeitos críticos em biomoléculas, provocando alterações em ligações químicas e, no caso do DNA, podendo alterar a cadeia de nucleotídios. Desse modo, a formação de uma camada de ozônio foi importante para proteger a superfície da Terra da radiação ultravioleta, mas possibilitando a passagem de luz visível. O início da fotossíntese e as modificações da atmosfera foram de grande importância para a evolução das células e das formas de vida existentes na Terra. As bactérias anaeróbias ficaram restritas a nichos especiais, onde não existe oxigênio.

O aparecimento das membranas dentro das células deu origem às células eucariontes. Invaginações da membrana plasmática, iniciadas por proteínas contráteis presentes no citoplasma, culminaram no elaborado sistema interno de membranas. Essa hipótese é apoiada pela observação de que as membranas intracelulares mantêm, aproximadamente, a mesma assimetria que existe na membrana plasmática (ver Capítulo 4). A face das membranas internas que está em contato com o citoplasma (matriz citoplasmática) assemelha-se à face interna da membrana plasmática. O mesmo acontece com aquela voltada para o interior dos compartimentos intracelulares, que tem semelhança com a face externa da membrana plasmática (Figura 1.4). A interiorização da membrana foi fundamental para a evolução das células eucariontes, pois formou muitos compartimentos intracelulares nos quais se concentram enzimas e substratos envolvidos nos mesmos processos. Essas membranas proporcionaram a separação e a delimitação de microambientes dentro da célula, isolaram compartimentos e criaram uma barreira seletiva para passagem de substâncias entre as organelas e o citoplasma (ver Figura 1.4).

Os compartimentos intracelulares envoltos por membrana são definidos como organelas. Entre estes estão o núcleo, o retículo endoplasmático, o complexo de Golgi, os lisossomos,

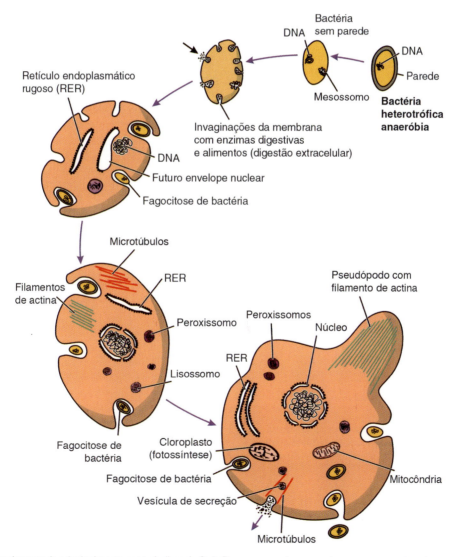

Figura 1.4 Desenho fundamentado principalmente nos trabalhos de C. de Duve, que mostra a maneira como, provavelmente, se constituíram as primeiras células eucariontes. A compartimentalização intracelular surgiu por meio de invaginações da membrana plasmática, envolvendo o ácido desoxirribonucleico (DNA) no núcleo, e criando outras organelas compartimentalizadas. Essa hipótese é apoiada pela observação de que as membranas intracelulares apresentam constituição molecular muito semelhante à da membrana plasmática.

as mitocôndrias e os peroxissomos. Os endossomos são compartimentos intracelulares temporários. A compartimentalização intracelular separa a célula em microrregiões com composição e concentração específica de enzimas com funções relacionadas. Essa separação molecular e funcional aumentou muito a eficiência dos processos celulares e promoveu reações mais elaboradas, aumentando também a complexidade dos organismos.

Origem das mitocôndrias

Há evidências sugerindo que as organelas envolvidas nas transformações energéticas, como as mitocôndrias, originaram-se de bactérias que foram fagocitadas, escaparam dos mecanismos de digestão intracelular e estabeleceram-se como simbiontes (endossimbiontes) nas células eucariontes hospedeiras, criando um relacionamento mutuamente benéfico (Figura 1.5).

Ao longo da evolução, as mitocôndrias evoluíram com a célula hospedeira, tornando-se dependentes do DNA dos cromossomos dessas células para sua manutenção. A maioria das proteínas das mitocôndrias é codificada por genes contidos no núcleo celular, sendo sintetizadas nos ribossomos do citoplasma e, depois, transferidas para dentro das mitocôndrias.

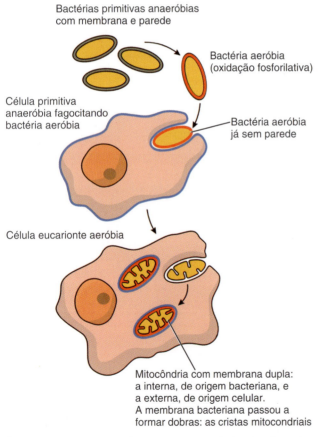

Figura 1.5 Desenho esquemático que mostra a teoria da origem bacteriana das mitocôndrias por endossimbiose. Células eucariontes anaeróbias, primitivas (membrana *em azul*), teriam fagocitado bactérias aeróbias (membrana *em vermelho*), as quais escaparam à digestão intracelular e estabeleceram inter-relações mutuamente úteis com as células hospedeiras, que, por sua vez, tornaram-se aeróbias. Ao mesmo tempo, as bactérias, entre outras vantagens, receberam proteção e alimentação em sua nova localização no citoplasma da célula hospedeira. Note que, por conta de sua origem, as mitocôndrias têm dupla membrana (*em azul* e *vermelho*).

A existência de DNA mitocondrial e de um código genético mitocondrial distinto do nuclear, o fato de mitocôndrias reproduzirem-se por divisão a partir de outras mitocôndrias e a semelhança entre os mecanismos de fissão mitocondrial e de divisão de bactérias sugerem que as mitocôndrias se originaram de bactérias que invadiram uma outra célula. Os ribossomos das mitocôndrias são semelhantes aos das bactérias. O DNA das mitocôndrias e das bactérias codifica RNA mensageiro (mRNA) sem íntrons, diferente dos eucariotos. Os ribossomos mitocondriais são diferentes dos citosólicos em tamanho, composição de RNA e proteínas, e também na sensibilidade aos antibióticos. O cloranfenicol, por exemplo, inibe a síntese de proteínas tanto nas mitocôndrias como nas bactérias, mas não nos ribossomos do citoplasma em eucariotos. Estudos de genes mitocondriais presentes nos eucariotos atuais indicam que todos descendem de um organismo em que essa endossimbiose que gerou as mitocôndrias ocorreu uma única vez, fornecendo vantagens tanto para a bactéria, que recebeu proteção e nutrientes, quanto para a célula hospedeira, que ganhou um sistema mais eficiente de aproveitamento de energia, pela fosforilação oxidativa.

Acredita-se que essa aquisição da fosforilação oxidativa foi essencial para o desenvolvimento da vida eucariótica, com células muito maiores e mais complexas, que requerem mais energia. De fato, embora alguns eucariotos atuais não tenham mitocôndrias, essa ocorrência é rara, e estudos evolutivos sugerem que esses organismos perderam mitocôndrias durante sua evolução e não que se desenvolveram como eucariotos na ausência de mitocôndrias.

Células eucariontes compartimentalizadas

A célula eucarionte é como uma fábrica organizada em diferentes setores (Figura 1.6). Além de aumentar a eficiência de cada etapa, a separação das atividades em diferentes compartimentos possibilita que as células eucariontes atinjam maior tamanho e maior complexidade, sem prejuízo de suas funções.

Citoplasma

As organelas estão distribuídas no citoplasma da célula eucariótica (ver Figura 1.6). O citoplasma é um meio aquoso no qual estão as organelas e, em algumas células, depósitos de substâncias. Um intenso tráfego de proteínas acontece entre o citoplasma e as organelas que depende da interação com as membranas.

Além de organelas como mitocôndrias, retículo endoplasmático, complexo de Golgi, lisossomos e peroxissomos, em alguns tipos celulares o citoplasma pode apresentar depósitos de diferentes substâncias, como grânulos de glicogênio nas células musculares. São frequentes o acúmulo do polissacarídio glicogênio, sob a forma de grânulos esféricos com 30 ηm de diâmetro, que podem existir isoladamente ou agrupados (Figura 1.7). O glicogênio, um polímero da glicose, é uma reserva energética para as células animais. Muitas células contêm gotículas lipídicas de constituição química e tamanho muito

Capítulo 1 • Introdução: Visão Panorâmica sobre Estrutura, Funções e Evolução das Células

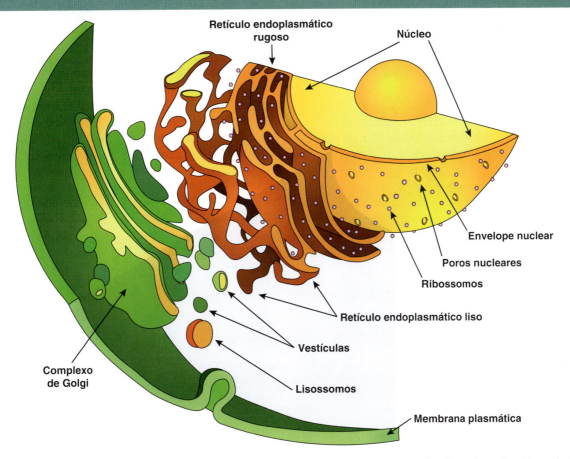

Figura 1.6 Corte lateral de uma célula eucarionte animal. O núcleo é separado do citoplasma pelo envelope nuclear, formado por duas bicamadas lipídicas, com poros. Observe o retículo endoplasmático próximo ao núcleo e na sequência, o complexo de Golgi. Muitos poros nucleares estão contidos no envelope nuclear; além disso, observam-se lisossomos e vesículas no citoplasma.

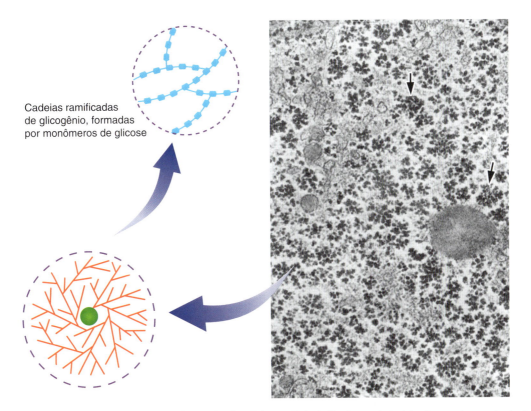

Figura 1.7 À *direita*, micrografia eletrônica mostrando grânulos de glicogênio em célula do fígado; a maioria deles forma aglomerados (*setas*). (Aumento: 62.000×.) Os grânulos de glicogênio são cadeias ramificadas formadas por monômeros de glicose, como mostrado *em destaque à esquerda*.

variáveis (Figura 1.8). Depósitos de pigmentos também não são raros; um exemplo é a melanina, encontrada nos cromatóforos e nas células da epiderme (camada mais superficial da pele), e outro exemplo é a lipofuscina, pigmento pardo que se acumula em algumas células de vida longa, como neurônios e células musculares cardíacas, à medida que elas envelhecem. Os depósitos que contêm pigmento são, em parte, responsáveis pela cor dos seres vivos, com implicações nos processos de mimetismo, na atração para acasalamento e na proteção contra as radiações ultravioleta da luz do sol.

Preenchendo o espaço entre as organelas e os depósitos, ou inclusões, encontra-se o **citoplama**. É formado por água, íons variados, aminoácidos, precursores dos ácidos nucleicos, numerosas enzimas, incluindo as que realizam a glicólise anaeróbia e as que participam da degradação e da síntese de carboidratos, de ácidos graxos, de aminoácidos e de outras moléculas importantes para as células. O citoplasma é organizado pelo citoesqueleto, constituído pelos microtúbulos, filamentos de actina e filamentos intermediários. Os microtúbulos e os microfilamentos de actina, com a cooperação das proteínas motoras, participam dos movimentos celulares e dos deslocamentos de partículas dentro das células. Além disso, os microfilamentos de actina e os microtúbulos, estes constituídos por tubulina, são compostos por unidades monoméricas que podem se despolimerizar e polimerizar novamente, de modo reversível e dinâmico. Quando despolimerizadas (separadas umas das outras), os monômeros de actina e tubulina conferem maior fluidez ao citoplasma. Quando polimerizadas em microfibrilas e microtúbulos, conferem a consistência de gel à região citoplasmática em que se encontram.

Desse modo, o citoesqueleto não somente organiza o interior das células, mas também estabelece, modifica e mantém a forma delas. É responsável pelos movimentos celulares como contração, formação de pseudópodos e deslocamentos intracelulares de organelas, cromossomos, vesículas e variados grânulos.

A membrana plasmática separa o citoplasma do meio extracelular e contribui para manter constante o meio intracelular, que é diferente do extracelular. Apresenta cerca de 7 a 10 μm de espessura e é mostrada nas eletromicrografias como duas linhas escuras separadas por um espaço central claro. A membrana plasmática é uma bicamada lipídica formada principalmente por fosfolipídios e que contêm uma quantidade variável de proteínas e de lipídios. As variações de proteínas e lipídios conferem à membrana plasmática uma complexidade estrutural e funcional condizente com sua posição de revestimento celular e está descrita em mais detalhes no Capítulo 4.

Núcleo

Uma das principais características da célula eucarionte é a presença de um núcleo de formato variável, porém bem individualizado e separado do restante da célula por duas membranas. Esta membrana dupla, que é parte do envelope nuclear, além de isolar os componentes nucleares, media o transporte entre o núcleo e o citoplasma. Os **poros nucleares**, inseridos no envelope nuclear, regulam o intenso tráfego de macromoléculas do núcleo para o citoplasma e vice-versa (ver Capítulo 9). Todas as moléculas de RNA do citoplasma são sintetizadas

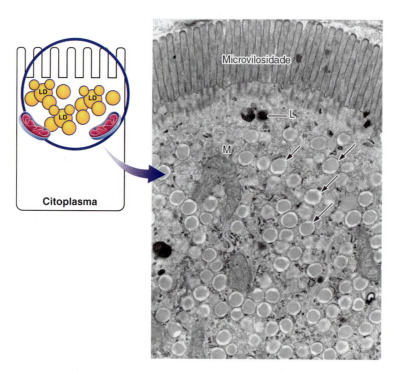

Figura 1.8 Eletromicrografia mostrando depósitos temporários de lipídios no citoplasma de célula absortiva do intestino delgado (*setas*). Essas células apresentam muitos prolongamentos em sua superfície livre, os microvilos ou microvilosidades, que aumentam a superfície e facilitam a absorção de nutrientes. *À esquerda*, um esquema representando a célula absortiva e os depósitos de lipídios (LD; em amarelo). *À direita*, note mitocôndrias (M) e lisossomos (L). Depois de absorvidos pelas células, os lipídios acumulam-se temporariamente nas cisternas do retículo endoplasmático liso, estando envolvidos por membranas desse retículo (*setas*). (Aumento: 10.000×.) (Cortesia de H. I. Friedman.)

no núcleo, e todas as proteínas do núcleo são sintetizadas pelos ribossomos, fora do núcleo. O transporte mediado pelos poros nucleares depende, na maioria dos casos, de gasto energético e de sinais específicos de localização nuclear, reconhecidos por proteínas que auxiliam a importação e a exportação nuclear (importinas e exportinas, respectivamente [ver Capítulo 13]).

A membrana externa do envelope nuclear é contínua com a do **retículo endoplasmático** (ver Figura 1.6). O surgimento do núcleo em eucariotos possibilitou isolar e concentrar o material genético da célula em um compartimento protegido contra a ação de nucleases que possam estar presentes no citoplasma, mantendo a sua integridade. É também a partir do núcleo que os processos de divisão celular têm início, com a duplicação das células, mas com a manutenção do mesmo material genético ao longo das gerações. Além disso, o núcleo possibilitou que eucariotos desenvolvessem um sistema mais sofisticado de processamento das moléculas de RNA, transcritas a partir do DNA, antes que elas fossem utilizadas no núcleo (como alguns pequenos RNAs não codificadores) ou no citoplasma, para a síntese de proteínas (como os rRNAs, tRNAs, mRNAs). Dessa maneira, os processos envolvendo a expressão gênica dos organismos propiciaram o desenvolvimento de organismos mais complexos ao longo da evolução. O material genético é armazenado no núcleo na forma de cromatina, que é constituída por DNA associado a proteínas, principalmente histonas. A cromatina pode apresentar-se como eucromatina ou heterocromatina, caracterizada por regiões mais compactadas. A heterocromatina geralmente encontra-se distribuída entre as regiões de eucromatina (Figura 1.9), mas frequentemente pode ser observada associada à membrana interna do envelope nuclear. O núcleo também apresenta algumas estruturas subnucleares não envoltas por membranas, como os nucléolos. Estes comportam as regiões do DNA ribossomal, responsáveis pela transcrição do rRNA (ver Capítulo 9).

As principais funções do núcleo de eucariotos são armazenar a informação genética (i. e., o DNA), regular a transcrição (síntese de diferentes RNAs a partir do DNA) e controlar o crescimento e a divisão celular (ver capítulo 9).

Retículo endoplasmático

O **retículo endoplasmático** participa da síntese de proteínas e das modificações em lipídios. Organizado como um sistema contínuo no citoplasma das células eucariontes, o retículo é formado por uma rede de vesículas achatadas, esféricas e túbulos que se intercomunicam. Embora apareçam separados nos cortes examinados ao microscópio eletrônico, a membrana externa do envelope nuclear é contínua com a membrana dessa rede de vesículas e túbulos (Figura 1.10). Distinguem-se o retículo endoplasmático rugoso (RER), ou granular, que é contínuo ao retículo endoplasmático liso (REL) (ver Figuras 1.9 e 1.10). A membrana do RER apresenta ribossomos na sua superfície voltada para o citoplasma. Proteínas traduzidas nos ribossomos associados ao RER iniciam seu dobramento no interior dessa organela (ver Capítulo 13). Além dos mecanismos celulares que garantem a estrutura tridimensional correta das proteínas, nessa organela as proteínas passam por algumas modificações pós-traducionais específicas, como a formação de pontes dissulfeto e a glicosilação. A partir do retículo endoplasmático, as proteínas são direcionadas ao complexo de Golgi, do qual partem vesículas que são carreadas para a membrana plasmática, para os endossomos ou lisossomos (ver Capítulo 15).

O **REL** apresenta-se principalmente como túbulos que se anastomosam e se estendem com o retículo rugoso. O REL é muito desenvolvido em determinados tipos de células como, por exemplo, nas que secretam hormônios esteroides, nas células hepáticas e nas células da glândula suprarrenal. Esse compartimento tem grande participação na desintoxicação de fármacos e na metabolização e modificação de lipídios.

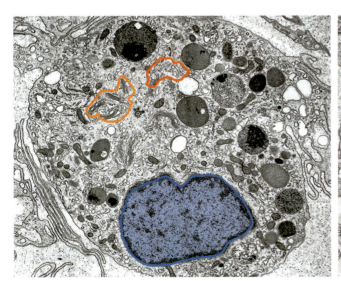
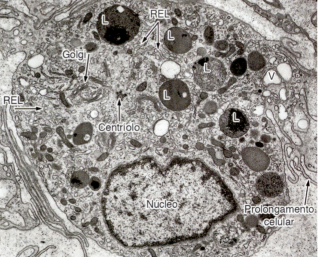

Figura 1.9 Eletromicrografia de célula do tecido conjuntivo (macrófago). Em alguns pontos, a superfície celular apresenta prolongamentos irregulares. Na imagem à *esquerda*, o núcleo foi marcado *em azul*, o complexo de Golgi ficou contornado *em laranja* e o retículo endoplasmático liso (REL) ficou contornado *em vermelho*. Na imagem à *direita*, é possível visualizar todas essas estruturas, e também os lisossomos (L) e o centríolo. (Aumento: 15.000×.)

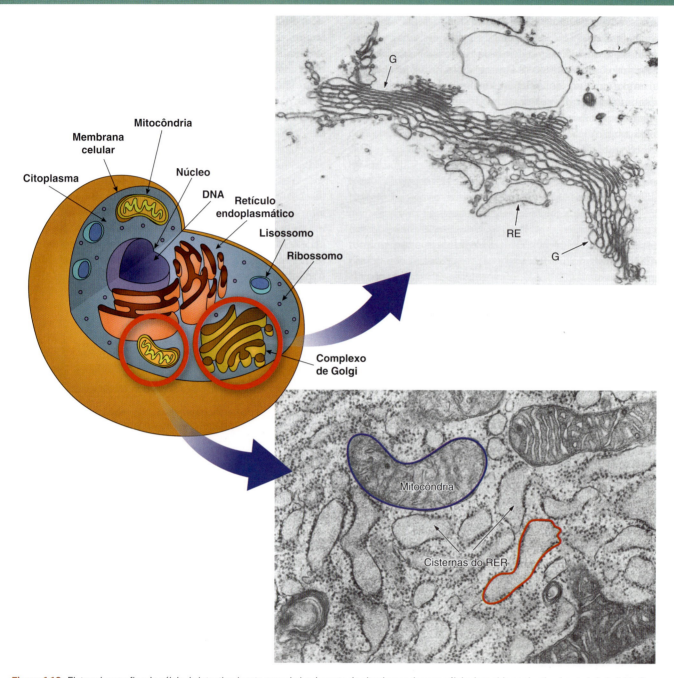

Figura 1.10 Eletromicrografias de célula do intestino (*parte superior*) e de parte do citoplasma de uma célula do tecido conjuntivo (*parte inferior*). Na *figura superior*, observa-se o complexo de Golgi (G) e porção do retículo endoplasmático (RE). (Aumento: 25.000×.) Na *figura inferior*, observam-se os corpos mais escuros e alongados – as mitocôndrias (contornadas *em azul*). Essa célula, especializada na síntese de proteínas, apresenta abundante retículo endoplasmático rugoso ou granular (RER, *em vermelho*). Observe a dupla membrana das mitocôndrias. (Aumento: 60.000×.)

Complexo de Golgi

Essa organela, também conhecida por complexo golgiense ou aparelho de Golgi, é constituída por um número variável de vesículas circulares achatadas e por vesículas esféricas de diferentes tamanhos, que parecem brotar das primeiras (ver Figuras 1.9 e 1.10). Em muitas células, o complexo de Golgi localiza-se em posição constante, quase sempre próximo ao núcleo e ao retículo endoplasmático (ver Figura 1.9); em outras células, ele se encontra mais distante. Entre as principais funções dessa organela estão a separação, a modificação (principalmente a glicosilação) e o endereçamento das moléculas sintetizadas nas células, encaminhando-as para as vesículas de secreção, para os lisossomos, para as vesículas que permanecerão no citoplasma ou para a membrana celular.

Lisossomos

A atividade enzimática dos **lisossomos** é fundamental para a digestão de moléculas internalizadas por pinocitose, por fagocitose, ou, então, organelas da própria célula, por autofagia. A destruição e renovação de organelas é um processo fisiológico que promove a manutenção dos componentes da célula em bom estado funcional e quantidade adequada às suas necessidades conforme as condições do meio. As organelas desgastadas pelo uso são eliminadas e substituídas por organelas novas em um processo cíclico, mantendo a homeostase celular. Os lisossomos são organelas de formato e tamanho muito variáveis e medem, frequentemente, entre 0,5 e 3 μm de diâmetro (ver Figuras 1.6 e 1.9). Seu interior apresenta um pH ácido e contém diferentes enzimas hidrolíticas. A manutenção do pH ácido dentro do lisossomo depende da atividade de proteínas que funcionam como bombas de prótons, alojadas na membrana dessa organela. As enzimas hidrolíticas catalisam o rompimento de ligações covalentes moleculares e geralmente têm atividade máxima a um pH em torno de 5,5 a 6. Desta maneira, só estão ativas dentro do lisossomo. A dependência do pH ácido garante que essas enzimas só ajam no lisossomo e também protejam as células de eventuais danos, caso algumas saiam dessa estrutura.

Autofagia

As células eucarióticas têm um sistema de renovação de organelas e reutilização de seus componentes, denominado "autofagia". Esse termo foi estabelecido pelo bioquímico Christian de Duve, em 1963. A descoberta dos mecanismos envolvidos na regulação desse sistema levou o cientista Yoshinori Ohsumi a ganhar o prêmio Nobel em Fisiologia e Medicina em 2016. Esse mecanismo tem papel essencial na homeostase, eliminando organelas mais velhas, e reutilizando seus componentes. Por outro lado, problemas na regulação desse sistema podem causar algumas doenças. Pelo menos três tipos diferentes de autofagia são reconhecidos: macroautofagia, microautofagia e autofagia mediada por chaperonas. O tipo mais frequente é a macroautofagia, na qual organelas inteiras são encapsuladas por uma membrana, formando um autofagossomo. Essa membrana se fundirá com a de um lisossomo, gerando um "autolisossomo", e seus componentes serão degradados. Na microautofagia, pequenas porções do citoplasma são engolfadas por lisossomos e, em seguida, degradadas nessa organela. Na autofagia mediada por chaperonas, algumas proteínas com uma sequência peptídica específica (*KFERQ-like*) são reconhecidas por uma chaperona, em seguida esse complexo é translocado para o lisossomo após interagir com uma proteína de membrana do lisossomo.

Em geral, a autofagia pode ser induzida por diferentes estresses, como a falta de nutrientes. A degradação de componentes celulares resulta diretamente em aminoácidos que podem ser utilizados para outras funções nas células. No fígado, esses aminoácidos são essenciais para a gliconeogênese. O papel constitutivo do sistema de autofagia é ainda mais destacado quando há acúmulo de proteínas nas células, como acontece na doença de Parkinson. Células derivadas de doenças neurodegenerativas apresentam acúmulo de vacúolos de autofagia. A indução farmacológica da autofagia, inclusive, já mostrou redução de agregados proteicos em células neurais, bem como reduziu a progressão dos sintomas em modelos animais.

Endossomos

Os endossomos são compartimentos transitórios que recebem as moléculas importadas do citoplasma pelas vesículas de endocitose, que se originam da membrana plasmática. Eles são responsáveis pela separação e pelo endereçamento do material que penetra no citoplasma pelas vesículas de endocitose. Grande parte desse material é encaminhado para os lisossomos; porém, muitas moléculas passam dos endossomos para o citoplasma, e outras são devolvidas para a superfície celular. Esses compartimentos podem ser considerados como uma parte da via lisossomal, porque muitas moléculas que se direcionam para os lisossomos passam antes pelos endossomos.

O compartimento endossomal é constituído de elementos separados; é um sistema extenso, que se inicia na periferia do citoplasma e estende-se até as proximidades do núcleo celular. É formado por vesículas e túbulos, cujo interior apresenta pH progressivamente mais ácido (de 6,5 a 5), desde as primeiras vesículas até aquelas que degradam a substância endocitada.

Mitocôndrias

A principal função das mitocôndrias é a transformação da energia proveniente dos alimentos armazenada nas moléculas de ácidos graxos e glicose em calor e moléculas de trifosfato de adenosina (ATP). A energia armazenada na molécula de ATP é usada pelas células para realizar suas variadas atividades, como movimentação, secreção e divisão mitótica. As mitocôndrias participam também de outros processos do metabolismo celular, variáveis conforme o tipo de célula (ver Capítulo 5), e podem apresentar-se sob diferentes formatos, desde esféricas até mais alongadas (ver Figuras 1.8 e 1.10). Essas organelas são revestidas pelas membranas externa e interna. A membrana interna é pregueada, originando dobras em formato de prateleiras ou de túbulos, como pode ser observado nas micrografias eletrônicas (ver Figura 1.10); ela aloja complexos de proteínas como a cadeia transportadora de elétrons e a ATP sintase, que sintetiza o ATP. A presença de duas membranas é importante para a função desempenhada pelas mitocôndrias.

Peroxissomos

Organelas que comportam enzimas oxidativas que participam de variados processos no metabolismo celular, dentre eles a detoxificação de espécies reativas de oxigênio e a oxidação de ácidos graxos. Por exemplo, cerca da metade do álcool etílico (etanol) consumido por uma pessoa é destruído por oxidação nos peroxissomos das células do fígado e dos rins. Os peroxissomos também participam da síntese de colesterol, ácidos biliares e lipídios. Aproximadamente 90% das bainhas de mielina encontradas nos axônios são formadas por um lipídio sintetizado somente nos peroxissomos, por isso, alterações nessas organelas muitas vezes estão diretamente associadas a distúrbios no sistema nervoso. Essas organelas apresentam tamanho variável e, ao microscópio eletrônico, uma matriz granular envolta por membrana.

Doenças causadas por problemas nos peroxissomos

A síndrome cérebro-hepatorrenal, ou síndrome de Zellweger, é um distúrbio hereditário raro, caracterizado por diferentes alterações neurológicas, hepáticas e renais, que geralmente causam a morte ainda na infância. Observou-se que o fígado e os rins desses pacientes apresentam peroxissomos vazios, constituídos somente pelas membranas, sem as enzimas normalmente localizadas no interior dessas organelas. Essas enzimas aparecem livres no citoplasma e, portanto, não são capazes de funcionar normalmente. As células desses pacientes não perdem a capacidade de sintetizar as enzimas típicas dos peroxissomos, mas, sim, a possibilidade de transferir para os peroxissomos as enzimas produzidas. O estudo genético dos portadores da síndrome de Zellweger detectou mutações em muitos genes, todos codificadores de proteínas que participam do processo de importação de enzimas pelos peroxissomos. Esses genes já foram isolados, e foi demonstrado que as proteínas que eles codificam são receptores para enzimas dos peroxissomos ou, então, participam da introdução das enzimas nos peroxissomos. A quantidade de genes e proteínas envolvidos mostra a complexidade do processo de translocação de enzimas para o interior dessas organelas.

Elas têm sido estudadas nas células do rim e do fígado de mamíferos. Entre outras enzimas, contêm catalase, enzimas da betaoxidação dos ácidos graxos, urato-oxidase e D-aminoácido-oxidase. A catalase forma cristaloides eletrodensos nessa organela, tornando possível sua identificação ao microscópio eletrônico. O conteúdo enzimático dos peroxissomos varia muito a cada célula, e nota-se que nem todos os peroxissomos em uma mesma célula têm a mesma composição enzimática. Essas enzimas são produzidas pelos polirribossomos do citoplasma e transportadas para os peroxissomos, conforme as necessidades da célula e, muitas vezes, como uma adaptação para a destruição de moléculas estranhas que penetram nas células, como álcool etílico e diferentes fármacos.

A catalase celular é a enzima capaz de converter peróxido de hidrogênio (H_2O_2) em água e oxigênio:

$$2\,H_2O_2 \rightarrow 2\,H_2O + O_2$$

A atividade da catalase é importante porque o peróxido de hidrogênio (H_2O_2) que se forma nos peroxissomos é um forte oxidante e prejudicaria a célula se não fosse eliminado rapidamente.

Os peroxissomos também participam da metabolização do ácido úrico. A enzima D-aminoácido-oxidase metaboliza D-aminoácidos da parede das bactérias que penetram no organismo, pois as proteínas dos mamíferos são constituídas exclusivamente por L-aminoácidos. Os peroxissomos participam com as mitocôndrias da betaoxidação dos ácidos graxos, assim intitulada porque os ácidos graxos são rompidos no carbono da posição dois ou beta. Os peroxissomos catalisam a degradação dos ácidos graxos, produzindo acetilcoenzima A (acetil-CoA), que pode penetrar nas mitocôndrias, nas quais participará da síntese de ATP por meio do ciclo do ácido cítrico (ciclo de Krebs). As moléculas de acetil-CoA podem ser utilizadas em outros compartimentos citoplasmáticos para a síntese de moléculas diversas. Calcula-se que 30% dos ácidos graxos sejam oxidados em acetil-CoA nos peroxissomos.

Bibliografia

Alberts B, Johnson A, Lewis J et al. Molecular Biology of the Cell. New York: Garland Science, Taylor & Francis Group, LLC; 2008.

De Duve C. A guided Tour of the Living Cell. WH Freeman Trade; 1984.

De Duve C. Blueprint for a Cell: An Essay on the Nature and Origin of Life. Carolina Biological Supply Company; 1991.

De Duve C. The birth of complex cells. Sci Am. 1996;274(4):50-7.

Fahimi HD, Sies H. Peroxisomes in Biology and Medicine. Springer Science & Business Media; 2012.

Field KG, Olsen GJ, Lane DJ et al. Molecular phylogeny of the animal kingdom. Science. 1988;239(4841):748-53.

Forterre P. The common ancestor of archaea and eukarya was not an archaeon. Archaea. 2013;2013:372396.

Gesteland R, Cech T, Atkins J. The RNA World 3rd edn. New York: Cold Spring Harbor Press; 2006.

Gilbert W. Origin of life: The RNA world. Nature. 1986;319(6055):618.

Gould S, Keller GA, Subramani S. Identification of a peroxisomal targeting signal at the carboxy terminus of firefly luciferase. J Cell Biol. 1987;105(6):2923-31.

Gray MW. The evolutionary origins of organelles. Trends Genet. 1989;5(9):294-99.

Kolter R, Maloy S. Darwin and Microbiology. Microbes and Evolution: The World That Darwin Never Saw: 1-7.

Kolter R, Maloy S. Microbes and Evolution: The World That Darwin Never Saw. Washington (DC): ASM Press, 2012.

Lazarow PB, Fujiki Y. Biogenesis of peroxisomes. Ann Rev Cell Biol. 1985;1(1):489-530.

Lodish H, Berk A, Kaiser CA et al. Molecular cell biology, 7th ed, Macmillan; 2013.

Madigan M, Marrs B. Extremophiles. New York: Sci American Inc.; 1997. p. 82.

Marshall M. The water paradox and the origins of life. Nature. 2020;588:210-3.

Rich A. On the problems of evolution and biochemical information transfer. Horizons in Biochemistry. 1962. p. 103-26.

Sankaran N. The RNA world at thirty: A look back with its author. J Mol Evol. 2016;83(5-6):169-75.

Weber K, Osborn M. The molecules of the cell matrix. Sci Am. 1985;253(4):110-21.

Woese CR. Bacterial evolution. Microbiol Rev. 1987;51(2):221.

Woese CR. There must be a prokaryote somewhere: microbiology's search for itself. Microbiol Mol Biol Rev. 1994;58(1):1-9.

Capítulo 2

Biomoléculas e Constituição Celular

FÁBIO SIVIERO

Introdução, *17*

Composição celular, *17*

Molécula da água é assimétrica, *18*

Propriedades biológicas das macromoléculas
  estão relacionadas com sua afinidade pela água, *18*

Proteínas são polímeros de aminoácidos, *21*

A sequência de aminoácidos influi na forma e função das proteínas, *22*

Chaperonas auxiliam no enovelamento de
  peptídios complexos e na destruição de proteínas defeituosas, *24*

Enzimas viabilizam o metabolismo celular, *25*

A atividade enzimática pode ser alterada, *27*

Complexos enzimáticos promovem reações sequenciais, *27*

Isoenzimas: pequenas diferenças importantes, *29*

Ácidos nucleicos são polímeros de nucleotídios, *30*

O DNA é o repositório da informação genética e a transmite para as células-filhas, *31*

Transcrição: o DNA como molde para a síntese de RNA, *33*

RNAs não codificantes, *36*

RNAs catalíticos, *37*

Lipídios, *37*

Os polissacarídios formam reservas nutritivas e unem-se a proteínas para formar glicoproteínas
  (função enzimática e estrutural) e proteoglicanas (função estrutural), *40*

Bibliografia, *42*

Introdução

As moléculas que constituem as células são formadas pelos mesmos átomos encontrados em nosso planeta, todavia, na origem e evolução dessas células, alguns tipos de átomos foram selecionados para a constituição das biomoléculas. Cerca de 99% da massa das células é formada de hidrogênio, carbono, oxigênio e nitrogênio, enquanto na crosta terrestre os quatro elementos mais abundantes são oxigênio ($\approx$ 46%), silício ($\approx$ 28%), alumínio ($\approx$ 8%) e ferro ($\approx$ 5%). Excluindo-se a água, nas células existe predominância absoluta dos compostos de carbono, extremamente raros na crosta terrestre ($\approx$ 0,02%). Portanto, uma célula primordial, e as que dela evoluíram, contém os compostos de carbono (compostos orgânicos), cujas propriedades químicas são a base da vida como se conhece.

Composição celular

A matéria viva é constituída por biomoléculas – compostos essenciais para a estrutura e o funcionamento de um organismo –, que frequentemente são originadas exclusivamente por processos biológicos. Dessas biomoléculas, quatro categorias destacam-se por suas abundância e funções: proteínas, carboidratos (açúcares), ácidos nucleicos e lipídios. Os três primeiros grupos são moléculas poliméricas e de alta massa molecular, por isso também denominadas "macromoléculas". Proteínas, carboidratos e ácidos nucleicos são polímeros (ou biopolímeros) constituídos pela repetição de unidades menores, chamadas "monômeros". Essas unidades podem ser iguais ou diferentes; no primeiro caso, intitulam-se homopolímeros, como o **glicogênio**, e no segundo, heteropolímeros, como a maioria das proteínas.

Os monômeros de proteínas, carboidratos e ácidos nucleicos são denominados "aminoácidos", "monossacarídios" e "nucleotídios", respectivamente (Figura 2.1). As proteínas e os polímeros de carboidratos são também chamados "polipeptídios" e "polissacarídios", nessa ordem. A diversidade estrutural e funcional desses polímeros depende da variedade de seus monômeros e de suas propriedades químicas.

O último grupo, os lipídios, abrange compostos bastante variados, cuja principal característica que os define é a insolubilidade em água, devido à sua natureza apolar.

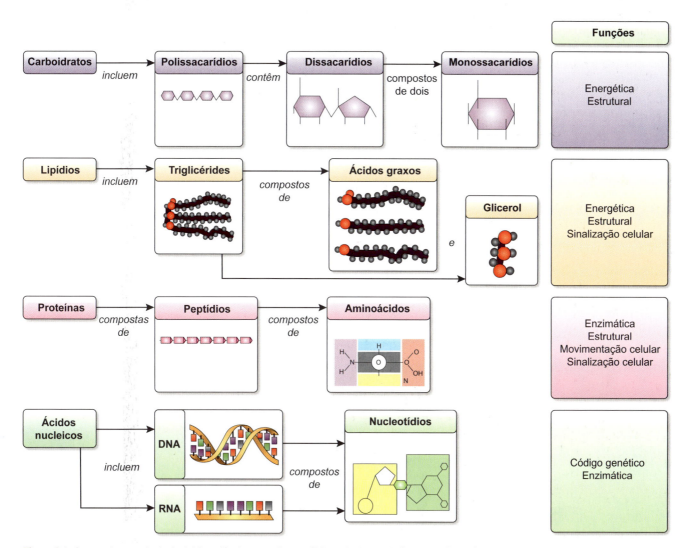

Figura 2.1 Quatro classes principais de biomoléculas compõem a célula: carboidratos, lipídios, proteínas e ácidos nucleicos. O diagrama resume os componentes básicos, seus polímeros e suas funções. (Adaptada de https://teachers.henrico.k12.va.us/henrico/smith_d/.)

Frequentemente as biomoléculas se associam para formar complexos como as lipoproteínas, glicoproteínas e proteoglicanas (proteínas combinadas com polissacarídios) e as nucleoproteínas (ácidos nucleicos e proteínas).

As biomoléculas citadas são grandes e correspondem a compostos orgânicos (assim denominados porque contêm átomos de carbono e hidrogênio), mas, a vida também depende de compostos orgânicos menores, como as vitaminas, bem como de moléculas inorgânicas, como a água e os sais minerais. Juntas, essas moléculas são responsáveis pela constituição e pelo funcionamento das células, por meio de complexas relações químicas.

Molécula da água é assimétrica

Conforme abordado no Capítulo 1, as primeiras células surgiram na massa líquida que cobria a maior parte da superfície terrestre há bilhões de anos. A partir de moléculas orgânicas originadas antes da existência de qualquer ser vivo (origem pré-biótica), formaram-se arranjos de lipídios (micelas) que evoluíram para formar membranas, constituindo-se, assim, as primeiras células. A origem das células associa-se à água de tal modo que esta é, sem exceção, a molécula mais abundante em suas composições. As moléculas de proteínas, lipídios e polissacarídios têm abundâncias diferentes entre células, mas todas as células contêm água. Esse composto não é uma molécula inerte, com a única função de preencher espaços; ao contrário, a água e seus íons (H^+ e OH^-) influenciam na configuração e nas propriedades biológicas das biomoléculas.

A molécula de água é morfológica e eletricamente assimétrica. Devido à estrutura eletrônica da molécula, os dois átomos de hidrogênio formam com o de oxigênio um ângulo de 104,5°, em média, portanto, apesar de ser representada pela fórmula H–O–H, a molécula de água não é um bastão reto. A assimetria de cargas elétricas decorre da forte atração exercida pelo núcleo do oxigênio sobre os elétrons da molécula como um todo (eletronegatividade), logo, os elétrons da molécula de água estão distribuídos de modo não uniforme: no lado do oxigênio há uma carga líquida negativa e cada um dos dois hidrogênios apresenta uma carga líquida positiva. Essa distribuição desigual de cargas faz da molécula de água um dipolo.

Assim, o oxigênio (relativamente negativo) ocupa o centro de um tetraedro, e os hidrogênios (relativamente positivos) posicionam-se em dois extremos, conforme mostra a Figura 2.2. Os outros dois vértices são ocupados pelos outros elétrons do oxigênio. O resultado é uma molécula polar.

A carga líquida negativa do oxigênio interage com a carga líquida positiva de um hidrogênio de uma molécula de água vizinha, formando uma ligação de hidrogênio (ou ponte de hidrogênio; ver Figura 2.2). O dipolo da água é forte o suficiente para que ela interaja com cargas elétricas ou outros dipolos (p. ex., formados por hidrogênios ligados a outros átomos eletronegativos, como em grupos amina). Por sua natureza dipolar e as ligações de hidrogênio entre suas moléculas, a água é um solvente com características únicas, como: **capacidade térmica**, ponto de ebulição relativamente alto, tensão superficial, entre outras. Substâncias iônicas ou polares são solúveis em água devido às possíveis interações de seu dipolo com as cargas positivas, negativas ou com outros dipolos. Essas interações diminuem a energia do sistema, tornando-o mais estável, ou seja, a relação entre água e íons, ou entre água e dipolos, torna o sistema mais estável do que se estivessem separados.

Os cristais de NaCl, por exemplo, dissolvem-se com facilidade em água porque, apesar da atração eletrostática entre o Cl^- e o Na^+ desse sal, cada um desses íons em solução é atraído pelas moléculas de água, sendo estabilizados pelos dipolos da água. Por esse mecanismo, o cristal se rompe, resultando nos íons hidratados de Cl^- e Na^+, altamente estáveis e em uma situação de menor energia no sistema.

Propriedades biológicas das macromoléculas estão relacionadas com sua afinidade pela água

As biomoléculas contêm em sua estrutura grupos químicos que apresentam afinidade pela água (grupos polares) ou que não apresentam afinidade pela água (grupos apolares), repelindo-a. Os grupos polares principais são carboxila, hidroxila, aldeído, sulfato e fosfato. Moléculas com alto teor de grupos polares são muito solúveis em água e denominam-se hidrofílicas (*hidro*, água, e *filos*, amigo). A maioria dos carboidratos,

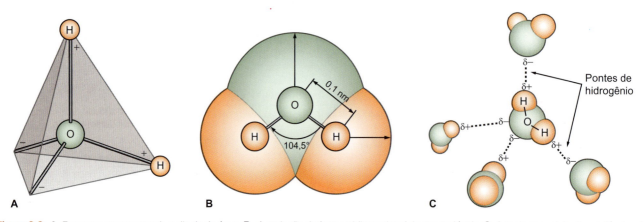

Figura 2.2 A. Esquema representando o dipolo da água. **B.** A projeção da forma tridimensional de sua molécula. **C.** Arranjo espacial entre moléculas de água, influenciado pelas pontes de hidrogênio.

dos ácidos nucleicos e de muitas proteínas é hidrofílica. Em contrapartida, moléculas com poucos grupos polares ou nenhum são insolúveis na água, sendo denominadas "hidrofóbicas" (*hidro*, água; *fobos*, aversão). Como exemplos, podem ser citados os lipídios, a parafina e os óleos – essas moléculas são repelidas pela água.

Existem também macromoléculas, geralmente alongadas, que apresentam uma região hidrofílica e outra hidrofóbica, sendo designadas como **anfipáticas**, ou **anfifílicas**, dotadas da capacidade de associar-se simultaneamente a água e a compostos hidrofílicos, pela sua extremidade polar, e a compostos hidrofóbicos, pela extremidade apolar. As moléculas anfipáticas exercem importantes funções biológicas e estão presentes em todas as membranas celulares.

As unidades que formam as biomoléculas podem interagir mediante dois tipos de ligações, que podem ser agrupadas de acordo com a energia necessária para serem formadas ou desfeitas (Tabela 2.1). De um lado estão as ligações fortes, denominadas "covalentes", resultantes do compartilhamento de elétrons entre dois átomos, criando uniões fortes e estáveis que consomem altas quantidades de energia para sua formação. É o tipo de união que se observa nas ligações entre aminoácidos, entre monossacarídios e entre nucleotídios, que constituem respectivamente, as proteínas, os carboidratos e os ácidos nucleicos. Do outro lado, estão as ligações fracas, de natureza variada, que se formam com pequeno gasto energético e podem ser desfeitas por procedimentos suaves como aquecimento moderado e alteração da concentração iônica do meio. As principais ligações fracas são: pontes de hidrogênio, ligações iônicas e interações hidrofóbicas.

As pontes de hidrogênio são interações entre o dipolo formado por um átomo de hidrogênio ligado a um átomo eletronegativo e a nuvem eletrônica de outro átomo eletronegativo. É possível exemplificar esse tipo de ligação pelas interações entre moléculas de água, em que os hidrogênios parcialmente positivos se unem ao átomo de oxigênio, parcialmente negativo, de outra molécula vizinha (ver Figura 2.2 C). Pontes de hidrogênio são direcionais por natureza e suficientemente energéticas para promoverem interações orientadas inter e intramoleculares, induzindo modificações estruturais ou criando complexos entre biomoléculas. Por exemplo,

em proteínas, estas interações podem ocorrer entre o hidrogênio de uma amina e o oxigênio de uma carbonila de aminoácidos diferentes, sendo fundamentais para a definição de sua estrutura tridimensional. As pontes de hidrogênio são também importantes no pareamento entre as duas cadeias complementares do ácido desoxirribonucleico (DNA). Nesse caso, as pontes de hidrogênio ocorrem entre pares de bases.

As ligações iônicas formam-se quando um grupo ácido se prende a um básico; são exemplos: as ligações entre aminoácidos básicos e ácidos (ver boxe *Importância das cadeias laterais de aminoácidos*); ou entre as glicosaminoglicanas (que contêm grupos sulfato) e as proteínas básicas.

As interações hidrofóbicas ocorrem entre moléculas apolares que tendem a se agregar em ambiente aquoso, criando partições (ou compartimentos) apolares. Consistem em um fenômeno de natureza entrópica, não sendo, portanto, propriamente uma ligação, como ocorre nas pontes de hidrogênio ou na ligação eletrostática, sendo mais adequadamente definida como uma **interação**. O exemplo mais importante de interação hidrofóbica em biologia ocorre nas membranas da célula (ver Capítulo 4), nas quais as duas camadas de lipídios se associam principalmente em virtude desse tipo de interação. Essa relação é necessária para a formação e a manutenção de conformações proteicas.

Importância das cadeias laterais de aminoácidos

As diferentes cadeias laterais dos aminoácidos conferem propriedades físicas e químicas únicas (Figura 2.3 A), que são essenciais para o enovelamento de proteínas e a formação de sítios de ligação ou centros catalíticos em enzimas.

Em cada aminoácido, os grupos químicos presentes nessas cadeias laterais podem modular características, como: hidrofobicidade, volume, acidez, carga elétrica (ionização), além de promover ligações entre cadeias peptídicas por pontes de hidrogênio ou ligações covalentes.

De acordo com as características conferidas por suas cadeias laterais, os aminoácidos podem ser agrupados de variadas maneiras. Um modo de classificação é por grupos químicos (alifáticos, aromáticos, ácidos, básicos). Por exemplo, em pH fisiológico, as cadeias laterais de cinco aminoácidos apresentam cargas elétricas diferenciadas: arginina, histidina e lisina possuem grupo amina (ou imidazol, no caso da histidina) e apresentam cargas positivas, sendo assim básicas; e os aminoácidos ácido aspártico e ácido glutâmico possuem carboxilas, que no pH fisiológico apresentam cargas negativas. Portanto, como os próprios nomes indicam, são ácidos.

Uma classificação muito comum é através da polaridade das cadeias laterais (Figura 2.4), uma vez que essa propriedade está relacionada com o enovelamento de peptídios em ambiente aquoso. Assim os aminoácidos podem ser agrupados de acordo com suas cadeias laterais em: não polares; polares não carregados e polares carregados (grupo que contém os aminoácidos ácidos e básicos).

Tabela 2.1 Energia despendida para romper algumas ligações moleculares de interesse biológico.

Tipo de ligação		Energia (kcal/mol)
Ligações covalentes (fortes)	H_3C — CH_3	88 (simples)
	C ═ O	170 (dupla)
	N ≡ N	226 (tripla)
Ligações não covalentes (fracas)	Ponte de H	≈ 1 a 7
	Ligação iônica	≈ 5
	Interação hidrofóbica	≈ 1 a 3

20 Biologia Celular e Molecular

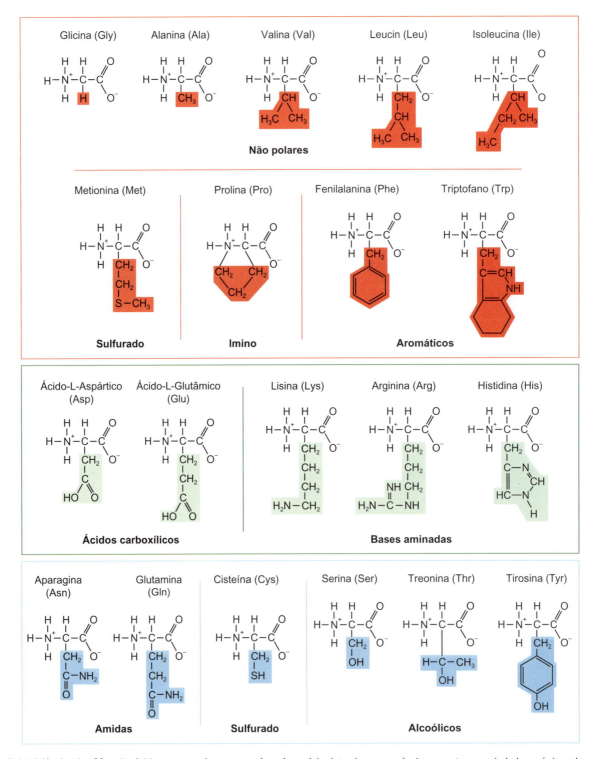

Figura 2.3 A. Estrutura geral dos alfa-aminoácidos: R representa a cadeia lateral. No detalhe estão ilustrados os dois enantiômeros possíveis dos alfa-aminoácidos. **B.** Formação da ligação peptídica, indicada *em sombreado*, pela união de dois aminoácidos e formação de uma molécula de água.

Figura 2.4 Moléculas dos 20 aminoácidos encontrados nas proteínas. As cadeias laterais, responsáveis por certas propriedades químicas dos aminoácidos, estão indicadas pelo sombreado. O *grupo vermelho* contém os aminoácidos apolares, o *grupo azul* contém os aminoácidos polares não carregados, e o *grupo verde*, os aminoácidos polares carregados.

A importância biológica dessas interações e ligações de baixa energia consiste no fato de que elas possibilitam à célula alterar, montar e desmontar estruturas supramoleculares, como os microtúbulos e os microfilamentos, aumentando, assim sua versatilidade e eficiência funcional, sem grande gasto energético. Se as interações das macromoléculas fossem realizadas apenas com ligações fortes, a estrutura celular seria excessivamente estável, e as modificações dessa estrutura implicariam em gasto de energia tão alto que a atividade celular seria impossível.

Proteínas são polímeros de aminoácidos

As proteínas são macromoléculas que contêm número variável de aminoácidos, unidos por ligações peptídicas (ver Figura 2.3 B); são, portanto, polímeros de aminoácidos. As cadeias assim constituídas denominam-se cadeias polipeptídicas e, ao alcançarem determinada dimensão, recebem o nome de proteína. É comum considerar proteínas os polipeptídios com peso molecular a partir de 6.000 dáltons (dálton ou Da corresponde a 1 unidade de massa atômica).

Embora existam centenas de aminoácidos conhecidos na natureza, só 20 são encontrados nas proteínas e estão codificados nas sequências de ácidos nucleicos (ver Figura 2.4). Os aminoácidos que compõem as proteínas têm em comum a presença de um grupo NH_2 (amino) e um grupo COOH (carboxila), ligados ao carbono alfa da molécula (ver Figura 2.3). São exceções a prolina e a hidroxiprolina, que contêm o grupo NH (imino) em substituição ao grupo NH_2. Na realidade, a prolina e a hidroxiprolina são iminoácidos (ver Figura 2.4), mas se incluem entre os aminoácidos por apresentarem propriedades semelhantes.

Durante o processo de tradução (ver Capítulo 12), a síntese de uma proteína segue informações contidas no ácido ribonucleico mensageiro (mRNA), e a formação das ligações peptídicas ocorre entre o grupo carboxila de um aminoácido já na cadeia e um grupo amina de um novo aminoácido sendo adicionado, assim, o sentido da síntese de uma proteína é da extremidade amina (N-terminal) para a extremidade carboxílica (C-terminal), ou seja, o primeiro aminoácido de uma cadeia peptídica tem um grupo amina exposto (N-terminal), e o último apresentará um grupo carboxílico (C-terminal). Após a formação de ligações peptídicas, os aminoácidos envolvidos podem ser intitulados de resíduos de aminoácidos, ou apenas resíduos, uma vez que ocorre a perda de dois átomos de hidrogênio e um de oxigênio dos aminoácidos originais para cada ligação formada.

Isomeria óptica em aminoácidos

Algumas estruturas apresentam algumas assimetrias, o que promove duas possibilidades conformacionais para cada assimetria, como uma imagem em um espelho, que não se sobrepõe ao objeto refletido por nenhuma forma de reorientação, ou nossas mãos, que também não são sobreponíveis. Essa propriedade é conhecida como quiralidade.

Compostos químicos também podem apresentar centros quirais (centros de assimetria), com formas que não podem ser justapostas. Cada versão dessas moléculas é denominada "enantiômero". O carbono alfa dos aminoácidos é um centro quiral (conhecido como carbono quiral), exceto em glicina, que propicia duas possibilidades de enantiômeros.

As propriedades químicas e físicas dos enantiômeros são essencialmente iguais, porém interagem de maneiras diferentes com luz polarizada e com outras substâncias quirais. Biomoléculas frequentemente apresentam quiralidade, logo, enantiômeros de origem biológica se relacionarão de modo específico com outras substâncias quirais ou com catalisadores (enzimas), também quirais. Essas relações são de especial interesse clínico e farmacológico, sendo bastante comum a necessidade de obtenção de um enantiômero purificado como fármaco, já que pode apresentar a ação fisiológica desejada e sua contraparte não ter efeito algum, ou efeito adverso.

A síntese química usual de uma substância com centro quiral geralmente produz uma mistura racêmica, ou seja, contendo partes iguais de todos os enantiômeros possíveis. No entanto, biomoléculas dotadas de centros quirais de origem biológica são quase sempre produzidas na forma de um enantiômero puro.

Quase todos os aminoácidos celulares usuais (exceto a glicina) são enantiômeros levógiros (L-aminoácidos, desviam a luz polarizada para a esquerda), o que reforça a hipótese, apresentada no Capítulo 1, segundo a qual todas as células hoje existentes derivam de uma célula ancestral única. Esta teria se desenvolvido aproveitando os L-aminoácidos, sendo a capacidade de utilizá-los transmitida a todas as células descendentes.

As proteínas são os componentes químicos mais variados da célula, em virtude de serem constituídas de 20 aminoácidos diferentes. Essa diversificação estrutural reflete-se nas múltiplas funções biológicas que proteínas podem exercer. Essas macromoléculas têm importante função bioquímica (como enzimas), estrutural (nos filamentos intermediários, microfilamentos e microtúbulos), na comunicação celular (nos hormônios proteicos e em seus receptores), no movimento das células (exemplificado pela atividade motora do complexo actina–miosina) e, finalmente, uma pequena importância como fonte energética. Note que quase a totalidade da energia consumida pelas células é fornecida pelas moléculas de lipídios e carboidratos.

As proteínas podem ser classificadas em duas categorias: as proteínas simples, cujas moléculas são formadas exclusivamente por aminoácidos, e as proteínas conjugadas, cujas moléculas combinam-se a uma parte não proteica denominada "grupo prostético" (Tabela 2.2). O grupo prostético pode estar ligado à proteína por ligação covalente ou interações mais fracas e transitórias.

A carga elétrica das proteínas depende dos grupos NH_2, COOH e imidazol (cadeia lateral da histidina) ionizáveis dos aminoácidos que as compõem e do pH do ambiente em que

Tabela 2.2 Exemplos de proteínas conjugadas e seus respectivos grupos prostéticos.

Proteína conjugada	Grupo prostético
Nucleoproteína	Ácidos nucleicos
Glicoproteínas	Polissacarídios
Lipoproteínas	Lipídios
Fosfoproteínas	Grupo(s) fosfato
Hemeproteínas (catalases, peroxidases e citocromos)	Grupo heme (constituído por um átomo de ferro em um anel orgânico)
Flavoproteínas	Riboflavina(s)
Metaloproteínas	Metal ou um composto inorgânico que contém metal. Exemplo: ferritina, contendo o grupo prostético Fe(OH)$_3$

elas se encontram. Essas características condicionam a sua migração em um campo elétrico, por exemplo, ou definem interações eletrostáticas entre proteínas (receptores e ligantes). Em um ambiente fisiológico (pH ≈ 7,4), dependendo da predominância de grupos NH$_2$ ou COOH, as proteínas são básicas ou ácidas, respectivamente; por exemplo, as histonas, ricas em lisina e arginina (aminoácidos com dois grupos NH$_2$ por molécula), são eletricamente positivas, portanto, básicas e, por isso, combinam-se aos grupos fosfato do DNA para formar complexas nucleoproteínas.

A sequência de aminoácidos influi na forma e função das proteínas

As proteínas são a classe de macromoléculas mais versátil dos seres vivos. Com apenas 20 aminoácidos e vários graus de organização tridimensional, elas apresentam uma vasta variedade de formas e propriedades físico-químicas, podendo realizar funções estruturais, catalíticas, de transporte, entre outras.

Conforme exposto anteriormente, as biomoléculas assumem uma forma tridimensional específica em ambiente aquoso. Esse aspecto é muito importante em sistemas biológicos, pois dentro da célula, em condições fisiológicas, a estrutura das moléculas determina suas atividades e interações. A configuração nativa das proteínas é a forma tridimensional única em que se apresenta no pH e na temperatura existentes nos organismos vivos (Figura 2.5).

A quantidade e a sequência dos resíduos de aminoácidos em uma cadeia polipeptídica estabelecem a **estrutura primária** da proteína que é mantida por ligações peptídicas. Se essas ligações químicas fossem as únicas existentes, as moléculas das proteínas seriam dobradas ao acaso, irregularmente, entretanto, o estudo das propriedades das proteínas em estado nativo revela que elas são constituídas por cadeias polipeptídicas dobradas de maneira bastante regular e constante para cada tipo de proteína, indicando a existência de outras interações envolvidas em sua conformação.

As cadeias dobram-se e enovelam-se de modo complexo, para constituírem um arranjo espacial definido e típico da proteína – sua **estrutura secundária**.

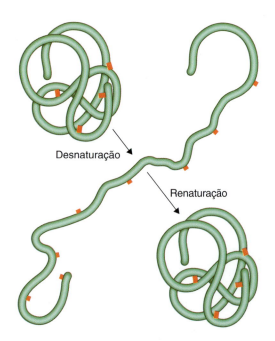

Figura 2.5 Na *parte superior, à esquerda*, aparece uma proteína globular, em sua configuração nativa (forma da molécula nas condições naturais dentro da célula). *No centro*, a mesma molécula, porém, desnaturada. Como a desnaturação é frequentemente reversível, a molécula pode voltar à sua forma inicial, como mostra a figura na *parte inferior, à direita*. As *pequenas faixas laranja* representam os radicais que se unem para estabelecer a configuração nativa da proteína.

A estrutura tridimensional das proteínas pode ser mantida pelas seguintes forças de estabilização:

- Ligação peptídica (resultante de ligação covalente)
- Interação hidrofóbica
- Pontes de hidrogênio
- Ligações dissulfeto ou pontes dissulfeto (ligações covalentes entre moléculas do aminoácido cisteína).

Uma estrutura secundária muito frequente entre as proteínas globulares que formam a maioria das proteínas da célula é a alfa-hélice (Figura 2.6). Essa configuração deve-se à formação de pontes de hidrogênio entre aminoácidos de uma mesma cadeia, a qual adquire a forma de saca-rolha ou hélice.

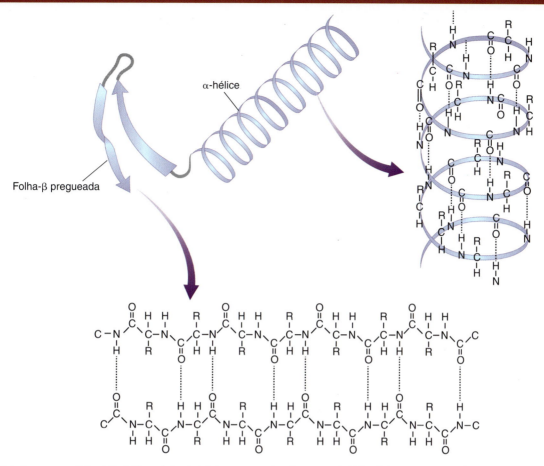

Figura 2.6 Estruturas secundárias (alfa-hélice e folha-beta) de uma proteína. As pontes de hidrogênio entre os aminoácidos estão representadas por *linhas pontilhadas*. (Adaptada de CNX OpenStax, 2016. Disponível em: https://commons.wikimedia.org/wiki/File:OSC_Microbio_07_04_secondary.jpg.)

Outra estrutura secundária comum é a folha-beta (ou folha-beta pregueada; ver Figura 2.6), na qual o arranjo compacto de segmentos de cadeias peptídicas, em disposição paralela ou antiparalela, origina uma forma quase plana (geralmente torcida).

Fatores determinantes para as estruturas secundárias

As estruturas secundárias são mantidas em conformação estável por diferentes interações intramoleculares. Um importante componente que promove a estabilização das estruturas proteicas é o posicionamento adequado de pontes de hidrogênio, que, como discutido anteriormente, são capazes de formar interações suficientemente fortes e de modo orientado. Há também forte contribuição das características físico-químicas dos aminoácidos componentes da proteína, tais como ângulos de ligações covalentes em torno da ligação peptídica, os quais não podem assumir qualquer posição devido a impedimentos estéricos geralmente envolvendo cadeias laterais, bem como por interações entre cadeias laterais, que possibilitam intensas interações eletrostáticas e hidrofóbicas.

Para uma proteína assumir uma conformação nativa, esse processo deve ser termodinamicamente favorável, pois o enovelamento (ver Capítulo 13) promove a redução da energia livre e da entropia dessa macromolécula a cada passo. Por exemplo, de acordo com as propriedades de cada aminoácido é possível definir sua tendência em ser parte de uma alfa-hélice, ou seja, é possível calcular a energia livre de cada aminoácido nessa conformação. Assim tem-se uma classificação dos aminoácidos mais propensos a formar essa estrutura secundária (metionina, alanina, leucina, glutamato e lisina), bem como os aminoácidos com maior tendência de perturbar esse arranjo (prolina e glicina).

Prever a estrutura secundária com base na sequência de aminoácidos é um desafio muito grande ainda. Métodos computacionais atuais consideram características do solvente e a hidrofobicidade de cada aminoácido, mas a eficiência dessas técnicas ainda não possibilita a substituição de metodologia de análises de proteína com base em cristalografia, difração de raios X e ressonância magnética nuclear.

A cadeia que contém a estrutura secundária dobra-se novamente sobre si mesma, formando estruturas globulares ou alongadas, adquirindo, assim, uma **estrutura terciária** (Figura 2.7). Diz-se que uma proteína é globular quando a sua molécula tem uma relação comprimento–largura menor que 10:1. A maioria das proteínas das células é globular, como a hemoglobina, a mioglobina, a hemocianina, as proteínas com atividade enzimática e as proteínas das membranas celulares. Quando a relação

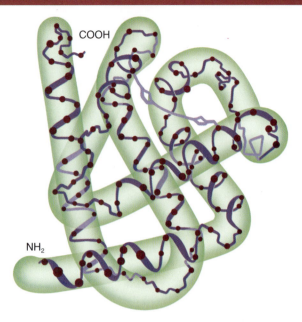

Figura 2.7 Esquema das estruturas primária, secundária e terciária de uma proteína. Na *fita azul* estão representados os resíduos de aminoácidos (estrutura primária) e a hélice formada por eles (estrutura secundária). As dobras da molécula, demonstradas por seu contorno externo, *em verde*, constituem a estrutura terciária.

comprimento–largura é maior que 10:1, a proteína é definida como fibrosa. Dentre as proteínas fibrosas intracelulares, a **queratina** é a mais bem estudada. A proteína mais abundante no corpo dos mamíferos é o **colágeno**, proteína fibrosa extracelular que constitui as fibrilas colágenas.

Muitas proteínas têm moléculas compostas por várias cadeias peptídicas, que podem ser iguais ou diferentes. Essas cadeias chamam-se subunidades ou monômeros, sendo essas proteínas denominadas "oligoméricas". O modo específico de as subunidades se associarem para formar a proteína tem o nome de **estrutura quaternária** (Figura 2.8). Essa estrutura é mantida graças à cooperação de numerosas ligações químicas fracas, como as pontes de hidrogênio. Por meio da organização proteica quaternária, são criadas variadas estruturas de grande importância biológica, como os microtúbulos, os microfilamentos, os capsômeros dos vírus e os complexos enzimáticos que serão descritos adiante, neste capítulo.

A partir do exposto neste tópico, é possível concluir que a configuração tridimensional de uma proteína também está relacionada com a quantidade de cadeias polipeptídicas que constituem sua molécula.

Chaperonas auxiliam no enovelamento de peptídios complexos e na destruição de proteínas defeituosas

A estrutura tridimensional das proteínas em estado nativo depende de modificações conformacionais, que por sua vez subordinam-se a propriedades bioquímicas definidas pela sua sequência de aminoácidos. As modificações conformacionais também são conhecidas como enovelamento. Muitas proteínas apresentam enovelamento espontâneo durante sua síntese, sofrendo dobras e curvaturas, aproximando regiões hidrofóbicas e expondo porções polares, até que a conformação de menor energia seja alcançada, no entanto, proteínas de maior peso molecular e complexidade necessitam de auxílio para atingir seu estado nativo ideal.

Mesmo proteínas nascentes ou recém-sintetizadas podem manter-se em um estado intermediário ou em uma conformação incorreta, ou proteínas já maduras podem perder sua conformação estrutural (desnaturação). Em todos esses cenários, proteínas intituladas **chaperonas** moleculares atuam proporcionando um microambiente hidrofóbico onde os peptídios possam ser estabilizados enquanto são sintetizados, ou desnaturados e renaturados, até alcançarem sua conformação nativa.

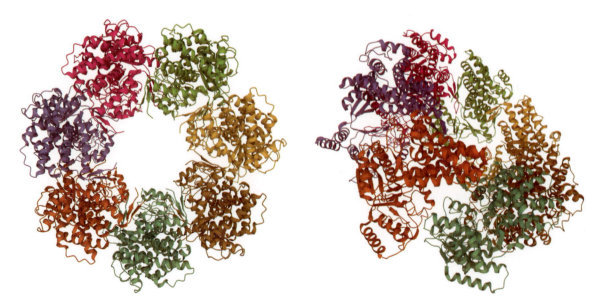

Figura 2.8 Diferentes subunidades proteicas (monômeros) podem associar-se para compor a proteína madura. Nessa ilustração, a estrutura quaternária da chaperonina mitocondrial humana mHSP60 está representada em duas projeções, composta por sete monômeros iguais; suas subunidades estão representadas por cores diferentes e formam uma estrutura cilíndrica.

No ambiente intracelular, há grande concentração de proteínas em variados estágios de maturação, incluindo aquelas que não estão completamente enoveladas, expondo seus domínios hidrofóbicos. Essas porções hidrofóbicas em meio aquoso tendem a formar agregados insolúveis frequentes entre diferentes proteínas. As chaperonas impedem a agregação indevida das cadeias polipeptídicas nascentes, além de desfazer as defeituosas e promover a eliminação, por hidrólise, das proteínas incorretamente formadas. Para realizar essas tarefas, as chaperonas utilizam energia fornecida por trifosfato de adenosina (ATP).

As chaperonas mais estudadas são denominadas "HSP60" e "HSP70", com homólogos em procariotos e em eucariotos. A abreviatura provém de *heat shock protein*, porque elas aumentam sua concentração quando as células são expostas a temperaturas elevadas, e o número indica o peso molecular expresso em kilodáltons (kDa). Existem também outras chaperonas de diferentes massas moleculares, de expressões constitutivas, e até mesmo específicas para organelas.

Enzimas viabilizam o metabolismo celular

As enzimas são proteínas com atividade catalítica, ou seja, capazes de acelerar reações químicas específicas pela redução da energia de ativação do processo. Sua atividade depende de sua estrutura tridimensional e pode ocorrer por mecanismos distintos, por exemplo, na estabilização de estados intermediários de uma reação, fornecendo uma via alternativa para a reação ou desestabilizando seu substrato. Enzimas atuam tanto no metabolismo anabólico (síntese) como no catabólico (degradação de moléculas). São elas as principais responsáveis pela eficiência da bioquímica intracelular. Graças às enzimas, as células executam em milésimos de segundo a síntese de moléculas que, *in vitro*, sem enzimas, necessitariam de muitos anos para que esse processo acontecesse espontaneamente.

Além da rapidez, as sínteses enzimáticas apresentam alto rendimento, isso é, no final da reação gera-se apenas o produto desejado ou alguns produtos. Sendo catalisadores tão eficientes, as enzimas têm sido usadas para síntese *in vitro*, tanto no laboratório experimental como na produção industrial. De fato, estão presentes também no dia a dia de todos, sendo facilmente encontradas em produtos de limpeza, remédios e cosméticos.

Embora praticamente todas as enzimas sejam proteínas, há alguns RNAs, denominados "ribozimas", que apresentam atividade enzimática. Muitos processos celulares dependem de ribozimas, como processamento de mRNA e síntese proteica. O ribossomo é um grande complexo ribonucleoproteico (complexo composto por RNAs e proteínas) que possui ribozimas ativas em sítios específicos. A existência de ribozimas corrobora a hipótese de que o RNA tenha surgido como repositório de informação e como agente catalisador de reações (ver Capítulo 1).

Ação enzimática

O composto que sofre a ação de uma enzima chama-se substrato. A enzima contém um ou mais centros ativos, regiões que podem ser subdivididas em duas: uma em que o substrato é acomodado, sítio de ligação; e outra onde é processado, sítio catalítico. Em geral esses sítios são distintos, porém algumas enzimas podem apresentar regiões com sobreposição de funções. Sítios de ligação orientam espacialmente o substrato por meio de interações não covalentes e temporárias, garantindo o posicionamento ideal no sítio catalítico, onde ocorrerá a transformação do(s) substratos em produto(s). A forma tridimensional da enzima é importante para a sua atividade, pois os centros ativos são regiões cuja conformação tridimensional é complementar à da molécula do substrato. Essa complementaridade estrutural é essencial para o encaixe tridimensional preciso entre a enzima e seus substratos (Figura 2.9); é por meio desse encaixe que a enzima reconhece e se prende com maior ou menor afinidade a seus substratos. É possível afirmar que a maior parte da estrutura da proteína é direcionada para manter e modular a atividade do(s) centro(s) ativo(s).

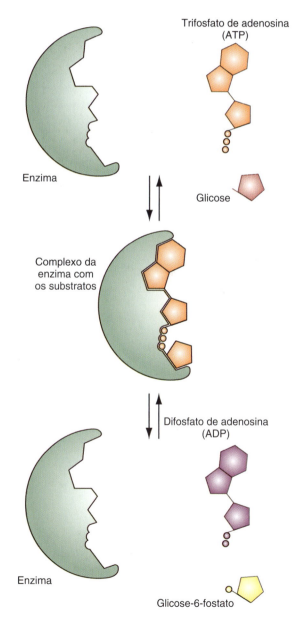

Figura 2.9 Combinação reversível entre os substratos e o centro ativo da enzima. Demonstra-se também a ação enzimática (ATP + glicose → ADP + glicose-6-fosfato). Essa ilustração explica a importância da estrutura tridimensional de uma proteína (enzima) para sua atividade biológica. É necessário que o substrato se encaixe na enzima para que a reação ocorra.

A especificidade das enzimas é muito variável. Algumas atuam exclusivamente em um tipo de molécula, não atacando sequer seu estereoisômero. Por exemplo, a lactato desidrogenase (LDH) é específica para o L-lactato, e a D-aminoácido-oxidase só ataca os D-aminoácidos. Por outro lado, há enzimas que atuam em vários compostos com alguma característica estrutural comum, como é o caso das fosfatases, que hidrolisam diversos ésteres do ácido fosfórico.

Para exercerem sua atividade, muitas enzimas necessitam de **cofatores**, que podem ser um íon metálico, um complexo inorgânico ou uma molécula orgânica não proteica. Íons metálicos são cofatores comuns que fazem parte de sítios ativos, podendo atuar tanto na ligação do substrato como no centro catalítico. Quando o cofator é uma molécula orgânica, recebe o nome de **coenzima**. As enzimas, sendo proteínas, podem ser desnaturadas e inativadas por temperaturas muito elevadas, no entanto, as coenzimas, em geral, são termoestáveis. Coenzimas têm função fundamental como transportadoras de grupos orgânicos, como trifosfato de adenosina (ATP/ADP) ou acetilcoenzima A (acetil-CoA/CoA), ou como transportadores de elétrons em reações de oxirredução, como nicotinamida adenina dinucleotídio (NAD$^+$/NADH) ou fosfato de dinucleotídio de adenina e nicotinamida (NADP$^+$/NADPH), desempenhando assim funções indispensáveis no metabolismo celular. Muitas coenzimas são derivadas de nucleotídios ou de vitaminas e, dada sua importância bioquímica, sua intensa utilização é associada a processos de reciclagem dessas moléculas para a manutenção de seus níveis fisiológicos. A parte ativa de muitas coenzimas contém vitaminas do grupo B, como riboflavina, tiamina, ácido pantotênico e nicotinamida, sendo importantes em vias metabólicas essenciais como o ciclo de Krebs e a via glicolítica.

Alguns cofatores estão ligados de modo permanente à enzima, e outros interagem temporariamente, apenas durante a ação enzimática. O complexo formado pela enzima com o cofator, independentemente do grau de união química entre eles, denomina-se **holoenzima**. Removendo-se o cofator, resta a parte proteica da enzima, que é então inativada e se intitula **apoenzima**.

Quando o cofator está fortemente ligado à apoenzima, por exemplo, mediante ligação covalente, ele constitui um grupo prostético, e a enzima deve ser considerada uma proteína conjugada. Cofatores não covalentemente ligados à enzima denominam-se cossubstratos.

Nomenclatura

Muitas enzimas são designadas pelo nome do substrato sobre o qual atuam mais o sufixo "ase"; por exemplo, o ácido ribonucleico (substrato) é hidrolisado pela enzima ribonuclease. Outras enzimas – inclusive algumas dentre as mais bem estudadas são conhecidas por nomes que não seguem essa regra; são exemplos a pepsina e a tripsina, que hidrolisam proteínas.

Atualmente a nomenclatura de enzimas (entre outras) é regulada pelo Comitê de Nomenclatura da União Internacional de Bioquímica e Biologia Molecular (NC-IUBMB), que estabelece uma classificação das enzimas em seis categorias principais (Tabela 2.3), cada uma com subdivisões, e normas para a designação mais precisa e informativa de cada enzima. A nomenclatura inclui um sistema numérico associado – os "ECs" (do inglês *Enzyme Commission*) –, em que cada enzima é identificada com uma sequência única de quatro números: sendo o primeiro o tipo de reação enzimática, seguido por substratos, produtos e mecanismos químicos.

Por exemplo, pela nomenclatura do Comitê, em geral a enzima hexoquinase que catalisa a reação ATP + glicose → glicose-6-fosfato + ADP deve ser denominada "ATP:*D*-hexose-fosfotransferase" ou "EC 2.7.1.1". Essa é uma transferase que adiciona um grupo fosfato a uma hexose (açúcar). Esta última denominação indica mais precisamente a ação da enzima, que é transferir um grupo fosfato do ATP para uma hexose. A nomenclatura internacional é pouco usada na prática laboratorial, porque as enzimas recebem designações muito longas, em comparação com seus nomes corriqueiros (Tabela 2.4); porém, os métodos

Tabela 2.3 Principais classes de enzimas segundo o Comitê de Nomenclatura da União Internacional de Bioquímica e Biologia Molecular (NC-IUBMB). Na classificação completa, cada classe desse quadro é subdividida.

Classe	Nome	Catalisam	Exemplos
EC 1	Oxirredutases	Reações nas quais um composto é reduzido e outro oxidado	Desidrogenases, oxidases, peroxidases
EC 2	Transferases	Transferência de grupamentos químicos de uma molécula para outra	Transaminases, transmetilases
EC 3	Hidrolases	Rompimento de moléculas com adição de água	Peptidases, fosfatases, esterases
EC 4	Liases	Remoção de um grupo químico, originando uma dupla ligação no substrato ou adição de um grupo a uma dupla ligação, que é assim desfeita	Descarboxilases, desaminases
EC 5	Isomerases	Rearranjos intramoleculares que modificam a estrutura tridimensional do substrato	Racemases, epimerases
EC 6	Ligases	União de duas moléculas, com hidrólise de trifosfato de adenosina ou outro composto rico em energia	Acetilcoenzima A sintetase, carboxilase do piruvato

Tabela 2.4 Exemplo de nomenclatura de enzimas.

Nome usual	EC	Nome sistemático	Reação
Lactase	EC 3.2.1.108	Lactose galactohidrolase	Lactose + H_2O = D-galactose + D-glicose

analíticos atuais são cada vez mais informativos, produzindo cada vez mais dados em ampla escala por técnicas genômicas e proteômicas. Assim, a identificação numérica inequívoca torna-se cada vez mais necessária.

A atividade enzimática pode ser alterada

A atividade das enzimas, muito sensível a variados agentes químicos e físicos, pode ser alterada de muitas maneiras. Entre os fatores que afetam a atividade enzimática, chamam a atenção: temperatura, pH, concentração do substrato e ativadores ou inibidores que alteram a velocidade de atuação das enzimas.

A temperatura tem grande importância prática, uma vez que o frio reduz a atividade enzimática, retardando os processos de lise celular e a deterioração de amostras de tecidos, sangue, urina etc., utilizadas em exames de laboratório. Em contrapartida, temperaturas altas podem desnaturar as enzimas, afetando a eficiência ou até mesmo impossibilitando a catálise.

O uso de inibidores representa uma maneira de modificar a eficiência de uma enzima que é extensivamente estudada, contando com modelos matemáticos e aplicações clínicas e industriais. Em organismos vivos, a inibição pode ser parte de um mecanismo de controle de uma via, modulando, assim, toda uma cadeia de eventos. Inibidores podem ter ação reversível ou irreversível, e seu mecanismo de inibição pode ser competitivo ou não competitivo.

Inibição competitiva

A inibição competitiva ocorre quando o inibidor compete com o substrato para se ligar ao sítio ativo. Esse inibidor é resistente à ação enzimática, mas tem estrutura similar o suficiente com o substrato da enzima para interagir com os centros ativos da enzima, ocupando-os no lugar do substrato. O grau de inibição depende da proporção entre as concentrações do inibidor e do substrato.

Inibição não competitiva

Esse tipo de inibição não é afetado pela concentração do substrato, dependendo exclusivamente da concentração do inibidor, que se liga à enzima e diminui sua eficiência, sem interferir na afinidade dessa enzima pelo substrato. O caso mais frequente de inibição não competitiva é representado pela combinação reversível de metais pesados com os grupos –SH da enzima. Isso altera a forma tridimensional da enzima e impede sua atividade. Ocorre também inibição não competitiva quando cofatores da enzima são removidos da solução; por exemplo, as enzimas que necessitam de Mg^{2+} são inibidas pelo etilenodiaminotetracetato de sódio (EDTA). Esse composto forma um complexo com cátions divalentes e, desse modo, remove o Mg^{2+} da solução. A inibição é reversível pela adição de cátions Mg^{2+}.

Complexos enzimáticos promovem reações sequenciais

A maioria das reações celulares ocorre com a ação de enzimas diferentes, em conjunto e de maneira sequencial, de modo que o produto resultante da ação de uma enzima é o substrato para a enzima seguinte, estabelecendo intrincados equilíbrios químicos. Esse conjunto de enzimas que trabalham em cooperação é denominado "cadeia enzimática".

Um sistema muito eficiente e frequente nas células é o representado pelos complexos de enzimas. Nele, todas as enzimas da cadeia associam-se para formar um conjunto de moléculas que se mantêm unidas por interações químicas fracas (estrutura proteica quaternária). Em leveduras, por exemplo, as enzimas que sintetizam ácidos graxos formam uma cadeia que consiste em sete enzimas que se ligam para formar um complexo multienzimático. As reações processam-se sequencialmente, e as moléculas intermediárias mantêm-se presas ao complexo até a formação da molécula do ácido graxo. Isso torna o sistema mais rápido, uma vez que os substratos não precisam deslocar-se muito de uma enzima para outra.

As cadeias enzimáticas mais bem organizadas e, portanto, mais eficientes são as que estão ligadas a membranas. Por exemplo, a cadeia das enzimas respiratórias (transportadoras de elétrons) que estão presas à membrana interna das mitocôndrias (ver Capítulo 5).

A maioria das reações enzimáticas pode ter sua atividade modulada. Isso representa uma importante propriedade biológica, porque possibilita às células modificar seletivamente a atividade de enzimas específicas, para as adequar às necessidades momentâneas.

Muitas cadeias enzimáticas são moduladas por autorregulação, sobretudo pelo efeito do produto final da cadeia sobre alguma enzima da sequência, anterior à sua formação. Por exemplo, o aminoácido L-treonina é transformado em L-isoleucina por uma cadeia de cinco enzimas (Figura 2.10). A primeira enzima dessa cadeia (E1) é a L-treonina-desaminase, cuja atividade é diminuída ou suprimida pelo produto final L-isoleucina. Desse modo, baixos níveis de L-isoleucina provocam o funcionamento da cadeia em toda a sua intensidade, e o excesso desse aminoácidofaz a cadeia diminuir de ritmo ou até parar a produção de mais L-isoleucina. Assim sendo, a concentração desse aminoácido na célula permanece nos limites normais. Esse tipo de regulação é muito frequente e denomina-se regulação alostérica. A enzima sensível a esse tipo de controle – no exemplo citado, a L-treonina-desaminase – intitula-se enzima reguladora, e a substância inibidora – no caso a L-isoleucina – é conhecida como efetora ou moduladora.

Na regulação alostérica, a substância efetora interage com a enzima em um local com função reguladora, que é diferente do centro ativo. Este é denominado "centro alostérico". A interação

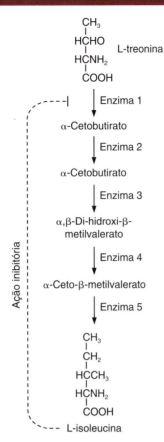

Figura 2.10 Regulação (inibição) alostérica. A L-treonina é transformada em L-isoleucina por meio de uma cadeia de cinco enzimas. A primeira enzima dessa cadeia é uma proteína alostérica que é inibida pela L-isoleucina; assim, o excesso de L-isoleucina bloqueia a síntese desse aminoácido e sua falta o estimula.

são modulados por maquinaria enzimática específica para cada substrato, o que torna o processo de fosforilação ou de desfosforilação rápido.

As enzimas que catalisam a fosforilação são conhecidas como quinases, e as enzimas capazes de realizar desfosforilação são as fosfatases. Em geral uma célula eucarionte apresenta centenas de enzimas de cada uma dessas categorias. O doador de fosfato mais usual é o ATP.

A adição de um grupo fosfato a uma cadeia peptídica pode promover profundas modificações, como: alteração da carga total do peptídio; inserção de um grupo hidrofílico; e mudanças conformacionais, uma vez que o fosfato pode participar de pontes de hidrogênio e interações iônicas, tanto intramoleculares como intermoleculares. Dessa maneira, a fosforilação ou a desfosforilação de uma proteína pode modular sítios catalíticos ou sítios de reconhecimento por outras proteínas.

Além de proteínas, outras biomoléculas, como carboidratos e lipídios, também podem sofrer fosforilação.

Assim, as características anteriormente descritas tornam os eventos de fosforilação/desfosforilação uma forma muito útil e de baixo custo energético de modular atividades proteicas. Esses eventos, atuando sequencialmente, formam vastas redes de regulação que, conjuntamente com outros mecanismos, regem vias metabólicas, de transdução de sinal e translocação de proteínas.

do efetor com o centro alostérico produz uma modificação na conformação tridimensional da enzima, com alteração do centro ativo, cuja atividade catalítica é inibida (Figura 2.11).

Outras vezes, a atividade da enzima é modulada pela interação com outras proteínas ou por modificações pós-traducionais, como a adição covalente de grupos fosfato aos aminoácidos serina, treonina ou tirosina presentes na enzima, reação denominada "fosforilação" (ver boxe *Importância da fosforilação*). A fosforilação de proteínas desempenha importante papel regulador não apenas em reações metabólicas, mas também em muitos outros processos celulares como crescimento, diferenciação celular, desmontagem do envelope nuclear na prófase e sua reorganização na telófase.

Importância da fosforilação

O grupo fosfato é abundante, compacto e pode apresentar cargas negativas em ambiente fisiológico, retendo uma camada de solvatação volumosa; pode ainda formar múltiplas ligações covalentes com diferentes funções orgânicas, tornando-o bastante versátil.

A adição covalente de grupos fosfato a cadeias laterais de aminoácidos é uma modificação pós-traducional extremamente frequente em proteínas. Essa ligação é estável e reversível. O estabelecimento e a reversão dessa ligação

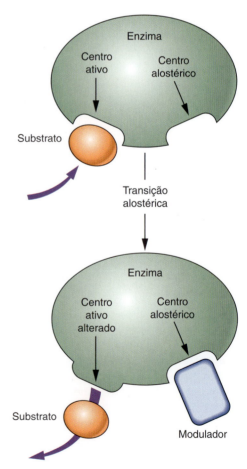

Figura 2.11 Esquema didático de regulação alostérica. A fixação do modulador no centro alostérico da proteína (enzima) modifica o centro ativo, impede a fixação do substrato e inibe a ação enzimática.

Isoenzimas: pequenas diferenças importantes

Algumas enzimas existem sob formas moleculares ligeiramente distintas nos diversos tecidos, ou na mesma célula de determinada espécie. Estas enzimas são chamadas **isoenzimas** (ou isozimas) e catalisam as mesmas reações nos mesmos substratos, mas exibem diferenças na atividade, na regulação, no pH ótimo de ação, na mobilidade eletroforética ou em outras características bioquímicas. As diferenças de atividade e na regulação das isoenzimas são utilizadas pelas células para modular as reações bioquímicas catalisadas por essas enzimas, de acordo com suas necessidades.

Isoenzimas apresentam sequências primárias diferentes e são expressas a partir de genes distintos, em diferentes localizações do genoma. Em alguns casos, a enzima é um complexo oligomérico, e seus monômeros correspondem a isoenzimas com propriedades diferentes, que agrupadas em proporções variáveis resultam em enzimas montadas que apresentam diferenças de atividade proporcionais aos monômeros presentes.

Um exemplo bem estudado é a isoenzima lactato desidrogenase (LDH), essencial para a produção de energia em organismos anaeróbios e em células aeróbias em hipoxia (condição em que o fornecimento de oxigênio pela circulação sanguínea é insuficiente); isso pode acontecer, por exemplo, no músculo estriado esquelético, quando se executa atividade muscular muito intensa. Quando as fibras musculares necessitam de mais oxigênio do que a circulação sanguínea pode fornecer, elas entram em hipoxia. O piruvato é total ou parcialmente reduzido a lactato, em vez de ser oxidado completamente, como acontece quando não existe hipoxia.

A lactato desidrogenase é constituída por quatro cadeias polipeptídicas (monômeros), de dois tipos diferentes: M e H (referentes às formas caracterizadas a partir dos músculos esquelético e cardíaco, respectivamente). As variações nas proporções desses dois monômeros produzem cinco lactato desidrogenases diferentes, cujas moléculas podem ser assim representadas:

- Primeira: 4 cadeias M (M_4H_0)
- Segunda: 3 cadeias M + 1 cadeia H (M_3H_1)
- Terceira: 2 cadeias M + 2 cadeias H (M_2H_2)
- Quarta: 1 cadeia M + 3 cadeias H (M_1H_3)
- Quinta: 4 cadeias H (M_0H_4).

Todas essas cinco formas de lactato desidrogenase foram extensivamente estudadas. Elas atuam no mesmo substrato (ácido láctico), porém, em velocidades diferentes e se comportam de modo diferente em relação à regulação alostérica por piruvato; portanto, do ponto de vista biológico, a principal distinção entre as isoenzimas é o grau de atividade de cada uma (Figura 2.12).

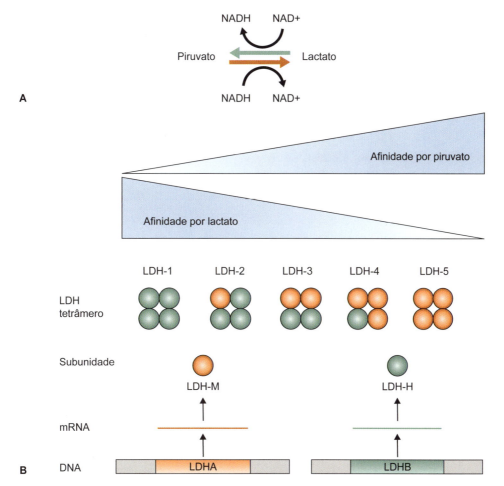

Figura 2.12 A. Reação reversível catalisada pela lactato desidrogenase (LDH). **B.** Diferentes isoenzimas formadas pela mudança na proporção de monômeros de LDH-M em LDH-H. O LDH-M tem mais afinidade por piruvato e o LDH-H tem mais afinidade por lactato. DNA: ácido desoxirribonucleico; NADH: nicotinamida adenina dinucleotídio. (Adaptada de Valvona et al., 2015.)

Demonstrou-se que existe um gene que determina a sequência de aminoácidos do monômero M e outro que define a do monômero H. Conforme a maior ou menor atividade de cada um desses genes, há elevação da produção do mRNA para M ou para H, e os polirribossomos produzirão diferentes quantidades de M e H. Como esses monômeros unem-se espontaneamente, ao acaso, para constituir as enzimas, as proporções de M e de H dependerão da atividade daqueles genes. Trata-se de um controle gênico, pelo qual, alterando as proporções dos monômeros produzidos (cadeias polipeptídicas), os genes influenciarão na estrutura quaternária das proteínas, podendo modular a sua atividade enzimática. O perfil de expressão desses genes pode variar ao longo do desenvolvimento de um tecido, bem como variar entre tecidos (ver Capítulos 11 e 17).

Ácidos nucleicos são polímeros de nucleotídios

Os ácidos nucleicos são biopolímeros em que os monômeros são unidades denominadas "nucleotídios".

Cada nucleotídio consiste em uma base nitrogenada ligada covalentemente a uma pentose, um açúcar contendo cinco carbonos, que está ligada a um grupo fosfato, formando um éster de ácido fosfórico (Figura 2.13). As posições de ligação desses grupos na pentose são importantes para definir a estrutura dos ácidos nucleicos e sua orientação quando polimerizados. A base nitrogenada está ligada ao carbono 1′, por ligação N-glicosídica, e o grupo fosfato está ligado ao carbono 5′ (ver Figura 2.13). A polimerização dos nucleotídios ocorre por ataque nucleofílico

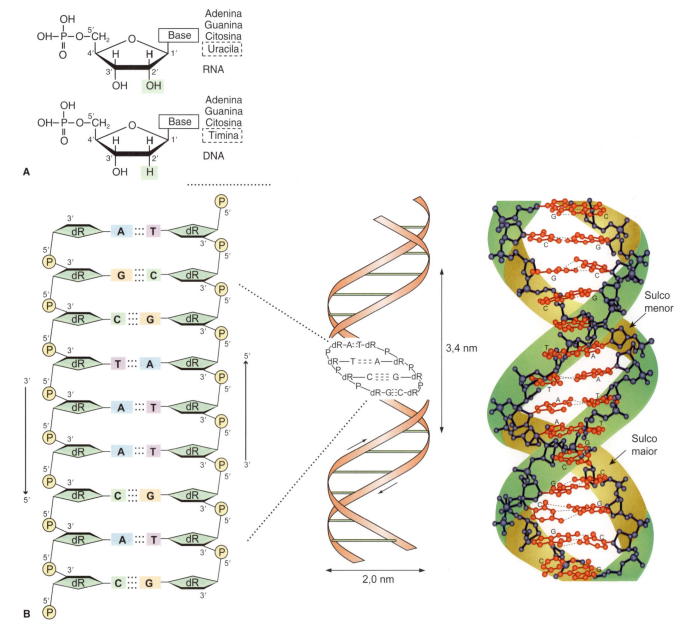

Figura 2.13 A. Nucleotídios do ácido ribonucleico (RNA) e do ácido desoxirribonucleico (DNA). As bases diferentes (uracila e timina) estão assinaladas. No carbono 2′, a desoxirribose contém um átomo de oxigênio a menos (observe os *retângulos verdes*). **B.** Pequena parte de uma molécula de DNA mostrando o arranjo antiparalelo dos polinucleotídios. Entre T e A existem duas pontes de hidrogênio e, entre G e C, três. Quando corretamente pareados, ambos os polinucleotídios formam uma dupla-fita. No detalhe uma projeção da estrutura da B-DNA, a conformação mais comum na natureza.

da hidroxila ligada ao carbono 3′ de um nucleotídio ao fósforo presente no fosfato ligado ao carbono 5′ de outro nucleotídio. Logo, as extremidades dos polímeros de ácidos nucleicos são distintas, conferindo direcionalidade à molécula.

Na polimerização dos nucleotídios, os grupos fosfato participam de ligações denominadas "fosfodiésteres", ou "grupos fosfodiéster", que em condições fisiológicas são ácidos dissociados (Figura 2.14).

A pentose pode ser uma D-ribose (ou ribose), presente em RNA – ou 2′-desoxi-D-ribose (ou desoxirribose), encontrada em DNA. A ausência da hidroxila na posição 2′ da pentose confere estabilidade química maior ao DNA.

As bases nitrogenadas são compostos aromáticos, com estrutura púrica ou pirimídica, essenciais para o pareamento de bases entre ácidos nucleicos. As bases púricas mais encontradas nos ácidos nucleicos são a adenina e a guanina (ver Figuras 2.13 e 2.15), designadas pelas iniciais A e G, respectivamente. As principais bases pirimídicas são a timina, a citosina e a uracila (Figura 2.15), designadas pelas letras T, C e U. No DNA, as bases são adenina, guanina, citosina e timina. No RNA, existe uridina em substituição à timina; as outras bases são comuns aos dois tipos de ácidos nucleicos (Tabela 2.5).

Além dos polímeros de nucleotídios que constituem as moléculas dos ácidos nucleicos, as células contêm quantidades relativamente grandes de nucleotídios livres, desempenhando, sobretudo, as funções de coenzimas (destacando-se ATP e guanosina-trifosfato [GTP]).

A associação de uma pentose e uma base púrica ou pirimídica produz compostos denominados "nucleosídios" (ver Figura 2.15).

Os ácidos nucleicos codificam a informação genética. Essas informações incluem: (a) elementos codificantes, que formarão proteínas após a transcrição e a tradução; e (b) elementos não codificantes que não serão transcritos, ou que serão transcritos, mas não serão traduzidos (produzindo RNAs não codificantes). Cada elemento apresenta regiões de controle com diferentes mecanismos de ação. Os elementos não codificantes são fundamentais, pois podem exercer função de regulação da expressão gênica (ver Capítulo 11). A regulação dos diversos processos biológicos mediante essas informações genéticas ainda está sendo intensamente estudada, sendo frequentes novas descobertas nessa área.

O DNA é o repositório da informação genética e a transmite para as células-filhas

O DNA armazena e transmite informação genética. É encontrado principalmente nos cromossomos nucleares e, em pequenas quantidades, nos cromossomos das mitocôndrias e dos cloroplastos das plantas. Nos cromossomos das células eucariontes, o DNA está associado a proteínas básicas, principalmente **histonas**. O complexo de DNA associado a proteínas nucleares denomina-se **cromatina**. Proteínas nucleares associadas ao DNA evitam quebras e emaranhamentos da cromatina e formam estruturas que o mantêm mais compacto. Além disso, participam da regulação da transcrição e da replicação (ver Capítulos 10 e 11), bem como na segregação de cromossomos às células-filhas na divisão celular (ver Capítulo 10).

A molécula de DNA consiste em duas cadeias de nucleotídios dispostas em hélice em torno de um eixo. A orientação

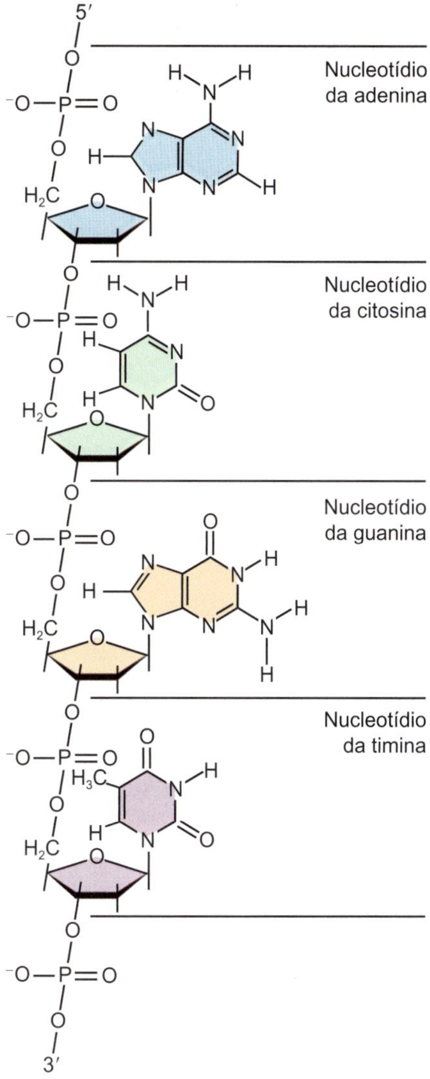

Figura 2.14 Polinucleotídio do ácido desoxirribonucleico (DNA).

dessas hélices é dirigida no sentido da esquerda para a direita (sentido horário ou dextrogiro) (ver Figura 2.13). A direção das ligações fosfodiésteres 3′ e 5′ de uma cadeia é inversa em relação à da outra, como mostra a Figura 2.13. Diz-se que essas cadeias são antiparalelas. Em função disso, em cada extremidade da molécula uma das cadeias polinucleotídicas termina em 3′ e a outra em 5′. Conforme explicado anteriormente, o DNA apresenta uma estabilidade química maior que o RNA, tornando-o uma molécula mais adequada para a função de armazenar informações e transmiti-las para descendentes.

A conformação mais comum de DNA encontrada na natureza é a B-DNA. Nessa conformação, a cadeia dá uma volta a cada 10 pares de bases aproximadamente, apresenta diâmetro de 2 nm e contém dois sulcos de tamanhos diferentes, originados da forma helicoidal da molécula (ver Figura 2.13). Esses sulcos são utilizados por complexos proteicos para interações com o DNA, de modo dependente ou independente de sequências específicas.

As bases púricas e pirimídicas de cada cadeia polinucleotídica situam-se no interior da dupla-hélice, em planos paralelos entre si e perpendiculares ao seu eixo, como se fossem degraus de

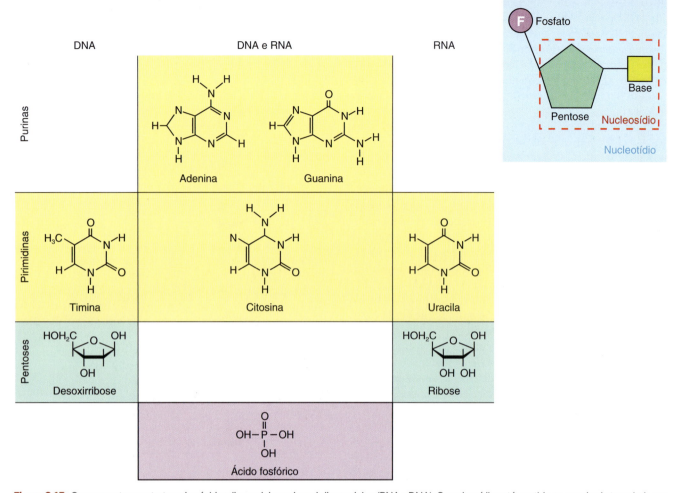

Figura 2.15 Componentes e estrutura dos ácidos ribonucleico e desoxirribonucleico (RNA e DNA). O nucleosídio está contido no *quadrado tracejado em vermelho*. O nucleotídio tem um grupo fosfato e está delimitado *em azul*.

Tabela 2.5 Características dos principais tipos de ácidos nucleicos.

	DNA	tRNA	mRNA	rRNA
Componentes	Ácido fosfórico, desoxirribose, adenina, guanina, citosina e timina	Ácido fosfórico, ribose, adenina, guanina, citosina, uracila, timina, ácido pseudouridílico, metilcitosina, dimetilguanina	Ácido fosfórico, ribose, adenina, guanina, citosina e uracila	Ácido fosfórico, ribose, adenina, guanina, citosina e uracila
Funções	Conter e transmitir a informação genética para as células-filhas	Transporta os aminoácidos, unindo seu anticódon ao códon do mRNA; determina a posição dos aminoácidos nas proteínas	Através da sequência de sua base, determina a posição dos aminoácidos nas proteínas	Combina-se com o mRNA para formar os polirribossomos
Localização	Núcleo das células eucariontes, nucleoide das procariontes; mitocôndrias e cloroplastos; alguns vírus	Principalmente no citoplasma; menor quantidade no núcleo	Principalmente no citoplasma; menor quantidade no núcleo	Principalmente no citoplasma; menor quantidade no núcleo
Tamanho da molécula	Usualmente muito grande, dependendo do organismo	25 a 30 kDa	Depende do tamanho da proteína que codifica; variável entre 5×10^4 a 5×10^{16} Da	5 a 28 S
Forma	Dupla-hélice Filamento simples, em certos vírus	"Folha de trevo"	Filamento simples	Ribossomo; tamanho: células eucariontes 2,3 nm (80 S), células procariontes 1,8 nm (70 S)

DNA: ácido desoxirribonucleico; mRNA: ácido ribonucleico mensageiro; tRNA: ácido ribonucleico de transferência; rRNA: ácido ribonucleico ribossomal.

Transcrição: o DNA como molde para a síntese de RNA

Todo RNA é sintetizado no núcleo a partir de um "molde" de DNA presente em região específica nos cromossomos e representa a transcrição de um segmento de uma das cadeias da hélice de DNA. O processo biológico dessa síntese denomina-se transcrição e é realizado por um complexo enzimático conhecido como RNA polimerase. Em eucariontes, diferentes complexos de RNA polimerase realizam a transcrição de tipos específicos de genes em diferentes tipos de RNAs. Por exemplo, genes que codificam proteínas e RNAs reguladores serão transcritos pelo complexo RNA polimerase II (ver Capítulo 11).

A conformação mais comum do DNA é a hélice de dupla-fita, já a molécula de RNA, por sua vez, é mais comum em um filamento único, mas também pode formar hélices de filamentos duplos complementares em diversas situações.

Apesar de o RNA não ser amplamente utilizado como meio de armazenamento genético (exceto em vírus), esta macromolécula é fundamental para diferentes processos celulares. Dos pontos de vista funcional e estrutural, distinguem-se três variedades principais de RNA, e outras cuja função ainda não estão completamente compreendidas (conforme descrito na Tabela 2.6).

Esses últimos são classes de RNAs descobertas nas últimas décadas e têm revolucionado nosso entendimento sobre regulação gênica e outros processos biológicos. Em geral esses tipos de RNA não são traduzidos em proteínas e podem exercer funções reguladoras, estruturais e até enzimáticas. Atualmente, são foco de pesquisas e descobertas frequentes sobre funções desconhecidas e seu envolvimento em processos biológicos.

RNA mensageiro

A massa molecular dos mRNA é da ordem de centenas e até milhares de dáltons. Nas células procariontes, as moléculas de mRNA podem ser ainda maiores, pois podem conter a transcrição de vários genes que codificam diferentes proteínas, sendo chamadas "RNAs mensageiros policistrônicos".

Em eucariotos os mRNA podem sofrer modificações após a transcrição. Cada molécula de mRNA madura tem um prolongamento na sua extremidade 3′, denominado "cauda de poli-A",

---

uma escada. Em cada plano ou "degrau da escada", a base de uma cadeia forma par com a base complementar na cadeia oposta. Em razão das dimensões das moléculas das bases, o pareamento ocorre apenas entre a timina e a adenina ou entre a guanina e a citosina das cadeias complementares, portanto, considerando-se os dois polinucleotídios que constituem a molécula de DNA, as bases estão sempre pareadas entre T-A ou G-C, o que explica a existência, no DNA, de número igual de moléculas de T e A, e de G e C.

Na dupla-hélice, as bases unem-se por meio de pontes de hidrogênio (ver Figura 2.13), principais responsáveis pela estabilidade da hélice. Quando as pontes de hidrogênio são rompidas – por exemplo, pelo aquecimento do DNA em solução –, as duas moléculas de polinucleotídios da hélice sofrem desnaturação, separando-se; quando a temperatura retorna a níveis fisiológicos, eles se unem novamente.

A desnaturação pelo rompimento das pontes de hidrogênio pode ser completa ou parcial, ocorrendo antes nas ligações AT, que têm duas pontes de hidrogênio. As ligações CG são mais resistentes, pois têm três pontes de hidrogênio (ver Figura 2.13).

A desnaturação parcial, em experimentos denominados "cinética de desnaturação", possibilita a identificação das zonas ricas em AT e em CG, sendo esses últimos segmentos mais resistentes à desnaturação. Este tipo de análise permite estimar a proporção de sequências repetitivas em um genoma, entre outras características de sua organização. Atualmente, técnicas que utilizam sondas fluorescentes sensíveis ao pareamento de bases são capazes de identificar diferenças de uma base em experimentos de desnaturação de DNA denominados "curvas de desnaturação de alta resolução" (HRM, do inglês *high resolution melt analysis*).

Além das pontes de hidrogênio, a dupla-hélice conta com interações hidrofóbicas para estabilizar sua estrutura, uma vez que as bases nitrogenadas (aromáticas e hidrofóbicas) situam-se no interior da hélice, e os resíduos de desoxirribose (hidrofílicos) e de ácido fosfórico (ionizado e hidrofílico) localizam-se na periferia, em contato com o meio aquoso. Os grupos fosfóricos, ionizados negativamente, promovem a interação do DNA com proteínas básicas, isto é, carregadas positivamente ou com outras moléculas eletricamente positivas.

Tabela 2.6 Principais variedades de RNAs transcritos em eucariotos.

Tipos de RNAs transcritos em eucariotos	Abundância	Funções e características
RNA mensageiro ou mRNA	≈ 3%	Editado após transcrição; poliadenilado em 3′; capuz em 5′; comprimento varia de centenas até milhares de bases; função na tradução
RNA de transferência ou tRNA	≈ 15%	Editado e processado no núcleo; 75 a 95 bases; nucleotídios incomuns; função na tradução
RNA ribossomal ou rRNA	≈ 80%	Processados no núcleo; componentes de ribossomos; bastante conservados entre espécies; funções estruturais e catalíticas
Pequenos RNAs nucleares ou snRNAs (do inglês *small nuclear RNA*)	< 1%	Ricos em uracila; ≈ 150 bases; função no *splicing*
Pequenos RNAs nucleolares ou snoRNAs (do inglês *small nucleolar RNAs*)	< 1%	Ricos em uracila; 60 a 300 bases; função em modificações químicas em outros RNAs (metilação ou pseudouridilação)
MicroRNA ou miRNA	< 1%	21 a 23 bases; processados e editados no núcleo; regulação da expressão gênica
RNAs longos não codificantes ou lncRNAs (do inglês *long noncoding RNAs*)	< 1%	Comprimento variável (> 200 bases); processados e editados no núcleo, função em diferentes processos (regulação de transcrição, *splicing*, regulação de tradução, silenciamento gênico, inativação do cromossomo X, *imprinting* e replicação)

que pode conter dezenas ou centenas de bases adenina. Ele é adicionado assim que a molécula de mRNA é transcrita, ainda no interior do núcleo celular, por uma enzima que não requer molde (*template*) de DNA, portanto esse segmento do mRNA não está codificado no DNA. O comprimento da cauda de poli-A modula a meia-vida do mRNA e é regulado por exonucleases citoplasmáticas, sendo seu encurtamento diretamente relacionado com uma meia-vida menor. Na outra extremidade do mRNA (extremidade 5'), um pequeno capuz (*cap*) de nucleotídio é adicionado por outras enzimas. Esse capuz consiste em uma 7-metilguanosina ligada ao primeiro nucleotídio do mRNA por uma ligação 5'-5' trifosfato. Dentre suas funções constam a exportação nuclear do mRNA e a proteção contra a ação de exonucleases (ver Capítulo 11).

Além dessas modificações em suas extremidades, os mRNA de eucariotos passam por um complexo processamento desde sua transcrição até o momento em que são exportados do núcleo para o citoplasma, envolvendo variadas alterações em suas sequências (ver Capítulo 11).

RNA de transferência

Dos três tipos de RNA, o tRNA é o que tem moléculas menores, constituídas de 75 a 90 nucleotídios, e de massa molecular entre 23 e 30 kDa. Sua função é transferir os aminoácidos para as posições corretas nas cadeias polipeptídicas em formação nos complexos de ribossomos e mRNA (polirribossomos). Para isso, o tRNA combina-se a aminoácidos e reconhece sequências específicas de três bases no mRNA. Essas sequências, típicas para cada aminoácido, são denominadas **códons**. A sequência de três bases na molécula do tRNA que reconhece um códon chama-se **anticódon** (Figura 2.16). Cada tipo de tRNA só pode estar ligado

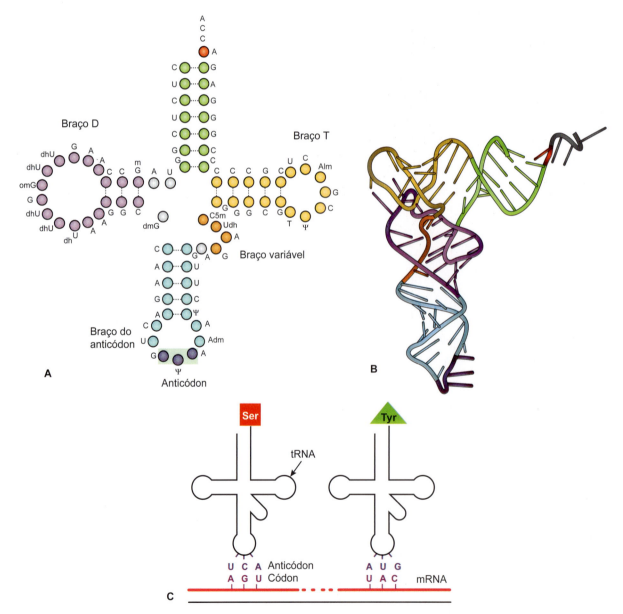

Figura 2.16 **A.** Representação da estrutura do ácido ribonucleico de transferência (tRNA) para o aminoácido tirosina e suas interações intramoleculares. Além das bases habituais, esse RNA de transferência (tRNA) contém as seguintes bases: mG = N-2-metilguanosina; dhU = N-6-diidrouridina; omG = 2'-O-metilguanosina; dmG = 2'-dimetilguanosina; dmA = N-6-dimetiladenosina; 5 mC = 5-metilcitosina. A letra grega psi (Ψ) representa o ácido pseudouridílico. **B.** Estrutura terciária de um tRNA. **C.** Pareamento de códons e anticódons.

a um aminoácido específico, determinado pelo seu anticódon. Como o código genético é degenerado, existem múltiplos tRNA para cada aminoácido (múltiplos códons; ver Capítulo 12).

A molécula do tRNA é um filamento único com uma extremidade 3′ terminando sempre pela sequência de nucleotídios CCA, no qual será ligado covalentemente um aminoácido específico.

Todos os tRNA apresentam segmentos das moléculas formados por uma dupla-hélice por interação intramolecular, mediada por pontes de hidrogênio. A representação plana, esquemática, da estrutura secundária da molécula de tRNA (ver Figura 2.16) tem o aspecto de uma folha de trevo, a qual mostra o anticódon em um de seus lados (chamado "alças"), no entanto sua estrutura terciária lembra uma letra L, devido às interações intramoleculares.

O tRNA apresenta características que o diferenciam dos outros tipos de RNAs, facilitando a sua identificação. Além das bases adenina, guanina, citosina e uracila, comumente encontradas no RNA, o tRNA contém outras bases que não aparecem nos outros tipos de ácido ribonucleico (ver Tabela 2.5). Entre essas bases típicas do tRNA, estão, por exemplo, a hipoxantina e a metilcitosina. O tRNA tem ainda ácido ribotimidílico, que é um nucleotídio constituído por ácido fosfórico, ribose e timina, base geralmente encontrada no DNA. Além disso, o tRNA apresenta em sua molécula o ácido pseudouridílico, que difere do ácido uridílico comum por apresentar a ribose ligada ao carbono 5 da uracila, e não ao nitrogênio 3, como é habitual (Figura 2.17).

As regiões do tRNA que contêm as bases não habituais talvez sejam importantes para determinar o formato da molécula, pois nessas regiões não se formam pontes de hidrogênio entre as bases (ver Figura 2.16 B).

RNA ribossomal

O RNA ribossomal (rRNA) é um componente fundamental da síntese proteica. Ele combina-se a proteínas específicas para formar os ribossomos, sendo elementos essenciais na conversão da informação contida no mRNA em polipeptídios (tradução) (ver Capítulo 12). O rRNA é muito mais abundante que os outros dois tipos de RNA, constituindo 80% do RNA celular. Quando múltiplas unidades de ribossomos se associam a filamentos de mRNA, formam os **polirribossomos** (Figura 2.18), nos quais ocorre simultaneamente a síntese de múltiplas cópias da proteína codificada pelo mRNA.

Existem nas células dois tipos de ribossomos que se distinguem por seus coeficientes de sedimentação determinados por ultracentrifugação. O coeficiente de sedimentação relaciona a velocidade de sedimentação com a aceleração a que a amostra é submetida na ultracentrífuga, sendo proporcional à massa e à densidade das partículas (partículas mais pesadas sedimentam mais rapidamente). Esses coeficientes são expressos em unidades S (Svedberg). Os ribossomos das células procariontes têm coeficiente de sedimentação de 70S e são menores do que os ribossomos das células eucariontes, cujo coeficiente de sedimentação é de 80S. Ambos os tipos de ribossomos são formados por duas subunidades, uma maior e outra menor, com características funcionais e estruturais diferentes.

A subunidade maior dos ribossomos das células eucariontes contém três tipos de rRNA, com sedimentações de 28S, 5,8S e 5S, e a dos ribossomos das procariontes, dois tipos de rRNA: um de 23S e outro de 5S. A subunidade menor apresenta apenas um tipo de rRNA: 18S nas células eucariontes e 16S nas procariontes.

O sequenciamento dos RNAs 16S de procariontes é bastante utilizado para a identificação e estudos de filogenia desses organismos (ver Capítulo 1).

As mitocôndrias e os cloroplastos também têm ribossomos próprios, porém, eles são similares aos das células procariontes. Essa semelhança apoia a interpretação de que essas duas organelas se originaram de bactérias que se tornaram simbiontes das células eucariontes (ver Capítulo 5).

Cerca de 50 variedades de proteínas foram identificadas nos ribossomos e constituem aproximadamente a metade da massa desses corpúsculos.

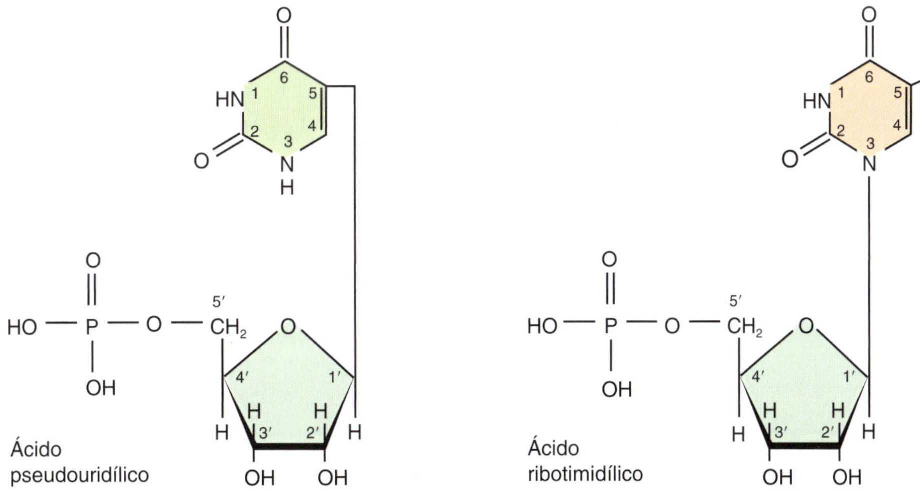

Figura 2.17 Dois nucleotídios encontrados no ácido ribonucleico de transferência (tRNA): no ácido pseudouridílico, a ribose liga-se ao carbono 5 da uridina, e não ao nitrogênio 3, como ocorre no ácido uridílico. O ácido ribotimidílico contém timina, uma base que geralmente é encontrada no ácido desoxirribonucleico (DNA).

36 Biologia Celular e Molecular

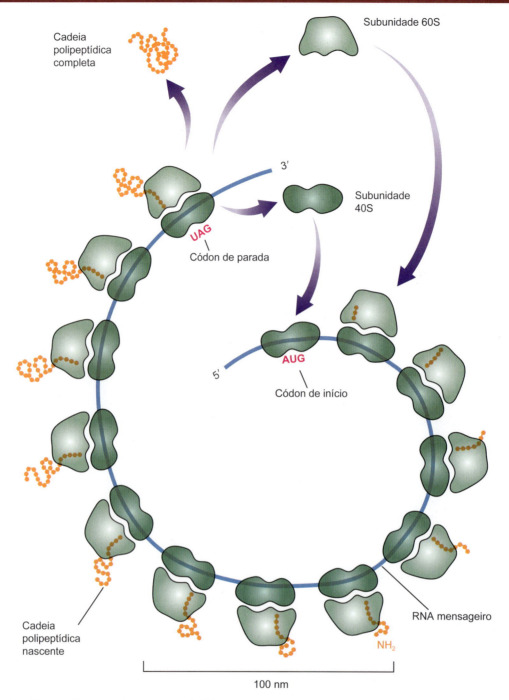

Figura 2.18 Combinação do ácido ribonucleico mensageiro (mRNA) com ribossomos para formar polirribossomos. Nesse arranjo podem ser sintetizadas múltiplas proteínas com um mesmo mRNA. (Adaptada de Alberts et al., 2002.)

Em geral, os genes de rRNA estão organizados em múltiplas cópias concatenadas (unidades de repetição) em regiões denominadas "rDNA", as quais podem estar localizadas em diferentes cromossomos. Alças cromossômicas contendo rDNA, entre outros genes, são intituladas regiões organizadoras de nucléolo. Durante a interfase, observa-se a formação do nucléolo em torno dessas regiões de DNA, sendo composto de diferentes complexos proteicos estruturais, enzimáticos, e diferentes tipos de RNA agregados. A transcrição e o processamento do rRNA, bem como a complexa montagem dos ribossomos e o processamento de RNAs não codificantes e tRNA, ocorrem nessa região (ver Capítulos 9 e 11).

Em outras palavras, o nucléolo é um grande complexo de macromoléculas envolvido funcionalmente com a síntese proteica. Seu tamanho é proporcional à atividade sintética celular.

RNAs não codificantes

Uma fração significativa de RNAs de eucariotos não é traduzida em proteínas. Essas classes de RNAs ainda não foram completamente compreendidas. Suas funções ainda são descobertas em diversificados processos celulares, atuando como catalisadores, reguladores, suportes, e até mesmo como moldes para síntese de pequenos segmentos de ácidos nucleicos repetitivos (como em telômeros, por exemplo).

Os miRNAs são um exemplo de RNA com função reguladora. Assim como outros RNAs, os miRNAs são transcritos e processados no núcleo, porém no citoplasma eles atuam na regulação da tradução pela degradação catalítica e específica de mRNA.

Cada miRNA é capaz de regular a expressão de um gene ou de uma família de genes, dependendo de sua homologia com os alvos. Uma grande porção dos genes de eucariotos são suscetíveis a esse tipo de regulação, evidenciando sua importância em diferentes processos biológicos.

Outra classe de RNAs não codificantes que ainda é pouco descrita, mas já demonstra importância biológica, são os lncRNAs (RNAs longos não codificantes). Definidos apenas pelo comprimento maior do que 200 nucleotídios, esse critério não relaciona os lncRNAs às suas funções na célula.

Os lncRNAs já caracterizados demonstram relevância em diferenciados processos celulares, como regulação de transcrição, *splicing*, regulação de tradução, silenciamento gênico, inativação do cromossomo X, *imprinting* e replicação. Alguns demonstraram um papel estrutural em complexos proteicos ou moduladores de atividade enzimática. Muitas de suas atividades mostraram-se dependentes de pareamento de bases, oferecendo, assim, especificidade da sequência do lncRNA ao alvo que deverá interagir, de modo semelhante ao descrito para miRNA.

Assim, os RNAs não codificantes com função reguladora promovem uma gama surpreendente de ajustes, em que, muitas vezes, poucos RNAs não codificantes atuam em múltiplos genes-alvo formando redes redundantes de regulação. Novas pesquisas reiteram cada vez mais a importância dessa via de regulação em processos relacionados com a biologia do desenvolvimento e a evolução.

RNAs catalíticos

RNA é uma molécula capaz de assumir conformações estáveis com complexas estruturas secundárias e terciárias, criando centros catalíticos com seus grupos hidroxilas e aminas, e frequentemente criando nichos que estabilizam íons divalentes, como Mg^{2+}. Algumas ribozimas podem catalisar a clivagem de ligações fosfodiésteres por um mecanismo de substituição nucleofílica (SN_2) de modo semelhante aos seus equivalentes enzimáticos proteicos.

A atividade catalítica do RNA foi descoberta ao se estudar a síntese dos RNA de *Tetrahymena*, um protozoário ciliado. Descobriu-se que esses RNAs são inicialmente moléculas muito grandes das quais determinados segmentos são removidos e as partes restantes são soldadas (*splicing*), formando-se, assim, a molécula final do mRNA. Todo o processo se realiza, como foi comprovado *in vitro*, sem a participação de enzimas. O segmento de RNA que será removido (íntron) catalisa sua própria remoção e a união das extremidades da molécula partida. Esse segmento de RNA catalisa a polimerização de polinucleotídios pequenos em polinucleotídios com mais de 30 nucleotídios, tendo sido chamado "ribozima".

Outros RNAs com atividade catalítica foram descobertos logo depois, como, por exemplo, os tRNA, que, quase sempre, também são sintetizados em tamanho maior. Nesse caso, observou-se que a clivagem para produzir a molécula de tRNA final, de tamanho menor, é catalisada por um complexo RNA–proteína (ribonuclease P); mas a especificidade e a atividade enzimática desse complexo dependem mais do RNA do que da proteína. Separando-se o complexo RNA–proteína em suas duas partes, somente o RNA tem atividade catalítica, embora o complexo inteiro seja mais ativo, portanto, nesse caso o RNA é essencial para a atividade enzimática e a proteína exerce um papel auxiliar, secundário.

O rRNA é outro exemplo de ação catalítica de RNA. O ribossomo também é uma ribozima que forma as ligações peptídicas entre aminoácidos durante a síntese proteica (atividade peptidiltransferase). O rRNA é um componente importante do sítio catalítico ribossomal.

A descoberta de que o RNA pode ter atividade enzimática teve grande repercussão nas hipóteses quanto à origem da vida na Terra (ver Capítulo 1). É possível que a molécula inicial das futuras células tenha sido um RNA capaz de autorreplicação. Esse RNA primordial teria servido de molde (*template*) para o DNA, iniciando, em seguida, a síntese dirigida das proteínas.

Lipídios

Os lipídios compreendem diferentes substâncias, com variedade estrutural, que apresentam como característica em comum a solubilidade em solventes orgânicos não polares – como éter, clorofórmio e benzeno – e pouca ou nenhuma solubilidade em água.

De acordo com suas funções principais, os lipídios celulares podem ser divididos em duas categorias: lipídios de reserva nutritiva e lipídios estruturais.

Vale salientar a existência de lipídios com atividades fisiológicas, como as vitaminas A, E e K. Bem como lipídios com funções reguladoras (endócrinas), como os hormônios esteroides, entre os quais os da suprarrenal, de ovário e testículo, e o 1,25-diidroxicolecalciferol (substância ativa formada no organismo dos mamíferos a partir da "vitamina" D). Todavia, como exercem funções especializadas, e não são constituintes gerais das células, não serão estudados neste capítulo.

Lipídios de reserva nutritiva

As reservas nutritivas de natureza lipídica consistem principalmente de triacilgliceróis (triglicerídios). São compostos formados de ácidos graxos combinados ao glicerol por esterificação (Figura 2.19). Os triglicerídios são sintetizados pela adição sequencial de um ácido graxo. Assim, monoglicerídios contêm apenas um ácido graxo esterificado; diglicerídios contêm dois e triglicerídios, três ácidos graxos. Os glicerídios, com predominância de triglicerídios, estão presentes no citoplasma de quase todas as células; porém, há células especializadas para o armazenamento desses compostos ricos em energia, denominadas "células adiposas".

Os ácidos graxos de um triglicerídio podem ser idênticos, mas geralmente variam no tamanho de suas moléculas e no grau de saturação. Diz-se saturado o ácido graxo que não apresenta ligações duplas entre seus átomos de carbono.

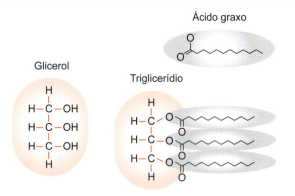

Figura 2.19 Glicerol e ácidos graxos podem ser esterificados para formar triglicerídios (um triéster). Na ilustração, vê-se um exemplo de triglicerídio saturado. Os triglicerídios são neutros e bastante hidrofóbicos, formando gotículas em determinados tipos celulares.

Embora representem principalmente reserva energética, os triacilgliceróis desempenham outras funções. Por exemplo, como são bons isolantes térmicos, oferecem proteção contra o frio para animais que vivem em ambientes cuja temperatura é baixa, como ursos, pinguins e outros. Nesses animais, existe uma camada de células adiposas sob a pele que funciona como eficiente isolante térmico.

Os triglicerídios que contêm muitos ácidos graxos saturados são sólidos ou semissólidos na temperatura ambiente, sendo denominados "gorduras". As gorduras predominam no corpo dos animais. Nas plantas, a maioria dos triglicerídios é líquida na temperatura ambiente, sendo conhecidos como óleos vegetais. A abundância de ácidos graxos insaturados, cujas moléculas têm formato irregular, impede a ordenação das moléculas para constituir o estado sólido. Por isso, os óleos vegetais têm ponto de fusão mais baixo. Esses óleos são metabolizados mais facilmente pelo organismo dos animais.

Lipídios estruturais

Fazem parte da bicamada de membranas celulares três tipos de lipídios: fosfolipídios (fosfoglicerídios e esfingolipídios), glicolipídios e colesterol. Todas essas biomoléculas são anfipáticas, isto é, apresentam uma região polar ou hidrofílica, solúvel em meio aquoso, e uma região apolar ou hidrofóbica, insolúvel em água (Figura 2.20).

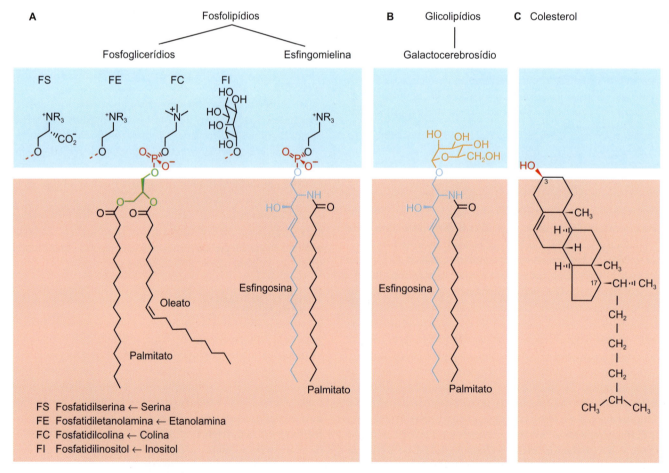

Figura 2.20 Há três tipos de lipídios nas membranas celulares; todos apresentam uma cabeça hidrofílica ou polar (*em azul*) e uma cauda hidrofóbica ou apolar (*em vermelho*). **A.** Estrutura básica de um fosfolipídio que apresenta uma cabeça polar ligada a duas caudas alifáticas. Note que a presença de uma dupla ligação entre carbonos da cauda apolar (insaturação) forma uma pequena curvatura nessa cadeia. **B.** Galactocerebrosídio (um tipo de glicolipídio), os glicolipídios de maneira geral apresentam duas caudas apolares (*em vermelho*), um grupo hidroxila e carboidratos (nesse caso a galactose) como regiões polares (*em azul*). **C.** Colesterol (esterol) apresenta um grupo hidroxila (polar) ligado a uma estrutura em anéis (rígida e apolar) e uma pequena cauda de hidrocarboneto apolar (*em vermelho*).

Fosfolipídios

Fosfoglicerídios

Os fosfolipídios são os macroelementos mais abundantes das membranas e apresentam uma região hidrofílica ligada a duas cadeias hidrofóbicas de hidrocarbonetos (chamadas "caudas") (ver Capítulo 4). Os fosfoglicerídios são o resultado da esterificação de glicerol-3-fosfato com um par de ácidos graxos (ver Figura 2.20). Os ácidos graxos podem apresentar cadeias de 14 a 24 átomos de carbono e diferentes insaturações (ligações duplas) entre carbonos adjacentes da cadeia.

O fosfoglicerídio mais simples é o ácido fosfatídico, constituído apenas por uma molécula de glicerol, uma de ácido fosfórico e duas de ácidos graxos. O ácido fosfatídico existe em pequena quantidade nas membranas celulares. Os fosfoglicerídios mais encontrados nessas membranas são fosfatidilcolina, fosfatidiletanolamina, fosfatidilserina e fosfatidilinositol.

A presença das duas cadeias de hidrocarbonetos nos fosfolipídios formadores das membranas celulares é a característica mais importante para a existência da bicamada lipídica. Em solução aquosa, moléculas lipídicas anfipáticas agregam-se espontaneamente de modo que as regiões hidrofóbicas fiquem protegidas da interação com moléculas de água e sua região hidrofílica fique exposta. Lipídios que apresentam somente uma cadeia de hidrocarboneto formam uma estrutura esférica chamada "micela", em que as cadeias ficam no interior, protegidas das moléculas de água (Figura 2.21). Porém, as duas cadeias de hidrocarbonetos dos lipídios são grandes demais para caber em uma micela, por isso a bicamada lipídica é o arranjo energeticamente mais favorável nesse caso (ver Figura 2.21). Se a bicamada não se fechasse em si mesma, as bordas hidrofóbicas ficariam expostas às moléculas de água (ver Figura 2.21). Esse fechamento é o que faz com que a membrana seja capaz de fechar pequenas rupturas que possam acontecer na membrana (capacidade autosselante). Grandes rupturas na membrana são fechadas com auxílio da inserção de vesículas intracelulares (ver Capítulo 4).

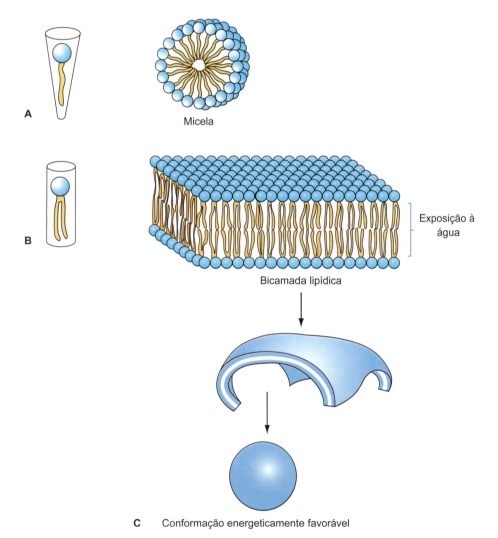

Figura 2.21 Arranjo espontâneo de moléculas lipídicas em solução aquosa. **A.** Estrutura da molécula lipídica com uma cauda de hidrocarboneto (*formato de cunha*) que em meio aquoso forma uma micela. **B.** Esquema da estrutura de fosfolipídios que apresenta duas caudas de hidrocarbonetos (*formato cilíndrico*) que em meio aquoso formam uma bicamada lipídica. **C.** Fechamento espontâneo da bicamada lipídica formando uma esfera que delimita o compartimento interno e externo. Essa é a conformação que melhor previne a interação biomoléculas de água com a região central hidrofóbica (*faixa branca entre as camadas em azul*) da bicamada lipídica. (Adaptada de Alberts B et al., 2017 [Figura 11-12]; e de Nelson e Cox. s/d. Disponível em: http://aulanni.lecture.ub.ac.id/files/2012/01/15616949-Lehninger-Principles-of-Biochemistry-1-copy.pdf.)

Esfingolipídios

A principal característica estrutural dos esfingolipídios é a presença da longa cadeia de esfingosina (um aminoálcool com cadeia de 18 carbonos) ao lado de uma cadeia de ácido graxo, que se prende à esfingosina por uma ligação éster (ver Figura 2.20). Tal como os fosfoglicerídios, os esfingolipídios têm uma extremidade polar e duas caudas apolares.

Um exemplo de esfingolipídio é a esfingomielina, muito abundante nas bainhas de mielina do tecido nervoso. A bainha de mielina funciona como isolante elétrico de prolongamentos das células nervosas, sendo formada por arranjos concêntricos da membrana plasmática de células especializadas.

A esfingomielina é constituída por uma molécula de colina, uma de ácido fosfórico, uma de esfingosina e uma de ácido graxo (ver Figura 2.20).

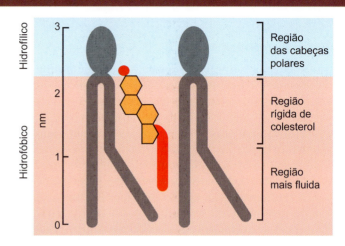

Figura 2.22 Molécula de colesterol na bicamada lipídica. A hidroxila do colesterol (*na parte azul*) interage com a cabeça hidrofílica dos fosfolipídios de membrana, enquanto a região em anel rígida e sua cauda hidrofóbica se inserem entre cadeias apolares de dois fosfolipídios, preenchendo esse espaço e diminuindo a mobilidade dessas moléculas, regulando, assim, a permeabilidade e fluidez da membrana fosfolipídica.

Estrutura modular de fosfolipídios

Os fosfolipídios apresentam quatro componentes: dois ácidos graxos (que podem ter ligações duplas entre carbonos adjacentes – as insaturações); e uma "plataforma" na qual essas cadeias se ligam e um fosfato que une essa plataforma a um grupo polar (ver Figura 2.20). Essa plataforma pode ser o glicerol (por isso chamados "glicerofosfolipídios" ou "fosfoglicerídios") ou a esfingosina (os esfingofosfolipídios). O mais simples dos glicerofosfolipídios não tem nenhum grupo polar ligado ao fosfato e é denomiando "fosfatídio". Os grupos polares mais comuns ligados a um fosfatídio são a colina, a etanolamina, a serina e o inositol, que produzem a fosfatidilcolina, fosfatidiletanolamina, fosfatidilserina e fosfatidilinositol, respectivamente. Além de essenciais nas membranas, os dois últimos são componentes importantes na sinalização celular (ver Capítulo 6). Entre os esfingofosfolipídios, o mais abundante é a esfingomielina.

Glicolipídios

Outro constituinte anfipático importante das membranas celulares são os glicolipídios, designação genérica para todos os lipídios que contêm carboidratos com ou sem o grupo fosfato. Alguns como o galactocerebrosídio (ver Figura 2.20) não apresentam carga, outros podem conter resíduos de ácido siálico (um tipo de carboidrato), o que confere caráter negativo à sua região hidrofóbica. Os glicolipídios mais abundantes em células animais são os glicoesfingolipídios, que são componentes de muitos receptores das superfícies celulares.

Os cerebrosídios (ver Figura 2.20) são glicoesfingolipídios, pois suas moléculas contêm esfingosina e glicídios. Os cerebrosídios são abundantes nas membranas das células do tecido nervoso, sobretudo nas bainhas de mielina.

Colesterol

O colesterol é um esterol localizado na membrana plasmática das células animais, ocorrendo, porém, em quantidade muito menor nas membranas das mitocôndrias e do retículo endoplasmático (Figura 2.22). Ele modula a fluidez das membranas (ver Capítulo 4).

As células dos vegetais não contêm colesterol, que é então substituído por outros esteróis, denominados coletivamente "fitoesteróis".

As longas cadeias hidrofóbicas nos lipídios são de grande importância biológica, pois são elas que possibilitam a interação hidrofóbica responsável pela associação de lipídios para formar a bicamada lipídica das membranas celulares. A fixação das proteínas integrais das membranas se dá pela interação das porções hidrofóbicas das moléculas dessas proteínas com os lipídios das membranas. A interação hidrofóbica também é importante no transporte de lipídios no plasma. Por exemplo, os esteroides circulam presos a uma região hidrofóbica da superfície da molécula de albumina, que é solúvel em água (ver Capítulo 4).

Os polissacarídios formam reservas nutritivas e unem-se a proteínas para formar glicoproteínas (função enzimática e estrutural) e proteoglicanas (função estrutural)

Os polissacarídios são polímeros de monossacarídios. Há polissacarídios com moléculas lineares e outros com moléculas ramificadas. A molécula de alguns polissacarídios é constituída pela repetição de um único tipo de monossacarídio; são os polissacarídios simples ou homopolímeros. Por exemplo, o **amido** e o **glicogênio** são polímeros simples de D-glicose e não contêm outro tipo de molécula monomérica. Os polissacarídios complexos (heteropolímeros), constituídos por mais de um tipo de monossacarídio, são menos frequentes nas células, porém alguns são biologicamente muito importantes.

Os polissacarídios associados à superfície externa da membrana celular desempenham papel estrutural e na sinalização celular, muitas vezes fazendo parte de receptores de membrana (ver Capítulo 4).

Polissacarídios de reserva

Os polissacarídios de reserva são o **glicogênio**, nas células animais, e o **amido**, nas células das plantas; ambos são polímeros da D-glicose.

Glicogênio

O glicogênio é armazenado no citoplasma das células animais sob a forma de grânulos, com diâmetro de 15 a 30 nm, geralmente dispostos em aglomerados (ver Figura 1.7). Os grânulos de glicogênio, além do polissacarídio, contêm proteínas, como as enzimas responsáveis pela síntese e despolimerização do glicogênio.

A D-glicose recebida em excesso pela célula é adicionada, por processo enzimático, às extremidades da molécula de glicogênio. A liberação de D-glicose para uso em processos metabólicos celulares também ocorre por atividade enzimática. A degradação enzimática do glicogênio é denominada "glicogenólise". O fígado tem um papel fisiológico importante na manutenção dos níveis de glicose no plasma sanguíneo, por meio da glicogenólise dos depósitos de glicogênio dos hepatócitos.

A molécula de glicogênio tem dimensões variáveis e é muito ramificada em todas as direções do espaço (Figura 2.23).

Amido

Ao contrário da célula animal, que armazena glicogênio, a célula vegetal tem amido como reserva energética. O amido é composto de dois tipos de moléculas: a amilose, um polímero linear, e a amilopectina, um polímero ramificado, ambos constituídos por unidades de glicose.

Polissacarídios estruturais e sinalização celular

Além dos polissacarídios de reserva nutritiva (glicogênio e amido), as células sintetizam outros polissacarídios que fazem parte da superfície celular, onde participam do reconhecimento entre as células para constituir os tecidos, da constituição dos receptores celulares e das ligações estruturais entre o citoplasma e a matriz extracelular (ver Capítulo 8).

Combinados com proteínas, os polissacarídios estruturais fazem parte do glicocálice das células animais, da parede das células bacterianas e da parede das células das plantas (ver Capítulo 4). A maioria dos polissacarídios estruturais e de sinalização são **heteropolímeros**. Eles constituem as **glicosaminoglicanas**, que se ligam a proteínas para formar as **proteoglicanas**, e a porção glicídica das **glicoproteínas**. Os polissacarídios têm funções energéticas, estruturais e de comunicação (glicocálice, hormônios glicoproteicos).

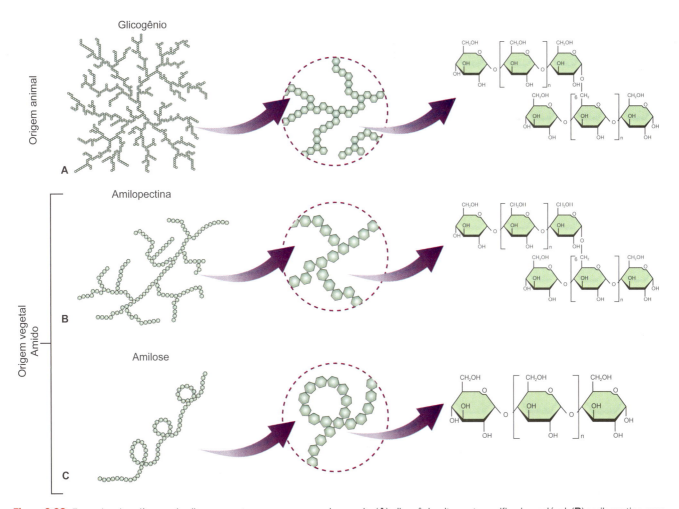

Figura 2.23 Exemplos de polímeros de glicose que atuam como reserva de energia: (**A**) glicogênio, altamente ramificado e solúvel; (**B**) amilopectina, com ramificações menos frequentes que o glicogênio; (**C**) amilose, polímero linear.

Bibliografia

Alberts B, Bray D, Hopkin K, Johnson A, Lewis J, Raff M et al. Fundamentos da Biologia Celular. 4ª ed. São Paulo: Artmed; 2017.

Alberts B, Johnson A, Lewis J, Raff M, Roberts K, Walter P. Molecular Biology of the Cell. 4th ed. New York: Garland Science; 2002.

Armstrong FB. Biochemistry. 3rd ed. Oxford Univ Press; 1989.

Biochemical Nomenclature Committees. International Union of Pure and Applied Chemistry and International Union of Biochemistry and Molecular Biology. Available from: https://iubmb.qmul.ac.uk/nomenclature/.

Bolsover SR. Cell Biology. A Short Course. 2nd ed. Wiley-Liss; 2003.

Doolittle RF. Proteins. Sci Amer. 1985;253(4):88.

Gilbert W. The RNA world. Nature. 1986;319:618.

Guerrier-Takada C, Altman S. Catalytic activity of an RNA molecule prepared by transcription in vitro. Science. 1985;223:285.

Hubbard RE, Haider MK. Hydrogen bonds in proteins: role and strength. 2010. Disponível em: https://doi.org/10.1002/9780470015902.a0003011.pub2.

Hunter T. Why nature chose phosphate to modify proteins. Philos Trans R Soc Lond B Biol Sci. 2012;367(1602):2513-6.

International Union of Pure and Applied Chemistry. Grandezas, unidades e símbolos em físico-química. Tradução atualizada para o Português (nas variantes brasileira e portuguesa) da 3 edição em inglês. Available from: http://www.sbq.org.br/livroverde/anexos/LivroVerde_IUPAC_SBQ-SPQ_2018.pdf

Lehninger AL. Biochemistry. The molecular basis of cell structure and function. 2nd ed. Worth Pub; 1982.

Lehninger AL, Nelson DL, Cox MM. Principles of Biochemistry. 2nd ed. Worth Pub; 1993.

Mildvan AS. Mechanism of enzyme action. Ann Rev Biochem. 1974;43:357.

Murray RK, Granner DK, Mayes PA et al.: Harper's Biochemistry. 24th ed. Appleton & Lange; 1996.

Nelson DL, Cox MM. Lehninger Principles of Biochemistry. 4th ed. Disponível em: http://aulanni.lecture.ub.ac.id/files/2012/01/15616949-Lehninger-Principles-of-Biochemistry-1-copy.pdf.

Perutz M. Protein Structure: New Approaches to Disease and Therapy. Freeman; 1992.

Schweigger HG. International Cell Biology. Springer-Verlag; 1981.

Sigman DS, Mooser G. Chemical studies of enzyme active sites. Ann Rev Biochem. 1975;44:889.

Stryer L. Bioquímica. 4. ed. Guanabara Koogan; 1996.

Tanford C. The hydrophobic effect and the organization of living matter. Science. 1978;200:1012.

Voet D, Voet JG. Biochemistry. 4th ed. John Wiley; 2011.

Valvona CJ, Fillmore HL, Nunn PB et al. The regulation and function of lactate dehydrogenase a: therapeutic potential in brain tumor. Brain Pathol. 2016;26(1):3-17.

Zaug AJ, Cech TR. The intervening sequence RNA of tetrahymena is an enzyme. Science. 1986;231:470.

Capítulo 3

Métodos de Pesquisa em Biologia Celular e Molecular

FÁBIO SIVIERO

Introdução, *45*

Técnicas de microscopia, *45*

Preparo de amostras para microscopias ópticas, *49*

Microscopia eletrônica, *51*

Microscópio eletrônico de varredura, *52*

Microscopia de fluorescência, *53*

Imunocitoquímica e sondas moleculares, *54*

Outras sondas, *57*

Corantes e ensaios *in vivo*, *58*

Genes repórteres, *58*

Ensaios bioquímicos, *58*

Ensaios moleculares, *65*

Edição gênica como ferramenta de estudos, *69*

Bibliografia, *70*

Introdução

A compreensão de uma célula não é uma tarefa simples. É necessário o conhecimento sobre sua morfologia, sobre seus componentes moleculares, sobre como esses componentes relacionam-se durante seu funcionamento e sobre como todos esses atributos operam ao longo de seu ciclo de vida.

As técnicas que possibilitam investigar as propriedades celulares não surgiram simultaneamente, e ainda há muito o que se desenvolver. De fato, os conhecimentos sobre as células progridem paralelamente ao aperfeiçoamento dos métodos de investigação, tornando a Biologia Celular e Molecular campo de pesquisa cada vez mais ativo nos dias atuais.

Os estudos que inicialmente se limitavam à observação de amostras nos séculos XVII ao XIX, quase sempre estáticas devido ao preparo, evoluíram para pesquisas bioquímicas e microanálises durante o século XX, e atualmente a tecnologia proporciona manipulações genéticas e fisiológicas, bem como análises *in vivo*, muitas vezes em ampla escala, produzindo grandes quantidades de dados que exigem métodos computacionais para sua análise. É impossível descrever, mesmo de modo resumido, todas as técnicas utilizadas nos variados estudos sobre as células. Cada pesquisador desenvolve abordagens diversificadas, de acordo com o problema a ser resolvido. Neste capítulo, apenas como exemplos, serão estudadas algumas técnicas que têm contribuído de modo significativo para o progresso da biologia celular e molecular. Para se manter a dimensão do livro razoável, muitas técnicas não serão descritas; porém, algumas serão citadas e vinculadas, sempre que possível, a uma referência bibliográfica ou digital para pesquisa posterior.

Técnicas de microscopia

Inicialmente, o microscópio óptico, também denominado "microscópio de luz", possibilitou o descobrimento das células e a elaboração da teoria de que todos os seres vivos são constituídos por elas.

Posteriormente, foram desenvolvidas técnicas citoquímicas para a identificação e localização de diferentes moléculas constituintes das células. Com o advento dos microscópios eletrônicos, que apresentam grande poder de resolução, foram observados pormenores da estrutura celular que não poderiam sequer ser imaginados pelos estudos realizados com os microscópios ópticos.

Quase simultaneamente ao uso dos microscópios eletrônicos, foram aperfeiçoados métodos para a separação de organelas celulares e para o estudo *in vitro* de suas moléculas e respectivas funções. A análise de organelas isoladas em grande quantidade, a cultura de células, análises *in vivo*, a possibilidade de manipular o genoma por meio de adição ou supressão de genes e o aparecimento de numerosas técnicas de uso comum aos diferentes ramos da pesquisa biológica possibilitaram o surgimento da Biologia Celular e Molecular, que é o estudo integrado das células, por meio de todo o vasto arsenal técnico disponível.

Microscópio óptico ou microscópio de luz

O microscópio óptico (Figura 3.1) foi a principal ferramenta de estudo da biologia celular e ainda permanece como um dos principais recursos de pesquisa nesse campo. O microscópio composto como se conhece atualmente foi desenvolvido no século XVII e sua evolução produziu instrumentos precisos e com grande poder de resolução e contraste para pesquisadores de todo o mundo.

O microscópio composto possui uma parte mecânica, que serve de suporte, e uma parte óptica, constituída por três sistemas de lentes: o condensador, a objetiva e a ocular.

A finalidade do condensador é projetar raios de luz sobre as células que estão sendo examinadas no microscópio. Após atravessá-las, esse feixe luminoso, em formato de cone, penetra na objetiva, a qual projeta uma imagem aumentada, no plano focal da ocular, que, novamente, a amplia. Por fim, a imagem fornecida pela ocular pode ser percebida pela retina (Figura 3.2) como uma imagem situada a 25 cm da lente ocular, ou então pode ser projetada sobre uma tela, um filme fotográfico ou sensor digital. A ampliação total oferecida por um microscópio é igual ao aumento da objetiva multiplicado pelo aumento da ocular.

A partir da microscopia óptica simples, em que a luz atravessa a amostra (iluminação de campo claro) e é absorvida por esta, variadas técnicas foram desenvolvidas para aprimorar o contraste ou detectar características da amostra. Variações na iluminação incidente ou na detecção da luz proveniente da amostra podem revelar detalhes, possibilitar análises quantitativas e até mesmo a observação de células vivas. Na microscopia de luz polarizada, o uso de filtros de polarização evidencia a direção do arranjo de elementos birrefringentes (descritos mais adiante) na amostra, como arranjos de tubulina ou elementos contráteis de células musculares. Outro exemplo é a microscopia de contraste de fase, que por detecção de variações de índices de refração ou espessura de partes da amostra, pode revelar estruturas celulares sem corantes em células vivas.

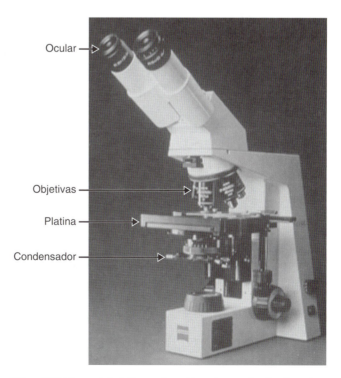

Figura 3.1 Microscópio óptico moderno, binocular, com iluminação embutida. (Fotografia cedida pelo fabricante, Carl Zeiss.)

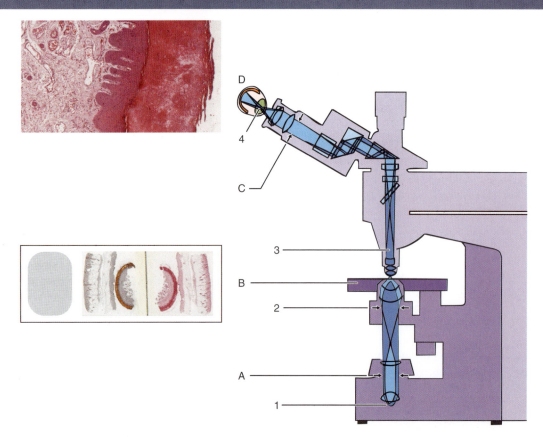

Figura 3.2 Esquema do microscópio óptico mostrando o trajeto dos raios luminosos: (**1**) base do microscópio, (**2**) condensador, (**3**) lente objetiva, (**4**) cristalino do globo ocular, em que (**A**) sistema de iluminação, (**B**) platina, (**C**) tubo binocular e (**D**) globo ocular do observador. (Ilustração cedida pela empresa Carl Zeiss, imagens de cortes histológicos cedidas pelo Departamento de Biologia Celular e do Desenvolvimento – ICB-USP.)

Resolução óptica

Chama-se poder de resolução de um sistema óptico a sua capacidade de separar detalhes. Na prática, o poder de resolução é expresso pelo limite de resolução (LR), que é a menor distância que deve existir entre dois pontos para que eles apareçam individualizados. Por exemplo: duas partículas separadas por 0,3 μm mostram-se pormenorizadas quando examinadas em um sistema óptico com limite resolutivo de 0,2 μm, porém, aparecem como uma partícula única quando o limite resolutivo é de 0,5 μm (Figuras 3.3 e 3.4).

O que determina, pois, a riqueza de detalhes da imagem fornecida por um sistema óptico é o seu LR, e não o seu poder de aumentar o tamanho dos objetos. O aumento do tamanho apenas tem valor prático se acompanhado de um incremento concomitante do poder resolutivo. O LR depende essencialmente da lente objetiva; a ocular não pode acrescentar detalhes à imagem, sua função é apenas aumentar o tamanho da imagem, que é projetada em seu plano de foco pela objetiva.

O LR depende, sobretudo, da abertura numérica (AN) da objetiva (ver Figura 3.4) e do comprimento de onda da luz utilizada e é fornecido pela seguinte fórmula:

$$LR = \frac{k \times \lambda}{AN}$$

Em que k é uma constante estimada por alguns em 0,61 e, por outros, em 0,5, e λ é o comprimento de onda da luz empregada. Na prática, o objeto é iluminado por luz branca, constituída por diferentes comprimentos de onda.

A análise dessa fórmula mostra que o LR é diretamente proporcional ao comprimento de onda da luz utilizada e inversamente proporcional à AN da objetiva.

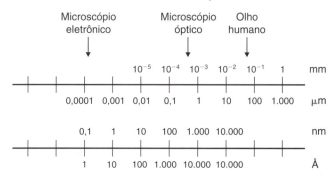

Figura 3.3 As principais unidades de medida utilizadas em Biologia Celular são o micrômetro (μm) e o nanômetro (nm). A unidade ångström (Å) deve ser substituída pelo nanômetro. A ilustração mostra a equivalência entre essas unidades, comparando-as também com o milímetro (mm). As *setas* indicam os limites (aproximados) de resolução do olho humano, do microscópio óptico e do microscópio eletrônico.

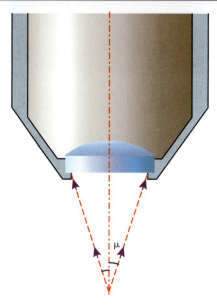

Figura 3.4 Esquema do feixe luminoso que penetra em uma objetiva mostrando o semiângulo de abertura, que faz parte do cálculo da abertura numérica.

Microscópio de polarização

O emprego de um feixe luminoso polarizado possibilita estudar determinados aspectos da organização molecular dos constituintes celulares. Ao atravessar a célula, essa projeção luminosa pode transpassar estruturas cristalinas ou constituídas por moléculas alongadas e paralelas, que interagem com a luz, alterando inclusive sua polarização. Essas estruturas são denominadas **anisotrópicas** e **birrefringentes**, pois apresentam índices de refração diferentes, conforme a incidência da luz. As estruturas celulares que não apresentam tal organização não modificam o plano de polarização da luz e são intituladas **isotrópicas**.

O microscópio de polarização é semelhante ao microscópio óptico comum, acrescido de dois prismas ou dois filtros polarizadores. Um desses elementos é inserido no condensador e funciona como **polarizador**; o outro é colocado na lente ocular, e nomeado de **analisador**. A função do polarizador é iluminar a célula com feixe de luz polarizada. O analisador verifica o efeito das estruturas celulares sobre o feixe polarizado.

Quando o polarizador e o analisador estão com seus planos de polarização perpendiculares (cruzados), somente as estruturas birrefringentes ou anisotrópicas podem ser vistas. Isso ocorre porque elas modificam o feixe polarizado, que pode atravessar o analisador e formar uma imagem. Esse tipo de microscopia pode indicar a direção de arranjos de proteínas, como elementos do citoesqueleto.

Microscópio de contraste de fase

Esse tipo de microscópio é empregado, em especial, para o estudo de células vivas. É de grande utilidade para a observação de células cultivadas, cujos crescimento e divisão mitótica podem ser facilmente seguidos sem o emprego de corantes.

Esse microscópio é dotado de um sistema óptico que transforma as diferenças de fase dos raios luminosos em diferenças de intensidade. Assim, essas diferenças de fase, para as quais o olho não é sensível, tornam-se visíveis, pois são transformadas em diferenças de intensidade luminosa, facilmente perceptíveis (Figura 3.5). O microscópio de contraste de fase pode ser utilizado para que as estruturas celulares apareçam escuras (fase positiva) ou claras (fase negativa) – (ver Figura 3.5 C e D).

A velocidade da luz ao atravessar um corpo e o índice de refração deste dependem da quantidade de matéria presente, isto é, da densidade do corpo. Quanto maior for a densidade, menor será a velocidade da luz no interior desse corpo. As diferentes estruturas celulares apresentam quantidades variadas de matéria e causam atrasos diferentes na luz que as atravessa. Isso provoca diferenças de fase na luz emergente, que, por interferência, são transformadas em variações de amplitude, ocasionando alterações visíveis de intensidade luminosa.

Uma variação dessa microscopia é o microscópio idealizado por Normaski. Neste, o microscópio de contraste de fase utiliza luz polarizada. Assim como no microscópio de fase comum, as estruturas celulares tornam-se visíveis em razão da interferência dos raios luminosos emergentes (ver Figura 3.5 B).

Microscópio confocal de varredura a *laser*

Células isoladas e cortes de tecidos têm espessura maior do que o plano de foco do microscópio óptico. Na prática, as lâminas são examinadas usando-se o artifício de variar o plano de focalização por meio do botão micrométrico do microscópio, o que modifica a distância entre as células e a lente objetiva. Com a movimentação do botão micrométrico, um plano da célula entra em foco, e os outros planos saem de foco; todavia, esse procedimento tem o inconveniente de oferecer uma imagem do plano focalizado que perde nitidez pela interferência dos raios luminosos que perpassam os planos fora de foco. Na realidade, forma-se uma imagem nítida do plano focalizado e, simultaneamente, a ela está sobreposta à imagem "borrada" dos outros planos da célula. O microscópio confocal (Figura 3.6) soluciona esse inconveniente do microscópio óptico comum.

No **microscópio confocal**, a iluminação ocorre por um delgado feixe de *laser*, que varre o corte iluminando-o apenas, ponto por ponto, em um determinado plano da célula, realizando um verdadeiro "corte óptico". A imagem é formada exclusivamente pelas estruturas que estão no plano da varredura, sem que os componentes celulares situados em outros planos interfiram na formação da imagem (ver Figura 3.6). Não somente a imagem é muito nítida, como também a célula pode ser virtualmente "fatiada" durante a microscopia, e as "fatias" obtidas podem ser utilizadas de várias maneiras. Geralmente, as células são marcadas com um composto fluorescente; a luz emitida é processada em um computador, e a imagem adquirida é exibida em um monitor de vídeo. As imagens obtidas pela varredura de múltiplos planos podem ser armazenadas e processadas digitalmente para reproduzir reconstruções tridimensionais ou para evidenciar possíveis interações entre estruturas ou componentes moleculares (colocalizações), de acordo com a finalidade do estudo. As imagens digitalizadas podem ser arquivadas para estudos posteriores ou produção de animações.

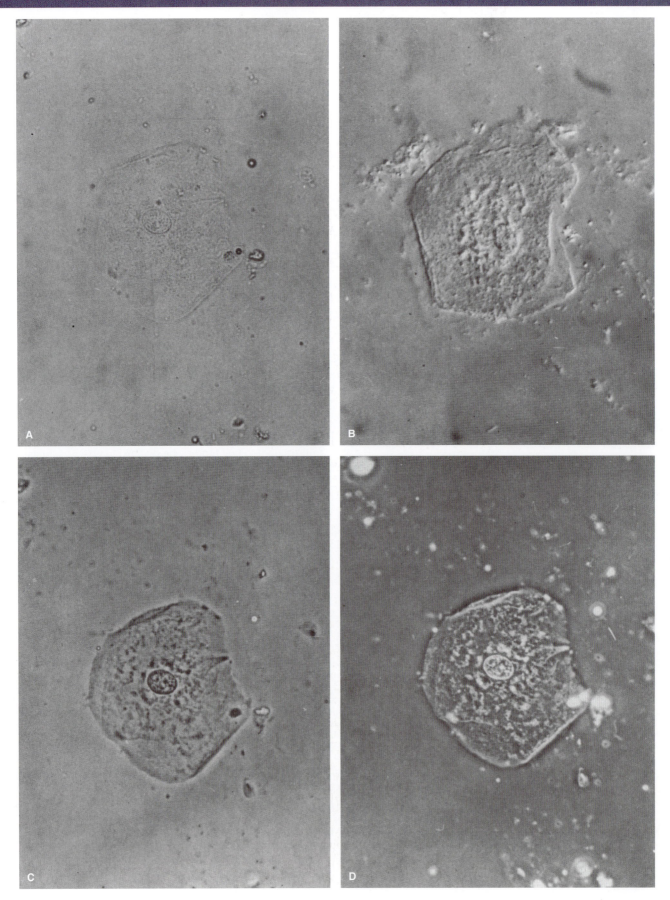

Figura 3.5 Comparação entre a microscopia comum e três tipos de microscopia de interferência (contraste de fase) na observação de uma célula epitelial sem coloração. **A.** Microscópio comum. **B.** Microscopia interferencial segundo Normasky. **C.** Microscópio de contraste de fase, com fase positiva. **D.** Microscopia de contraste de fase, com fase negativa. (Fotomicrografias gentilmente cedidas pelo Professor Raul Machado.)

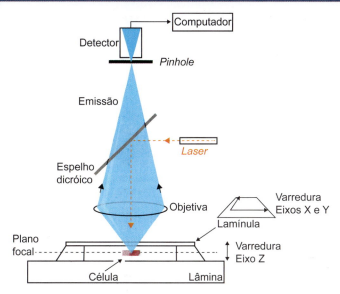

Figura 3.6 Esquema funcional de um microscópio confocal. O detector registra a fluorescência de um único ponto da amostra em foco. A imagem é obtida pela varredura bidimensional e pela variação do plano focal, a informação de cada ponto é registrada e utilizada para produzir uma reconstrução tridimensional da amostra. A imagem resultante apresenta grande nitidez por não apresentar interferência luminosa de outros planos focais.

Preparo de amostras para microscopias ópticas

Para produzir imagens contendo informações fidedignas, a preservação de estruturas e o realce de características físico-químicas locais durante o preparo da amostra são necessários. Para tanto, esse preparo envolve passos de **fixação** e **coloração**, que podem ser planejados de acordo com o tipo de amostra e as características a serem reveladas. Um preparado permanente ideal deveria mostrar as células com a mesma estrutura microscópica e a composição química que tinham quando vivas. Isso, entretanto, não é possível, e todos os preparados apresentam artefatos, que são alterações produzidas nas células pelas técnicas utilizadas, como a dilatação ou a contração da amostra e as alterações de pH e força iônica em compartimentos celulares. Os preparados exigem, portanto, planejamento adequado para preservação de padrões químicos e morfológicos o mais próximo possível da realidade.

Os métodos mais comuns de observação em microscopia óptica possibilitam a confecção dos preparados permanentes (lâminas), nos quais as células são preservadas, isto é, fixadas e coradas para melhor demonstração dos seus componentes.

Fixação

Primeira etapa para a obtenção de um preparado permanente. Apresenta as seguintes finalidades:

- Preservar estruturas e componentes celulares
- Impedir a difusão de componentes moleculares, conservando o posicionamento de elementos que definem aspectos físico-químicos na célula
- Evitar a autólise, que é a destruição da célula por suas próprias enzimas
- Impedir a atividade e a proliferação de bactérias
- Endurecer as células para que elas resistam às etapas seguintes da técnica
- Manter ou aumentar a afinidade entre as estruturas celulares pelos corantes utilizados na microscopia óptica e aumentar o contraste na microscopia eletrônica (tópico abordado adiante neste capítulo).

Pretende-se assim, manter a amostra em um estado preservado, o mais similar possível do real.

Tipos de fixação

Existem métodos físicos e químicos para fixar uma amostra biológica. Os métodos físicos consistem em diferentes tratamentos térmicos, como: aquecimento (sob pressão ou não, pelo uso de micro-ondas) e congelamento (criopreservação). O uso desses métodos é bastante limitado, sendo mais comuns os tratamentos por micro-ondas e congelamento, por possibilitarem ou facilitarem a exposição de epítopos (partes de estruturas maiores – antígenos – capazes de produzir resposta imunológica – anticorpos) para uso de anticorpos como marcadores.

Métodos químicos envolvem a exposição da amostra à solução fixadora ou ao seu vapor, por imersão ou sua perfusão, geralmente bombeando a solução fixadora pelo sistema vascular de tecidos de difícil impregnação. O objetivo dessas soluções é preservar estruturas por meio de ligações covalentes cruzadas, entre outros tipos de interações (Figura 3.7 e boxe *Fixação química*).

Fixação química

A química da fixação é complexa e pouco conhecida. Esse processo pode envolver a formação de adutos ou a desnaturação de proteínas ou a geração de ligações covalentes cruzadas entre componentes celulares, podendo ainda ocorrer todos esses fenômenos em diferentes extensões. Fixadores que formam ligações cruzadas criam redes tridimensionais, retendo diferentes componentes celulares e imobilizando moléculas pequenas, conferindo alguma resistência à amostra.

O formol (formaldeído ou metanal) e o aldeído glutárico (glutaraldeído ou pentanodial) fixam as células por reagirem com os grupos amina das proteínas, produzindo ligações cruzadas (ver Figura 3.7). Podem ainda polimerizarem-se e originar cadeias que também participam da fixação. O glutaraldeído contém um grupamento aldeídico em cada extremidade de sua molécula, sendo capaz de estabelecer pontes entre as unidades proteicas, estabilizando a estrutura quaternária da proteína.

Cada fixador apresenta atributos diferentes, como velocidade de difusão na amostra, capacidade de fixar estruturas pequenas ou grandes e de formar polímeros curtos ou longos, entre outras propriedades dependentes de suas estruturas químicas. Para preservar uma amostra, essas diferenças apresentam determinados inconvenientes, ao lado de algumas qualidades desejáveis; por isso, foram elaboradas as misturas fixadoras, que contêm proporções variáveis dos fixadores componentes com a finalidade de compensar-lhes as deficiências.

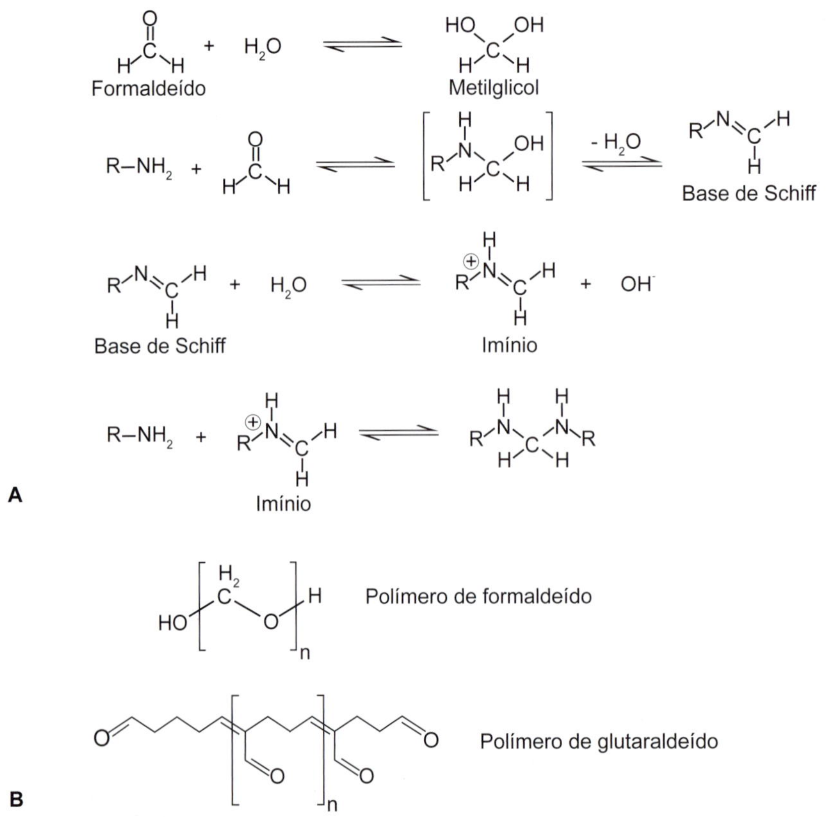

Figura 3.7 A. Um dos mecanismos possíveis de formação de ligações cruzadas (*crosslinking*) entre componentes celulares: R-NH₂ representa uma cadeia peptídica com um grupo amina exposto. **B.** Representação de cadeias resultantes da polimerização de formaldeído e glutaraldeído, o que possibilita ligações cruzadas entre componentes com distâncias variáveis.

Microtomia

A microscopia óptica exige que a luz seja transmitida através da amostra, que devidamente preparada, revela detalhes de sua estrutura interna. Em sua maioria, as células fazem parte de tecidos que precisam ser cortados em fatias finas para exame no microscópio. Esses cortes são feitos em um equipamento denominado "micrótomo" (Figura 3.8). Para ser cortado no micrótomo, o fragmento de tecido fixado é geralmente protegido, mediante um processo de inclusão, por um material que o envolve e nele penetra, o qual é denominado "meio de inclusão". Este age como um meio de suporte, que confere rigidez e propriedades físicas que facilitam o corte e evitam o rompimento da amostra durante o procedimento. As amostras são incluídas em parafina ou em resinas plásticas especiais e cortadas com uma espessura de 1 a 6 μm, geralmente. Para estudo no microscópio eletrônico, os tecidos devem ser incluídos em resinas mais rígidas, como as do tipo epóxi. Os cortes para o microscópio eletrônico são muito finos, usualmente, medindo 100 nm ou menos.

Coloração

Usualmente todas as estruturas celulares são transparentes e incolores. Para uma análise de preparados permanentes por microscopia óptica, é necessário um processo de coloração da amostra que torna visíveis os diferentes componentes celulares. A maioria dos corantes apresenta um grupo químico responsável pela cor – grupo cromóforo (*khrõma*, cor, e *phorós* ou portador) – que confere um caráter básico ou ácido (sendo catiônico ou aniônico, respectivamente). Corantes básicos combinam-se a grupos ácidos (aniônicos) dos componentes celulares, portanto as moléculas ácidas, como as do ácido desoxirribonucleico (DNA)

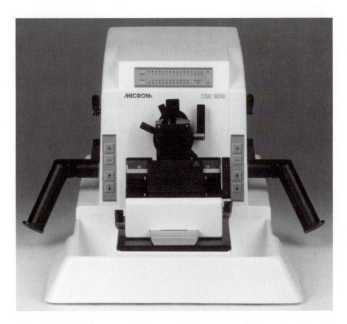

Figura 3.8 Micrótomo moderno, especialmente ergonômico, para cortes de tecidos incluídos em parafina ou em resina plástica. Modelo ErgoStar HM 200. (Ilustração gentilmente cedida pela Microm, empresa do grupo Carl Zeiss.)

e do ácido ribonucleico (RNA), denominam-se basófilas, isto é, têm afinidade pelos corantes básicos (como a hematoxilina). Estruturas ricas em grupos básicos, como as proteínas citoplasmáticas, são nomeadas de acidófilas, por terem afinidade pelos corantes ácidos (eosina).

Microscopia eletrônica

A capacidade resolutiva de qualquer microscópio é limitada pelo comprimento de onda da radiação empregada. A radiação visível possibilita distinguir detalhes de 0,2 μm; porém, detalhes de objetos menores não são visíveis neste espectro.

O microscópio eletrônico (Figura 3.9) emprega feixes de elétrons que, acelerados por uma diferença de potencial de 60 kV, apresentam um comprimento de onda de 0,005 nm. No momento, não se consegue aproveitar inteiramente a capacidade resolutiva dos melhores microscópios eletrônicos em virtude das dificuldades de preservação das células e, sobretudo, de obtenção de cortes extremamente finos, imprescindíveis para a resolução máxima.

Os componentes do microscópio eletrônico, representados de modo esquemático, lembram um microscópio óptico (Figura 3.10). Os elétrons são produzidos devido ao aquecimento, no vácuo, de um filamento de tungstênio – o cátodo – que emite elétrons. Essas partículas são aceleradas por uma diferença de potencial de 60 a 100 kV existente entre o cátodo e o ânodo. Este último é uma placa perfurada no centro e só permite a passagem de parte dos elétrons, formando um feixe. Os elétrons passam por uma bobina ou lente magnética, também denominada "condensadora", que os direciona em feixe uniforme na direção do objeto. Após atravessar o objeto, no qual muitos elétrons são desviados, o feixe transpassa por outra bobina, que corresponde à lente objetiva do microscópio óptico.

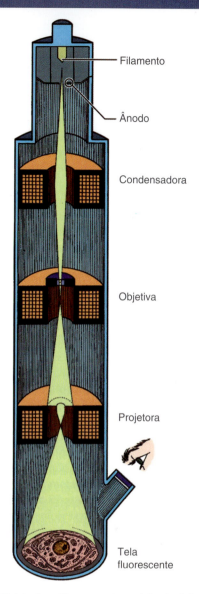

Figura 3.10 Trajeto dos elétrons no microscópio eletrônico. O corte de tecido é colocado logo acima da bobina ou lente objetiva. A imagem, já aumentada pela lente objetiva, é novamente ampliada por outra bobina, que a projeta em uma tela fluorescente.

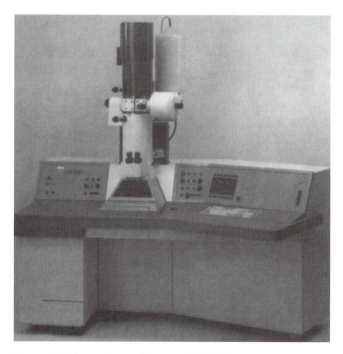

Figura 3.9 Microscópio eletrônico, modelo EM910 da empresa Carl Zeiss. (Cortesia do fabricante.)

Por fim, uma terceira bobina projeta os elétrons sobre uma tela fluorescente – na qual eles formam uma imagem visível – ou sobre um filme ou sensor fotográfico.

Os elétrons desviados por determinadas estruturas da célula em estudo não contribuirão para formar a imagem. Essas estruturas aparecem escuras e são intituladas eletrodensas. Os componentes celulares que desviam uma pequena porcentagem de elétrons aparecerão em variadas tonalidades de cinza.

A tela fluorescente em que a imagem se forma é uma placa revestida por sulfeto de zinco (ZnS) ou compostos de fósforo, substâncias que emitem luz ao serem excitadas pelos elétrons. Na prática, as observações mais cuidadosas são efetuadas nas micrografias obtidas pela retirada da tela do trajeto dos elétrons, os quais incidirão sobre sensor fotográfico.

As análises de imagens de microscopia eletrônica são realizadas principalmente em ampliações em papel fotográfico ou em monitores, em vez de diretamente no microscópio eletrônico.

Dois motivos dificultam sua observação direta e prolongada: a tela fluorescente, constituída por partículas relativamente grosseiras e com pouca emissão de luz em relação aos elétrons que recebe, fornecendo imagens menos contrastadas do que as obtidas nas ampliações fotográficas; e a amostra exposta ao feixe de elétrons degrada-se, dificultando longas exposições.

O poder de resolução dos microscópios eletrônicos pode ser combinado com uma técnica de marcação denominada *immunogold* ou marcação por ouro coloidal, descrita no tópico "Imunocitoquímica e sondas moleculares". Nesse método, partículas de ouro são ligadas à proteína A ou a anticorpos específicos. Quando aplicadas em amostras sendo preparadas para microscopia eletrônica, essas partículas produzem regiões eletrodensas visíveis ao microscópio eletrônico, evidenciando a localização de componentes celulares ou substâncias com precisão superior à de técnicas de microscopia óptica. Utilizando-se partículas de tamanhos diferentes (usualmente entre 15 e 50 nm), é possível fazer marcações simultâneas em uma mesma amostra.

Preparo de amostras para microscopia eletrônica

A preparação de amostras para a microscopia eletrônica requer cuidados muito especiais. Em geral, a fixação é feita em solução de glutaraldeído tamponado a pH 7,2. Utiliza-se também a fixação em solução de tetróxido de ósmio. Na maioria das vezes, esses dois fixadores são empregados em sequência: primeiro fixa-se o tecido em glutaraldeído e, depois, em ósmio. O ósmio, além de fixador, atua como contraste, por ser um elemento de massa atômica elevada, que desvia os elétrons. As estruturas que se combinam com o ósmio aparecerão escuras.

Além do ósmio, outros átomos são empregados para fixar e aumentar o contraste entre os componentes celulares. Após a fixação com glutaraldeído, seguida daquela com ósmio, podem-se passar ainda as células por soluções de sais de urânio ou chumbo. Como as variadas estruturas celulares têm afinidades diferentes por esses metais, o contraste melhora quando mais de um deles é utilizado.

O poder de penetração dos feixes de elétrons utilizados nos microscópios eletrônicos é fraco, por isso, as amostras devem ser cortadas com uma espessura de 20 a 100 nm. Para isso, é necessária a inclusão em resina epóxi. Os cortes são feitos em micrótomos que utilizam navalhas de vidro fraturado ou de diamante (Figura 3.11).

Microscópio eletrônico de varredura

Como o microscópio eletrônico comum ou de transmissão, o microscópio eletrônico de varredura também usa um feixe de elétrons. Mas, daí em diante, eles pouco têm em comum e, na verdade, são aparelhos complementares. O microscópio eletrônico de transmissão tem poder de resolução muito maior, enquanto o de varredura tem a vantagem de fornecer imagens tridimensionais, pelo exame da superfície das estruturas.

O microscópio eletrônico de varredura (Figura 3.12) consiste em um sistema análogo ao do microscópio de transmissão, que produz um feixe delgado de elétrons cujo diâmetro pode ser

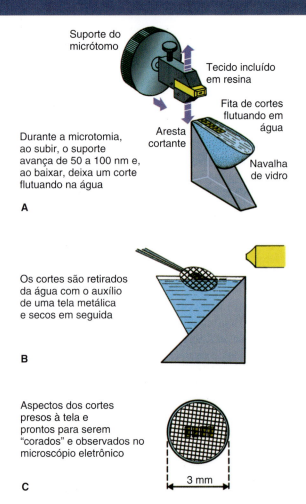

Figura 3.11 Algumas etapas da obtenção dos cortes para a microscopia eletrônica. Os tecidos são incluídos em blocos de resina epóxi. **A.** Observam-se o suporte do micrótomo com o bloco a ser cortado e a navalha de vidro. Preso à navalha, há um pequeno recipiente contendo água, sobre a qual os cortes serão recolhidos. **B.** Cortes coletados em uma tela de 3 mm de diâmetro, manejada por meio de uma pinça. **C.** Tela com os cortes: submetida à solução de sais de uranila e chumbo que impregnam os componentes celulares, aumentando seu contraste. Em seguida, a tela é levada ao microscópio eletrônico.

modificado. O trajeto do feixe de elétrons é, em seguida, modificado por um conjunto de bobinas defletoras que o fazem percorrer o espécime ponto a ponto e ao longo de linhas paralelas (varredura).

Ao atingirem o espécime, os elétrons provocam diferentes efeitos, entre os quais a emissão de elétrons secundários pelo próprio espécime. Os elétrons secundários são detectados por um coletor, passam por um sistema de amplificação e são transformados em pontos de maior ou menor luminosidade, em um monitor de vídeo ou em um arquivo digital. As micrografias são produzidas pelos dados de luminosidade dos elétrons secundários em relação à posição do feixe de elétrons no momento da varredura, e não pela ação dos próprios elétrons do feixe primário em um filme fotográfico, como acontece no microscópio eletrônico de transmissão.

Geralmente, os espécimes não precisam ser cortados para serem examinados no microscópio eletrônico de varredura. Objetos de 1 cm ou mais podem ser examinados inteiros. Em Biologia Celular, o microscópio de varredura tem sido muito

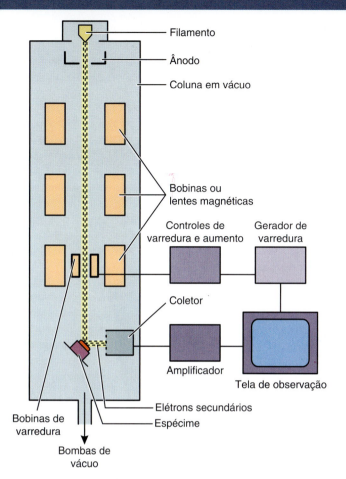

Figura 3.12 Esquema geral do microscópio eletrônico de varredura: na parte inferior do aparelho estão localizadas as bombas de vácuo, pois a coluna percorrida pelos elétrons deve ser mantida em alto vácuo.

utilizado para o estudo da superfície de células mantidas em cultivo. O material a ser estudado, após fixação em glutaraldeído ou outro fixador, é cuidadosamente desidratado e recoberto por delgada camada condutora de eletricidade – em geral ouro ou platina, depositados a vácuo – e está pronto para ser examinado no aparelho.

Microscopia de fluorescência

Esta é um subtipo de microscopia óptica fundamentada em moléculas fluorescentes, também conhecidas como fluoróforos, muito utilizada para detectar proteínas ou estruturas celulares específicas. Em alguns casos, explora-se a fluorescência intrínseca de elementos celulares; em outros, os fluoróforos são acoplados a anticorpos específicos, tornando-se uma ferramenta central na imunofluorescência. Essa técnica é muito popular, porque conjuga a especificidade de detecção fornecida pelo anticorpo com a facilidade de visualização fornecida pelo fluoróforo (ver tópico "Imunocitoquímica e sondas moleculares").

Fluoróforos têm origem e propriedades variadas: podem ser proteínas ou biomoléculas pequenas naturalmente fluorescentes ou compostos químicos sintetizados artificialmente. Fluoróforos são moléculas excitáveis que emitem luz na presença de radiação de alta energia. Resumidamente, ao absorver um fóton de alta energia, um elétron de seu orbital molecular passa para um estado excitado; ao retornar ao seu estado de menor energia, um novo fóton de comprimento de onda maior será emitido (Figura 3.13). Cada fluoróforo responde a um comprimento de onda específico (luz de excitação) e emite um comprimento de onda próprio (luz de emissão). Assim, um preparado pode ser simultaneamente marcado com fluoróforos distintos, excitados por comprimento de onda diferentes. Se cada fluoróforo evidencia estruturas diferentes da amostra, como núcleo, citoesqueleto de actina e proteínas de membrana, essas estruturas emitirão – sob a microscopia de fluorescência – comprimentos de ondas (ou cores) distintos. Para o usuário, a amostra apresenta-se colorida, de acordo com a localização da estrutura.

Como exemplo do primeiro caso, têm-se alguns constituintes celulares, como a riboflavina (vitamina B2), a vitamina A e as porfirinas, que são fluorescentes e podem ser identificados e localizados por meio da microscopia de fluorescência.

No segundo caso, incluem-se os corantes fluorescentes, que se combinam e identificam determinadas biomoléculas que não têm fluorescência própria normalmente presentes nas células. Um dos corantes fluorescentes mais utilizados é o alaranjado de acridina, que se combina aos ácidos nucleicos, promovendo sua localização.

O microscópio de fluorescência utiliza lâmpadas de radiação ultravioleta ou raios *laser* com comprimentos de onda definidos como fontes de radiação de excitação do fluoróforo.

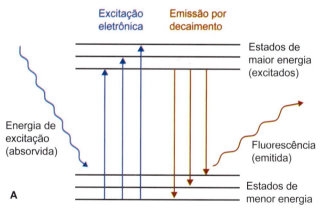

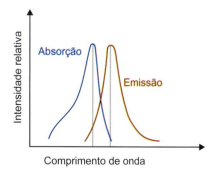

Figura 3.13 A. Representação do processo de fluorescência: um fluoróforo recebe energia movendo um elétron de seu orbital molecular para um estado excitado, ao decair uma nova radiação de menor energia será emitida. **B.** Representação dos espectros de absorção e de emissão de um fluoróforo.

A microscopia de fluorescência usa filtros de luz que possibilitam passagem seletiva de comprimentos de onda específicos, os quais escolhemos de acordo com os fluoróforos utilizados no preparado. Essa técnica pode ser realizada com múltiplos fluoróforos, e a observação do fenômeno da fluorescência é simultâneo, A microscopia de fluorescência torna possível análises detalhadas e identificação de possíveis colocalizações.

Imunocitoquímica e sondas moleculares

As técnicas de imunocitoquímica viabilizam o estudo da localização intracelular de proteínas específicas. Ela identifica com precisão uma determinada proteína, excluindo todas as outras que não se enquadrem no perfil procurado.

Como a imunocitoquímica baseia-se na reação antígeno–anticorpo, devem-se estudar antes algumas noções básicas dessa reação que pertence ao domínio da imunologia. Textos de imunologia devem ser consultados para mais esclarecimentos.

Imunocitoquímica direta

Nessa estratégia experimental, utiliza-se apenas o anticorpo que reconhece o alvo antigênico (epítopo) de interesse. Esse anticorpo, conhecido como primário, é diretamente acoplado a um elemento detector, que pode ser uma enzima ou um fluoróforo. Por exemplo, colocando-se sobre um corte do órgão de rato que contém a proteína X uma solução do anticorpo marcado com a peroxidase, haverá uma combinação do antígeno (proteína X) com seu anticorpo (gamaglobulina anti-X) marcado com peroxidase (Figura 3.14). O complexo antígeno–anticorpo formado não é visível ao microscópio óptico nem ao eletrônico, mas tornar-se-á visível se a peroxidase for evidenciada por uma reação citoquímica apropriada.

Essa evidenciação ocorre ao se colocar sobre o corte uma substância que, sob a ação da peroxidase, forme um composto corado e eletrodenso. Em outras palavras, utiliza-se um substrato que, por ação enzimática, produza uma substância colorida. No exemplo da Figura 3.14, o composto (substrato) sobre o qual a peroxidase (enzima) atua é a 3-3'-diaminobenzidina, que, ao ser atacada pela peroxidase, se transforma em um composto insolúvel, marrom-claro e eletrodenso. É interessante que esse marcador colorido seja insolúvel e sofra pouca ou nenhuma difusão, evitando que o sinal esmaeça ou prejudique a visualização de sua origem.

Em substituição à peroxidase, pode-se usar, como marcador, um corante fluorescente ligado ao anticorpo (Figura 3.15). Nesse caso, o preparado obtido pela ação do anticorpo sobre o corte que contém o antígeno pode ser imediatamente examinado ao microscópio de fluorescência. Todavia, a peroxidase proporciona melhor localização, pois o corte pode ser estudado com o microscópio eletrônico e o antígeno identificado, com alta resolução, nas organelas celulares.

Uma terceira maneira de marcar o anticorpo consiste em sua conjugação com a ferritina, uma proteína que, em virtude do seu alto teor em ferro, é muito eletrodensa e possibilita o estudo da localização de proteínas (antígenos) ao microscópio eletrônico. Essa marcação não serve para o estudo ao microscópio óptico.

Outro método bastante versátil utiliza marcação com o complexo de ouro coloidal + proteína A, ou ouro coloidal + anticorpos (Figuras 3.16 e 3.17). Essa técnica, chamada "*immunogold*" ou "marcação por ouro coloidal", consiste na

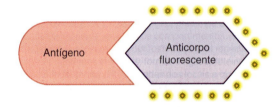

Figura 3.15 Imunocitoquímica direta com anticorpo fluorescente.

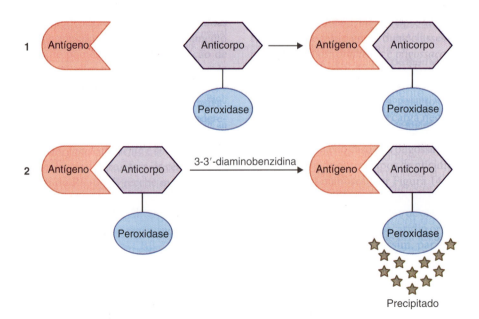

Figura 3.14 Técnica imunocitoquímica direta. O composto (precipitado) formado pela ação da peroxidase na 3-3'-diaminobenzidina é eletrodenso e de coloração marrom-clara. Por isso, a técnica pode ser aplicada tanto à microscopia óptica como à eletrônica.

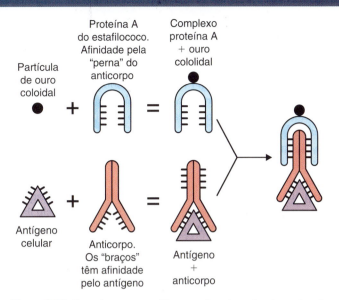

comum às moléculas de todos os anticorpos (segmento Fc). Essa técnica apresenta grande precisão para localizar proteínas e grande resolução, pois as partículas de ouro coloidal são muito pequenas. O processo pode ser realizado nas seguintes etapas:

- Incubar o tecido a ser estudado com o anticorpo desejado e lavá-lo; o anticorpo, então, fixa-se à proteína
- Incubar o tecido em solução de ouro conjugado à proteína A e lavá-lo
- Estudar no microscópio eletrônico.

A técnica direta de imunocitoquímica não é muito sensível e, por isso, pouco utilizada atualmente. Ela foi descrita para facilitar a compreensão da técnica indireta, muito mais útil na prática por sua alta sensibilidade.

Imunocitoquímica indireta

Nessa técnica, a marcação é colocada em um segundo anticorpo, denominado "anticorpo secundário", e reconhece a porção constante do anticorpo primário. É, portanto, um antianticorpo, isto é, uma antigamaglobulina. Essa técnica é mais sensível (Figura 3.18), pois amplia o sinal do anticorpo primário e possibilita a detecção de quantidades mínimas de antígeno. A técnica de imunocitoquímica indireta é a mais utilizada na prática em pesquisa.

Figura 3.16 Desenhos esquemáticos mostrando os fundamentos da técnica de imunocitoquímica, utilizando como marcador o complexo de proteína A (uma proteína de estafilococo) e partículas de ouro coloidal.

adsorção, pelas moléculas da proteína A, de partículas de ouro, muito pequenas (5 a 20 nm) e eletrodensas. A proteína A é extraída das bactérias *Staphylococcus aureus* e, além da atração pelo ouro coloidal, tem afinidade por uma região

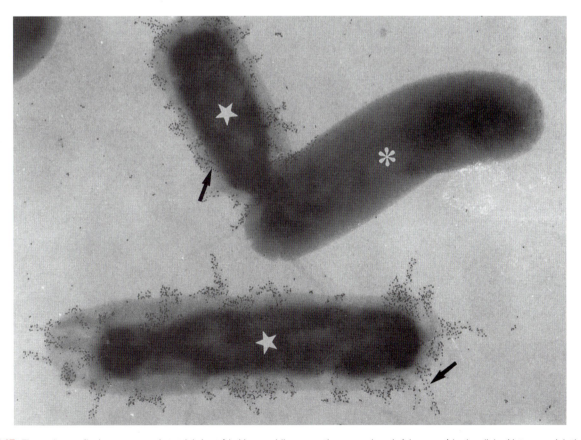

Figura 3.17 Eletromicrografia de um preparado total da bactéria *Haemophilus aegyptius*, causadora da febre purpúrica brasileira. Notem-se dois tipos celulares, em que as células assinaladas por estrelas mostram projeções filamentosas marcadas pelo complexo proteína A–ouro, ligado a um antissoro policlonal anti-25 kD. A proteína 25-kD é uma subunidade proteica da fímbria. A célula assinalada por um asterisco não mostra projeções filamentosas. Observa-se, em algumas oportunidades, a disposição linear (que revela a estrutura filamentosa da fímbria, *seta*) das partículas de ouro elétron-dispersantes, que medem aproximadamente 5 nm de diâmetro. Aumento: 63.000×. (Imagem cedida gentilmente pela Dra. Hatune Tanaka do Instituto Adolfo Lutz, São Paulo.)

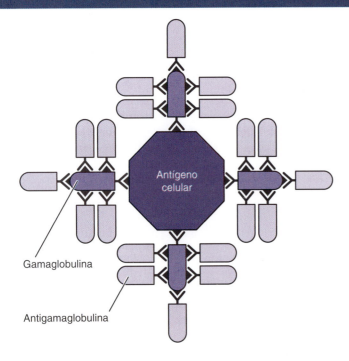

Na segunda etapa, coloca-se sobre o corte uma solução de anticorpo contra gamaglobulina de coelho. Esse anticorpo, que é uma antigamaglobulina e, portanto, um antianticorpo, pode ser obtido pela injeção de gamaglobulina de coelho em carneiro ou cabra.

Por fim, ter-se-á um complexo constituído pela proteína Y, seu anticorpo e uma antigamaglobulina. A antigamaglobulina pode ser evidenciada por conjugação com substâncias fluorescentes (Figura 3.20) – ferritina ou peroxidase –, conforme foi descrito na técnica direta.

Figura 3.18 Esquema para demonstrar a maior sensibilidade da imunocitoquímica indireta. Pela técnica direta, esse antígeno celular fixaria quatro moléculas do anticorpo; pela técnica indireta, ele fixou 20 moléculas de antigamaglobulina.

As etapas da técnica indireta, que utiliza dois anticorpos, estão esquematizadas na Figura 3.19. Supondo-se que se queira saber a localização celular da proteína Y, também contida em um órgão de rato, a primeira etapa consiste na colocação, sobre o corte de tecido, de uma solução do anticorpo (gamaglobulina) anti-Y, obtido pela injeção da proteína Y em um coelho. Haverá combinação de Y com seu anticorpo.

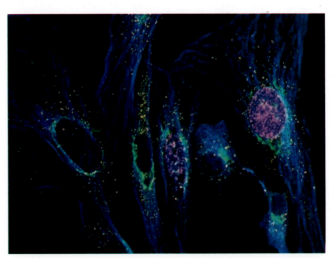

Figura 3.20 Exemplo de imunocitoquímica indireta. Células de muntíaco, cujo citoesqueleto de tubulina (*filamentos azuis*) foi marcado com antialfatubulina (camundongo) e revelado com anti-IgG de camundongo (cabra) marcado com Alexa FLuor® 350; Golgi (*em verde*) foi marcado com lectina conjugada com Alexa FLuor® 488 e peroxissomos (*pontos laranja*) foram evidenciados com antiperoxissomo (coelho) e revelado com anti-IgG de coelho (asno) conjugado com Alexa FLuor® 555. (Imagem cedida por ThermoFischer®.)

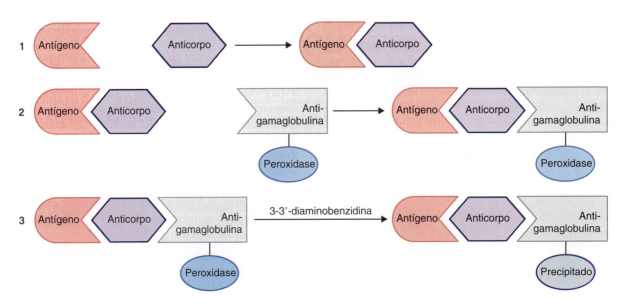

Figura 3.19 Esquema demonstrativo das etapas da técnica imunocitoquímica indireta. Na etapa **1**, o antígeno cuja localização se deseja determinar combina-se ao anticorpo específico, formando um complexo que não é visível nem no microscópio óptico, tampouco no eletrônico. A finalidade das etapas seguintes é tornar esse complexo visível. Na etapa **2**, agrega-se antigamaglobulina marcada com peroxidase ao complexo já formado. Na etapa **3**, por meio da técnica citoquímica para peroxidase, forma-se precipitado visível nos microscópios óptico e eletrônico, revelando-se assim o local do antígeno procurado.

ELISA e testes diagnósticos

Um ensaio bioquímico muito sensível desenvolvido nos anos 1970 usa anticorpos ligados a enzimas e é bastante utilizado tanto em pesquisa como em diagnóstico clínico. O ensaio de imunoabsorção enzimática, mais conhecido como ELISA (do inglês *enzyme-linked immunosorbent assay*), possibilita a quantificação da interação antígeno–anticorpo em amostras, por meio de uma reação enzimática que gera um produto colorido. Usualmente a amostra cujo antígeno de interesse é adsorvida em uma superfície sólida, sobre esta é aplicada uma solução contendo o anticorpo, específico contra o antígeno em estudo, o qual é ligado covalentemente a uma enzima. Após a interação antígeno–anticorpo, os anticorpos livres são removidos e permanecem apenas os anticorpos ligados ao antígeno na superfície. Os anticorpos remanescentes são detectados ao serem expostos a uma solução contendo o substrato da enzima, geralmente constituindo um produto colorido que será quantificado em um espectrofotômetro ou colorímetro.

A intensidade do sinal é proporcional à quantidade de anticorpo remanescente, que por sua vez é correspondente à concentração do antígeno. O método é facilmente adaptável a diferentes aplicações e à automatização. Existem muitas soluções comerciais que utilizam placas padronizadas com 96 poços, denominadas "leitoras de ELISA", que realizam automaticamente leituras de amostras e padrões de comparação. Uma aplicação comum é a detecção de anticorpos contra infecções ou autoimunes em plasma sanguíneo.

Outras sondas

Algumas moléculas têm afinidade natural por biomateriais específicos. Quando essas moléculas apresentam outras propriedades que facilitam seu uso em células, como tamanho reduzido e baixa toxicidade, tornam-se interessantes sondas ou traçadores. Assim como com os anticorpos, essas sondas podem ser marcadas com fluoróforos, isótopos radioativos ou marcadores eletrodensos, entre outros. A seguir serão descritas as sondas mais popularmente utilizadas no estudo da Biologia Celular.

Faloidina

Toxina oriunda do cogumelo *Amanita phalloides*, consiste em um heptapeptídio bicíclico que apresenta alta afinidade e especificidade por actina, formando complexos que estabilizam os filamentos, impedindo sua despolimerização. É um exemplo de sonda molecular. Essa toxina é menor que um anticorpo e apresenta diferentes sítios em suas cadeias laterais que possibilitam a ligação covalente de marcadores sem afetar sua afinidade. Pode ser utilizada em preparações com células permeabilizadas com surfactantes ou aplicada por microinjeção. Produz imagens de ótima qualidade do citoesqueleto de actina, sendo utilizada rotineiramente em diversos tipos de preparações (Figura 3.21).

Lectinas

Proteínas presentes em todos os seres vivos, têm afinidade e especificidade com carboidratos. Devido a sua grande variedade, existem lectinas que reconhecem açúcares solúveis, glicoproteínas e glicolipídios. Comercialmente existem opções dessas

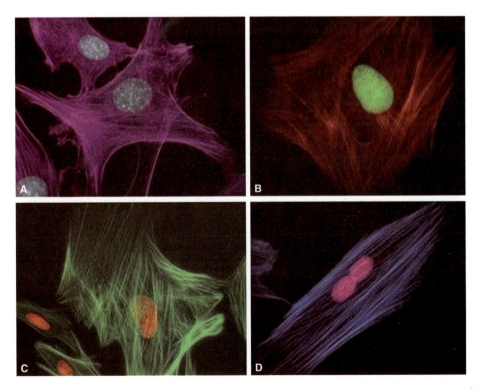

Figura 3.21 Células endoteliais bovinas marcadas com faloidina ligada a diferentes fluoróforos. **A.** Núcleo marcado com DAPI® e actina evidenciada com faloidina-Alexa Fluor® 680. **B.** Núcleo: SYTOX Green® e actina: faloidina-Alexa Fluor® 568. **C.** Núcleo: 7-AAD e actina: faloidina-Alexa Fluor® 488. **D.** Núcleo: TO-PRO 3® e actina: faloidina-Alexa Fluor® 350. (Imagem cedida por ThermoFischer®.)

proteínas direcionadas para marcação do complexo de Golgi ou reconhecendo glicoproteínas de superfície celular marcadas com fluoróforos ou enzimas, o que viabiliza a identificação de tipos celulares, por exemplo, de células endoteliais. Soluções comerciais também utilizam lectinas para tipagem sanguínea em laboratórios de análises clínicas.

DNA e RNA

O uso de DNA ou RNA como sondas explora a propriedade básica de pareamento de bases por complementariedade (ver Capítulo 2). Essa propriedade é conhecida como hibridação e possibilita localizar genes na cromatina e determinar padrões de expressão de mensageiros de RNA (mRNA) em tecidos ou organismos inteiros, entre outras aplicações. Aqui, as sondas são fragmentos de DNA ou de RNA com sequência nucleotídica complementar ao gene de interesse. As sondas são marcadas com traçadores fluorescentes ou radioativos. No caso da detecção de genes na cromatina, a dupla-hélice de DNA da amostra é mantida por pontes de hidrogênio, que são forças fracas. Essas duas cadeias podem ser separadas facilmente pelo aquecimento brando, expondo as bases para serem reconhecidas pela sonda. A sonda só forma um par híbrido com o alvo específico devido à complementaridade de bases. Processo semelhante ocorre com o RNA, que pode se combinar tanto com sondas de DNA quanto de RNA.

Corantes e ensaios *in vivo*

Os primeiros estudos utilizando microscopia como ferramenta para caracterizar aspectos morfológicos de células e tecidos (na época denominados "microanatomia") eram de observação direta ou utilizavam corantes naturalmente disponíveis, como alizarina (extraído de raízes de garança – *Rubia tinctorum*), açafrão ou anil (derivado do índigo/anileira – *Indigofera suffruticosa*).

Com a revolução industrial e a crescente demanda por novos corantes na indústria têxtil, a histologia (nova designação do estudo dos tecidos e células que os formam) e a microbiologia passaram a receber grandes contribuições, com a disponibilidade de grande variedade de novos corantes e metodologias para fixar e colorir amostras.

Durante o século XX, tornou-se comum o uso de corantes vitais, que são atóxicos e não comprometem o funcionamento das células. A embriologia utilizou esse recurso de modo muito elegante e elaborado, corando células ou tecidos de embriões e observando seu desenvolvimento normal, possibilitando observar *in vivo* a origem de linhagens celulares e de tecidos, bem como seguir o movimento de massas celulares. Resultando na criação de mapas detalhados do destino de blastômeros de diferentes organismos.

Na pesquisa de biologia celular, corantes vitais são úteis em ensaios de migração e de comunicação celular, possibilitando visualizar e quantificar esses fenômenos celulares. De maneira análoga, esses corantes estão presentes na Oftalmologia, realçando tecidos transparentes, com utilidade tanto cirúrgica quanto diagnóstica.

Genes repórteres

Os genes repórteres são ferramentas da biologia molecular que se destacam nas últimas décadas por propiciar variadas aplicações. Os genes repórteres conferem alguma característica à célula ou ao organismo facilmente identificável ou mensurável, sem prejudicar sua fisiologia. Mediante manipulações moleculares, sequências desses genes podem ser inseridas em genomas de organismos ou em vetores (DNA plasmidial), associados a promotores induzíveis ou fundidos a sequência de outro gene de interesse.

Um exemplo de gene repórter é aquele que codifica a proteína verde fluorescente (GFP, do inglês *green fluorescent protein*), identificada na água-viva *Aequorea victoria*. Essa proteína apresenta 238 aminoácidos e uma estrutura compacta (Figura 3.22). Uma das aplicações da GFP é acompanhar níveis de expressão ou transporte e renovação da proteína de interesse. A adição da sequência de GFP à sequência gênica da proteína de interesse forma uma proteína quimérica. A GFP usualmente não influencia no funcionamento de enzimas ou proteínas estruturais, portanto a quimera se comporta como a proteína de interesse. E, com a GFP fusionada, fluoresce quando exposta à luz azul ou ultravioleta, possibilitando assim localizar a quimera na célula ou no organismo (ver Figura 3.22). A visualização da fluorescência de GFP torna possível análises *in vivo* de modo não invasivo e não destrutivo.

Atualmente, existem muitos genes repórteres comercialmente disponíveis. Alguns desenvolvidos por mutação sítio-dirigida do gene de GFP; outros elaborados a partir de genes de outros organismos, ou até sintéticos. Os genes aprimorados apresentam como vantagens: maior eficiência quântica, estabilidade conformacional em temperaturas mais altas, maior intensidade relativa de brilho e menor coeficiente de extinção.

Ensaios bioquímicos

Purificação celular

Vários procedimentos possibilitam a separação das células que constituem os tecidos. A primeira etapa geralmente consiste na destruição da arquitetura da matriz extracelular (por meio de enzimas como colagenase e tripsina) e das junções que unem as células, muito frequentes nos epitélios glandulares e de revestimento. Para isso, é preciso retirar os íons Ca^{2+}, que participam da aderência entre as células, com auxílio do ácido etilenodiaminotetracético (EDTA, do inglês *ethilenediaminetetraacetic acid*), que possui ação quelante, ou seja, capaz de formar complexos estáveis com íons metálicos, sem formar ligações covalentes. Depois de separadas, as células continuam misturadas, e os tipos celulares desejados precisam ser isolados.

O isolamento das células pode ser realizado de diferentes maneiras, por exemplo, por centrifugação, de acordo com seu tamanho e sua densidade. Algumas células, como os macrófagos, têm tendência a aderir ao vidro e a plásticos e, assim, podem ser isoladas daquelas que não têm essa predisposição. Contudo, a maneira mais precisa e eficiente de isolar um único tipo celular em grande quantidade é por meio de um aparelho denominado "separador de células ativado por fluorescência/citômetro de fluxo" (FACS, do inglês *fluorescence-activated cell sorter*). As células em suspensão são tratadas com um anticorpo fluorescente que se liga especificamente à superfície de células específicas. À medida que a suspensão de células passa pelo aparelho, as células fluorescentes são desviadas para um recipiente, e as não fluorescentes serão coletadas em outro recipiente.

Lise celular

Muitas técnicas exigem o rompimento da membrana celular e a exposição de seu conteúdo; esse processo é denominado **lise celular**, e o conteúdo celular exposto é nomeado "lisado".

Há variadas maneiras de lisar uma célula: mecanicamente (com o uso de rotores, descrito mais adiante), enzimaticamente, por ultrassom e por ação química (p. ex., detergentes, solventes orgânicos, alteração osmótica do meio, agentes desestabilizadores de membrana).

Em pesquisa, o método escolhido dependerá da análise a ser efetuada no lisado. No caso de ser necessário recuperar organelas inteiras ou proteínas em seu estado natural, a lise mecânica ou o uso de um detergente brando (não iônico) pode ser uma opção. Para recuperação de ácidos nucleicos geralmente detergentes fortes e sais caotrópicos são utilizados, pois sua ação desnaturante ajuda a proteger a integridade do material genético contra a ação de algumas nucleases.

Centrifugação diferencial e contragradiente

As técnicas que provocam o fracionamento celular e a obtenção de frações relativamente puras de organelas contribuíram muito para o desenvolvimento da biologia celular.

As organelas são separadas pela centrifugação de um homogeneizado de células, em que as membranas plasmáticas são rompidas e os constituintes celulares dispersos em um meio líquido, geralmente contendo sacarose, que mantém a integridade dos componentes celulares e evita a tendência de as organelas aglutinarem-se quando as células se rompem.

Em geral, a ruptura das membranas plasmáticas para a obtenção do homogeneizado decorre da ação mecânica de um pistão girando em um cilindro que contém as células na solução de sacarose (Figura 3.23). Esse fracionamento pode ser realizado também por meio de ultrassom ou trituração mecânica.

Durante a homogeneização e as centrifugações que se seguem, a maioria das organelas mantém sua forma intacta. Todavia, o retículo endoplasmático se rompe, e, como suas membranas tendem a se ressoar, formam-se vesículas lisas ou granulares, conforme se trate do retículo endoplasmático liso (REL) ou do rugoso (RER). As vesículas formadas a partir desse último, cuja superfície é carregada de ribossomos, recebem a denominação de microssomos. Portanto, os microssomos são fragmentos do RER.

O isolamento de uma organela por meio da centrifugação depende do seu coeficiente de sedimentação, isto é, do seu tamanho, sua forma e densidade, bem como da densidade e viscosidade da solução em que está sendo centrifugada.

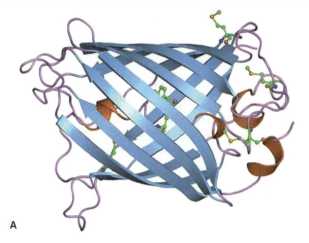

Figura 3.22 **A.** A proteína GFP apresenta uma estrutura denominada "barril β", com o cromóforo no centro. Excelente marcador, pode ser ligada a outras proteínas sem afetar suas afinidades ou atividades. **B** e **C.** Genes repórteres permitem a elaboração de experimentos de análise funcional e podem ser utilizados virtualmente em qualquer modelo de estudo. Acima (**B**), tem-se uma placa de Petri contendo colônias de bactérias expressando genes repórteres fluorescentes de diferentes cores; abaixo (**C**), camundongos transgênicos expressando GFP em seu tegumento. (**B**, reproduzida de Nathan Shaner; 2006. Disponível em: https://commons.wikimedia.org/wiki/File:FPbeachTsien.jpg; **C**, reproduzida de Credd7398; 2021. Disponível em: https://commons.wikimedia.org/wiki/File:GFPPupsAndTestisForWiki.jpg)

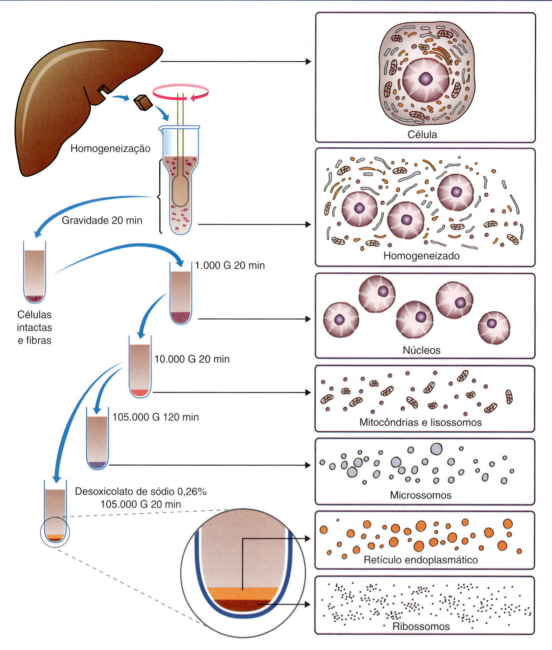

Figura 3.23 Esquema da técnica de centrifugação diferencial. O sobrenadante de cada tubo é centrifugado novamente, cada vez com maior força centrífuga. Os desenhos da direita mostram os componentes celulares do sedimento de cada tubo. A força centrífuga é representada por G; 1.000 G significam 1.000 vezes a força da gravidade.

A separação de componentes celulares por centrifugação em geral é efetuada pela técnica conhecida por **centrifugação fracionada** ou **centrifugação diferencial**, que consiste em uma série de centrifugações a velocidades crescentes (ver Figura 3.23). As organelas ou inclusões maiores e mais densas sedimentam primeiro, e o sobrenadante de cada centrifugação é centrifugado novamente, porém com maior velocidade. Desse modo, os componentes celulares vão sendo sucessivamente separados, como mostra a Figura 3.23. As frações com mais de um componente celular podem ser purificadas por ressuspensão e nova centrifugação.

Em geral, o sobrenadante que permanece após a última centrifugação é denominado "fração solúvel".

Outra técnica de fracionamento celular é a **centrifugação contragradiente**, em que as partículas são separadas por suas diferenças de densidade. O gradiente consiste em uma solução – que pode ser de sacarose ou sais de césio – cuja concentração é máxima na parte profunda do tubo de centrifugação e mínima na superfície. Existe, portanto, no tubo, um gradiente de densidade crescente de cima para baixo. Logo após ter sido preparado o gradiente, coloca-se o homogeneizado sobre sua superfície e procede-se à centrifugação. Impulsionadas pela força centrífuga, as partículas penetram no gradiente. Cada tipo de partícula para no local em que há equilíbrio entre a força centrífuga da partícula e a concentração do gradiente (Figura 3.24).

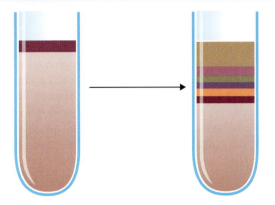

Figura 3.24 Centrifugação contragradiente. *À esquerda*, antes da centrifugação, com a amostra colocada sobre o gradiente de concentração de sacarose. *À direita*, após a centrifugação, mostrando as faixas, cada uma delas contendo, geralmente, um tipo de organela.

Uma vez isoladas, as organelas e as inclusões podem ser estudadas por diferentes métodos. Sua composição química pode ser definida e sua atividade metabólica estudada fora da célula e, portanto, em um meio rigorosamente controlado. Isoladas, as organelas não estão mais sujeitas aos mecanismos intracelulares de controle, de modo que seu funcionamento pode ser testado mais livremente pelo pesquisador, embora as condições sejam artificiais, em comparação com o meio intracelular.

Cromatografia em coluna

As proteínas e os ácidos nucleicos isolados das células são frequentemente separados pela técnica de cromatografia em coluna. Essa técnica baseia-se no fato de que, quando se faz uma mistura de proteínas em solução passar por uma coluna constituída por uma matriz sólida e porosa, contida em um tubo, a velocidade de migração das diferentes proteínas varia conforme sua interação com a matriz (Figura 3.25). Mantendo-se um fluxo contínuo de solvente (denominado "eluente"), que sai pela parte inferior da coluna, podem-se coletar separadamente as proteínas contidas na amostra inicial.

O grau e o tipo de interação das proteínas com a matriz da coluna podem ser por (Figura 3.26):

- **Interação iônica:** em que a matriz é constituída por partículas com carga positiva ou negativa, e a separação das proteínas depende das cargas elétricas na superfície de suas moléculas

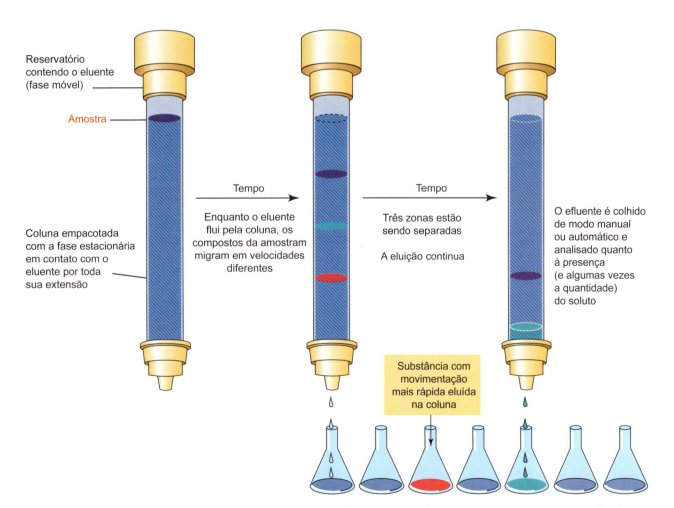

Figura 3.25 Cromatografia em coluna. Ao atravessar uma coluna cromatográfica, uma solução de proteínas pode ser separada em frações de acordo com as interações de suas proteínas com a fase estacionária da coluna. O eluente arrasta as proteínas através da fase estacionária: quanto menos interações das proteínas com a matriz, mais rapidamente elas saem da coluna. Essas interações podem ser por tamanho, como um filtro; iônicas, magnéticas ou por afinidade (p. ex., por anticorpos, por metais). (Adaptada de Campbell e Farrell, 2007 [Figura 5.2].)

- **Interação hidrofóbica:** as partículas da matriz apresentam superfície hidrofóbica, retardando a migração das proteínas hidrofóbicas, que têm afinidade pelas partículas da matriz
- **Filtração em gel:** nesse caso, a matriz atua apenas como uma peneira, por onde as proteínas migram com velocidade variável, dependendo do tamanho e da forma de suas moléculas
- **Interação por afinidade:** muitas moléculas biológicas interagem com alto grau de especificidade, como acontece entre as enzimas e seus substratos, entre determinados segmentos de DNA e RNA, e entre antígenos e anticorpos. A técnica é, por exemplo, muito utilizada para purificação de anticorpos. Nesse procedimento, as moléculas (anticorpos) ligam-se às partículas da matriz que contêm o respectivo antígeno. As outras proteínas passam pela coluna, mas os anticorpos se prendem à matriz com alta especificidade e afinidade. Posteriormente à passagem das outras proteínas, o anticorpo é removido da coluna, por meio de solução apropriada.

Eletroforese em gel

A eletroforese em gel é rotineiramente empregada para revelar o tamanho de proteínas ou ácidos nucleicos. O gel é uma matriz porosa tridimensional que atua como suporte e meio de separação. Essa porosidade pode ser controlada pela quantidade de reagentes no momento do preparo. A migração das biomoléculas por esse meio sólido é direcionada pelo campo elétrico imposto sobre o gel. O polo negativo é posicionado no local de aplicação da amostra, e o polo positivo atrai as biomoléculas para o fim da matriz.

Gel de poliacrilamida

O gel de poliacrilamida separa proteínas em um campo elétrico em solução desnaturante de dodecilsulfato de sódio (SDS). Esse composto é um detergente forte, cujas moléculas são carregadas negativamente. Quando há excesso de moléculas negativas de SDS, todas as proteínas tornam-se também negativas, porque todas as cargas positivas das proteínas são neutralizadas, restando apenas as cargas negativas da proteína e de associações entre proteínas e SDS. Além disso, adiciona-se um agente redutor, geralmente β-mercaptoetanol ou ditiotreitol, que rompe as ligações S-S (pontes dissulfeto) das subunidades proteicas, desnaturando as estruturas terciárias e quaternárias das proteínas, que podem ser muito complexas. Colocando-se a mistura de proteínas em um gel e submetendo-se este a um campo elétrico, todas as proteínas migrarão na direção do polo positivo, e a velocidade dessa migração dependerá exclusivamente do tamanho da molécula de cada cadeia polipeptídica, pois todas as proteínas terão uma forma alongada (Figura 3.27). Há diferentes variações dessa técnica que podem servir a outros propósitos, como: purificar proteínas, revelar se existe interação entre proteínas ou entre uma proteína e um ácido nucleico (técnica de *gel-shift*), ou determinar o ponto isoelétrico (PI) de proteínas (focalização isoelétrica).

Após a separação das proteínas em gel de poliacrilamida, elas podem ser transferidas para uma membrana de nitrocelulose ou outro material que possa formar ligações covalentes com os polipeptídios, como o poli(fluoreto de vinilideno) (PVDF). O método *Western blot* (ou *immunoblot*) é uma técnica rotineira em pesquisa, que possibilita quantificar proteínas em células e tecidos, e identificar modificações pós-traducionais. Resumidamente, consiste em posicionar a membrana sobre uma das faces do gel de poliacrilamida contendo as proteínas e aplicar um campo elétrico de modo que o ânodo esteja atrás da membrana. Dessa maneira, mantendo o sistema em solução apropriada, as proteínas migram em direção à membrana e ficam retidas (ver Figura 3.27). Proteínas específicas podem ser evidenciadas com uso de anticorpos, exibindo bandas definidas, separadas por tamanho.

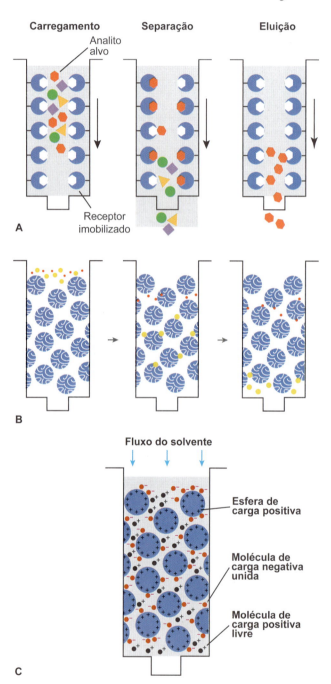

Figura 3.26 Tipos de cromatografias. **A.** Cromatografia de afinidade: a matriz (fase estacionária) tem domínios com afinidade pela proteína de interesse. **B.** Filtração em gel ou "peneira molecular": quanto menor a partícula, mais ela interage com as cavidades da matriz e mais lentamente ela é eluída da coluna. **C.** Cromatografia de interação iônica: a matriz é eletricamente carregada, partículas de mesma carga movem-se mais rapidamente ao longo da coluna.

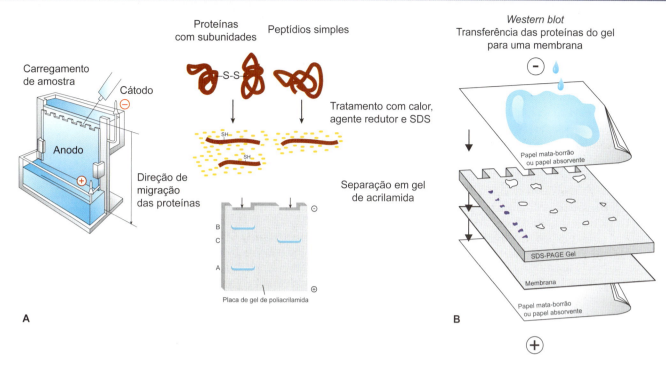

Figura 3.27 A. Separação de proteínas em gel de poliacrilamida desnaturante: as proteínas são separadas por tamanho ao longo do gel de poliacrilamida em condições desnaturantes e impulsionadas por um campo elétrico. **B.** Após a separação, essas proteínas podem ser transferidas para uma membrana de nitrocelulose, ao montar um sistema que mantenha o gel e a membrana embebidas (imersas) em solução tampão e aplicando um campo elétrico em outra direção.

Ácidos nucleicos também podem ser analisados por eletroforese em géis de poliacrilamida com o uso de soluções apropriadas, no entanto, nas rotinas de laboratório, o meio de suporte mais comum para essas eletroforeses é a agarose.

Gel de agarose

A agarose também forma uma matriz sólida por onde migra o DNA ou RNA. O gel de agarose tem sua consistência mantida por pontes de hidrogênio. Seu preparo é muito simples e envolve apenas a dissolução da agarose em solução-tampão e o aquecimento brando. Os ácidos nucleicos são biopolímeros conectados por ligações fosfodiésteres (ver Capítulo 2), portanto têm carga negativa e são atraídos pelo polo positivo do campo elétrico durante a separação. Comumente, para a visualização dos ácidos nucleicos após a eletroforese, inclui-se um corante no gel. Esse corante (p. ex., brometo de etídio) penetra entre as cadeias de ácido nucleico e fluoresce sob a radiação ultravioleta. Dessa maneira, podem-se revelar diferentes tamanhos de ácidos nucleicos.

Culturas celulares

As células retiradas do corpo de um animal ou de uma planta podem ser estudadas, por algum tempo, enquanto estão vivas. Para isso elas devem ser colocadas em meio isotônico, que não lhes altera o volume. Como quase sempre os constituintes celulares são incolores e transparentes, é necessário o uso do microscópio de contraste de fase. Em alguns casos, podem-se empregar corantes vitais, que são pouco tóxicos e penetram na célula viva, corando determinadas estruturas. Um corante vital bastante empregado é o *janus green B*, que cora as mitocôndrias.

Quando se quer estudar células vivas por tempo mais prolongado, analisando seu comportamento e metabolismo, costuma-se cultivá-las em soluções nutritivas (meios de cultura), que são condições mais bem definidas do que no corpo de um animal. As culturas possibilitam o estudo dos movimentos celulares, da mitose, da ação de diferentes substâncias sobre as células, e da secreção de produtos celulares que irão se acumular no meio de cultura.

As culturas são realizadas principalmente em garrafas ou placas plásticas, com células isoladas dos tecidos pela aplicação de variadas técnicas, como foi mencionado anteriormente. A maioria das células não vive em suspensão em meio líquido, necessitando de uma superfície sólida sobre a qual crescem e se dividem. Essa superfície pode ser a própria parede dos frascos de plástico em que são feitos os cultivos, porém, a maioria das células não adere à parede do frasco, a não ser que esta esteja recoberta por moléculas teciduais extracelulares, como o colágeno. O cultivo *in vitro* possibilita o emprego de meios de cultura quimicamente definidos, constituídos por aminoácidos, glicídios, sais minerais, vitaminas e fatores de crescimento, que são proteínas específicas, estimuladoras da proliferação e diferenciação de determinados tipos celulares. Um exemplo é o fator de crescimento para células nervosas ou fator de crescimento nervoso (NGF, do inglês *nerve growth fator*).

As células retiradas do corpo de um animal e cultivadas diretamente constituem as culturas primárias. Em geral, as células das culturas primárias morrem após quantidade definida de mitoses (50 a 100 mitoses), mas as células imortalizadas e as células-tronco multiplicam-se indefinidamente. As células imortalizadas formam as linhagens celulares, que não são constituídas de células inteiramente normais, pois sofreram alguma mutação, sendo denominadas "células transformadas". Todavia, elas conservam muitas características das células normais, sendo muito utilizadas em variados experimentos.

As linhagens de células-tronco (*stem cells*) podem ser embrionárias ou induzidas. As embrionárias são obtidas a partir da massa celular interna de blastocistos e são pluripotentes (ver Capítulo 17); as induzidas (iPSCs, do inglês *induced pluripotent stem cells*) provêm de células somáticas reprogramadas por modulação da expressão de fatores de transcrição específicos, por meio de manipulação genética (ver Capítulo 17). Essas linhagens proliferam-se mantendo um estado indiferenciado (ou pouco diferenciado) e podem produzir tipos celulares definidos. Diferentes tipos de células-tronco são foco de intensas pesquisas, tanto por contribuírem com o entendimento do desenvolvimento de organismos, como por representarem possibilidades de terapias regenerativas eficientes e inéditas.

Os cultivos vêm sendo utilizados para estudos do metabolismo de células normais e cancerosas e, além disso, têm sido valiosos para experiências com vírus, que só se multiplicam no interior das células. Alguns protozoários foram estudados, também, em culturas de células por se desenvolverem no citoplasma.

Na citogenética, as culturas celulares são de grande utilidade, facilitando muito o estudo dos cromossomos de células vegetais e animais. Cariótipos humanos (estudo do número e morfologia dos cromossomos de uma pessoa) geralmente são determinados em células na metáfase do ciclo mitótico. Nessa fase, os cromossomos estão no seu estado mais condensado (ver Capítulo 10). Para isso, são realizadas em culturas de células do sangue do paciente.

A cultura de células associada às técnicas de manipulação de material genético propiciou a compreensão de vários mecanismos moleculares de regulação gênica e de processos associados a patologias. Atualmente, existem linhagens comerciais de células imortalizadas, culturas primárias, células-tronco embrionárias e induzidas, com características genéticas definidas. Também estão disponíveis vetores artificiais, que são estruturas de DNA ou RNA (ver tópico "Vetores") que podem ser inseridas em células, contendo genes que podem ter sua transcrição ativada pela adição de um nutriente específico no meio de cultura, possibilitando a observação de efeitos celulares e moleculares na presença ou ausência de um gene em estudo.

Outra abordagem experimental atual é a cultura de células em três dimensões, em que as células se associam entre si em vez de interagir apenas com o substrato, produzindo arranjos celulares denominados "esferoides". Tal estratégia mimetiza diferentes aspectos da formação de tecidos *in vivo* e torna possível analisar comunicação celular, desenvolvimento de matriz extracelular, migração e diferenciação celulares.

Quando se generalizou o emprego de culturas de células para cultivar vírus, observou-se que alguns deles tinham moléculas fusogênicas, com a propriedade de induzir as células a se fundirem, formando células dos tipos binucleadas e multinucleadas (sincícios; Figura 3.28), mesmo quando se tratava de células de animais de espécies diferentes. Formam-se assim células com cromossomos de espécies diferentes, denominadas "heterocários".

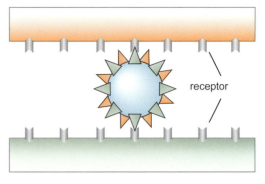
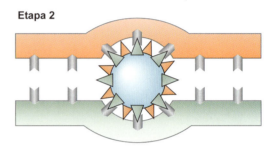
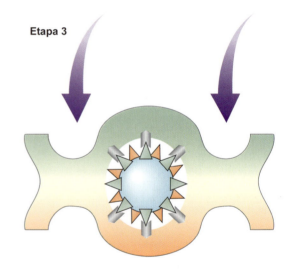
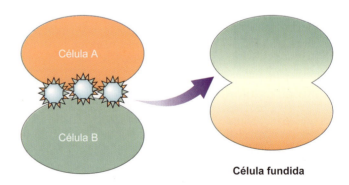

Figura 3.28 Alguns vírus apresentam em sua superfície proteínas que interagem com receptores celulares, geralmente envolvidos na fusão do envelope viral com a membrana plasmática, porém, em condições específicas essa interação pode induzir a fusão de células ou a formação de sincícios.

Os heterocários têm sido utilizados para o estudo da fisiologia do núcleo celular e, principalmente, dos efeitos do citoplasma no núcleo.

O vírus Sendai, do grupo dos mixovírus, é o preferido para a obtenção de heterocários. Esse vírus, que causa no homem uma doença parecida com a gripe, foi isolado pela primeira vez em Sendai, no Japão, por isso essa designação. Os vírus inativados pela radiação ultravioleta não perdem a propriedade de promover a fusão das células, sendo preferidos para se obter heterocários, pois assim não há proliferação viral, o que dificultaria a observação dos fenômenos celulares.

Nos heterocários binucleados, os núcleos geralmente entram em mitose de modo sincrônico; mas, como se forma um único fuso, o resultado são duas células-filhas, cada uma com um núcleo constituído por cromossomos de ambos os núcleos iniciais do heterocário. Desse modo, formam-se células mononucleadas, mas que contêm cromossomos de espécies animais diferentes. Essas células podem multiplicar-se numerosas vezes, embora frequentemente ocorra a eliminação de algum cromossomo em cada divisão, havendo tendência para permanecerem os cromossomos de uma espécie, enquanto os da outra vão sendo parcialmente eliminados.

As células podem ser submetidas a variadas técnicas de microcirurgia que utilizam instrumentos com extremidades de dimensões microscópicas. Entre esses instrumentos, geralmente feitos de vidro, estão agulhas de diferentes formatos, bisturis, pipetas e eletrodos. Por meio da microcirurgia, é possível proceder à determinação do pH intracelular, ao deslocamento e à remoção de organelas e vesículas, ao transplante de partes de uma célula para outra e à remoção, por seccionamento, de fragmentos celulares. A microcirurgia é realizada com aparelhos especiais, denominados "micromanipuladores", que proporcionam movimentos muito precisos e delicados.

Os diferentes tipos de cultura celular são essenciais em estudos farmacológicos e toxicológicos, e possibilitam analisar múltiplos efeitos de substâncias nas células e seus perfis de expressão gênica. Muitas vezes esses métodos são passíveis de automatização, criando estratégias de varredura por novos fármacos em ampla escala.

Ensaios moleculares

Reação em cadeia da polimerase

Em meados dos anos 1980, foi desenvolvida a técnica de amplificação de segmentos de DNA, denominada "reação em cadeia da polimerase" (PCR, do inglês *polimerase chain reaction*). Capaz de sintetizar exponencialmente cópias de uma sequência específica – sequência-alvo –, revolucionou os estudos sobre biologia molecular, facilitando experimentos de clonagem, sequenciamento, quantificação de DNA e RNA, análises funcionais de genes, estudos de mutações sítio-dirigidas, entre outros.

Atualmente a metodologia baseia-se no uso de um meio reacional contendo uma enzima DNA polimerase termoestável, oligonucleotídios com sequências complementares ao fragmento de DNA a ser amplificado (também designados como *primers*),

desoxirribonucleotídios (dATP, dTTP, dCTP e dGTP, ou dNTPs para simplificar), cátions bivalentes em um tampão aquoso, além de uma concentração inicial da sequência-alvo (usualmente muito diluída). Essa solução proporciona condições ideais para o funcionamento da enzima e reagentes em abundância para sintetizar novas fitas de DNA.

Após o preparo da solução, é necessário alterar a temperatura do meio sequencialmente e de maneira cíclica, de modo que o meio passe por três fases distintas: desnaturação, geralmente uma temperatura alta ($\approx 95°C$) que proporcione a separação das fitas de DNA que serão copiadas; anelamento, temperatura em que os oligonucleotídios associam-se às fitas-molde devido a sua complementaridade de sequência (≈ 55 a $65°C$, dependendo da sequência e do tamanho do *primer*); extensão, temperatura em que a maioria das enzimas comerciais polimerizam novas fitas de DNA com máxima eficiência ($72°C$). Cada passo tem um tempo de duração específico, em geral 10 a 30 segundos para desnaturação, 20 a 40 segundos para anelamento e 1 minuto/kpb a ser copiado para a extensão. A cada ciclo ocorre a duplicação da sequência contida entre as regiões de hibridação dos oligonucleotídios (Figura 3.29), explicando o aumento exponencial de cópias; ao final dos ciclos, o meio reacional terá 2^n vezes mais trechos de DNA do que no início, onde n é o número de ciclos.

Inicialmente, os ciclos eram realizados inserindo-se os tubos com as reações em banhos ajustados em temperaturas diferentes e cronometrando-se sua permanência em cada passo. Rapidamente esse processo foi automatizado e surgiram várias soluções para realizar esses ciclos térmicos. Atualmente PCRs são realizadas em termocicladores digitais, equipamentos dotados de um ou mais blocos térmicos que usam o fenômeno físico denominado "efeito Peltier" para controlar a temperatura, aquecendo e refrigerando a reação de modo preciso e rápido (Figura 3.30).

Os protocolos mais comuns tornam possível a amplificação de fragmentos de até ≈ 5.000 pares de bases, outros mais elaborados e com o uso de reagentes específicos e misturas de enzimas modificadas permitem amplificar até ≈ 45 kpb.

As sequências dos oligonucleotídios complementares às regiões, que flanqueiam o trecho de interesse a ser amplificado, proporcionam a especificidade da reação. Assim, a região a ser amplificada não precisa ser conhecida, mas aquelas onde serão sítios de anelamento aos *primers* precisam ter sua sequência definida.

Vários fatores podem influenciar a eficiência e a especificidade de uma reação de PCR, como: a sequência de nucleotídios dos *primers*, a força iônica do meio reacional, a quantidade de bases C e G na região de interesse, a temperatura de anelamento, uso de detergentes na reação. Esses fatores podem ser utilizados a favor, de modo que se possa modular a estringência da reação. Uma reação muito estringente fornecerá produtos de PCR específicos. Caso seja interessante identificar uma família de genes similares, a estringência pode ser diminuída e serão produzidos produtos de PCR diferentes, contendo fragmentos de interesse e artefatos inespecíficos.

Atualmente, bancos de dados internacionais possuem sequências de genomas completos de diversos organismos, permitindo o desenho informatizado de oligonucleotídios específicos,

66 Biologia Celular e Molecular

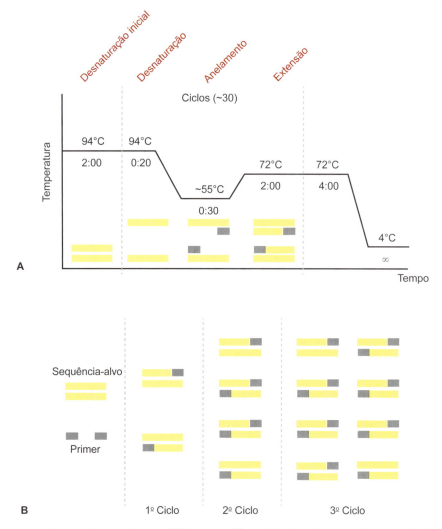

Figura 3.29 **A.** Fases de uma reação em cadeia da polimerase (PCR) para amplificar até 2 kpb de ácido desoxirribonucleico. **B.** Representação das cópias produzidas em três ciclos de uma PCR.

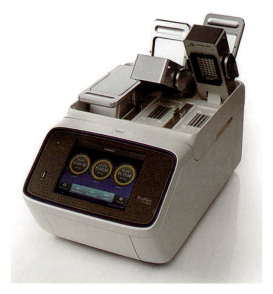

Figura 3.30 Termociclador moderno, equipamento utilizado para controlar os ciclos de temperatura necessários para a realização da reação. Atualmente esses equipamentos são digitais, possibilitam programações complexas, com variações a cada ciclo, e têm a capacidade de formar gradientes de temperatura. (Imagem cedida por ThermoFischer®).

com chances mínimas de anelarem em regiões diferentes daquelas a que foram destinados. Também é possível desenhar um oligonucleotídio aproximado para uma PCR em organismos ainda não sequenciados com base em genomas de organismos evolutivamente próximos.

PCR na pesquisa

A técnica de PCR evoluiu muito desde seu desenvolvimento inicial, promovendo o surgimento de uma gama abrangente de aplicações e técnicas derivadas que são empregadas atualmente em ampla escala em laboratórios de pesquisa no mundo todo.

Exemplos de aplicações:

- Transcrição reversa seguida de reação em cadeia da polimerase (RT-PCR, do inglês *reverse transcription polymerase chain reaction*): torna possível a amplificação de fragmentos de DNA complementar (cDNA) a partir de RNA
- PCR em tempo real: método quantitativo que determina quantidade de cópias de genes no genoma, níveis de transcrição gênica, carga viral e perfis de transcrição ao longo do desenvolvimento

- Rápida amplificação das extremidades de cDNA (RACE, do inglês *rapid amplification of cDNA ends*): método de clonagem de regiões desconhecidas de mRNAs
- Amplificação de genomas completos (WGA, do inglês *whole genome amplification*): método de amplificação de genomas usado até mesmo a partir de uma única célula.

Uso clínico de PCR

A capacidade de produzir quantidades significativas de DNA a partir de vestígios de material genético tornou a PCR uma ferramenta com importância muito além da pesquisa.

Atualmente estão disponíveis comercialmente *kits* com base em PCR para diagnósticos variados e aplicações forenses, como em:
- Detecção de mutações em oncogenes, identificando em estágios iniciais de muitos tipos de câncer, possibilitando terapias personalizadas para cada paciente
- Detecção de infecções virais e bacterianas
- Identificação de portadores de marcadores genéticos para aconselhamento reprodutivo ou exames pré-natais
- Testes de paternidade.

Vetores

Vetores são ferramentas de Biologia Molecular muito versáteis para o estudo de células vivas. Realizam transferências ou alterações de informação genética, proporcionando variadas análises mecanísticas.

Vetores são veículos de informação genética, usualmente uma sequência de DNA contendo um segmento de interesse em nosso estudo (chamado "cassete" ou "inserto") e outras regiões contendo genes e reguladores para a manutenção, replicação e outros processos relacionados com o vetor e sua propagação. São replicados quando no interior de uma célula (que pode ser procariota ou eucariota, dependendo do vetor) e de fácil isolamento a partir de uma cultura. Conforme descrito a seguir, vetores podem ser virais, DNAs circulares ou cromossomos artificiais. Dependendo da combinação de elementos regulatórios contidos nos vetores, direcionam a transcrição do cassete. A expressão de um gene exógeno pode alterar o fenótipo celular e contribuir com o entendimento do seu funcionamento.

Plasmídios representam um exemplo de vetor: são DNAs circulares de dupla-fita. Carregam um ou mais genes de resistência a antibióticos ou outro fator ambiental que permita selecioná-los (p. ex., células contendo plasmídio sobrevivem no meio de cultura em que há o antibiótico a que ele confere resistência; Figura 3.31). Comumente, os plasmídios são mantidos e propagados em bactérias de laboratório. Para o estudo da biologia celular de eucariotos, o plasmídio é extraído e purificado da bactéria e inserido nas células (ver boxe *Transformação e transfecção*).

Outros tipos de vetores são: vírus (p. ex., bacteriófago λ), cromossomos artificiais (BAC – cromossomo artificial de bactérias, YAC – cromossomo artificial de leveduras) e cosmídios (híbrido de plasmídio com sequências de bacteriófago). Cada tipo de vetor apresenta vantagens e especificidade a tipos celulares.

É possível encontrar vetores disponíveis comercialmente, modificados artificialmente para desempenharem variadas funções, viabilizando o estudo de genes e regiões reguladoras.

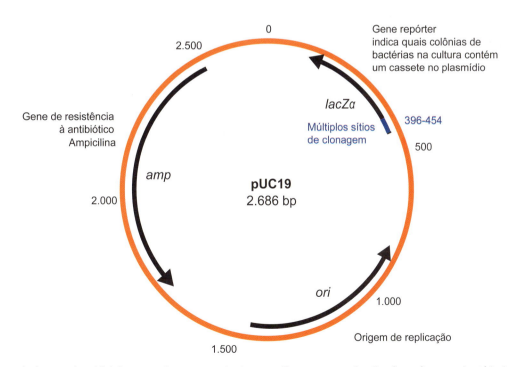

Figura 3.31 Exemplo de vetor plasmidial. Corresponde a um vetor de clonagem. Esse vetor possui replicação autônoma na bactéria devido à sua origem de replicação; contém um gene de resistência ao antibiótico, possibilitando a seleção das colônias de bactérias que contêm plasmídios (pelo uso de antibiótico no meio de cultura); uma região com múltiplos sítios de restrição, facilitando a clonagem de fragmentos clivados com enzimas de restrição; e um gene repórter em volta do sítio de clonagem. Nesse exemplo, o gene LacZ expressa uma β-galactosidase que, na presença de um análogo de lactose no meio (X-Gal), produz um composto azul, indicando que o plasmídio está sem o cassete de interesse. Colônias brancas indicam que o gene LacZ foi alterado pela inserção do cassete, não sendo expresso corretamente.

Transformação e transfecção

A inserção de material genético exógeno (p. ex., um vetor) em uma célula é denominado "transformação". A inserção de um vetor em bactérias intitula-se transformação bacteriana; em células animais, o processo é conhecido como transfecção.

Existem diferentes metodologias para inserir um vetor em uma célula, resumidas na Figura 3.32, mas quase sempre é um processo de baixa eficiência e bastante laborioso.

Em laboratórios de pesquisa, as técnicas de transformação bacteriana mais rotineiras são por choque térmico e por eletroporação. Em ambos os casos, as bactérias precisam estar "competentes" para a transformação, ou seja, aptas a receberem o vetor.

Bactérias competentes para choque térmico crescem em meio de cultura apropriados e são incubadas com cloreto de cálcio a 4°C. Ao adicionar DNA plasmidial à solução e promover o choque térmico incubando a mistura a 42°C por 2 minutos, várias células apresentarão perturbações em suas membranas, o que desencadeará o surgimento de poros e lesões. Em uma fração dessas células, o DNA atravessa a membrana por essas aberturas, e as células, ao se recuperarem, manterão esse DNA em seu interior.

O método de eletroporação expõe as células a pulsos em um campo elétrico de alta tensão, que provoca a abertura de poros em sua membrana, suficientemente grandes para a passagem do DNA do vetor. A passagem do DNA pela membrana conta com um componente eletroforético, resultante de sua migração no campo elétrico.

Células animais também podem ser transfectadas por eletroporação. Outros métodos de transfecção destacam-se no uso de células mais complexas.

A lipofecção é um método eficiente e pode ser utilizado tanto *in vitro* como *in vivo* com baixa toxicidade. O DNA do

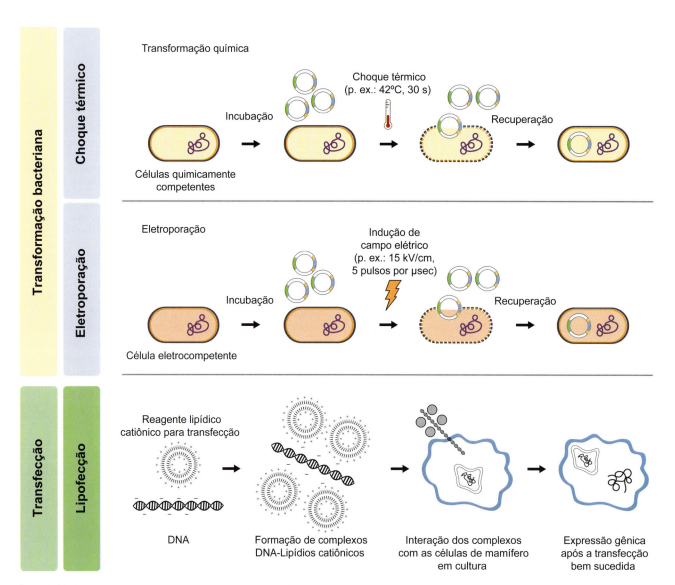

Figura 3.32 Exemplos de diferentes metodologias para transferência de material genético para o interior de células de procariotos e eucariotos. (Adaptada de ThermoFischer®: https://www.thermofisher.com/br/en/home/references/gibco-cell-culture-basics/transfection-basics/gene-delivery-technologies/cationic-lipid-mediated-delivery/how-cationic-lipid-mediated-transfection-works.html.)

vetor é encapsulado em um lipossomo (vesícula delimitada por bicamada lipídica); essas vesículas em contato com as células podem fundir suas membranas ou a célula pode endocitá-las.

Vetores virais são bastante eficientes na entrega de material genético às células de mamíferos. O uso desses vetores exige um complexo e elegante protocolo, em que dois plasmídios são construídos: um contendo o DNA de interesse e sequências virais responsáveis pelo encapsulamento desse DNA em uma partícula viral; e um segundo plasmídio contendo os genes para produzir as partículas virais. Desse modo, nenhum dos plasmídios é capaz de produzir um vírus completo, e as partículas virais produzidas só carregam o DNA do plasmídio contendo o DNA a ser transferido e as sequências de sinalização de empacotamento, não produzindo novas partículas virais. Após a transfecção desses plasmídios em células produtoras, elas passam a produzir partículas virais capazes de entrar em células específicas e entregar o seu material genético de maneira segura.

Edição gênica como ferramenta de estudos

Desde a descrição da estrutura do DNA, várias técnicas de manipulação de ácidos nucleicos foram desenvolvidas. Modificar o conteúdo genético de células vivas costuma ser um processo lento e complexo, com rendimento baixo e alto custo, exigindo uma grande quantidade de células no início do processo e maneiras de identificar a pequena parcela de células que foram modificadas ao final.

Atualmente existem metodologias para interferir em diferentes níveis do fluxo de informações genéticas, podendo atuar no genoma ou no transcriptoma (conjunto de RNAs transcritos em um determinado tipo celular em um momento do desenvolvimento). Além de numerosas aplicações práticas, esses métodos possibilitam estudos funcionais, ou seja, identificar efeitos e mecanismos relacionados com um gene de interesse após a sua superexpressão, subexpressão e/ou deleção (*knock out*).

Em vez de descrever várias metodologias de manipulação gênica, será abordada uma tecnologia que tem se mostrado bastante versátil e de desenvolvimento rápido: CRISPR.

O acrônimo CRISPR (do inglês *clustered regularly interspaced short palindromic repeat*), que define o nome da técnica de manipulação genômica descrita a seguir, refere-se a sequências de DNA denominadas "repetições palindrômicas curtas agrupadas e regularmente interespaçadas". Essas sequências foram identificadas em genomas de procariotos e representam parte de um mecanismo adaptativo de defesa contra infecções virais desses organismos, com base na ação da nuclease Cas.

O primeiro sistema CRISPR a ser aplicado para edição genômica de células eucarióticas foi com a endonuclease Cas9. Resumidamente, a endonuclease Cas9 utiliza uma sequência de RNA (crRNA; CRISPR RNA), para guiá-lo à sequência-alvo no genoma. O crRNA tem 20 nucleotídios, é complementar à sequêcia-alvo e confere especificidade à ação de Cas9. A endonuclease Cas9 forma um complexo com o crRNA e um outro RNA estrutural (tracrRNA; *transactivating* crRNA) que provê estabilidade ao complexo Cas9-gRNA (Figura 3.33). Devido ao seu papel estrutural, a sequência do tracrRNA é constante. A sequência do crRNA é desenhada pelo pesquisador para o gene-alvo de interesse. Esse complexo cliva o DNA genômico próximo à região complementar ao crRNA. A quebra em dupla-fita do DNA genômico abre espaço para passos posteriores de edição genômica. Na prática, a sequência do crRNA e do tracrRNA são conjugados em sequência única conhecida como gRNA (*guide RNA*). O conjunto Cas9-gRNA é o cerne do sistema CRISPR de edição.

Na prática, é possível utilizar um plasmídio contendo a sequência para o RNA-guia artificial, uma proteína Cas (usualmente Cas9) e outros elementos de controle. Caso necessário, uma região contendo a sequência que será inserida no reparo guiado por homologia pode estar presente. Após a transfecção, o plasmídio contendo os elementos CRISPR transcreve o RNA-guia e o mRNA de Cas, o complexo é formado e tem início o processo de edição.

Com o avanço das pesquisas sobre o sistema CRISPR/Cas, diferentes variações surgiram, com a vantagem de serem programáveis, específicas e de fácil manejo (em relação a outros métodos).

Assim, sistemas modificados CRISPR/Cas podem provocar quebras em dupla-fita ou em apenas uma fita de DNA. E, aproveitando-se de mecanismos de reparo de DNA em eucariotos, é possível direcionar mutações pontuais nessas quebras de fita simples ou inserir/remover trechos de DNA (Figura 3.34).

Além de editar genomas, essa tecnologia já foi modificada para aplicações variadas como modular expressão gênica, modificar padrões de metilação de cromatina, servir de marcador em sistemas de imagem de cromatina, entre outras.

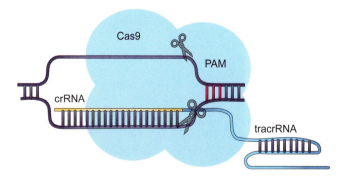

Figura 3.33 A nuclease Cas9 utiliza uma sequência de RNA (chamada "gRNA") para identificar o local a ser editado. O gRNA é uma sequência artificial que contém duas partes: um crRNA de 20 nucleotídios (*em amarelo*) e um tracrRNA, com função estrutural (*em azul*). O tamanho de 20 nucleotídios é suficiente para conferir especificidade probabilística. O genoma humano tem $3,0 \times 10^9$ bp e a probabilidade de ocorrer 1 de uma sequência específica de 20 bp é de 1 em 10^{12}. Contudo, o sistema não é totalmente fidedigno, e podem ocorrer erros de edição, alterando regiões fora do desejado que tenha pareamento parcial do crRNA. O sítio PAM (do inglês *protospacer adjacent motif*) corresponde a uma restrição desse sistema: o sítio-alvo deve estar próximo a um sítio NGG (em que N é qualquer nucleotídio) no genoma.

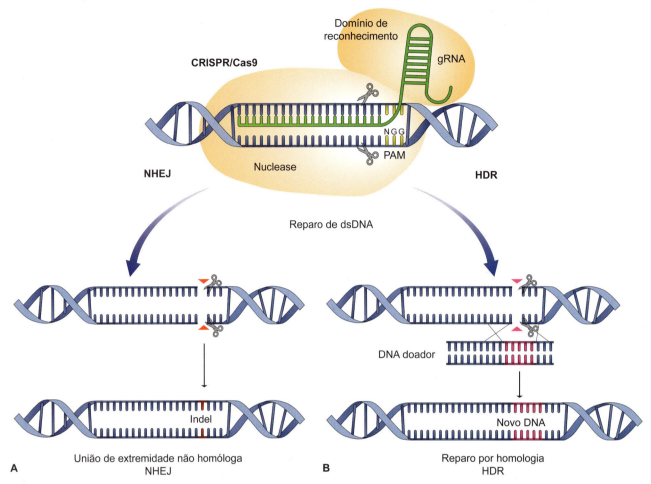

Figura 3.34 Possíveis edições com o sistema CRISPR artificial. O sistema endógeno de reparo de quebra de dupla-fita de DNA após a ação de CRISPR/Cas9 pode seguir dois caminhos: a via não homóloga e a via homóloga. A via não homóloga (**A**) envolve a inserção ou remoção inacurada de nucleotídios para emendar as extremidades soltas de DNA. Como a identidade e a quantidade de nucleotídios inseridos ou removidos são aleatórias, esses mecanismos causam deleção parcial ou mudança do quadro de leitura de genes codificantes (indel). A de via de reparo por homologia (**B**) depende de um DNA-molde homólogo que age como doador de sequência por recombinação. Esse cenário tem uma probabilidade bem menor de ocorrer, porque depende da ativação de mecanismos de recombinação. As edições genéticas que utilizam essa via visam à inserção precisa e definida de sequências exógenas.

Bibliografia

Allen RD. New observations on cell architecture and dynamics by videoenhanced contrast optical microscopy. Ann Rev Biophys Chem. 1985;14:265.

Baker JRL. Autoradiography: A Comprehensive Overview. New York: Oxford University Press; 1989.

Bendayan M. Protein A-gold electron microscopic immunocytochemistry: Methods, applications and limitations. J Electron Microsc Techn. 1984;1:243.

Bozzola JJ, Russell LD. Electron Microscopy. Principles and Techniques for Biologists. Boston: Jones and Bartlett Publishers; 1992.

Campbell MK, Farrell SO. Biochemistry. 6th ed. Brooks Cole; 2007.

Cuello ACC. Immunocytochemistry. London: John Wiley & Sons; 1983.

Darvell BW. More chemistry. In: Materials Science for Dentistry. 10th ed. Woodhead Publishing. Elsevier; 2018. p. 771-89.

Everhart TE, Hayes TL. The scanning electron microscope. Sci Am. 1972;226(1):55-69.

Freshney RI. Culture of Animal Cells: A Manual of Basic Technique. New York: Liss Pub; 1987.

Glauert AM. Practical Methods in Electron Microscopy. North-Holland/American Elsevier; 1980.

Goldstein JI, Newbury DE, Echlin P et al. Scanning Electron Microscopy and X-Ray Microanalysis. Boston: Springer; 1981.

Grimstone AV. O Microscópio Eletrônico em Biologia. São Paulo: Edusp; 1980.

Hayat MA. Correlative Microscopy in Biology. Instrumentation and Methods. London: Academic Press; 1987.

Hayat MA. Immunogold-silver Staining. Principles, Methods, and Applications. Boca Raton: CRC Press; 1995.

James J. Light Microscopic Techniques in Biology and Medicine. Martinus Nijhoff; 1976.

Langhans SA. Three-dimensional in vitro cell culture models in drug discovery and drug repositioning. Front Pharmacol. 2018;9:6.

Mello M. Cytochemistry of DNA, RNA and nuclear proteins. Brazil J Genet. 1997;20:257-64.

Meneghini R. Biologia de Células em Cultura. Anais do IX Simpósio da Academia de Ciências do Estado de São Paulo; 1985.

Pearse AGE. Histochemistry, Theoretical and Applied. 4th ed. Edinburgh: Churchill Livingstone; 1980.

Rogers AW. Techniques of Autoradiography. 3rd ed. Amsterdam/New York/Oxford: Elsevier; 1979.

Slayter ME, Slayter HS. Light and Electron Microscopy. Cambridge University Press; 1992.

Sanderson JB. Biological Microtechnique. Oxford: Bios Scientific Publishers; 1994. Schnell U, Dijk F, Sjollema KA et al. Immunolabeling artifacts and the need for live-cell imaging. Nat Methods. 2012;9(2):152-8.

Sommerville J, Scheer U. Electron Microscopy in Molecular Biology: a Practical Approach. Oxford/England/Washington: IRL Press; 1987.

Spencer M. Fundamentals of Light Microscopy. Cambridge University Press; 1982.

Titford M. Progress in the development of microscopical techniques for diagnostic pathology. J Histotechnol, 2009;32(1):9-19.

Watt IM. The Principles and Practice of Electron Microscopy. 2nd ed. Cambridge University Press; 1997.

Wischnitzer S. Introduction to Electron Microscopy. New York: Pergamon Press; 1981.

CAPÍTULO 4

Membranas Celulares

FERNANDA ORTIS

Introdução, *73*

Composição das membranas celulares: estrutura lipoproteica, *74*

Importância do revestimento de carboidratos na membrana plasmática, *79*

Membranas celulares são assimétricas e apresentam domínios específicos, *81*

Permeabilidade seletiva das membranas celulares, *85*

Especializações de membranas plasmáticas: microvilos e estereocílios, *90*

Reconhecimento, adesão e junção entre células, *91*

Síntese e reciclagem de membranas celulares, *91*

Bibliografia, *91*

Introdução

As membranas celulares são as estruturas que dividem fisicamente os compartimentos da célula e atuam no controle de saída e entrada de diferentes substâncias nesses compartimentos. Dentre as membranas celulares, pode-se destacar a membrana plasmática, responsável pela separação entre os meios intracelular e extracelular, crucial para a existência da célula.

Por apresentarem espessura de aproximadamente 5 nm, as membranas celulares só podem ser observadas por microscopia eletrônica, porém a existência de uma barreira "invisível" que separava o meio externo do interno das células – a membrana plasmática – já era inferida por observações experimentais mesmo antes do desenvolvimento de microscópios eletrônicos. A constatação de que o volume da célula se altera, dependendo das concentrações das soluções que entram nela (Figura 4.1), foi um dos primeiros indícios da existência e da seletividade dessa membrana.

Diferentemente dos procariotos, as células eucarióticas dispõem de um elaborado sistema de membranas intracelulares que cria ambientes com características próprias (pH, concentração de solutos e tipos de proteínas), como mitocôndrias (ver Capítulo 5), envelope nuclear (ver Capítulo 9), lisossomos (ver Capítulo 13), retículo endoplasmático, complexo de Golgi (ver Capítulo 14) e cloroplastos. Essa subdivisão proporcionada pelas membranas intracelulares cria ambientes com características bioquímicas específicas, capazes de realizar funções especializadas com maior eficiência. Esse fato tem grande importância para a evolução desses organismos, como visto no Capítulo 1.

A manutenção do ambiente em cada organela e no próprio citoplasma depende de proteínas especializadas da membrana que regulam a passagem seletiva de solutos. Essa regulação é importante para produzir, por exemplo, o gradiente de íons necessário para a síntese de trifosfato de adenosina (ATP) e a transmissão de sinais elétricos, como em células nervosas ou musculares.

Apesar dessa compartimentalização, as estruturas delimitadas por membranas devem interagir com o ambiente em que se encontram e adaptar-se a alterações intra e extracelulares. Dessa maneira, as membranas reconhecem e processam diferentes tipos de informações (ver Capítulo 6). A membrana plasmática, por exemplo, contém diferentes proteínas em sua estrutura que agem como sensores de sinais externos (receptores), que reconhecem ligantes específicos, presentes na membrana plasmática de outras células, ou diferentes tipos de moléculas circulantes, como hormônios. Esse reconhecimento – a ligação de uma molécula específica com o receptor de membrana – desencadeia respostas que variam conforme a célula e o estímulo recebido. Essa reação pode ser contração ou movimento celular, inibição ou estímulo da secreção, síntese de anticorpos, proliferação mitótica, entre outras. Do mesmo modo, as membranas das organelas respondem a sinais intracelulares por meio de proteínas sensores em suas membranas. Um exemplo disso são os receptores para complexos ribossomais, que traduzem proteínas endereçadas ao retículo endoplasmático (RE), localizadas em sua membrana (ver Capítulo 14).

As membranas têm também importante função estrutural, a interação de proteínas das membranas intracelulares e da membrana plasmática com o citoesqueleto, por exemplo, mantém uma distribuição organizada das organelas no citoplasma.

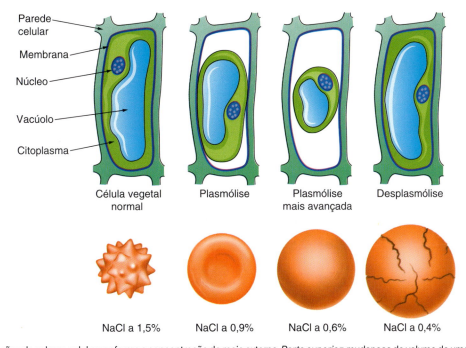

Figura 4.1 Modificações do volume celular conforme a concentração do meio externo. *Parte superior*: mudanças de volume de uma célula vegetal durante a variação de solutos no meio. *À esquerda*, em meio normal (meio isotônico), a célula preenche todo o espaço delimitado pela parede vegetal externa a ela. Em meio hipertônico, a célula perde líquido para o meio, reduz seu volume, sofre plasmólise e, posteriormente, plasmólise avançada. Quando a célula plasmolisada volta ao meio hipotônico, ela retorna ao seu volume original. Esse retorno é conhecido como desplasmólise. *Parte inferior*: eritrócitos (hemácia) em meio hipertônico (NaCl a 1,5%, perde líquido para o meio), em meio isotônico (NaCl a 0,9%, mantém o volume celular), em meio hipotônico (NaCl a 0,6 e 0,4% a célula incha). Em meio fortemente hipotônico, a membrana plasmática do eritrócito se rompe, processo conhecido como hemólise. Em células vegetais, a parede celular impede o rompimento dessa membrana.

Em organismos pluricelulares, a ligação ou o ancoramento de proteínas da membrana plasmática com a matriz extracelular ou com a membrana de outras células é importante para a estrutura de tecidos e órgãos. Assim, as membranas plasmáticas contêm moléculas que participam da fixação da célula em determinados locais (ligações estáveis) e também auxiliam na migração celular (ligações instáveis) (ver Capítulos 7 e 8).

Além disso, as membranas plasmáticas de células justapostas, ancoradas firmemente entre si, formam barreiras que podem delimitar diferentes compartimentos. Um exemplo é a camada de células epiteliais que reveste internamente o sistema digestório e constitui uma barreira com permeabilidade seletiva. Essa barreira separa os meios externo (conteúdo do sistema digestório) e interno (sangue, linfa, matriz extracelular dos tecidos). As membranas dessas células justapostas podem estabelecer canais de comunicação entre si, por onde ocorrem trocas de moléculas e íons que participam da coordenação das atividades desses agrupamentos celulares.

Apesar das distintas funções exercidas nos diferentes tipos celulares e compartimentos, todas as membranas celulares têm uma estrutura geral comum, constituída de uma bicamada lipídica e proteínas (Figura 4.2). A bicamada lipídica forma uma barreira relativamente impermeável a diferentes moléculas hidrossolúveis, e as proteínas são, na sua maioria, as moléculas que medeiam as funções da membrana já descritas. Além disso, muitos sistemas enzimáticos encontram-se presos às membranas, o que possibilita uma ordenação sequencial da atividade de cada enzima, aumentando a eficiência desses sistemas. Desse modo, o produto de uma enzima é processado pela enzima seguinte, assim sucessivamente, até a obtenção do produto final da cadeia enzimática. Um exemplo é a cadeia transportadora de elétrons, cujos componentes (enzimas e transportadores) estão localizados na membrana interna das mitocôndrias (ver Capítulo 5) e na face interna da membrana celular das bactérias.

Apesar dessa estrutura geral comum de lipídios e proteínas, a proporção entre esses componentes varia conforme sua função. Por exemplo, as membranas de mielina que recobrem as fibras nervosas e têm o papel de isolante elétrico contêm 80% de lipídios, e as membranas mitocondriais internas contêm apenas 25% de lipídios, apresentando uma predominância de proteínas responsáveis por sua função enzimática, discutida anteriormente.

Composição das membranas celulares: estrutura lipoproteica

Todas as membranas celulares apresentam a mesma constituição básica: lipídios e proteínas. Os lipídios apresentam duas camadas – a bicamada lipídica –, que forma uma barreira para a passagem da maioria das moléculas solúveis em água, propriedade importantíssima para a função da membrana de manter os diferentes compartimentos.

As proteínas estão inseridas na bicamada lipídica e são responsáveis por boa parte das funções específicas das diferentes membranas. Essa configuração básica é mantida por interações não covalentes entre lipídios e proteínas, permitindo que essas moléculas tenham liberdade de movimento (fluidez). Por isso a estrutura das membranas celulares é também descrita como um mosaico (formada por diferentes moléculas) fluido.

Uma terceira classe de moléculas em membranas celulares são os carboidratos, os quais têm importante função na membrana plasmática, pois constituem as glicoproteínas e os glicolipídios. A porção glicídica dessas moléculas confere identidade e proteção à superfície externa da membrana plasmática (ver Figura 4.2).

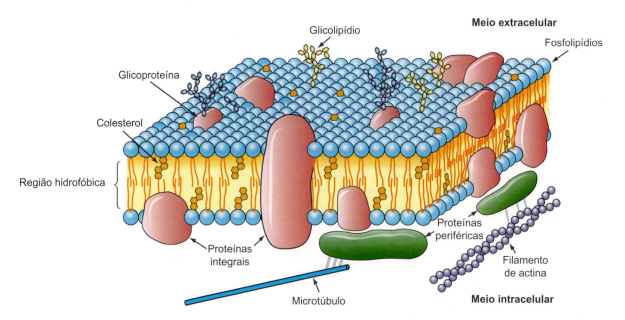

Figura 4.2 Membrana plasmática de célula animal. As membranas celulares são constituídas por duas camadas de lipídios (bicamada lipídica), com cadeias apolares (hidrofóbicas, *em laranja*) voltadas para o interior e as extremidades polares (hidrofílicas, *em azul*) direcionadas para o exterior. As proteínas integrais da membrana (*em rosa*) estão inseridas entre os lipídios, com as porções hidrofóbicas interagindo com o interior da bicamada lipídica e as porções hidrofílicas com a camada externa. Essas proteínas podem atravessar toda a espessura da membrana (denominada **proteína transmembranar**) ou parcialmente. Proteínas de membrana que não se inserem na bicamada lipídica, interagindo somente com as proteínas integrais (por ligações não covalentes), são intituladas proteínas periféricas (*em verde*). Glicoproteínas e glicolipídios têm seus carboidratos direcionados para o meio extracelular. A interação dessas proteínas de membrana no lado intracelular com o citoesqueleto (microtúbulos e filamentos de actina) é também mostrada na figura.

Bicamada lipídica

Três tipos de lipídios compõem a bicamada de membranas celulares: fosfolipídios, glicolipídios e colesterol. Todas essas macromoléculas são **anfipáticas**, isto é, apresentam uma região polar ou hidrofílica, solúvel em meio aquoso, e uma região apolar ou hidrofóbica, insolúvel em água (ver Capítulo 2). Em ambientes aquosos, as moléculas da bicamada lipídica estão organizadas com suas cadeias apolares (hidrofóbicas) voltadas para o interior da membrana (protegidas da interação com a água), e as cabeças polares (hidrofílicas) direcionadas para o meio aquoso. Essas duas camadas lipídicas associam-se pela interação hidrofóbica de suas cadeias apolares (ver Figura 4.2).

Os fosfolipídios são os lipídios mais abundantes das membranas celulares, apresentando uma região hidrofílica ligada a duas cadeias (caudas) hidrofóbicas de hidrocarbonetos (ver Capítulo 2), que variam em tamanho (de 14 a 24 átomos de carbono) e pela presença ou ausência de ligações duplas (insaturações) entre carbonos adjacentes da cadeia.

As duas cadeias de hidrocarbonetos nos fosfolipídios das membranas celulares são fundamentais para a existência da bicamada lipídica. Em solução aquosa esses lipídios adquirem forma molecular cilíndrica e agregam-se espontaneamente. Dessa maneira, a região hidrofóbica fica livre da interação com moléculas de água, e a sua região hidrofílica fica exposta. Lipídios que apresentam somente uma cadeia de hidrocarbonetos têm forma molecular cônica e formam preferencialmente uma estrutura esférica denominada "micela". Nas micelas, as cadeias de hidrocarbonetos também ficam protegidas das moléculas de água (ver Figura 2.21). Devido ao formato molecular cilíndrico desses fosfolipídios com duas cadeias de hidrocarbonetos, em condições fisiológicas (pH, temperatura, força iônica) a bicamada é o arranjo energeticamente mais favorável do que a micela (ver Figura 2.21). Nessa bicamada lipídica, a única forma de evitar que suas extremidades hidrofóbicas se exponham ao meio aquoso é a formação de uma esfera completa (ver Figura 2.21), resultando em um compartimento fechado envolto por membrana. Essa é a característica primordial que possibilitou o surgimento das células e a existência da vida como se conhece. Essa característica também é responsável pela capacidade de as membranas de fecharem pequenas rupturas rapidamente (capacidade autosselante) pelo rearranjo de suas moléculas, a fim de evitar a exposição de regiões hidrofóbicas ao meio aquoso. Grandes rupturas na membrana são fechadas com auxílio da inserção de vesículas intracelulares (ver Capítulo 15).

Outro constituinte importante das membranas celulares são os glicolipídios, designação genérica para todos os lipídios que contêm carboidratos, com ou sem radicais fosfato. Alguns podem apresentar resíduos de ácido siálico, o que confere caráter negativo à sua região hidrofílica. Os glicolipídios mais abundantes em células animais são os glicoesfingolipídios, que compõem muitos receptores das superfícies celulares.

As membranas das células animais contêm ainda o colesterol, o qual não está presente em células vegetais, que apresentam outros esteróis em suas membranas. O colesterol contém um único grupo hidroxila (hidrofílico) ligado a uma estrutura rígida em anel, seguida por uma pequena cadeia apolar de hidrocarbonetos (ver Capítulo 2).

A fluidez da bicamada lipídica depende de sua composição

Para exercer suas funções e promover certas reações nas células, as moléculas da membrana não podem estar completamente paradas (estado cristalino rígido). Assim, a fluidez da membrana celular é importante para sua função e está relacionada com a capacidade de suas moléculas se deslocarem no seu plano. Sabe-se que os lipídios de membrana apresentam diferentes movimentos espontâneos, como rotação em seu eixo, deslocamento lateral e, muito raramente, mudam de camada (conhecido como *flip-flop*), como mostrado na Figura 4.3. Essa movimentação é influenciada pela temperatura e pelo tipo de ligação entre as moléculas. Quanto mais elevada a temperatura, maior será a movimentação dessas moléculas (Figura 4.4); e quanto mais forte as interações entre as moléculas lipídicas, menor é sua movimentação no plano da bicamada. Como essas interações dependem da natureza química dessas moléculas, os tipos de fosfolipídios que estão presentes nessa membrana têm grande influência em sua fluidez.

Enquanto fosfolipídios de cadeias mais longas proporcionam uma melhor interação das cadeias de hidrocarbonetos das duas camadas lipídicas, diminuindo a fluidez dessas moléculas, fosfolipídios de cadeias mais curtas promovem menor interação e, consequentemente, maior fluidez. De maneira semelhante, fosfolipídios com cadeias de hidrocarbonetos saturadas, que apresentam uma configuração mais estendida (ver Figura 4.4), propiciam melhor interação entre fosfolipídios adjacentes, diminuindo sua fluidez; e aqueles com ligações insaturadas (duplas entre carbonos das cadeias de hidrocarbonetos) sofrem pequenas dobras nessas cadeias, o que dificulta a interação entre os fosfolipídios, aumentando a fluidez da membrana (ver Figura 4.4).

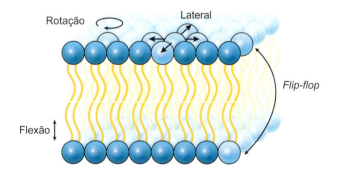

Figura 4.3 Movimentos espontâneos dos fosfolipídios na bicamada lipídica. Os fosfolipídios comumente se deslocam lateralmente no plano da bicamada lipídica (lateral), giram em torno do seu próprio eixo (rotação) e contraem suas cadeias de hidrocarbonetos (flexão). Um quarto movimento é a passagem de um fosfolipídio de uma face da camada lipídica para a outra (*flip-flop*). Este é um evento que é mais raro, comparado aos já descritos, devido às forças hidrofóbicas nessa bicamada. Proteínas específicas são responsáveis pela translocação de fosfolipídios de uma camada para outra. Essa atividade é necessária para o crescimento proporcional das duas faces das membranas, assim como para manutenção de sua assimetria.

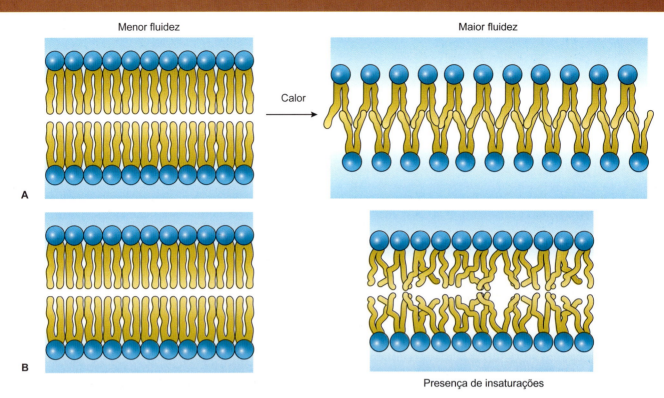

Figura 4.4 Modulação da fluidez da bicamada lipídica. **A.** O aumento da temperatura amplia a velocidade de movimentação das moléculas da membrana, aumentando sua fluidez. **B.** Cadeias saturadas de fosfolipídios interagem mais entre si e produzem membranas com menor fluidez (*à esquerda*). Cadeias insaturadas (com duplas ligações entre carbonos) dificultam essa interação, produzindo membranas mais fluidas (*à direita*). Note que a espessura das membranas que apresentam mais fosfolipídios insaturados também é menor.

Influência da temperatura na composição da bicamada lipídica

Organismos como bactérias e leveduras, que conseguem se adaptar a mudanças de temperatura, modificam a composição fosfolipídica de suas membranas de acordo com a temperatura, para manutenção da fluidez. Em temperaturas mais baixas, há aumento de fosfolipídios com cadeias mais curtas e mais insaturadas, elevando a fluidez da membrana. Em temperaturas mais altas, predominam fosfolipídios com cadeias mais longas e com poucas ligações duplas, diminuindo sua fluidez.

Influência da interação entre fosfolipídios para fluidez da membrana

Quanto mais ácidos graxos de cadeia saturada em membranas celulares, maior será a interação dessas moléculas e, consequentemente, menor a sua fluidez. Isso é ilustrado em produtos alimentícios compostos de ácidos graxos no nosso cotidiano. Por exemplo, o enriquecimento de ácidos graxos com cadeias de hidrocarboneto insaturadas em óleos vegetais mantém o estado líquido dessa gordura em temperatura ambiente. Já a manteiga, que apresenta uma proporção maior de ácidos graxos com cadeias saturadas, apresenta-se em estado mais sólido nessa mesma temperatura.

O colesterol, que compõe as membranas de células animais, também influencia a fluidez da membrana, funcionando como um modulador desse mecanismo em resposta à temperatura. O colesterol se insere entre os fosfolipídios, entre as caudas insaturadas (Figura 4.5). Essa interação faz com que em temperaturas altas ele mantenha essas moléculas unidas, deixando-as menos fluidas. Já em baixa temperatura, ele previne uma maior interação entre os fosfolipídios, aumentando a fluidez da membrana. O colesterol é estruturalmente uma molécula rígida, sua presença torna as membranas menos deformáveis e permeáveis. As membranas das células procariontes não contêm esteróis, salvo raras exceções.

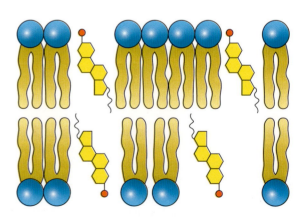

Figura 4.5 O colesterol na bicamada lipídica. A hidroxila do colesterol (*em vermelho*) interage com a cabeça hidrofílica dos fosfolipídios de membrana, enquanto a região em anel rígida e sua cauda de hidrocarbonetos se inserem entre cadeias de hidrocarbonetos de dois fosfolipídios, preenchendo esse espaço e diminuindo a mobilidade dessas moléculas.

Proteínas das membranas celulares

As proteínas de membrana, exceto quando associadas ao citoesqueleto, deslocam-se com facilidade no plano da membrana, comprovando que esta é uma estrutura que possibilita a movimentação de proteínas dentro de uma matriz lipídica líquida.

Proteínas se movem na bicamada lipídica

Um dos primeiros experimentos a demonstrar a movimentação das proteínas na membrana foi realizado em 1970. Observou-se que, após a fusão de células humanas com as de camundongos (induzida pelo vírus Sendai), as proteínas da membrana humana deslocavam-se rapidamente, misturando-se com as da célula de camundongo. Essas últimas também se deslocavam, porém com menor velocidade, pois são proteínas maiores.

Outro experimento clássico que demonstra a fluidez da membrana foi realizado com lectinas. **Lectinas** são proteínas que se ligam a carboidratos específicos, podendo eventualmente causar aglutinação de células, razão pela qual eram denominadas "aglutininas". Lectinas têm um papel importante em processos de reconhecimento celular, tanto entre células de um mesmo organismo, como no reconhecimento e na ligação de vírus, bactérias e fungos aos seus alvos. Devido a sua grande seletividade, elas são muito utilizadas em estudos de Biologia Celular, como os que visam analisar a composição química dos carboidratos das glicoproteínas e glicolipídios presentes na face externa da membrana plasmática.

Nesse experimento clássico, adicionou-se a lectina concanavalina A à uma cultura de amebas. Essa lectina reconhece especificamente a porção glicídica de glicoproteínas de membrana, que atuam como receptores para concanavalina A. Esses receptores, que normalmente se distribuem por toda a membrana, ao se ligarem à concanavalina, migraram rapidamente para uma determinada região, na qual ficam concentrados formando um capuz (*cap formation*).

Embora a composição lipídica influencie muito as propriedades biofísicas das membranas celulares, suas funções específicas dependem do repertório das proteínas que as compõem. Essa importância é evidenciada pela grande diversidade de proteínas de membrana, sendo estimado que 30% das proteínas codificadas pelo genoma de células animais são de membrana. As proteínas de membrana podem ser receptores, enzimas, canais aquosos, proteínas de reconhecimento célula–célula e adesão celular. Muitas proteínas de membrana formam também grandes complexos multiproteicos que estão envolvidos em importantes processos, como a fotossíntese, a formação do gradiente de prótons, o transporte de elétrons (formação de ATP) e os complexos transportadores encontrados na membrana de peroxissomos e mitocôndrias (ver Capítulo 5).

As proteínas de membranas podem ser divididas em dois grandes grupos: as integrais ou intrínsecas e as periféricas ou extrínsecas (ver Figura 4.2). Essa definição tem origem de observações empíricas de que algumas proteínas são extraídas mais facilmente da membrana do que outras.

As proteínas integrais estão firmemente associadas aos lipídios da bicamada e só podem ser separadas da fração lipídica por meio de agentes que rompam as interações hidrofóbicas e, consequentemente, a bicamada lipídica, como detergentes ou solventes orgânicos. Cerca de 70% das proteínas de membrana são proteínas integrais. Nessa categoria estão a maioria das enzimas da membrana, glicoproteínas responsáveis pelos grupos sanguíneos, proteínas transportadoras, e receptores de hormônios e de outras moléculas.

As proteínas integrais de membrana, assim como os lipídios, apresentam regiões hidrofílicas e hidrofóbicas. Essas proteínas inserem-se na bicamada lipídica por interação hidrofóbica entre suas regiões peptídicas enriquecidas de aminoácidos hidrofóbicos, com as caudas dos lipídios. As regiões peptídicas onde predominam aminoácidos hidrofílicos ficam expostas ao meio aquoso (Figuras 4.2 e 4.6).

Proteínas integrais de membrana podem interagir com a bicamada lipídica em uma das faces da membrana (ver Figuras 4.2 e 4.6) ou atravessar inteiramente a bicamada lipídica, apresentando

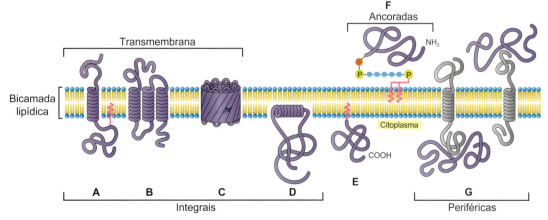

Figura 4.6 Diferentes maneiras de proteínas se associarem a membranas celulares. **A.** Proteína transmembranar de passagem única com a alfa-hélice embebida na bicamada lipídica. **B.** Proteína transmembranar de múltipla passagem de alfa-hélices embebidas na membrana. **C.** Proteína transmembranar formando barril β. **D.** Proteína inserida em uma das faces da bicamada lipídica. **E.** Proteína ancorada à face interna da bicamada lipídica por meio do seu domínio lipídico. **F.** Proteína ancorada à face externa da membrana plasmática por meio de um glicosilfosfatidilinositol (GPI), ligado covalentemente à sua porção C-terminal (chamada "âncora de GPI"). **G.** Proteínas periféricas da membrana, ligadas por interações não covalentes às proteínas integrais da face intracelular ou da face extracelular da membrana plasmática.

regiões expostas em ambas as faces da membrana, sendo denominadas **proteínas transmembranar** (ver Figuras 4.2 e 4.6). As proteínas transmembranar podem atravessar a membrana uma única vez, conhecidas também como proteínas transmembranar de passagem única, ou podem ser mais longas e formar voltas, atravessando a membrana várias vezes, sendo então denominadas "proteínas transmembranar de passagem múltipla" (ver Figura 4.6). A conformação mais comum pela qual as proteínas integrais interagem com a região hidrofóbica da bicamada lipídica é a alfa-hélice. Nessa conformação as cadeias laterais hidrofóbicas dos aminoácidos interagem com as caudas hidrofóbicas dos lipídios, e as regiões hidrofílicas direcionam-se para o interior da alfa-hélice formando pontes de hidrogênio entre si. Essas proteínas podem também formar "caminhos" (**canais iônicos** e poros) aquosos na membrana, em que aminoácidos, dispostos em alfa-hélice, expõem seus grupamentos hidrofílicos, revestindo o interior desse canal (Figura 4.7). Essa conformação viabiliza a passagem seletiva de moléculas solúveis em água, discutida em maiores detalhes mais adiante. Outra conformação possível para proteínas transmembranar é a de folhas β. Essas podem se organizar em uma estrutura cilíndrica aberta, denominada "barril β" (ver Figura 4.7). Essa estrutura também forma poros hidrofílicos na membrana, abundantes em bactérias e na membrana externa de mitocôndrias e cloroplastos. Os poros formados por barril β são estruturas grandes e rígidas, e os formados por alfa-hélice podem ter sua abertura e fechamento regulados, além de serem, em geral, mais seletivos à passagem de solutos específicos.

Visualização das proteínas integrais de membrana

Pela técnica de criofratura, que consiste no congelamento rápido do tecido, seguido de sua fratura, as superfícies de fratura são dissecadas e sombreadas com uma camada de metal pesado depositada em ângulo agudo, seguida de uma camada de carbono que servirá de suporte. Em seguida, os componentes celulares são dissolvidos, restando uma réplica da superfície de fratura. Essa réplica é então analisada ao microscópio eletrônico. A membrana celular sofre fratura na região entre as duas camadas lipídicas, porque os lipídios estão presos por interações hidrofóbicas, um tipo de ligação fraca. Formam-se, assim, artificialmente, duas lâminas que expõem as faces situadas no interior da membrana. A lâmina interna, em contato com o citoplasma, expõe a denominada "face P" (protoplasmática), e a externa expõe a chamada "face E" (externa). A face P está direcionada para fora da célula e a face E para dentro dela. A técnica de criofratura mostra muito bem as proteínas integrais da membrana, que aparecem como partículas presas principalmente à face P, e a face E mostra as cavidades onde essas partículas estavam encaixadas (Figura 4.8).

As proteínas periféricas estão ligadas às proteínas integrais de membrana por ligações não covalentes, não interagindo com a região hidrofóbica da bicamada lipídica (ver Figura 4.6).

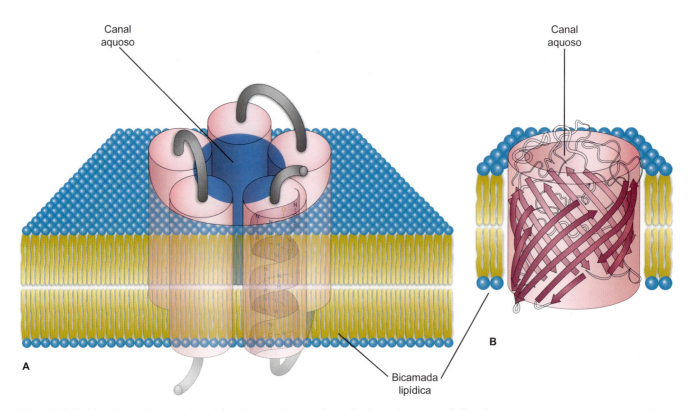

Figura 4.7 Padrões de enovelamento de proteínas transmembranar e formação de canais aquosos. **A.** Proteínas transmembranar de passagem múltipla em α-hélice formam canais aquosos, em que o interior é preenchido por regiões hidrofílicas das proteínas (*em azul*), permitindo passagem seletiva de solutos. **B.** Proteínas transmembranar de passagem múltipla em folha β podem formar um poro aquoso (barril β), preenchido por regiões hidrofílicas das proteínas que revestem seu interior.

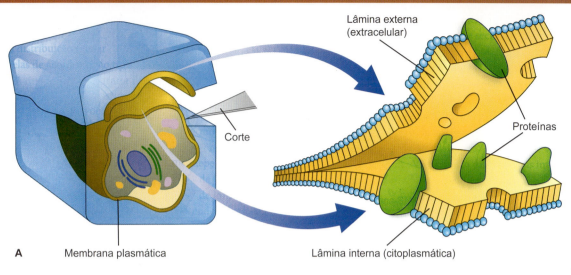

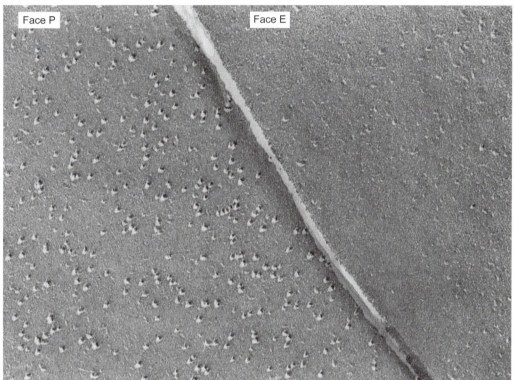

Figura 4.8 Microscopia eletrônica de réplica da membrana plasmática criofraturada. **A.** A fratura ocorre entre as lâminas interna e externa da bicamada lipídica da membrana citoplasmática. Esse processo revela 4 superfícies: as faces interna e externa da lâmina externa e as faces interna e externa da lâmina interna. A maioria das proteínas permanece aderida à face externa da lâmina interna, direcionada para fora da célula (face P). Por isso, a face P das membranas plasmáticas mostra numerosas partículas globulares. A face interna da lâmina externa, conhecida como face E, apresenta poucas proteínas. **B.** Eletromicrografia da criofratura de uma membrana plasmática (aumento de 150.000×). (**B**, cortesia de A. Martinez-Palomo.)

Por essa razão, essas proteínas podem ser mais facilmente separadas da membrana por meio de tampões que conservam a integridade da bicamada lipídica.

Outras proteínas se ligam à bicamada lipídica por uma cauda lipídica, ligada covalentemente a sua cadeia peptídica. O ancoramento à região hidrofóbica da membrana ocorre por essa cauda lipídica, e a parte peptídica fica totalmente externa à bicamada na região citoplasmática da membrana. Outras ficam voltadas para a região não citoplasmática. Nesse caso, a ligação com a bicamada lipídica é feita por ancoramento de glicosilfosfatidilinositol (GPI) (ver Figura 4.6).

Importância do revestimento de carboidratos na membrana plasmática

A superfície extracelular da membrana plasmática contém lipídios e proteínas ligados covalentemente a carboidratos, formando respectivamente glicolipídios e **glicoproteínas** (ver Figuras 4.2 e 4.9). Essa parte glicídica pode ser muito complexa, contendo resíduos de D-glicose, D-galactose, N-acetil-D-galactosamina e de ácido N-acetilneuramínico (ácido siálico). Para a formação de glicoproteínas, os oligossacarídios são adicionados às proteínas por ligações N-glicosídicas ou O-glicosídicas, no RE e no complexo de Golgi, respectivamente (ver Capítulo 14). No primeiro caso, diz-se que o oligossacarídio está "N-ligado", ou seja, está ligado a resíduos de asparagina ou arginina. Os "O-ligados", por sua vez, associam-se a resíduos de serina, treonina ou tirosina. Algumas proteínas podem ainda se unir a várias longas cadeias de polissacarídios, formando macromoléculas conhecidas como proteoglicanos.

Esses carboidratos conjugados a proteínas e lipídios de membrana formam um revestimento chamado **glicocálice**, considerado uma extensão da própria membrana. Vale lembrar que a composição do glicocálice não é sempre estática e pode variar conforme a região da membrana e a atividade funcional da célula em determinado momento. Essa cobertura pode ser observada por técnicas de microscopia em que são utilizados corantes específicos ou proteínas como a lectina, marcadas com imunofluorescência. Portanto, o glicocálice é constituído por porções glicídicas de: (1) glicolipídios da membrana plasmática; (2) proteínas integrais da membrana; e (3) glicoproteínas e proteoglicanos secretados pela célula e incorporados a esse revestimento (Figura 4.9). Devido à íntima relação entre as moléculas intrínsecas da membrana plasmática e da matriz extracelular, o limite entre essas duas porções não é bem definido.

O glicocálice tem a importante função de proteção da membrana celular contra danos químicos e mecânicos, atuando como uma barreira. Por exemplo, o glicocálice de células do revestimento gastrintestinal as protege do contato direto com alimentos ingeridos e enzimas digestivas. Importante lembrar que essa cobertura é encontrada somente na porção direcionada para o meio externo (não citoplasmática) da membrana plasmática. Glicoproteínas e glicolipídios são também encontrados na superfície não citoplasmática (voltadas para o lúmen) de algumas organelas envoltas por membrana, como no caso do RE e do complexo de Golgi (onde são produzidos para serem posteriormente entregues à membrana plasmática), e dos lisossomos (ver Capítulos 14 e 15). No caso de lisossomos, essa cobertura fornece proteção contra enzimas hidrolíticas presentes na organela.

Outra importante função do glicocálice é conferir a identidade celular. A grande variedade de combinações possíveis na formação das cadeias de oligossacarídios produz assinaturas únicas na superfície celular. Apesar de serem formadas por cerca de 15 tipos diferentes de açúcares como glicose, manose, frutose e galactose, existe uma grande diversidade de ligações químicas possíveis entre eles, portanto a mesma composição pode formar cadeias de diferentes estruturas ou cadeias ramificadas que aumentam muito as possíveis combinações (Figura 4.10). Desse modo, centenas de combinações diferentes podem ser constituídas com apenas três tipos de açúcares. Superfícies de diferentes tipos celulares apresentam uma combinação única de cadeias ramificadas de carboidratos, específica para os indivíduos de uma mesma espécie. Essas assinaturas de carboidratos estão envolvidas no reconhecimento intercelular e nos processos transitórios de adesão como, por exemplo, na coagulação sanguínea, em respostas inflamatórias e imunes, interações espermatozoide–óvulo e patógeno–célula hospedeira.

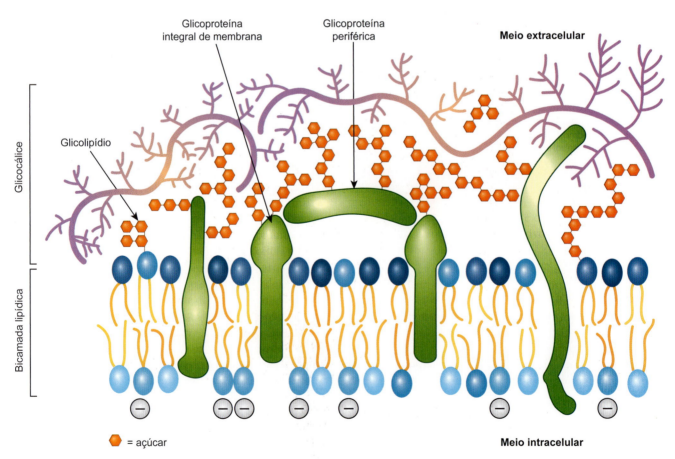

Figura 4.9 Componentes da membrana plasmática que compõem o glicocálice: *em verde*, estão as glicoproteínas (integrais ou associadas); *em roxo*, os proteoglicanos associados; *em vermelho*, resíduos de carboidratos.

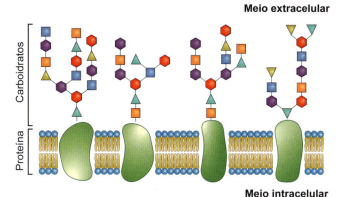

Figura 4.10 Diversidade de cadeias de carboidratos de glicoproteínas. Nesse exemplo, é mostrado como é possível produzir várias combinações de oligossacarídios em proteínas de membrana (*em verde, abaixo*) com apenas seis carboidratos diferentes (mostrados em diferentes cores e formatos). Devido a essa grande diversidade combinatorial para formação de oligossacarídios, formam-se superfícies celulares distintas.

Sistemas de grupo sanguíneo ABO

Um bom exemplo de marcadores da superfície celular são as glicoproteínas e os glicolipídios que definem os grupos sanguíneos ABO (Figura 4.11). Esses grupos dependem de pequenas variações na estrutura dos carboidratos que compõem glicolipídios e glicoproteínas da membrana das hemácias. Os indivíduos com sangue do tipo A apresentam o açúcar N-acetilgalactosamina em determinada posição da cadeia de carboidratos exposta no glicocálice. Os indivíduos com o sangue do tipo B têm, na mesma posição, a galactose. Já os indivíduos tipo AB têm ambos: galactose e N-acetilgalactosamina. No sangue de indivíduos do tipo O, a mesma posição está desocupada.

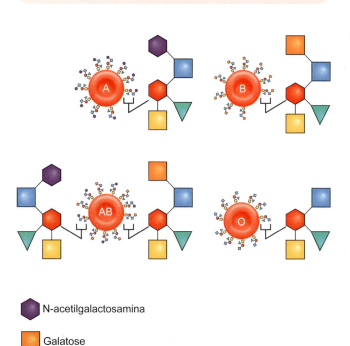

Figura 4.11 Oligossacarídios da membrana de hemácias responsáveis pelos grupos sanguíneos ABO.

Complexo MHC

Como acontece com as macromoléculas em geral, as proteínas da membrana são imunogênicas, isto é, promovem uma resposta imune quando penetram em um organismo estranho. Por exemplo, o transplante de tecidos de um animal para outro estimula o animal receptor a produzir células e anticorpos que atacam as proteínas da membrana plasmática das células transplantadas. Em humanos e em outros mamíferos, o mecanismo para distinguir o que é próprio do organismo (*self*) daquilo que é estranho (*non-self*) depende de um grupo de moléculas glicoproteicas da membrana plasmática, denominadas "complexo principal de histocompatibilidade", ou MHC (do inglês *major histocompatibility complex*).

Há duas classes de MHC: MHC I e MHC II. Todas as células do organismo apresentam MHC I e algumas células específicas do sistema imune apresentam o MHC II. Os dois MHCs são glicoproteínas cujas sequências peptídicas têm uma região constante e uma variável. A sequência de aminoácidos da região variável difere muito a cada pessoa, de tal maneira que não existe a possibilidade de serem produzidos conjuntos de proteínas de MHC idênticos entre diferentes indivíduos. A única exceção são os gêmeos univitelinos (ou idênticos), por serem geneticamente iguais. Nesses gêmeos, as proteínas celulares – inclusive as do MHC – são idênticas. Para minimizar a resposta imune e a consequente rejeição de transplantes, procuram-se doadores cujos complexos MHC sejam o mais semelhante possível aos do receptor.

Membranas celulares são assimétricas e apresentam domínios específicos

Organelas distintas diferem quanto à composição e à função das membranas que as delimitam. Como discutido anteriormente, as membranas de organelas têm propriedades enzimáticas muito diferentes, refletida estruturalmente na diversidade de sua constituição lipídica e proteica, portanto, embora a organização molecular básica das membranas seja a mesma (mosaico fluido da bicamada lipídica e presença de proteínas), elas variam quanto à sua composição química e propriedades biológicas. Além disso, com o aperfeiçoamento das técnicas de preparação dos tecidos para estudo ao microscópio eletrônico, observou-se que em uma mesma membrana há diferenças na espessura de suas lâminas. Esse foi o primeiro indicativo, mais tarde confirmado, que alguns componentes das membranas podem não estar homogeneamente distribuídos em sua extensão e nas diferentes faces da bicamada lipídica.

Assimetria das membranas celulares

As duas faces da membrana plasmática são assimétricas, assim como a sua composição lipídica e proteica (ver Figuras 4.2 e 4.9). Essa assimetria está relacionada com funções específicas de diferentes tipos celulares e de organelas presentes em células eucarióticas. A presença de glicoproteínas e glicolipídios somente na face extracelular da membrana plasmática é um exemplo clássico dessa assimetria e da sua importância funcional.

A composição lipídica de cada face da bicamada lipídica de membranas celulares pode diferir muito. Por exemplo, na membrana das hemácias humanas, a camada lipídica externa é mais rica em fosfatidilcolina e esfingomielina, e na camada lipídica em contato com o citoplasma predominam fosfatidiletanolamina e fosfatidilserina. Note que, como a fosfatidilserina tem carga negativa, essa assimetria ocasiona também uma diferença de carga elétrica (ver Figura 4.9). A assimetria na composição lipídica também é importante na sinalização celular. O fosfatidilinositol, por exemplo, é um fosfolipídio encontrado preferencialmente na camada interna da membrana plasmática. Esse fosfolipídio pode ser modificado por fosforilações (ver Capítulo 15), criando sítios específicos de recrutamento de proteínas sinalizadoras. Uma de suas formas fosforiladas (PI 4,5-bifosfato) é reconhecida pela fosfolipase C ativada, o que, entre outros efeitos, ativa a proteinoquinase C (PKC) e, consequentemente, inicia várias vias de sinalização celular (ver Capítulo 6).

A assimetria na composição lipídica nas duas camadas é mantida e regulada por uma série de enzimas translocadoras de lipídios, durante a produção de novas porções da membrana. Em células eucarióticas, a produção de novas moléculas de fosfolipídios ocorre na face citoplasmática da membrana do RE liso. Alguns desses novos fosfolipídios devem ser transferidos para a monocamada oposta, para que a bicamada cresça proporcionalmente (ver Capítulo 14). Como o movimento de *flip-flop* é raro (ver Figura 4.3), essa transferência é catalisada e regulada por enzimas denominadas **flipases** (translocases). Algumas dessas enzimas catalisam a transferência de fosfolipídios específicos para um dos lados da membrana, produzindo a assimetria na membrana.

Fosfatidilserina e a apoptose

Em células animais, a assimetria dos fosfolipídios de membrana distingue células vivas das que estão em processo de apoptose. A fosfatidilserina é um fosfolipídio de membrana que é normalmente encontrado na face citoplasmática da membrana plasmática. Quando uma célula sofre apoptose (um tipo de morte celular regulada – ver Capítulo 16), a fosfatidilserina é rapidamente translocada para a face externa da membrana plasmática. Acredita-se que isso ocorra por ativação de translocases que transferem fosfolipídios de uma face a outra da bicamada lipídica de modo inespecífico (conhecidas como "escrambases") e inativação do translocador de fosfatidilserina. A exposição de fosfatidilserina é um sinal reconhecido por macrófagos, que fagocitam as células em apoptose. Graças a essa fagocitose seletiva de células mortas, não há extravasamento do conteúdo citoplasmático, evitando a inflamação. Assim, a morte celular não interfere na função das células vizinhas, chamada por isso "morte limpa".

Durante a produção de novas porções de membrana, a assimetria proteica é obtida pela inserção de proteínas recém-sintetizadas na membrana do RE, em orientações específicas. Essas orientações posicionam a região N-terminal ou C-terminal em relação à face da membrana. A orientação da inserção da proteína na membrana é dada pela própria sequência peptídica, como será discutido em mais detalhes no Capítulos 13 e 14. Outras proteínas podem ser ancoradas a uma ou outra face da membrana de forma específica após sua síntese. Por exemplo, as proteínas ancoradas por GPI ou cauda lipídica (ver Figura 4.6) têm essas âncoras adicionadas após a tradução. A distribuição de proteínas periféricas também contribui para a assimetria proteica nas membranas. Como ilustrado nas Figuras 4.2 e 4.6, as proteínas periféricas estão concentradas na face citoplasmática da membrana plasmática, onde podem ligar-se a filamentos do citoesqueleto. O domínio extracelular das proteínas integrais, com seus resíduos glicídicos, fica exposto na face externa da membrana com as glicoproteínas, os glicolipídios e os proteoglicanos adsorvidos à membrana, formando o glicocálice.

As novas porções de membrana são entregues a diferentes organelas pelas vesículas de transporte (ver Capítulos 14 e 15), as quais mantêm a assimetria e a orientação da membrana, onde se pode distinguir uma face citoplasmática, em contato com o citoplasma, e outra não citoplasmática. A face não citoplasmática corresponde topologicamente àquela direcionada para o lúmen das organelas e para o meio extracelular (na membrana plasmática; Figura 4.12). Os glicolipídios e as glicoproteínas estão, portanto, sempre voltados para o lúmen das vesículas e das organelas, nunca expostos ao citoplasma.

Membranas apresentam domínios com funções específicas

Além da assimetria entre as duas faces das membranas, observa-se também a formação de regiões enriquecidas por tipos específicos de moléculas (tanto lipídicas quanto proteicas), relacionados com funções daquela região da membrana, denominadas "domínios de membrana". Esses domínios podem ser divididos em dois tipos: (1) microdomínios transientes e dinâmicos, e, em geral, modulados em resposta a sinais intra e extracelulares; ou (2) domínios de membrana, observados em grandes áreas da membrana. Em geral os domínios de membrana são mais estáveis.

A formação dos microdomínios transientes foi observada em experimentos em laboratório, utilizando-se diferentes misturas de lipídios para formação de bicamadas lipídicas artificiais. Esses ensaios mostraram que, dependendo das concentrações utilizadas, alguns lipídios têm maior afinidade entre si, e formam microdomínios transientes com composição lipídica específica, conhecidas como balsas lipídicas (Figura 4.13). Essas balsas lipídicas são enriquecidas em esfingolipídios e colesterol. Em membranas de células animais, sua organização e manutenção requer também a participação de proteínas específicas de membrana, como as ancoradas por GPI (ver Figura 4.13). Os esfingolipídios têm cadeias de hidrocarbonetos mais longas, aumentando a espessura das regiões de membrana

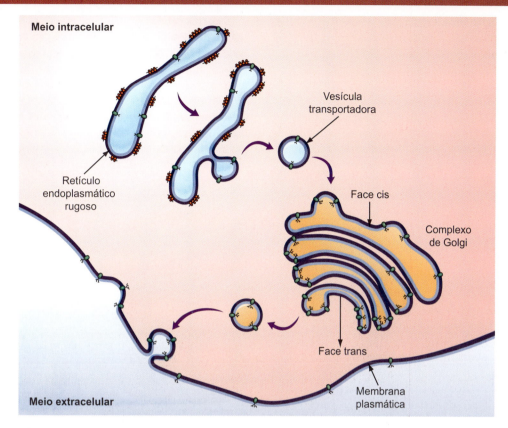

Figura 4.12 Entrega de novas porções de membrana, produzidas no retículo endoplasmático, para a membrana plasmática. Note a topologia da membrana quando a vesícula se insere na membrana plasmática. A superfície que está direcionada para o lúmen da vesícula (*em azul-claro*) passa a ficar exposta ao meio extracelular quando se funde à membrana plasmática. A superfície da membrana da vesícula que está voltada para o citoplasma (*em azul-escuro*) continua exposta ao citoplasma. Essa topologia é originada já na produção de novas porções de membrana, no retículo endoplasmático, e mantida durante todo o processo de maturação (passando pelo complexo de Golgi), transporte e entrega para a membrana plasmática.

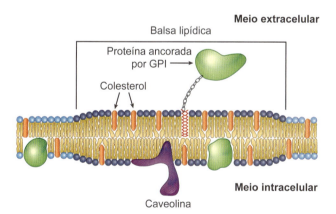

Figura 4.13 Região de balsa lipídica na membrana plasmática. Essa região é rica em esfingomielina e colesterol. A composição lipídica nessa região é mais espessa, facilitando a concentração de proteínas específicas.

na qual se concentram. Isso pode acomodar mais facilmente certas proteínas de membrana (ver Figura 4.13), funcionando como uma plataforma. A formação desse domínio é um processo coordenado e transitório, que envolve recrutamento de lipídios e proteínas específicos para a realização de determinada função. Por exemplo, regiões da membrana plasmática envolvidas em endocitose (ver Capítulo 15) podem recrutar a proteína caveolina (ver Figura 4.15), formando um domínio de membranas conhecido como cavéola, importante para algumas vias endocíticas

(ver Capítulo 15). O estabelecimento desses domínios também é importante para aproximar proteínas cujas funções conjuntas são necessárias para reações bioquímicas específicas, como a transmissão bioquímica de sinais extracelulares que depende da fosforilação sequencial de proteínas de membrana; ou seja, sinais extracelulares interagem e ativam receptores de membrana que, por sua vez, ativam uma sequência de reações de fosforilação de proteínas associadas à membrana (ver Capítulo 6). A proximidade dessas enzimas com os seus substratos nas plataformas de membrana aumenta a velocidade das reações e, consequentemente, a velocidade de sinalização.

Os domínios de membrana são mais estáveis e abrangem regiões maiores. Esses domínios são detectáveis em tipos celulares que apresentam polaridade celular, como células epiteliais e neurônios. A polaridade celular é definida pela distribuição assimétrica de organelas e componentes de membrana de uma mesma célula. Por exemplo, as células epiteliais de revestimento do intestino apresentam uma região da membrana que está em contato com o meio externo (lúmen do intestino) e uma modificação nessa região de sua membrana denominada "microvilos" (Figura 4.14). Esses microvilos aumentam a superfície de contato dessa região de membrana com o meio externo (importante para sua função absortiva); além disso, contêm enzimas responsáveis pelas fases finais da digestão de proteínas e carboidratos (dipeptidases e dissacaridases, respectivamente). Devido a essas características, a membrana dessas células é dividida em domínio apical, região direcionada para o lúmen, e domínio basolateral. O domínio apical inclui os microvilos, e o domínio basolateral é a região da membrana que não tem contato com o lúmen, apresentando outra composição de proteínas (ver Figura 4.14).

Os conceitos de domínios de membrana e mosaico fluido parecem conflitantes, pois, de acordo com esse último, as proteínas e os lipídios movem-se livremente no plano da bicamada lipídica. Dessa maneira, espera-se que essas moléculas sejam distribuídas homogeneamente, porém, como abordado anteriormente, essa distribuição casual não se aplica em todos os casos.

Além das interações que ocorrem nos microdomínios transientes, as células têm outros mecanismos para restringir o movimento de proteínas e lipídios. Essa restrição resulta na criação e na manutenção dos domínios de membrana. Um deles envolve a formação de grandes complexos proteicos que apresentam limitações de movimentação pela membrana (Figura 4.15). A ligação de proteínas da membrana de uma célula com as de uma célula adjacente também restringe a movimentação dessas proteínas (ver Figura 4.15). Esse tipo de estrutura pode ainda formar uma barreira que impede a passagem de outras proteínas por aquela região, mantendo domínios como os vistos em células epiteliais do intestino (ver Figura 4.14). Outra maneira de restringir a movimentação das proteínas de membrana é prendendo-as a complexos proteicos extracelulares, proteínas da matriz extracelular ou intracelulares, como as proteínas do citoesqueleto (ver Figura 4.15).

O **córtex celular** é a principal estrutura que fornece ancoramento às proteínas da face interna da membrana plasmática (ver Capítulo 7). O córtex celular é uma rede de citoesqueleto rica em filamentos de actina subjacente à membrana plasmática. A interação do córtex celular com proteínas da membrana plasmática ocorre em muitos pontos e restringe a movimentação das proteínas que fazem parte dessa estrutura. Também cria barreiras mecânicas (como currais) na parte citoplasmática da membrana, confinando as proteínas ali presentes (Figura 4.16).

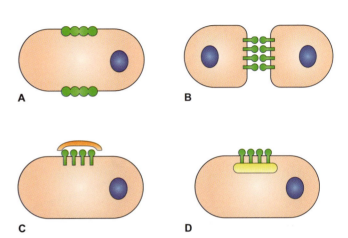

Figura 4.15 Mecanismos de restrição de mobilidade de proteínas de membrana (em verde). **A.** A ligação entre proteínas da mesma célula formam estruturas grandes que apresentam limitações de movimentação. **B.** Ligação entre proteínas da membrana de células adjacentes fixa essas proteínas e cria uma barreira para passagem de outras moléculas por aquela região. **C.** Ligação com proteínas presentes do lado externo da membrana como, por exemplo, proteínas do glicocálice (em laranja). **D.** Ligação com proteínas do citoesqueleto (em amarelo) pelo lado citoplasmático.

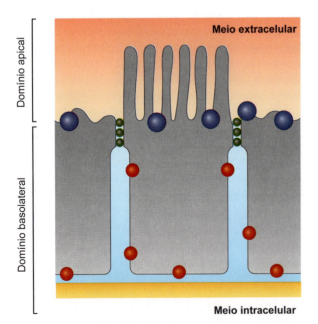

Figura 4.14 Polaridade de células epiteliais de revestimento do intestino delgado. O domínio apical (orientado para o meio externo, ou seja, o lúmen intestinal) apresenta microvilos e proteínas próprias dessa região (em azul). O domínio basolateral (região da membrana que está em contato com o meio interno) também contém suas proteínas específicas (círculos vermelhos). Note que há uma estrutura proteica (em verde) que conecta as membranas de células epiteliais adjacentes próximo ao domínio apical, separando o meio externo do interno. Essa estrutura é conhecida como junções oclusivas (ver Capítulo 8).

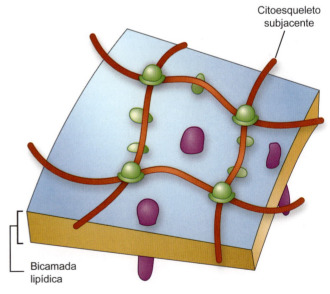

Figura 4.16 Interação do citoesqueleto subjacente (em vermelho) com proteínas de membrana (em verde) auxilia na formação de domínios de membrana. Essa interação forma barreiras mecânicas ("currais") que cercam algumas proteínas (em roxo), restringindo sua movimentação. Note que as proteínas transmembranar são impedidas de entrar no domínio delimitado pelo citoesqueleto.

Córtex celular da membrana de uma hemácia humana

A membrana dos eritrócitos de mamíferos é um bom modelo experimental para o estudo de proteínas de membrana. Nessas células, a única membrana existente é a membrana plasmática, que pode ser isolada com o citoesqueleto subjacente (córtex celular; Figura 4.17). A forma bicôncava, que é característica dessas células, deve-se à existência e à interação de proteínas de membrana e de citoesqueleto adjacente, composto principalmente da proteína filamentosa espectrina. Essa proteína é específica do eritrócito e organiza-se em uma rede que se liga a proteínas de membrana em vários pontos, formando uma malha flexível. Essa flexibilidade possibilita que os eritrócitos mudem de forma quando passam por capilares muito estreitos e depois retornem a sua configuração bicôncava sem ficarem deformadas. Problemas que afetem essa estrutura, como mutações no gene da espectrina, causam anemia. Nessa patologia, os eritrócitos deformam-se irreversivelmente e são destruídos após passarem pelos capilares.

Permeabilidade seletiva das membranas celulares

Os compartimentos envoltos por membrana apresentam meios muito distintos entre si, tanto pela composição de solutos quanto pelas concentrações destes (Figura 4.18). Pode-se exemplificar o fato pela concentração dos íons Na^+ e K^+ em células animais, comparando-se os meios interno (citoplasma) e externo. O primeiro tem uma concentração extracelular muito maior que a intracelular (mais de 10 vezes), o oposto acontece com a concentração de K^+. O Ca^{2+}, outro íon importante em várias funções celulares, incluindo a de sinalização (ver Capítulos 6, 14 e 15), tem uma concentração extremamente baixa no citoplasma, comparada à sua concentração no meio extracelular e no RE. Além da diferença de concentração de solutos entre os diferentes compartimentos, existe também uma influência das cargas desses íons, em que pequenos excessos de íons de carga positiva ou negativa, próximos à membrana plasmática, provocam uma diferença elétrica entre as duas faces da membrana. Essas diferenças produzem compartimentos mais especializados e gradientes eletroquímicos (discutido a seguir), importantes para a eficiência das reações bioquímicas na célula. Desse modo, a distribuição e a passagem de solutos através dessas membranas celulares são altamente controladas. As características da bicamada lipídica e as proteínas que regulam o transporte de moléculas definem a permeabilidade seletiva de uma membrana.

Permeabilidade seletiva da bicamada lipídica

As bicamadas lipídicas são uma barreira para a passagem de substâncias polares e hidrossolúveis, incluindo íons, mas permitem mais facilmente a passagem de substâncias pequenas, lipossolúveis ou apolares. A velocidade da travessia dessas substâncias varia de acordo com as características químicas de cada molécula. Moléculas apolares e pequenas, como O_2 e CO_2, assim como moléculas hidrofóbicas, como hormônios esteroides, cruzam a membrana facilmente. Pequenas moléculas polares não carregadas, como H_2O e etanol, podem se difundir pela membrana, mas com velocidade menor. Grandes moléculas polares não carregadas, como a glicose ou sacarose, apresentam muita dificuldade para atravessar essa barreira.

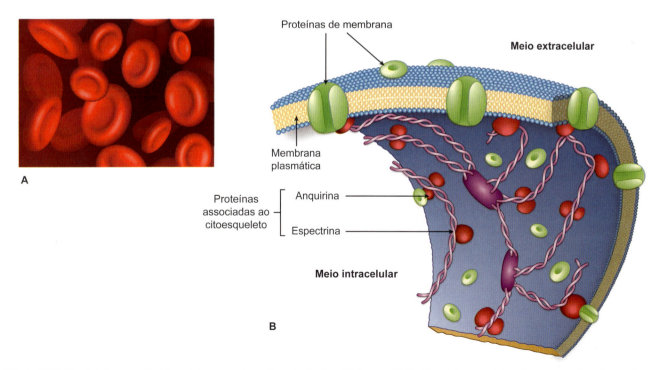

Figura 4.17 Hemácia humana. **A.** A hemácia apresenta um formato de disco bicôncavo. **B.** Córtex celular e sua interação com proteínas da membrana responsáveis pela manutenção desse formato.

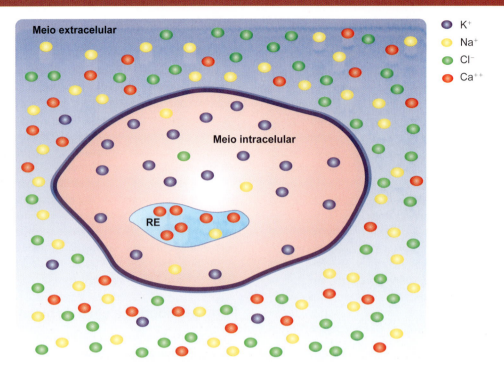

Figura 4.18 As características semipermeáveis das membranas celulares possibilitam a formação e a manutenção de diferentes concentrações de solutos em compartimentos subcelulares. No exemplo, são mostradas diferenças de concentração de íons no meio extracelular, no citoplasma (meio intracelular) e no retículo endoplasmático (RE). Os íons cálcio, por exemplo, estão mais concentrados no meio extracelular e no RE; sua concentração no citoplasma é muito baixa.

Essas moléculas grandes, polares e hidrossolúveis cruzam a bicamada lipídica por meio de proteínas de transporte. Estas proteínas são específicas para diferentes solutos, portanto diferentes membranas apresentam conjuntos específicos de proteínas de transporte.

Proteínas de transporte dividem-se em transportadoras, canais iônicos e poros

Existe uma grande variedade de proteínas de transporte em membranas, que, de modo geral, forma "caminhos" hidrofílicos que permitem a passagem seletiva de pequenas moléculas pela bicamada lipídica. De acordo com seu modo de ação e seleção dos solutos que transportam, esses caminhos podem ser classificados em: **canais iônicos**, poros e transportadores (também conhecidos como "permeases" ou "proteínas carreadoras").

Os canais iônicos funcionam como um pequeno túnel por onde passam íons de tamanho e carga elétrica específicos, geralmente exclusivos para um único tipo de íon. Esses canais assumem diferentes conformações que podem impedir (fechado) ou permitir (aberto) a passagem dos íons. Os canais que dependem de estímulo para que essa mudança ocorra denominam-se canais com comporta (Figura 4.19). Existem, assim, canais dependentes de ligante (respondem a ligantes específicos), dependentes de voltagem (respondem a mudanças na voltagem da membrana) e mecano dependentes (respondem à pressão mecânica). Os canais que não dependem de estímulo para alternar os estados aberto e fechado são nomeados canais de vazamento ou sem comporta.

Os poros são canais hidrofílicos formados através da membrana, que, diferentemente dos iônicos, estão sempre abertos, como as aquaporinas.

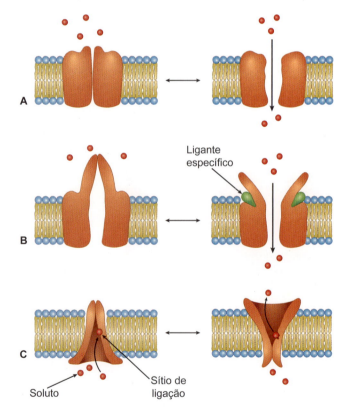

Figura 4.19 Proteínas de transporte através da membrana. **A.** Canal iônico: uma proteína transmembranar que forma um "caminho" hidrofílico, podendo estar no estado aberto ou fechado. **B.** Canal iônico dependente de ligante: nesse exemplo, a abertura do canal é regulada por ligante específico. **C.** Transportador: também forma um "caminho" pela membrana, porém, nesse caso, há uma interação forte com o soluto a ser transportado, que leva a mudanças conformacionais em sua estrutura, possibilitando a abertura desse caminho.

Os transportadores (ou permeases) têm como característica a ligação de alta afinidade com o soluto que será transportado, similar à ligação de uma enzima com seu substrato. Essa ligação modifica a conformação do transportador, possibilitando a transferência do soluto para o outro lado da membrana. Essa interação garante a especificidade desse transporte (ver Figura 4.19). Esses transportadores podem ser classificados como uniporte (monoporte) – transporta somente um soluto específico; simporte (cotransporte) – transporta dois tipos de soluto no mesmo sentido ou antiporte (contratransporte) – transporta dois tipos de soluto em sentidos opostos (Figura 4.20). É importante salientar que tanto no caso do simporte como do antiporte, o transporte dos dois solutos é acoplado, um não ocorre sem o outro.

Ionóforos aumentam a permeabilidade da membrana celular

Existem moléculas relativamente pequenas – ionóforos – que, por apresentarem regiões hidrofóbicas, podem ser incorporadas às membranas biológicas. Essa incorporação provoca o aumento da permeabilidade das membranas a vários tipos de íons. Esses ionóforos são considerados proteínas de transporte móveis que funcionam como canais ou como transportadores.

Transporte de pequenas moléculas através da membrana celular

Pequenas moléculas atravessam a membrana plasmática por **transporte passivo** (sem gasto de energia) ou **transporte ativo** (com gasto de energia) (Figura 4.21). O transporte passivo pode ocorrer por canais iônicos, poros e transportadores. O transporte ativo ocorre somente por meio de transportadores.

O transporte passivo ocorre pela difusão de solutos

O sentido e a força (velocidade) do transporte passivo dependem da diferença de concentração dos solutos nos dois lados da membrana, seguindo o princípio da difusão de solutos. Desse modo, as moléculas migram da região de maior concentração para a de menor concentração espontaneamente (ver Figura 4.21). Além da diferença de concentração, deve-se considerar também a diferença das cargas elétricas entre dois compartimentos e a carga elétrica do soluto a ser transportado. A diferença de concentração entre dois compartimentos é denominada "gradiente de concentração" e a diferença de carga elétrica é conhecida como gradiente de voltagem (ou diferença de potencial elétrico). O somatório dessas duas "forças" é intitulado gradiente eletroquímico (ver Figura 4.21).

O transporte a favor desse gradiente depende somente da existência de "caminhos" através da membrana. Assim, substâncias que podem se difundir através da bicamada lipídica (como discutido anteriormente) realizam a travessia por difusão simples (Figura 4.22). Já para as moléculas que são barradas pela bicamada lipídica (p. ex., moléculas com carga ou polares sem carga), essa passagem é realizada através de canais ou transportadores, sendo conhecida como difusão facilitada ou **transporte passivo** (ver Figura 4.21).

Velocidade da difusão simples é diferente da difusão facilitada

Como a difusão facilitada (transporte passivo) depende de proteínas de transporte, a velocidade desse transporte é limitada pelo número dessas proteínas na membrana. A velocidade máxima, que só é atingida em condições experimentais, ocorre quando todas as proteínas de transporte estiverem ocupadas (saturação das proteínas transportadoras). Nessas condições, o soluto que atravessa a membrana livremente por difusão simples, não tem um limite de transporte, porque sua passagem independe de um mediador. Por outro lado, no soluto cuja passagem ocorre por difusão facilitada, o aumento de sua concentração não altera a velocidade do transporte porque as proteínas de transporte já estão atuando na sua capacidade máxima (ver Figura 4.22). Esse tipo de experimento ilustra claramente a diferença entre difusão simples e facilitada.

A velocidade de transporte entre canais e transportadores também difere. Os canais, uma vez abertos, tornam possível a livre passagem da molécula a ser transportada. Os transportadores, por sua vez, apresentam um sítio onde a molécula a ser transportada se liga. Essa interação induz a mudança conformacional no transportador necessária para que a molécula atravesse a membrana (ver Figura 4.19).

As membranas celulares são relativamente permeáveis à água e, nesse caso, o sentido do movimento das moléculas de água depende do gradiente osmótico, ou seja, de um compartimento com menor concentração de solutos (alta concentração de água) para aquele de maior concentração (baixa concentração de água). As membranas plasmáticas também apresentam canais especializados para passagem de água, denominados "aquaporinas".

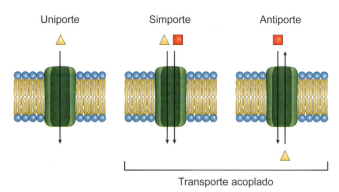

Figura 4.20 Tipos de transporte mediados por transportador. Os transportadores podem transportar um único soluto (uniporte) ou dois solutos – no mesmo sentido (simporte) ou em sentidos opostos (antiporte). Independentemente do sentido, esses transportes serão sempre acoplados (cotransporte).

88 Biologia Celular e Molecular

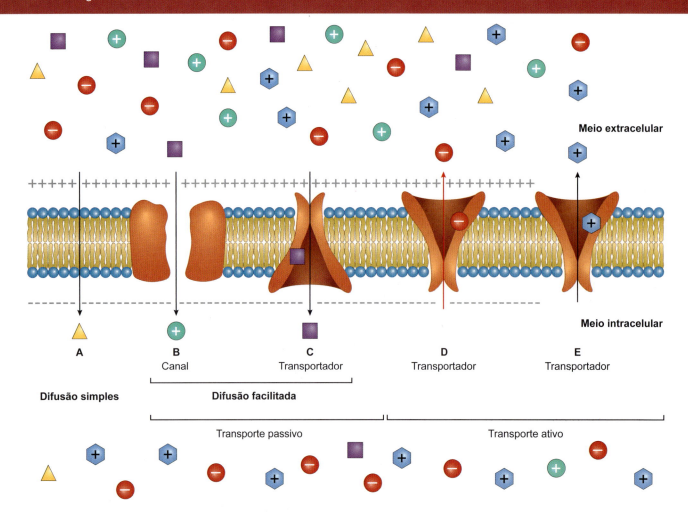

Figura 4.21 Influência do gradiente eletroquímico nos transportes ativo e passivo. Os solutos estão mais concentrados no meio externo da bicamada lipídica e formam um gradiente químico. Dessa maneira, tenderão a entrar na célula caso haja um "caminho". **A.** Ocorre difusão sem gasto energético pela bicamada lipídica (passiva) de uma molécula lipossolúvel (*triângulo amarelo*), **B** e **C.** As moléculas com carga (*círculo verde*) ou polar sem carga (*quadrado roxo*) atravessam a membrana a favor de seu gradiente químico (passivo), mas precisam do seu respectivo canal ou transportador. **D** e **E.** O transporte do soluto contra seu gradiente químico depende de gasto de energia (transporte ativo). A membrana celular apresenta no meio interno uma carga líquida negativa em relação ao meio extracelular; forma-se, então, um gradiente elétrico que também influencia a passagem das moléculas. Em **B**, porque a carga da molécula (*círculo verde*) é positiva, o sentido do seu transporte está a favor de seu gradiente químico e elétrico. Em **D**, o transporte do íon (*círculo vermelho*) é a favor de seu gradiente elétrico, mas contra seu gradiente químico e por isso precisa de gasto energético. Em **E**, o íon (*hexágono azul*) precisa ser transportado contra seu gradiente químico e elétrico, portanto, precisa de gasto energético também.

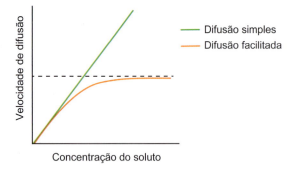

Figura 4.22 Comparação da velocidade de difusão por uma membrana em função da concentração do soluto. O aumento da concentração de solutos que passam livremente pela membrana (difusão simples) é proporcional ao aumento da velocidade de sua difusão. Solutos que precisam de uma proteína para atravessar a membrana (difusão facilitada) apresentam uma velocidade máxima de difusão; nessas condições, a velocidade de transporte não aumenta, mesmo com o aumento da concentração de soluto.

Alteração do volume celular devido à pressão osmótica

Células animais em solução hipotônica sofrem intumescimento, devido à pressão osmótica. Se essa pressão for muito grande, o acentuado aumento do volume celular leva ao rompimento da membrana plasmática e ao extravasamento do conteúdo celular (lise celular). Quando colocadas em solução hipertônica, as células perdem água, diminuindo seu volume. Em soluções isotônicas, o volume e a forma da célula não se alteram (ver Figura 4.1). Nas células das plantas, ocorre fenômeno semelhante, porém, devido à presença da parede de celulose, as consequências são diferentes. Em solução hipertônica, as células das plantas perdem água e diminuem de volume, separando-se o citoplasma da parede celular, a qual é rígida. Esse fenômeno é chamado "plasmólise". Quando colocada em meio hipotônico, a célula vegetal tem seu volume aumentado, mas não se rompe. A presença da parece celular limita o aumento de volume da célula e a mantém dentro de uma faixa que não excede a resistência da membrana plasmática. O aumento de volume sofrido por uma célula vegetal, ao passar de uma solução hipertônica para uma solução hipotônica, chama-se "desplasmólise" (ver Figura 4.1).

O transporte ativo ocorre contra o gradiente de concentração ou elétrico

O transporte ativo, que ocorre com gasto de energia, é outro processo pelo qual moléculas atravessam as membranas. Nesse caso, a substância é transportada do lado da membrana onde sua concentração é baixa para o lado onde sua concentração é alta. Esse transporte, portanto, ocorre contra um gradiente de concentração (no caso de solutos não carregados eletricamente) ou um gradiente eletroquímico (quando o soluto é ionizado) (ver Figura 4.21). Por exemplo, a concentração de íons sódio (Na^+) é mais alta no meio extracelular do que no citoplasma. Quando a célula transporta esses íons do citoplasma para o meio extracelular, dois obstáculos devem ser vencidos: a maior concentração de Na^+ e a carga mais positiva do meio extracelular, próximo à face externa da membrana plasmática (ver Figura 4.21).

O transporte ativo é realizado por transportadores do tipo uniporte, simporte ou antiporte (ver Figura 4.20), podendo ser classificado em transporte ativo primário (dependente de bombas de ATP) ou transporte ativo secundário (dependente de gradiente iônico).

No transporte ativo primário, o transportador é também conhecido como "bomba". A bomba utiliza diretamente um gasto energético (como a quebra de uma molécula de ATP) para transportar um soluto (ou dois, no caso de cotransporte) contra um gradiente eletroquímico. A **bomba de Na^+/K^+** (ATPase Na^+/K^+) é um dos exemplos mais bem estudados desse tipo de transporte. Essa bomba é um transportador antiporte que transporta Na^+ para o meio extracelular e K^+ para o meio intracelular (Figura 4.23). Existem várias outras bombas importantes para a manutenção de diferenças de concentração entre compartimentos celulares que funcionam de modo similar. São exemplos: a bomba K^+/H^+, encontrada na membrana plasmática de células epiteliais do revestimento do estômago, importante para formação do suco gástrico; bombas de H^+ na membrana de endossomos e lisossomos, responsáveis pela manutenção de um pH mais baixo nessas organelas; e bombas de Ca^{2+} específicas da membrana plasmática e do RE que são responsáveis pela manutenção da baixa concentração desse cátion no citoplasma.

A ação de bombas como a de Na^+/K^+ ajuda na formação de um gradiente eletroquímico. Esse gradiente tem energia potencial que pode ser utilizada para o transporte de solutos contra o seu gradiente de concentração, conhecido como transporte ativo secundário. Por meio de um transportador acoplado (cotransportador), o movimento espontâneo de um soluto de

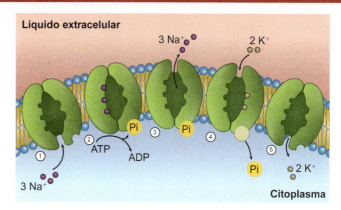

Figura 4.23 Sequência de eventos no transporte realizado pela bomba Na^+/K^+ (ATPase) – exemplo de transportador antiporte: (1) a proteína transportadora interage com 3 íons Na^+ na face citoplasmática, causando mudança em sua conformação; (2) essa mudança induz o recrutamento de uma molécula de trifosfato de adenosina (ATP), que é hidrolisada. A difosfato de adenosina (ADP) é liberada, e o fosfato inorgânico (Pi) continua ligado à proteína transportadora; (3) a hidrólise do ATP induz nova mudança conformacional que libera os 3 íons Na^+ para o meio extracelular; (4) nessa conformação, a proteína transportadora interage com duas moléculas do íon K^+. Essa interação libera Pi; (5) a proteína agora sofre uma terceira mudança em sua conformação, liberando os 2 K^+ para o meio intracelular. Note que o transporte ocorre com gasto de energia (uma molécula de ATP).

um meio de maior concentração para aquele de menor concentração fornece energia para direcionar o transporte de um segundo soluto contra seu gradiente de concentração. Por exemplo, a célula pode utilizar a energia potencial de gradientes de íons, geralmente Na^+, mas também de K^+ e H^+, para transportar moléculas e íons através da membrana.

O epitélio de revestimento do intestino delgado é um exemplo elucidativo para a compreensão desse tipo de transporte ativo secundário. A ingestão de alimentos fornece glicose para o lúmen do intestino delgado, que é absorvida pelas células do epitélio e transferida para a corrente sanguínea. O transporte de glicose pela membrana plasmática da porção apical das células epiteliais do revestimento intestinal se faz contra o gradiente de glicose existente no citoplasma dessas células. Isso é possível porque esse transporte é acoplado ao transporte de Na^+. A concentração de Na^+ no citoplasma das células é muito baixa, e alta no lúmen do intestino. Esse acúmulo de Na^+ apresenta uma energia potencial para entrar na célula, necessitando apenas de um "caminho" pela membrana para que isso aconteça. Desse modo, com um transportador acoplado (só transporta Na^+ se transportar glicose) do tipo simporte, essa energia dos íons Na^+ entrando na célula a favor de seu gradiente eletroquímico é utilizada para realizar o cotransporte de glicose para dentro da célula, contra o gradiente de concentração de glicose (Figura 4.24).

Alguns transportes ativos secundários podem ser do tipo antiporte, no qual o íon que é deslocado a favor de seu gradiente de concentração fornece a energia para o transporte de outra molécula contra seu gradiente eletroquímico. Os dois íons são conduzidos em direções opostas.

Os meios de transporte discutidos são essenciais para a seletividade das membranas celulares, ou seja, são importantes para a manutenção de gradientes de concentração nos diferentes compartimentos. Por sua vez, esses gradientes de concentração

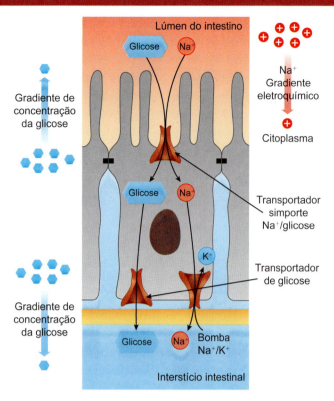

Figura 4.24 Transporte transcelular da glicose por células epiteliais do lúmen do intestino delgado para a corrente sanguínea. Essas células apresentam, em sua região apical voltada para o lúmen do intestino, transportadores de glicose do tipo simporte. Estes levam a glicose para dentro da célula contra seu gradiente de concentração, utilizando a energia do gradiente eletroquímico de Na$^+$. A entrada do Na$^+$ no citoplasma, a favor de seu gradiente eletroquímico, causa uma modificação na conformação da molécula transportadora, que perde sua afinidade para a glicose. A glicose captada no lúmen intestinal é liberada no interior da célula; em seguida, difunde-se no citoplasma. Em sua membrana basal, existe outro tipo de transportador de glicose que promove a saída passiva da glicose para o meio extracelular no sentido da lâmina basal, por difusão facilitada. Do interstício intestinal, a glicose alcança capilares sanguíneos para ser distribuída pelo organismo.

são importantes para funções específicas dos compartimentos celulares, por exemplo, a produção de energia pelas mitocôndrias (ver Capítulo 5) e os potenciais elétricos das membranas. Outro ponto importante é que esse transporte também é responsável por importar e exportar moléculas pequenas através da membrana, suprindo as necessidades celulares. No Capítulo 15, será abordado com mais detalhes outro tipo de transporte realizado pelas membranas, por processos de endocitose e exocitose, que são igualmente importantes e estão relacionados ao transporte de grandes quantidades de moléculas.

Transportadores do tipo ABC e resistência a remédios

Os transportadores do tipo ABC (do inglês *ATP-binding cassete*) são encontrados nas membranas de muitos tipos celulares, e alguns deles têm importante função de eliminação de substâncias tóxicas produzidas pelo metabolismo celular. Algumas células cancerígenas apresentam grandes quantidades desses transportadores em sua membrana plasmática, o que parece estar relacionado com a resistência dessas células a quimioterápicos, sendo então conhecidos como transportadores do tipo MDR (do inglês *multidrug resistance*). Mais recentemente observou-se que alguns linfócitos infectados pelo vírus da imunodeficiência humana (HIV) podem também apresentar aumento desse tipo de transportador em suas membranas, o que poderia estar associado à resistência a agentes antirretrovirais.

Especializações de membranas plasmáticas: microvilos e estereocílios

A membrana plasmática pode apresentar projeções sustentadas pelo citoesqueleto. Um exemplo são os microvilos do epitélio do intestino delgado e de túbulos renais de mamíferos. Essas células são colunares ou cúbicas, dispostas em camada única e suas superfícies na região apical apresentam numerosas projeções digitiformes – os microvilos (Figura 4.25). Cada microvilo, ou microvilosidade, é uma projeção da membrana e do citoplasma. Sua estrutura é mantida por numerosos feixes de microfilamentos de actina.

Os microvilos do epitélio intestinal são paralelos uns aos outros e formam uma camada muito regular na superfície intestinal (borda estriada) visível ao microscópio óptico. No intestino,

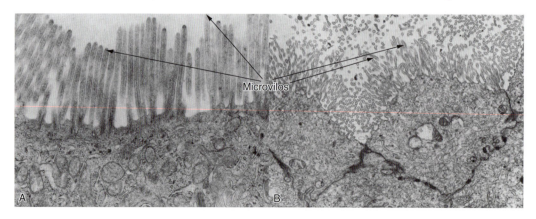

Figura 4.25 Eletromicrografias de transmissão. **A.** Visão longitudinal de microvilos de células epiteliais do intestino delgado (aumento: 25.000×). **B.** Visão oblíqua de estereocílios das células epiteliais do epidídimo. Os estereocílios são flexuosos e, por isso, aparecem em diferentes ângulos (aumento: 12.000×).

a função dos microvilos é aumentar a área da superfície de membrana direcionada para o lúmen intestinal. Os microvilos dessas células aumentam a velocidade de transporte dos nutrientes para dentro das células. Além de aumentarem a superfície celular, como discutido anteriormente, apresentam proteínas de membrana com atividade enzimática, responsáveis pela etapa final da digestão de carboidratos (dissacaridases) e proteínas (dipeptidases). Posteriormente, os nutrientes passam das células para o tecido conjuntivo subjacente ao epitélio e, daí, para os vasos sanguíneos e linfáticos, distribuindo-se, então, por todo o organismo.

Nos rins, os microvilos são encontrados na superfície livre da camada única de células cúbicas que revestem os túbulos contorcidos proximais. Pelo lúmen desses túbulos, passa um filtrado do plasma sanguíneo que origina a urina, mas que ainda contém muitas moléculas aproveitáveis. Nos túbulos contorcidos proximais, muitas dessas moléculas são removidas do filtrado, passando para as células dos túbulos, de onde são posteriormente devolvidas ao sangue. Os microvilos dessas células são também organizados paralelamente entre si, formando uma borda estriada visível ao microscópio óptico.

A maioria das células têm microvilos, embora não tão numerosos e organizados como os das células exemplificadas anteriormente. Os microvilos encontrados nas células em geral são pequenos e irregulares, contêm menor número de filamentos e se distribuem irregularmente por toda a superfície celular. Microvilos individuais só podem ser diferenciados por microscópio eletrônico.

Outro exemplo de prolongamento de membrana são os estereocílios: expansões longas e filiformes da superfície livre de determinadas células epiteliais (ver Figura 4.25). São flexíveis, mas incapazes de movimentar-se. Os estereocílios diferem dos microvilos por serem mais longos e ramificados; são encontrados em células da orelha interna e do epidídimo.

Reconhecimento, adesão e junção entre células

> ### Moléculas de adesão celular no câncer
>
> Quando as células normais se transformam em células malignas, perdem a adesividade, separando-se umas das outras. As células malignas soltas são transportadas pelo sangue ou pela linfa e transforma-se em tumores a distância – as metástases. Mesmo as moléculas de adesão celular (CAM) normais podem participar de processos patológicos. Um exemplo é a afinidade do vírus da poliomielite pelos neurônios (esse vírus se liga a CAM de neurônios e, assim, penetra nessas células).

Os componentes da membrana celular também permitem que as células se reconheçam mutuamente e estabeleçam conexões transientes ou duradouras entre si. O reconhecimento e a adesão entre as células acontecem por meio de glicoproteínas

transmembranar, como as CAMs (do inglês *cell adhesion molecules*). As células permanecem unidas umas às outras e à matriz extracelular, devido a estruturas juncionais, que podem ser divididas em três grupos: (1) estruturas cuja função principal é unir fortemente as células umas às outras ou à matriz extracelular (desmossomos e junções aderentes); (2) estrutura que promove a vedação entre as células (zônula oclusiva); e (3) estrutura que estabelece comunicação entre uma célula e outra (nexos, junção comunicante ou *gap junction*).

Essas estruturas são importantes para formação de tecidos, possibilitando maior comunicação celular, assim como a compartimentalização de órgãos e tecidos em metazoários. Esses assuntos serão discutidos com mais detalhes no Capítulo 8.

Síntese e reciclagem de membranas celulares

O crescimento das membranas celulares acontece por adição de novos componentes fornecidos pelo RE (ver Capítulo 14). Essas novas regiões de membrana são entregues a outras organelas e à membrana plasmática (ver Capítulos 14 e 15). Note que não existe nova formação de membranas, e sim incorporação de novas regiões a membranas preexistentes.

Os lipídios são sintetizados no RE liso e a transferência das moléculas lipídicas ocorre por mais de um mecanismo. Entre as membranas do RE liso e RE rugoso há uma difusão, devido à interação física entre essas duas organelas. Esses lipídios podem também ser transferidos por meio de vesículas que se destacam do RE e são transportadas para outros compartimentos, por proteínas motoras que se deslocam sobre o citoesqueleto. Essas vesículas fundem-se, então, com os compartimentos-alvo (ver Capítulo 15). Outro modo de transferência ocorre em locais onde a membrana do RE está ligada à membrana de outras organelas por proteínas específicas. Essa interação possibilita a troca direta de lipídios entre essas regiões de membrana (ver Capítulo 14). Um exemplo é o transporte de moléculas de fosfolipídios da membrana do RE liso para a membrana de mitocôndrias.

É importante notar que a diferença da constituição das duas faces da membrana é mantida nesse transporte, como discutido anteriormente, ou seja, glicoproteínas e glicolipídios compõem somente a face não citoplasmática das membranas celulares (ver Figura 4.10).

Além da movimentação das novas moléculas sintetizadas, existe uma reciclagem de moléculas da membrana plasmática. Ao internalizar algum conteúdo extracelular, por meio da endocitose, uma parte da membrana também é internalizada (ver Capítulo 15). Nessa internalização, as moléculas que estavam na membrana plasmática passam a pertencer à vesícula. Essas moléculas podem voltar à membrana plasmática, isto é, elas podem ser recicladas. Há um fluxo de moléculas transportadas por vesículas nos dois sentidos: da membrana plasmática para o interior da célula e de compartimentos citoplasmáticos para a membrana plasmática (ver Capítulo 15). Isso mostra que a manutenção de membranas não ocorre somente pela síntese de novos componentes, mas também pela reciclagem de componentes preexistentes.

Bibliografia

Alberts B, Johnson A, Lewis J et al. Molecular Biology of the Cell. 3rd ed. New York: Garland Press; 1994.

Bennet V. The membrane skeleton of human erythrocytes and its implications for more complex cells. Ann Rev Biochem. 1985;54:273.

Beyer EC. Gap junctions. Int Rev Cytol. 1993;137C:1-37.

Bock G, Clark S (eds.). Junctional complexes of epithelial cells. Ciba Symposium 125. John Wiley; 1987.

Bretscher MS. Endocytosis: relation to capping and cell locomotion. Science. 1984;224:681.

Bretscher MS. Membrane structure: some general principles. Science. 1973;181:622-9.

Bretscher MS. The molecules of the cell membrane. Sci Amer. 1985;253:100.

Buchanan SK. Beta-barrel protein from bacterial outer membranes: structure, function and refolding. Curr Opin Struct Biol. 1999;9:455-61.

Curran RA, Engelman DM. Sequence motifs, polar interactions and conformational changes in helical membrane proteins. Curr Opin Struct Biol. 2003;9:412-7.

Edidin M. Lipids on the frontier: a century of cell-membrane bilayers. Nat Rev Mol Cell Biol. 2003;4:414-8.

Engel A, Gaub HE. Structure and mechanics of membrane proteins. Annu Biochem. 2008;77:127-48.

Finean JBR, Coleman R, Michell RH. Membranes and their Cellular Functions. 3rd ed. Blackwell; 1984.

Frey LD, Edidin M. The rapid intermixing of cell surface antigens after formation of mouse-human heterokaryons. J Cell Sci. 1970;7:319-35.

Garrod DR. Desmosomes, cell adhesion molecules and the adhesive properties of cells in tissues. J Cell Sci Suppl. 1986;4:221.

Goldstein JL et al. Receptor-mediated endocytosis. Ann Rev Cell Biol. 1985;1:1.

Goni FM. The basic structure and dynamics of cell membranes: An update of the Singer-Nicolson model. Biochimica et Biophysica Acta. 2014;1838:1467-76.

Higgins CF. Multiple molecular mechanisms for multidrug resistance transporters. Nature. 2007;446:749-57.

Holtzman E. Lysosomes. Acad Press; 1989.

Karp G. Cell and Molecular Biology. 6th ed. John Wiley & Sons; 2010.

Lee AG. Lipid-proteín interactions in biological membranes: a structural perspective. Biochim Biophys Acta. 2003;1612:1-40.

Lingwood D, Simons K. Lipid rafts as a membrane-organizing principle. Science. 2010;327:46-50.

Loewenstein WR. The cell-to-cell channel gap junctions. Cell. 1987; 48(5):725-6.

Luna EJ, Hitt AL. Cytoskeleton-plasma membrane interactions. Science. 1992;258(5084):955-64.

Marchesi VT, Furthmayr H, Tomita M. The red cell membrane. Annu Rev Biochem. 1976;45:667-98.

McCloskey M, Poo MM. Protein diffusion in cell membranes: some biological implications. Int Rev Cytol. 1984;87:19.

Murray P. Cell adhesion molecules Sticky moments in the clinic. BMJ. 1999;319(7206):332-4.

Nakada C, Ritchie K, Oba Y et al.: Accumulation of anchored proteins forms membrane diffusion barriers during neuronal polarization. Nat Cell Biol. 2003;5:626-32.

Oliveira-Castro GM. Junctional membrane permeability. Effects of divalent cations. J Membrane Biol. 1971;5:51.

Peracchia C. Gap junctions structure and function. Trends Biochem Sci. 1978;3:26.

Petty HR. Molecular Biology of Membranes. Plenum; 1993.

Pumplin DW, Bloch RJ. The membrane skeleton. Trends Cell Biol. 1993;3(4):113-7.

Rao M, Mayor S. Active organization of membrane constituents in living cells. Curr Opin in Cell Biol. 2014;29:126-32.

Rothman JE, Lenard J. Membrane asymmetry. Science. 1977;195:743-53.

Schweiger HG (ed.). International Cell Biology 1980-1981. Springer-Verlag; 1981.

Sharon N, Lis H. History of lectins: from hemagglutinins to biological recognition molecules. Glycobiology. 2004;14:53R-62R.

Singer SJ. The molecular organization of membranes. Ann Rev Biochem. 1974;43:805.

Singer SJ. The structure and insertion of integral membrane protein. Ann Rev Cell Biol. 1990;6:247.

Staehelin LA, Hull BE. Junctions between living cells. Sci Am. 1978;238(May):140-52.

Unwin BM, Henderson R. The structure of proteins in biological membranes. Sci Am. 1984;250(2):78-94.

Viel A, Branton D. Spectrin: on the path from structure to function. Curr Opin Cell Biol. 1996;8:49-55.

Vinothkumar KR, Henderson R. Structures of membrane proteins. Q Rev Biophys. 2010;43:65-158.

Weissmann G, Claiborne R (ed.). Cell Membranes. New York: HP Pub.; 1975.

Capítulo 5

Mitocôndrias: Centro do Metabolismo Energético e Participantes em Diversos Processos Celulares

ALICIA KOWALTOWSKI

Introdução, *95*

Estrutura das mitocôndrias, *95*

Estudos científicos foram facilitados por métodos de separação, *96*

Morfologia e dinâmica mitocondriais, *96*

Biogênese e degradação de componentes mitocondriais, *100*

Origem e funções das mitocôndrias, *101*

Bibliografia, *106*

Introdução

A palavra "mitocôndria" é derivada da junção em grego das palavras "filamento" (mito) e "grânulo" (côndria) e descreve a morfologia originalmente observada dessa organela no século 19, usando microscopia de luz. A descrição detalhada do formato e da estrutura dessa organela, de fato, só pôde ser realizada com o advento da microscopia eletrônica, por sua capacidade de revelar as menores constituições intracelulares. Por outro lado, muitas das funções das mitocôndrias puderam ser desvendadas quando foram desenvolvidas técnicas para separação dessas organelas do restante das células na década de 1940. Sabe-se atualmente que essas estruturas não somente podem ter formatos variados (desde pequenos grânulos até longos filamentos), mas também apresentam funções celulares muito diferentes e abrangentes, incluindo a metabolização de todos os principais grupos de nutrientes da dieta e constituindo a principal fonte de energia química – a molécula de trifosfato de adenosina (ATP).

Estrutura das mitocôndrias

As mitocôndrias apresentam duas membranas (interna e externa) que, como as demais membranas celulares, são bicamadas de fosfolipídios, contendo pequenas quantidades de outros lipídios, além de proteínas de membrana. A membrana mitocondrial externa (Figura 5.1) separa as mitocôndrias do citoplasma, é predominantemente lisa e pode se ligar fisicamente a membranas de outras organelas (como o retículo endoplasmático). A membrana mitocondrial externa é permeável a diferentes tipos de moléculas com massa inferior a 5 kDa. Essa permeabilidade se deve a proteínas específicas dessa membrana, as *voltage-dependent anion channels* (VDACs; em português, canais aniônicos dependentes de voltagem), que formam canais nessas membranas e promovem a passagem dessas moléculas.

A membrana mitocondrial externa liga-se fisicamente à interna em alguns pontos específicos, conhecidos como sítios de contato, mas, na maior parte da organela, as duas são separadas por um pequeno espaço conhecido como espaço intermembranas mitocondrial. Embora pequeno em volume, esse espaço tem características funcionais distintas do restante da mitocôndria e importante papel na regulação da morte celular, como abordado adiante.

A membrana mitocondrial interna também é formada por fosfolipídios, mas tem cerca de 75% da sua massa composta por proteínas de membrana, sendo, portanto, predominantemente proteica. Nesse sentido, essa membrana difere da maioria das membranas celulares, em que predomina o conteúdo de lipídios. Essa membrana apresenta numerosas dobras voltadas para o interior da organela – as **cristas mitocondriais** – que aumentam a sua área de superfície. Esse aumento da superfície promovido pelas cristas é importante para a realização de **fosforilação oxidativa** (ou a síntese de ATP com alta eficiência) na organela, que ocorre na membrana interna. Ao contrário da membrana mitocondrial externa, a membrana interna tem muito baixa permeabilidade a componentes celulares, e as moléculas que passam por ela o fazem através de proteínas transportadoras específicas.

A baixa permeabilidade da membrana mitocondrial interna é mediada, pelo menos em parte, pela cardiolipina, que é um fosfolipídio específico da membrana interna que tem quatro

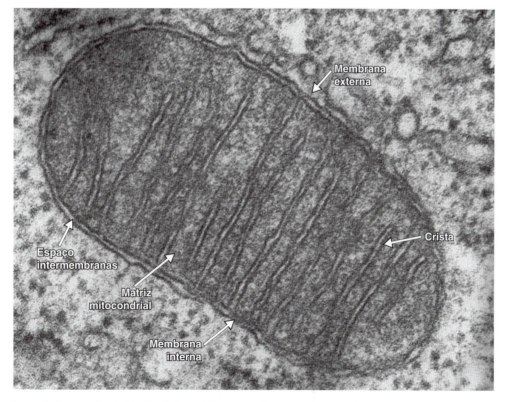

Figura 5.1 Eletromicrografia de uma mitocôndria de célula renal. Note a membrana externa, a membrana interna, o espaço intermembranas e as cristas, que são dobramentos da membrana interna. A matriz, de aspecto granular e denso, preenche o espaço entre as cristas.

cadeias carbônicas em sua estrutura (enquanto a maioria deles tem duas cadeias), garantindo a exclusão até mesmo de íons muito pequenos, como H⁺ (prótons). Essa impermeabilidade a prótons das mitocôndrias é essencial para sua produção de ATP e será abordada adiante. A enzima que produz a maior parte do ATP na mitocôndria – a **ATP-sintase** – localiza-se principalmente nas pontas das cristas.

A membrana interna mitocondrial delimita o espaço interior da organela – a **matriz mitocondrial** –, que tem aspecto denso e granular à microscopia eletrônica de transmissão. Essa matriz apresenta alto conteúdo de proteínas, dentre elas enzimas que metabolizam piruvato, aminoácidos e ácidos graxos (Figura 5.2). A matriz mitocondrial também contém ácido desoxirribonucleico (DNA) mitocondrial, ribossomos, transportadores e mensageiros de ácido ribonucleico transportador (tRNA e mRNA, respectivamente).

Estudos científicos foram facilitados por métodos de separação

A análise da localização e da função de componentes das mitocôndrias é realizada por diferentes métodos: (1) *in vivo* (em culturas de células ou em animais intactos); (2) *in situ*, em células com a membrana plasmática permeabilizada, em que as mitocôndrias se mantêm na sua localização normal devido à manutenção do citoesqueleto; e (3) *in vitro*, em que mitocôndrias podem ser separadas do restante da célula (Figura 5.3).

Para isolar mitocôndrias ou outras organelas, a membrana celular e o citoesqueleto são rompidos, mecânica ou enzimaticamente (ver Capítulo 2). O homogenato obtido é então submetido a um processo de **centrifugação diferencial**.

Mitocôndrias isoladas também podem ser processadas para separar os seus diferentes compartimentos, como demonstrado na Figura 5.3. As organelas podem ser rompidas com detergentes ou ultrassom e seus componentes, separados (membrana interna, membrana externa, espaço intermembranas e matriz).

O estudo dessas frações demonstrou que a matriz apresenta alta concentração de proteínas, incluindo as enzimas do ciclo do ácido cítrico, β-oxidação de ácidos graxos e enzimas da replicação, transcrição e tradução do DNA mitocondrial (conforme será abordado a seguir). A membrana mitocondrial interna é a membrana celular mais rica em proteínas, compreendendo proteínas que constituem a cadeia transportadora de elétrons, a ATP-sintase e proteínas que transportam substratos e íons através da membrana.

Morfologia e dinâmica mitocondriais

O volume total das mitocôndrias somadas em uma célula geralmente compreende 20 a 25% do espaço dessas células em humanos. Embora a estrutura mitocondrial descrita anteriormente seja mantida, o formato das mitocôndrias é extremamente variável. Essas organelas variam de pequenos grânulos com 200 nm (nanômetros) de diâmetro a fibras com mais de 30 μm (micrômetros) de comprimento. As mitocôndrias são altamente dinâmicas, movimentando-se na célula e mudando de formato constantemente ao longo do tempo, por processos de fissão (quando uma mitocôndria se divide em duas) e fusão (quando duas mitocôndrias se juntam e se tornam uma). Esses processos ocorrem constantemente e são importantes para manter a função das mitocôndrias, sua distribuição nas células e também para renovar seus componentes, como observado

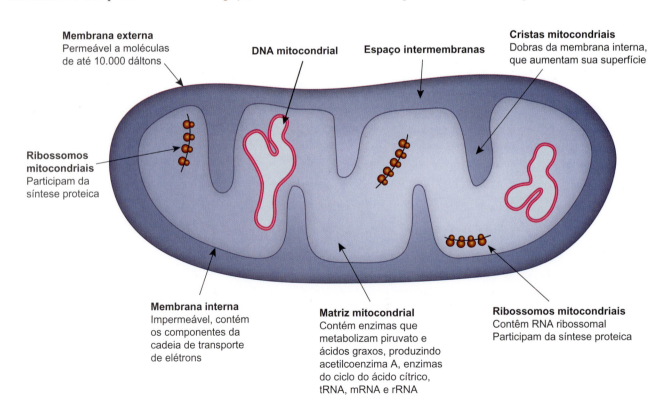

Figura 5.2 Componentes mitocondriais e suas funções.

Capítulo 5 • Mitocôndrias: Centro do Metabolismo Energético e Participantes em Diversos Processos Celulares 97

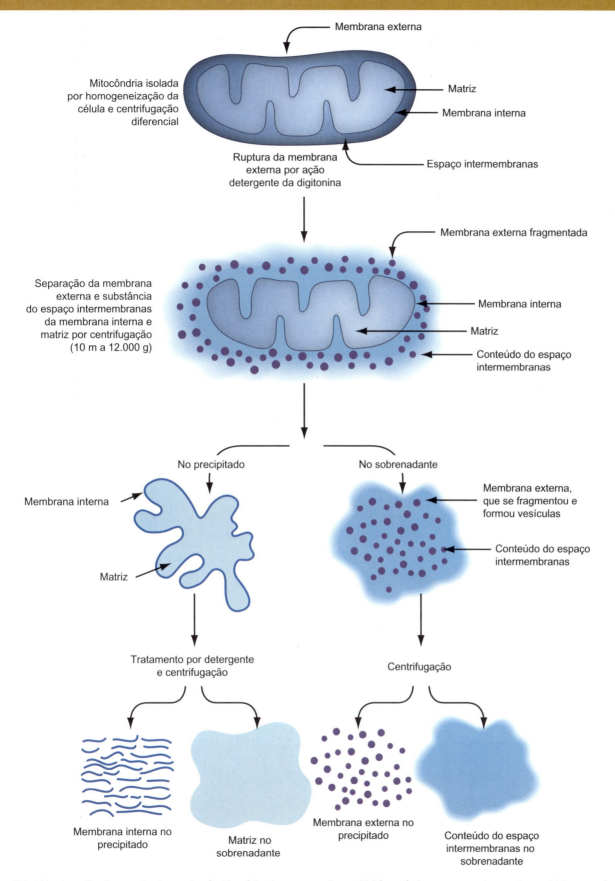

Figura 5.3 Métodos utilizados para fracionar mitocôndrias. O fracionamento mitocondrial é possível porque a membrana mitocondrial externa é muito mais sensível a detergentes e ao ultrassom do que a interna. Na primeira etapa, apenas a membrana mitocondrial externa é rompida, conservando-se íntegra a membrana interna, que retém a matriz mitocondrial. Posteriormente, a ruptura da membrana interna, devido a novo tratamento com detergente, possibilita a obtenção dessa membrana e da matriz mitocondrial em frações separadas. O processo completo separa quatro frações: a membrana interna, a matriz, a membrana externa e o conteúdo do espaço intermembranas.

adiante. Tanto a morfologia mitocondrial quanto suas mudanças dinâmicas no tempo podem ser observadas por microscopia de fluorescência, corando as organelas com reagentes que fluorescem (Figura 5.4).

As mitocôndrias deslocam-se (trafegam) pelo ambiente intracelular. Esses movimentos são importantes para transportá-las a locais onde há alta demanda por ATP (tipicamente aqueles com maior massa mitocondrial). A movimentação mitocondrial também atua na manutenção de uma população saudável, com proteínas funcionais.

Para que possam se movimentar pela célula, mitocôndrias são atracadas a microtúbulos celulares (Figura 5.5). O movimento anterógrado, ou movimento de mitocôndrias da área mais central da célula (próxima ao núcleo) para a periferia, ocorre por meio da cinesina KIF5, que se liga a um complexo de proteínas (Milton e Miro) ligadas à superfície externa da membrana externa mitocondrial. Essa cinesina promove o movimento anterógrado das mitocôndrias. Desliza de modo dependente do consumo de ATP, pelos microtúbulos (ver Capítulo 7). Em alguns casos, como dos neurônios, as distâncias percorridas por mitocôndrias em movimento anterógrado são enormes. Por exemplo, o axônio do nervo ciático tem cerca de 1 m de comprimento e as mitocôndrias são movimentadas por toda sua extensão. As mitocôndrias também possuem movimento retrógrado, da periferia da célula para o

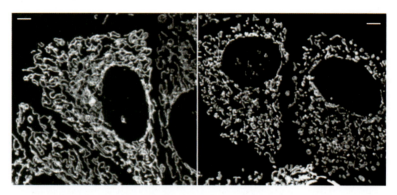

Figura 5.4 A morfologia das mitocôndrias é variada. Células de fígado observadas em microscópio de fluorescência, com mitocôndrias coradas. Percebe-se que as células à esquerda têm mitocôndrias mais alongadas e fusionadas, e as células da direita apresentam mitocôndrias menores e mais fragmentadas. A barra de escala nos cantos superiores corresponde a 5 μm. (Microscopia: Dr. Pâmela A. Kakimoto.)

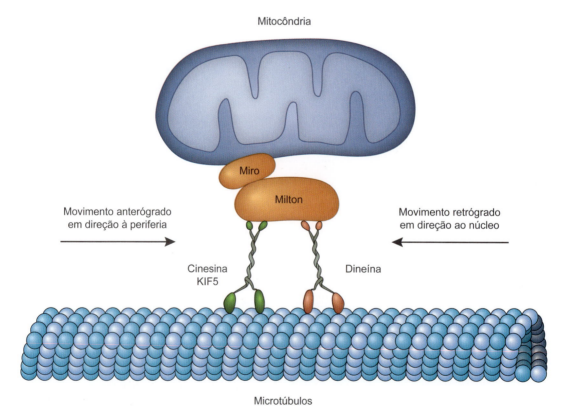

Figura 5.5 Mecanismos de tráfego mitocondrial. As mitocôndrias são ancoradas a microtúbulos do citoesqueleto. A cinesina KIF5, que se liga às mitocôndrias por meio das proteínas Milton e Miro, realiza o transporte anterógrado dessas organelas em direção à periferia da célula. Esse movimento é típico de mitocôndrias com proteínas recém-formadas e leva essas organelas para áreas de alto consumo de ATP na célula. Dineínas, que possivelmente também se ligam à mitocôndria por meio das proteínas Milton e Miro, são responsáveis pelo movimento retrógrado em direção ao núcleo celular. Esse movimento tipicamente remove da periferia mitocôndrias com lesões em seus componentes.

centro. Esse movimento é controlado por **dineínas**, que funcionam de maneira semelhante às cinesinas, consumindo ATP para movimentar as mitocôndrias em direção ao centro da célula.

De modo geral, nota-se que mitocôndrias contendo proteínas recém-formadas são transportadas por movimento anterógrado, para popular a periferia celular com organelas novas. Por outro lado, mitocôndrias contendo proteínas com modificações que podem comprometer sua função são transportadas por movimento retrógrado para a proximidade do núcleo, onde podem ser degradadas por mecanismos que veremos adiante.

A predominância de mitocôndrias alongadas ou fragmentadas em uma célula será determinada pelo equilíbrio entre os processos de fusão e fragmentação mitocondrial. O processo de fusão mitocondrial é iniciado quando duas mitocôndrias se aproximam de ponta a ponta durante seu transporte. Proteínas denominadas "mitofusinas" aproximam-se e ancoram as membranas externas de duas mitocôndrias (Figura 5.6). Essas proteínas promovem a fusão das membranas externas das duas mitocôndrias, utilizando a energia liberada pela conversão de guanosina-trifosfato (GTP) em guanosina-difosfato (GDP) e Pi (fosfato livre). Então a OPA1, uma enzima que quebra GTP (GTPase), promove a fusão das membranas internas das duas mitocôndrias, promovendo a troca de material da matriz mitocondrial.

A fissão mitocondrial ocorre por mecanismo mediado por DRP1, também uma GTPase, que se polimeriza em forma de anel em torno da membrana externa, e promove a constrição e a separação em duas mitocôndrias. Esse processo também depende do consumo de GTP. O fracionamento da membrana interna durante a fissão mitocondrial ocorre por mecanismos que ainda estão sendo elucidados. É interessante notar que esse mecanismo se assemelha muito ao processo de divisão de uma bactéria em duas, uma das várias evidências que indicam que a mitocôndria tem origem bacteriana, como apresentado no Capítulo 1.

Os processos de tráfego associados à fissão e à fusão mitocondrial fazem com que as mitocôndrias de uma determinada célula renovem seu conteúdo continuamente, incluindo troca de lipídios e proteínas de membrana e componentes da matriz e espaço intermembranas. Desse modo, as mitocôndrias de uma célula não se comportam como organelas individuais, mas, sim, como uma rede dinâmica e plástica. Um dos componentes mitocondriais importantes que é trocado durante esses processos dinâmicos é o DNA mitocondrial.

DNA mitocondrial

Em animais, a mitocôndria é a única estrutura, exceto o núcleo, na qual se encontram moléculas de DNA. O DNA mitocondrial (Figura 5.7) é circular, está presente em centenas ou até milhares de cópias por célula, se replica de modo independente do DNA nuclear e possui 16.568 pares de bases em humanos. Codifica 13 cadeias polipeptídicas de componentes da fosforilação oxidativa, além de 22 RNAs transportadores e 2 RNAs ribossômicos necessários para produzir as 13 cadeias polipeptídicas. O genoma mitocondrial é muito compacto e não apresenta íntrons. Possui dupla fita e, ao contrário do DNA nuclear, ambas as fitas são transcritas. No genoma mitocondrial, 4 dos 64 códons usados são diferentes do código genético universal de eucariotos, sendo semelhantes ao das bactérias.

Uma peculiaridade do DNA mitocondrial é sua origem exclusivamente materna. As mitocôndrias do organismo originam-se daquelas provenientes do óvulo, sem participação das que procedem do espermatozoide. Essa característica possibilita estudar linhagens evolutivas maternas. A partir desses dados, atualmente se sabe que os seres humanos descenderam de uma única mulher, conhecida como "Eva mitocondrial" que viveu na África há cerca de 200 mil anos.

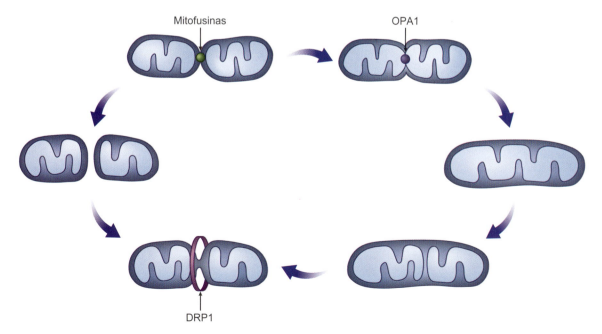

Figura 5.6 Processos de fusão e fissão das mitocôndrias. Na fusão mitocondrial, duas mitocôndrias são ancoradas por proteínas da membrana mitocondrial externa – as mitofusinas. Ocorre, então, fusão da membrana interna, mediada pela OPA1, gerando uma mitocôndria de maior volume. Na fissão mitocondrial, ocorre a separação da membrana interna por mecanismos ainda não elucidados. A separação da membrana externa ocorre por polimerização da proteína DRP1 em forma de anel em torno da mitocôndria, promovendo constrição da organela e dividindo-a em duas mitocôndrias menores.

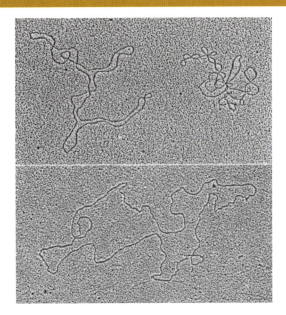

Figura 5.7 Eletromicrografias de moléculas circulares de ácido desoxirribonucleico (DNA), isoladas de mitocôndrias de fibroblastos de camundongo. (Cortesia de M.M.K. Nass.)

Mutações pontuais no DNA mitocondrial que não causam prejuízo de função ocorrem na velocidade de aproximadamente 1 base a cada 3.500 anos. Essa taxa de mutação é cerca de 10 vezes maior que a do DNA nuclear. Essa diferença ocorre porque o DNA mitocondrial se encontra mais próximo a uma fonte importante de radicais livres. Radicais livres são compostos químicos altamente reativos que alteram estruturas das biomoléculas (como veremos adiante). Além disso, as mitocôndrias carecem de histonas protetoras e seus mecanismos de reparo de DNA são menos eficientes. Assim, essas mudanças acumulam-se no DNA mitocondrial com o tempo. Cientificamente, o mapeamento dessas mutações mitocondriais em populações humanas nos possibilita inferir o padrão de suas migrações ao longo da História.

Os 13 polipeptídios gerados com informações do genoma mitocondrial constituem menos de 1% do total de proteínas de uma mitocôndria, que se estima possuir cerca de 1.500 polipeptídios distintos. A maioria das proteínas da mitocôndria é produzida no citoplasma, a partir de informações do genoma nuclear, e importada para a organela. Os 13 polipeptídios que são codificados pelo genoma mitocondrial são parte dos complexos proteicos da membrana mitocondrial interna.

Biogênese e degradação de componentes mitocondriais

A massa mitocondrial de uma célula precisa ser cuidadosamente regulada. Se faltar atividade mitocondrial, pode haver falência da manutenção dos níveis de ATP intracelulares e, consequentemente, redução de atividades bioquímicas básicas. Em contrapartida, o excesso de massa mitocondrial pode produzir radicais livres em demasia, o que também prejudica a célula porque danifica seus componentes bioquímicos. Desse modo, a regulação da síntese de componentes mitocondriais, ou **biogênese mitocondrial**, é essencial.

A gênese de novas proteínas mitocondriais é coordenada por proteínas nucleares da família PGC-1 (*peroxisome proliferator-activated receptor gamma coactivator 1*) que ativam fatores de transcrição. Como consequência, ocorre a expressão de proteínas mitocondriais codificadas no núcleo e na mitocôndria, além da duplicação do DNA mitocondrial. Em virtude disso, há aumento coordenado de produção de proteínas mitocondriais no citoplasma e na mitocôndria, e da quantidade de cópias de DNA mitocondrial. PGC-1 é ativada em variadas situações, incluindo exercício físico e baixos níveis de ATP intracelular. Nessas situações, os níveis de monofosfato de adenosina (AMP) elevam-se, ativando a AMPK, uma quinase sensível a AMP.

Os fosfolipídios das membranas mitocondriais são sintetizados no retículo endoplasmático e podem ser modificados na mitocôndria. As moléculas de fosfolipídios são transferidas para as mitocôndrias por proteínas transportadoras e em pontos de contato físico entre as duas organelas. Em microscopias eletrônicas, a membrana do retículo e a membrana mitocondrial externa são frequentemente observadas em contato, uma característica importante não somente para a obtenção de fosfolipídios mitocondriais, mas também para a regulação dos níveis de cálcio intracelulares, como será abordado adiante.

As mitocôndrias apresentam alguns sistemas de reparo de seu DNA, embora os mecanismos tenham menos componentes que os do DNA nuclear. Possuem proteases capazes de degradar e eliminar proteínas danificadas. Além disso, um mecanismo importante de manutenção da população mitocondrial saudável é a eliminação seletiva de mitocôndrias com danos, por meio da mitofagia (Figura 5.8), um tipo especializado de autofagia.

A mitofagia necessita de mitocôndrias fragmentadas e pequenas para ocorrer, e, portanto, está intimamente associada à fissão mitocondrial induzida pela DRP1. Após a fragmentação mitocondrial, mitocôndrias pequenas e com baixo gradiente de prótons transmembrana, uma indicação de baixa função (conforme abordado adiante), acumulam uma quinase denominada "PINK1" na sua membrana externa. Esse acúmulo recruta uma outra proteína, a Parkina, que marca a mitocôndria com cadeias contendo várias moléculas de ubiquitina, isso é, uma cadeia de poliubiquitina. Essas cadeias sinalizam que um componente celular está danificado e precisa ser degradado. No caso particular da mitocôndria, a resposta celular à poliubiquitina é a formação de uma membrana dupla de um autofagossomo em torno da mitocôndria danificada. Esse autofagossomo posteriormente se funde a um lisossomo, que contém enzimas líticas que quebram e degradam proteínas, lipídios e DNA da mitocôndria danificada, eliminando-a.

Como há muitas mitocôndrias em cada célula, e essas dinamicamente trocam material por meio de fusão e fissão, a ocorrência de mitofagia seletivamente elimina componentes disfuncionais de toda a massa mitocondrial (a mitofagia ocorre principalmente em mitocôndrias com componentes menos funcionais – membranas, proteínas e DNA – identificados por mecanismos ainda pouco conhecidos). Nesse processo de mitofagia, eliminam-se mitocôndrias que contêm DNAs danificados, agindo, portanto, como um mecanismo de preservação da integridade da população de DNA mitocondrial da célula. O balanço entre biogênese mitocondrial e a eliminação de componentes defeituosos é mantido constante em células sadias, garantindo uma população mitocondrial saudável.

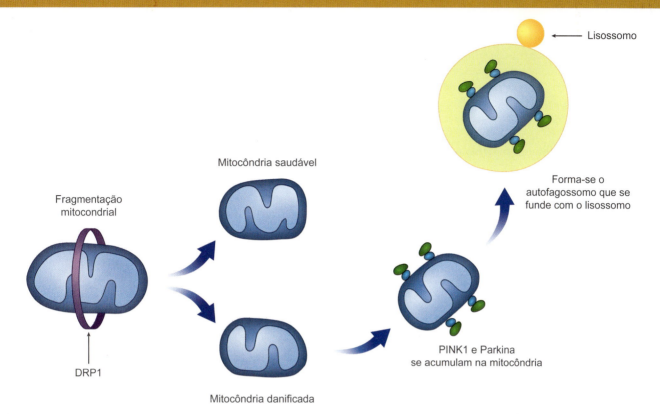

Figura 5.8 A mitofagia elimina mitocôndrias disfuncionais. A fragmentação mitocondrial produz mitocôndrias menores, algumas das quais podem apresentar baixa função. Essas mitocôndrias têm dificuldade em importar a PINK1 corretamente, que se acumula na membrana externa. Esse acúmulo recruta a proteína Parkina para a mitocôndria e promove a poliubiquitinação de proteínas na superfície da membrana externa. Há formação da membrana dupla do autofagossomo em torno da mitocôndria danificada, que se funde ao lisossomo. Este degrada e elimina a mitocôndria danificada com suas enzimas líticas.

Origem e funções das mitocôndrias

Transformação de energia

A energia utilizada pelas células eucarióticas para realizar suas atividades provém da ruptura de ligações covalentes de moléculas de compostos orgânicos ricos em energia. Os seres vivos comem e armazenam grande variedade de moléculas grandes que contêm energia química em suas ligações covalentes. Também produzem moléculas complexas constantemente, um processo que só é termodinamicamente viável se acoplado à quebra de ligações químicas com quantidade equivalente ou superior de energia. A "moeda energética" universal que promove as reações de síntese é a molécula de trifosfato de adenosina **(ATP)**, que apresenta duas ligações do tipo fosfoanidrido (Figura 5.9), que, quando quebradas, liberam quantidades grandes de energia.

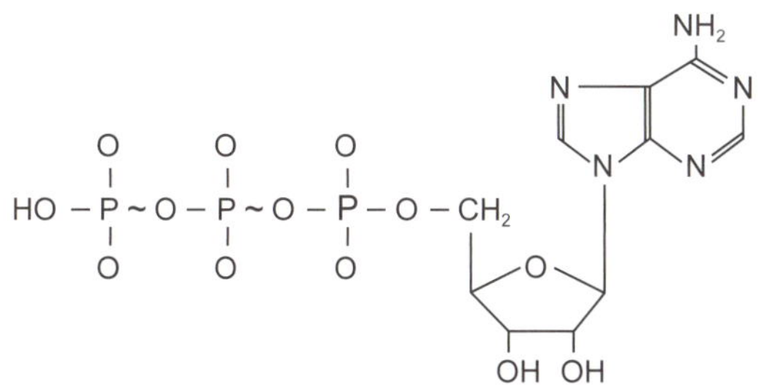

Figura 5.9 Fórmula da trifosfato de adenosina (ATP). O símbolo ~ indica as ligações químicas do tipo fosfoanidrido, que são ricas em energia.

Alteração de função de proteínas estruturais da mitocôndria e mitofagia estão relacionadas com doenças neurológicas

O cérebro é um órgão muito ativo que consome aproximadamente 20% das nossas calorias diárias, embora sua massa corresponda a 2% do nosso corpo. Para produzir todo o ATP necessário para suas funções, apresenta grande quantidade de mitocôndrias, que consomem cerca de 20% do oxigênio do nosso corpo em repouso. Por causa dessa alta demanda energética, defeitos de função mitocondrial frequentemente ocasionam doenças neurológicas. Alterações na OPA1, proteína que promove a fusão e o modelamento da membrana interna mitocondrial, estão associadas à atrofia óptica hereditária, que promove perda gradual da visão, em geral em adultos jovens. Disfunções das mitofusinas, proteínas que promovem a fusão da membrana externa mitocondrial, estão associadas à doença de Charcot-Marie-Tooth. Nessa patologia, há perda de função do sistema nervoso periférico, com diminuições da função motora e da sensação de tato. A perda de função de PINK1 ou Parkina, proteínas responsáveis pela mitofagia, associa-se às formas familiares da doença de Parkinson, afetando neurônios dopaminérgicos e resultando em rigidez e tremor das extremidades.

O fato de todos os organismos vivos na Terra utilizarem o ATP como "moeda" energética indica que todos descendem de um organismo único, que já utilizava essa molécula. O ATP é uma molécula centralizadora do metabolismo, unindo processos catabólicos, em que a quebra de moléculas grandes está relacionada com a síntese de ATP, a anabólicos, em que a síntese de moléculas grandes associa-se à quebra de ATP (Figura 5.10). O ATP também é a fonte de energia para o trabalho celular, incluindo movimentação física de moléculas (como a que promove contração molecular) e transporte de moléculas através de membranas, contra gradientes. Em células eucarióticas, a maioria da produção de ATP ocorre nas mitocôndrias.

Catabolismo completo de carboidratos

Carboidratos constituem uma fonte importante de energia. Além do armazenamento de glicogênio, principalmente em músculos e fígado, carboidratos são ingeridos em forma de açúcares e amido. Uma dieta equilibrada para pessoas saudáveis deve conter aproximadamente 50% de carboidratos complexos (na forma de amido) como fonte de calorias. O glicogênio e o amido são degradados, respectivamente, no fígado e no sistema digestório em moléculas individuais de glicose, que podem ser usadas como fonte de energia para diferentes células.

A glicose absorvida pelas células é degradada pela via glicolítica (Figura 5.11), em um processo em que uma sequência de enzimas do citoplasma promove transformações da molécula de glicose, até produzir duas moléculas de piruvato. Durante esse processo, há um saldo de formação de duas moléculas de ATP mediante reações associadas à quebra da glicose. Também ocorre a produção de duas moléculas de dinucleotídio de nicotinamida e adenina (NADH), forma reduzida do NAD^+, um cofator enzimático que age como receptor e doador de elétrons.

Na ausência de mitocôndrias (p. ex., como ocorre nos eritrócitos) ou na ausência de oxigênio (como ocorre nos músculos em exercício intenso), o metabolismo da glicose não progride além do piruvato, que é convertido em lactato e secretado para o exterior da célula. O saldo final do metabolismo não mitocondrial de glicose é, portanto, a produção de duas moléculas de ATP.

Na atividade mitocondrial, as duas moléculas de piruvato formadas a partir da glicose são transportadas por meio do VDAC na membrana externa mitocondrial e de um transportador para piruvato na membrana interna da mitocôndria, chegando à matriz da organela. Na matriz, cada piruvato sofre a ação da piruvato desidrogenase, enzima que converte piruvato em **acetilcoenzima A** (acetil-CoA) (ver Figura 5.11), produzindo também uma molécula de CO_2 e reduzindo um NAD^+ a NADH. A acetil-CoA é transformada pelo **ciclo do ácido cítrico** (também conhecido como ciclo dos ácidos tricarboxílicos, ou ciclo de Krebs), no qual ocorre uma série de reações que resultam na produção de um ATP, redução de mais 3 moléculas de NAD^+, além da redução de um FAD para $FADH_2$ e liberação de duas moléculas de CO_2.

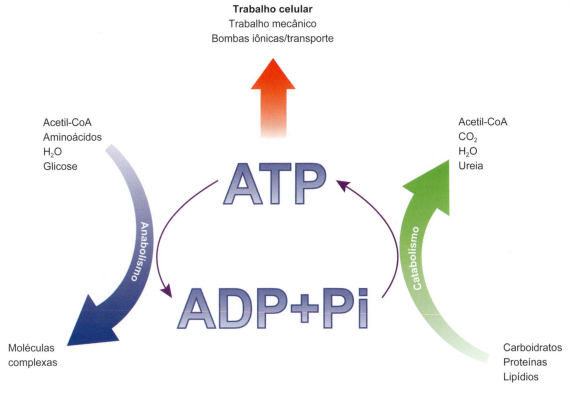

Figura 5.10 O papel central de trifosfato de adenosina (ATP) no metabolismo celular. ATP é o intermediário molecular que liga as reações catabólicas, de degradação de moléculas que são ingeridas ou armazenadas, às anabólicas, que sintetizam moléculas complexas. A quebra de ATP em ADP + Pi (fosfato inorgânico) é também fonte de energia para o trabalho celular, como a movimentação mecânica de moléculas ou transporte de íons e metabólitos.

Capítulo 5 • Mitocôndrias: Centro do Metabolismo Energético e Participantes em Diversos Processos Celulares

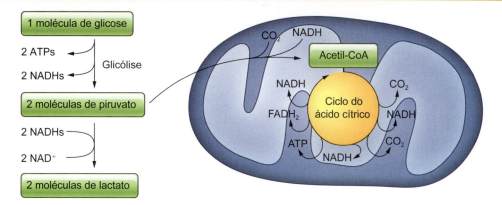

Figura 5.11 A mitocôndria promove a degradação completa de glicose em dióxido de carbono (CO_2). Reações metabólicas da via glicolítica no citoplasma convertem uma molécula de glicose em duas de piruvato, gerando um saldo de duas moléculas de trifosfato de adenosina (ATP) e duas moléculas de dinucleotídio de nicotinamida e adenina (NADH). Na ausência de mitocôndrias ou oxigênio, o piruvato pode ser convertido a lactato, com reoxidação de NADH. Na presença de atividade mitocondrial, o piruvato é transportado para a matriz da organela, onde cada piruvato produz acetilcoenzima A (acetil-CoA), CO_2 e NADH, e, posteriormente, cada acetil-CoA gera 3 NADH, 1 $FADH_2$, 2 CO_2 e 1 ATP no ciclo do ácido cítrico.

Com isso, completa-se a degradação completa de uma molécula de glicose em CO_2. No total, foram produzidas duas moléculas de ATP durante a glicólise fora da mitocôndria e mais duas moléculas de ATP no ciclo do ácido cítrico (uma para cada molécula de acetil-CoA) na matriz mitocondrial. Além disso, foram produzidos 2 NADH na glicólise, 2 NADH na conversão de dois piruvatos a duas acetil-CoA, e 6 NADH no ciclo do ácido cítrico, totalizando 10 NADH. Foram também produzidos 2 $FADH_2$. Os NADH e $FADH_2$ produzidos constituirão mais moléculas de ATP durante o processo de fosforilação oxidativa.

Fosforilação oxidativa

A **fosforilação oxidativa** é o processo em que é produzida a maior parte do ATP de nossas células, diferindo da síntese de ATP durante a glicólise e o ciclo do ácido cítrico, pois não está relacionado com uma única enzima, que acopla a modificação de um substrato à produção de uma molécula de ATP. Na fosforilação oxidativa, a oxidação de moléculas reduzidas, NADH e $FADH_2$, associa-se à produção de ATP por meio de um gradiente transmembrana de prótons, e envolve múltiplas proteínas (Figura 5.12).

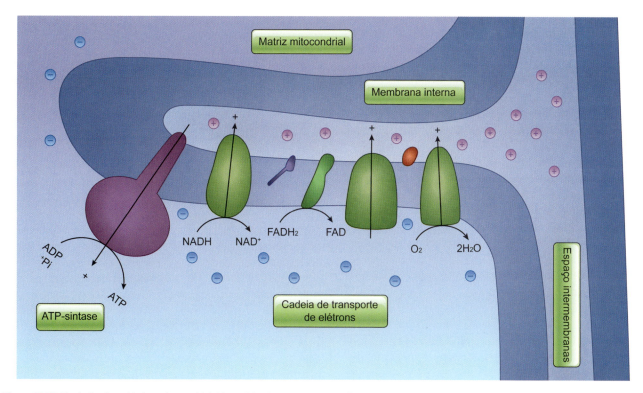

Figura 5.12 Fosforilação oxidativa mitocondrial. Na cadeia de transporte de elétrons, aqueles que provêm de dinucleotídio de nicotinamida e adenina (NADH) e $FADH_2$ são transportados para O_2, reduzindo-o a duas moléculas de água. Esse processo relaciona-se com o transporte de prótons da matriz mitocondrial para o espaço intermembranas. O retorno desses prótons pela ATP-sintase associa-se à produção de trifosfato de adenosina (ATP) a partir de difosfato de adenosina (ADP) e fosfato inorgânico (Pi).

O processo ocorre da seguinte maneira: NAD e FAD reduzidos (*i. e.*, NADH e FADH$_2$) doam seus elétrons para os complexos proteicos da cadeia de transporte de elétrons situada na membrana mitocondrial interna. Essa cadeia compreende proteínas da membrana mitocondrial interna e moléculas que doam e recebem elétrons. Estes são organizados de modo que passam sequencialmente por componentes com menor afinidade por elétrons para os com maior afinidade por elétrons. O O$_2$ é o destino final dessa cadeia, sendo o componente com maior afinidade por esses elétrons. Resumidamente, quatro elétrons provenientes de NADHs e/ou FADH$_2$s combinam-se com uma molécula de O$_2$, formando duas moléculas de água.

Essas reações de ganho e perda de elétrons, denominadas "reações de oxirredução", reoxidam NADH e FADH$_2$, reduzem O$_2$ e são reações favoráveis termodinamicamente. A energia química constituída por essas reações é em grande parte conservada e usada para transportar prótons (H$^+$) da matriz mitocondrial para o espaço intermembranas (ver Figura 5.12). O acúmulo de prótons forma o gradiente transmembrana de prótons. Isso ocorre porque as reações de oxirredução da cadeia de transporte de elétrons alteram a estrutura das proteínas de membrana, levando ao transporte de prótons da matriz mitocondrial para o espaço intermembranas (ver Figura 5.12). Os prótons não retornam à matriz espontaneamente, pois a membrana interna mitocondrial é pouco permeável a prótons. Isso resulta em acúmulo de prótons no espaço intermembranas.

O caminho preferencial para o retorno dos prótons acumulados no espaço intermembranas para a matriz mitocondrial é a **ATP-sintase**, uma proteína que viabiliza a entrada do próton por um canal transmembrana. O retorno dos prótons por meio da ATP-sintase produz energia que é utilizada na síntese de ATP. A ATP-sintase é uma enzima extremamente interessante, pois não só produz quantidades enormes de ATP, mas também apresenta movimento giratório – a passagem de prótons faz a enzima girar dentro da membrana, e essa movimentação promove mudanças de conformação da enzima que levam à produção de ATP.

A produção de ATP pela fosforilação oxidativa é um processo constante nas nossas células, assim como a degradação de ATP em ADP e Pi, associada a processos anabólicos e trabalho celular. Estima-se que, nesse ciclo de síntese e degradação, a produção total de ATP diária de uma pessoa seja equivalente ao seu próprio peso. Essa produção também é muito eficiente, sendo a perda de calor nas transformações metabólicas muito menor que a perda de energia de máquinas e motores produzidos pelo homem.

É comum encontrar em livros que a quebra total da glicose produz 36 a 38 ATPs. Quatro deles são produzidos na glicólise e no ciclo do ácido cítrico, e o restante é gerado por fosforilação oxidativa. Atualmente tem-se conhecimento de que esse número é superestimado, e o valor real provavelmente é mais próximo de 30. Esse saldo é variável de maneira dependente da atividade de vários transportadores mitocondriais, que também usam a energia do gradiente transmembrana de prótons.

Proteínas ou pequenas moléculas que promovem a diminuição do gradiente transmembrana de prótons promovem emagrecimento e aquecimento corporal

Na década de 1930 nos EUA, difundiu-se o uso de uma molécula anteriormente usada na indústria química como tratamento para a obesidade: o 2,4-dinitrofenol. Na época, não havia regulamentação para a distribuição e o uso de novos remédios, e a evidente eficácia do composto em promover perda de peso promoveu a rápida difusão de seu uso. Porém, logo se perceberam as complicações associadas a sua administração, incluindo mortes causadas por hipertermia (aumento excessivo da temperatura corporal). A Food and Drug Administration (FDA) americana foi então remodelada para controlar o uso e a distribuição de medicamentos, e a disseminação e o uso humano do 2,4-dinitrofenol foram proibidos.

O 2,4-dinitrofenol promove perda de peso porque é uma molécula capaz de se ligar reversivelmente a prótons e atravessar membranas biológicas. Desse modo, leva prótons do espaço intermembranas para a matriz mitocondrial, sem que esses prótons passem pela ATP-sintase. A perda da energia contida no gradiente transmembrana de prótons, sem síntese associada de ATP, gera calor. Como são produzidos menos moléculas de ATP, há maior degradação de moléculas de estoque de energia, como as gorduras, e perda de peso. Infelizmente, porém, a perda de peso e a produção de calor com 2,4-dinitrofenol são pouco controláveis, e a molécula não é, portanto, um bom fármaco para tratar a obesidade.

O 2,4-dinitrofenol não existe naturalmente, mas animais, incluindo humanos, têm pequenas quantidades de uma proteína – proteína desacopladora –, que age de maneira semelhante, dissipando a energia do gradiente transmembrana de prótons na forma de calor. Atualmente se sabe que pessoas naturalmente magras, sem tendência à obesidade, têm maior atividade dessa proteína, aproveitando menos as calorias dos alimentos, e perdendo-os como calor.

Oxidação de ácidos graxos

Ácidos graxos são componentes dos lipídios e uma importante fonte de energia. De fato, gorduras, de modo geral, apresentam o dobro de calorias por grama de alimento quando comparadas a carboidratos e proteínas. Ácidos graxos têm cadeias carbônicas com a maioria das ligações simples, com alta quantidade de elétrons, por isso produzem altas quantidades de NADH e FADH$_2$, que, na fosforilação oxidativa, geram quantidades significativas de ATP. A oxidação e a degradação de ácidos graxos é outro processo metabólico que ocorre na mitocôndria, em contraste com a síntese de ácidos graxos, que é citosólica.

Ácidos graxos ativados entram na mitocôndria na forma de acil-coenzima A ("acil" é um nome genérico para cadeias com número variado de carbonos ligados a uma coenzima A).

O processo de transporte é mediado por carnitina (uma molécula que nosso corpo sintetiza a partir de aminoácidos) e transportadores chamados "carnitina-aciltransferases" (Figura 5.13). Na matriz mitocondrial, esses ácidos graxos são quebrados em moléculas de acetil-CoA, com dois carbonos, pelas enzimas da via de β-oxidação de ácidos graxos. O processo de β-oxidação reduz (i. e., transfere elétrons) para as moléculas de NAD$^+$ e FAD, que passam a NADH e FADH$_2$. Essas coenzimas reduzidas são então reoxidadas (perdem elétrons) pela cadeia de transporte de elétrons, como informado anteriormente.

Degradação de aminoácidos

Além de participar da oxidação de carboidratos e lipídios, as mitocôndrias também participam da degradação de aminoácidos, produtos da decomposição de proteínas. Algumas enzimas transaminases, que convertem os aminoácidos em α-cetoácidos (como os intermediários do ciclo do ácido cítrico), localizam-se nas mitocôndrias. Além disso, no fígado, o nitrogênio dos aminoácidos é usado para formar ureia, que é então eliminada na urina. Parte do **ciclo da ureia**, via que sintetiza essa molécula, ocorre na matriz mitocondrial. Dessa maneira, a mitocôndria participa da metabolização de todos os grandes grupos de macronutrientes (carboidratos, lipídios e proteínas), dentro de seu papel de organela central do metabolismo.

Transporte de íons cálcio

Várias vias metabólicas são reguladas pela concentração de íons cálcio, que são importantes moduladores enzimáticos, além de ser um mensageiro secundário em vias de sinalização celular (ver Capítulo 6). Desse modo, a presença de íons cálcio na matriz mitocondrial é importante para modular atividades metabólicas. A mitocôndria apresenta canais (*uniporters*) para cálcio na sua membrana interna e pode acumular esse íon. Também tem vias de remoção de cálcio da matriz, trocando-o por íons sódio (Na$^+$) ou prótons (H$^+$).

A entrada de cálcio na mitocôndria também é facilitada por sua proximidade física com o retículo endoplasmático dentro da célula, organela que acumula e libera cálcio de modo regulado por vários estímulos celulares. Dessa maneira, a mitocôndria também é regulada por cálcio e participa da regulação de seus níveis dentro da célula.

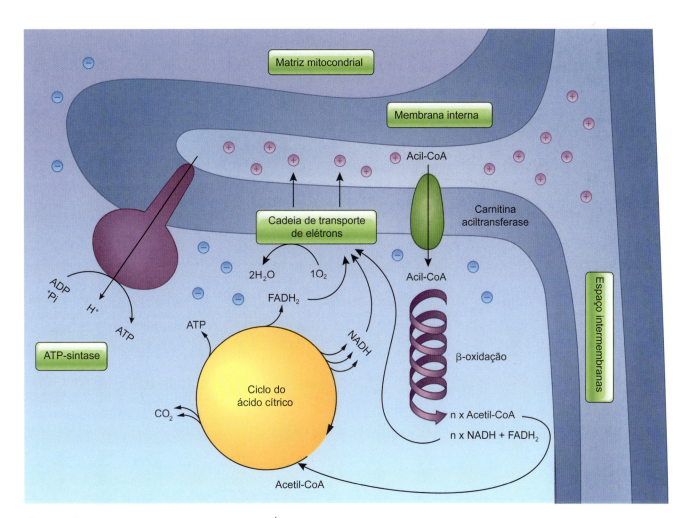

Figura 5.13 Oxidação de ácidos graxos na mitocôndria. Ácidos graxos ligados à coenzima A (acil-CoA) entram na mitocôndria de forma catalisada pela carnitina-aciltransferase. Na matriz mitocondrial, sofrem β-oxidação, processo em que dois carbonos são removidos, gerando acetil-CoA, FADH$_2$ e dinucleotídio de nicotinamida e adenina (NADH), em quantidade proporcional ao tamanho da cadeia carbônica do ácido graxo. A acetil-CoA formada é degradada no ciclo do ácido cítrico, produzindo mais NADH e FADH$_2$. NADH e FADH$_2$ são reoxidados na cadeia de transporte de elétrons, gerando um gradiente transmembrana de prótons e ATP.

Controle da apoptose

A apoptose é a morte celular regulada que será estudada em detalhes no Capítulo 9. Interessantemente, o espaço intermembranas mitocondrial contém várias proteínas que modulam a morte celular, incluindo o citocromo C e o AIF (do inglês *apoptosis inducing factor*). Para ativar a apoptose, essas proteínas precisam sair do espaço intermembranas e estar no citoplasma, onde iniciam o processo apoptótico. Isso envolve alterar a permeabilidade da membrana externa, por mecanismos que serão abordados adiante.

Produção de radicais livres e outras espécies oxidantes

Por realizarem uma grande quantidade de reações de oxirredução, em que ocorrem transferências de elétrons entre moléculas, as mitocôndrias têm também a capacidade de produzir radicais livres, ou seja, moléculas que apresentam elétrons sem par (desemparelhados). As mitocôndrias são, frequentemente, a maior fonte celular de radicais livres e outras moléculas reativas derivadas desses radicais livres. Isso acontece porque uma pequena parte do oxigênio que é reduzido nessas organelas, em vez de receber quatro elétrons e ser reduzido para água, recebe um elétron, e produz um radical livre chamado "radical superóxido", ou $O_2^{-\bullet}$ (o ponto nessa abreviação indica o elétron desemparelhado, que caracteriza os radicais livres).

O radical superóxido produzido nas mitocôndrias é rapidamente convertido a peróxido de hidrogênio (H_2O_2), uma molécula reativa, mas que não possui elétrons desemparelhados e, portanto, não é um radical livre. Essa conversão para produzir H_2O_2 é catalisada pela enzima superóxido dismutase, presente tanto na matriz quanto no espaço intermembranas mitocondrial. O H_2O_2 formado pode se difundir pela célula (pois atravessa membranas), pode ser removido por peroxidases celulares (enzimas que degradam peróxidos) ou pode produzir outras espécies reativas.

Radicais livres podem causar danos a vários tipos de moléculas em situações patológicas, mas, no caso da produção mitocondrial constante, há mecanismos eficazes de eliminação dessas espécies que não causam disfunção em condições normais. Radicais livres e espécies reativas derivadas das mitocôndrias podem ser importantes mediadores de sinais intracelulares, participando da regulação da biogênese mitocondrial e da produção de defesas antioxidantes, dentre vários outros processos fisiológicos.

Bibliografia

Alberts B, Bray D, Lewis J et al. Molecular Biology of the Cell. 3rd ed. New York: Garland Press; 1994.

Nicholls DG, Fergusson SJ. Bioenergetics 4. Academic Press; 2013.

Scheffler IE. Mitochondria. 2nd ed. Wiley; 2008.

Tzagoloff A. Mitochondria. New York: Plenum Press; 1982.

Capítulo 6

Comunicação e Sinalização Celular

CAROLINA BELTRAME DEL DEBBIO

Introdução, *109*

Importância da comunicação entre as células, *109*

Componentes básicos e etapas da comunicação celular, *110*

As formas de comunicação celular podem variar dependendo da maneira como a molécula sinalizadora é apresentada ao seu receptor específico, *113*

As moléculas sinalizadoras apresentam diversas características específicas e mecanismos de ação, *116*

Características celulares e moleculares dos receptores de superfície, *119*

Receptores acoplados à proteína G, *121*

Receptores associados a enzimas, *123*

Receptores associados a canais iônicos, *124*

O desligamento da via de sinalização é tão importante quanto sua ativação, *124*

Bibliografia, *125*

Introdução

Comunicação celular é a capacidade que toda célula apresenta de processar as informações provenientes do seu meio ambiente ou de outras células e desenvolver uma atividade ou comportamento específico em resposta a esses estímulos. Toda informação que chega até a célula produz uma sequência específica de eventos intracelulares que induz uma resposta àquele dado inicial. Essa cascata de eventos intracelulares também é conhecida como sinalização celular. Por meio da comunicação e da sinalização celular, as células interagem com o meio ambiente e as outras células, modulando suas funções.

Tanto os organismos unicelulares (como leveduras e bactérias) quanto os multicelulares utilizam diferentes modos de comunicação celular para desempenharem funções importantes para a célula, como sobrevivência, diferenciação, divisão celular, migração, morte celular, controle de metabolismo, secreção, fagocitose, produção de anticorpos, dentre outras. A comunicação celular é tão importante que a falta dessa interação é um sinal para as células saudáveis ativarem o mecanismo interno de morte celular programada (apoptose), abordado no Capítulo 16.

A troca de informação entre as células pode ocorrer por meio de moléculas que se conectam com proteínas receptoras ou que atravessam canais existentes entre duas células (Figura 6.1). A forma mais comum de comunicação ocorre por meio de moléculas que se ligam aos receptores, também chamadas "moléculas sinalizadoras ou ligantes", produzidas por células que enviarão a mensagem para outras células. Essas moléculas sinalizadoras poderão ser secretadas para o meio extracelular, agindo nas células-alvo próximas ou distantes, ou ainda, ser mantidas na superfície celular da célula sinalizadora, influenciando apenas as células adjacentes. Além dos processos que envolvem ligantes e receptores, algumas células comunicam-se diretamente por meio de moléculas que atravessam canais existentes entre células contíguas. Esses canais são constituídos por moléculas proteicas das membranas de duas células, em regiões intituladas junções comunicantes ou *gap junctions*, estudadas no Capítulo 8.

Neste capítulo, serão discutidas principalmente as comunicações celulares que utilizam moléculas sinalizadoras e receptores, bem como os componentes básicos e as principais formas dessa comunicação (parácrina, autócrina, endócrina e dependente de contato). Em seguida, serão abordadas as diferentes categorias de moléculas sinalizadoras e as principais classes de receptores (aqueles associados à proteína G, a enzimas e os receptores que são canais iônicos).

Importância da comunicação entre as células

As células de organismos multicelulares funcionam de maneira coordenada para manter a forma e a função dos seus diferentes tecidos, órgãos e sistemas. A troca de informações entre essas células é essencial para que as estruturas mencionadas se desenvolvam e mantenham a homeostase na vida adulta. Essa comunicação intercelular já ocorria em nossos ancestrais unicelulares e era essencial para adaptação desses ao seu microambiente. Alguns deles, como os coanoflagelados, transitam entre um modo de vida unicelular e um outro no qual as células se dividem, porém se mantêm unidas em colônias (organismos denominados "multicelulares facultativos"). Ao se organizarem como multicelulares, esses indivíduos passam a expressar genes essenciais na comunicação entre as células, sugerindo que esta

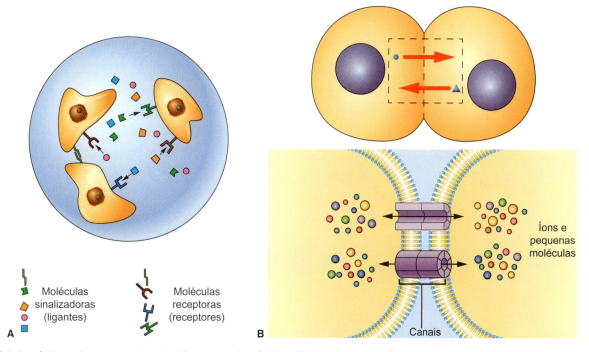

Figura 6.1 As células podem se comunicar de diferentes modos. **A.** Diversificados tipos de moléculas sinalizadoras (ou ligantes) interagem com um receptor específico localizado na célula-alvo. Observe que as três células representadas no desenho têm receptores diferentes que interagem com ligantes específicos (secretados ou de contato), por isso, podem apresentar respostas celulares distintas. **B.** As células também podem trocar informações mediante transporte de moléculas pequenas e íons que atravessam canais formados entre as células.

é a origem dos multicelulares verdadeiros. Essa interação de unicelulares pode ter sido o primeiro passo a caminho da evolução da multicelularidade.

A comunicação entre as células ocorre nos dois sentidos, ou seja, as células que emitem sinais (células sinalizadoras) produzem os ligantes para as células que receberão os sinais (células-alvo), mas podem ser também alvo de sinais e vice-versa (Figura 6.2). Em resposta a um ou mais sinais, as células alteram seus processos – por exemplo, mudança de morfologia, proliferação, migração, diferenciação, morte, secreção, entre tantos outros. É importante salientar que a resposta da célula depende da integração de dois componentes: (1) dos sinais extracelulares recebidos em um momento específico, pois em um organismo multicelular uma célula individual pode receber múltiplos sinais simultaneamente; e (2) do repertório de moléculas presentes na célula-alvo, incluindo os receptores e as moléculas sinalizadoras intracelulares. Essa complexa rede de comunicação torna possível que as funções celulares mencionadas anteriormente estejam sob o controle do organismo como um todo, e não só da célula como um indivíduo independente.

Componentes básicos e etapas da comunicação celular

A comunicação celular que se inicia por meio de uma molécula sinalizadora apresenta alguns componentes fundamentais para que essa interação aconteça, como a presença de um ligante (um hormônio, um feromônio ou um neurotransmissor, por exemplo), produzido por uma célula sinalizadora e que encontrará uma célula-alvo. O ligante interage com um receptor específico localizado na célula-alvo, que pode estar na superfície da célula (na membrana plasmática) ou em seu interior (citoplasma ou núcleo).

A ativação dos receptores pelos ligantes aciona outras moléculas no interior das células – as moléculas sinalizadoras intracelulares (que em sua maioria são proteínas) (Figura 6.3). Essas

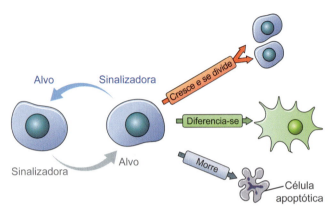

Figura 6.2 As células que enviam os sinais para outras células denominam-se sinalizadoras e as que recebem são as células-alvo. Como essas estruturas podem enviar e receber sinais, elas podem estar nas duas categorias ao mesmo tempo. Os sinais recebidos pelas células podem estimular diferentes respostas celulares, como sobrevivência, diferenciação, divisão celular, migração, morte celular, controle de metabolismo, secreção, fagocitose etc.

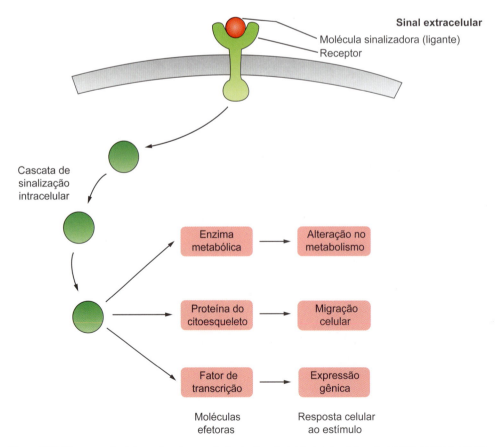

Figura 6.3 Componentes integrantes de uma via de sinalização iniciada por um ligante (molécula sinalizadora).

proteínas intracelulares são ativadas ou inativadas em sequência por processos que podem envolver fosforilação e desfosforilação, por exemplo. A fosforilação de proteínas será abordada mais adiante neste capítulo.

Em geral, toda informação que chega até a célula constitui uma sequência específica de eventos que acaba produzindo um resultado final, que é a resposta da célula àquele estímulo inicial. Essa cascata de eventos também é conhecida como sinalização celular, pois cada passo desse processo é um agente sinalizador para o início da próxima etapa. A comunicação celular, ou sinalização celular, produzida por um sinal extracelular envolve sete passos: (1) síntese da molécula sinalizadora; (2) liberação ou externalização da molécula sinalizadora; (3) transporte da molécula sinalizadora até a célula-alvo; (4) detecção do sinal por um receptor específico na célula-alvo; (5) ativação de uma cascata de sinalização intracelular; (6) resposta celular ao sinal recebido, podendo ser proliferação, alteração do metabolismo celular, síntese proteica, secreção, migração, diferenciação etc.; e (7) remoção do sinal e desligamento da sinalização, o que, geralmente, implica encerramento da resposta celular (Figura 6.4).

A resposta da célula a um sinal depende da ligação da molécula ligante com um receptor proteico específico, que pode estar alocado na superfície da célula-alvo, no citoplasma ou no seu núcleo. A molécula sinalizadora encaixa-se em um sítio deste receptor e essa interação é específica, isto é, o ligante liga-se somente ao seu receptor e vice-versa (apesar de existirem ligantes que se conectam a mais de um receptor). Essa conexão do ligante com seu receptor induz, geralmente, uma alteração conformacional no receptor, denominada "ativação do receptor", que iniciará uma sequência de reações em cascata e resultará em uma resposta celular.

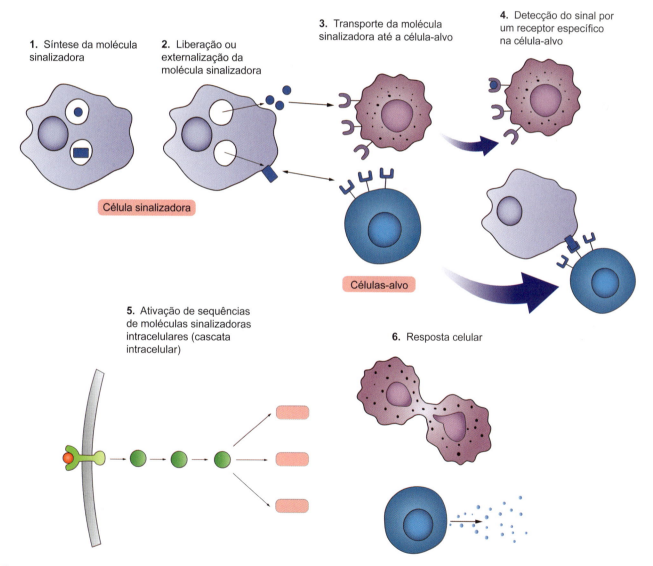

Figura 6.4 Esquema das etapas da sinalização celular: (**1**) a célula sinalizadora é responsável pela síntese da molécula sinal (ou ligante); (**2**) essa molécula deve ser exposta ao meio extracelular, sendo liberada completamente ou permanecendo ancorada à membrana plasmática; (**3**) se a molécula for liberada ao meio extracelular, esta deve se deslocar até a célula-alvo, que pode estar próxima da célula sinalizadora (sinalização parácrina ou autócrina), ou a longas distâncias (sinalização endócrina). Se a molécula não for liberada, as células sinalizadora e alvo devem se aproximar para que o receptor faça contato direto com o ligante não secretado; (**4**) a comunicação celular inicia-se com a detecção do sinal por um receptor específico na célula-alvo; (**5**) a interação do ligante com o receptor inicia uma cascata de sinalização intracelular por ativação de diferentes proteínas em sequência (proteínas efetoras); (**6**) essas proteínas efetoras estimularão diferentes respostas celulares, como proliferação ou secreção de fatores, por exemplo.

Desse modo, a primeira molécula a sofrer essa alteração (o receptor) interage com uma segunda molécula, que se comunica com a molécula seguinte e assim por diante. Essa ativação em sequência atua de modo semelhante a um dispositivo elétrico que passa o sinal recebido ao dispositivo seguinte, amplificando esse sinal. No fim dessa via de sinalização (também denominada "cascata de sinalização"), esse sinal alcançará moléculas encarregadas de executar a resposta celular final, por isso nomeadas "moléculas (ou proteínas) efetoras". Como exemplo de moléculas efetoras, há os fatores de transcrição (que alterarão a expressão gênica), as proteínas do citoesqueleto (que mudarão a arquitetura e o padrão de adesão e migração celular), ou ainda, diferentes enzimas que podem mudar o metabolismo celular.

Fosforilação e ativação da cascata de sinalização

Após a ativação do receptor pelo ligante, as proteínas sinalizadoras intracelulares e as efetoras são ativadas e/ou inativadas como se fossem "interruptores" que ligam ou desligam a sinalização iniciada. Esses interruptores são acionados por processos de fosforilação–desfosforilação, que consistem na adição de um grupo fosfato a uma molécula e sua remoção, respectivamente (Figura 6.5). A fosforilação de proteínas controla a atividade, a estrutura e a localização de enzimas e proteínas intracelulares variadas, sendo fundamental na regulação da cascata de sinalização.

A adição de um grupo fosfato à cadeia lateral de uma proteína pode causar a alteração conformacional da proteína, promovendo sua ligação com outras moléculas intracelulares, e também pode tornar essa proteína reconhecível para outras proteínas, estimulando a interação e ativação.

Na maioria das vezes, a fosforilação ocorre em resíduos de serina, treonina ou tirosina das proteínas, sendo, portanto, uma alteração pós-traducional, por ocorrer após a tradução (síntese) proteica. Nas vias de sinalização intracelulares, a fosforilação pode ocorrer em receptores, proteínas sinalizadoras intracelulares e até em proteínas efetoras. Sabe-se, no entanto, que essa alteração acontece em todos os processos celulares, incluindo vias metabólicas, ciclo celular, replicação, transcrição gênica, entre outros. A adição de fosfato a um aminoácido é catalisada por enzimas genericamente denominadas "quinases" (ou "cinases"). Sua remoção é catalisada pelas fosfatases. Muitas quinases e fosfatases atuam em diferentes substratos (*i. e.*, podem fosforilar e desfosforilar diferentes proteínas), porém, elas também apresentam certa especificidade. Por exemplo, há quinases que fosforilam somente resíduos de serina e treoninas, outras que fosforilam só resíduos de tirosina. Isso não significa que essas enzimas fosforilam qualquer serina/treonina ou tirosina. Os resíduos a serem fosforilados são reconhecidos por essas enzimas em um contexto – os resíduos adjacentes e a conformação espacial são essenciais para que a enzima reconheça e fosforile (ou desfosforile) o resíduo de um substrato específico. É importante ressaltar que a fosforilação não resulta obrigatoriamente em ativação de uma proteína, pois há fosforilações que desligam proteínas, embora não seja frequente. Da mesma maneira, a desfosforilação nem sempre resulta em desativação.

Proteínas G

Outro tipo de interruptor é representado pelas proteínas que se ligam a nucleotídios de guaninas: as **proteínas G**. Há duas classes dessas: as monoméricas, também denominadas "GTPases pequenas", e as triméricas, compostas pelas subunidades α, β e γ. As triméricas estão sempre associadas aos receptores acoplados à proteína G (do inglês *G protein-coupled receptors* [GPCR]). As proteínas G mudam a sua conformação quando estão associadas a guanosina-trifosfato (GTP) ou guanosina-difosfato (GDP). Nas vias de sinalização, essas proteínas tornam-se ativas quando ligadas a GTP e inativas quando associadas a GDP (Figura 6.6). Quando ativas, as proteínas G interagem com as proteínas da cascata de sinalização, do mesmo modo que ocorre quando uma proteína é fosforilada (ou desfosforilada); portanto, proteínas G ativas transmitem essa ativação para proteínas sinalizadoras intracelulares e efetores,

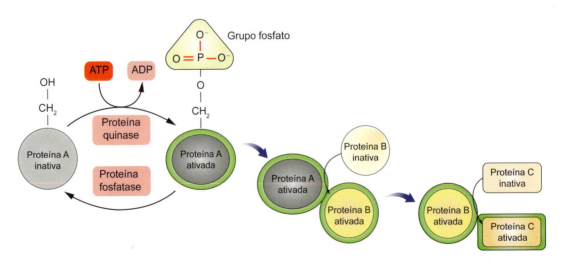

Figura 6.5 A transferência de um grupo fosfato de trifosfato de adenosina (ATP) para a cadeia lateral de um aminoácido da proteína-alvo "A" inativa é promovida por uma proteína quinase. A proteína "A" se torna ativada e interage com outras proteínas intracelulares (proteína "B" inativa), ativando-a. A proteína "B" ativada ativará a proteína "C" inativa e assim sucessivamente. Essa ativação em cadeia induz a cascata de sinalização intracelular. A remoção do grupo fosfato é catalisada por uma fosfatase, inativando a proteína.

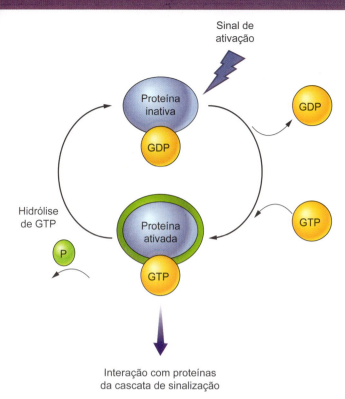

Figura 6.6 A proteína G e as GTPases monoméricas podem se ligar a guanosina-trifosfato (GTP) ou a guanosina-difosfato (GDP). Nas vias de sinalização, essas proteínas ativam-se quando ligadas a GTP e inativam-se quando acopladas a GDP.

As formas de comunicação celular podem variar dependendo da maneira como a molécula sinalizadora é apresentada ao seu receptor específico

Didaticamente, distinguem-se quatro categorias de comunicação celular com base na forma em que o ligante é apresentado ao seu receptor específico: (1) parácrina, que ocorre pela secreção de moléculas que atuam nas células-alvo vizinhas, próximas ao local onde os ligantes foram secretados. Nessa comunicação, os ligantes percorrem distâncias curtas até encontrarem os receptores específicos. Os neurônios utilizam um tipo específico de comunicação parácrina, secretando mediadores químicos (neurotransmissores) em um espaço muito pequeno entre a célula sinalizadora e a célula-alvo (de apenas alguns nanômetros), denominado "fenda sináptica"; (2) autócrina, que acontece do mesmo modo que a comunicação parácrina, porém, neste caso, os ligantes produzidos agem nas próprias células que produzem e liberam esses ligantes. As células tumorais utilizam-se esse mecanismo para manter sua própria sobrevivência; (3) endócrina, pela qual ocorre a secreção de moléculas sinalizadoras denominadas "hormônios", que são, geralmente, secretados pelas glândulas endócrinas. Os hormônios são lançados no espaço extracelular, penetram nos capilares sanguíneos e distribuem-se por todo o corpo, atuando em células-alvo distantes. Um exemplo desse tipo de comunicação celular vem da hipófise, uma glândula que secreta o hormônio tireotrófico como molécula sinalizadora, que percorre longa distância até encontrar as células-alvo na tireoide; e (4) dependente de contato, que acontece quando a molécula sinalizadora permanece ligada à superfície da célula que a sintetiza, ou seja, o ligante não se torna livre no meio extracelular. Nesse caso, a célula-alvo precisa fazer contato direto com a célula sinalizadora para que o ligante e o receptor se conectem e a comunicação aconteça. Essa via de comunicação é muito utilizada durante o desenvolvimento embrionário (Figura 6.7).

Comunicação parácrina

Células que estão próximas umas das outras podem liberar moléculas sinalizadoras que viajarão distâncias muito curtas até encontrarem seus receptores específicos nas células-alvo vizinhas (ver Figura 6.7 A). Esse tipo de sinalização, em que a comunicação celular acontece localmente, é denominada "sinalização parácrina".

A sinalização parácrina torna possível que as células próximas coordenem atividades específicas em conjunto. Um exemplo da importância dessa sinalização acontece durante o desenvolvimento embrionário, quando um grupo de células migram ou se diferenciam em conjunto, definindo a identidade dessas células. Cortes histológicos da medula espinal durante seu desenvolvimento evidenciam a proteína sinalizadora Shh e seu receptor em um grupo específico de células que, mais tarde, se diferenciaram em neurônios motores da medula. Experimentos mostraram que, quando as proteínas sinalizadoras Shh são impedidas de ligarem aos receptores específicos, o grupo de células adquire uma identidade celular diferente.

conduzindo, assim, o sinal vindo do meio extracelular. Como o nome sugere, todas as proteínas G são capazes de hidrolisar GTP em GDP (ou seja, GTP perde um fosfato e se torna GDP). Com frequência, a conversão de proteína-GTP para proteína-GDP, e vice-versa, é finamente controlado por uma outra classe de proteínas. Aquelas que aumentam a capacidade das GTPases de hidrolisar GTP (terminando assim sua ativação) são denominadas "proteínas ativadoras de GTPases" ou, em inglês, *GTPase activating proteins* (GAPs); as que promovem a troca de GDP por GTP (ativando as GTPases) são os fatores trocadores de GTP ou, em inglês, *GTP exchange factors* (GEFs). É importante ressaltar que nesse caso não ocorre uma reação de fosforilação de GDP, mas, sim, a troca do nucleotídio como um todo.

Uma vez conhecidos os componentes e as atividades necessários para a realização da comunicação celular, o próximo passo é estudar a interação desses mecanismos. Para entender as diferentes respostas das células frente aos estímulos, a comunicação celular deve ser estudada sob duas perspectivas que ocorrem simultaneamente: (1) o modo como o ligante é oferecido à célula-alvo; e (2) a atividade do receptor assim que ele se torna ativado pelo ligante.

Sobre a forma como o ligante é oferecido ao receptor, as vias podem ser classificadas como parácrinas, autócrinas, endócrinas ou dependentes de contato. Sobre a atividade do receptor após sua ativação, as vias de sinalização podem ser classificadas como receptores acoplados a proteínas G, receptores associados a enzimas e receptores associados a canais iônicos. Essas duas classificações serão abordadas a seguir.

114 Biologia Celular e Molecular

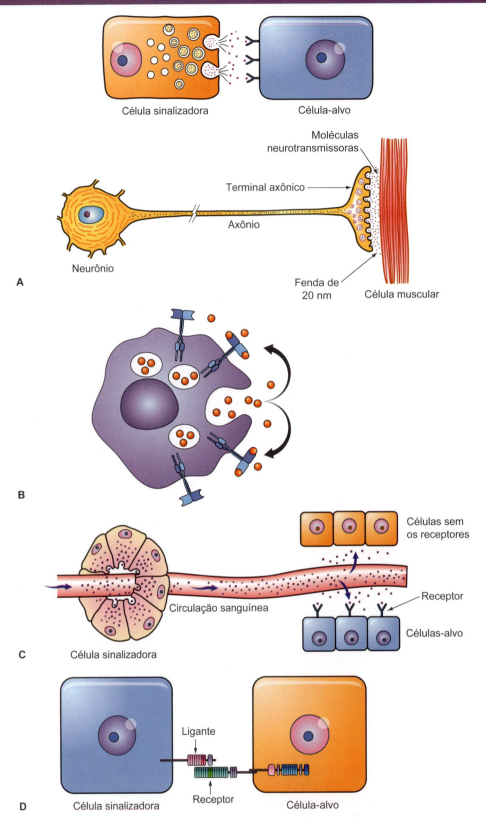

Figura 6.7 Os desenhos esquemáticos mostram os quatro tipos principais de comunicação entre as células por meio de moléculas específicas (sinais químicos). **A.** Comunicação parácrina, em que moléculas secretadas atravessam apenas alguns milímetros, no máximo, alguns centímetros, até atingirem as células com receptores para a molécula sinalizadora. Os neurônios podem se comunicar por neurotransmissores de forma parácrina. Nesse tipo de comunicação, a molécula neurotransmissora é liberada a uma distância de apenas 20 nm da célula que recebe a informação. Os receptores da célula-alvo localizam-se exclusivamente na área da membrana em frente ao terminal do axônio, que é a parte final, dilatada, desse prolongamento neuronal. **B.** Comunicação autócrina, em que a molécula sinalizadora age na própria célula que a emitiu, sendo a célula-alvo do seu próprio ligante. **C.** Comunicação endócrina, que se caracteriza pela secreção de uma molécula sinalizadora que é transportada pelo sangue (p. ex., hormônio) e atua, a distância, em células-alvo que contêm receptores com afinidade para o ligante. **D.** Comunicação dependente de contato, que se caracteriza pelo contato íntimo entre as células sinalizadoras e alvo, pois não requer liberação da molécula sinalizadora para o meio extracelular.

Existem células especializadas na secreção parácrina, ou seja, na produção de mediadores químicos de ação local, como a histamina e a heparina, por exemplo. Essas moléculas sinalizadoras são sintetizadas por células do tecido conjuntivo denominadas "mastócitos", que apresentam o citoplasma repleto de grânulos contendo histamina e heparina. Mediante estímulo imunitário, ação de agentes químicos, lesão tecidual e outros estímulos, os grânulos são expulsos dos mastócitos, liberando histamina e heparina para o meio extracelular.

Muitas outras células podem produzir variados ligantes de ação local na inflamação, na proliferação celular, na contração da musculatura lisa de vasos sanguíneos, sistema digestório e brônquios, e na secreção celular. Como exemplo, serão mencionadas as **prostaglandinas**, moléculas sinalizadoras produzidas praticamente por todas as células do organismo humano. Existem pelo menos 10 famílias de prostaglandinas, denominadas PGA, PGB, PGC, PGD, PGE, PGF, PGG, PGH, PGI e PGJ. Cada uma dessas famílias apresenta vários subtipos. As prostaglandinas têm efeitos extremamente variados e, por esse motivo, são de grande interesse clínico e biológico. Estudos mostraram que as prostaglandinas foram encontradas em grande quantidade na urina de pacientes contaminados pelo coronavírus (covid-19), mesmo após 10 a 12 dias da alta hospitalar, indicando seu envolvimento na resposta imunológica desencadeada pela infecção pelo coronavírus 2 da síndrome respiratória aguda grave (SARS-CoV-2). Todas as prostaglandinas são derivadas de um ácido graxo com 20 átomos de carbono, o ácido araquidônico. Esse ácido graxo se forma a partir dos fosfolipídios da membrana plasmática, pela ação de fosfolipases que são ativadas por estímulos específicos e inespecíficos, variando de uma célula para outra (Figura 6.8).

Seria impossível mencionar todos os efeitos das prostaglandinas. Elas parecem regular a flexibilidade dos eritrócitos, que se deformam para atravessar os capilares sanguíneos mais finos. Algumas prostaglandinas diminuem a secreção de ácido clorídrico pelas glândulas da mucosa do estômago e inibem a formação de úlceras pépticas (úlceras do estômago). Outras participam da regulação do sistema reprodutor feminino, influenciando no ciclo menstrual. Prostaglandinas também estimulam a contração do músculo liso do útero, podendo induzir o aborto quando injetadas no saco amniótico do embrião durante o primeiro trimestre da gestação. Injeções intravenosas no 9º mês de gestação induzem o parto.

Além das prostaglandinas, o ácido araquidônico da membrana plasmática dá origem a outros mediadores de ação local. Todos os mediadores derivados do ácido araquidônico são conhecidos pelo nome genérico de eicosanoides e incluem as prostaglandinas, os tromboxanos e os leucotrienos (Figura 6.8). Todos esses compostos participam do processo inflamatório. Os anti-inflamatórios de natureza esteroide, como a cortisona, inibem a liberação do ácido araquidônico a partir dos fosfolipídios da membrana, bloqueando, assim, a produção de todos os mediadores locais mencionados: prostaglandinas, tromboxanos e leucotrienos. Anti-inflamatórios não esteroides (AINEs), como o ácido acetilsalicílico (AAS) e a indometacina, bloqueiam a formação de prostaglandinas e tromboxanos, mas não impedem a de leucotrienos.

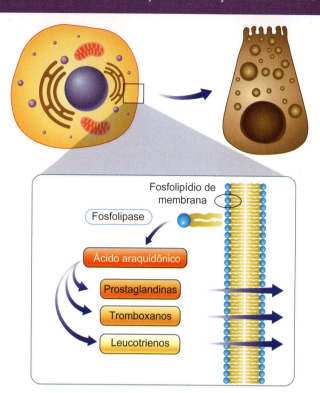

Figura 6.8 Desenho ilustrativo da síntese e secreção de eicosanoides. A partir de um estímulo (p. ex., a inflamação), os fosfolipídios de membrana podem ser clivados por fosfolipases (como a fosfolipase A2), produzindo o ácido araquidônico, um ácido graxo essencial. Duas enzimas metabolizarão o ácido araquidônico, constituindo subprotutos diferentes; a ciclo-oxigenase (COX) catalisará a formação dos precursores das prostaglandinas e dos tromboxanos, e a lipo-oxigenase (5-LOX) produzirá os precursores dos leucotrienos. Os eicosanoides serão liberados para o meio extracelular e se acoplarão a receptores de superfície das células-alvo, como os receptores acoplados a proteínas G.

Outro exemplo muito importante de comunicação parácrina é a sinalização sináptica, realizada entre células nervosas e seus alvos. Quando o neurônio pré-sináptico recebe um estímulo para liberar os ligantes na fenda sináptica, denominados **neurotransmissores**, estes se difundem rapidamente para o meio extracelular. Como o espaço nessa fenda é muito pequeno, os neurotransmissores encontram rapidamente seus receptores alvos, ligando-se de maneira específica e desencadeando uma cascata de reações nas células-alvo (p. ex., abertura de canais iônicos ou mudança de potencial de membrana).

Comunicação autócrina

A sinalização autócrina é muito semelhante à parácrina, porém, na primeira, as células-alvo são as mesmas células que sintetizaram e secretaram o ligante para o meio extracelular (ver Figura 6.7 B), ou seja, as células liberam os ligantes que farão ligação com os próprios receptores. Muitas moléculas sinalizadoras denominadas **fatores de crescimento** atuam por esse tipo de comunicação. Fatores de crescimento são moléculas secretadas e biologicamente ativas que afetam a sobrevivência, o crescimento e a proliferação celular. Na sinalização autócrina, esses fatores estimulam o crescimento e proliferação das próprias células que os sintetizaram. Esse mecanismo é muito comum em células tumorais, em que muitas vezes esses fatores de

Biologia Celular e Molecular

crescimento são produzidos e liberados descontroladamente, estimulando o crescimento e a proliferação inapropriada dessas células e das células vizinhas não tumorais. Esse processo promove a formação das massas tumorais.

Comunicação endócrina

Processo relativamente lento, porque os hormônios (ligantes) demoram para se distribuírem pelo corpo, carregados pela corrente sanguínea (ver Figura 6.7 C). Depois de deixarem os capilares por difusão, os hormônios são captados pelas células-alvo que contêm receptores específicos para essas moléculas. A especificidade dos hormônios depende não somente de sua natureza química, mas também da existência de receptores apropriados nas células-alvo. Cada tipo de célula endócrina geralmente secreta um hormônio, e as células que contêm receptores para esse hormônio reagirão de uma maneira correspondente à natureza da célula-alvo. Por exemplo, a resposta celular pode variar entre a ativação ou a inibição da atividade secretória, conforme o hormônio e o tipo de célula-alvo. Como os hormônios se diluem muito, tanto no sangue quanto no fluido extracelular, é indispensável que os receptores os fixem com grande afinidade.

Embora a maioria dos hormônios seja hidrossolúvel e atue em receptores situados na membrana plasmática, alguns são lipossolúveis, ou seja, atravessam a membrana celular com facilidade e se fixam aos receptores localizados dentro do citoplasma ou no núcleo das células-alvo. São exemplos os hormônios esteroides e os da glândula tireoide – tiroxina ou tetraiodotironina (T4) e tri-iodotironina (T3). Os hormônios esteroides e os da tireoide são transportados no plasma sanguíneo ligados a proteínas transportadoras, mas, no momento de atravessar a membrana plasmática, essas proteínas são separadas dos hormônios e somente estes atravessam a membrana celular da célula-alvo, encontrando seus respectivos receptores dentro das células.

São exemplos de hormônios esteroides os sexuais masculino (testosterona) e feminino (estrógenos e progesterona), e os corticosteroides, produzidos pela camada cortical da glândula suprarrenal.

Outra diferença entre os hormônios hidrossolúveis e os lipossolúveis diz respeito ao tempo de sua permanência no sangue e nos fluidos teciduais. Geralmente, os hidrossolúveis são eliminados do sangue poucos minutos após serem secretados.

Comunicação dependente de contato

O quarto tipo de comunicação celular (envolvendo um ligante e um receptor) exige um contato íntimo entre duas células (ver Figura 6.7 D). Nesse tipo de interação, não há necessidade de liberação da molécula sintetizada. O ligante é exposto na membrana plasmática das células sinalizadoras e faz contato direto com a proteína receptora exposta na membrana plasmática da célula-alvo. Esse tipo de sinalização é muito importante durante o desenvolvimento embrionário, um exemplo dessa comunicação acontece na via de Notch (Figura 6.9).

Nessa via, notch é o nome da proteína receptora localizada na superfície da célula-alvo e interage com os ligantes que ficam ancorados na célula sinalizadora, como a proteína delta ou serrata (também conhecida como "Jagged" em humanos). A ligação do receptor notch com o ligante delta, por exemplo, estimula a clivagem do domínio intracelular da proteína receptora notch (NICD), em que a porção clivada irá se translocar até o núcleo para regular complexos de transcrição.

Muitas moléculas sinalizadoras podem interagir com seus receptores por duas ou três formas de comunicação diferentes. Por exemplo, alguns ligantes derivados de aminoácidos, como a epinefrina, atuam como neurotransmissores mediante a sinalização parácrina, assim como também agem como hormônios pela sinalização endócrina. Alguns fatores de crescimento, como o fator de crescimento epidermal (do inglês *epidermal growth factor* [EGF]), ancoram na membrana plasmática das células sinalizadoras e apresentam uma porção exposta ao meio extracelular que pode se ligar a um receptor de membrana da célula-alvo por contato direto (comunicação dependente de contato). Em contrapartida, essa mesma molécula de EGF pode ser clivada por proteases contidas na célula sinalizadora, liberando a molécula para o meio extracelular e podendo agir em células-alvo distantes por meio da comunicação endócrina.

As moléculas sinalizadoras apresentam diversas características específicas e mecanismos de ação

As moléculas sinalizadoras podem ter diferentes origens, composições e propriedades físico-químicas. Esses ligantes podem ser proteínas, pequenos peptídios (neurotransmissores), derivados de **aminoácidos**, moléculas hidrofóbicas (estrógeno, prolactina, ácido retinoico) e até mesmo gases (óxido nítrico). Independentemente de sua composição, a maioria das moléculas exercem suas funções quando entram em contato com seu receptor específico na célula-alvo. Os ligantes podem ser divididos em quatro categorias gerais: (1) pequenas moléculas lipofílicas que se difundem pela membrana plasmática e interagem com receptores intracelulares; (2) moléculas lipofílicas grandes que não conseguem atravessar a membrana plasmática e se ligam a receptores de superfície; (3) moléculas hidrofílicas que não atravessam a membrana plasmática e agem por ligação aos receptores de membrana; e (4) gases que se difundem pela membrana plasmática e ativam diretamente as enzimas intracelulares, discutidos a seguir.

Pequenas moléculas sinalizadoras lipofílicas se difundem pela membrana plasmática e interagem com receptores intracelulares

Alguns ligantes podem se difundir pela membrana plasmática, pois são pequenas moléculas lipofílicas, como os hormônios esteroides, por exemplo. Esses hormônios são sintetizados a partir do colesterol, e, sendo moléculas pequenas, com cerca de 300 Da (dáltons), lipossolúveis, atravessam facilmente as membranas celulares por difusão passiva. Esses hormônios (p. ex., estrógenos, testosterona, progesterona e corticosteroides)

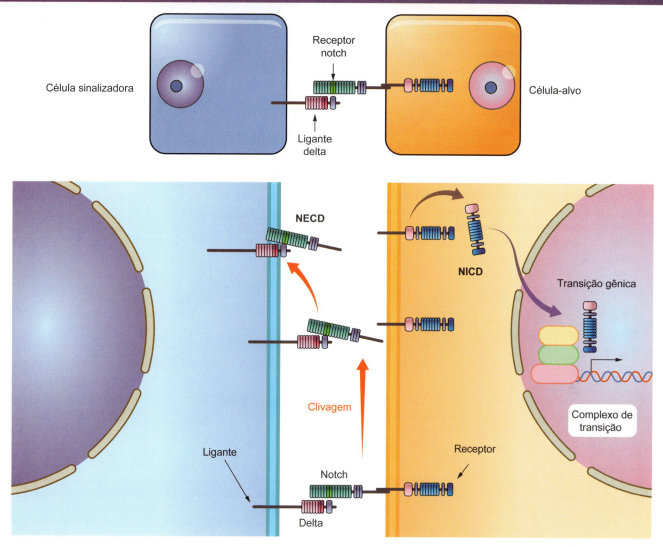

Figura 6.9 Via de sinalização de Notch (canônica). A interação do ligante de notch (delta) sintetizado pela célula sinalizadora, com seu receptor específico (notch), localizado na célula-alvo, resulta na clivagem do receptor por enzimas desintegrinas/metaloproteinases denominadas "ADAM" (do inglês *a disintegrin and metaloproteinase*). A quebra desse receptor origina dois fragmentos: um extracelular (do inglês *notch extracellular domain* [NECD]), e um fragmento intracelular (do inglês *notch intracellular domain* [NICD]). O fragmento intracelular NICD transloca-se para o núcleo e interage com proteínas do complexo de transcrição, iniciando a síntese de genes.

são transportados pelo plasma sanguíneo, sob a forma de complexos com proteínas anfipáticas, isto é, que apresentam moléculas com regiões hidrofóbicas, que se ligam aos hormônios esteroides, e regiões hidrofílicas, responsáveis pela solubilidade do complexo no plasma sanguíneo e no líquido que banha as células. Antes de sua penetração nas células, esses hormônios separam-se da proteína transportadora, que permanece no líquido extracelular.

Uma vez penetrando nas células-alvo, os hormônios esteroides ligam-se a receptores intracelulares específicos, situados no citoplasma ou no núcleo, e causam modificações na conformação espacial desses receptores, ativando-os (Figura 6.10). A ativação do receptor aumenta sua afinidade pelo ácido desoxirribonucleico (DNA) e a possibilidade de união do receptor proteico ativado com determinados segmentos de genes nucleares específicos, regulando a transcrição desses genes. Os hormônios da tireoide são aminoácidos hidrofóbicos modificados, mas atuam de modo semelhante aos hormônios esteroides.

Os hormônios esteroides persistem no plasma sanguíneo durante horas, e os hormônios da tireoide por tempo ainda mais longo, muitas vezes durante alguns dias. Isso significa que os hormônios lipossolúveis tendem a mediar respostas mais prolongadas.

Moléculas hidrofílicas e moléculas lipofílicas grandes interagem com receptores de superfície celular

A maioria das moléculas sinalizadoras são muito grandes para atravessarem a membrana plasmática ou são hidrofílicas. Por isso, esses ligantes precisam se conectar com proteínas receptoras de superfície nas células-alvo para iniciarem a sinalização celular.

As moléculas hidrossolúveis podem ser classificadas em dois grandes grupos: (1) hormônios peptídicos, como insulina, fatores de crescimento e glucagon; e (2) pequenas moléculas

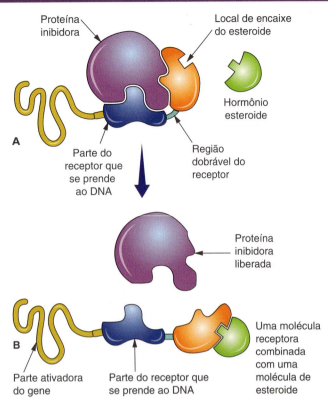

Figura 6.10 O desenho esquemático mostra o modelo proposto para a configuração espacial do receptor intracelular para hormônio esteroide e as modificações sofridas pelo receptor ao se combinar com o respectivo hormônio. **A.** Receptor não combinado com o esteroide, porque o segmento de sua molécula que tem afinidade pelo ácido desoxirribonucleico (DNA) está coberto por uma proteína inibidora, que o inativa. **B.** O hormônio esteroide modifica a forma do complexo receptor, libera a molécula da proteína inibidora e expõe a região do receptor que tem afinidade para o DNA; assim, o complexo do esteroide com seu receptor combina-se com determinadas sequências nucleotídicas do DNA nuclear e regula a atividade gênica. Geralmente há um aumento na síntese de ácido ribonucleico mensageiro (mRNA).

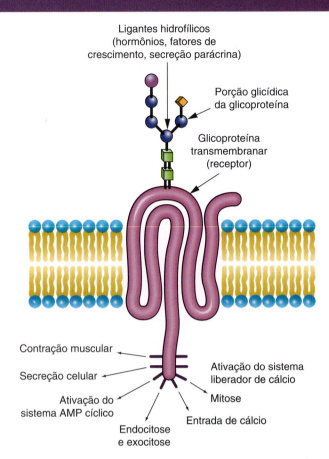

Figura 6.11 O desenho esquemático mostra como moléculas hidrofílicas afetam as funções celulares agindo em receptores (glicoproteínas) da membrana plasmática. As moléculas mensageiras (ligantes) hidrofílicas geralmente são de natureza proteica. Os fatores (ligantes) de natureza lipídica, como os hormônios esteroides, agem em receptores intracelulares. Cerca de 80% dos sinais químicos, aos quais as células estão sujeitas normalmente, são hidrofílicos. Observe, *na parte inferior do desenho*, a variedade de respostas que dependem das características da célula-alvo.

com carga, como epinefrina e histamina, que são derivadas de aminoácidos e atuam como hormônios e neurotransmissores. Todos os hormônios hidrossolúveis são captados por receptores localizados na membrana plasmática das células-alvo (Figura 6.11). Alguns, como os receptores para insulina, são denominados "catalíticos", porque, quando ativados, funcionam como enzimas, geralmente quinases proteicas (enzimas que atuam em proteínas) que fosforilam a hidroxila da tirosina de proteínas citoplasmáticas específicas.

Contudo, a maioria das moléculas sinalizadoras hidrossolúveis age em receptores que atuam por intermédio de uma cadeia de moléculas, que modifica os níveis intracelulares de adenosina 3,5-monofosfato cíclico (cAMP) ou Ca^{2+}. cAMP e Ca^{2+} são denominados "mediadores" ou "mensageiros intracelulares". Mais detalhes sobre esses dois tipos de sinalização celular serão abordados posteriormente neste capítulo.

As moléculas lipossolúveis grandes, como os eicosanoides e os leucotrienos, são ligantes que contêm lipídios em sua composição. Como dito anteriormente, as prostaglandinas fazem parte do grupo dos eicosanoides e são sintetizadas a partir de um precursor comum, o ácido araquidônico, que é derivado de fosfolipídios e diacilglicerol (DAG). Muitas prostaglandinas agem localmente nas comunicações celulares parácrinas e autócrinas, sendo rapidamente degradadas após sua liberação. Algumas prostaglandinas induzem agregação plaquetária e estimulam a adesão das plaquetas à parede dos vasos sanguíneos, modulando a cicatrização. Outras prostaglandinas acumulam-se no útero gravídico durante o parto e desempenham papel importante durante a contração uterina.

Moléculas sinalizadoras gasosas difundem-se pela membrana plasmática e ativam diretamente as enzimas intracelulares

Um exemplo de molécula sinalizadora gasosa é o óxido nítrico (ON). Este é uma molécula gasosa simples e pode ser sintetizada a partir da L-arginina por ação de uma enzima chamada "óxido nítrico-sintase" (do inglês ***nitric oxide synthase* [NOS]**) que apresenta três isoformas diferentes: a NOS1 (cNOS ou nNOS), a NOS2 (ou iNOS) e a NOS3 (ou eNOS) (Figura 6.12). Diferentes mecanismos estimulam a produção de ON pela célula. Por exemplo, as células endoteliais (que revestem internamente os vasos sanguíneos) têm receptores específicos (receptores colinérgicos) que captam o neurotransmissor acetilcolina (ACh)

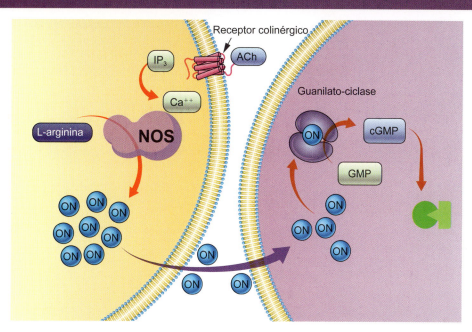

Figura 6.12 Desenho esquemático da síntese e ação do óxido nítrico (ON). A acetilcolina (ACh), um ligante liberado por células nervosas, interage com um receptor colinérgico (muscarínico) localizado na superfície das células endoteliais. Este receptor interage com a proteína G e induz a formação intracelular de diacilglicerol e trifosfato de inositol (IP$_3$). O IP$_3$ ativa a liberação do cálcio pelo retículo endoplasmático liso, o que ativa a proteína óxido nítrico-sintase (NOS). A NOS, por sua vez, catalisa a oxidação da L-arginina, produzindo a l-citrulina e o radical livre ON. Este difunde-se passivamente pelas membranas plasmáticas e se liga à guanilato-ciclase solúvel na célula-alvo, ativando a síntese de monofosfato cíclico de guanosina (cGMP), um segundo mensageiro. O cGMP vai iniciar uma cascata de sinalização intracelular.

liberado pelas terminações dos nervos do sistema autônomo parassimpático. Os receptores colinérgicos ativados fazem conexão, intracelularmente, com uma proteína G que estimula a formação de trifosfato de inositol (IP$_3$), desencadeando uma cadeia de sinais que promove a liberação de íons Ca^{2+} do seu reservatório no retículo endoplasmático liso (REL) para o citoplasma da célula endotelial. O íon Ca^{2+} é um substrato para a enzima NOS e possibilita a síntese do ON a partir da quebra da L-arginina. O ON sintetizado difunde-se rapidamente pelo citoplasma da célula endotelial, atravessa sua membrana plasmática por difusão passiva, alcança o meio extracelular e penetra, também por difusão passiva, no citoplasma da célula muscular lisa que está muito próxima (comunicação parácrina). No interior da célula muscular lisa, o ON liga-se ao grupo prostético heme da enzima solúvel guanilato-ciclase, que atua como seu receptor intracelular. A ligação de ON com a guanilato-ciclase ativa essa enzima. Em consequência, há aumento na concentração do mensageiro intracelular monofosfato cíclico de guanosina (cGMP) no citoplasma da célula muscular lisa. O cGMP estimula uma quinase proteica específica, que fosforila determinadas proteínas responsáveis pelo relaxamento das células musculares lisas, o que causa dilatação do vaso sanguíneo e aumento do fluxo de sangue no local.

Aplicação clínica do óxido nítrico

O efeito vasodilatador do óxido nítrico (ON) explica o mecanismo de ação da nitroglicerina, usada há muitos anos para o tratamento da dor da angina do peito, decorrente de uma diminuição do fluxo de sangue no músculo cardíaco.

A nitroglicerina é transformada pelo organismo em ON. Esse gás relaxa a musculatura lisa dos vasos sanguíneos, aumentando o diâmetro dos vasos e o volume de sangue que é oferecido às células musculares estriadas do músculo cardíaco.

Características celulares e moleculares dos receptores de superfície

Os receptores celulares são responsáveis por detectarem os sinais físicos ou químicos que chegam até a célula-alvo. Ao detectarem o sinal, os receptores iniciam uma reação intracelular que irá alterar o comportamento da célula. Muitos receptores de superfície ativados por ligantes induzem modificação na atividade de uma ou várias enzimas intracelulares já presentes nas células-alvo, como mencionado anteriormente. Nesse caso, o efeito da ativação dos receptores é bem rápido. Em contrapartida, alguns receptores ativados iniciarão uma sinalização intracelular responsável por alterar a expressão gênica, por exemplo. Nesse caso, a resposta celular pode persistir por horas ou dias. Uma vez que as células expressam grande variedade de receptores, a ativação destes pode produzir numerosa diversidade de respostas celulares.

Esses receptores contêm dois domínios funcionais: um domínio ligante, que se conecta à molécula sinalizadora, e um domínio efetor, responsável por desencadear a sinalização intracelular (Figura 6.13). O tipo de resposta celular que a interação ligante–receptor provoca geralmente não é determinada pelo tipo de ligante que inicia a sinalização, mas, sim, pelo tipo de receptor a que essa molécula se ligou e seu domínio de ligação específico.

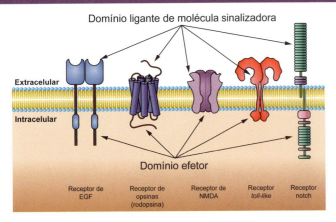

Figura 6.13 O desenho representa diferentes tipos de receptores de superfície com seus domínios funcionais: extracelular ligante (domínio que se liga à molécula sinalizadora) e intracelular efetor (que iniciará a cascata de sinalização intracelular). EGF: fator de crescimento epidermal; NMDA: N-metil-D-aspartato.

Além disso, os receptores podem estar localizados em regiões diferentes da célula. Alguns podem ser encontrados dentro das células, no citoplasma ou no núcleo, sendo denominados receptores intracelulares, porém a maioria apresenta uma porção extracelular e outra intracelular, que ficam ancoradas à membrana plasmática da célula, sendo denominados receptores de superfície.

Os receptores intracelulares ligam-se às moléculas sinalizadoras que atravessam a membrana plasmática, como as moléculas lipofílicas pequenas e os gases, discutidos anteriormente. Os hormônios esteroides, como o estradiol, por exemplo, atravessam a membrana plasmática e encontram seus receptores no citoplasma. A interação hormônio–receptor induz uma alteração na conformação do receptor e viabiliza que esse complexo migre para o núcleo da célula. Além disso, a alteração da forma do receptor após interação com o ligante também expõe regiões desse receptor que fazem ligação com o DNA, possibilitando que, quando o complexo entre no núcleo, também consiga interagir com o material nuclear e altere a transcrição de alguns genes.

Os receptores de superfície possuem três porções distintas: (1) um domínio extracelular que se liga à molécula sinalizadora; (2) uma porção hidrofóbica ancorada na membrana plasmática; e (3) um domínio intracelular. A interação do ligante com o receptor de superfície induz uma alteração conformacional nesse receptor ou a dimerização do domínio intracelular, iniciando o processo de recrutamento/ativação das proteínas intracelulares regulatórias da sinalização.

Do ponto de vista molecular, alguns receptores (assim como outras proteínas não receptoras), contêm sequências de aminoácidos que apresentam alguma característica ou uma função específica. Essas sequências denominam-se domínios (Figura 6.14 A).

A existência conjunta desses domínios é necessária para a proteína exercer sua função. Por exemplo, uma proteína pode ter um domínio que interage com íons metálicos, um outro que reconhece um dado lipídio e um terceiro domínio que tem uma sequência clivada por uma enzima. Alguns domínios desempenham a mesma função em proteínas distintas, por isso denominam-se domínios modulares (como gavetas iguais em dois móveis diferentes). Esses são amplamente encontrados em receptores e proteínas de sinalização intracelulares das vias de sinalização. O ponto de contato do receptor com as proteínas de sinalização frequentemente é um domínio modular em ambos.

O mais conhecido desses domínios, considerado o protótipo dos domínios modulares, é o domínio de homologia a Src-2 ou domínio SH2 (Src homology-2), encontrado em diferentes proteínas (ver Figura 6.14 B). Os domínios SH2 reconhecem um resíduo de tirosina somente quando esse está fosforilado (ver Figura 6.14 C). A afinidade pelo aminoácido fosforilado, no entanto, não é muito alta, caso contrário a interação não seria estritamente dependente da fosforilação. Essa afinidade modesta entre os domínios modulares e os fosfopeptídios por eles reconhecidos tem duas consequências consideradas essenciais na evolução da diversidade das vias de sinalização: (1) as interações entre as proteínas que conduzem o sinal são reversíveis; (2) um dado domínio modular pode interagir com fosfopeptídios presentes em diferentes proteínas, assim como um fosfopeptídio pode ser reconhecido por diferentes domínios modulares. Somado a isso, uma proteína pode ter vários domínios modulares, promovendo a interação com outras proteínas simultaneamente. Graças à essa propriedade, essas proteínas são frequentemente nomeadas "adaptadores".

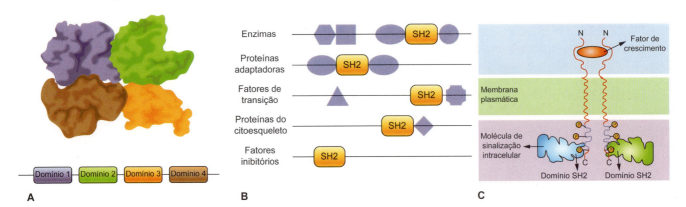

Figura 6.14 A. As proteínas contêm sequências distintas de aminoácidos que apresentam alguma característica ou função específica e denominam-se domínios. As proteínas têm diferentes domínios desempenhando diferentes interações com outras proteínas. **B.** O domínio SH2 é um dos mais comuns e encontrados em variadas proteínas intracelulares. O domínio SH2 interage diretamente com os resíduos fosforilados de tirosina, como no caso dos resíduos dos receptores de tirosina-quinase (**C**).

Os receptores de superfície são classificados em três grandes famílias, com base nos mecanismos intracelulares que utilizam para a transdução do sinal: (1) receptores acoplados à proteína G (do inglês *G-protein-coupled receptors* [GPCRs]), em que o receptor ativado pelo ligante ativa uma proteína intracelular denominada **proteína G**, fazendo com que esta proteína seja clivada em duas subunidades diferentes e interaja, então, com outras proteínas intracelulares; (2) receptores associados a enzimas, também conhecidos como tirosinaquinases (ou tirosina-cinases), que apresentam o domínio intracelular com atividade enzimática, capazes de disparar uma cascata de eventos intracelulares após sua ativação; e (3) receptores associados a canais iônicos, que viabilizam o fluxo de íons através da membrana plasmática após sua ligação com a molécula sinalizadora.

Essas três classes de receptores e suas vias de sinalização serão discutidas adiante.

Receptores acoplados à proteína G

Os receptores mais comuns para a recepção de sinais extracelulares na superfície da célula são os receptores ligados à proteína G, assim denominada porque interage com GTP. Como já mencionado, essa proteína funciona como um interruptor que é ligado por GTP e desligado quando esse nucleotídio é hidrolisado em GDP. Os receptores acoplados a proteínas G são a família de receptores de superfície mais comuns entre todas as espécies de seres vivos e já foram detectadas em muitos vertebrados, invertebrados e em células de vegetais. Essa presença tão ampla indica que essas proteínas surgiram muito cedo durante a evolução dos seres multicelulares.

Os receptores de superfície ligados às proteínas G são moléculas proteicas complexas, com sete passagens pela membrana. As proteínas G são formadas por três subunidades, nomeadas α, β e γ. As três cadeias estão localizadas na face citoplasmática da membrana celular (Figura 6.15 A). A cadeia α tem a capacidade de se ligar a GDP ou GTP. Quando está ligada a GDP, a cadeia α tem grande afinidade pelas cadeias β e γ, o que mantém a proteína G inativa.

Tudo começa com a ligação de uma molécula sinalizadora (ligante) ao receptor de superfície acoplado à proteína G, que estimula sua mudança conformacional. Essa mudança possibilita que o receptor interaja diretamente com a subunidade α da proteína G (Gα), alterando sua forma (ver Figura 6.15 B). A alteração de forma de Gα propicia a troca do GDP acoplado por GTP, tornando-a ativa e liberando-a das outras duas cadeias da molécula da proteína G (β e γ) (ver Figura 6.15 C). Enquanto o receptor estiver ocupado por um ligante e a proteína G estiver acoplada a GTP, a cadeia α permanece ativa e separada das outras duas cadeias.

As subunidades clivadas irão interagir diretamente com as proteínas específicas, denominadas "proteínas efetoras", localizadas na membrana plasmática da célula (ver Figura 6.15 D). Essas proteínas efetoras, por meio de uma cadeia de reações, podem produzir segundos mensageiros, como cAMP e cGMP, por exemplo, que ativarão quinases proteicas intracelulares. Essas quinases ativadas acionarão uma série de proteínas em cascata (cascata de sinalização intracelular), que irão desempenhar diversas atividades intracelulares, produzindo a resposta celular da via de sinalização iniciada, como transcrição gênica, migração, proliferação etc.

Após a transmissão da sinalização intracelular, a cascata de eventos deve ser interrompida para o encerramento da comunicação celular. O primeiro passo é a separação do ligante e do receptor, na qual a cadeia α hidrolisa o GTP, transformando-o em GDP novamente. Por conta da inativação do receptor e das subunidades da proteína G, as três subunidades conectam-se novamente e o interruptor é desligado.

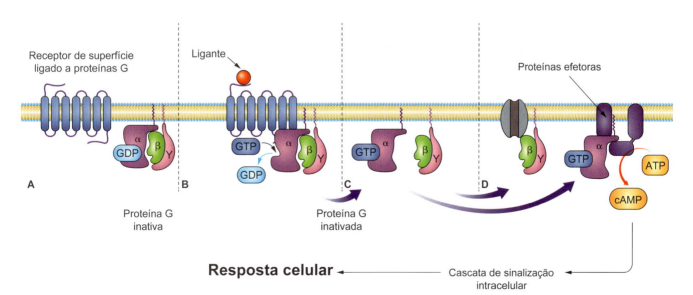

Figura 6.15 Desenho esquemático da sinalização mediada por receptores acoplados à proteína G. **A.** A proteína G é composta por 3 subunidades (α, β e γ) e se encontra inativa na porção intracelular quando ligada a um GDP. **B.** Quando um ligante se conecta e ativa o receptor de membrana acoplado à proteína G, a subunidade α troca o GDP por GTP, tornando a proteína G ativada. **C.** Essa ativação faz com que as subunidades se separem. **D.** As subunidades interagem com diferentes proteínas intracelulares, disparando a cascata de sinalização que levará a uma resposta celular específica. ATP: trifosfato de adenosina; cAMP: adenosina 3,5-monofosfato cíclico; GDP: guanosina-difosfato; GTP: guanosina-trifosfato.

Medicamentos regulam a ação de segundos mensageiros para tratar doenças

O cAMP e o cGMP são segundos mensageiros que interagem com diferentes proteínas intracelulares e regulam cascatas de sinalização importantes para as células. Seus níveis são rigorosamente controlados pela ação das enzimas fosfodiesterases (PDEs), que removem o grupo fosfato das moléculas, tornando-as inativas. Por conta da importância clínica desses segundos mensageiros, inibidores farmacológicos das PDEs são usados para tratamentos de patologias como hipertensão pulmonar e disfunção erétil (inibidores da PDE5 – tadalafila e Viagra®), asma e doença pulmonar obstrutiva crônica (DPOC) (inibidores da PDE4 – teofilina) e insuficiência cardíaca aguda e doenças vasculares periféricas (inibidores da PDE3 – milrinona, dipiridamol e cilostazol). Atualmente, sabe-se que a cafeína também é um inibidor de PDE, aumentando discretamente os níveis de cAMP intracelular.

As proteínas G podem atuar por meio de duas vias: uma dependente de cAMP e outra dependente de íons Ca^{2+}, liberados do REL pela ação de trifosfato de inositol

Como dito anteriormente, as subunidades ativadas da proteína G irão interagir diretamente com proteínas efetoras. As duas proteínas efetoras mais comuns ativadas pelas proteínas G são as enzimas **adenilato-ciclase** e fosfolipase C (Figura 6.16). A ativação da adenilato-ciclase inicia uma via de sinalização que produz cAMP, a partir do ATP. Como o cAMP é uma molécula pequena, difunde-se rapidamente pelo citoplasma, ativando variadas quinases proteicas. Além da adenilato-ciclase, outra via de ação da proteína G consiste na ruptura da molécula de um fosfolipídio da membrana, o fosfatidilinositol, reação que é catalisada pela fosfolipase C, produzindo trifosfato de inositol (IP_3), que também é uma molécula pequena e solúvel formada por inositol e três grupamentos de fosfato. Na reação, também se constitui DAG, que se prende à bicamada lipídica da membrana, podendo ser reaproveitado para formar lipídios da membrana. O IP_3 difunde-se pelo citoplasma e abre os canais de Ca^{2+} do REL, principal depósito citoplasmático de Ca^{2+}, liberando esse íon para o citoplasma. Tanto o cAMP quanto IP_3, DAG e Ca^{2+} são denominados "segundos mensageiros" (os primeiros mensageiros são as moléculas sinalizadoras extracelulares que se ligam aos receptores).

Por ser uma molécula hidrossolúvel, o cAMP difunde-se facilmente por toda célula, incluindo citoplasma, organelas e até mesmo no núcleo. Um dos alvos mais conhecidos do cAMP é uma proteína com ação enzimática denominada "proteína quinase dependente de cAMP (PKA)". A PKA é uma proteína com quatro subunidades (tetrâmero), duas dessas subunidades são catalíticas (C) e as outras duas são regulatórias (R). Normalmente, as subunidades R ligam-se à subunidade C, inibindo sua função e mantendo a enzima PKA inativa. Cada subunidade R possui 2 sítios de ligação para o cAMP, sendo assim, cada PKA pode se conectar a quatro moléculas de cAMP. Quando esses sítios de ligação são preenchidos por cAMP, a subunidade R muda sua forma e se desacopla das duas subunidades catalíticas. As subunidades C livres tornam-se altamente catalíticas e fosforilarão serinas e treoninas de proteínas celulares específicas.

Uma grande quantidade de proteínas citoplasmáticas e nucleares já foram identificadas como substrato para PKA. O PKA fosforila inúmeras enzimas metabólicas, como a glicogênio-sintase, que inibe a síntese de glicogênio, e a acetilcoenzima A (acetil-CoA) carboxilase que inibe a síntese lipídica, também fosforila e ativa a MAP quinase (MAPK), assim como também fosforila a fosfolipase C, porém, inativando-a.

Assim como o cAMP, o segundo mensageiro IP_3 também é uma pequena molécula hidrossolúvel que se difunde pelo citoplasma. A molécula de IP_3 interage com a membrana do REL, promovendo a abertura dos canais de Ca^{2+} desse compartimento celular. Isso resulta em aumento da concentração desse

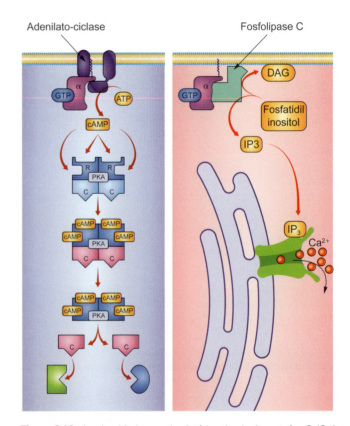

Figura 6.16 A subunidade α estimulatória ativada da proteína G (Gα) pode acionar a atividade enzimática de diferentes proteínas efetoras intracelulares. Ao ativar a adenilato-ciclase, esta catalisa a síntese de AMP cíclico (cAMP), que se difunde pelo citoplasma e ativa a proteína quinase dependente de cAMP (PKA). A ligação com as subunidades regulatórias (R) da PKA libera as duas subunidades catalíticas (C), que irão fosforilar diferentes proteínas intracelulares. Em contrapartida, ao ativar a fosfolipase C, uma enzima ligada à membrana plasmática, esta cliva o inositol fosfolipídio presente na membrana plasmática, produzindo o fosfatidilinositol 4,5-bisfosfato [PI(4,5)P2], que originará dois subprodutos: o diacilglicerol (DAG) e o trifosfato de inositol (IP_3). O IP_3 hidrossolúvel atua nos canais de cálcio do retículo endoplasmático liso, aumentando a concentração do cálcio intracelular. O DAG pode ser clivado, resultando no ácido araquidônico que pode produzir eicosanoides e ativar a proteína quinase dependente de cálcio (PKC).

íon no citoplasma e ativa os mecanismos intracelulares sensíveis ao cálcio. O efeito do cálcio intracelular é bem variado, pois o íon pode interagir com diferentes proteínas celulares, ligando-se a canais dependentes de Ca^{2+}, proteínas do citoesqueleto, proteínas acopladas a vesículas sinápticas (como a sinaptogamina, por exemplo), proteínas quinases (como a PKC) e proteínas de resposta ao Ca^{2+} (como a **calmodulina** [CaM]). Tanto a PKC quanto a CaM modularão diferentes funções e respostas celulares.

Para o bom funcionamento do sistema, é importante que os segundos mensageiros sejam degradados após realizarem suas funções. O cAMP é rapidamente destruído pelas cAMP PDE. O IP_3, por meio de algumas reações, retorna ao estado de fosfatidilinositol. Os íons Ca^{2+} são retirados do citoplasma por meio de canais seletivos (bombas de cálcio) localizados nas membranas do REL e na membrana celular, que transferem Ca^{2+} para as cisternas do retículo ou para o meio extracelular, respectivamente.

Receptores associados a enzimas

Além dos receptores acoplados à proteína G, as células apresentam outra classe importante de receptores de superfície, denominada "receptores associados a enzimas". Para gerar uma resposta celular, a porção citoplasmática desses receptores atua como uma enzima ou se liga diretamente a enzimas intracelulares formando complexos.

A maioria dos receptores desta categoria atua através da atividade de tirosina-quinase, ou seja, enzimas que fosforilam proteínas intracelulares nos resíduos de tirosina. Porém, essa classe de receptores associados a enzimas também inclui outras atividades enzimáticas menos comuns, como tirosinas-fosfatases, serina-treoninas-quinases e guanilil-ciclases.

As funções desses receptores ligados a atividades enzimáticas menos comuns não são tão bem conhecidas como as funções dos receptores tirosina-quinases. O que se sabe é que, na maioria das vezes, as tirosinas-fosfatases removem os grupos fosfato de uma enzima ativada, terminando a ativação dessa proteína. Essa sinalização é observada nos receptores nomeados "CD45", encontrados na superfície dos linfócitos T e B. Quando o antígeno ativa o receptor CD45, a atividade da tirosina-fosfatase é estimulada dentro das células, desfosforilando e inibindo proteínas específicas. Um exemplo de sinalização celular que utiliza a atividade de serinas-treoninas-quinases é encontrado na via estimulada por TGF-β (do inglês *transforming growth factor* β). O TGF-β é uma molécula sinalizadora que se acopla a um receptor com atividade enzimática que fosforilará proteínas intracelulares nos resíduos de serina ou treonina. Essas proteínas fosforiladas são denominadas "SMADs" e atuam como fatores de transcrição. As SMADs ativadas translocam-se para o núcleo e influenciam no ciclo celular, geralmente inibindo a proliferação da célula.

Como dito anteriormente, os receptores associados a enzimas mais comuns encontrados nas células são aqueles com atividade tirosina-quinase, por isso essa categoria será abordada a seguir.

Os fatores de crescimento ligam-se aos receptores tirosina-quinases

A maioria dos fatores de crescimento conhecidos atualmente atuam ligando-se aos receptores tirosina-quinase (do inglês *receptors tyrosin kinase* [RTK]). Como mencionado anteriormente, esses fatores de crescimento são moléculas sinalizadoras que estimulam crescimento celular, proliferação, sobrevivência e diferenciação da célula. Por sua atuação direta no crescimento e na proliferação celular, as mutações que acometem os RTKs podem promover a divisão descontrolada das células e o desenvolvimento de câncer, como acontece em um tipo específico de leucemia, por exemplo. Sabe-se que fatores de crescimento, como o EGF, o fator de crescimento de nervo (NGF, do inglês *nerve growth factor*), o fator de crescimento derivado de plaquetas (PDGF, do inglês *platelet-derived growth factor*), a insulina, e muitos outros, atuam ligando-se aos RTKs.

Por sua importância na biologia celular e na atividade clínica, esses receptores são bastante estudados. A primeira proteína com ação tirosina-quinase foi descoberta em 1980, desde então, mais de 50 RTKs já foram identificados. Esse número ainda pode aumentar, pois já foram identificados mais de 90 genes que codificam proteínas com ação de tirosina-quinase no genoma humano.

Receptores associados a enzimas e câncer de mama

O receptor 2 de EGF em humanos (HER2) é encontrado aumentado em 20 a 30% dos casos de câncer de mama diagnosticados atualmente. O aumento desta isoforma do receptor está associado a quadros clínicos de maior agressividade da doença, maior taxa de reincidência e de mortalidade. Anticorpos monoclonais que se ligam a esses receptores, como trastuzumabe (Herceptin®) e o lapatinibe (Tykerb®), inibem sua ação e têm sido aplicados no tratamento de câncer de mama com grande sucesso.

A atividade catalítica dos receptores tirosina-quinases ativa uma sequência de sinalização intracelular

A maioria dos RTKs apresenta uma estrutura comum composta de três porções: (1) uma porção N-terminal extracelular que se liga à molécula sinalizadora, (2) uma porção transmembranar única; e (3) um domínio C-terminal citoplasmático com atividade tirosina-quinase. O encontro do ligante (fatores de crescimento, por exemplo), com seu receptor específico na porção extracelular, estimula a dimerização desse receptor (contato físico entre dois monômeros de receptores; Figura 6.17). Esse contato dos receptores ativa a atividade catalítica do domínio intracelular, resultando na fosforilação dos resíduos de tirosina dos sítios citoplasmáticos do receptor e, por consequência, de outras proteínas intracelulares, que irão propagar a via de sinalização.

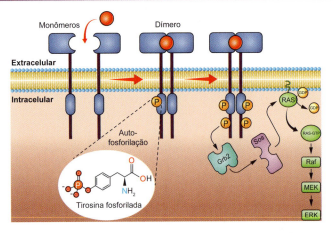

Figura 6.17 Na ausência do ligante, o receptor tirosina-quinase é, geralmente, um monômero inativo (em alguns casos, esses receptores já se encontram dimerizados, mas com baixa atividade enzimática). A interação com o ligante resulta em uma mudança de conformação que promove a dimerização dos monômeros, tornando o domínio intracelular ativo por autofosforilação. Esse domínio fosforilado ativa sítios de ancoragem de variadas proteínas de sinalização intracelular, como a Grb2. Esta, por sua vez, ativa uma proteína intracelular chamada "Sos", que promove a troca de guanosina-difosfato (GDP) por guanosina-trifosfato (GTP) da proteína Ras e, consequentemente, a sua ativação. Ras ativa uma quinase chamada "Raf", que ativa a **MAP-quinase-quinase MEK (ou MAPKK)** que, por sua vez, ativa a **MAP-quinase ERK (MAPK)**, que fosforilará proteínas reguladoras.

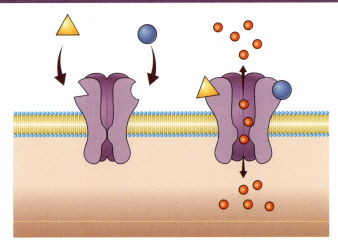

Figura 6.18 Desenho esquemático representativo de um canal iônico denominado "N-metil-D-aspartato" (NMDA). O glutamato é um neurotransmissor excitatório que pode agir em receptores ionotrópicos ligados a um canal iônico presente na membrana celular, como NMDA, ácido alfa-amino-3-hidróxi-5-metil-4-isoxazol propiônico (AMPA) ou cainato. O complexo canal–receptor NMDA requer dois agonistas diferentes para a sua ativação: glicina (ligante representado pelo *triângulo amarelo*) e glutamato (ligante representado pelo *círculo azul*). Quando ativado, o receptor altera sua conformação abrindo um canal que vai viabilizar o fluxo de cálcio e sódio, desencadeando uma variação no potencial de membrana da célula.

Geralmente, as porções citoplasmáticas dos RTKs ativados atuam em proteínas intracelulares específicas, ativando-as. Essas proteínas ativadas podem, então, se conectar a outras proteínas, passando o sinal de ativação adiante.

A maioria da sinalização iniciada por RTKs vai agir em uma proteína ligada à parte interna da membrana plasmática denominada **proteína Ras**. A proteína Ras faz parte da família das GTPases monoméricas (ver Figura 6.6), portanto está ativa quando ligada a GTP e inativa quando ligada a GDP.

A proteína Ras ativa inicia uma cascata de fosforilação de outras proteínas com atividade enzimática que, por sua vez, fosforilarão outras proteínas, e assim por diante. Diversas quinases proteicas participam desses sistemas, porém o grupo mais importante é uma família de proteínas conhecidas como quinases mitogênicas (MAPK, do inglês *mitogen-activated protein kinase*). No fim, a informação iniciada na membrana celular é transportada ao núcleo, e a célula desenvolve uma resposta celular.

Receptores associados a canais iônicos

Esses receptores apresentam dupla função: a de reconhecer o ligante e a de abrir ou fechar canais iônicos formados por sua própria estrutura proteica (ou seja, o receptor é o próprio canal iônico). A interação da molécula sinalizadora com esse tipo de receptor induz uma mudança conformacional que resulta em abertura ou fechamento do canal iônico (Figura 6.18). Como resultado de abertura ou fechamento desse canal, o fluxo de íons para dentro e para fora da célula se modifica, provocando alterações no potencial de membrana da célula-alvo e, em alguns casos, modificando o fluxo de cálcio indiretamente. Como dito anteriormente, o cálcio é um importante segundo mensageiro intracelular que desencadeia variadas funções na sinalização.

Receptores ionotrópicos são muito frequentes em neurônios, pois a resposta celular é bem rápida e não depende de muitos mediadores intracelulares. Por exemplo, as células de Purkinje do cerebelo ajudam a coordenar as funções motoras. Quando o neurônio pré-sináptico (célula-sinalizadora) libera o neurotransmissor glutamato (ligante) na fenda sináptica, essas moléculas podem ativar o receptor AMPA localizado na membrana plasmática das células de Purkinje. Esse receptor é um canal iônico dependente de ligante que, ao ser ativado, altera sua conformação, abrindo um canal pelo qual o íon sódio entra na célula. A entrada do íon vai alterar o potencial de membrana da célula-alvo, despolarizando-a e induzindo a transmissão sináptica nas células de Purkinje.

O desligamento da via de sinalização é tão importante quanto sua ativação

Assim que o processo de sinalização celular se inicia e o próximo passo dessa cascata prossegue, a via de sinalização utilizada deve ser desligada (terminada). Se esta não for desligada e a célula mantiver os processos celulares dessa sinalização ativados por mais tempo que o necessário, essa célula pode exibir comportamento alterado, como crescimento celular descontrolado, desenvolvimento de tumores, desbalanceamento metabólico pela prolongada abertura ou pelo fechamento de canais iônicos, até mesmo a ativação de programas de morte celular (ver Capítulo 16).

Algumas vias de sinalização são inativadas por eliminação do complexo receptor–ligante da superfície da célula, para que estes não interajam mais com os mediadores intracelulares. Em alguns casos, esse complexo é retirado da superfície da célula por invaginação e permanece retido dentro de vesículas no citoplasma. Essas vesículas podem interagir com duas estruturas celulares: os **endossomos** e os **lisossomos**. Quando essas vesículas se fundem com os endossomos, o pH baixo dessa estrutura induz o desligamento do receptor com seu ligante, separando-os. Nesse caso, o receptor continua intacto e pode voltar para a superfície celular e ser reutilizado. Quando as vesículas se incorporam aos lisossomos, as enzimas dessa estrutura degradam o receptor e o ligante, inutilizando-os permanentemente.

Os receptores também podem ser inativados quando ainda estão expostos na superfície celular. Nesse caso, a ligação do receptor ao seu ligante induz alterações nesse receptor (fosforilação ou metilação, por exemplo), que promoverão a sua ligação com proteínas inibitórias intracelulares, interrompendo a cascata de sinalização.

Além disso, a via de sinalização também pode ser interrompida pela remoção da molécula sinalizadora (ligante) da superfície celular. Em alguns casos, as células degradam as moléculas sinalizadoras por meio de enzimas extracelulares, em outros casos as células endocitam esses ligantes, impedindo que estes atuem na superfície do receptor.

As células controlam esses mecanismos de desligamento de sinalização de maneira muito rigorosa. Toda vez que uma via de comunicação celular é ativada, a célula se apressa para executá-la e finalizá-la o mais breve possível. Por exemplo, experimentos realizados com fibroblastos mostraram que grandes quantidades de EGF, que se fixa a receptores tirosina-quinase, acelera a degradação desses mesmos receptores de modo muito acentuado, portanto, concentrações altas do ligante diminuem o número de receptores e, consequentemente, reduzem também a sensibilidade da célula à molécula sinalizadora. Por meio desse tipo de regulação para baixo dos receptores (do inglês *receptors-down regulation*), a célula ajusta sua sensibilidade à concentração da molécula sinalizadora.

Em outro exemplo, quando há aumento na concentração de ligantes na porção extracelular, a célula reage aumentando o sequestro dos receptores da superfície celular por endocitose, mantendo-os dentro de vesículas intracelulares. Isso inibe a interação excessiva desses receptores com os ligantes.

Bibliografia

Barrit GJ. Communication within animal cells. Oxford Univ Press; 1992.

Berridge M. The molecular basis of communication within the cell. Sci Amer. 1985;253(4):142.

Bootman MD, Berridge MJ. The elemental principles of calcium signaling. Cell. 1995;83:675.

Evans RM. The steroid and thyroid hormone receptor superfamily. Science. 1988;240:889.

Gerday C, Gilles R, Bolis L (eds.). Calcium and Calcium Binding Proteins. Springer Verlag; 1988.

Hecker M, Foegh ML, Ramwell PW. The eicosanoids: prostaglandins, thromboxanes, leukotrienes, related components. In: Katzung BG (ed.). Basic and Clinical Pharmacology. 7th ed. Appleton and Lange; 1998. p. 304-18.

Kliewer SA, Lehmann JM, Willson TM. Orphan nuclear receptors: shifting endocrinology into reverse. Science. 1999;284:757.

Lemmon MA, Schlessinger J. Cell signaling by receptor-tyrosine kinases. Cell. 2010;141:1117-34.

Mangelsdorf DJ, Thummel C, Beato M et al. The nuclear receptor superfamily: the second decade. Cell. 1995;83:835.

Plaut M. Lymphocyte hormone receptors. Ann Rev Immunol. 1987;5:621.

Rosenbaum DM, Rasmussen SG, Kobilka BK. The structure and function of G-protein-coupled receptors. Nature. 2009;459(7245):356-63.

Roth J, Taylor SJ. Receptors for peptide hormones: alterations in disease of humans. Ann Rev Physiol. 1982;44:639.

Snyder SH. The molecular basis of communication between cells. Sci Amer. 1985;253(4):132.

Capítulo 7

Citoesqueleto

MARINILCE FAGUNDES DOS SANTOS

Introdução, *129*

Filamentos de actina, *131*

Proteínas acessórias da actina e suas funções, *132*

Proteínas motoras, *134*

Microtúbulos, *136*

Proteínas acessórias de microtúbulos e suas funções, *137*

Especializações celulares com microtúbulos, *141*

Estabilidade dos microtúbulos, *143*

Fármacos que agem em microtúbulos, *144*

Filamentos intermediários, *144*

Migração celular, *152*

Bibliografia, *154*

Introdução

O citoesqueleto é constituído por uma rede complexa de filamentos citoplasmáticos que formam um esqueleto dinâmico nas células, exercendo funções variadas. Dentre as principais atribuições estão:

- Constituição de um córtex celular, subjacente à membrana plasmática, que confere resistência mecânica às células e é determinante para a conformação celular, inclusive para a existência de especializações, como microvilosidades, cílios, estereocílios e flagelos
- Movimentação de organelas, vesículas e moléculas para diferentes regiões e compartimentos das células, possibilitando, assim, o estabelecimento e a manutenção de polaridade celular e o desempenho de funções muito especializadas pelas células
- Movimentação celular, o que inclui a contração (função essencial em fibras musculares) e a migração (essencial durante o desenvolvimento embrionário para a formação de órgãos, para a manutenção de diversos tecidos adultos e para a função imunológica, por exemplo)
- Participação na divisão celular, principalmente por meio da formação do fuso mitótico para segregação dos cromossomos, e durante a citocinese, que origina as células-filhas ao final da mitose.

Os principais elementos do citoesqueleto são os **filamentos de actina** (também denominados "microfilamentos"), **microtúbulos** e **filamentos intermediários**. Essa nomenclatura deriva do aspecto e do diâmetro de cada um quando observados ao microscópio eletrônico de transmissão; microfilamentos têm diâmetro aproximado de 8 nm, e microtúbulos e filamentos intermediários apresentam amplitudes de aproximadamente 25 e 10 nm, respectivamente.

As propriedades físicas de cada elemento do citoesqueleto são diferentes, devido à sua constituição. Embora cada elemento participe de funções variadas nas células, pode-se afirmar que o citoesqueleto de actina tem como principais funções a determinação da conformação e da movimentação celular. Os microtúbulos são muito importantes nas atividades ciliar e flagelar, na divisão celular (ver Capítulo 10) e no transporte intracelular de organelas, vesículas e moléculas (sendo, portanto, essenciais para a polarização celular); e os filamentos intermediários são importantes para a resistência mecânica de células e tecidos. Como exemplos de outras funções, os filamentos de actina também participam do transporte intracelular, assim como os microtúbulos e os filamentos intermediários participam da migração celular; no entanto, estas não são suas principais funções.

Dezenas de proteínas acessórias que se ligam ao citoesqueleto são essenciais para o desempenho de suas funções. Essas proteínas regulam, por exemplo, a localização, a organização, a montagem e desmontagem de filamentos e a ligação dos filamentos entre si ou a outras estruturas nas células. Algumas proteínas acessórias são motoras, possibilitando a movimentação das células ou o transporte intracelular. A energia para esse deslocamento provém da hidrólise de trifosfato de adenosina (ATP). Existem ainda proteínas acessórias que conectam os diferentes elementos do citoesqueleto entre si, integrando-os. Nesse sentido, é importante lembrar que os três elementos do citoesqueleto interagem e que sua função é coordenada, para que processos celulares complexos possam ocorrer corretamente. A variedade de tipos e atribuição das proteínas acessórias explica como funções tão complexas podem ser exercidas por apenas três tipos de filamentos do citoesqueleto, que apresentam sempre a mesma constituição e estrutura.

Todos os três elementos do citoesqueleto são polímeros formados pela união (polimerização) de diferentes subunidades, que se associam entre si por meio de ligações não covalentes. Filamentos de actina (actina filamentosa, ou actina F) são constituídos pela polimerização de monômeros de actina globular (actina G), microtúbulos são constituídos pela polimerização de dímeros de tubulinas α e β, e filamentos intermediários são constituídos pela polimerização de tetrâmeros de proteínas filamentosas. Existem variadas proteínas filamentosas, todas pertencem a uma mesma família e a proteína filamentosa prevalente varia de acordo com o tipo celular.

As células produzem as diferentes subunidades de forma constitutiva, de maneira que, quando há a necessidade de polimerização de determinado componente do citoesqueleto, as subunidades já estão prontas no citoplasma, acelerando esse processo. A agilidade na polimerização e na despolimerização de filamentos é muito importante. Por exemplo, pode-se considerar que a resposta imune seria prejudicada se, ao receber um estímulo para migrar (derivado de um agente invasor, por exemplo), as células imunes necessitassem transcrever o gene para actina, traduzir, polimerizar e organizar os monômeros em filamentos e só então migrar. O que de fato ocorre nesse cenário é que o estímulo de migração celular ativa rapidamente vias de sinalização que rearranjam o citoesqueleto de actina para a movimentação celular. Além dessa atividade, de maneira geral, as células necessitam também se adaptar às condições de seu ambiente, crescer, especializar-se e dividir-se; para todas essas funções, o rearranjo do citoesqueleto é necessário e deve ocorrer rapidamente e de maneira coordenada.

É importante esclarecer que alguns elementos do citoesqueleto são mais dinâmicos do que outros. Os filamentos intermediários são mais estáveis que os microtúbulos e os filamentos de actina. Além disso, há diferenças também quando se compara cada elemento do citoesqueleto isoladamente em situações diferentes. Por exemplo, feixes de actina presentes em microvilosidades de células epiteliais são mais estáveis do que feixes contráteis de actina e miosina que participam da migração celular (Figura 7.1). A função dessas estruturas explica sua dinâmica: enquanto os feixes contráteis participam da movimentação das células (um processo naturalmente dinâmico), as microvilosidades são especializações imóveis presentes na superfície de algumas células, com a finalidade de aumentar a sua área. A mesma consideração pode ser feita com relação aos microtúbulos; por exemplo, microtúbulos envolvidos no transporte de vesículas contendo neurotransmissores ao longo de um axônio são mais estáveis do que aqueles envolvidos na formação do fuso mitótico ou na migração celular. Assim, pode-se afirmar que o citoesqueleto é dinâmico e plástico, apresentando tanto estruturas estáveis quanto de duração muito curta, dependendo de suas finalidades.

130 Biologia Celular e Molecular

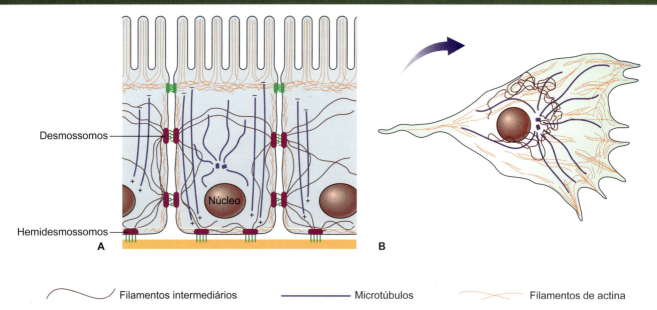

Figuras — Filamentos intermediários ▬▬▬ Microtúbulos ～ Filamentos de actina

Figura 7.1 O desenho esquemático mostra a distribuição dos três elementos do citoesqueleto (filamentos de actina, filamentos intermediários e microtúbulos) em dois tipos celulares. **A.** Células epiteliais do intestino delgado que apresentam microvilosidades na superfície apical e estão unidas a outras células e à lâmina basal por meio de junções especializadas. Observe os filamentos de actina no córtex celular, na trama terminal (que dá suporte às microvilosidades) e no interior das microvilosidades. Os filamentos intermediários estão associados às junções dos tipos desmossomos e hemidesmossomos, auxiliando na distribuição das forças mecânicas ao longo do epitélio. **B.** Fibroblasto migrando (*a seta mostra a direção da migração*). Observe a importância dos filamentos de actina para a formação das projeções celulares na região anterior da célula e de feixes contráteis, que atravessam o citoplasma e são relevantes para impulsionar o corpo celular para a frente. Os microtúbulos são importantes para a polarização e o transporte de moléculas para diferentes regiões da célula.

As subunidades que formam os filamentos de actina e os microtúbulos são assimétricas e organizam-se sempre com a mesma orientação. Assim, os polímeros formados têm uma extremidade (+) mais dinâmica do que a outra (−). Além disso, os monômeros de actina e os dímeros de tubulina ligam-se a nucleotídios. O tipo de nucleotídio associado determina a dinâmica da polimerização. Quando os monômeros de actina e dímeros de tubulina estão respectivamente vinculados a trifosfato de adenosina (ATP)

e guanosina-trifosfato (GTP), associam-se com grande afinidade a um polímero ou para formá-lo; após integrarem o polímero, hidrolisam esse nucleotídio (gerando ADP ou GDP) e sofrem uma alteração conformacional que reduz sua afinidade pelo mesmo (Figura 7.2). A vantagem dessa propriedade é favorecer a dinâmica do citoesqueleto, facilitando tanto a polimerização (subunidades com afinidade elevada) quanto a despolimerização dos filamentos (subunidades com afinidade reduzida).

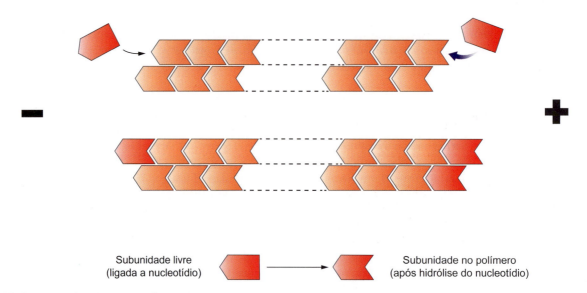

Figura 7.2 Filamentos de actina e microtúbulos são polarizados, apresentando uma extremidade (+) mais dinâmica do que a outra (−). As subunidades livres ligadas a nucleotídios (trifosfato de adenosina [ATP] ou guanosina-trifosfato [GTP]) apresentam grande afinidade pelo polímero, sendo incorporadas mais rapidamente na extremidade (+). Após essa junção, ocorre hidrólise do nucleotídio, o que promove a alteração conformacional do monômero.

Em todas as células há, obrigatoriamente, quantidade variável de subunidades na forma livre (não polimerizada) no citoplasma. Tanto para actina quanto para microtúbulos, em um tubo de ensaio e sob condições favoráveis à polimerização, as subunidades (actina G ou dímeros de tubulina) produzem polímeros até que seja alcançada uma concentração mínima de subunidades livres, denominada "concentração crítica". Nesse ponto, alcança-se um "equilíbrio dinâmico", no qual a quantidade de subunidades que se integra aos polímeros é semelhante à que desprende dos polímeros. A saída das subunidades de um polímero ocorre a uma taxa constante; já a taxa de entrada de subunidades no polímero é influenciada pela concentração de monômeros livres no citoplasma (quanto maior a concentração, maior a taxa). Sendo assim, no estado de equilíbrio dinâmico *in vitro*, a concentração crítica é respeitada e a quantidade de polímeros permanece a mesma, embora haja uma troca constante de subunidades nesses polímeros. Nas células, existem proteínas acessórias que se ligam às subunidades e modulam sua disponibilidade para polimerização, portanto, com frequência, a concentração intracelular de subunidades dissociadas dos polímeros é maior do que a concentração crítica determinada em condições *in vitro*.

A seguir, serão abordados em mais detalhes cada um dos elementos do citoesqueleto e algumas de suas proteínas acessórias presentes em células eucariontes.

Filamentos de actina

A proteína actina, que constitui os monômeros, é muito abundante e conservada entre eucariontes. Em mamíferos existem seis tipos dessa proteína, derivados de genes diferentes, mas muito semelhantes entre si. Embora haja tendência de prevalecer a expressão de algumas em determinados tecidos (p. ex., α e γ muscular em tecidos musculares estriados e lisos, β e γ não muscular em células não musculares), sabe-se que muitos tipos celulares apresentam uma mistura de diferentes tipos de actina.

Conforme já mencionado, os filamentos de actina são polímeros formados por monômeros de actina globular (G). Esses monômeros arranjam-se em duas cadeias que se entrelaçam em espiral para constituir os filamentos, que apresentam cerca de 8 nm de diâmetro (Figuras 7.3 e 7.4). Cada monômero de actina tem 375 aminoácidos; em seu arranjo quaternário, cada monômero apresenta uma fenda na qual se liga uma molécula de ATP ou ADP (ver Figura 7.4). Monômeros ligados ao ATP têm grande afinidade por outros, sendo facilmente adicionados aos filamentos já existentes; a hidrólise do ATP ocorre espontaneamente algum tempo após a incorporação dessa molécula, tendo como consequência uma redução da afinidade daquele monômero pelo filamento. A agregação aleatória de monômeros no citoplasma também ocorre, mas é necessário que pequenos grupos de monômeros (denominados "oligômeros") se formem até que seja originada uma estrutura propícia para produzir um novo filamento; esse processo é denominado "nucleação" e pode ser acelerado por proteínas acessórias nucleadoras, assim como por fragmentos de filamentos de actina preexistentes.

A polimerização apresenta particularidades importantes que determinam a dinâmica dos filamentos. Primeiramente, os monômeros ligam-se um ao outro de maneira que a fenda fique sempre direcionada para a extremidade (−) do filamento (ver Figura 7.4). Essa assimetria, que tem origem já na estrutura dos monômeros, é a base da polaridade dos filamentos de actina.

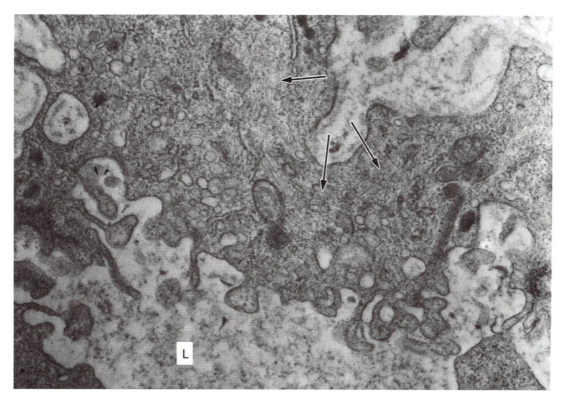

Figura 7.3 Eletromicrografia de corte de parede de vaso sanguíneo capilar humano. Note os feixes de filamentos de actina no citoplasma das células endoteliais (*setas*). Em L, o lúmen do vaso. (Aumento: 45.000×.)

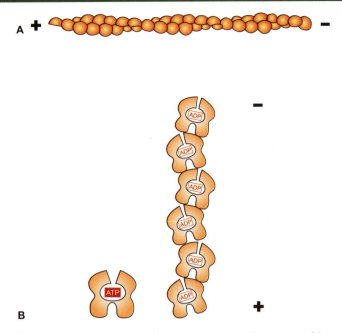
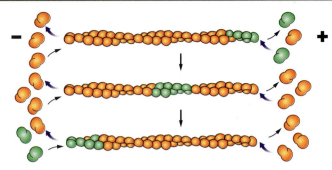

Figura 7.4 Desenho esquemático mostrando as actinas monomérica (actina G) e filamentosa (actina F). **A.** Filamento de actina, constituído por duas cadeias de monômeros que se entrelaçam, formando uma hélice. O filamento é polarizado (uma extremidade é [+] e a outra é [−]). **B.** Monômero livre de actina, contendo uma molécula de trifosfato de adenosina (ATP). Após a polimerização (*esquema à direita*), o ATP é hidrolisado e as moléculas sofrem uma alteração conformacional que reduz sua afinidade pelo polímero, facilitando, assim, a despolimerização.

Figura 7.5 Desenho esquemático mostrando o fenômeno da esteira em um filamento de actina. Sob concentrações adequadas de monômeros livres, na extremidade (+) do filamento, mais dinâmica, ocorre a incorporação de monômeros. À medida que mais monômeros são adicionados à extremidade (+), aquelas moléculas anteriormente incorporadas (*em verde*) vão sendo empurradas na direção da extremidade (−), por onde saem. As *setas* indicam que uma pequena quantidade de monômeros pode sair pela extremidade (+) ou entrar pela extremidade (−).

Em ambas as extremidades, os filamentos recebem novos monômeros de actina-ATP e dissociam monômeros de actina-adenosina-difosfato (ADP), no entanto a cinética dessa troca é mais rápida na extremidade (+) do que na extremidade (−). Como mencionado no início deste capítulo, a disponibilidade de monômeros livres no citoplasma determina a taxa de crescimento do filamento. Por fim, como a afinidade da actina-ATP pelo filamento é maior do que a da actina-ADP, a concentração crítica de monômeros na extremidade (+) do filamento é menor do que a concentração crítica na extremidade (−). Em conjunto, essas quatro propriedades modulam a polimerização dos filamentos em diferentes condições celulares. Em situações em que a concentração de monômeros livres é alta e ultrapassa a concentração crítica de ambas as extremidades ([+] e [−]), o filamento cresce. Quando a concentração de monômeros livres está abaixo da concentração crítica de ambas as extremidades, o filamento perde mais subunidades do que ganha e encurta ambas as extremidades. Em uma situação cuja concentração de monômeros é intermediária, o filamento alcança o estado de equilíbrio dinâmico. Nesse cenário, a quantidade total de monômeros acrescidos ao filamento equivale à totalidade da perda, porém, devido às diferenças de cinética entre as extremidades (+) e (−), a tendência é o acréscimo de monômeros ligados ao ATP na extremidade (+) e o decréscimo de monômeros ligados ao ADP na extremidade (−). Constitui-se o "fenômeno da esteira", que consiste em um fluxo de monômeros ao longo do filamento, desde sua entrada por uma extremidade até sua saída pela outra (Figura 7.5).

Toxinas que afetam o citoesqueleto de actina

Muitas toxinas que afetam o citoesqueleto de actina, como as citocalasinas, as faloidinas (ambas extraídas de fungos), *jasplaquilolide* (JASP) e as latrunculinas (extraídas de esponjas), têm sido utilizadas para o estudo da estrutura, da dinâmica e das funções dos filamentos de actina. As citocalasinas ligam-se à extremidade (+) dos filamentos e impedem seu crescimento, e as faloidinas e a JASP combinam-se lateralmente aos filamentos de actina, estabilizando-os e impedindo sua despolimerização. As latrunculinas combinam-se a monômeros livres, impedindo que sejam incorporados aos filamentos. Tanto as latrunculinas quanto as citocalasinas desorganizam o citoesqueleto de actina. Todas essas toxinas são nocivas para as células, demonstrando que a dinâmica do citoesqueleto é essencial para a sua função.

Proteínas acessórias da actina e suas funções

Existem diferentes classes de proteínas acessórias que se ligam à actina na sua forma monomérica ou filamentosa (Figura 7.6). Essas proteínas modulam variados aspectos da cinética e da função da actina. Algumas proteínas acessórias regulam positivamente a dinâmica dos filamentos, por exemplo, iniciam a formação de novos filamentos (p. ex., forminas e complexo Arp 2/3) ou aceleram a adição de monômeros aos filamentos já existentes (p. ex., profilina), estabilizando lateralmente os filamentos e protegendo-os da despolimerização (p. ex., tropomiosina), ligando-se à extremidade dos filamentos e impedindo que monômeros sejam adicionados ou subtraídos (p. ex., tropomodulina, proteína capeadora) etc. Por outro lado, existem proteínas que modulam negativamente a actina; por exemplo, sequestrando monômeros no citoplasma e alterando, assim, a sua disponibilidade (p. ex., timosina) ou favorecendo a quebra dos filamentos (p. ex., gelsolina, cofilina). A diversidade funcional das proteínas acessórias reflete a variedade do seu modo de ação.

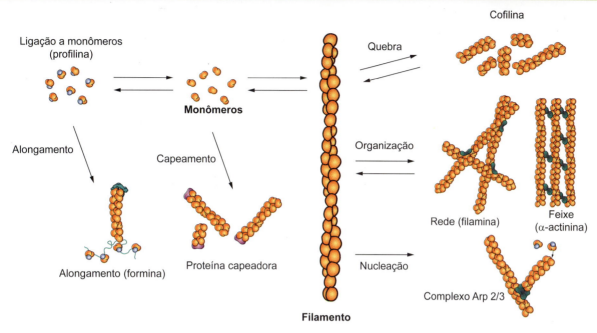

Figura 7.6 Desenho esquemático de algumas proteínas acessórias do citoesqueleto de actina: algumas ligam-se a monômeros; outras unem-se a filamentos, desempenhando diferentes funções (alongamento, capeamento, nucleação, organização em feixes ou redes, quebra etc.).

Um exemplo disso é a proteína timosina, que se liga aos monômeros de actina e impede sua adição aos filamentos, portanto, contribui para que a concentração de monômeros nas células seja, de fato, bem maior que a concentração crítica de monômeros de actina. Não fosse por esse "sequestro" da actina monomérica, haveria muito mais filamentos de actina nas células. Constitui-se, assim, também, uma reserva de monômeros que seriam disponibilizados pela regulação da função da timosina. Em contraste, a proteína profilina compete com a timosina e acelera a polimerização de filamentos de actina. Profilina liga-se aos monômeros de actina e aumenta a cinética da troca de ADP por ATP (Figuras 7.6 e 7.7). Sua combinação com actina globular não impede que estes sejam adicionados à extremidade (+) dos filamentos; quando o monômero de actina liga-se ao filamento de actina, a profilina desprende-se desse complexo e torna-se livre para unir-se a outro monômero no citoplasma, acelerando, assim, a polimerização.

As proteínas nucleadoras de filamentos de actina geralmente apresentam mais de um domínio de ligação à actina monomérica, de tal maneira que são capazes de aproximar dois ou mais monômeros e, assim, facilitar a nucleação. As forminas, por exemplo, produzem dímeros que se ligam à extremidade (+) do filamento de actina e favorecem a adição de monômeros, permanecendo ligadas a essa extremidade. Como resultado, os filamentos crescem em comprimento (ver Figuras 7.6 e 7.7).

O complexo Arp 2/3 é constituído por proteínas estruturalmente muito parecidas com a actina (Arp 2 e Arp 3), que se associam a outras proteínas e se ligam lateralmente a filamentos de actina já existentes. De lá, fazem a nucleação de novos filamentos em uma angulação aproximada de 70°. O resultado é uma rede geometricamente complexa de filamentos de actina; o complexo Arp 2/3 permanece ligado à extremidade (−) do filamento que nucleou, protegendo esse arranjo (ver Figura 7.7). A atividade de forminas e do complexo Arp 2/3 é muito importante durante a migração celular e regula a polimerização de actina junto à membrana das células para formar processos celulares como lamelipódios e filopódios, como abordado adiante.

Proteínas acessórias que se ligam às extremidades dos filamentos regulam sua estabilidade, reduzindo tanto a polimerização quanto a despolimerização; como exemplo, citam-se a proteína capeadora, que se liga à extremidade (+) dos filamentos, e a tropomodulina, que se liga à extremidade (−). Essas proteínas, em conjunto com a tropomiosina, que se liga lateralmente e ao longo dos filamentos de actina, são muito importantes no tecido muscular, cujas células contêm miofibrilas muito duradouras. Elas estão presentes também em outros tipos celulares, exercendo as mesmas funções, mas em um arranjo diferente.

Para as células, tão importante quanto estabilizar e proteger os filamentos de actina é também poder desfazê-los, para que a plasticidade do citoesqueleto seja mantida. A cofilina e a gelsolina ligam-se a filamentos de actina e favorecem sua quebra; a gelsolina permanece ligada à extremidade (+) dos fragmentos, impedindo seu crescimento e tornando o citoplasma mais fluido (sua denominação deriva dessa atividade), e a cofilina liga-se preferencialmente a filamentos mais antigos (com monômeros ligados ao ADP) e produz fragmentos não capeados (ver Figura 7.7). Estes poderão desaparecer ou favorecer o crescimento de mais filamentos. Neste último caso, os fragmentos gerados proporcionam uma maior quantidade de extremidades (+) disponíveis do que aquelas encontradas nos filamentos íntegros. Em condições apropriadas, esse aumento de extremidades (+) pode ser usado para nuclear ou promover o crescimento de novos filamentos.

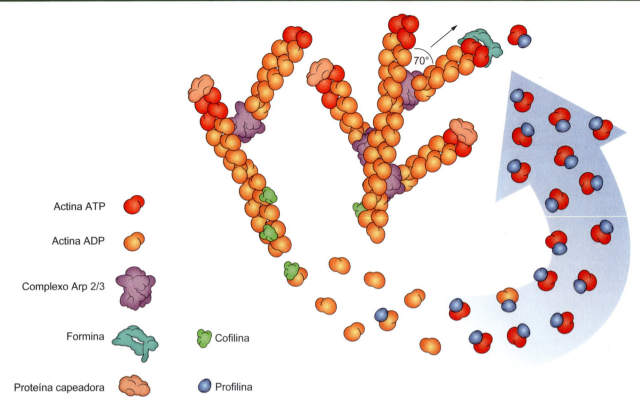

Figura 7.7 Desenho esquemático de algumas proteínas acessórias envolvidas na nucleação de filamentos de actina por meio do complexo Arp 2/3 em uma célula migratória. Esses filamentos apresentam monômeros com diferentes colorações, que indicam o estado de hidrólise da trifosfato de adenosina (ATP). A proteína capeadora impede o crescimento do filamento na extremidade em que está ligada, e o Complexo Arp 2/3 promove a nucleação de filamentos em uma angulação de 70º, formando uma rede ramificada. Esses novos filamentos são alongados em sua extremidade (+) com o auxílio da profilina e da formina, que aceleram a polimerização. A porção mais antiga dos filamentos, com monômeros ligados à difosfato de adenosina (ADP), é quebrada pela cofilina, liberando monômeros que, após a troca do ADP pelo ATP, serão reutilizados.

Existem ainda proteínas acessórias que organizam os filamentos nas células, estimulando a formação de elementos em maior nível estrutural, por exemplo, feixes com espaçamentos variados, redes ramificadas (ou dendríticas) ou redes entrelaçadas. Enquanto as redes ramificadas são proporcionadas pela nucleação de filamentos pelo complexo Arp 2/3 (ver Figura 7.7), os feixes e as redes entrelaçadas são produzidos por proteínas variadas; o tamanho dessas proteínas ou o fato de atuarem como monômeros ou dímeros determinam a distância e a angulação dos filamentos de actina entre si.

A fimbrina, por exemplo, é uma proteína pequena que aproxima bastante os filamentos de actina entre si (Figura 7.8), e os dímeros de α-actinina promovem um distanciamento maior entre os filamentos do feixe (ver Figura 7.6). Espaçamentos maiores propiciam a interação simultânea de outras proteínas acessórias aos filamentos de actina, por exemplo, a proteína motora miosina. As redes entrelaçadas têm um arranjo mais frouxo dos filamentos de actina e, consequentemente, proporcionam maior fluidez ao citoesqueleto. A proteína filamina exerce um papel importante na formação de redes entrelaçadas (ver Figura 7.6). Filamentos de actina ligados à filamina formam uma angulação de quase 90° entre si e ocorrem em processos como lamelipódios. Existem muitas outras proteínas acessórias que organizam o citoesqueleto de actina em diferentes regiões das células; aquelas que foram mencionadas no texto são apenas exemplos.

Proteínas motoras

Proteínas motoras são uma categoria especial de proteínas acessórias que, por meio da hidrólise de ATP, produzem movimento. A principal proteína motora relacionada com o citoesqueleto de actina é a miosina, que une filamentos de actina e proporciona o deslizamento desses filamentos entre si. A interação de actina e miosina é essencial para a contração muscular, mas também é importante para a contratilidade de outros tipos de células. Essa contratilidade é relevante para a interação das células com seu microambiente e para a sua tração durante a migração celular. A miosina é também a principal proteína motora envolvida no transporte intracelular por filamentos de actina, embora essa locomoção não seja tão proeminente nas células quanto aquela realizada sobre microtúbulos.

Existe uma grande família de miosinas com cerca de 37 tipos diferentes, a maioria delas é expressa em células eucariontes. Um tipo de miosina muito relevante para a contratilidade celular, inclusive no tecido muscular, é a miosina II. A molécula de miosina II é alongada, formada por duas cadeias pesadas que se entrelaçam em hélice (o que possibilita a dimerização) e por dois pares de cadeias leves, cada um constituído por dois tipos diferentes de cadeias (Figura 7.9). As cadeias pesadas apresentam, em sua extremidade N-terminal, domínios globulares com atividade ATPásica, denominados "cabeças"; a porção mais alongada, em α-hélice, é denominada "cauda" e, entre a cauda e a cabeça

Capítulo 7 • Citoesqueleto **135**

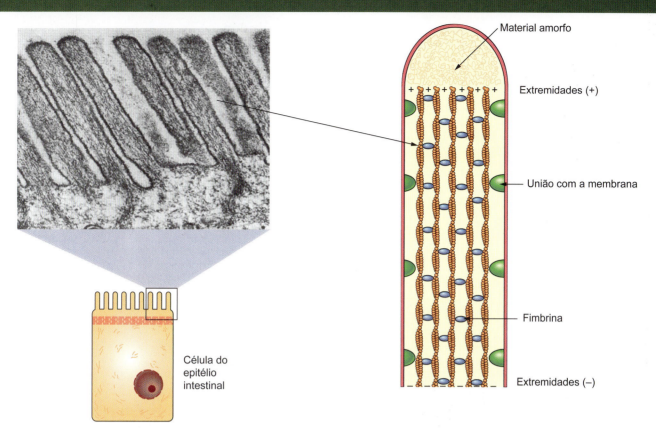

Figura 7.8 Ilustração do modelo que se admite para a região dos microvilos, localizados no polo apical de células absortivas do intestino delgado. Filamentos finos de actina formam o principal constituinte do citoesqueleto nos microvilos. A micrografia eletrônica mostra feixes de filamentos de actina dispostos paralelamente nos microvilos e, também, no citoplasma subjacente. (Aumento: 15.000×.) O desenho mostra o papel estrutural exercido pelos filamentos de actina e algumas proteínas associadas, como a fimbrina, na manutenção da forma desses microvilos. A fimbrina é uma das proteínas que agregam os filamentos, formando feixes com espaçamento pequeno, devido ao seu tamanho reduzido. No ápice do microvilo, existe um material proteico que fixa os filamentos, contribuindo para a estabilidade do conjunto.

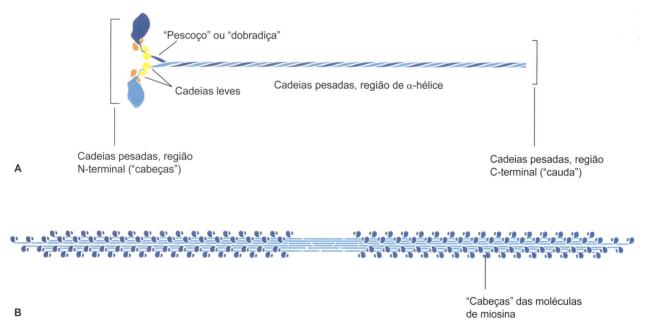

Figura 7.9 Ilustração da molécula de miosina II e de um filamento de miosina. **A.** A molécula de miosina II é alongada, formada por duas cadeias pesadas que se entrelaçam em hélice e por dois pares de cadeias leves, cada um constituído por dois tipos diferentes de cadeias. As cadeias pesadas apresentam em sua extremidade N-terminal domínios globulares com atividade ATPásica, denominados "cabeças"; a porção mais alongada, em α-hélice, é denominada "cauda" e, entre a cauda e a cabeça de cada cadeia, encontra-se uma região denominada "pescoço" ou "dobradiça". **B.** Os filamentos de miosina são formados pela agregação de várias moléculas de miosina por meio da interação de suas caudas; são espessos em comparação aos filamentos de actina e estão organizados de forma bipolar – em suas extremidades há centenas de cabeças projetadas para fora e em direções opostas entre si. As cabeças ligam-se e hidrolisam o ATP, utilizando a energia derivada dessa hidrólise para se deslocar no sentido da extremidade (+) dos filamentos de actina.

de cada cadeia, encontra-se uma região denominada "pescoço" ou "dobradiça" (ver Figura 7.9). As cadeias leves acoplam-se nesse complexo próximo aos domínios globulares das cadeias pesadas. Os filamentos de miosina são formados pela agregação de várias moléculas de miosina por meio da interação de suas caudas; são espessos em comparação aos filamentos de actina e estão organizados de forma bipolar – em suas extremidades há centenas de cabeças projetadas para fora e em direções opostas entre si (ver Figura 7.9). As cabeças ligam-se e hidrolisam o ATP, utilizando a energia derivada dessa hidrólise para se deslocar no sentido da extremidade (+) dos filamentos de actina. Conforme será explicado adiante, a bipolaridade dos filamentos e o movimento das cabeças proporcionam o deslizamento dos filamentos de actina e miosina entre si, viabilizando, assim, a contração.

A miosina, assim como outras proteínas motoras, interage com os filamentos de actina por meio dos seguintes ciclos: (a) ligação do ATP aos domínios globulares; (b) hidrólise do ATP; e (c) liberação do fosfato. A cada ciclo, as cabeças unem-se aos filamentos de actina com grande afinidade, sofrem uma alteração conformacional que impulsiona esses filamentos e, quando liberam o fosfato derivado da hidrólise, diminuem sua afinidade pela actina e retornam à posição inicial, ligando-se novamente ao ATP e conectando-se a um outro sítio no filamento de actina. A importância da miosina II para o deslizamento dos filamentos de actina entre si na contração muscular será abordada mais adiante.

Microtúbulos

A microscopia eletrônica revelou a existência de estruturas cilíndricas com cerca de 25 nm de diâmetro, delgadas e longas no interior das células, denominadas "microtúbulos". Cada microtúbulo é um polímero de dímeros proteicos de tubulinas α e β (Figura 7.10). O corte transversal ao microtúbulo revela que sua parede é constituída por um anel com 13 dímeros e seu interior parece oco (ver Figura 7.10). Existem diferentes isoformas de tubulinas α e β nas células eucariontes, cada uma codificada por um gene diferente. As moléculas de tubulinas α e β têm, cada uma, cerca de 450 aminoácidos; ambas se ligam à guanosina-trifosfato (GTP), mas apenas a molécula de GTP que se liga à subunidade β é hidrolisável. Sendo assim, o GTP unido à subunidade α é considerado parte integral do dímero e não será mencionado neste texto.

Os microtúbulos também são polarizados, apresentando uma extremidade (+) mais dinâmica do que a extremidade (−). Essa polaridade já é inerente aos dímeros, e estes se associam sempre da mesma maneira, com a tubulina β voltada para a extremidade (+) dos microtúbulos (ver Figura 7.10). Sendo assim, cada tubulina β liga-se, ao longo do microtúbulo, a uma tubulina α. Lateralmente, os mesmos tipos de subunidades associam-se (α com α e β com β). A natureza e a quantidade dessas interações tornam os microtúbulos estruturas relativamente rígidas no citoesqueleto, especialmente em comparação

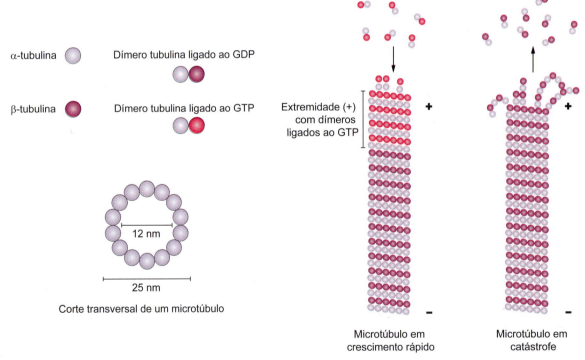

Figura 7.10 Desenho esquemático da estrutura e da dinâmica dos microtúbulos. Cada microtúbulo é um polímero de dímeros proteicos de tubulinas α e β. O corte transversal ao microtúbulo revela que sua parede é constituída por um anel com 13 subunidades e seu interior parece oco. Os microtúbulos são polarizados, apresentando uma extremidade (+) mais dinâmica do que a extremidade (−). O dímero de tubulina ligado ao GTP apresenta grande afinidade pelo polímero, associando-se com facilidade durante a polimerização; este GTP será hidrolisado algum tempo após a polimerização. A conformação proteica da tubulina ligada ao GDP confere afinidade reduzida pelo polímero. Desse modo, a hidrólise do GTP para GDP facilita a despolimerização. A despolimerização é denominada "catástrofe", e a polimerização é intitulada "resgate". Se a velocidade de polimerização for maior que a da hidrólise do GTP, a extremidade do microtúbulo em crescimento fica mais protegida da despolimerização, devido à maior afinidade do dímero ligado ao GTP pelo microtúbulo. Se a velocidade de polimerização for menor que a da hidrólise do GTP, a extremidade do microtúbulo contendo subunidades ligadas ao GDP será naturalmente mais suscetível à despolimerização.

aos filamentos de actina e aos filamentos intermediários. Isso também os torna, comparativamente, menos resilientes e mais sujeitos à ruptura quando submetidos a forças mecânicas.

Assim como ocorre com os filamentos de actina, o dímero de tubulina ligado ao GTP (tubulina-GTP) apresenta grande afinidade pelo polímero, associando-se com facilidade durante a polimerização; esse GTP será hidrolisado algum tempo após a polimerização. A conformação proteica da tubulina-GDP é diferente da tubulina-GTP e tem afinidade reduzida pelo polímero. Desse modo, a hidrólise do GTP para GDP facilita a despolimerização.

Microtúbulos são muito dinâmicos, alongando-se e encurtando-se com frequência. A despolimerização é denominada "catástrofe", e a polimerização é nomeada "resgate". Se a velocidade de polimerização for maior que a da hidrólise do GTP, a extremidade do microtúbulo em crescimento fica bem mais protegida da despolimerização, devido à maior afinidade do dímero ligado ao GTP pelo microtúbulo. Se a velocidade de polimerização for menor que a da hidrólise do GTP, a extremidade do microtúbulo contendo subunidades ligadas ao GDP será naturalmente mais suscetível à despolimerização (ver Figura 7.10).

Embora o fenômeno da esteira, conforme descrito para o citoesqueleto de actina, possa ocorrer também nos microtúbulos, na maioria das vezes, o microtúbulo alterna polimerização e despolimerização na mesma extremidade (+), em um fenômeno denominado "instabilidade dinâmica". Isso ocorre porque, nas células, a extremidade (−) de um microtúbulo frequentemente se associa ao centro organizador de microtúbulos (MTOC, do inglês *microtubule organizing center*). O MTOC estabiliza os polímeros e localiza-se em uma região próxima do núcleo e do complexo de Golgi denominada **centrossomo** onde estão localizados também os centríolos (Figura 7.11).

O citoplasma sempre contém dímeros de tubulina na forma não polimerizada (tubulinas α e β não são encontradas separadamente no citoplasma, mas apenas na forma de dímeros). Da mesma maneira que ocorre com o citoesqueleto de actina, há uma concentração crítica de dímeros de tubulina que deve estar sempre disponível para polimerização. Para facilitar a nucleação de novos microtúbulos, um terceiro tipo de tubulina (tubulina γ), expressa em pequenas quantidades nas células eucariontes e localizada no centrossomo, atua como fator nucleador. A tubulina γ liga-se a outras proteínas acessórias no MTOC, formando o complexo γ-TURC (do inglês *γ-tubulin ring complex*), o qual se organiza em anéis proteicos com 13 subunidades de tubulina γ ligadas lateralmente, que servirão como um polo inicial para a formação dos microtúbulos (ver Figura 7.11). O polo que permanecerá ligado ao anel contendo tubulina γ, será a extremidade (−) do microtúbulo; a extremidade (+), livre, estará sujeita à instabilidade dinâmica. Os microtúbulos irradiam-se para todas as regiões das células a partir do MTOC.

Proteínas acessórias de microtúbulos e suas funções

Nas células, existem diversificadas proteínas acessórias que se ligam aos dímeros de tubulina ou a microtúbulos, influenciando fortemente a sua dinâmica (Figura 7.12). Algumas delas estabilizam os microtúbulos, e outras regulam sua organização, por exemplo, agregando os microtúbulos em feixes mais ou menos espaçados (dependendo do tamanho e da conformação da proteína acessória). A proteína Tau, por exemplo, agrega microtúbulos com espaçamento regular e pequeno, e a MAP2 (do inglês *microtubule-associated protein* 2) exerce a mesma função, mas formando feixes com espaçamento maior.

Em geral, proteínas que se ligam à extremidade (+) dos microtúbulos regulam a ocorrência de catástrofes e resgates, podem estabilizar o microtúbulo, promover a polimerização ligando-se a subunidades livres no citoplasma e conduzindo-as para a extremidade do microtúbulo, ou promover a sua despolimerização (fatores de catástrofe). Algumas das proteínas que se unem à extremidade (+) dos microtúbulos são responsáveis por sua interação com outras regiões da célula como, por exemplo, o córtex celular. Existem também proteínas acessórias que se ligam aos dímeros (subunidades) no citoplasma sequestrando-os, impedindo que sejam utilizados para polimerização; um exemplo é a proteína estamina, que se liga a dois dímeros de tubulina simultaneamente.

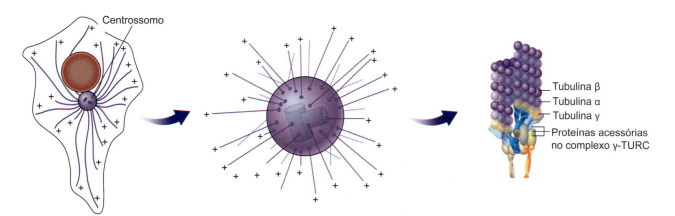

Figura 7.11 Desenho esquemático mostrando o centrossomo, região intracelular próxima do núcleo, de onde se originam os microtúbulos e se localizam os centríolos. A tubulina γ liga-se a outras proteínas acessórias no MTOC, formando o complexo γ-TURC (do inglês *γ-tubulin ring complex*); este complexo organiza-se em anéis proteicos com 13 subunidades de tubulina γ ligadas lateralmente, que servirão como um polo inicial para a formação dos microtúbulos. O polo que permanecerá ligado ao anel contendo tubulina γ será a extremidade (−) do microtúbulo; a extremidade (+), livre, ficará sujeita à instabilidade dinâmica. Os microtúbulos irradiam-se para todas as regiões das células a partir do MTOC.

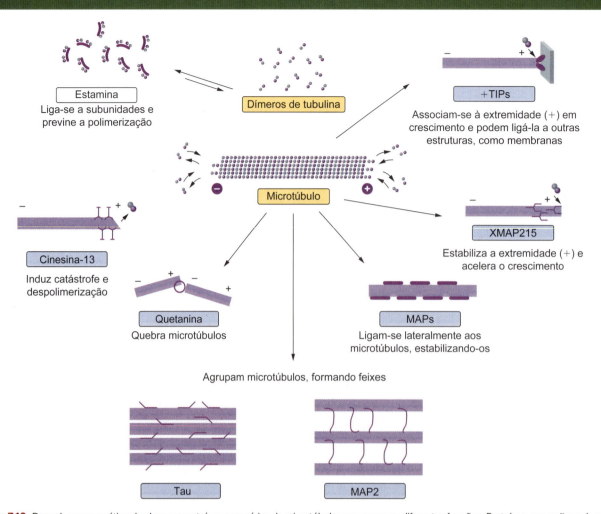

Figura 7.12 Desenho esquemático de algumas proteínas acessórias de microtúbulos que exercem diferentes funções. Proteínas que se ligam à extremidade (+) dos microtúbulos, em geral, regulam a ocorrência de catástrofes e resgates. Podem estabilizar o microtúbulo e promover a polimerização, ligando-se a subunidades livres no citoplasma e conduzindo-as para a extremidade do microtúbulo (XMAP215), ou promover a sua despolimerização (cinesina-13). Algumas das proteínas que se ligam na extremidade (+) dos microtúbulos são responsáveis por sua interação com outras regiões da célula como, por exemplo, o córtex celular (+TIPs). Existem também proteínas acessórias que se ligam aos dímeros no citoplasma, impedindo que sejam utilizados para polimerização (estamina). Existem também proteínas acessórias capazes de "quebrar" o microtúbulo (quetanina). Algumas proteínas acessórias regulam a organização dos microtúbulos, agregando-os em feixes mais ou menos espaçados (Tau e MAP2).

Existem também proteínas acessórias capazes de "quebrar" o microtúbulo, desligando-os do MTOC; uma vez desligados e com a extremidade (−) livre, esses microtúbulos rapidamente sofrem despolimerização. Um exemplo de proteína acessória que tem esta função de quebra é quetanina, que exerce um papel importante durante a mitose. Várias proteínas acessórias têm sua função regulada por fosforilação e, portanto, são passíveis de serem moduladas por vias de sinalização específicas que agem em quinases e fosfatases. Consequentemente, a dinâmica dos microtúbulos e sua participação estão fortemente vinculadas a diferentes processos celulares.

Proteínas motoras

Existem proteínas acessórias motoras específicas para o transporte de "carga" (moléculas, vesículas ou organelas) ao longo dos microtúbulos; estas pertencem a duas grandes famílias: cinesinas e dineínas (Figura 7.13). De maneira geral, essas proteínas motoras dependem da quebra de nucleotídios (ATP) para promover alterações conformacionais em sua estrutura. Essas alterações produzem força e também lhes permite ligar-se e desligar-se dos microtúbulos por meio de seus domínios motores, deslocando-se sobre eles. Além de se associarem aos microtúbulos, as proteínas motoras precisam contatar as cargas transportadas. Contudo, enquanto a interação da proteína motora com o microtúbulo é direta, a ligação das proteínas motoras à carga depende de complexos proteicos associados a ela (adaptadores), por intermédio de outros domínios (ver Figura 7.13).

Humanos apresentam 45 diferentes tipos de cinesinas, distribuídas em 14 famílias proteicas. Essas proteínas têm em comum um domínio motor bastante conservado. A maioria das cinesinas transporta no sentido da extremidade (+) dos microtúbulos; a cinesina-1, por exemplo, uma das primeiras a serem estudadas, funciona de maneira bastante semelhante à miosina II nos filamentos de actina. A hidrólise do ATP possibilita alterações conformacionais que fazem com que a cinesina-1, por intermédio de seus domínios globulares, se desloque passo a passo sobre o microtúbulo, sem sair do "trilho".

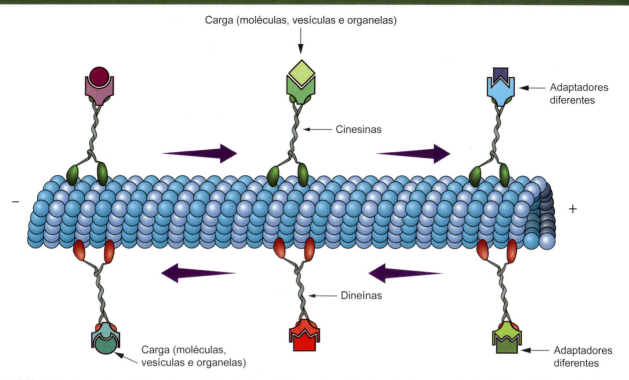

Figura 7.13 O desenho esquemático mostra a participação das proteínas motoras cinesina e dineína na movimentação de moléculas, vesículas e organelas, genericamente consideradas "cargas", ao longo de um microtúbulo. A cinesina transporta na direção da extremidade (+) e a dineína, na direção da extremidade (−) do microtúbulo. A variedade de cinesinas, dineínas e proteínas adaptadoras possibilita o transporte de cargas diferentes de um local para outro no interior da célula.

As dineínas, por sua vez, trafegam no sentido oposto, no sentido da extremidade (−) do microtúbulo. As dineínas são muito variáveis na sua conformação com relação ao número e ao tipo de cadeias pesadas, intermediárias e leves. De maneira geral, a dineína citoplasmática 1 transporta organelas e diferentes moléculas no citoplasma; a dineína citoplasmática 2 é menos expressa em células eucariontes, executando um transporte intraflagelar (no interior dos cílios); e as dineínas ciliares (ou do **axonema**) são altamente especializadas nos movimentos rápidos de microtúbulos durante os movimentos de cílios e flagelos, conforme abordado mais adiante. Pode-se dizer que a grande maioria das cinesinas faz um transporte centrífugo, afastando-se do centro celular em direção à periferia, enquanto a dineína citoplasmática 1 locomove-se de modo centrípeto, da periferia para o centro das células.

Muitos exemplos ilustram a importância de microtúbulos e proteínas motoras para o transporte intracelular; por exemplo, o posicionamento correto de diferentes organelas celulares, como o retículo endoplasmático e o complexo de Golgi, depende do transporte por cinesinas e dineínas. O estudo dos processos de deslocamento intracitoplasmático de vesículas e organelas foi facilitado graças à análise de células nas quais este transporte é ostensivo como, por exemplo, melanóforos de peixes. Melanóforos são células que contêm grânulos de um pigmento denominado "melanina" e são muito importantes para a adaptação por camuflagem do animal ao ambiente (Figura 7.14). Em ambientes mais iluminados, o animal camufla-se, tornando-se mais claro; em espaços menos luzidios, a pele do animal torna-se escura. Os melanóforos têm forma estrelada e seus processos celulares cobrem uma área significativa da pele. A pele muda

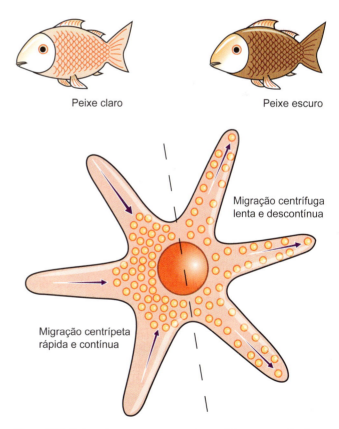

Figura 7.14 O desenho mostra transporte intracelular em um melanóforo, cujos grânulos de melanina deslocam-se em direção centrípeta, por estímulo nervoso, ou centrífuga, quando cessa esse estímulo. Dessa maneira, os peixes adaptam-se à cor do meio ambiente, defendendo-se de seus predadores.

de cor com o deslocamento intracelular dos grânulos de pigmentos: quando os grânulos estão nos processos celulares, o peixe fica mais escuro; quando estão concentrados no corpo celular, o peixe fica mais claro. Esse mecanismo é controlado pelo sistema nervoso simpático, pela liberação de norepinefrina nas terminações nervosas, o que promove a rápida migração de pigmento para o corpo celular. A migração do pigmento em direção oposta é um processo muito mais lento e irregular. O tratamento prévio dessas células com a colchicina ou a vimblastina (abordadas mais adiante) provoca despolimerização dos microtúbulos e, ao mesmo tempo, um bloqueio da migração dos grânulos de pigmento. Esses resultados mostram que os microtúbulos têm papel relevante no transporte dos grânulos.

Outros exemplos que ilustram a importância do transporte por microtúbulos são a extrusão de grânulos de secreção em células glandulares por exocitose (exo, fora, e cytos, célula; ver Capítulo 15). Essa função está bem ilustrada no diabetes genético do roedor *Acomys cahirinus*, que apresenta deficiência em microtúbulos. Nesses animais, as células produtoras de insulina (células β das ilhotas de Langerhans do pâncreas) sintetizam insulina normalmente, mas a incapacidade dos microtúbulos impede a eliminação dos grânulos de secreção, que se acumulam no citoplasma. Desse modo, os níveis de insulina circulantes nesses animais são baixos.

Em células muito especializadas, como os neurônios (Figura 7.15), os axônios contêm feixes de microtúbulos regularmente espaçados e com suas extremidades (+) direcionadas para a região da sinapse; cinesinas são responsáveis por transportar vesículas contendo neurotransmissores e diferentes moléculas no sentido do terminal sináptico (transporte anterógrado), e a dineína encarrega-se do transporte retrógrado, na direção oposta.

Os centrossomos contêm um par de centríolos, os quais são formados por microtúbulos e proteínas associadas. Eles estão sempre ortogonais entre si. Essa organização é muito típica e constante. Cada centríolo tem um formato cilíndrico e é constituído por nove feixes curtos de microtúbulos, cada um deles com três microtúbulos paralelos e fundidos (um completo e dois incompletos). Esse arranjo é mantido por diferentes proteínas centriolares que pertencem ao complexo SAS-6. Proteínas desse complexo associam-se entre si e ligam-se simultaneamente aos nove trios de microtúbulos, em um arranjo que se assemelha a uma roda de carroça e mantém a estrutura dos centríolos. Proteínas acessórias também organizam o material ao redor dos centríolos (matriz pericentriolar), onde ocorre a nucleação de microtúbulos (MTOC). Os centríolos duplicam-se previamente à mitose e, durante a divisão celular, são essenciais para a formação dos dois polos do fuso mitótico (ver Capítulo 10).

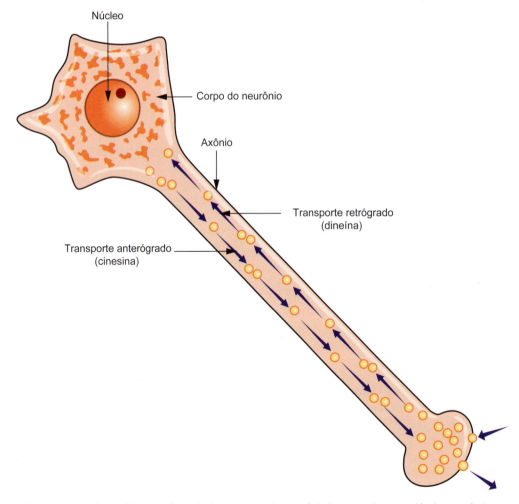

Figura 7.15 Ilustração do transporte intracelular em axônios (prolongamentos dos neurônios), que conduzem moléculas e vesículas contendo neurotransmissores com velocidades diferentes em duas direções. Cinesinas fazem o transporte anterógrado (em direção ao terminal axônico), e dineínas fazem o transporte retrógrado (rumo ao corpo celular).

Especializações celulares com microtúbulos

Cílios e **flagelos** são especializações celulares associadas à motilidade. Ambos são constituídos por microtúbulos organizados. Flagelos movimentam-se em ondulações e geralmente são únicos e longos em uma célula individual. Estão presentes em espermatozoides e em alguns protozoários. O movimento flagelar dos espermatozoides ocorre por um abalo tipo vaivém, que se inicia na base do flagelo, perto do núcleo do espermatozoide. A atividade do flagelo movimenta o espermatozoide para a frente em um meio líquido.

Em vertebrados os cílios são curtos, múltiplos por célula individual e situam-se na superfície apical de algumas células; apresentam um movimento conjunto de batimento, semelhante a um chicote. No corpo humano, os cílios estão presentes na superfície de alguns epitélios e proporcionam o movimento de fluidos sobre os mesmos. No sistema respiratório, por exemplo, as células ciliares encontram-se associadas a outras que secretam muco e têm como função o transporte unidirecional de uma camada delgada de muco que reveste a superfície interna dessas estruturas tubulares. Dessa maneira, a poeira que atinge o sistema respiratório é captada pelo muco e transportada para a nasofaringe. No sistema reprodutor feminino, o oviduto também é revestido por células ciliadas. O batimento ciliar movimenta o fluxo de muco para o útero, o que facilita o transporte dos óvulos. Cílios também estão presentes no revestimento dos ventrículos cerebrais. A Figura 7.16 ilustra como os movimentos ciliares e flagelares ocorrem.

Discinesia ciliar primária

A **discinesia ciliar primária** é uma alteração na constituição ciliar, de causa genética e heterogênea, geralmente herdada de forma autossômica recessiva, embora casos raros ligados ao cromossomo X ou de herança autossômica dominante tenham sido descritos. Os sintomas dessa síndrome ilustram bem a importância do batimento ciliar. Os defeitos ciliares acarretam rinossinusite crônica, otite média, bronquiectasia e desconforto respiratório neonatal. Além disso, ocorrem com frequência fertilidade reduzida, heterotaxia (erros de simetria esquerda–direita do eixo anatômico de alguns órgãos) e defeitos cardíacos congênitos, além de hidrocefalia esporádica. O estudo dos espermatozoides de pacientes com essa síndrome mostrou que os braços de dineína estão ausentes em cílios e flagelos, o que impede a movimentação dessas estruturas, impossibilitando o deslocamento dos espermatozoides e o batimento ciliar responsável pela eliminação contínua de poeiras que penetram na árvore respiratória. Atualmente não há um tratamento efetivo para a discinesia ciliar primária.

Na base de cílios e flagelos, localiza-se o corpúsculo basal e, em seu centro, está o axonema, composto de microtúbulos e proteínas associadas (Figura 7.17). Em um corte transversal ao cílio ou flagelo, observa-se que o axonema é formado por 9 pares de microtúbulos em arranjo circular, juntamente com um par central de microtúbulos (arranjo 9 + 2). Os microtúbulos dos

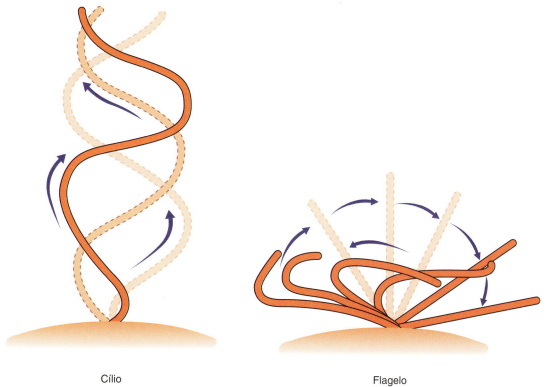

Cílio　　　　　　　　　　Flagelo

Figura 7.16 A ilustração mostra o movimento dos flagelos e cílios. O flagelo movimenta-se por uma contração que se inicia na base e é transmitida ao longo do flagelo. Quanto ao movimento ciliar, inicialmente o cílio permanece rígido (*esquerda para a direita*, no desenho); em seguida, torna-se flexível e retorna à posição inicial, para iniciar novo ciclo. Assim, o batimento ciliar impulsiona partículas em uma direção determinada (*setas azuis*).

pares periféricos apresentam-se fundidos uns aos outros, enquanto, no par central, encontram-se separados (Figuras 7.17 e 7.18). Esse arranjo é mantido por proteínas acessórias dispostas regularmente ao longo dos microtúbulos (unidades de 96 nm), como a nexina, que liga microtúbulos de pares periféricos ao par adjacente, e outras proteínas associadas aos filamentos radiais, que ligam o par central às duplas periféricas (ver Figura 7.17).

Moléculas de dineína ciliar, com seus braços internos e externos, formam pontes entre as duplas de microtúbulos periféricos, e sua atividade motora proporciona o movimento de batimento ciliar. Durante o movimento, a interação dos braços externos da dineína com os microtúbulos adjacentes desliza os pares de microtúbulos entre si e gera a força propulsora. Este movimento também regula a frequência de batimentos. Porém, este deslizamento é limitado por proteínas que prendem os pares de microtúbulos uns aos outros (complexo regulatório dineína-nexina) e a força motora é convertida em dobramento dos cílios, com a provável participação dos braços internos da dineína (Figura 7.19).

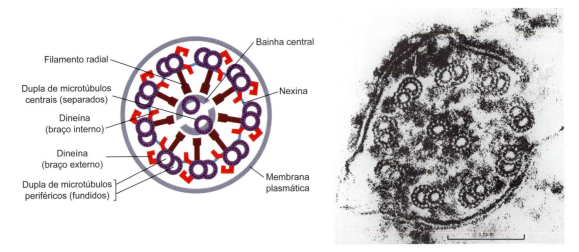

Figura 7.17 O esquema ilustra a ultraestrutura do cílio e do flagelo, observada em corte transversal. Observe os nove pares fundidos de túbulos periféricos, que se prendem pelos braços de dineína e por ligações laterais (nexina). Os pares periféricos ligam-se ao par central (não fundido) por meio dos filamentos radiais. A micrografia eletrônica (à *direita*) mostra as moléculas proteicas que constituem os microtúbulos (*seta*). Corte transversal de cauda de espermatozoide de rato fixado em mistura de glutaraldeído e ácido tânico. (Cortesia de V. Mizuhira.)

Figura 7.18 Eletromicrografia de corte transversal de cílios. Dentro de cada cílio, nove pares de microtúbulos fundidos e um par central não fundido. (Aumento: 84.000×.)

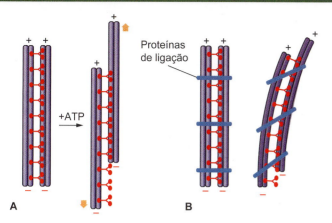

Figura 7.19 Modelo molecular simplificado para explicar os movimentos ciliar e flagelar. O esquema demonstra a interação entre dois pares de microtúbulos periféricos no axonema em duas condições diferentes: (**A**) Na ausência das proteínas que ligam os pares entre si (nexina, por exemplo) e (**B**) em condições normais, na presença das proteínas de ligação. Na condição mostrada em **A** e na presença de ATP, a ação motora da dineína faz com que um par de microtúbulos deslize sobre o outro. Na condição mostrada em **B**, as proteínas de ligação restringem esse deslizamento, o que promove o encurvamento do axonema.

Tanto os cílios como os flagelos inserem-se em estruturas semelhantes aos centríolos, denominadas **corpúsculos basais** (Figuras 7.20 e 7.21). Estes apresentam nove agregados de três microtúbulos periféricos, mas sem o par central. Frequentemente, os corpúsculos basais apresentam prolongamentos que se dirigem para dentro do citoplasma, formando as chamadas "raízes dos cílios", que teriam a função de sustentar e ancorar os cílios na célula.

Tanto o movimento flagelar quanto o ciliar são movidos pela energia fornecida pela hidrólise do ATP. Portanto, nos espermatozoides dos mamíferos, o flagelo é envolto por uma espiral de mitocôndrias na sua porção inicial. Da mesma forma, nas células dos epitélios ciliados, as mitocôndrias dispõem-se principalmente no polo apical, próximo dos corpúsculos basais (ver Figura 7.20).

Estabilidade dos microtúbulos

Nas células, a estabilidade dos microtúbulos é muito variável. Os microtúbulos dos cílios, por exemplo, são estáveis. Em contraste, os do fuso mitótico formam-se na mitose e desfazem-se com o término desse processo. Os microtúbulos dispersos no citoplasma têm duração (ou meia-vida) ainda mais curta. É importante considerar que a meia-vida das proteínas que constituem os dímeros (tubulinas α e β) é bem maior que a dos microtúbulos, de maneira que as mesmas subunidades, desde que ligadas ao GTP, estarão disponíveis para polimerização várias vezes, enquanto durarem na célula.

Os microtúbulos podem sofrer modificações pós-traducionais (ver Capítulo 12) que alteram não apenas a estabilidade dos microtúbulos como também outras propriedades. Essas alterações são mediadas por enzimas, cujas expressão e atividade são reguladas por vias de sinalização. Podem modular, por exemplo, a afinidade de cinesinas pelo microtúbulo e, consequentemente, tornar o tráfego intracelular mais eficiente. Dentre essas alterações, estão adições de extensões laterais às tubulinas, como acetilação, fosforilação, poliaminação (que geralmente ocorrem ao longo das cadeias de tubulina), poliglutamilação e

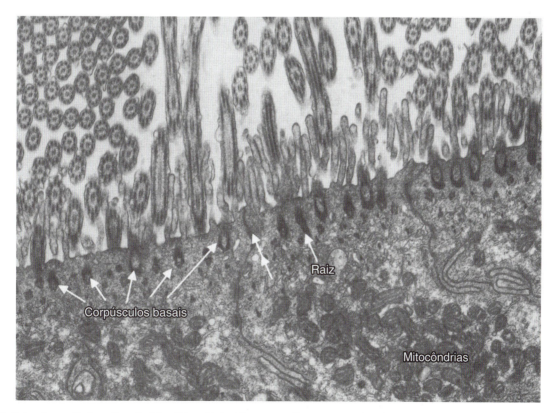

Figura 7.20 Eletromicrografia da região apical de células ciliadas. Observe os cílios implantados nos corpúsculos basais (*setas simples*), de onde partem as raízes dos cílios. Nota-se o acúmulo de mitocôndrias, fornecedoras de energia (ATP), no ápice dessas células. Entre os cílios, observam-se microvilos na superfície das células. Na *seta dupla*, um complexo juncional. (Aumento: 25.000×.)

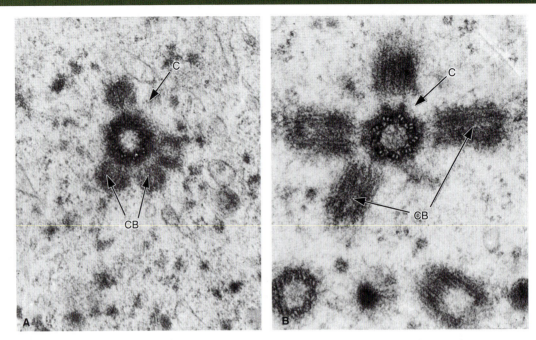

Figura 7.21 A eletromicrografia mostra a formação de corpúsculos basais no oviduto de macaca. Quando se injeta hormônio estrógeno em macacas, formam-se, em pouco tempo, muitos cílios na superfície das células epiteliais do oviduto. As figuras ilustram a formação de corpúsculos basais (CB) ao lado de um centríolo preexistente (C). Em **A**, fase inicial de formação e, em **B**, fase mais adiantada. Admite-se que a maior parte dos corpúsculos basais se forma sem a presença de centríolos preexistentes. (Adaptada de Anderson e Brenner, 1971.)

poliglicilação. Outras modificações removem resíduos da tubulina, como a destirosinação, tirosinação, remoção de resíduos específicos de glutamato (que ocorrem na porção carboxi-terminal das tubulinas). Os efeitos de algumas polimodificações podem ter diferentes intensidades, dependendo do tamanho da extensão; ou seja, o efeito da modificação pós-traducional varia de intensidade proporcionalmente à quantidade de moléculas presentes na extensão adicionada à tubulina. Por outro lado, outras extensões funcionam de forma binária, modificando totalmente as propriedades da tubulina. Nesses casos, não há variações de intensidade.

Fármacos que agem em microtúbulos

Diferentes fármacos que agem nos microtúbulos têm sido utilizados como ferramentas para a compreensão da estrutura e da função dos microtúbulos nas células. Além disso, por interferirem significativamente em processos celulares, esses medicamentos têm aplicação terápica. Por exemplo, os fármacos que agem em microtúbulos e interferem na divisão celular têm sido utilizados como quimioterápicos no tratamento do câncer. O alcaloide **colchicina** paralisa a mitose na metáfase e tem sido útil em estudos sobre os cromossomos e a divisão celular. A colchicina e outros fármacos como o nocodazol, a vincristina e a vimblastina combinam-se especificamente com os dímeros de tubulina e promovem a extinção dos microtúbulos menos estáveis, como os do fuso mitótico. Os microtúbulos dos cílios e flagelos, por outro lado, são resistentes à colchicina, talvez em razão das proteínas acessórias a eles associadas.

Outro alcaloide que interfere nos microtúbulos é o taxol, com efeito molecular contrário ao da colchicina. O taxol liga-se e estabiliza microtúbulos, impedindo a despolimerização e aumentando a quantidade de microtúbulos nas células. Esse fármaco tem sido empregado com sucesso no tratamento de determinados tumores malignos por sua capacidade de impedir a formação do fuso mitótico. Infelizmente esse efeito não é seletivo para células tumorais, afetando também tecidos normais que proliferam rapidamente no paciente como, por exemplo, o revestimento intestinal, portanto, os efeitos colaterais também são pronunciados.

Filamentos intermediários

Os filamentos intermediários apresentam cerca de 10 nm de diâmetro (Figuras 7.22 e 7.23) – são maiores que os microfilamentos de actina (8 nm) e menores que os microtúbulos (25 nm).

Os filamentos intermediários são mais estáveis do que os microtúbulos e os filamentos de actina, e assemelham-se a cordas espalhadas pelo citoplasma. São especialmente abundantes em células sujeitas a forças mecânicas. De fato, dentre os elementos do citoesqueleto, os filamentos intermediários são aqueles que conferem às células maior resistência, deformando-se ao receber uma força e apresentando grande resistência à ruptura. Filamentos intermediários exercem função muito importante na mecânica de células e tecidos, atuando como verdadeiros guardiões de sua integridade. Sua importância é particularmente notável em tecidos submetidos a forças mecânicas durante o desenvolvimento e também na vida adulta, como o tecido muscular e os epitélios. Por exemplo, esse componente do citoesqueleto aumenta a resiliência de células que foram estiradas ou comprimidas, limitando a deformação das mesmas pela força mecânica e auxiliando o retorno à sua forma inicial, sem danos.

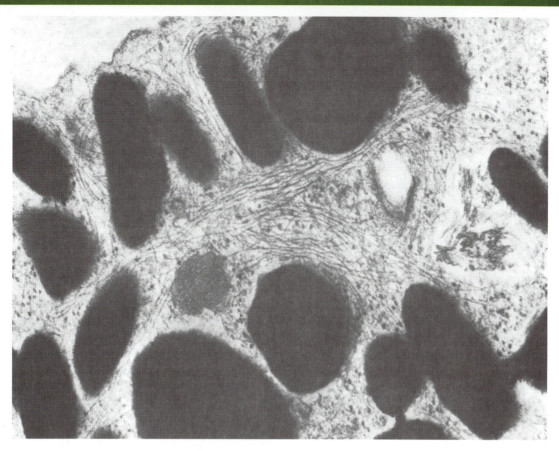

Figura 7.22 Eletromicrografia de melanócito. Entre os grânulos escuros de melanina, aparecem numerosos filamentos intermediários. (Aumento: 50.000×.)

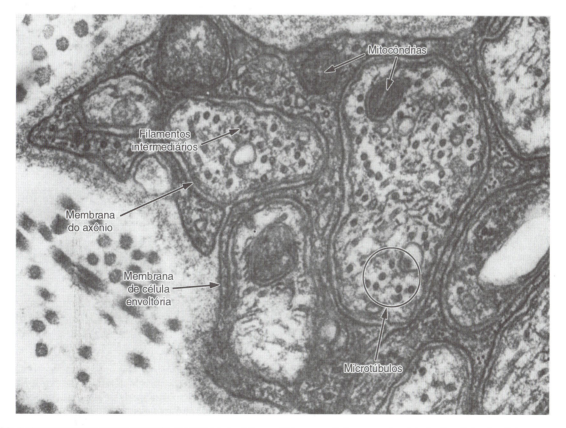

Figura 7.23 A eletromicrografia mostra microtúbulos e filamentos intermediários em corte transversal, no interior de axônios de células nervosas humanas. Observa-se que o diâmetro dos filamentos intermediários é menor que o diâmetro dos microtúbulos. (Aumento: 80.000×.)

Em humanos, cerca de 70 genes codificam proteínas de filamentos intermediários. Essas proteínas estão distribuídas em diferentes famílias e exercem funções variadas nas células, formando redes filamentosas determinadas de acordo com o tipo celular (Tabela 7.1). A associação específica de filamentos intermediários com o tipo de tecido torna-os particularmente úteis para caracterizar, nas biópsias de tumores e suas metástases, os tecidos de origem, informação muitas vezes importante para orientar o tratamento. Por exemplo, a detecção de queratina por meio da técnica de imuno-histoquímica em células tumorais indica que o tumor é de origem epitelial; o tipo de queratina observada pode informar o tipo de epitélio onde se formou o tumor primário.

Essas proteínas alongadas têm em comum um domínio central conservado que forma uma α-hélice, importante para a formação de dímeros (Figura 7.24). Os dois dímeros associam-se em uma posição antiparalela (com as extremidades voltadas para lados opostos) e ligeiramente deslocada, formando tetrâmeros, que constituirão as subunidades de montagem dos filamentos intermediários. É interessante observar que não há polaridade nos tetrâmeros, já que cada molécula tem uma extremidade semelhante à outra. Para a formação dos filamentos com diâmetro de 10 nm, os tetrâmeros associam-se lateralmente e topo a topo por meio de interações hidrofóbicas, formando oito fileiras paralelas denominadas "protofilamentos" (ver Figura 7.24). Considerando-se que as subunidades são tetrâmeros, em um corte transversal cada filamento intermediário possui 32 proteínas organizadas em oito protofilamentos. Devido à ausência de polaridade nas subunidades, também não há uma polaridade nos filamentos intermediários. Além disso, ainda diferindo do que ocorre na polimerização de actina e de microtúbulos, durante a polimerização dos filamentos intermediários não ocorre hidrólise de nucleotídios.

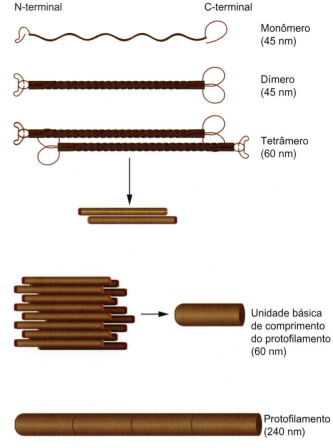

Figura 7.24 Desenho esquemático da montagem de filamentos intermediários. Por meio de uma região central conservada, dois monômeros associam-se em hélice, formando um dímero. Dois dímeros associam-se de forma antiparalela e ligeiramente deslocada para formar um tetrâmero, que é a subunidade básica para montagem dos filamentos. Oito tetrâmeros associam-se lateralmente, constituindo uma unidade básica do protofilamento, com aproximadamente 60 nm de comprimento e 10 nm de diâmetro. Essas unidades básicas acoplam-se sequencialmente, formando filamentos de cerca de 240 nm de comprimento. Esse processo não utiliza ATP ou GTP, e os filamentos não são polarizados.

Tabela 7.1 Algumas proteínas que constituem os filamentos intermediários.

Proteína e peso molecular	Localização
Queratinas (cerca de 20 tipos, 40 a 70 kDa)	Células epiteliais e estruturas formadas por elas, como unhas, pelos e chifres
Vimentina (54 kDa)	Maioria das células originadas do mesênquima embrionário
Desmina (53 kDa)	Células musculares lisas, musculares esqueléticas e do miocárdio
Proteína ácida fibrilar da glia (50 kDa)	Dois tipos de células da glia: astrócitos e células de Schwann
Proteínas dos neurofilamentos (60 a 130 kDa)	Corpo celular e prolongamentos dos neurônios (principalmente axônios)
Laminas A, B e C (65 a 75 kDa)	Lâmina nuclear; reforça internamente o envelope nuclear

O conhecimento sobre o citoesqueleto de filamentos intermediários é muito inferior às informações existentes sobre o citoesqueleto de actina e microtúbulos. Além da variedade de proteínas de filamentos intermediários, a quantidade dessas proteínas pode variar de 0,3 a 85% do total de proteínas nas células. Embora sejam elementos relativamente estáveis do citoesqueleto, filamentos intermediários sofrem renovação de suas subunidades; sua polimerização/despolimerização pode ser regulada por vias de sinalização envolvendo fosforilação, por exemplo. Estudos demonstraram que a fosforilação completa dos filamentos induz a sua despolimerização, enquanto a fosforilação parcial torna-os mais maleáveis. Esse fenômeno é comum durante processos celulares como divisão, migração e diferenciação, no entanto agentes reguladores bem caracterizados da dinâmica desses filamentos são ainda pouco conhecidos. Como existem diferentes tipos de proteínas de filamentos intermediários, a estabilidade desses filamentos é variável. Até o momento não são conhecidos motores moleculares associados de forma específica aos filamentos intermediários.

Um exemplo ilustrativo de filamentos intermediários muito importantes para a resistência mecânica são os filamentos de **queratina**. Em humanos, foram identificados até o momento cerca de 20 tipos de queratina, expressos exclusivamente por células epiteliais. Em alguns epitélios, proteínas acessórias agregam esses filamentos aumentando sua resistência. Desse modo, a queratina permanece mesmo após a morte das células epiteliais, formando a camada córnea da epiderme, unhas, cabelos ou escamas. Filamentos de queratina participam de junções intercelulares, como os **desmossomos**, e também de junções das células junto à matriz extracelular, como os **hemidesmossomos** (ver Capítulo 8). Não por acaso, essas junções são denominadas "junções de ancoragem", por unirem as células entre si e ao substrato. Na epiderme, a funcionalidade dos muitos desmossomos que unem as células entre si e dos hemidesmossomos que as mantêm aderidas à lâmina basal possibilita que forças incidentes sobre a pele sejam dissipadas pelo tecido, por meio do citoesqueleto de filamentos intermediários.

Os filamentos intermediários formados pela proteína **vimentina** são encontrados em células originadas do tecido embrionário denominado "mesênquima", como fibroblastos. Outros tipos celulares que contêm vimentina são macrófagos e células musculares lisas, dentre outras.

A **desmina** é encontrada nos filamentos intermediários das células musculares lisas e nas estrias Z das miofibrilas em células musculares estriadas esqueléticas e cardíacas. São muito importantes para a estabilidade e resistência dessas células. Mutações em genes que codificam essa proteína associam-se a algumas formas de distrofia muscular e miopatia cardíaca; de modo geral, as doenças associadas a essas mutações são denominadas "desminopatias".

Os neurofilamentos são componentes do corpo celular e dos prolongamentos dos neurônios, sendo particularmente abundantes nos axônios. Existem três tipos de proteínas de neurofilamentos (NF-L, NF-M e NF-H), que se associam formando heteropolímeros. A expressão dessas proteínas regula o diâmetro dos axônios, o que, por sua vez, influencia na velocidade de condução do sinal pelas células. Além disso, existem axônios de comprimentos muito variáveis, e o citoesqueleto de filamentos intermediários é muito importante para a estabilidade e resistência desses processos celulares.

Existem três isoformas da proteína lamina, denominadas A, B e C, que participam da constituição da lâmina nuclear, uma estrutura em forma de rede que reforça a superfície interna do envelope nuclear. Essa rede confere resistência ao envelope nuclear e serve de ancoragem para proteínas dos poros, contribuindo também para a organização da cromatina na periferia do núcleo (ver Capítulo 9). Assim, ao contrário das outras proteínas de filamentos intermediários, que são citoplasmáticas, a lamina é um componente do núcleo celular e é mais amplamente expressa. O citoesqueleto de filamentos intermediários no núcleo e o citoesqueleto citoplasmático estão conectados por proteínas presentes no envoltório nuclear e proteínas citoplasmáticas denominadas "plaquinas". Essa ligação é essencial para processos como o posicionamento nuclear e do centrossomo, por exemplo,

inclusive durante a migração celular. As plaquinas, dentre elas a plectina, também unem o citoesqueleto de filamentos intermediários a outros elementos do citoesqueleto, como filamentos de actina e microtúbulos. Sendo assim, a desestabilização de um componente do citoesqueleto inevitavelmente afeta outros elementos também.

Movimentos celulares

Movimentos celulares englobam o deslocamento das células com diferentes finalidades e também a alteração de seu formato sem que ocorra deslocamento como, por exemplo, na contração muscular. Movimentos dependem do citoesqueleto, principalmente de actina e microtúbulos, com suas proteínas acessórias.

Contração no músculo estriado

Na contração de células musculares estriadas, a energia química é transformada em mecânica, produzindo o movimento. Células musculares estriadas estão presentes nos músculos estriados esqueléticos e também no músculo estriado cardíaco, principal componente do miocárdio, responsável pela contração do coração. Embora os mecanismos moleculares envolvidos na contração muscular, descritos mais adiante, sejam comuns aos dois tipos de células musculares, existem diferenças morfológicas e funcionais importantes entre o músculo estriado esquelético e o músculo estriado cardíaco, que não serão abordadas neste capítulo.

Músculos estriados esqueléticos são órgãos que apresentam células muito especializadas, denominadas "fibras musculares esqueléticas" (Figura 7.25). Estas fibras são alongadas, cilíndricas e multinucleadas, com os núcleos localizados na periferia das células, logo abaixo da membrana plasmática. Ao microscópio óptico, as fibras musculares apresentam um aspecto estriado (ver Figura 7.25); ao microscópio eletrônico, com maior resolução, observa-se que essa estriação é derivada de diferentes estruturas fibrilares intracelulares, denominadas "miofibrilas". Estas miofibrilas apresentam uma alternância de bandas claras (denominadas "bandas I") e bandas escuras (denominadas "bandas A").

As miofibrilas são formadas por unidades funcionais que se repetem, os **sarcômeros**. Cada sarcômero, por sua vez, é delimitado por duas estrias finas e eletrodensas (escuras), as estrias Z, que contêm proteínas importantes para o ancoramento dos filamentos do citoesqueleto. Cada sarcômero é formado por uma banda A central e dois segmentos da banda I de cada lado, terminando na estria Z (ver Figura 7.25).

Existem no sarcômero, basicamente, actina e miosina (Figuras 7.25, 7.26 e 7.27). Os filamentos de actina, mais finos, inserem-se nas estrias Z pela sua extremidade (+), com o auxílio de proteínas acessórias (Cap Z, **α-actinina**). A extremidade (−) desses filamentos, contendo uma proteína capeadora denominada "tropomodulina", dirige-se medialmente, porém não alcança o centro do sarcômero e sobrepõe-se parcialmente aos filamentos grossos de miosina II (ver Figura 7.26). A proteína acessória nebulina acompanha os filamentos de actina em todo o seu comprimento; outra

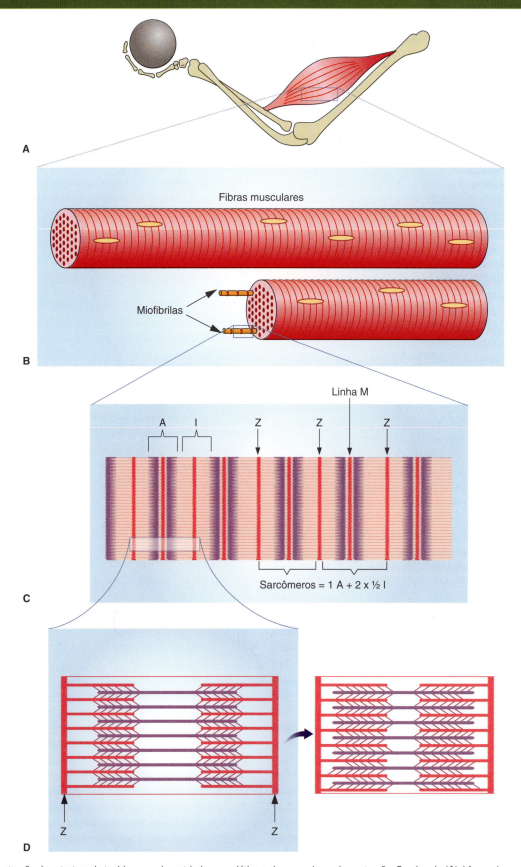

Figura 7.25 Ilustração da estrutura do tecido muscular estriado esquelético e do mecanismo de contração. O músculo (**A**) é formado por feixes de fibras musculares. Cada fibra é um sincício que contém miofibrilas (**B**). Cada miofibrila é formada por unidades que se repetem, os sarcômeros (**C**), limitados lateralmente pelas estrias Z. Em **D**, a ultraestrutura de cada sarcômero mostra os filamentos finos de actina que se imbricam com os filamentos grossos de miosina. Os filamentos grossos formam uma banda escura – a banda A. De cada lado da banda A, o desenho mostra uma semibanda I, clara, e a estria Z. *À esquerda*, sarcômero de músculo distendido; *à direita*, sarcômero de músculo contraído. A contração decorre do deslizamento dos filamentos finos sobre os filamentos grossos. Observe as pontes que se estabelecem entre os filamentos.

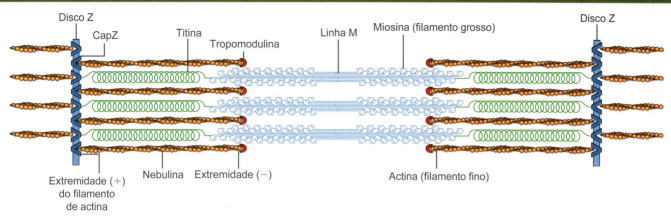

Figura 7.26 O desenho esquemático mostra a organização de um sarcômero, com filamentos de actina ancorados nas estrias Z e filamentos de miosina no centro. A proteína acessória titina estende-se da estria Z até a linha M, associando-se parcialmente aos filamentos de miosina. Por ser elástica, a titina acompanha o comprimento do sarcômero nos ciclos de contração e relaxamento. Os filamentos de miosina invertem sua polaridade na altura da linha M. Os filamentos finos de actina estão capeados nas duas extremidades (proteínas tropomodulina e CapZ), e a extremidade (+) está ancorada na estria Z com o auxílio de Cap Z e α-actinina (não mostrada). A proteína nebulina acompanha os filamentos de actina, com a tropomiosina e a troponina (não demonstradas no esquema).

Figura 7.27 Eletromicrografia de músculo estriado esquelético em estado de distensão. *No centro*, escurecida, a estria Z ladeada pelos filamentos finos (actina) e, mais lateralmente, pelos grossos (miosina). As bandas A (mais escuras) e I (mais claras) estão demonstradas. Em R, o retículo endoplasmático liso, no qual é acumulado o cálcio no músculo em repouso. (Aumento: 100.000×.)

proteína acessória que se liga lateralmente aos filamentos de actina, estabilizando-os, é a tropomiosina. A tropomiosina está em íntimo contato com a actina ao longo de todo o filamento. A troponina é uma proteína acessória constituída por um complexo de três cadeias polipeptídicas: troponina T (liga-se à tropomiosina), troponina I (tem atividade inibitória, ligando-se simultaneamente à subunidade T e à actina) e troponina C (liga íons-cálcio) (Figura 7.28).

Os filamentos grossos, descritos anteriormente, são constituídos pela associação de centenas de moléculas de miosina II, formando um feixe no qual as cabeças da miosina provocam saliência (ver Figuras 7.9 e 7.26). Cada uma dessas cabeças de miosina contém uma região com atividade ATPásica que se combina de maneira reversível com a actina (Figura 7.29).

Os filamentos grossos estão posicionados no centro do sarcômero, onde se ancoram à linha M. A proteína titina, que por uma extremidade se insere na estria Z e pela outra se liga à linha M, é importante para esse posicionamento dos filamentos de miosina.

No músculo em repouso, a tropomiosina impede o contato das cabeças da miosina com a actina. Quando o músculo é estimulado, a concentração de íons cálcio no citoplasma aumenta. Esses íons interagem com a troponina C, promovendo uma alteração conformacional que promove o desligamento da troponina T da actina. Como consequência, a molécula de tropomiosina é deslocada, o que expõe os grupamentos da actina que interagem com as cabeças da miosina, estabelecendo-se, assim, pontes entre esses dois filamentos (ver Figura 7.29).

150 Biologia Celular e Molecular

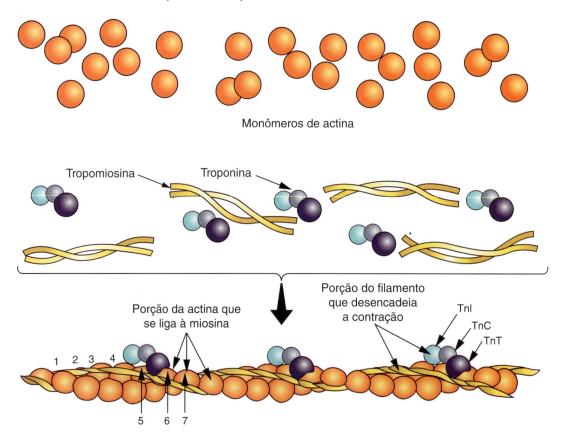

Figura 7.28 Esquema da atuação de proteínas, actina, tropomiosina e troponina para formar os filamentos finos. *Na parte de cima do desenho*, os componentes livres, e *embaixo*, polimerizados nos filamentos. Observe que cada molécula de tropomiosina prende-se intimamente a sete monômeros da actina. A troponina liga a actina à tropomiosina. Quando aumenta a concentração de íons Ca^{2+}, a troponina deforma-se e afasta a molécula de tropomiosina daquela de actina. A troponina é constituída por três subunidades denominadas "TnL, TnC e TnT".

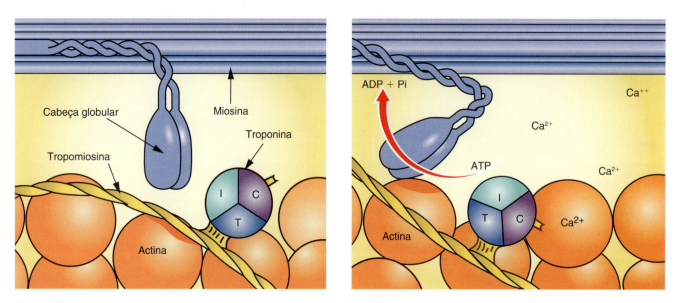

Figura 7.29 O esquema ilustra o processo molecular da contração muscular. O Ca^{2+} liberado do retículo endoplasmático liso prende-se à troponina, que modifica sua forma, deslocando a tropomiosina e expondo as áreas receptoras da actina (*em sombreado*), que, então, se ligam às cabeças globulares da miosina. Em uma segunda etapa, ocorre hidrólise de trifosfato de adenosina (ATP) a difosfato de adenosina (ADP), com liberação da energia utilizada para dobrar a molécula de miosina. O processo de dobramento da molécula da miosina, que produz o deslizamento da actina sobre a miosina, processa-se em duas regiões da molécula. Consequentemente, os filamentos finos (actina) deslizam sobre os grossos (miosina), promovendo o encurtamento dos sarcômeros e a contração muscular.

Na etapa seguinte, o encurvamento da cabeça globular da miosina, consumindo energia do ATP, desloca o filamento de actina em direção ao centro do sarcômero (ver Figura 7.29). Esse ciclo repete-se, tendo como consequência o rápido encurtamento dos sarcômeros e provocando a contração da fibra muscular estriada, já que todas as miofibrilas contidas nas fibras participam desse processo simultaneamente.

Comparando-se o músculo contraído com o músculo distendido, observa-se que, no primeiro, os filamentos finos de actina tornam-se menos visíveis, devido ao seu deslizamento por entre os filamentos grossos de miosina, e as linhas Z aproximam-se, encurtando o sarcômero (ver Figura 7.25). É importante ressaltar que o comprimento dos filamentos não se altera, já que a contração ocorre devido ao seu deslizamento e à sua sobreposição. Proteínas acessórias como a titina, no entanto, alteram seu comprimento para acompanhar o encurtamento dos sarcômeros. Em células musculares estriadas, as mitocôndrias, organelas produtoras de ATP, são numerosas e localizam-se nas proximidades das miofibrilas, oferecendo evidente vantagem funcional, pois ATP é o combustível utilizado para a contração. O ATP fornece também a energia para a remoção dos íons cálcio do citoplasma e consequente relaxamento muscular.

Em células não musculares, a contratilidade também se associa à interação de feixes de actina e miosina, mas de maneira bem menos organizada e mais dinâmica do que no tecido muscular estriado (Figura 7.30). A miosina II não muscular é regulada por fosforilação de suas cadeias leves por enzimas específicas, o que promove a formação de feixes curtos bipolares (cerca de 10 a 20 moléculas de miosina) (Figura 7.31) e a interação da miosina com os filamentos de actina, promovendo o deslizamento.

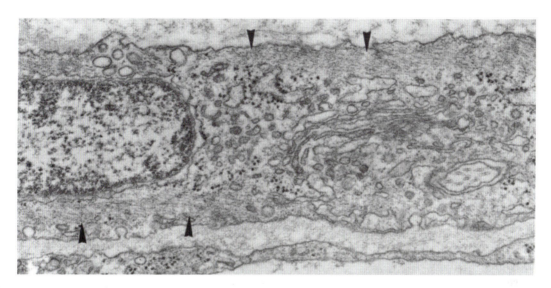

Figura 7.30 Eletromicrografia de célula mioide da parede de túbulo seminífero do testículo. Observe a abundância de filamentos finos (actina) intracitoplasmáticos (*cabeças de seta*). (Aumento: 43.000×.)

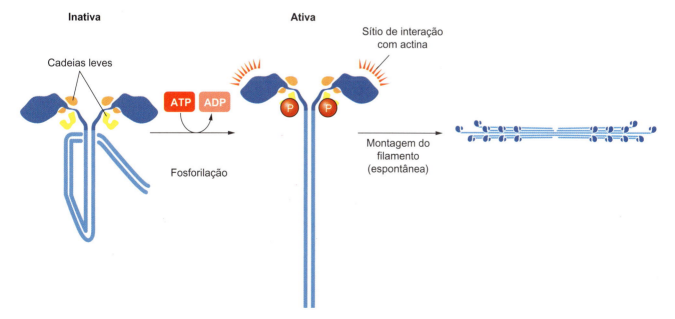

Figura 7.31 O desenho esquemático mostra a ativação de uma molécula de miosina II por meio da fosforilação das cadeias leves, provocando alteração conformacional (estado ativo) e formação de filamentos curtos, grossos e bipolares. Na conformação ativa, a cabeça da miosina interage com filamentos de actina.

Migração celular

Processo essencial para a vida. Células migram isoladamente ou em conjunto, sobre um substrato presente em seu microambiente. Durante o desenvolvimento embrionário, a gastrulação e a migração de células precursoras a partir de diferentes camadas para seus locais de destino exemplificam a importância da migração celular. Após o nascimento, a extensão de dendritos e axônios para formação de conexões neuronais durante o amadurecimento do sistema nervoso, a cicatrização tecidual, a defesa imunológica e a homeostase de tecidos com elevada taxa de renovação (epitélio intestinal, por exemplo) são processos que dependem da migração de diferentes tipos celulares. A migração celular também causa algumas complicações de patologias, por exemplo, invasão tumoral e metástases no câncer, assim como alguns transtornos cognitivos.

Existem diferentes modos de migração celular que dependem, basicamente, das células e do microambiente. Nas células, podem-se considerar, dentre muitos fatores, o tipo celular, a deformabilidade do citoesqueleto, o volume e deformabilidade do núcleo, a presença ou ausência de junções com outras células, a capacidade proteolítica e a relação das células com o microambiente por meio de receptores específicos de membrana (ver Capítulo 6). Com relação ao microambiente, geralmente constituído pela matriz extracelular, fatores como composição molecular, densidade (porosidade), dureza/elasticidade, topografia (p. ex., contendo fibras alinhadas ou não) e dimensionalidade (bidimensional ou tridimensional) são fatores muito relevantes para o tipo de migração. Com relação à composição da matriz, podem existir moléculas com maior ou menor potencial aderente para as células, assim como moléculas solúveis ou imobilizadas, tanto atraentes quanto repelentes para as células. Esses fatores são muito importantes durante a embriogênese, por exemplo, para que as células migratórias percorram uma trajetória adequada até o seu local de destino, sem se perder pelo caminho ou estabelecer conexões errôneas.

A migração de células aderentes ao substrato (p. ex., células epiteliais, fibroblastos, macrófagos) pode ser considerada um fenômeno cíclico: começa com uma resposta das células a um sinal externo que provoca polarização e extensão de uma protrusão (lamelipódio ou filopódio) na direção do movimento, seguida da adesão das células ao substrato e tração do corpo celular para a frente, utilizando as adesões maduras como pontos de ancoragem e retraindo a parte posterior (Figura 7.32).

A formação das protrusões ocorre graças à polimerização de actina junto à membrana celular. A protrusões podem ser classificadas em filopódios, lamelipódios e invadopódios. Filopódios são extensões delgadas, em formato de dedos, dinâmicas, e geralmente têm caráter exploratório; no seu interior são observados feixes paralelos de filamentos de actina e proteínas acessórias como forminas, fascina e fimbrina, por exemplo.

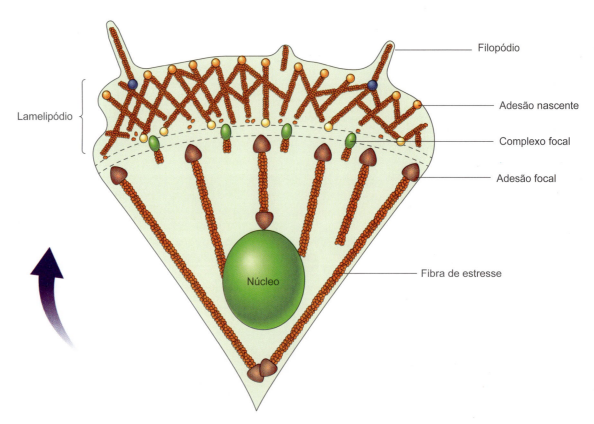

Figura 7.32 O desenho esquemático mostra uma célula migratória observada de cima (*migração na direção da seta*). A célula emite protrusões na direção da migração, como filopódios (exploratórios) e lamelipódio, graças à polimerização de actina junto à membrana celular. A formação de protrusões ocorre concomitantemente à formação de adesões junto ao substrato (adesões nascentes). Estas adesões podem amadurecer (complexos focais) ou desaparecer. O processo de amadurecimento das adesões envolve a inserção de feixes contráteis de actina e miosina, denominados "fibras de estresse". As adesões mais maduras (adesões focais), localizadas no corpo celular e região posterior da célula, servem como pontos de ancoragem durante a migração. A contração das fibras de estresse auxilia na propulsão do corpo celular e núcleo para a frente; a retração da parte posterior possibilita a migração da célula.

Lamelipódios são extensões mais amplas e achatadas, sem organelas, que surgem com frequência depois dos filopódios. Nos lamelipódios, forma-se uma rede ramificada de filamentos de actina, em sua maioria paralelos ao substrato, com as extremidades ($+$) direcionadas para a superfície celular e as extremidades ($-$) ligadas a outros filamentos de actina em uma angulação de 70°, por intermédio das proteínas nucleadoras do complexo Arp2/3 (ver Figura 7.7). À medida que os filamentos dessa rede crescem junto à membrana celular, a protrusão avança e a parte posterior da rede vai se desmontando, graças à ação de proteínas como a cofilina, capaz de quebrar filamentos de actina mais antigos (contendo monômeros ligados ao GDP) (ver Figura 7.7).

A progressão dos lamelipódios é acompanhada da formação de adesões contendo integrinas (receptores para componentes da matriz extracelular; ver Capítulo 8), que unem a protrusão ao substrato sobre o qual a célula está migrando. Essas adesões servirão, em parte, como pontos de tração para a migração, também iniciando uma sinalização que regulará a dinâmica da adesão e a atividade protrusiva. Algumas adesões jovens (nascentes) sinalizam e desaparecem, e outras amadurecem e atuam como pontos de inserção de feixes contráteis de actina e miosina II, denominados "fibras de estresse" (ver Figura 7.32). Enquanto uma das extremidades dessas fibras está inserida na adesão, a outra extremidade conecta-se a diferentes regiões das células, por exemplo, o córtex, o citosqueleto de filamentos intermediários etc. Feixes contráteis de actina e miosina são importantes também na parte posterior do lamelipódio, redirecionando os filamentos de actina. Em geral, a contratilidade celular move o corpo celular para a frente, e, à medida que a parte posterior da célula se retrai e as antigas adesões são eliminadas, inicia-se um novo ciclo.

A partir da descrição do ciclo migratório, torna-se claro que a célula migratória é polarizada: os eventos celulares na região próxima ao alvo da migração (dianteira) diferem da região distante do alvo de migração (traseira). Processos que ocorrem na parte dianteira, como a formação de protrusões e adesões, são muito diferentes daqueles que ocorrem na parte traseira, onda há retração e dissolução das adesões antigas. O citoesqueleto é responsável pela coordenação do ciclo, e vias de sinalização podem ser ativadas de maneira diferenciada, dependendo da região da célula.

A migração celular foi muito pesquisada em células em cultura, com substratos rígidos e bidimensionais. Estudos realizados *in vivo*, ou em substratos tridimensionais mais flexíveis (géis de colágeno e outras glicoproteínas da matriz, por exemplo), demonstraram a existência de protrusões como invadopódios, que também dependem do citoesqueleto de actina, mas apresentam atividade proteolítica para degradação da matriz extracelular. Essas protrusões são muito relevantes no processo de invasão tumoral, por exemplo.

Existem também protrusões semelhantes a bolhas na superfície de algumas células, que se formam devido a uma separação localizada entre o córtex e a membrana celular, possibilitando que a pressão hidrostática exercida pelo citoplasma (promovida pela contratilidade do citoesqueleto) produza uma protrusão que contribui para o impulsionamento do corpo celular. Esse modo de migração está relacionado principalmente com o tipo celular,

sendo observado em células de defesa, por exemplo. Depende pouco da adesão ao substrato e muito da contratilidade celular. Uma vez que a protrusão avança, o córtex recompõe-se.

O ciclo migratório depende de modificações do citoesqueleto de actina, tubulina e filamentos intermediários, reguladas por diversas vias de sinalização (ver Capítulo 6). GTPases pertencentes à família Rho (de *Ras-homology*) ocupam uma posição proeminente na integração de sinais que regulam o citoesqueleto e a migração celular. As GTPases Rho mais bem caracterizadas e amplamente distribuídas são Rho (isoformas A, B e C), Rac1 e Cdc42. Em fibroblastos cultivados, RhoA estimula a contratilidade e amadurecimento de adesões, enquanto Rac1 é responsável pela formação de lamelipódios e adesões nascentes, e Cdc42 pela formação de filopódios. De maneira geral, a contratilidade regulada por RhoA ocorre na região do corpo celular e na porção traseira das células, e na região dianteira há prevalência da ativação de Rac1.

> ## GTPases Rho
>
> Na regulação canônica, GTPases Rho apresentam uma conformação inativa (ligada ao GDP) e outra ativa (ligada ao GTP). Quando inativas, permanecem no citoplasma, ligadas a uma proteína inibitória (Rho GDI), que encobre sua porção hidrofóbica – muitas GTPases Rho são preniladas em sua porção carboxi-terminal, o que facilita sua associação a membranas. A ativação de diferentes tipos de receptores de membrana em resposta a sinais externos (ver Capítulo 6) estimula fatores que ativam as GTPases Rho. Algumas favorecem a dissociação entre Rho e Rho GDI, expondo a porção hidrofóbica de Rho e promovendo sua associação a membranas. Outros, denominados **GEFs** (do inglês *guanine nucleotide exchange factors*), catalisam a troca do GDP pelo GTP, portanto aumentam a quantidade de Rho ativadas. Frequentemente a ação dos GEFs ocorre junto à membrana celular, onde estão as GTPases Rho ativas após dissociação de Rho GDI.
>
> A Rho-GTP interage com diferentes proteínas efetoras, como quinases e outras proteínas regulatórias, exercendo funções variadas. Por exemplo, o complexo nucleador Arp 2/3 é modulado por Rac1 ativada. A quinase **ROCK**, que fosforila a cadeia leve de miosina II não muscular e inibe uma fosfatase da cadeia leve, provocando aumento da atividade da miosina II e maior contratilidade, é proteína efetora de RhoA. A ativação de forminas e a inibição da atividade da cofilina também podem ser moduladas por RhoA, o que causa estabilização e crescimento dos filamentos de actina.
>
> A inativação canônica de GTPases Rho depende de GAPs (do inglês *GTPase-activating proteins*). GAPs catalizam a hidrólise de GTP, convertendo Rho-GTP (ativo) em Rho-GDP (inativo).

Além do citoesqueleto de actina, filamentos intermediários e microtúbulos também participam da migração celular. Por exemplo, a sinalização envolvida no processo de migração regula o posicionamento do centrossomo, que se direciona para a região dianteira da célula migratória. Os microtúbulos formados são muito importantes para o transporte de moléculas envolvidas na regulação da formação de protrusões e na dinâmica das adesões junto ao substrato, por exemplo. Cada componente do citoesqueleto pode influenciar os outros mediante interações diretas ou por meio de proteínas como as plaquinas, ou indiretamente por meio das vias de sinalização. Sabe-se que a coordenação entre os três elementos (actina, microtúbulos e filamentos intermediários) é essencial para a dinâmica das adesões e para a contratilidade celular, e a via de sinalização das GTPases Rho participa ativamente dessa comunicação.

Bibliografia

Alberts B, Johnson A, Lewis J et al. Molecular Biology of the Cell. New York: Garland Science, Taylor & Francis Group LLC.

Devreotes P, Horwitz AR. Signaling networks that regulate cell migration. Cold Spring Harb Perspect Biol. 2015;7(8):a005959.

Dogterom M, Koenderink GH. Actin-microtubule crosstalk in cell biology. Nat Rev Mol Cell Biol. 2019;20(1):38-54.

Gallop JL. Filopodia and their links with membrane traffic and cell adhesion. Semin Cell Dev Biol. 2020;102:81-9.

Hohmann T, Dehghani F. The cytoskeleton-a complex interacting meshwork. Cells. 2019;8(4):362.

Janke C, Magiera MM. The tubulin code and its role in controlling microtubule properties and functions. Nat Rev Mol Cell Biol. 2020;21(6):307-26.

Kadzik RS, Homa KE, Kovar DR. F-actin cytoskeleton network self-organization through competition and cooperation. Annu Rev Cell Dev Biol. 2020;36:35-60.

Kashina AS. Regulation of actin isoforms in cellular and developmental processes. Semin Cell Dev Biol. 2020;102:113-21.

Lee L, Ostrowski LE. Motile cilia genetics and cell biology: big results from little mice. Cell Mol Life Sci. 2021;78(3):769-97.

Merino F, Pospich S, Raunser S. Towards a structural understanding of the remodeling of the actin cytoskeleton. Semin Cell Dev Biol. 2020;102:51-64.

Narumiya S, Thumkeo D. Rho signaling research: history, current status and future directions. FEBS Lett. 2018;592(11):1763-6.

Parsons JT, Horwitz AR, Schwartz MA. Cell adhesion: integrating cytoskeletal dynamics and cellular tension. Nat Rev Mol Cell Biol. 2010;11(9):633-43.

Pollard TD. Actin and actin-binding proteins. Cold Spring Harb Perspect Biol. 2016;8(8):a018226.

Seetharaman S, Etienne-Manneville S. Cytoskeletal crosstalk in cell migration. Trends Cell Biol. 2020;30(9):720-35.

Svitkina TM. The actin cytoskeleton and actin-based motility. Cold Spring Harb Perspect Biol. 2018;10(1):a018267.

Svitkina TM. Actin cell cortex: structure and molecular organization. Trends Cell Biol. 2020;30(7):556-65.

van Bodegraven EJ, Etienne-Manneville S. Intermediate filaments from tissue integrity to single molecule mechanics. Cells. 2021;10(8):1905.

Viswanadha R, Sale WS, Porter ME. Ciliary motility: regulation of axonemal dynein motors. Cold Spring Harb Perspect Biol. 2017;9(8):a018325.

CAPÍTULO 8

Adesão Celular

MARINILCE FAGUNDES DOS SANTOS
CHAO YUN IRENE YAN
NATHALIE CELLA

Introdução, *157*

Adesão célula–célula, *157*

Proteínas adaptadoras e citoesqueleto, *166*

Proteínas de membrana de oclusão e comunicação intercelular, *166*

Junções comunicantes ou *gap*, *168*

Matriz extracelular, *169*

Receptores de matriz extracelular, *174*

Proteases na adesão celular, *176*

Bibliografia, *177*

Introdução

Nos seres multicelulares, as unidades funcionais não são as células isoladas, e sim os órgãos e os tecidos que os compõem. Por exemplo, as células das glândulas salivares secretam água, íons e enzimas. A função da saliva só será cumprida pela glândula, que vai conduzir a secreção até a cavidade oral no momento necessário. Para compor os tecidos, as células se aderem entre si (adesão célula–célula) e/ou à matriz extracelular (ECM, do inglês *extracelullar matrix*) (adesão célula–matriz). Essa adesão é essencial na morfogênese e na manutenção da forma e função dos tecidos e órgãos adultos. Ambos os tipos de adesão celular são mediados por complexos juncionais presentes na membrana plasmática das células (Figura 8.1). Todas as junções (célula–célula e célula–matriz) interagem com moléculas de citoesqueleto no interior da célula (ver Capítulo 7).

Adesão célula–célula

Importância em organismos multicelulares

Organismos multicelulares dependem da organização tecidual para definir seus compartimentos. Para formar compartimentos, os tecidos devem formar barreiras. Por outro lado, ao formá-las, as células são expostas a ambiente diferentes e, portanto, exibem polaridade. Tanto a estruturação quanto a polaridade tecidual são estabelecidas e mantidas por adesão celular, a qual deve atender às diferentes demandas sistêmicas. Primeiramente, a força de coesão tecidual necessária varia com o órgão. Consequentemente, o mecanismo de aderência celular tem que permitir variações de intensidade. Além disso, sistemas orgânicos são constantemente submetidos a mudanças mecânicas que requerem alterações de morfologia, portanto a adesão celular não pode ser estática. Para isso, as células dispõem de variados elementos de ligação que conferem, de maneira dinâmica, qualidades e intensidades diferentes à interação da célula com outra célula ou com a ECM.

O epitélio intestinal ilustra bem a diversidade de elementos de adesão. É formado por células justapostas que definem dois ambientes: o lúmen do intestino e o tecido conjuntivo (Figura 8.2).

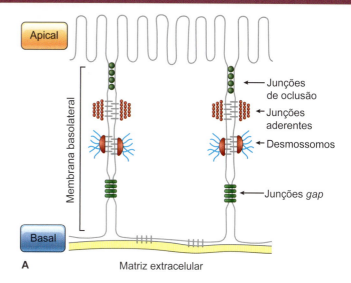

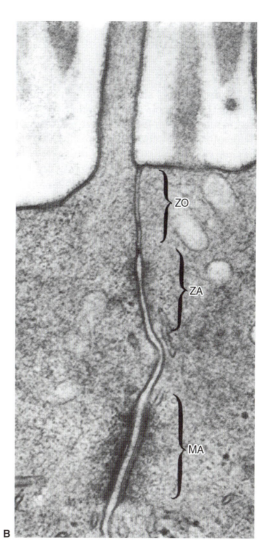

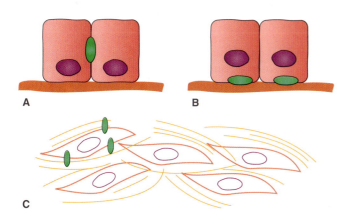

Figura 8.1 Tipos de adesão celular: **A.** Adesão célula–célula. **B.** Adesão célula–matriz extracelular em tecidos epiteliais, cujas células estão justapostas e contactam a matriz celular em apenas uma das superfícies. **C.** Adesão célula–matriz extracelular em tecidos conjuntivos, em que a matriz celular circunda as células. Esses dois tipos de adesão não são mutuamente exclusivos. O *oval verde* representa as moléculas envolvidas na adesão celular.

Figura 8.2 A. Diagrama esquemático de um epitélio intestinal e suas junções célula–célula. A região apical apresenta microvilosidades, e a região basal está em contato com a matriz extracelular da lâmina basal. **B.** Microscopia eletrônica de transmissão do complexo juncional estabelecido entre duas células vizinhas. A região apical está na *parte superior* da foto. Na ordem de ocorrência: zona de oclusão (ZO), zona de adesão (ZA) e desmossomos (MA). Note que a distância entre as duas membranas plasmáticas varia de acordo com o tipo de junção.

A superfície celular voltada para o lúmen do intestino é definida como apical e está exposta aos alimentos que chegam ao sistema digestório. A superfície oposta a ela é a basal e está firmemente ancorada no tecido conjuntivo subjacente. Essa polaridade celular se reflete em proteínas e especializações de membrana (ver Capítulo 4). A manutenção da arquitetura de células justapostas depende das interações celulares que ocorrem na membrana basolateral, que está entre a superfície apical e basal. Esses aspectos distintos do epitélio são determinados pela ação conjunta de diferentes complexos proteicos nas membranas basolateral e basal. Na membrana basolateral, constam as junções aderentes ou de adesão, que mantêm as células interconectadas. Há também as junções oclusivas ou de oclusão que selam o espaço intercelular, aumentando a eficácia do epitélio como uma barreira física. Na membrana basal, as junções não são mais entre as células, mas, sim, com a ECM.

Os diferentes tipos de junções são formados por complexos proteicos com componentes distintos, mas que se organizam de modo semelhante. Todos apresentam glicoproteína transmembranar, proteínas adaptadoras e o **citoesqueleto** associado (Figura 8.3). A junção célula–célula resulta na aproximação da membrana plasmática de duas células vizinhas. Essa aproximação ocorre quando o domínio extracelular da proteína transmembranar se conecta com o de seu parceiro, ancorado na membrana de outra célula. Na junção célula–matriz, o domínio extracelular interage com elementos da ECM. A conexão com o citoesqueleto é essencial para transmitir alterações mecânicas extracelulares e modular a adesão ou forma celular. Essa capacidade de responder à tensão mecânica é conhecida como mecanorrecepção celular.

Neste capítulo, será abordada inicialmente a organização das junções intercelulares classificadas de acordo com suas funções e, posteriormente, a das junções célula–matriz extracelular.

Proteínas de membrana de adesão intercelular

A interação de duas células pode ocorrer por meio de moléculas semelhantes na membrana celular (homofílica) ou por intermédio de moléculas diferentes (heterofílicas). As junções de adesão variam de intensidade de acordo com a afinidade da interação entre as porções extracelulares das proteínas transmembranares. As interações mais estáveis são as homofílicas (Figura 8.4). De modo geral, as ligações homofílicas são encontradas em situações em que a justaposição celular é mais prolongada, como em epitélios; em contraposição, as heterofílicas ocorrem em cenários em que a interação intercelular é mais dinâmica. Um exemplo é a migração de leucócitos pelo epitélio de vasos sanguíneos (endotélio), onde o contato leucócito–endotélio guia a movimentação leucocitária (ver seção "Selectinas", adiante).

As proteínas transmembranares responsáveis pelas interações homofílicas de adesão são da superfamília das **caderinas** (Tabela 8.1). As proteínas envolvidas nas interações heterofílicas de adesão são as selectinas e aquelas pertencentes à superfamília das imunoglobulinas (IgSF ou IgCAM).

Caderinas

As caderinas foram identificadas de uma maneira bastante interessante. Procuravam-se anticorpos que inibissem a interação de uma célula com a outra. Para isso foram produzidos anticorpos que reconheciam moléculas extraídas da membrana celular. Esses anticorpos foram utilizados em estudos em células cultivadas *in vitro*. Alguns dos anticorpos testados inibiram a interação intercelular. Esses anticorpos foram utilizados para isolar e estudar os seus ligantes; ou seja, as moléculas da superfície celular que eram reconhecidas pelos anticorpos. Essas moléculas de superfície foram batizadas de caderinas devido à dependência de cálcio para formar pontes caderina–caderina para justaposição celular.

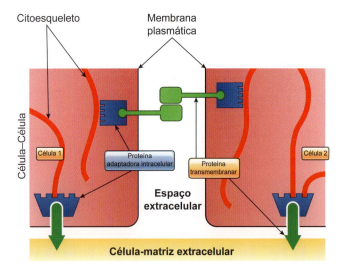

Figura 8.3 Componentes básicos de complexos juncionais. Os complexos juncionais, tanto os de célula–célula quanto os de célula–matriz, apresentam elementos comuns: uma proteína transmembranar (*em verde*), que interage com outra proteína de membrana ou com a matriz, e uma proteína adaptadora (*em azul*) que conecta a proteína da membrana com o citoesqueleto (*em vermelho*).

Tabela 8.1 Identidade específica das diferentes glicoproteínas de membrana e suas respectivas proteínas adaptadoras e elementos do citoesqueleto.

Glicoproteína de membrana	Proteína adaptadora	Citoesqueleto
Caderina	Alfa-catenina Beta-catenina p120-catenina	Actina
Desmogleína Desmocolina	Placoglobina Placofilina	Filamentos intermediários
Protocaderina	Pyk2 FAK Complexo WAV	Actina
IgSF/IgCAM	Anquirina Spectrina	Actina
Selectina	Alfa-actinina	Actina

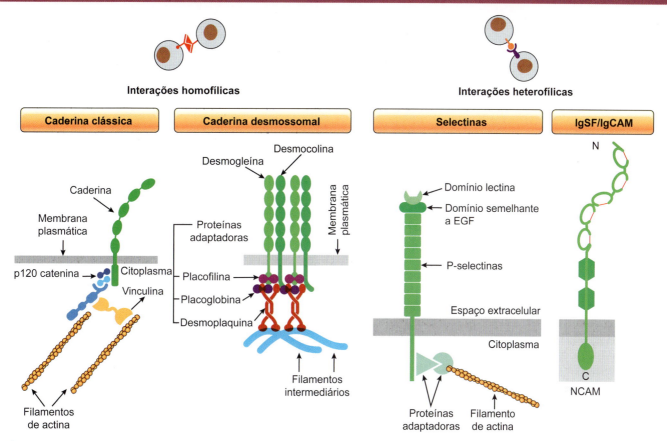

Figura 8.4 Interações homofílicas e heterofílicas. Durante o contato célula–célula, as caderinas (clássicas ou desmossomais) interagem com outras caderinas nas células vizinhas, portanto essa interação é considerada homofílica. Seletinas e proteínas IgSF comunicam-se com outras moléculas e, portanto, são consideradas de interação heterofílica. N corresponde à porção amino-terminal, e C, à porção carboxi-terminal.

Atualmente são conhecidas em mamíferos mais de 80 proteínas diferentes que compõem a superfamília das caderinas. Dessas proteínas, as mais conhecidas são as caderinas clássicas, as desmossomais e as protocaderinas.

As caderinas apresentam cinco domínios extracelulares repetidos, organizados de modo sequencial. Esses domínios são conhecidos como EC (do inglês *extracellular cadherin*). Destes, o EC1, que é o mais distante da membrana plasmática, é o principal responsável por mediar a adesão. A composição de aminoácidos desses domínios varia com o subtipo de caderina, mas todos se ligam a cálcio extracelular. Quando o cálcio interage com a caderina, confere rigidez ao domínio extracelular e estabiliza as interações caderina–caderina. A redução de cálcio extracelular desfaz essas interações e prejudica a coesão tecidual (Figura 8.5).

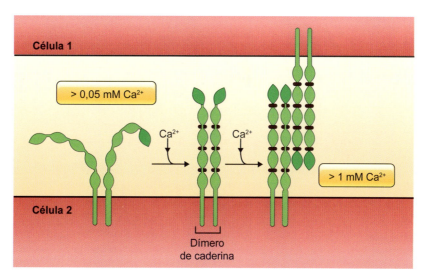

Figura 8.5 Papel do cálcio extracelular na adesão celular. O estabelecimento e a manutenção da adesão célula–célula mediada por caderinas dependem do cálcio extracelular, o qual enrijece os dímeros e estabiliza a interação homofílica.

As caderinas atravessam a membrana uma vez apenas, por meio do seu domínio transmembranar, composto de aminoácidos apolares ou hidrofóbicos. As diferentes caderinas podem ser subdividas em caderinas clássicas e caderinas não clássicas ou desmossomais. Ambas as categorias apresentam as características proteicas listadas anteriormente, porém divergem na sua região citoplasmática. A região citoplasmática é utilizada pelas caderinas para interagirem com proteínas adaptadoras diferentes. Por sua vez, as proteínas adaptadoras conectam as caderinas clássicas aos filamentos de actina e as caderinas desmossomais aos filamentos intermediários. Portanto, diferenças nas regiões citoplasmáticas determinam variações na interação entre caderinas e proteínas adaptadoras. As propriedades das proteínas adaptadoras serão abordadas posteriormente.

As caderinas unem-se entre si para formar junções multiproteicas entre células justapostas. Essas junções são classificadas de acordo com a proteína transmembranar utilizada. As caderinas clássicas estabelecem as junções aderentes, e as caderinas desmossomais formam os **desmossomos**. As caderinas clássicas são categorizadas em tipos I e II, e as desmossomais subdividem-se em desmogleínas e desmocolinas. Apesar de ambas as junções atuarem de maneira geral na adesão intercelular e na coesão tecidual, existem diferenças funcionais relacionadas aos elementos do citoesqueleto com que interagem. As junções aderentes transmitem alterações de tensão e mecânica do tecido para o citoesqueleto, o que pode resultar em rearranjo da rede de actina. As propriedades aderentes dessas junções também contribuem para limitar a movimentação dos componentes da membrana celular. Essa limitação polariza a membrana celular em domínios diferentes (ver Capítulo 4).

Em contraste, os desmossomos, por se associarem a filamentos intermediários, têm uma relação menos dinâmica com o citoesqueleto, contribuindo mais com a resistência mecânica e a estabilidade estrutural (Figura 8.6). De modo consistente com essas particularidades, as junções aderentes estão muito presentes em situações em que a plasticidade morfológica é mais importante, por exemplo, em tecidos imaturos formados durante a embriogênese. Em contraste, os desmossomos em geral são enriquecidos em tecidos cujo nível de tensão é maior, como em epitélios maduros e tecidos cardíacos (estabilidade estrutural).

Pênfigo

Para resistir a essas condições estruturais e mecânicas, as células da pele (**queratinócitos**) são enriquecidas em desmossomos. Existem várias doenças genéticas ou autoimunes que comprometem a funcionalidade dessas junções, tendo como consequência a perda da epiderme em resposta a pequenos atritos. O pênfigo é uma delas. Esse termo ("pênfigo") se refere a patologias epidermais de origem autoimune cuja característica histológica comum é a perda de adesão célula–célula, com formação de bolhas intraepidermais. Existe uma variação grande de proteínas-alvo reconhecidas pelos anticorpos desses pacientes. Dentre elas está a desmogleína – componente dos desmossomos (Figura 8.7). Os pacientes produzem anticorpos que reconhecem a desmogleína e interferem no estabelecimento de desmossomos. Como consequência, os queratinócitos têm adesão reduzida, e surgem na pele muitas bolhas.

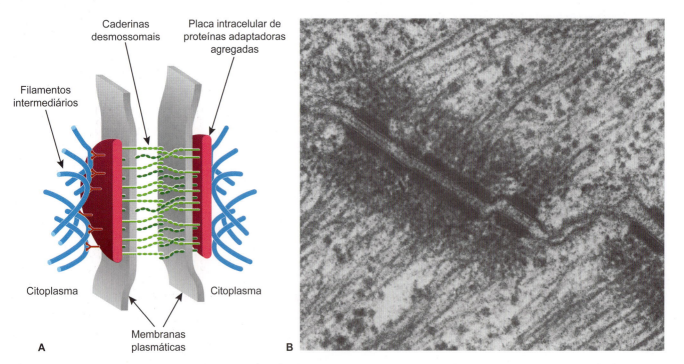

Figura 8.6 Estrutura de um desmossomo. As glicoproteínas dos desmossomos agregam-se em grandes complexos, cuja estabilidade é reforçada pela interação das suas proteínas adaptadoras com os filamentos intermediários do citoesqueleto (**A**). Essas placas e as ramificações do citoesqueleto são facilmente identificáveis na microscopia eletrônica de transmissão (**B**).

O mesmo fenótipo é observado em doenças que envolvem mutações em genes que codificam as queratinas presentes em células da camada basal da epiderme, tornando a rede de filamentos intermediários de queratina nessas células muito frágil. Em consequência, a camada basal da epiderme se rompe ao menor atrito, originando espaços entre as células. Esses espaços enchem-se de líquido oriundo da derme subjacente, originando bolhas. Todas essas doenças causam imenso sofrimento nos indivíduos acometidos, com risco de morte no período neonatal.

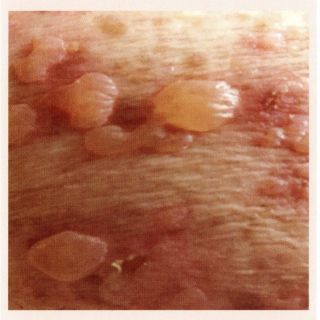

Figura 8.7 Pele de um paciente que sofre de pênfigo.

As caderinas formam dímeros na membrana celular. Na presença de cálcio, esses dímeros enrijecem e constituem complexos com moléculas de igual composição em células vizinhas. O movimento lateral desses complexos intercelulares nas suas respectivas membranas celulares os concentra em zonas e funciona como um zíper se fechando para promover a adesão intercelular. A coesão tecidual origina-se da formação dessas adesões em uma população celular.

A interação homofílica contribui de outro modo com o estabelecimento de tecidos. A diversidade de caderinas existentes, aliada ao sistema de acoplamento homofílico, torna o complexo caderina–caderina uma ferramenta de reconhecimento celular. Um exemplo da importância do reconhecimento celular é a diferenciação tecidual na embriogênese. Dois experimentos interessantes mostraram o quanto as caderinas são importantes para a identificação de uma célula no meio de outras células. Quando dois tipos celulares que expressam categorias diferentes de caderina são misturados, depois de um tempo eles se segregam de acordo com o tipo de caderina que apresentam (Figura 8.8 A). Esses resultados confirmam que a interação entre caderinas é homofílica e mostram que o tipo de caderina atuante é muito importante para o reconhecimento celular.

Esses experimentos também originaram outra observação importante: quando existe um conjunto de células que expressam o mesmo tipo de caderina, mas em quantidades diferentes, depois de algum tempo essas células formam um agregado único com uma organização interna que depende da concentração de caderina presente na membrana (Figura 8.8 B). As células que expressam uma pequena quantidade daquela caderina na sua superfície formam uma camada externa àquelas que expressam grandes quantidades da mesma caderina. Ou seja, a quantidade de caderina na membrana determina a força de interação intercelular, que, por sua vez, é a base para a organização interna do aglomerado celular. Pode-se dizer que o reconhecimento celular mediado por caderinas depende do tipo e da quantidade de caderina.

A coesão tecidual baseada na ligação homofílica entre caderinas às vezes é rompida, produzindo células migratórias individualizadas. Esse processo é conhecido como transição epitélio–mesenquimal e ocorre na gastrulação de embriões humanos e no câncer metastático (ver boxe *Transição epitélio-mesenquimal*). A perda de conexão entre as células justapostas ocorre quando há mudança de expressão do tipo de caderina.

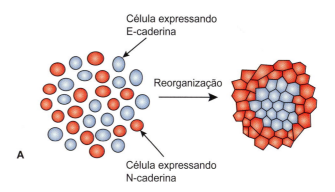

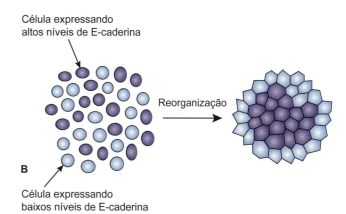

Figura 8.8 Caderina e segregação celular. A caderina tem um papel importante no reconhecimento e na segregação de células iguais. **A.** Inicialmente tem-se uma mistura de dois tipos celulares que expressam duas categorias de caderinas. As *células azuis* expressam E-caderina, e as *células vermelhas* expressam a N-caderina. Quando essas células são misturadas, depois de algum tempo se separam de acordo com as caderinas que expressam, porque as células com E-caderina só se unem a outras células que apresentam E-caderina. O mesmo ocorre para células com N-caderina. **B.** A situação é de duas populações de células que expressam a mesma caderina (E-caderina), mas em níveis diferentes. Essa diferença de quantidade de caderinas na membrana também contribui para a segregação de populações celulares.

As células que sairão do epitélio alteram o tipo de caderinas expressas na sua membrana e passam a apresentar caderinas diferentes das células circundantes. Isso as torna incapazes de estabelecer junções aderentes com as células adjacentes, adotando um formato menos regular, conhecido como mesenquimal. A perda da adesão à ECM também é essencial nessa transição. Como consequência final, perdem afinidade pelo epitélio de origem e migram para outras regiões do órgão ou organismo.

Transição epitélio–mesenquimal

A transição epitélio–mesenquimal (TEM) ocorre quando células contíguas de um tecido epitelial perdem afinidade intercelular e com a lâmina basal, e migram individualmente para outros locais. Há perda de polaridade celular, mudança de forma celular e degradação da lâmina basal/ECM associada a esse processo. As células que sofrem TEM alteram seu formato colunar para estrelado, condizente com a migração celular. Deve-se ressaltar que o termo "mesenquimal" se refere a uma conformação celular e não à origem embrionária das células. Existem células mesenquimais com origens ectodérmica e mesodérmica.

A TEM ilustra bem como alterações na identidade da caderina podem interferir na integridade tecidual e no comportamento de células individuais. Dois exemplos clássicos são a migração de células da crista neural durante a embriogênese e o surgimento de metástase no câncer.

Células da crista neural são aquelas que surgem na periferia do tubo neural embrionário. Essas células se diferenciam em diversos tecidos, incluindo, mas não se limitando a: sistema nervoso periférico, melanócitos e medula suprarrenal. Esses tecidos situam-se longe do eixo central, onde está o tubo neural embrionário, portanto as células de crista neural devem migrar do tubo neural para esses destinos finais. O tubo neural embrionário é histologicamente um tecido epitelial. As células da crista neural devem se desvincular desse epitélio para que possam migrar. Para isso, reduzem a transcrição de caderinas típicas de epitélio e começam a expressar caderinas típicas de mesênquima (Figura 8.9). Considerando que as caderinas se associam de maneira homotípica, essa conversão causa a perda de adesão das células da crista neural com as do tubo neural. A desvinculação celular precede o início da migração celular, que é regida por vários outros fatores.

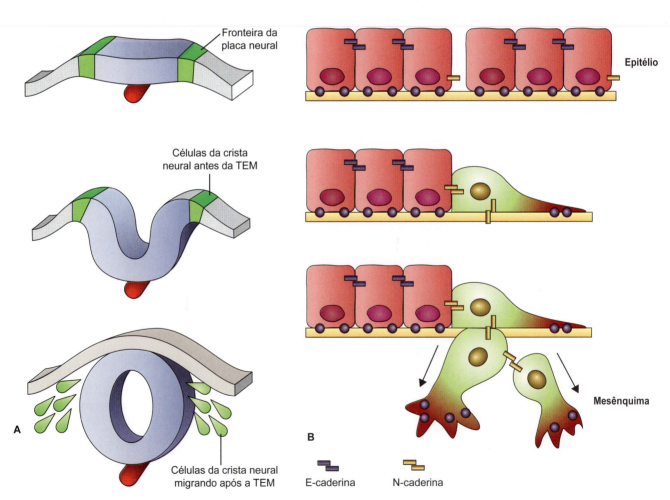

Figura 8.9 Transição epitélio–mesenquimal (TEM). **A.** A TEM ocorre na migração da crista neural, durante a embriologia do sistema nervoso e em situações patológicas, como no câncer. **B.** A célula reduz a presença de E-caderinas (*em azul*), aumenta a presença de N-caderina (*em amarelo*) e altera sua forma celular. Também começa a produzir enzimas que degradam a matriz extracelular. Em conjunto, essas alterações permitem seu êxodo do ambiente epitelial e posterior migração pelo tecido conjuntivo subjacente ao tecido epitelial do qual fazia parte anteriormente.

Da mesma maneira, na evolução do tecido tumoral de benigno para metastático, ocorre a perda de afinidade pelo tecido original e o êxodo das células metastáticas. Essa conversão também é um evento de TEM e muitas vezes envolve modulação da expressão das mesmas moléculas alteradas na TEM da crista neural. Além da perda de adesão celular por mudanças na expressão de caderina, na TEM oncogênica essa disfunção pode ocorrer por alterações na expressão ou na função de proteínas adaptadoras. Como todos os elementos de adesão celular funcionam como um complexo proteico, anomalias em qualquer um dos componentes, além das proteínas transmembranares, também pode iniciar a TEM.

Protocaderinas

As protocaderinas são o maior subgrupo de proteínas da superfamília das caderinas. Estruturalmente, as protocaderinas apresentam as propriedades bioquímicas características da superfamília: o principal sítio de interação homofílico é o domínio EC1, e a topologia proteica geral é de duas folhas beta-pregueadas. As diferentes protocaderinas podem ser subdivididas em protocaderinas agrupadas e não agrupadas.

As protocaderinas agrupadas são assim denominadas porque os genes que as codificam estão organizados em grupos genômicos (ou seja, estão no mesmo *locus* genômico). Em contraste, as não agrupadas são codificadas em regiões genômicas distintas. O processamento pós-transcricional de *splicing* (ver Capítulo 11) expande as variações proteicas produzidas por esse painel gênico diversificado.

As protocaderinas são primariamente encontradas no sistema nervoso de vertebrados e estabelecem a variabilidade e a especificidade da superfície neuronal. Ambas as propriedades são fundamentais para determinar a identidade neuronal e a instauração de conexões sinápticas. O córtex cerebral humano é composto de mais de 80 bilhões de neurônios, cada um com o potencial de gerar mais de 1.000 neuritos, os quais estabelecem as conexões sinápticas, que são a base do processamento neuronal. Essas conexões devem ser específicas, sendo realizadas devido à diversidade das protocaderinas. As diferentes protocaderinas são expressas de forma combinatorial em cada neurônio, conferindo-lhes identidade única. Essa identidade é importante para que os neuritos do mesmo neurônio se afastem, evitando a autoconexão e, consequentemente, a ocorrência de "curto-circuito" neuronal (Figura 8.10). Além disso, as protocaderinas são necessárias para o crescimento axonal e têm importante papel na sobrevivência celular.

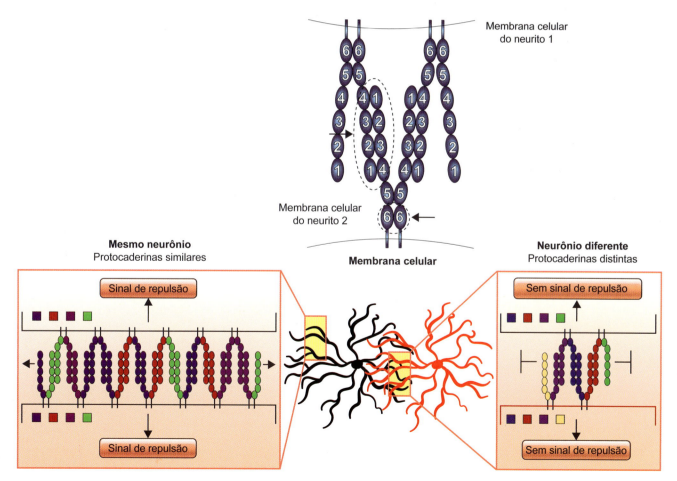

Figura 8.10 As protocaderinas no desenvolvimento axonal. A interação entre protocaderinas em membranas diferentes ocorre por meio do seu domínio extracelular. Quando os axônios são do mesmo neurônio, apresentarão na membrana as mesmas protocaderinas. Quando elas interagem entre si, iniciam um mecanismo de repulsão que resulta no distanciamento desses axônios. Por outro lado, se forem axônios de neurônios diferentes, as protocaderinas desses axônios serão distintas e promoverão a interação célula–célula. (Adaptada de Rubinstein et al., 2015.)

Domínios similares à imunoglobulina

As proteínas de adesão da superfamília de imunoglobulinas (IgCAM ou IgSF-CAM) são glicoproteínas com estrutura distinta das caderinas. Apresentam domínios similares a imunoglobulinas na sua porção extracelular (Figura 8.11). A maioria é ancorada na membrana por um domínio transmembranar, mas algumas IgCAMs apresentam uma cauda de glicosilfosfatidilinositol (ver Capítulo 4). Similarmente às caderinas, a porção citoplasmática das IgCAMs interage com elementos do citoesqueleto. As IgCAMs conjugadas entre si também formam grandes agregados intercelulares similares a zíper, embora não dependam de cálcio extracelular. Além disso, IgCAMs realizam tanto interações homofílicas quanto heterofílicas. Nesse último caso, podem se associar a outros membros da superfamília IgCAM, a integrinas, a caderinas e a componentes da ECM.

A força de adesão conferida pelas IgCAMs é mais fraca que a das caderinas. Uma célula individual pode expressar ambas as categorias de proteínas de adesão, o que lhe atribui flexibilidade de modos de adesão. As caderinas são primariamente responsáveis pela adesão intercelular necessária para a manutenção da integridade tecidual. Em contraste, as IgCAMs modulam aspectos mais específicos de aderência, e sua função é mais visível em situações especializadas, como a adesão de leucócitos (células de defesa) ao endotélio de vasos sanguíneos (ver tópico "Selectinas").

Outro cenário em que a importância das IgCAMs tem sido muito estudada é no crescimento axonal e no estabelecimento de sinapses. Exemplos de IgCAMs neuronais incluem NCAM, Eph e netrinas.

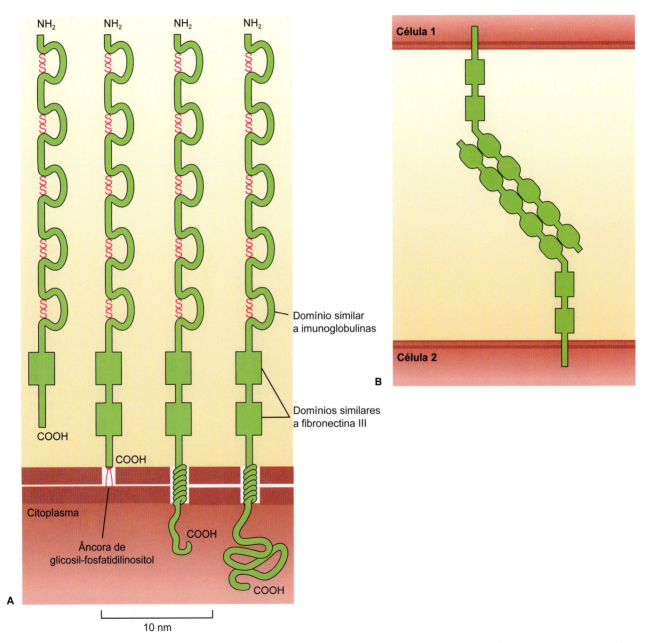

Figura 8.11 IgSF/IgCAMs. **A.** Existem variações nos diversos membros da família em relação ao terminal carboxílico (COOH). O ancoramento na membrana pode variar de ausente (*mais à esquerda*) até um domínio transmembranar grande (*mais à direita*). Porém, todas apresentam domínios extracelulares cuja conformação lembra imunoglobulinas. **B.** A interação entre IgSFs ocorre através dos domínios de imunoglobulinas.

Selectinas

Essas proteínas têm uma região extracelular similar às lectinas, seguida de um domínio semelhante ao fator de crescimento epidermal (EGF), uma porção transmembranar e uma região carboxi-terminal citoplasmática. As interações intermoleculares são do tipo heterofílico e cálcio-dependentes. Por meio do seu domínio lectina, as selectinas podem se ligar a oligossacarídios constituintes de glicoproteínas ou glicolipídios de membrana. Existem pelo menos três classes de selectinas: as do tipo L, encontradas em leucócitos; P-selectinas, localizadas em plaquetas e células endoteliais; e E-selectinas, também identificadas em células endoteliais.

Inicialmente se verificou a função das selectinas na interação de leucócitos com o endotélio (Figura 8.12). O endotélio é o tecido epitelial que reveste os vasos sanguíneos. Na reação inflamatória, as células do tecido respondem às bactérias invasoras, liberando citocinas que ativam as células endoteliais em vasos próximos ao local. Essa condição estimula os leucócitos a se aproximarem do tecido inflamado para exercer sua função imune. Resumidamente, ao chegar no endotélio, os leucócitos passam por três estágios: **migração** ou rolamento, estabilização da adesão e êxodo do vaso sanguíneo. Na migração, os leucócitos rolam sobre o endotélio ao longo do vaso sanguíneo. Nesse rolamento, a adesão é mais fraca e dinâmica porque a célula está se deslocando. Em seguida, a adesão é estabilizada, e os leucócitos param de migrar ao longo do vaso. Finalmente, nesse ponto de forte aderência, atravessam a parede do vaso, passando entre as células endoteliais para atingir o tecido inflamado subjacente e executar a sua função de defesa. Esse processo de êxodo do vaso também é conhecido como diapedese.

O neutrófilo é um dos primeiros leucócitos recrutados no processo inflamatório. Ele expressa na sua superfície uma glicoproteína (PSGL-1), que é um ligante de selectinas. O endotélio ativado apresenta E-selectina e P-selectina na sua superfície, que reconhecerão os oligossacarídios situados na superfície do neutrófilo. A ligação heterofílica entre as selectinas do endotélio e as glicoproteínas do neutrófilo é imediata, o que confere dinamismo à ligação e à quebra dessa ligação. O rolamento também envolve a ligação de uma outra classe de proteínas de adesão – as **integrinas** –, que será abordada mais adiante neste capítulo. As integrinas dos neutrófilos associam-se às IgCAMs (ICAM1 e VCAM1) na membrana das células endoteliais. Ao se aproximar da região inflamada, as citocinas produzidas ali aumentam a afinidade das integrinas pelas IgCAMs do endotélio. Como resultado, a interação dos neutrófilos com o endotélio é fortalecida, e a

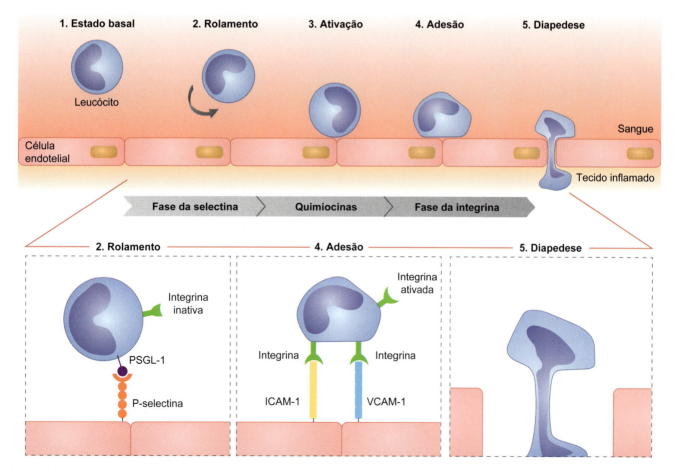

Figura 8.12 Interação do leucócito com vaso sanguíneo no processo inflamatório. O leucócito sofre vários eventos de adesão celular antes de atravessar o vaso sanguíneo e migrar para o tecido infectado. Na imagem, observam-se um vaso sanguíneo e um leucócito que é atraído para um tecido subjacente que está sofrendo um processo infeccioso. (Adaptada de Gauberti et al., 2018.)

velocidade de rolamento diminui. A estabilização da adesão e o término da migração são seguidos por uma outra série de comunicações intercelulares que culminam na passagem dos neutrófilos por espaços entre as células do endotélio. Esse cenário imunológico ilustra bem como uma série de eventos de adesão intercelular envolvendo moléculas e forças de adesão distintas combinam-se para alcançar um resultado biológico específico.

Proteínas adaptadoras e citoesqueleto

Como já mencionado, as junções de adesão são realizadas por proteínas de membrana. Contudo, a membrana celular é uma bicamada lipídica que, sozinha, não oferece resistência suficiente para se contrapor aos desafios mecânicos impostos a um tecido. A união ao citoesqueleto – através das proteínas adaptadoras – fornece a resistência necessária na manutenção da forma e na coesão tecidual. Ou seja, este sistema tece uma matriz transcelular conectada por proteínas de adesão de membranas de células vizinhas sustentada pelo citoesqueleto de cada uma das células participantes. Além de prover resistência mecânica, essa rede é um sensor de tensão mecânica. As variações de tensão são transmitidas e ampliadas por vias de sinalização para modular a resposta celular. As proteínas adaptadoras vinculam a porção intracelular das proteínas de adesão da membrana plasmática aos elementos do citoesqueleto. O complexo formado pelos elementos – glicoproteína de membrana com proteína adaptadora e citoesqueleto – é específico para o tipo de adesão (ver Tabela 8.1). As diferentes proteínas adaptadoras também participam de vias de sinalização e são um componente essencial na mecanorrecepção. Variações de tensão são refletidas em sutis alterações na conformação das glicoproteínas de membrana engajadas na conexão intercelular. As proteínas adaptadoras transduzem essas alterações para vias de sinalização, que podem ou não modificar a conformação do citoesqueleto. Essa via de modulação pode funcionar no sentido contrário também. Variações na sinalização intracelular induzidas por outras razões que não a tensão intercelular podem afetar a distribuição de complexos de adesão na membrana celular, à semelhança do que acontece com as interações com a ECM (a ser explicado mais adiante).

Portanto, as propriedades dinâmicas dos diferentes complexos de adesão são determinadas pelos seus parceiros intracelulares. Cada tipo de complexo de adesão interage com proteínas adaptadoras distintas, e os diferentes componentes do citoesqueleto têm cinéticas e dinâmicas diferentes (ver Capítulo 7). Por exemplo, os desmossomos são vinculados a filamentos intermediários, e as junções aderentes são vinculadas à rede de actina (ver Tabela 8.1). Os filamentos intermediários são elementos do citoesqueleto que oferecem maior resistência mecânica e conferem essa propriedade aos desmossomos. A importância dos desmossomos em prover resistência à tração é exemplificada na pele (ver boxe *Pênfigo*). Em contraposição, o citoesqueleto de actina é mais dinâmico, e as junções aderentes são mais passíveis de remodelamento do que os desmossomos.

As caderinas das junções aderentes são vinculadas à rede de actina por um complexo intracelular de catentinas (alfa-catenina, beta-catenina e p120-catenina). Como as catentinas participam de diferentes vias de sinalização, são um bom exemplo de como a junções aderentes afetam e são afetadas pelo comportamento celular. A beta-catenina e a p120-catenina interagem diretamente na porção intracelular das caderinas, e a alfa-catenina conecta filamentos de actina à beta-catenina. Os filamentos de actina formam com a miosina II redes contráteis que podem agregar as aderências pelo lado intracelular. Quando isso ocorre, a alfa-catenina se deforma e expõe um sítio de ligação para a proteína citoplasmática vinculina (Figura 8.13). A vinculina localizada na junção aderente recruta mais filamentos de actina, reforçando essa ligação. Esse mecanismo de reforço pode ser ativado também se o aumento da tensão for produzido extracelularmente, pelo vínculo intercelular formado por caderina–caderina.

A beta-catenina é outra proteína adaptadora das junções aderentes e também é um elemento central na sinalização pela via do WNT, que é um ligante extracelular que ativa o receptor de membrana Frz. A ativação da via do WNT culmina com a translocação de beta-catenina para o núcleo, onde será iniciada a transcrição de genes-alvo (ver Capítulo 17). A associação de beta-catenina às junções aderentes reduz sua disponibilidade para translocação nuclear, portanto as caderinas podem modular a atividade transcricional da via do WNT.

A p120-catenina associa-se a caderinas em uma região próxima ao sítio de acoplamento da beta-catenina. Ela exerce múltiplas funções que refletem sua participação em diferentes vias celulares. Primeiramente, é um modulador potente da atividade de GTPases Rho e, portanto, pode influenciar na conformação do citoesqueleto (ver Capítulo 7). Além disso, atua no núcleo desativando fatores repressores de transcrição e liberando a expressão de genes-alvo específicos. Finalmente, a p120-catenina é alvo de fosforilação de variados receptores de membrana com atividade de tirosina-quinase. Isso significa que a p120-catenina integra sinais de ativação derivados da interação ligante–receptor e aqueles derivados da adesão célula–célula.

Em conjunto, as proteínas adaptadoras de caderinas exemplificam bem a complexidade da relação entre adesão celular e vias de sinalização, que é frequentemente alterada em situações patológicas como o câncer (ver boxe *Transição epitélio–mesenquimal*).

Proteínas de membrana de oclusão e comunicação intercelular

Como mencionado no início deste capítulo, a compartimentalização de ambientes anatômicos ocorre lado a lado com a polaridade celular. Para isso, é recrutado um outro grupo de proteínas de membrana que formam estruturas de oclusão tecidual denominadas "junções oclusivas" (em inglês, *tight junctions*). Além disso, a coesão tecidual não deve ser só mecânica, mas também de sinalização. Isso envolve comunicação direta entre as células do mesmo tecido. As junções comunicantes ou *gap* desempenham essa função.

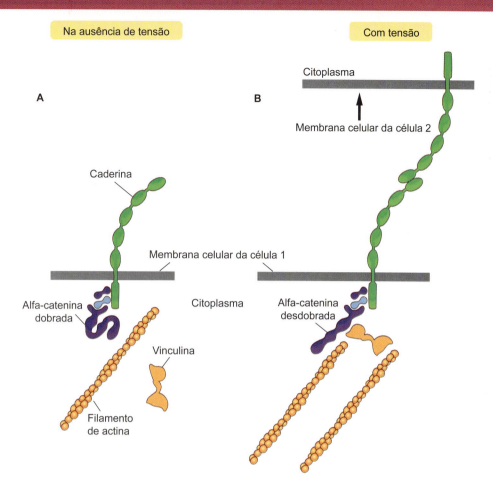

Figura 8.13 Transmissão de tensão intracelular para complexos juncionais. A tensão dos filamentos de actina acoplados ao complexo juncional adesivo pode mudar a conformação da proteína adaptadora alfa-catenina. **A.** Antes da interação com a vinculina, a alfa-catenina está no estado dobrado. **B.** Ao interagir com a actina, a alfa-catenina se desdobra, expõe um sítio de interação com vinculina e modifica a composição do complexo, enriquecendo com mais actina.

Junções oclusivas ou *tight*

As junções oclusivas agem com junções aderentes para estabelecer fronteiras na membrana celular que definem os polos celulares. São também fundamentais em limitar o trânsito de moléculas pelo espaço intercelular de epitélios, portanto exercem a função de compartimentalização, ou seja, são barreiras impermeáveis que definem compartimentos com composição extracelular distinta. O nível de impermeabilização conferido pelas junções oclusivas varia de acordo com o tecido e sua função. Todos as junções oclusivas são impermeáveis a macromoléculas, mas o epitélio intestinal é muito mais permeável a íons sódio que o epitélio que reveste a bexiga.

As junções oclusivas também são formadas por um complexo multiproteico. As principais proteínas de membrana das junções oclusivas são as claudinas e as ocludinas. Ao contrário das proteínas de adesão, que atravessam a membrana apenas uma vez, claudinas e ocludinas são proteínas de membrana de passagem múltipla (ver Capítulo 4) que atravessam a membrana quatro vezes. Essa conformação revela dois domínios extracelulares que realizam a interação homofílica intercelular (Figura 8.14). Dentre as proteínas adaptadoras características das junções oclusivas, incluem-se a ZO-1, ZO-2 e ZO-3; as duas primeiras conectam filamentos de actina às proteínas transmembranares de oclusão. Outros elementos intracelulares, como vinculina e cingulina, também podem desempenhar essa função. A participação de proteínas individuais determina propriedades diferentes no complexo oclusivo, portanto as junções oclusivas também são dinâmicas e reguladas por vias de sinalização.

A distribuição espacial das junções oclusivas é revelada na microscopia de varredura da superfície da membrana celular após criofratura (ver Figura 8.14). Essas junções organizam-se como filamentos ramificados interconectados. A região que contém essa distribuição é conhecida como zona de oclusão. Como dito anteriormente, as junções oclusivas atuam com as junções aderentes e os desmossomos para construir a barreira epitelial. Em conjunto, esses três tipos de junções circundam as células, formando um cinturão que interconecta as células vizinhas. Em células epiteliais, as junções oclusivas são as mais apicais (ver Figuras 8.1 e 8.2 B). Em um corte lateral ao longo do eixo apicobasal celular, observa-se que a zona de oclusão não apresenta espaço intercelular. A aproximação das membranas de células adjacentes é tanta que aparenta ocorrer uma fusão das membranas (ver Figura 8.2 B). As junções aderentes estão logo abaixo e podem ser diferenciadas das junções oclusivas pelo surgimento de um pequeno espaço intercelular e também pela associação a uma quantidade maior de filamentos de actina.

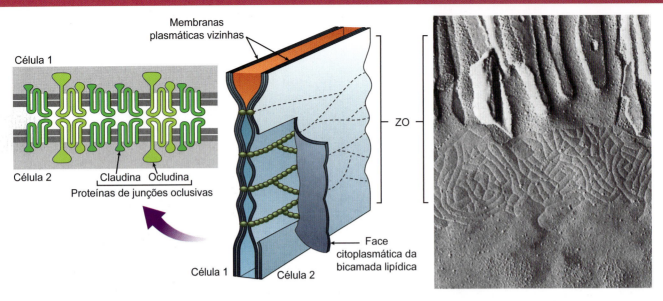

Figura 8.14 Esquema e eletromicrografia da distribuição de junções oclusivas. As junções oclusivas são distribuídas como fileiras anastomosadas contínuas que formam uma zona de oclusão (ZO). As junções oclusivas são constituídas das proteínas transmembranares claudina (*em verde-escuro*) e ocludina (*em verde-claro*). A ZO pode ser observada nessa eletromicrografia de microscopia eletrônica de réplica de célula do revestimento do intestino delgado preparada por criofratura. Na região da ZO, observa-se uma rede de saliências de uma lâmina da membrana. (Cortesia de A. Martinez-Palomo.)

Finalmente, os desmossomos, localizados na porção mais basal desse complexo juncional, associam-se a filamentos intermediários e fornecem estabilidade mecânica.

Junções comunicantes ou *gap*

A função das junções comunicantes é conectar diretamente células adjacentes por meio de canais. Essa comunicação é importante para a transmissão de informações elétricas ou metabólicas. Os componentes básicos das junções comunicantes são as conexinas – proteínas de membrana de múltipla passagem que contêm quatro domínios transmembranares, dois domínios extracelulares e três domínios intracelulares (Figura 8.15). Na membrana, associam-se em hexâmeros para formar um **conéxon**. Cada conéxon é a metade de um canal (hemicanal). O acoplamento entre conéxons de células adjacentes estabelece um poro que conecta o citoplasma de duas células adjacentes. A formação de uma junção *gap* constitui não só uma comunicação celular, mas também um ponto de aderência adicional. A microscopia de varredura de membrana revela que as junções *gap* se aglomeram em regiões da membrana, formando placas de comunicação (Figura 8.16).

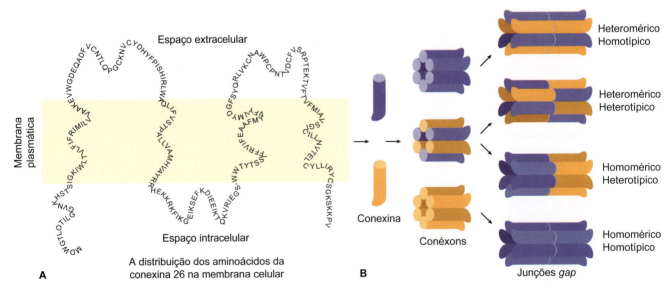

Figura 8.15 Estrutura de uma conexina e suas possíveis combinações para formar o conéxon. As conexinas são proteínas de membrana de múltipla passagem que contêm quatro domínios transmembranares, dois domínios extracelulares e três domínios intracelulares. As conexinas combinam-se em complexos de seis proteínas (conéxons) que podem ser compostas das mesmas conexinas (homoméricos) ou não (heteroméricos). A variabilidade do tipo de junções *gap* ocorre também durante o acoplamento de dois conéxons em células adjacentes. A conexão pode ser constituída por conéxons de composição similar (homotípico) ou diferente (heterotípicos). (Adaptada de Meşe et al., 2007.)

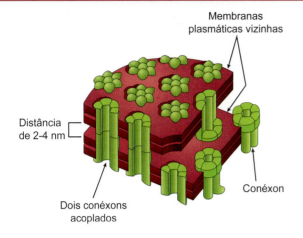 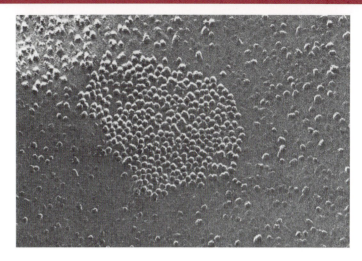

Figura 8.16 Esquema e eletromicrografia de junções *gap*. O acoplamento entre conéxons estabelece um canal que atravessa duas membranas plasmáticas. Esses poros aglomeram-se em regiões de comunicação que podem ser visualizadas na eletromicrografia. Ela foi obtida por micrografia eletrônica da réplica de uma junção comunicante criofraturada, que mostra a face plasmática da membrana de uma das células. Os conéxons estão aglomerados em placas. Preparado de célula trofoblástica de embrião de rato. (Aumento: 190.000×.) (Cortesia de A. Martinez-Palomo.)

As conexinas são codificadas por cerca de 20 genes em mamíferos, possibilitando variações nas associações entre elas. Cada célula apresenta pelo menos dois tipos diferentes de conexinas. Os conéxons podem ser formados por conexinas do mesmo tipo ou diferentes, e as junções *gap* podem ser estabelecidas por interações homotípicas ou heterotípicas. Essas variações conferem propriedades distintas ao canal; por exemplo, o tamanho das moléculas que podem passar pelo canal varia de acordo com as conexinas atuantes. As junções *gap* transferem íons e componentes de vias sinalizadoras, contribuindo com a sincronização iônica ou bioquímica, mas não possibilitam a passagem de proteínas ou ácidos nucleicos. Em células excitáveis como neurônios e cardiomiócitos, a transferência iônica mediada pelas junções *gap* agiliza e sincroniza as respostas celulares. Particularmente nos neurônios, as junções *gap* são centrais para as sinapses elétricas. Em cardiomiócitos, o acoplamento elétrico é essencial para a sincronização da contração cardíaca. Em células não excitáveis como epitélios, as junções *gap* propagam de modo coordenado segundos mensageiros ativados por variações ambientais e, portanto, contribuem também para a homeostase tecidual. O compartilhamento de sinalizadores também torna a resposta tecidual mais homogênea, reduzindo a suscetibilidade de flutuações individuais estocásticas. De certa maneira, ao acoplar múltiplas células, age como um sincício funcional (*sin* = juntos; *cio* = células). Ou seja, seu funcionamento reduz as barreiras intercelulares presentes em um tecido multicelular e se assemelha a uma grande célula formada pela união das células individuais.

O canal das junções comunicantes não permanece aberto o tempo todo. Sua cinética de abertura e fechamento é modulada por variados fatores, como o potencial elétrico da membrana, o pH intracelular ou níveis de cálcio. Os mecanismos de regulação da abertura das junções *gap* ainda estão sendo estudados. De qualquer modo, essa junção também é uma estrutura dinâmica cujo funcionamento deve estar alinhado ao comportamento celular do momento.

Matriz extracelular

Composição

A ECM é uma trama tridimensional de glicoproteínas e proteoglicanas, além de fatores solúveis constituintes dessa trama. Essa matriz é específica para cada tipo de tecido e é dinamicamente alterada. A ECM é composta por macromoléculas produzidas, secretadas e depositadas por diferentes células no espaço extracelular. Há dois tipos de matrizes extracelulares: a lâmina basal (também denominada "membrana basal") e a matriz intersticial (Figura 8.17). A lâmina basal é uma camada fina e densa de ECM que circunda todos os tecidos animais. Sua função primária é manter as células de tecidos e órgãos unidos, e orientar a polaridade da organização epitelial, por isso a lâmina basal é também conhecida como matriz pericelular. Localiza-se na região basal dos epitélios, ao redor de feixes musculares e nervosos, vasos sanguíneos etc. (ver Figura 8.17).

A lâmina basal é composta de laminina, colágeno tipo IV, nidogênio e perlecan (uma proteoglicana). A matriz intersticial é o preenchimento do tecido conjuntivo. Seus principais componentes são as fibras colágenas (colágeno tipos I e III), fibronectina, elastina, vitronectina e proteoglicanas. Na ECM são armazenados fatores solúveis que podem estar inativos ou indisponíveis às células, por estarem crípticos. O remodelamento da matriz (p. ex., por secreção de proteases) pode resultar em ativação desses fatores ou exposição daqueles que se mantêm crípticos, multiplicando as formas pelas quais a ECM influencia as células.

Os múltiplos componentes da matriz são secretados, principalmente, por células do tecido conjuntivo e dividem-se em dois tipos: aqueles constituídos por moléculas proteicas alongadas, que se agregam formando estruturas fibrilares ou fibrosas, como o colágeno (Figura 8.18) e a elastina. Os constituintes que se agregam, mas não formam fibrilas ou fibras, por sua vez, podem apresentar dois subtipos: glicoproteínas (ver Capítulo 14) e glicosaminoglicanas/proteoglicanas (Figura 8.19).

170 Biologia Celular e Molecular

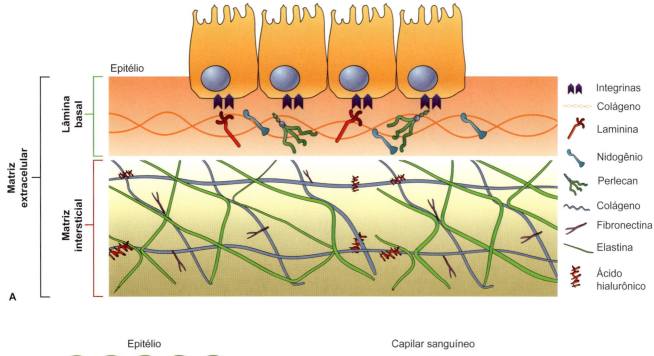

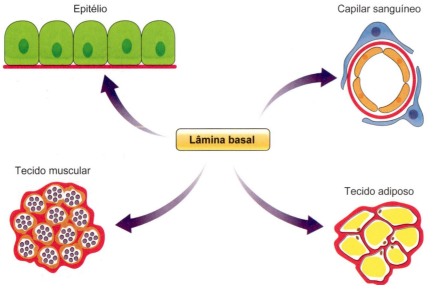

Figura 8.17 Tipos de matriz extracelular. A lâmina basal é uma fina camada de matriz extracelular que está em contato com a membrana basal das células epiteliais (**A**) e em outros tipos de tecidos também (**B**). É composta por colágeno tipo IV, laminina, perlecan e nidogênio. A matriz intersticial é a encontrada no tecido conjuntivo e, como há vários tipos desse tecido, sua composição é bastante variada. Como regra geral, no tecido conjuntivo há mais matriz do que células, portanto a interação célula–matriz é a mais comum e abundante (Adaptada de Pompili et al., 2021.).

A ação conjunta desses componentes determina as propriedades biomecânicas da matriz. Por exemplo, o colágeno e a elastina são responsáveis pelo arcabouço estrutural e elástico de vários tecidos. As glicoproteínas são responsáveis pela adesão da célula–matriz, e as glicosaminoglicanas e as proteoglicanas formam um gel hidratado, semifluido, no qual estão imersos os outros componentes da matriz. Sua presença confere rigidez e compressibilidade ao tecido. Esse gel também propicia a difusão de nutrientes, hormônios e outros mensageiros químicos nos tecidos conjuntivos. Nas cartilagens, as moléculas de glicosaminoglicanas e proteoglicanas formam um complexo de pontes moleculares unindo as fibrilas de colágeno entre si (ver Figura 8.18).

Glicosaminoglicanas e proteoglicanas

Glicosaminoglicanas são polímeros lineares (não ramificados) formados por um dissacarídio de hexosamina e ácido urônico que se repete. Constituem uma família complexa da qual o ácido hialurônico, o sulfato de dermatana, o sulfato de condroitina e o sulfato de heparana são os principais componentes. Apresentam radicais carboxila (do ácido urônico) e, com exceção do ácido hialurônico, radicais sulfato. Consequentemente, são moléculas com carga negativa elevada. Essa situação atrai uma nuvem de cátions (principalmente sódio) que é osmoticamente ativa, atraindo água, o que explica a alta hidrofilia desses compostos e a formação de um gel na ECM. À exceção do ácido hialurônico,

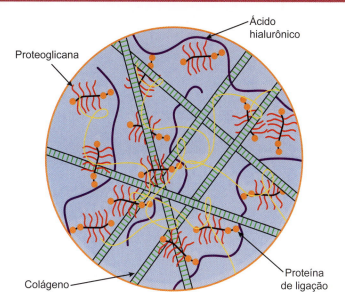

Figura 8.18 Composição da ECM intersticial. Esse tipo de matriz é composto de diferentes elementos que formam uma malha complexa. A contribuição relativa de cada elemento varia de acordo com o tecido e determina suas propriedades biomecânicas. Por exemplo, o colágeno (*em verde*) confere resistência à tração, e a elastina (*em amarelo*) atribui elasticidade. Essa figura mostra a matriz de cartilagem hialina, presente em regiões mais flexíveis e resilientes.

as glicosaminoglicanas prendem-se por covalência a cadeias proteicas, formando as **proteoglicanas** (ver Figura 8.19). Proteoglicanas são, então, complexos gigantescos de glicosaminoglicanas em torno de um eixo proteico (ver Capítulo 2).

As propriedades biomecânicas desse gel o tornam importante em processos de desenvolvimento embrionário, regeneração dos tecidos, cicatrização e interação com o colágeno. Sabe-se, por exemplo, que os grupamentos ácidos desses compostos interagem com os radicais básicos do colágeno, contribuindo para a firmeza (turgor) da ECM.

A ECM também é importante em patologias, pois a sua viscosidade retarda a penetração de microrganismos nos tecidos. Bactérias que produzem enzimas capazes de digerir macromoléculas da ECM infiltram-se com mais facilidade nos tecidos. É o caso dos estafilococos, que secretam hialuronidase, e do clostrídio (responsável pela gangrena), que secreta colagenase.

Fibronectina e laminina

A **fibronectina** é uma glicoproteína que contém domínios de interação com receptores celulares e outros componentes da matriz (Figura 8.20). Serve, assim, de ponte entre as células e a ECM. Deriva de um único gene cujo ácido ribonucleico (RNA) pré-mensageiro é processado (*splicing*) (ver Capítulo 11), produzindo mais de 20 RNA mensageiros (mRNA) diferentes. A fibronectina não somente é responsável pela ligação célula–matriz extracelular, mas também importante no desenvolvimento embrionário. Por exemplo, durante a gastrulação de anfíbios, a fibronectina orienta a migração das células que originarão o mesoderma.

A **laminina** é uma molécula constituída por três polipeptídios em forma de cruz, que também apresenta porções que se ligam ao colágeno tipo IV, ao sulfato de heparana e a receptores celulares de laminina, formando, assim, pontes que ligam as células à matriz (ver Figura 8.20). Como o colágeno tipo IV e o sulfato de heparana são os principais componentes das lâminas basais (ver adiante), a laminina também desempenha a função de ponte de ligação entre as células e essas lâminas. Sabe-se hoje que há várias laminas semelhantes (mas não idênticas) produzidas por diferentes tecidos.

Funções

Por sua natureza tridimensional e por serem moléculas adesivas, a função primária da ECM é fornecer um substrato para a adesão celular, regulando, assim, a morfologia e a motilidade das células. Junto com as estruturas de adesão célula–célula (apresentadas

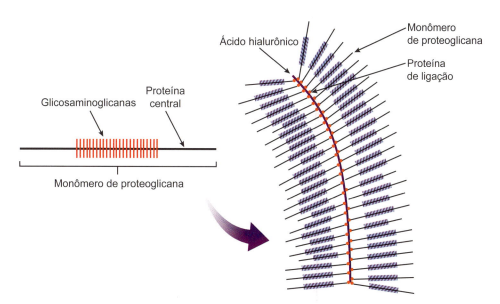

Figura 8.19 Estrutura molecular das proteoglicanas. As proteoglicanas são constituídas por uma proteína central na qual se ligam dímeros de glicosamina e ácido urônico, denominadas "glicosaminoglicanas". Essas glicosaminoglicanas se inserem na proteína central, assumindo o aspecto de "escova de mamadeira", em que o arame central é a proteína e as cerdas são as glicosaminoglicanas. As proteoglicanas formam grandes agregados quando se associam ao ácido hialurônico (*à direita*).

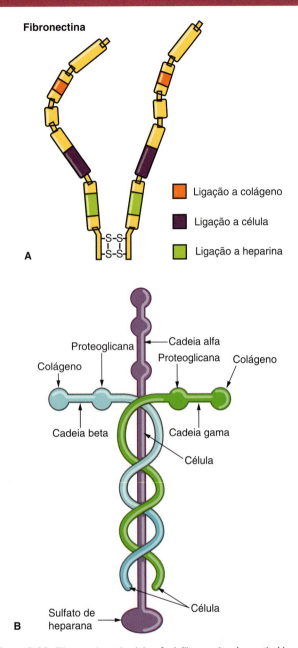

Figura 8.20 Fibronectina e laminina **A.** A fibronectina é constituída por duas cadeias polipeptídicas unidas por grupamentos S–S. Cada cadeia apresenta porções enoveladas (representadas como retângulos) e segmentos polipeptídicos flexíveis, que se alternam com as porções enoveladas. Cada porção enovelada é especializada na adesão a determinadas macromoléculas, localizadas na superfície das células ou na matriz extracelular. (Adaptada de Junqueira et al., 2004.). **B.** Desenho esquemático da molécula de laminina, em formato de cruz, constituída por três polipeptídios presos entre si por grupamentos S–S (não mostrados). Estão indicadas as regiões da molécula de laminina que aderem às células e às macromoléculas de ECM.

Uma das funções mais bem caracterizadas da ECM é o controle da proliferação e da morte celular. Em termos simples, o balanço entre esses dois processos é o que garante a homeostase do organismo. Há muito tempo observou-se que células normais (não tumorais) em cultura são incapazes de proliferar na ausência de "ancoragem", isto é, na ausência de adesão. Essa dependência da adesão para a proliferação garante que células não se reproduzam "fora do lugar" ou de forma independente, como um ser unicelular. Desse modo, funcionalmente pode-se considerar a ECM como um fator de sobrevivência, sobretudo para células epiteliais. Células normais que, por qualquer razão, percam a sua adesão sofrem morte celular por apoptose (ver Capítulo 16). Experimentos em culturas celulares tridimensionais sugerem que a matriz influencia a morfogênese (ver boxe *Matriz extracelular na cultura celular*). Outra função importante da matriz recentemente explorada é a de regulação da diferenciação celular.

Matriz extracelular na cultura celular

O desenvolvimento de culturas celulares tridimensionais (*i. e.*, culturas em que a moléculas de matriz são adicionadas no ensaio) foi essencial para a caracterização de novas funções da ECM e do mecanismo molecular subjacente. Essa metodologia contrasta com a cultura convencional, na qual células são cultivadas sobre superfície plana e bidimensional de uma placa de cultura. Nessa superfície, as células aderem e proliferam (Figura 8.21 A, *lado superior*). Quando cultivadas em condições tridimensionais sobre uma superfície revestida de um gel de lâmina basal (Figura 8.21 A, *lado inferior*), essas células dão origem a pequenas esferas celulares (esferoides), visíveis ao microscópio de luz.

Em poucos dias, as células desse esferoide organizam-se em uma camada única de células polarizadas (como um epitélio verdadeiro) aderidas umas às outras por meio de junções intercelulares. Por não estarem em contato com a lâmina basal, as células internas sofrem apoptose, produzindo uma cavidade no interior do esferoide. Esses esferoides recapitulam a arquitetura de glândulas como a mamária e a salivar.

Um outro experimento em cultura fundamental foi realizado com células-tronco mesenquimais isoladas da medula óssea. Essas células foram cultivadas em substrato de composição idêntica, porém com graus de rigidez diferentes. As células submetidas a substrato mais elástico e complacente apresentaram um padrão de expressão gênico típico de linhagem neural. Em substrato de elasticidade intermediária, o padrão observado foi de células musculares. No substrato mais rígido, as células expressaram genes da linhagem óssea (Figura 8.21 B). Observou-se, no entanto, que as células só se diferenciavam terminalmente se fatores solúveis fossem adicionados. Embora esses estudos tenham sido realizados com células em cultura, estudos *in vivo* corroboram a diversidade de funções da matriz em mamíferos. Esses estudos foram feitos em animais que não expressam integrinas, os receptores de ECM que serão abordados a seguir. Esses animais apresentam fenótipos muito diferentes entre si (Figura 8.22).

anteriormente), o surgimento da ECM possibilitou o estabelecimento de estruturas orgânicas organizadas como tecidos, órgãos e sistemas, sem os quais os metazoários superiores não teriam evoluído. Inicialmente, acreditava-se que a ECM era um substrato inerte sobre o qual as células se aderiam. Atualmente, sabe-se que a ECM tem função comparável à de fatores parácrinos e hormônios (ver Capítulo 6), regulando todos os processos celulares, incluindo transcrição gênica, metabolismo, meia-vida de RNAs e proteínas, organização do citoesqueleto etc.

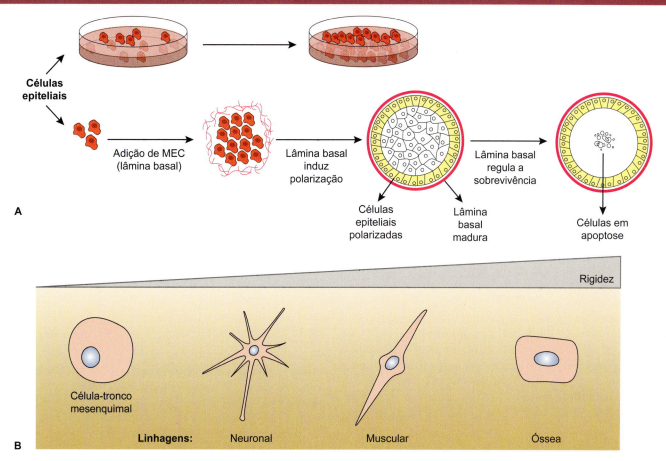

Figura 8.21 Estudo da matriz extracelular em modelos de cultura celular. **A.** *Parte superior*: células epiteliais cultivadas sobre placa de cultura convencional aderem e proliferam, originando uma camada única de células. Embora mantenham contato lateral, não há polarização nem formação de junções verdadeiras. *Parte inferior*: quando cultivadas sobre superfície recoberta por um gel de lâmina basal, as células organizam-se em esferoides. A imagem mostra um corte transversal dessa esfera, inicialmente preenchida de células em seu interior, já com uma camada mais externa em que as células se organizam de forma polarizada (*em amarelo*). As células do interior do esferoide, por não estarem em contato com a lâmina basal (um fator de sobrevivência), morrem por apoptose. **B.** Células-tronco mesenquimais foram cultivadas sobre um substrato de composição idêntica, porém com rigidez crescente, como ilustra a imagem. As células passaram a expressar marcadores de diferenciação das três diferentes linhagens indicadas.

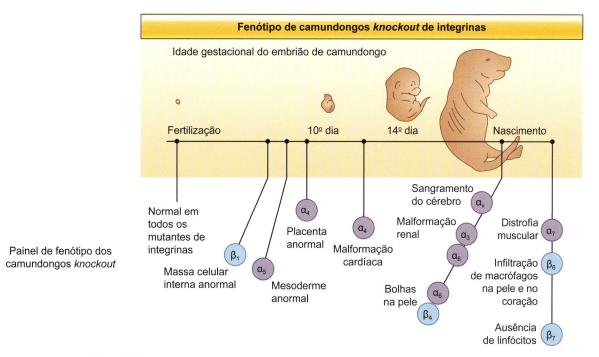

Figura 8.22 Alterações observadas em camundongos com deficiência na expressão das integrinas indicadas.

Receptores de matriz extracelular

A maioria dos receptores de ECM pertence à família das **integrinas**. O nome deriva do fato dessas moléculas *integrarem* o meio extracelular ao intracelular. As integrinas são compostas por duas diferentes subunidades transmembranares: uma α e outra β (Figura 8.23). Essa família apresenta 24 diferentes membros que interagem seletivamente com moléculas de ECM (Figura 8.24). As integrinas foram classificadas de acordo com o seu ligante ou tipo celular que as expressa. Há quatro integrinas que interagem com colágenos e outras quatro que interagem com lamininas (Figura 8.24). Contudo, esses receptores reconhecem regiões diferentes nessas moléculas. Colágeno e lamininas são proteínas muito grandes, e diferentes integrinas reconhecem domínios distintos de uma mesma molécula, resultando em respostas diferentes da célula.

Um terceiro grupo são as integrinas que reconhecem o tripeptídio (ou "motivo") arginina–glicina–ácido aspártico (RGD) (ver Figura 8.24). Esse domínio está presente em diferentes moléculas de ECM como **fibronectina**, vitronectina, fibrinogênio etc. Embora interajam com a mesma sequência curta, essas integrinas distinguem as diferentes moléculas que apresentam RGD. Isso sugere que os aminoácidos próximos à sequência RGD, que podem variar entre as diferentes moléculas da ECM, têm um papel importante no

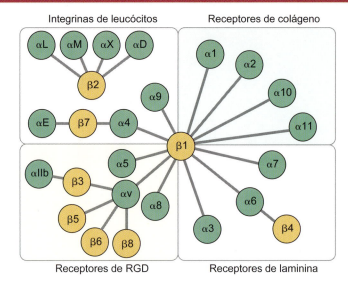

Figura 8.24 A família das integrinas – receptores de matriz extracelular. As integrinas são divididas em quatro grandes grupos – as integrinas de leucócitos, os receptores de colágeno, de laminina e as integrinas que reconhecem o domínio arginina–glicina–ácido aspártico (RGD).

reconhecimento e na interação com a integrina, conferindo especificidade. Um quarto grupo de integrinas é expresso por leucócitos (as células do sistema imune) (ver Figura 8.24; ver tópico "Selectinas").

A ativação das integrinas ocorre de duas formas. A mais comum é desencadeada pela interação de integrinas e a ECM. Essa ativação ocorre da mesma maneira que ligante–receptor em comunicação celular (ver Capítulo 6). A interação da integrina com seu ligante na ECM causa uma mudança conformacional nas integrinas e sua ativação. Esse tipo de ativação é chamado *outside-in* (ver Figura 8.23 A e B), indicando que o sentido da ativação é do meio extracelular para o intracelular.

O segundo tipo de ativação é observado em leucócitos, que são células circulantes em condições fisiológicas. Na ocorrência de uma inflamação no interstício, fatores inflamatórios (citocinas) ativam os leucócitos. A cascata de sinalização resultante induz a alteração conformacional e a ativação das integrinas, tornando os leucócitos aderentes somente no momento e no local necessário. Como nesse caso a ativação veio do meio intracelular, é denominada *inside-out* (ver Figura 8.23 C e B). Essa ativação promove a adesão e a diapedese dos leucócitos, alcançando o local da inflamação (ver Figura 8.12). Em ambos os casos, o domínio intracelular das integrinas interage com filamento de actina por meio de proteínas como talina, vinculina, paxilina e α-actinina (ver Figura 8.23 B). Esse processo resulta no agrupamento das integrinas no plano da membrana citoplasmática, formando os focos de adesão (Figura 8.25). Na face citoplasmática, esse processo ativa inúmeras proteínas sinalizadoras, incluindo GTPases, quinases, proteínas adaptadoras etc. Entre elas destaca-se a FAK, uma tirosina-quinase intracelular que tem papel essencial na transdução do sinal proveniente da ECM.

Há duas integrinas – α6β4 e α3β1 – que formam interações mais estáveis com a ECM, denominadas **hemidesmossomos**. Os hemidesmossomos formam forte adesão entre a lâmina

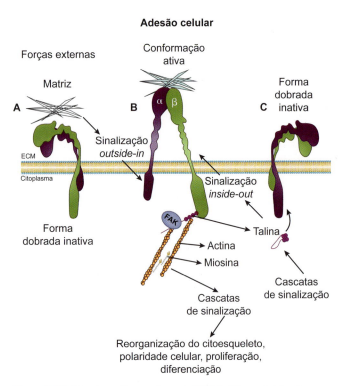

Figura 8.23 Integrinas são receptores da ECM. **A.** Dímero de integrina em sua conformação inativa. A interação com a ECM (sinalização *outside-in*) provoca uma mudança conformacional. **B.** Dímero de integrina em sua conformação ativa. **C.** Dímero de integrina em sua conformação inativa, como em **A**. Nesse caso, sinais intracelulares (portanto, sinalização *inside-out*) causam a mudança conformacional necessária à ativação das integrinas. A quinase de adesão focal (FAK, do inglês *focal adhesion kinase*) e moléculas de citoesqueleto, como actina, talina e miosina, desempenham importante papel na sinalização nos dois sentidos.

Capítulo 8 • Adesão Celular 175

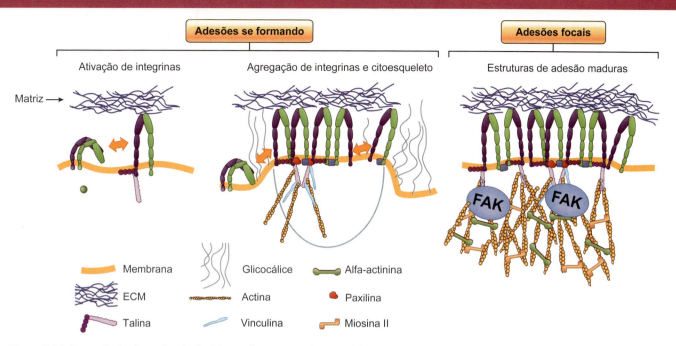

Figura 8.25 Formação dos focos de adesão. A interação com a matriz extracelular provoca a ativação das integrinas (*à esquerda*), que se agrupam no plano da membrana e passam a interagir com elementos do citoesqueleto na face citoplasmática (*meio*). Os focos de adesão maduros transmitem força ao interior das células por meio dos filamentos de actina e miosina na face citoplasmática. Esse sinal resulta na ativação da quinase de adesão focal (FAK, do inglês *focal adhesion kinase*), molécula essencial na mecanotransdução.

basal e a membrana basal dos epitélios (Figura 8.26). Além das integrinas citadas, hemidesmossomos sempre apresentam moléculas denominadas "tetraspaninas", encarregadas de formar grandes complexos proteicos na membrana plasmática. Diferentemente dos focos de adesão, a porção citoplasmática dos hemidesmossomos interage com filamentos intermediários de citoqueratina, não de actina (ver Capítulo 7). Essa interação confere a resistência mecânica tão essencial à função dos epitélios, particularmente os de revestimento. Embora sejam mais estáveis e mecanicamente resistentes, os hemidesmossomos são dinâmicos, pois podem se desmontar rapidamente na divisão celular, na migração e em outros eventos.

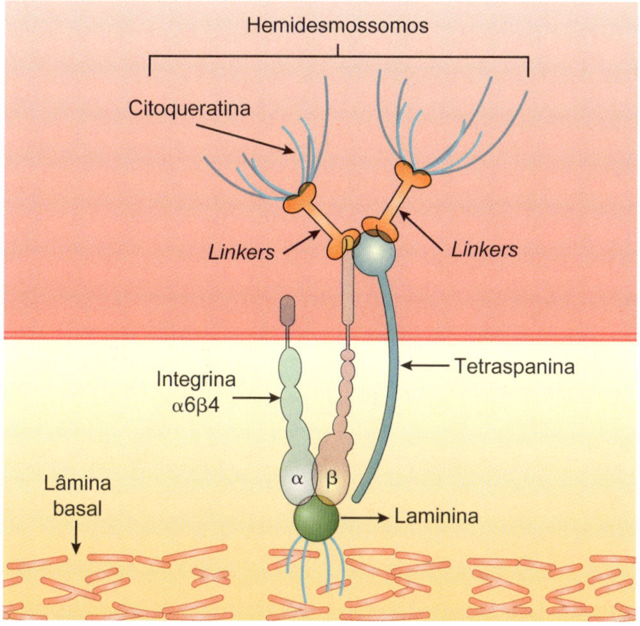

A ECM tem composição, organização espacial e propriedades mecânicas (rigidez, resiliência, elasticidade e orientação espacial) variáveis. As integrinas são capazes de comunicar essas propriedades à célula. Do lado citoplasmático, os filamentos de actina interagem com miosinas, proteínas motoras que se deslocam ao longo de filamentos de actina (ver Capítulo 7). Esse deslocamento provoca uma tração de toda a rede de filamentos de actina, transmitindo força ao interior da célula. As alterações do citoesqueleto podem ser transmitidas ao núcleo, resultando em mudanças na organização da cromatina e na expressão gênica (ver Capítulo 9). Como o citoesqueleto está associado às moléculas sinalizadoras, a interação célula–ECM também tem um componente bioquímico. Por isso, essa sinalização é comumente denominada "mecanotransdução"; seus componentes bioquímico e mecânico são reciprocamente modulados e atuam em cooperação.

Figura 8.26 Hemidesmossomos. Estruturas aderentes presentes na interface entre a membrana basal dos epitélios em contato com a lâmina basal. Além do dímero de actina, hemidesmossomos sempre estão associados a tetraspaninas, moléculas que auxiliam na formação de grandes complexos na membrana. O domínio citoplasmático da integrina e da tetraspanina interage com ciqueratinas por meio de proteínas do tipo *linkers*.

Adesão celular durante a mitose

A forma aproximadamente esférica das células em mitose remonta aos organismos unicelulares e foi conservada em todos os metazoários. A assimetria perfeita de uma esfera pode ter garantido a segregação do material genético entre as duas novas células de modo rigoroso, sem a qual as células não teriam se perpetuado. A adesão celular e a progressão no ciclo celular são finamente coordenadas.

O número de focos de adesão aumenta durante a transição da fase G1 para S, diminuem em G2 e podem desaparecer na mitose (Figura 8.27). Se a adesão persistir ou se a perda de adesão for inibida ou atrasada antes da entrada em M, o ciclo celular se torna mais longo e o número de aneuploidias aumenta. A célula em mitose, porém, não perde totalmente a adesão. Ela permanece ligada ao substrato por meio de adesões reticulares, mediadas por integrinas. Esse tipo de adesão difere dos focos de adesão por não envolver o citoesqueleto. Além de permitir que a célula adquira a morfologia esferoide necessária na segregação dos cromossomos, as adesões reticulares mantêm a "memória" do local da adesão anterior, na qual as células-filhas devem voltar a aderir após a citocinese. Qualquer interferência nas adesões reticulares resulta em uma divisão celular aberrante e defeitos na orientação do eixo mitótico. Estudos em animais corroboram a importância da adesão na divisão celular. Na camada basal da pele de embriões de camundongos, o plano de divisão é paralelo ou perpendicular à lâmina basal (ver Capítulo 17). Em animais que não expressam β1-integrina, a orientação do fuso mitótico dessas células acontece de forma aleatória (ver Figura 8.27 C).

Proteases na adesão celular

Como ressaltado anteriormente, a ECM é dinâmica. Sua composição e sua arquitetura podem ser modeladas ativamente pelas células. Proteases que modulam a adesão célula–matriz podem ser secretadas para o meio extracelular ou ancoradas na membrana plasmática. A degradação da matriz pode resultar em alterações radicais no comportamento celular. Por exemplo, na migração celular, a degradação da matriz não só abre caminho para a migração, como também expõe sítios de ligação que favorecem a adesão e a propulsão das células (Figura 8.28 A).

Metaloproteases

As mais importantes são as metaloproteases de matriz (**MMPs**, do inglês *matrix metalloproteinases*), as desintegrinas e metaloproteases (**ADAMs**, do inglês *disintegrin and metalloproteinases*), e as desintegrinas e metaloproteases com domínios de trombospondina (**ADAMTS**, do inglês *disintegrin and metalloproteinase with thrombospondin motifs*). São assim denominadas porque a atividade catalítica dessas enzimas depende de íons metálicos, principalmente o Zn^{+2}. As MMPs são sintetizadas como proenzimas, isto é, estão inicialmente inativas. A ativação dessas enzimas depende da clivagem de um peptídio na região amino-terminal. Essa clivagem é catalisada por outras MMPs, a mesma MMP ativa ou por outras proteases. Fisiologicamente, a atividade proteolítica dessas enzimas é finamente controlada pelos seus inibidores endógenos, os inibidores de metaloproteases de tecidos (**TIMPs**, do inglês *tissue inhibitors of metalloproteinases*). Dependendo do substrato preferencial ou de sua estrutura, as MMPs foram classificadas em subgrupos: colagenases, gelatinases, estromelisinas, matrilisinas, as MMPs de membrana, denominadas "MT-MMP" (do inglês *membrane-type metalloproteinases*) e outras MMPs ainda não classificadas.

Como o nome sugere, as MMPs foram primeiro reconhecidas por clivarem moléculas de ECM. Mais tarde observou-se

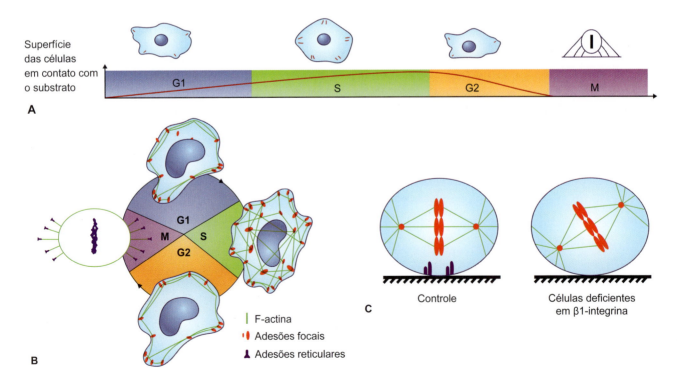

Figura 8.27 Adesão durante o ciclo celular. **A.** A adesão ao substrato aumenta entre G1 e S, e chega a praticamente zero no fim de G2. **B.** Alterações nos filamentos de actina, adesões focais e adesões reticulares ao longo do ciclo celular. **C.** Alterações na orientação do fuso mitótico em células deficientes na expressão de β1-integrina.

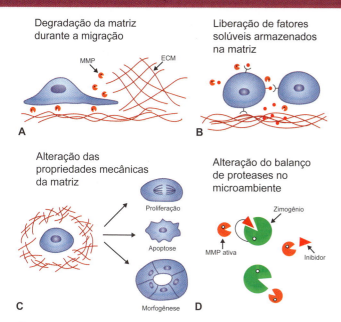

Figura 8.28 Múltiplas funções das metaloproteases de matriz (MMPs, do inglês *matrix metalloproteinases*). **A.** MMPs secretadas pelas células podem degradar a matriz, auxiliando na migração celular. **B.** A clivagem em certos locais da matriz pode liberar fatores solúveis antes crípticos às células. **C.** Ao degradar parte da matriz, as MMPs podem alterar as propriedades mecânicas do substrato, regulando a resposta biológica. **D.** MMPs podem clivar domínios específicos de outras proteases que estão inativas (zimogênios), tornando-as ativas.

que essas proteases são muito mais versáteis. Elas podem clivar citocinas e receptores de membrana plasmática e ainda atuar através de mecanismos que não dependem de sua atividade proteolítica. A degradação da ECM por MMPs resulta no remodelamento da matriz, com consequências biológicas muito diversas. Ao degradar a matriz, as metaloproteases alteram suas propriedades, modulando diversas funções celulares. A degradação da matriz por MMPs também pode liberar fatores solúveis que estão aprisionados ou crípticos na matriz, tornando-os disponíveis às células (Figura 8.28 B e C). As MMPs também podem clivar outras proteases que estão sob sua forma inativa. Quando as MMPs removem um domínio inibitório, as proteases-alvo são ativadas (Figura 8.28 D).

ADAMs

As ADAMs têm funções além das relacionadas com a adesão celular. São moléculas ancoradas à membrana plasmática que apresentam um domínio com propriedades aderentes e um com atividade proteolítica semelhante ao das metaloproteases, porém a maioria das ADAMs não apresenta atividade proteolítica. Algumas ADAMs interagem com integrinas e moléculas de ECM, modulando a adesão celular. As ADAMs que têm atividade proteolítica clivam receptores de membrana, citocinas, proteínas de adesão célula–célula (E-caderinas) e até domínios intracelulares de receptores como os da via de Notch/Delta, essencial na diferenciação durante o desenvolvimento (ver Capítulo 17). As ADAMs que têm proteínas de ECM como substrato clivam fibronectina e colágeno tipo IV em sítios muito específicos, liberando domínios que regulam a adesão ou têm atividade de fator de crescimento.

ADAMTS

As ADAMTS são proteases secretadas para o meio extracelular. Seus principais substratos na ECM são o pró-colágeno (precursor dos colágenos) e as proteoglicanas (sobretudo as de cartilagem). Diferentemente das ADAMs, as ADAMTS apresentam uma sequência repetitiva de aminoácidos homóloga àquela encontrada nas trombospondinas 1 e 2. Por meio dessa sequência repetitiva, ADAMTS liga-se a glicosaminoglicanas, que são componentes da heparina. Como as MMPs, as ADAMTS são essenciais no remodelamento da ECM, modulando múltiplas funções.

Bibliografia

Aricescu AR, Jones EY. Immunoglobulin superfamily cell adhesion molecules: zippers and signals. Curr Opin Cell Biol. 2007;19(5):543-50.
Balda MS, Matter K. Tight junctions. J Cell Sci. 1998;111(5):541-7.
Bonnans C, Chou J, Werb Z. Remodelling the extracellular matrix in development and disease. Nat Rev Mol Cell Biol. 2014;15:786-801.
Canzio D, Maniatis T. The generation of a protocadherin cell-surface recognition code for neural circuit assembly. Curr Opin Neurobiol. 2019;59:213-20.
Cavallaro U, Dejana E. Adhesion molecule signalling: not always a sticky business. Nat Rev Mol Cell Biol. 2011;12(3):189-97.
Delva E, Tucker DK, Kowalczyk AP. The desmosome. Cold Spring Harb Persp Biol. 2009;1(2):a002543.
Even-Ram S, Artym V, Yamada KM. Matrix control of stem cell fate. Cell. 2006;126:645-7.
Gauberti M, Fournier AP, Docagne F et al. Molecular magnetic resonance imaging of endothelial activation in the central nervous system. Theranostics. 2018;8(5):1195-212.
Gjorevski N, Nelson CM. Bidirectional extracellular matrix signaling during tissue morphogenesis. Cytokine Growth Factor Rev. 2009;20:459-65.
Ivanovska L, Shin JW, Swift J et al. Stem cell mechanobiology: diverse lessons from bone marrow. Trends Cell Biol. 2015;25:523-32.
Junqueira LC, Carneiro J. Histologia Básica. 10. ed. Rio de Janeiro: Guanabara Koogan; 2004.
Ley K, Laudanna C, Cybulsky MI et al. Getting to the site of inflammation: the leukocyte adhesion cascade updated. Nat Rev Immunol. 2007;7(9):678-89.
Meşe G, Richard G, White TW. Gap junctions: basic structure and function. J Invest Dermatol. 2007;127(11):2516-24.
Miranti CK, Brugge JS. Sensing the environment: a historical perspective on integrin signal transduction. Nat Cell Biol. 2002;4:E83-90.
Mitroulis I, Alexaki VI, Kourtzelis I et al. Leukocyte integrins: role in leukocyte recruitment and as therapeutic targets in inflammatory disease. Pharmacol Ther. 2015;147:123-35.
Moreno-Layseca P, Streuli CH. Signalling pathways linking integrins with cell cycle progression. Matrix Biol. 2014;34:144-53.
Morishita H, Yagi T. Protocadherin family: diversity, structure, and function. Current Opinion in Cell Biology. 2007;19(5):584-92.
Pompili S, Latella G, Gaudio E, Sferra R, Vestuchi A. The charming world of the extracellular matrix: a dynamic and protective network of the intestinal wall Front. Med. 2021;8:610189.
Rubinstein R, Thu CA, Goodman KM et al. Molecular logic of neuronal self-recognition through protocadherin domain interactions. Cell. 2015;163(3):629-42.
Shapiro L, Weis WI. Structure and biochemistry of cadherins and catenins. Cold Spring Harb Persp Biol. 2009;1(3):a003053.
Söhl G, Willecke K. Gap junctions and the connexin protein family. Cardiovasc Res. 2004;62(2):228-32.
Steed E, Balda MS, Matter K. Dynamics and functions of tight junctions. Trends Cell Biol. 2010;20(3):142-9.
Swift J, Ivanovska IL, Buxboim A et al. Nuclear lamin-A scales with tissue stiffness and enhances matrix-directed differentiation. Science. 2013;341:1240104.
Wu Q, Jia Z. Wiring the brain by clustered protocadherin neural codes. Neurosci Bull. 2021;37(1):117-31.

CAPÍTULO 9

Núcleo e Replicação Celular

NATHALIE CELLA

Estrutura geral e funções do núcleo, *181*

Envelope nuclear, *181*

Cromatina, *186*

Compartimentos subnucleares, *190*

Replicação, *193*

Bibliografia, *197*

Estrutura geral e funções do núcleo

O núcleo é a maior e mais importante organela da célula. É nele que está contido o ácido desoxirribonucleico (DNA), material genético responsável por transmitir as características dos seres vivos aos seus descendentes, além de controlar todas as funções celulares. Salvo exceções (p. ex., as hemácias de mamíferos), o núcleo está presente em todas as células eucariontes. A maioria das células apresenta um único núcleo, embora existam células multinucleadas, como as do músculo esquelético. Sua função primária é proteger e separar o DNA das demais reações que ocorrem no citoplasma. Desse modo, o núcleo provê condições ideais para que todas as reações bioquímicas das quais ele participa – incluindo a replicação, a transcrição e o reparo do DNA – ocorram de maneira eficiente. No núcleo, o DNA interage com proteínas denominadas **histonas**. Juntos, DNA e histonas constituem a **cromatina**, que é responsável pela compactação do DNA e pelo controle da expressão gênica (ver Capítulo 11), funções que estão relacionadas entre si. A cromatina mais compactada – heterocromatina – não permite que fatores de transcrição interajam com as sequências de DNA regulatórias (promotores e *enhancers*), por isso essa condição reprime a transcrição. A cromatina mais frouxamente condensada – **eucromatina** – permite que esses fatores acessem essas sequências; por isso está associada à expressão gênica. A cromatina está distribuída em diferentes unidades dentro do núcleo, denominadas **cromossomos**. Cada cromossomo corresponde a uma molécula de DNA. As funções nucleares anteriormente descritas ocorrem em todas as células, porém podem variar em função da taxa de proliferação, de expressão gênica e do metabolismo celular.

O núcleo é delimitado pelo **envelope nuclear**, constituído pela membrana nuclear, pelo **complexo do poro nuclear** (NPC, do inglês *nuclear pore complex*) e pela **lâmina nuclear**. O envelope nuclear regula o tráfego de moléculas (proteínas e ácido ribonucleico [RNA]) entre o citoplasma e o núcleo, mantém a arquitetura nuclear e regula a expressão gênica. O envelope nuclear é constituído por duas bicamadas lipídicas: a bicamada externa, voltada para o citoplasma, e a interna, voltada para o interior do núcleo. A face interna do envelope nuclear é revestida pela lâmina nuclear, uma camada fibrosa constituída por filamentos intermediários (ver Capítulo 7) que determina a forma e dá sustentação mecânica ao envelope nuclear. A lâmina nuclear tem importante papel na organização da cromatina e na expressão gênica. O envelope nuclear é interrompido por vários NPCs, estruturas complexas que desempenham outras funções além de permitir a comunicação entre núcleo e citoplasma.

O núcleo é preenchido pelo nucleoplasma, material no qual a cromatina e outras estruturas estão embebidas. Essa organela apresenta o seu próprio esqueleto – o nucleosqueleto –, que dá sustentação ao núcleo e recebe e responde a estímulos mecânicos provenientes do esqueleto citoplasmático – o citoesqueleto. Devido a essa interação dos esqueletos desses dois compartimentos, os movimentos celulares e as alterações morfológicas das células modulam as funções nucleares. Nesse capítulo, serão abordados a estrutura da cromatina, sua organização espacial no núcleo e como essa organização se relaciona com os demais componentes já citados, especialmente com o controle da expressão gênica.

Envelope nuclear

Membrana nuclear

A membrana nuclear é constituída por duas bicamadas lipídicas (Figura 9.1). Cada bicamada constitui uma membrana, chamadas então de "membrana nuclear externa" (ONM, do inglês *outer nuclear membrane*) e "membrana nuclear interna" (INM, do inglês *inner nuclear membrane*). A ONM é contínua com o retículo endoplasmático rugoso (RER; do inglês *rough endoplasmic reticulum*) e apresenta ribossomos em sua face externa (Figura 9.1). Entre a ONM e a INM está o espaço perinuclear, que é contínuo

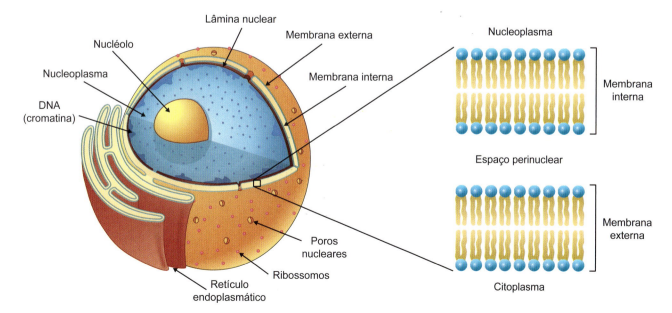

Figura 9.1 Visão geral do núcleo celular. Núcleo de uma célula eucarionte com destaque para a membrana do envelope nuclear, composto de duas bicamadas lipídicas, entre as quais está o espaço perinuclear. Principais componentes do núcleo também estão representados na figura: poros nucleares, cromatina, nucléolo, nucleoplasma e lâmina nuclear.

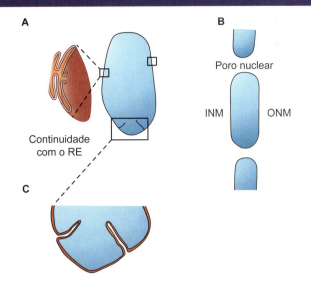

Figura 9.2 Envelope nuclear. **A.** A membrana nuclear interna (INM, do inglês *inner nuclear membrane*) é contínua com a membrana do retículo endoplasmático (RE). **B.** Nas regiões do poro nuclear, a membrana nuclear interna (INM, do inglês *inner nuclear membrane*) e a membrana nuclear externa (ONM, do inglês *outer nuclear membrane*) fundem-se. **C.** O envelope nuclear pode sofrer invaginações, de tal modo que as moléculas nele inseridas podem se aproximar de estruturas mais internas do núcleo.

com o lúmen do retículo endoplasmático (RE). Essas duas membranas dobram e fundem-se na região do poro nuclear (Figura 9.2 B). Embora a maioria dos núcleos seja esferoide, dados recentes mostram que o envelope nuclear pode apresentar invaginações que definem canais que alcançam o interior do nucleoplasma. Esses canais possibilitam que estruturas como o NPC ou a lâmina nuclear aproximem-se de regiões mais centrais do núcleo (Figura 9.2 C).

O citoesqueleto e o nucleoesqueleto comunicam-se por meio do complexo ligante de nucleosqueleto e citoesqueleto (LINC, do inglês *linker of nucleoskeleton and cytoskeleton*), situado entre a ONM e a INM. O complexo LINC é composto de duas classes de proteínas: as que apresentam o domínio KASH (Klarsicht, *ANC-1 and Syne-homology*) e aquelas que expressam o domínio SUN (Sad-1-UNC-84). Em mamíferos, as KASH são denominadas **nesprinas** (em inglês, *nuclear envelope spectrin-repeat proteins*). Nesprinas e proteínas SUN atravessam as bicamadas da ONM e da INM, respectivamente, e interagem entre si no espaço perinuclear (Figura 9.3). As nesprinas interagem com o citoesqueleto de actina, os microtúbulos e os filamentos intermediários (ver Figura 9.3 B). O domínio nuclear das proteínas SUN interage com a lâmina nuclear (ver Capítulo 7). Além da lâmina nuclear, o nucleosqueleto é composto de laminas solúveis,

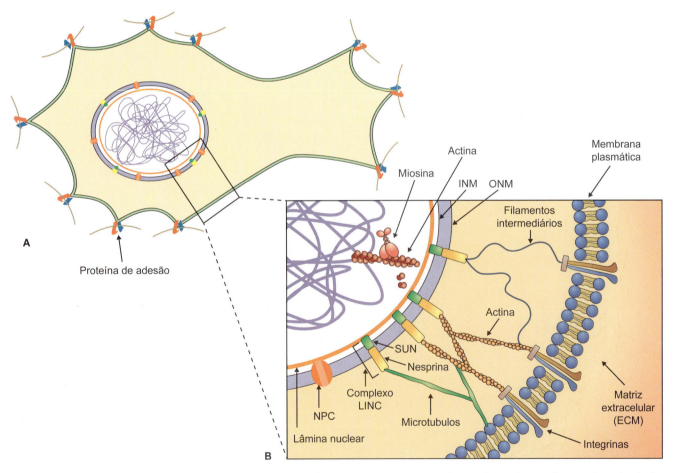

Figura 9.3 A interação entre cito- e nucleosqueleto. **A.** Visão geral da célula com destaque para o envelope nuclear, o citoesqueleto e os focos de adesão. **B.** Complexo ligante de nucleosqueleto e citoesqueleto (LINC, do inglês *linker of nucleoskeleton and cytoskeleton*) formado por nesprinas (*em amarelo*) e proteínas SUN (*em verde*), ancoradas à membrana nuclear externa (ONM, do inglês *outer nuclear membrane*) e à membrana nuclear interna (INM, do inglês *inner nuclear membrane*) respectivamente. Nesprinas interagem com filamentos de actina, filamentos intermediários e microtúbulos na face citoplasmática, transmitindo sinais mecânicos à lâmina nuclear no interior do núcleo por meio de SUN. Esses sinais podem promover alterações na localização da cromatina, estimuladas por filamentos de actina e pela proteína motora miosina.

filamentos de actina e miosina (ver Figura 9.3 B). Assim, o complexo LINC possibilita que estímulos mecânicos provenientes do meio extracelular (em particular da matriz extracelular e do contato célula–célula) sejam transmitidos ao núcleo e convertidos em sinais moleculares. Essa conexão entre o citoesqueleto e o núcleo determina o posicionamento do núcleo na célula durante a polarização e a migração celular, e a quebra do envelope nuclear durante a mitose e a meiose. Embora os mecanismos ainda não sejam conhecidos, as forças mecânicas transmitidas ao nucleosqueleto alteram a arquitetura e a localização da cromatina, a translocação de fatores de transcrição do citoplasma para o núcleo e as alterações pós-traducionais de proteínas nucleares, controlando assim as funções nucleares, em particular a expressão gênica.

Complexo do poro nuclear

O envelope nuclear apresenta perfurações revestidas pelo NPC, estrutura complexa composta por **nucleoporinas** (Nups), nome genérico das proteínas que constituem o NPC. Essa estrutura delimita um canal pelo qual a maioria das moléculas (RNAs e proteínas) trafegam de maneira seletiva nos dois sentidos. Estruturalmente o NPC é composto de dois anéis, um citoplasmático e um nuclear, e um poro central. Do anel citoplasmático, projetam-se filamentos citoplasmáticos em direção ao citoplasma. No lado nuclear, essas ramificações organizam-se em forma de cesta de basquete (Figura 9.4). Moléculas de 40 a 60 kDa difundem-se passivamente pelo poro; as maiores precisam ser ativamente carregadas por receptores nucleares (importinas), que reconhecem um sinal de localização nuclear na molécula a ser transportada (ver Capítulo 13). Esse limite é flexível e depende também da geometria da molécula. Por exemplo, moléculas grandes, porém cilíndricas, atravessam o NPC mais rapidamente do que outras com a mesma massa molecular, porém mais globulares.

Além de mediar o tráfego entre o núcleo e o citoplasma, o NPC é essencial na organização da cromatina, no controle da expressão gênica e do ciclo celular. Esse controle ocorre de diferentes maneiras. Ao se associar a determinadas sequências de bases no DNA, o NPC promove a aproximação entre um *enhancer* distante e o promotor de um dado gene, resultando na ativação da transcrição do gene em questão (Figura 9.5 A) (ver Capítulo 11). O NPC também promove a compactação e a repressão de determinados *loci* genômicos, em particular genes envolvidos no início da diferenciação celular (Figura 9.5 B). Algumas Nups dissociam-se do NPC e atuam no interior do núcleo. Essas Nups periféricas atuam como reguladoras da expressão gênica

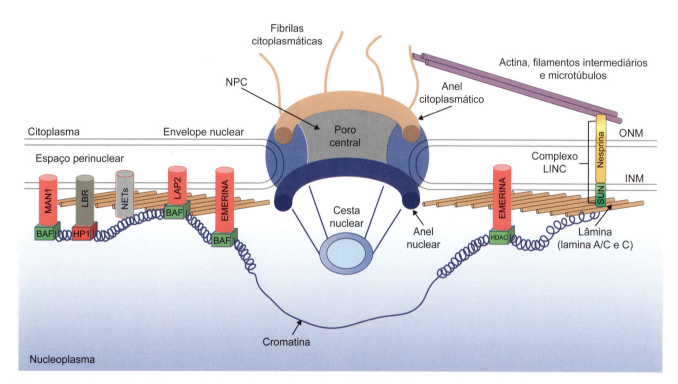

Figura 9.4 Envelope nuclear. Ele é composto de membrana nuclear externa (ONM, do inglês *outer nuclear membrane*), membrana nuclear interna (INM, do inglês *inner nuclear membrane*), complexo do poro nuclear (NPC, do inglês *nuclear pore complex*) e lâmina nuclear, constituída das proteínas lamina A/C e lamina B. A ONM e a INM estão conectadas entre si por meio do complexo ligante de nucleosqueleto e citoesqueleto (LINC, do inglês *linker of nucleoskeleton and cytoskeleton*), que transmite estímulos mecânicos provenientes do citoplasma (mediados pelos citoesqueletos de actina, microtúbulos e filamentos intermediários), para o núcleo, como mostrado na Figura 9.3. O NPC é formado por dois anéis, um na face citoplasmática (*em bege*) e outro na face nuclear (*em azul*). Entre esses dois poros está o poro central, que reveste o canal em si e ancora o NPC. Do anel citoplasmático, projetam-se fibrilas citoplasmáticas. Do lado nuclear, as ramificações do anel organizam-se em forma de cesta de basquete. A lâmina nuclear interage com proteínas que atravessam a INM. Essas proteínas são genericamente denominadas "proteínas transmembranar do envelope nuclear" (NETs, do inglês *nuclear envelope transmembrane proteins*). Aqui destacam-se o receptor da lamina B (LBR, do inglês *lamin B receptor*) e a emerina, que interagem com a cromatina através de HP1α (do inglês *heterochromatin protein 1α*) e BAF (do inglês *barrier-to-autointegration factor*), respectivamente, além da proteína associada à lamina 2 (LAP2, do inglês *lamin-associated protein 2*) e da MAN1. A emerina interage também com deacetilases de histonas (HDACs, do inglês *histone deacetylases*). A cromatina mais próxima da lâmina nuclear é chamada "LAD" (do inglês *lamin associated domains*; ver Figura 9.6). Essa porção está sob a forma de heterocromatina. Abaixo do NPC, a cromatina está menos empacotada, por isso é chamada "eucromatina".

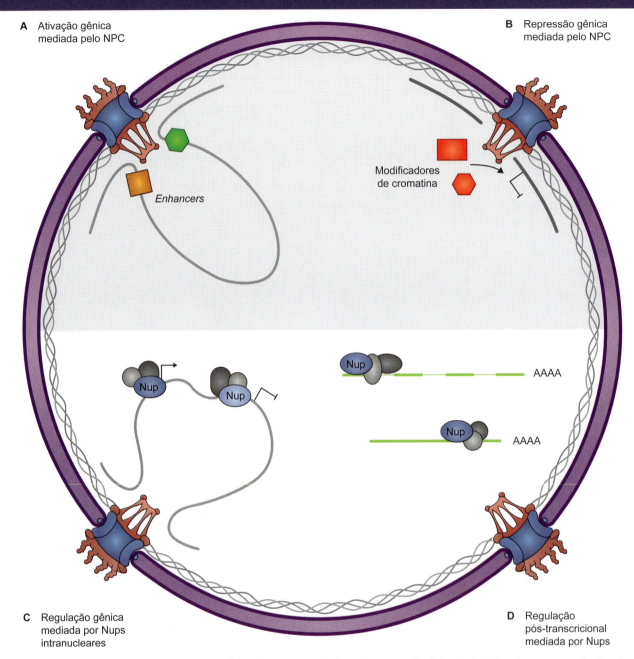

Figura 9.5 O complexo do poro nuclear (NPC, do inglês *nuclear pore complex*) regula a expressão gênica. **A.** O NPC se liga a uma sequência *enhancer* e promove a sua aproximação de um promotor, auxiliando assim a expressão gênica. **B.** O NPC recruta para a periferia nuclear enzimas que atuam na modificação de histonas, mediando a repressão de alguns *loci* genômicos específicos. **C.** Nucleoporinas (Nups) interagem com a cromatina e outras proteínas, promovendo o silenciamento ou a expressão gênica. **D.** Nups podem regular o *splicing* de mRNA.

(Figura 9.5 C) ou com fatores de *splicing* (Figura 9.5 D). Finalmente, Nups também se associam aos feixes de microtúbulos das fibras do fuso e ao cinetocoro, auxiliando na divisão celular (ver Figura 9.7 mais adiante).

Lâmina nuclear

A lâmina nuclear é uma camada fibrosa de filamentos intermediários (ver Capítulo 7) associada à face interna do envelope nuclear. Suas funções são: dar suporte mecânico ao núcleo, organizar a cromatina (o que afeta diretamente a expressão gênica) e mediar a comunicação mecânica entre o citoplasma e o núcleo (ver Figuras 9.3 e 9.4). As proteínas que constituem a lâmina nuclear denominam-se laminas. Há laminas dos tipos A e B. As laminas do tipo A são a lamina A e a lamina C. Essas laminas são variantes de *splicing* de um único gene, por isso são também nomeadas "lamina A/C". As laminas do tipo B são as laminas B1 e B2, codificadas por dois genes distintos. Todas as laminas integram a lâmina nuclear e interagem com proteínas inseridas na INM. Após a síntese e a maturação das laminas, as laminas do tipo B permanecem ancoradas na INM. As laminas do tipo A não são ancoradas, por isso encontram-se solúveis no nucleoplasma, interagindo com a eucromatina. As laminas dos tipos A e B formam filamentos independentes que interagem entre si. As do tipo B são expressas em todos os tipos celulares, e as do tipo A têm sua expressão regulada ao longo do desenvolvimento.

Há muito tempo observou-se por microscopia que na periferia do núcleo sempre há uma espessa camada de heterocromatina. A heterocromatina também pode estar presente no interior do núcleo, mas é menos abundante e variável. Em 2006, uma nova técnica possibilitou a identificação das regiões da cromatina que se associam à lâmina nuclear. Observou-se, então, que cromossomos poderiam ter um ou mais pedaços associados à lâmina nuclear (i. e., à periferia do núcleo). Esses pedaços foram denominados "domínios associados à lamina" (**LADs**, do inglês *lamin-associated domains*). LADs são, portanto, a heterocromatina associada à periferia do núcleo (Figuras 9.6 A e 9.4). Cada LAD tem em média 500 mil pares de base, e cada célula tem de 1.000 a 1.500 LADs. LADs têm baixa densidade de genes, e os genes ali localizados estão reprimidos ou expressos em baixos níveis. LADs são ricos em histonas metiladas, típicas de heterocromatina. Há LADs que estão presentes em todos os tipos celulares, por isso são conhecidos como LADs constitutivos (cLADs). Outros LADs estão presentes somente em determinados tipos celulares, denominando-se "LADs facultativos" (fLADs; alguns autores os chamam de LADs variáveis, vLADs) (Figura 9.6 B). fLADs são muito importantes na diferenciação celular (ver Capítulo 17). Por exemplo, na diferenciação de células-tronco embrionárias de camundongo em células precursoras neuronais, 1/3 de todos os genes dissociam-se das fLADs. Esses genes, no entanto, permanecem reprimidos até uma próxima etapa em direção à diferenciação terminal. Acredita-se que a liberação de genes da lâmina nuclear funcione para "destrancar" esses genes, para que sejam ativados nas próximas etapas em direção à diferenciação terminal.

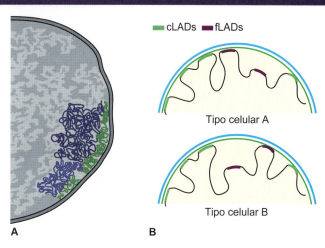

Figura 9.6 Domínios associados à lamina (LAD, do inglês *lamin-associated domains*). **A.** Cromossomo (*em azul*) comunicando-se com a lâmina nuclear por meio das LADs (*em verde*). Somente um cromossomo está representado na imagem. **B.** LADs constitutivos (cLDAs) e facultativos (fLADs) estão ilustrados em dois tipos celulares diferentes (células A e B). Enquanto cLADs não diferem entre as duas células, cada célula apresenta um fLAD específico liberado da periferia do núcleo.

Como a interação entre a cromatina e a lâmina nuclear resulta no silenciamento da expressão gênica?

Duas questões importantes começam a ser compreendidas: o mecanismo pelo qual os LADs se associam à lâmina nuclear e a relação dessa associação com o silenciamento de genes. Quando sequências de LADs foram ectopicamente inseridas em outras regiões do genoma (regiões sem LADs), essas associaram-se à lâmina nuclear, indicando que a sequência de nucleotídios em si tem um papel nessa interação. A di ou trimetilação de histona H3 no resíduo de lisina na posição 9 (H3 K9) é importante na formação ou na manutenção de LADs, pois quando metiltransferases foram inibidas, muitos LADs dissociaram-se da periferia e deslocaram-se para o interior do núcleo.

Do lado da lâmina nuclear, algumas proteínas transmembranar da INM interagem com a lâmina nuclear e são importantes na localização de heterocromatina na periferia do núcleo. Dessas proteínas, merecem destaque o receptor de lamina B (LBR, do inglês *lamin B receptor*), a emerina, a LAP2 e a MAN1 (ver Figura 9.4). O LBR interage com laminas do tipo B e com histonas metiladas na cromatina, e funciona como uma ponte que prende a heterocromatina à lamina B. LBR também interage com HP1α, uma proteína que reconhece H3 K9 di ou trimetilada. De maneira semelhante, emerina interage com a lâmina nuclear e a proteína BAF (BAF/BANF1), que por sua vez interage com a cromatina. Por fim, emerina também interage e ativa HDACs (ver Figura 9.4), promovendo o aumento da compactação da cromatina. Esses dados sugerem que alterações epigenéticas promovem a formação de LADs, ao mesmo tempo em que proteínas da lâmina nuclear aumentam o grau de compactação da heterocromatina, garantindo assim o silenciamento gênico.

Ruptura do envelope nuclear na divisão celular

O envelope nuclear impõe uma barreira na divisão celular de eucariotos superiores, pois ele impede que as fibras do fuso mitótico acessem os cromossomos no interior do núcleo. A mitose e a desmontagem no envelope nuclear são perfeitamente coordenadas entre si. As quinases que se ativam no final da fase G2 (ver Capítulo 10) fosforilam algumas proteínas do NPC. Essa fosforilação inicia a desmontagem do NPC, rompendo a barreira seletiva entre o citoplasma e o núcleo. Com isso, essas quinases têm acesso à lâmina nuclear na face interna do envelope nuclear. A fosforilação das laminas resulta na despolimerização da lâmina nuclear. O envelope nuclear, a última parte a perder sua estrutura, rompe-se pela força mecânica exercida pelos microtúbulos na face citoplasmática do envelope (Figura 9.7), já que nessa fase as fibras do fuso estão posicionando os cromossomos para a divisão celular. Os lipídios e as proteínas do envelope nuclear fundem-se às membranas do RER, que nessa fase se organiza em túbulos e denomina-se RE mitótico (ver Figura 9.7). Com o aumento da permeabilidade, a condensação dos cromossomos ocorre 10 vezes mais rápido, porque moléculas do citoplasma essenciais nesse processo rapidamente têm acesso à cromatina.

Ao fim da mitose, é necessário que um novo envelope nuclear se forme ao redor de cada novo núcleo. Nessa fase, a inativação das quinases promove a rápida desfosforilação das proteínas,

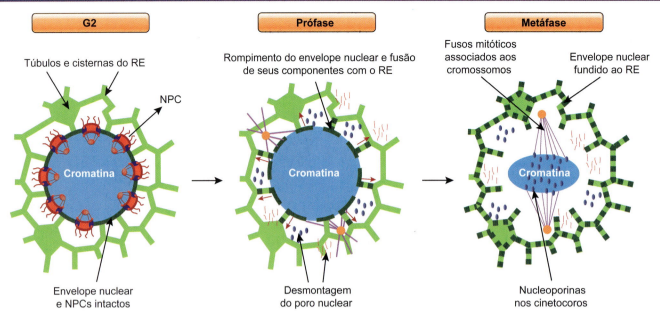

Figura 9.7 Desmontagem do envelope nuclear no início da mitose. Em G2 o envelope ainda está íntegro, porém as quinases que fosforilam as nucleoporinas e a lâmina nuclear alcançam o pico de sua ativação. A fosforilação desses componentes dispara a desmontagem do complexo do poro nuclear (NPC, do inglês *nuclear pore complex*), e as membranas e suas proteínas fundem-se ao retículo endoplasmático (RE). Nessa fase, as fibras do fuso mitótico auxiliam no rompimento do envelope nuclear. Na metáfase, o envelope está totalmente desmontado, e as fibras do fuso prendem-se aos cromossomos pelo cinetocoro.

que se dissociaram do envelope no início do processo em consequência da fosforilação. Na reorganização do envelope nuclear, dois componentes interagem de modo pouco compreendido: o RE mitótico e a cromatina (Figura 9.8). Sabe-se que a descondensação da cromatina é necessária para a reconstrução do envelope nuclear. Especula-se que, ao descondensar-se, a cromatina exponha sítios de ligação às proteínas da INM e às nucleoporinas, guiando assim a montagem do novo envelope. Aparentemente a lâmina nuclear é a última a se reconstituir. As laminas penetram o núcleo por meio dos NPCs; portanto, depois que o envelope já delimitou o nucleoplasma. A polimerização das laminas depende da interação com proteínas da INM e também com a cromatina (ver Figura 9.4).

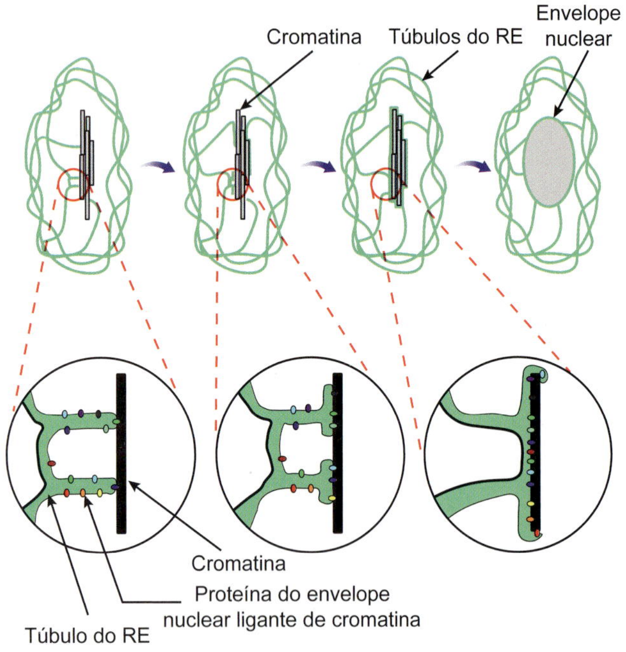

Cromatina

Estrutura

O DNA humano totalmente esticado teria 3 m de comprimento. Para que caiba no núcleo, essa molécula interage com proteínas que auxiliam em seu dobramento e compactação. O conjunto do DNA e as proteínas a ele associadas é denominado **cromatina**. A função da cromatina não se limita ao empacotamento do material genético, mas também controla sua disponibilidade. Por exemplo, para que alguns genes sejam expressos em um determinado tipo celular, é necessário que a RNA polimerase II e os fatores de transcrição tenham acesso ao promotor e aos *enhancers* desses genes. Para isso, a cromatina deve se remodelar (ou seja, mudar a sua estrutura) nessas áreas específicas do genoma de maneira a expor essas regiões, ao mesmo tempo em que mantém reprimidos outros genes. De modo geral, esse trabalho é realizado por proteínas de dois tipos: **histonas** e não histonas. As não histonas são as proteínas responsáveis pela replicação, expressão gênica, reparo de DNA e proteínas que modificam a cromatina. As histonas são primariamente responsáveis pela condensação da cromatina, porém, como já discutido em seções anteriores, o grau de condensação da cromatina é indissociável dos mecanismos de

Figura 9.8 Modelo da montagem do envelope nuclear após a mitose. Algumas proteínas do envelope nuclear que se juntaram ao retículo endoplasmático (RE) na desmontagem do envelope nuclear (antes da mitose) começam a interagir com a cromatina. Acredita-se que essas proteínas estejam mediando a interação entre os túbulos do RE e a cromatina, que está se descondensando. Esses túbulos interagem e envolvem essa cromatina, dando origem ao novo envelope nuclear. Essas proteínas se acumulam na interface entre a futura membrana interna do envelope nuclear e a cromatina.

controle da expressão gênica. As histonas são talvez as proteínas mais conservadas na natureza, refletindo sua importância na célula. Há quatro tipos de histonas: H2A, H2B, H3 e H4. Essas histonas formam homodímeros, que por sua vez se associam entre si, constituindo o núcleo octamérico de histonas (Figura 9.9). Uma sequência de 147 pares de bases de DNA se enrola em volta desse núcleo, dando 1,7 volta ao seu redor. Essa estrutura está distribuída ao longo da cadeia de DNA em intervalos relativamente regulares, como um colar de contas (Figuras 9.9 e 9.10). O DNA entre dois núcleos de histonas é denominado *DNA linker* (ou DNA de conexão). Um núcleo de histonas com o DNA ao seu redor e mais um segmento de *DNA linker* intitula-se **nucleossomo**, que corresponde ao primeiro nível de compactação do DNA, a unidade básica da cromatina. A região amino-terminal de cada histona projeta-se para fora do octâmero de histonas (ver Figura 9.9). Essa projeção das histonas tem importante papel no remodelamento da cromatina e no controle epigenético da expressão gênica, que será abordado adiante. A configuração mais básica da cromatina – de colar de contas – não ocorre em células vivas, ela só pode ser observada em condições laboratoriais. Com o auxílio de uma outra histona – a **histona H1** –, essa configuração básica dobra-se em zigue-zague, originando as fibras de cromatina de 30 nm de espessura (ver Figura 9.10). Essa é a espessura da cromatina isolada de um núcleo interfásico e observada ao microscópio eletrônico.

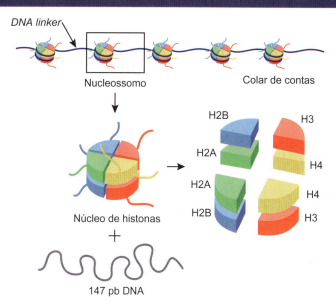

Figura 9.9 Organização básica da cromatina. A cadeia de DNA enovela-se ao redor de um núcleo proteico em intervalos regulares. Esse núcleo é composto de quatro pares de histonas – H2A, H2B, H3 e H4 –, por isso denominado "octâmero de histonas". Entre um núcleo de histonas e o outro está o *DNA linker*. Um núcleo de histonas com cerca de 147 pares de base (pb) ao seu redor e mais um segmento de *DNA linker* denomina-se "nucleossomo", a unidade básica da cromatina (*em destaque com um quadrado*). Essa estrutura é comumente comparada a um colar de contas. As moléculas de histonas têm boa parte de estrutura no núcleo do complexo proteico. Suas caudas amino-terminais, porém, sempre se projetam para fora do núcleo.

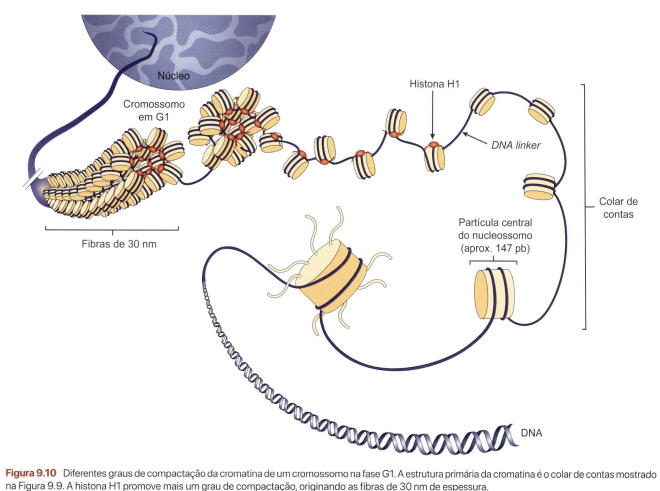

Figura 9.10 Diferentes graus de compactação da cromatina de um cromossomo na fase G1. A estrutura primária da cromatina é o colar de contas mostrado na Figura 9.9. A histona H1 promove mais um grau de compactação, originando as fibras de 30 nm de espessura.

Modificações pós-traducionais da cromatina

Por muitos anos acreditou-se que os nucleossomos só cumpriam o papel estrutural de condensar o DNA para que ele coubesse no núcleo. Atualmente se sabe que são estruturas extremamente dinâmicas e altamente reguladas de diferentes formas. As variações de estrutura e posição de um nucleossomo denomina-se remodelamento da cromatina. Um enorme elenco de moléculas, incluindo variantes de histonas, alterações bioquímicas e complexos remodeladores de cromatina são utilizados de modos que estão começando a ser compreendidos apenas recentemente.

As alterações pós-traducionais na cauda amino-terminal das histonas desempenham um papel fundamental no remodelamento da cromatina; dentre as mais comuns estão a acetilação e a metilação de resíduos de lisina (Figura 9.11). Essas alterações são catalisadas por enzimas que recebem o nome genérico de acetilases de histonas e metiltransferases de histonas. O conjunto de modificações nas histonas e no DNA ocorrem "acima" da sequência de nucleotídeos e, por isso, denominam-se modificações epigenéticas. Especificamente, as modificações nos resíduos de aminoácidos das histonas são intituladas marcas de histonas. Por exemplo, o resíduo de lisina na posição 9 da histona H3 é comumente di ou trimetilado (H3K9me2 ou me3). A metilação das histonas torna o nucleossomo mais compacto, reprimindo assim a transcrição. Além disso, sítios metilados são reconhecidos como repressores da transcrição. A acetilação, por sua vez, retira a carga positiva da lisina, reduzindo a força da sua interação com as cargas negativas do DNA, tornando-a mais "frouxa", portanto a acetilação de histonas está sempre relacionada com a disponibilização do DNA e o aumento da transcrição. Várias outras modificações já foram descritas, como a fosforilação, a ubiquitinação, a ribosilação, a glicosilação etc. Além disso, essas modificações podem ocorrer de modo sequencial (i. e., não todas ao mesmo tempo) e/ou combinada, por isso essa forma de sinalização denomina-se código de histonas (Figura 9.12).

O código de histonas pode regular a duração, a intensidade e o momento em que a ativação ou a repressão gênica ocorre. Além disso, esse código modula outros aspectos da cromatina, como a deposição de histonas ou as alterações do ciclo celular (ver Figura 9.12). Além das histonas, o DNA também pode ser metilado; nesse caso as citosinas são metiladas por DNA-metiltransferases e produzem 5-metilcitosina (Figura 9.13). Nas regiões genômicas com papel regulatório, é comum que as citosinas sejam imediatamente adjacentes a uma guanina, formando assim duas 5-metilcitosinas, uma em cada lado da fita de DNA. Essas regiões ricas em citosina e guanina denominam-se **ilhas de CpG** (ver Figura 9.13). As 5-metilcitosinas desencadeiam uma cascata de silenciamento com a participação adicional de desacetilases e metiltransferases de histona, além de proteínas que auxiliam na heterocromatização dessa região. Esse processo resulta no completo fechamento da cromatina e consequente silenciamento da transcrição.

Complexos remodeladores de cromatina

Para que o remodelamento da cromatina possa ocorrer, os complexos remodeladores de cromatina convertem a energia do trifosfato de adenosina (ATP) em energia mecânica para mobilizar e reestruturar os nucleossomos de diferentes maneiras. É interessante notar que alguns remodeladores têm domínios que interagem com o nucleoesqueleto de actina (ver

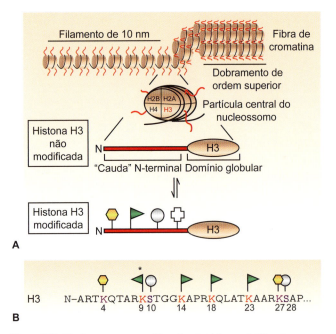

Figura 9.11 Nucleossomos e modificações de histonas. **A.** Fibra de cromatina destacando um nucleossomo e as caudas amino-terminais das histonas (em vermelho). Nessa imagem, a histona H3 é usada como um exemplo, porém as demais histonas também podem ser modificadas. Todas as histonas têm um domínio globular e a já mencionada cauda amino-terminal. Nessa região, podem ocorrer acetilação (triângulo verde), fosforilação (círculo branco), metilação (hexágono amarelo), além de outras modificações. **B.** Sequência de aminoácidos da região amino-terminal da histona H3 mostrando os resíduos mais comumente modificados. O asterisco aponta um resíduo de lisina que pode ser acetilada ou metilada.

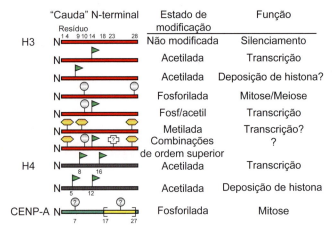

Figura 9.12 Código de histonas. Exemplos de modificações na cauda das histonas H3 e H4, e seu potencial significado ou função. A acetilação é representada pelo triângulo verde, a fosforilação pelo círculo branco e a metilação pelo hexágono amarelo. A primeira da lista (parte superior) não apresenta modificações e sinaliza uma situação de repressão da cromatina. A segunda e a terceira estão acetiladas, porém em resíduos diferentes, sinalizando a transcrição e a deposição de histonas, respectivamente. Há inúmeras outras cujo efeito é desconhecido (ponto de interrogação na coluna da direita), ou as próprias modificações são desconhecidas (círculo e cruz com ponto de interrogação). A CENP-A é uma variante da histona H3 específica de regiões centroméricas que são modificadas durante a mitose.

Capítulo 9 • Núcleo e Replicação Celular **189**

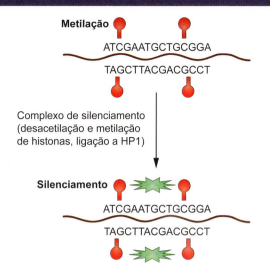

Figura 9.13 Ilhas de CpG. Algumas regiões do genoma (sobretudo promotores) apresentam nucleotídios de citosinas que são metilados, gerando 5-metilcitosina. Como nessas ilhas as citosinas apresentam um nucleotídio de guanina adjacente, aquela região terá grupos metil em ambos os lados da cadeia de ácido desoxirribonucleico (DNA). Esses locais são reconhecidos por um complexo de silenciamento que envolve desacetilases e metilases de histonas, além proteínas que interagem com a heterocromatina, como a HP1.

Figura 9.3). Essa interação coordena a distribuição espacial da cromatina no núcleo (explicação mais aprofundada adiante). Os remodeladores podem auxiliar na troca de histonas convencionais por variantes de histonas, gerando um nucleossomo variante com propriedades regulatórias diferentes ou que será

reconhecido de um modo específico (Figura 9.15 A). Ainda, ao promover o deslizamento do DNA em relação ao núcleo de histonas, sítios de ligação de fatores de transcrição que estavam crípticos passam a estar expostos a esses fatores (Figura 9.15 C).

Complexos remodeladores de cromatina

Os complexos remodeladores de cromatina são proteínas grandes compostas por várias subunidades. Dividem-se em quatro grandes famílias: SWI/SNF, ISWI, INO80 e CHD (Figura 9.14). Apresentam um domínio com atividade de ATPase extremamente conservado que se assemelha aos translocadores de DNA presentes em vírus e bactérias. Os demais domínios dos complexos remodeladores regulam a atividade do domínio ATPase e selecionam os nucleossomos a serem rearranjados. Essa seleção, por sua vez, envolve as alterações pós-traducionais nas caudas das histonas mencionadas anteriormente (ver Figuras 9.11 e 9.12).

Cromossomos

O genoma de uma célula é dividido em discretas porções no núcleo denominadas **cromossomos**. Na metáfase da mitose, os cromossomos alcançam o seu mais alto nível de compactação e são visíveis ao microscópio óptico. Esse alto nível de compactação é essencial na segregação, no alinhamento das cromátides-irmãs e na sua separação, no fim da mitose (ver Capítulo 10). O número de cromossomos é igual em todos os

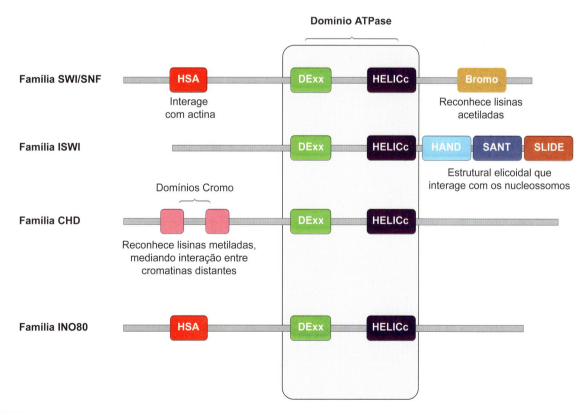

Figura 9.14 Famílias dos complexos remodeladores de cromatina. SWI/SNF, ISWI, CHD e INO80 são as quatro grandes famílias de complexos remodeladores de cromatina, compostos de vários membros. Todos eles têm um domínio ATPase extremamente conservado. Os demais domínios reconhecem domínios diferentes da cromatina ou elementos do nucleoesqueleto, importantes nos processos que envolvem deslocamento mecânico.

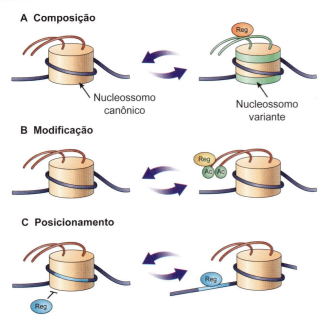

Figura 9.15 Remodelamento de nucleossomos. **A.** Histonas "padrão" podem ser substituídas por variantes de histonas (*em verde*), transformando um nucleossomo canônico em um nucleossomo variante que pode interagir com diferentes reguladores de transcrição (Reg). **B.** Alterações pós-traducionais (nesse caso, a acetilação) são reconhecidas por domínios de alguns complexos remodeladores de cromatina. Por uma questão de clareza, somente acetilações estão mostradas. **C.** O reposicionamento do nucleossomo expõe uma sequência do ácido desoxirribonucleico (DNA; *em azul-claro*) oculta a um regulador de transcrição (Reg).

indivíduos de uma dada espécie. A espécie humana apresenta 23 pares de cromossomos, 22 pares somáticos e 1 par de cromossomos sexuais. Cada cromossomo de um par é nomeado **cromossomo homólogo** (Figura 9.16), um herdado do pai e o outro da mãe. O único par não homólogo é o par de cromossomos sexuais. Assim como o número de cromossomos é típico de uma espécie, seu tamanho e sua estrutura também o são. O conjunto de cromossomos metafásicos isolados e corados é denominado "**cariótipo** da espécie" (ver Figura 9.16). Cada cromossomo corresponde a uma molécula de DNA, portanto ele deve conter as estruturas necessárias para se replicar na fase S e para se dividir na mitose. Para isso, cada DNA linear tem que ter um **centrômero**, origens de replicação e dois **telômeros** (Figura 9.17). Centrômero é a região na qual duas fitas de DNA recém-replicadas se mantêm unidas. Nessa fase, cada uma dessas fitas se chama **cromátide-irmã**. A essa região se prende o **cinetocoro**, complexo proteico ao qual se ligam as fibras do fuso durante a mitose (ver Capítulo 10). A região do centrômero tem uma sequência de DNA particular, mas é sobretudo marcada por um tipo de nucleossomo presente apenas nessa região. Os cromossomos de eucariotos apresentam várias origens de replicação ao longo da sua extensão (mais detalhes adiante). Isso garante que todo o genoma seja replicado rapidamente na fase S do ciclo celular. Os telômeros são as extremidades da fita de DNA linear e apresenta sequências repetidas de nucleotídios que são reconhecidas por proteínas que ancoram a enzima telomerase. A telomerase replica as extremidades dos cromossomos (isso será discutido mais adiante), selando essas pontas e impedindo que outras nucleases degradem o DNA.

Compartimentos subnucleares

Os compartimentos subnucleares, também denominados "corpos nucleares", são funcionalmente considerados organelas, porém, estruturalmente, são desprovidos de membranas. À semelhança das organelas citoplasmáticas, esses compartimentos foram assim definidos por reunirem moléculas funcionalmente relacionadas. O mecanismo que define os limites e a permeabilidade desses compartimentos é pouco compreendido. De maneira geral, todos são compostos de proteínas, RNAs e ribonucleoproteínas (RNPs). A diferença está no arranjo espacial dessas moléculas dentro de determinado compartimento. O maior e mais conhecido compartimento subnuclear é o **nucléolo**, local onde os genes ribossomais são transcritos, processados e os ribossomos são montados. Os genes ribossomais estão localizados em cinco diferentes cromossomos. Depois da divisão celular, a cromatina que contém esses genes se reúne no nucléolo com outras proteínas e as RNPs necessárias à síntese de RNA ribossomal (rRNA, do inglês *ribosomal RNA*). Microscopicamente, reconhecem-se três regiões nucleolares: o centro fibrilar, onde ocorre a transcrição do rRNAs, o componente fibrilar denso, encarregado do processamento dos rRNAs, e os grânulos (ou componentes granulares), onde ocorre a montagem dos ribossomos (Figura 9.18). A síntese de RNA requer RNPs cujo componente proteico é traduzido no citoplasma, portanto todas as etapas relacionadas com a disponibilidade dessas RNPs são coordenadas: a transcrição de seu gene, o transporte do RNA mensageiro (mRNA) para o citoplasma, para que seja traduzido, e a importação da proteína para o núcleo, onde será montada. Sabe-se que o nucléolo tem outras funções, além da síntese de rRNA. Proteínas envolvidas no controle do ciclo celular, no reparo do DNA e na resposta ao estresse celular podem ser rapidamente retiradas do local onde atuam e armazenadas no nucléolo. Esse sequestro de proteínas para o nucléolo é finamente regulado e possibilita que as reações e os processos dos quais essas proteínas participam sejam rapidamente inibidos ou ativados.

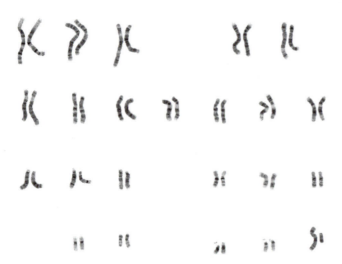

Figura 9.16 Cariótipo humano de um indivíduo do sexo masculino. Cromossomos metafásicos isolados e corados com Giemsa.

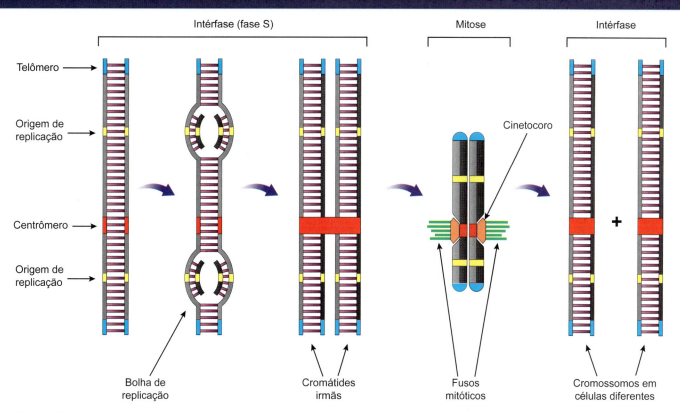

Figura 9.17 Estruturas dos cromossomos nas diferentes fases do ciclo celular. As regiões mais importantes de um cromossomo (composto de uma única molécula de DNA) são os telômeros (um em cada extremidade), *em azul*, as origens de replicação (*em laranja*) e o centrômero (*em vermelho*). A replicação começa nas origens de replicação, originando as bolhas de replicação. Completada a replicação, as duas novas dupla-hélices de ácido desoxirribonucleico (DNA) permanecem unidas pelo centrômero (note que cada uma apresenta uma "fita-mãe", *em cinza*, e uma "fita-filha", *em preto*). Nessa fase, cada dupla-hélice denomina-se "cromátide-irmã". Na mitose, as cromátides-irmãs se separam, produzindo o novo cromossomo nas células-filhas.

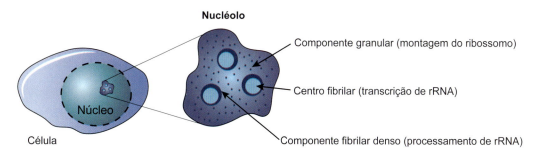

Figura 9.18 Nucléolo. No nucléolo reconhecem-se três regiões: o centro fibrilar, onde ocorre a transcrição do rRNAs, o componente fibrilar denso, encarregado do processamento dos rRNAs e os componentes granulares (ou grânulos), onde ocorre a montagem dos ribossomos.

Por exemplo, a ubiquitina-ligase Mdm-2, responsável pela ubiquitinação de p53 e sua consequente degradação, é sequestrada para o nucléolo na ocorrência de danos ao DNA. Assim, p53 se acumula rapidamente no núcleo (ver Capítulo 10). Finalmente, o nucléolo também é essencial na organização espacial da cromatina, à semelhança do NPC e da lâmina nuclear.

Os diferentes cromossomos ocupam espaços definidos no núcleo interfásico, denominados "territórios cromossômicos" (Figura 9.19). Embora a existência de territórios cromossômicos já fosse conhecida desde o início do século XX, esses espaços só puderam ser mais bem reconhecidos e estudados por meio de uma técnica de fluorescência conhecida como hibridação fluorescente in situ (FISH, do inglês *fluorescence in situ hybridization*), combinada com microscopia de alta resolução (ver Figura 9.19). Os territórios estão distribuídos de uma maneira radial, na qual

domínios de baixa atividade gênica estão mais próximos da periferia, e os que são mais transcritos estão voltados para o centro nuclear. Observa-se que a localização de cada cromossomo é transmitida da célula-mãe para a célula-filha, varia em função do tipo celular e, curiosamente, os homólogos em geral estão distantes entre si durante a intérfase (ver Figura 9.19). Apesar de cada cromossomo ocupar um lugar preferencial, um pedaço da cromatina de um cromossomo pode sair do território do seu cromossomo e interagir com o pedaço da cromatina de um outro cromossomo (Figura 9.20). Esse deslocamento é altamente regulado e depende em parte da descondensação dessa alça de cromatina. Domínios com alta atividade transcricional interagem entre si mais frequentemente. O mesmo ocorre com os domínios reprimidos. Essas regiões especializadas em transcrição ou processamento de RNA são os próprios

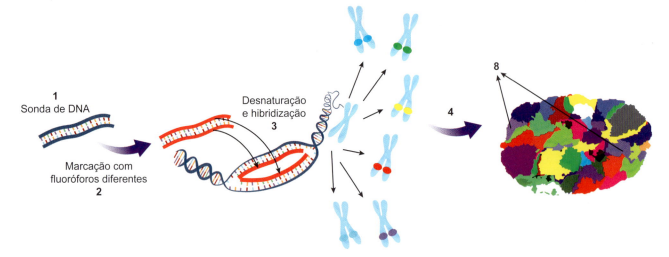

Figura 9.19 Hibridação fluorescente *in situ* (FISH, do inglês *fluorescence in situ hydridization*) e territórios cromossômicos. Uma sequência única de cada um dos cromossomos de uma célula (*1*) é marcada com corantes fluorescentes (*2*). É importante que cada sonda seja marcada com um corante diferente, para que se possa diferenciar cada par de cromossomos. Em seguida, a célula é fixada em uma superfície e o seu ácido desoxirribonucleico (DNA) deve ser desnaturado, para que a dupla-fita se abra e as bases estejam expostas para hibridizar com a sonda (*3*). O material é então analisado ao microscópio de fluorescência (*4*). Os cromossomos representados *em azul-claro* estão marcados com sondas de diferentes cores. À *direita*, cromossomos de uma célula humana em intérfase, corados por FISH. Um par de cromossomos homólogos (o par número 8) está apontado como exemplo.

compartimentos subnucleares. O mecanismo que determina o local no núcleo em que cada cromossomo deve estar é completamente desconhecido.

As regiões nas quais se concentram genes que estão sendo transcritos denominam-se fábricas de transcrição (Figura 9.21). Cada fábrica está equipada com várias RNA polimerases, sua maquinaria básica de transcrição e os diferentes fatores de transcrição (ver Figura 9.21 A). Os genes a serem transcritos (genes 1, 2 e 3), que estão distantes entre si, por sua vez, dispõem-se ao redor da fábrica de transcrição, cada um advindo de uma alça do DNA (ver Figura 9.21 B). Além das fábricas de RNA polimerase II, existem as fábricas para transcrever os genes das

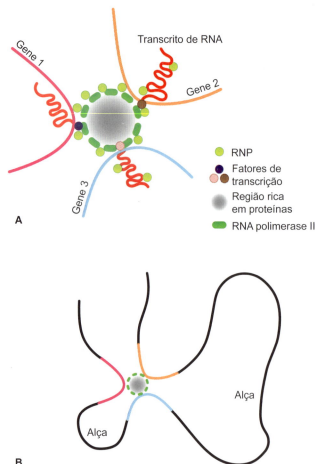

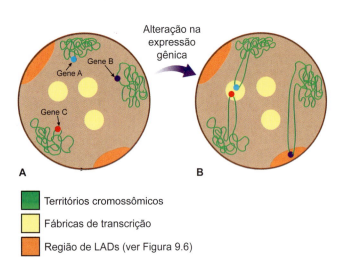

Figura 9.20 Territórios cromossômicos e mobilidade da cromatina. **A.** Núcleo esquemático mostrando três diferentes cromossomos em seus respectivos territórios (*em verde*). Cada um apresenta três diferentes genes: A, B e C. Círculos amarelos são compartimentos subnucleares. **B.** Em resposta a estímulos que alteram a expressão gênica, alças de cromatina, nas quais se situam os genes A, B e C, projetam-se em direção a regiões onde ocorre transcrição (no caso dos genes A e C) ou repressão gênica (gene B).

Figura 9.21 Estrutura de uma fábrica de transcrição. **A.** As moléculas envolvidas na transcrição estão centralmente localizadas, incluindo a RNA polimerase II. Três diferentes genes (1, 2 e 3) estão sendo transcritos nesse exemplo. **B.** Esses três genes podem estar em uma alça de cromatina que se organiza em três diferentes voltas ao redor da fábrica. Genes que estão em cromossomos diferentes também podem ser transcritos em uma mesma fábrica, como mostrado na Figura 2.20.

RNA polimerases (I e III; ver Capítulo 11). Uma questão central é como essas fábricas se originam e recrutam os genes a serem transcritos. Técnicas modernas capazes de determinar os pontos de contato entre os diferentes segmentos do genoma no ambiente do núcleo indicam que sequências de *enhancers* têm um papel central na formação dessas fábricas de transcrição. Nas proximidades dos *enhancers*, existem sítios de ligação de fatores de transcrição que são específicos e limitados a uma linhagem celular específica. Há também sítios reconhecidos por "fatores organizadores de cromossomos". Fatores de transcrição e coesina promovem a aproximação entre o *enhancer*, o promotor do gene e a maquinaria da RNA polimerase II (Figura 9.22).

A maquinaria que executa as reações pós-transcricionais são tão variadas e reguladas quanto a própria maquinaria de transcrição, e, portanto, também variam em função do tipo celular e do grau de diferenciação. O processamento do RNA ocorre enquanto o gene ainda está sendo transcrito, portanto os fatores que promovem esse processamento, em especial os fatores de *splicing*, devem estar próximos e prontos para atuar junto às fábricas de transcrição. Esses fatores localizam-se em corpos nucleares denominados "*speckles* ou grânulos de intercromatina", os quais armazenam, montam e/ou modificam fatores de *splicing* que são exportados para as fábricas de transcrição. Além dos fatores encarregados do processamento, *speckles* contêm quinases e fosfatases que modulam as atividades desses componentes. Em conjunto, o núcleo de eucariotos é atualmente reconhecido como um compartimento heterogêneo, altamente subdividido e dinâmico. Os compartimentos trocam moléculas entre si e coordenam sua localização e reações em função do tipo celular e da fase do ciclo celular.

Corpos de Cajal

Com uma função semelhante a dos *speckles*, os **Corpos de Cajal**, originalmente observados em neurônios há mais de 100 anos, são compartimentos que montam diversas partículas de ribonucleoproteínas pequenas (snRNPs, do inglês *small nuclear ribonucleoproteins*), que são importantes principalmente no *splicing* de mRNA (ver Capítulo 11). Os RNAs nucleares pequenos (snRNAs, do inglês *small nuclear RNAs*) que fazem parte das snRNPs são transcritos nas fábricas de transcrição e, em seguida, exportados para o citoplasma, onde se associam a proteínas (ver Capítulo 11). As snRNPs imaturas são importadas para os Corpos de Cajal. Algumas delas, porém, devem antes ser processadas no nucléolo. Uma vez maduras, as snRNPs são transportadas para os *speckles*, onde são armazenadas (Figura 9.23). Os *speckles* fornecem RNPs às fábricas de transcrição, já que o *splicing* ocorre de modo cotranscricional. Uma vez utilizadas, essas moléculas podem ser recicladas, passando sequencialmente pelos Corpos de Cajal e pelos *speckles*. Os Corpos de Cajal também estão envolvidos na síntese e no armazenamento da telomerase, enzima essencial na fase S do ciclo celular.

Replicação

É o processo pelo qual uma nova cópia do DNA de uma célula é sintetizada a cada ciclo celular. Esse mecanismo é essencial na proliferação celular, pois provê às novas células material genético idêntico ao da célula-mãe. Para que as células-filhas sejam idênticas às células progenitoras, a replicação deve ocorrer de maneira precisa, completa (*i. e.*, todo o DNA deve ser replicado) e somente uma vez por ciclo (ver Capítulo 10). O DNA é composto de duas cadeias de nucleotídios associados em uma dupla-hélice. Essas cadeias estão ligadas por bases nitrogenadas

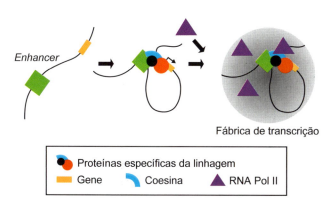

Figura 9.22 Modelo do mecanismo de união dos componentes de uma fábrica de transcrição. Na imagem, apresenta-se um segmento com um determinado gene e uma sequência *enhancer* (*lado esquerdo, em verde*). Proteínas específicas de uma determinada linhagem celular promovem o dobramento da região do ácido desoxirribonucleico (DNA) contendo *enhancer*, auxiliadas pela coesina (*no meio*), que resulta no acúmulo de RNA polimerases II (*lado direito*).

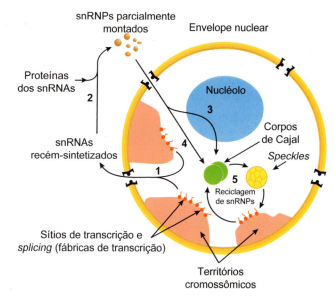

Figura 9.23 Síntese e processamento de ribonucleoproteínas pequenas (snRNP, do inglês *small nuclear ribonucleoproteins*) envolvidas no *splicing*. As snRNPs são formadas por proteínas e snRNA. Os snRNA são transcritos em fábricas de transcrição e, em seguida, exportados para o citoplasma (*1*). No citoplasma, os snRNAs associam-se a proteínas (*2*). As snRNPs imaturas retornam ao núcleo; algumas sofrem modificações no nucléolo antes de serem transportadas aos Corpos de Cajal (*3*); outras são diretamente transportadas aos Corpos de Cajal (*4*). Após a sua maturação nos Corpos de Cajal, as snRNPs são armazenadas nos *speckles*, que, então, fornecem snRNPs às fábricas de transcrição, já que o *splicing* ocorre cotranscricionalmente. Essas snRNPs podem ser recicladas, voltando a passar pelos Corpos de Cajal (*5*).

complementares que interagem entre si por meio de pontes de hidrogênio (ver Capítulo 2). Em essência, a replicação consiste na abertura da dupla-fita de DNA, de modo a expor as bases nitrogenadas da fita molde às DNA polimerases e outras moléculas essenciais na síntese de uma nova fita de DNA. Neste capítulo, será abordada especialmente a replicação em células de eucariotos.

Montagem do complexo pré-replicativo

Embora a replicação propriamente dita ocorra na fase S do ciclo celular, a montagem da maquinaria responsável por esse processo começa em G1. O propósito dessa montagem é preparar o DNA para "disparar" a replicação, caso a célula supere a transição G1/S. Cada molécula de DNA apresenta várias sequências de nucleotídios, denominadas "origem de replicação" (ver Figura 9.17). Há várias origens de replicação em uma molécula de DNA, portanto o DNA é duplicado simultaneamente em múltiplos pontos. Estudos recentes indicam que a localização do cromossomo no núcleo e a cromatina, mais do que a sequência de DNA, definem o local das origens de replicação. Essas origens de replicação estão reunidas nas fábricas de replicação, à semelhança das fábricas de transcrição. O DNA replicado sob o controle de uma mesma origem de replicação é denominado **replicon**. As origens de replicação são reconhecidas pelo complexo reconhecedor da origem ORC1-6 (do inglês *origin recognition complex*). A esse complexo, ligam-se as proteínas Cdt1 e Cdc6 e, em seguida, a DNA-helicase ainda não ativa (complexo Mcm2-7), formando o complexo pré-replicativo (Figura 9.24 A). Muitos autores referem-se ao DNA pronto para ser replicado como "DNA licenciado" (*licensed DNA*) e ao processo de montagem do complexo pré-replicativo como RSL (do inglês *replication licensing system*). Algumas subunidades do complexo proteico ORC1-6, da DNA-helicase (complexo Mcm) e do Cdc6 são membros de uma família de ATPases denominada "AAA+". Essas enzimas usam a energia do ATP para alterar a conformação de moléculas grandes como o DNA. A helicase é um anel que se mantém ao redor da fita molde e tem a função de desenrolar e desfazer as pontes de hidrogênio para separar a dupla-fita de DNA à medida que a replicação prossegue. Por isso, ela acompanha a DNA polimerase na forquilha de replicação, que será explicada adiante.

Montagem do complexo de pré-iniciação

Na fase S do ciclo celular, a ativação da S-Cdk resulta na fosforilação e na degradação dos componentes do complexo pré-replicativo. Outras CDKs também atuam do mesmo modo. Como essas quinases só serão inativadas no final de M, novos complexos de pré-replicação não serão montados, garantindo que a replicação ocorra uma só vez por ciclo (Figura 9.25;

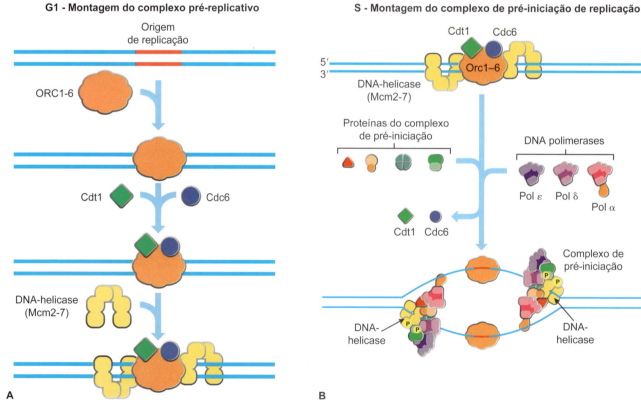

Figura 9.24 Montagem dos complexos de pré-replicação e de pré-iniciação de replicação. **A.** O complexo proteico ORC1-6 (do inglês *origin replication complex*) reconhece e se liga às sequências de ácido desoxirribonucleico (DNA), que correspondem às origens de replicação. Em seguida, as proteínas Cdt1 e Cdc6 unem-se ao ORC1-6. O complex ORC1-6-Cdt1-Cdc6 recruta as proteínas do complexo Mcm2-7, que é a própria DNA-helicase. O recrutamento da DNA-helicase (ainda inativa) marca o término da montagem do complexo de pré-replicação. **B.** A ativação das S-Cdks resulta na ligação das proteínas do complexo de pré-iniciação, que ativa DNA-helicase e desloca as proteínas Cdt1 e Cdc6. A abertura da dupla-fita de DNA permite que as DNA polimerases se acoplem ao DNA, iniciando sua replicação.

Capítulo 9 • Núcleo e Replicação Celular **195**

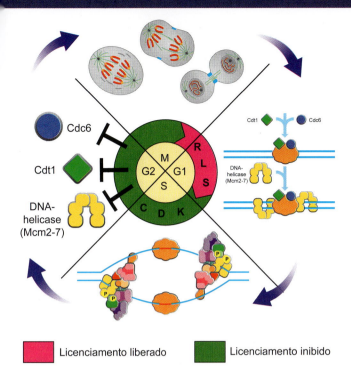

Figura 9.25 Por que o DNA não replica duas vezes em um mesmo ciclo? Na fase G1, as CDKs estão inibidas (*em rosa*), possibilitando a interação dos fatores do complexo de pré-replicação (RSL) com as origens de replicação. Isso torna o ácido desoxirribonucleico (DNA) "licenciado", isto é, ele pode ser replicado. Assim que o ciclo entra em S, as CDKs se ativam e fosforilam as proteínas do complexo de pré-replicação. Essa fosforilação as leva à degradação. Como as CDKs permanecem ativas até o fim de M, o DNA só será licenciado novamente após a divisão celular.

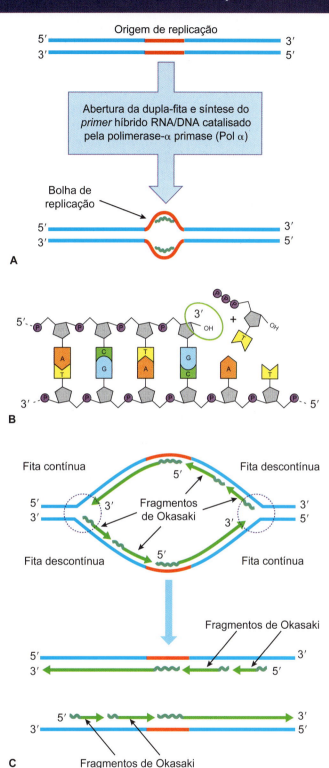

Figura 9.26 Elongação da replicação. **A.** Após a abertura da dupla-fita na origem de replicação (*em vermelho*) pela DNA-helicase (não mostrada), forma-se uma bolha de replicação na qual são sintetizados os *primers* híbridos RNA/DNA. Esse pedaço iniciador é catalisado pela enzima polimerase-α primase (Pol α) (não mostrada). Esse pedaço é necessário porque as DNA polimerases só conseguem adicionar nucleotídios a um pedaço de DNA preexistente. **B.** Uma característica de todas as DNA polimerases é o fato de só conseguirem adicionar novos nucleotídios na hidroxila ligada ao carbono 3, conhecida como extremidade 3'-OH (*oval verde*). **C.** Enquanto as fitas contínuas estendem-se ininterruptamente, as fitas descontínuas estendem-se pela síntese de fragmentos de Okasaki. Note que o sentido da polimerização das duas fitas é sempre da extremidade 5' para a 3'. Os *círculos pontilhados* sinalizam as forquilhas de replicação.

ver Capítulo 10). Proteínas do complexo de pré-iniciação e as DNA polimerases α, δ, e ε associam-se à origem de replicação e ativam a helicase (Mcm2-7), dando início à replicação (ver Figura 9.24 B).

Montagem do complexo de elongação

A primeira ação necessária é a abertura da dupla-hélice de DNA. Essa função é executada pela DNA-helicase, enzima que já estava presente no complexo pré-replicativo (Mcm2-7) (ver Figura 9.24 B). Como as origens de replicação estão no meio da dupla-fita de DNA, ao se abrirem originarão uma bolha de replicação com duas **forquilhas de replicação** que progredirão em sentidos opostos (Figura 9.26 A). Antes de descrever a replicação, é preciso compreender como funcionam as DNA polimerases. Há dois detalhes importantes: o primeiro é o fato de essas polimerases não serem capazes de iniciar uma nova cadeia de DNA, elas só adicionam novos nucleotídios a uma sequência de nucleotídios preexistente anelada à fita molde; o segundo é o fato de as DNA polimerases só conseguirem adicionar um novo nucleotídio a uma hidroxila do carbono 3, denominada "extremidade 3'-OH", e não à outra extremidade, onde há um fosfato no carbono 5 (Figura 9.26 B). Devido a essas duas características e ao fato da dupla-fita de DNA ser antiparalela (ver Capítulo 2), um lado da forquilha é replicado continuamente (por isso é conhecido como fita contínua) e o outro é replicado descontinuamente (por isso denominado "fita descontínua") (Figura 9.26 C). Curiosamente, a replicação começa com a síntese de um fragmento de RNA de cerca de 7 a 14 nucleotídios (RNA iniciador, ou *primer*) catalisada pela polimerase-alfa primase (Pol α). Em seguida, essa mesma enzima adiciona 10 a 20 desoxiribonucleotídios ao fragmento de RNA, produzindo, então, um *primer* híbrido de RNA/DNA (Figuras 9.26 A e 9.27). A partir daí a replicação nas fitas contínua e descontínua seguem caminhos diferentes: na fita contínua, a Pol-α é desacoplada do sistema pela ação conjunta dos fatores RFC (do inglês *replication factor C*), PCNA (do inglês *proliferating cell nuclear antigen*) e pela DNA polimerases ε, que seguirá adicionando desoxiribonucleotídios e replicando a fita contínua (ver Figura 9.27, *lado esquerdo*). Na fita descontínua, a Pol-α sintetiza o *primer* de RNA-DNA várias vezes ao longo da fita. Em seguida, a Pol-α é removida pelos mesmos fatores RFC e PCNA e substituída pela DNA polimerase δ. A DNA polimerase δ, por sua vez, adiciona cerca de 200 desoxiribonucleotídios. Esses pedaços formados pelo *primer* RNA/DNA e mais 200 nucleotídios são chamados "fragmentos de Okasaki" (ver Figuras 9.26 e 9.27). A PCNA também cumpre o importante papel de manter as polimerases associadas à fita molde, de tal modo que elas sintetizem longos trechos de DNA. Sem a PCNA, as DNA polimerases "caem" rapidamente do trilho, interrompendo a replicação. Participam dessa etapa moléculas que estabilizam e protegem a fita simples de DNA aberta pela helicase – as RPA (do inglês *replication protein A*) –, também conhecidas por SSBs (do inglês *single strand binding proteins*). Além dessas, uma **topoisomerase** posiciona-se logo à frente da forquilha de replicação para aliviar a tensão provocada pela helicase (ver Figura 9.27). A replicação progride nos dois sentidos até que uma forquilha se comunique com uma outra iniciada em uma origem de replicação adjacente. Com esse encontro, as polimerases dissociam-se do DNA, nucleases clivam os pedaços de *primers* de RNA e as ligases unem os fragmentos de Okasaki.

Replicação dos telômeros

As extremidades dos cromossomos lineares precisam de umas etapas a mais para serem replicadas. Enquanto a fita contínua pode ser replicada até o último nucleotídio, a extremidade descontínua não apresenta espaço para sintetizar um último fragmento de Okasaki. Se esse pedaço se mantivesse como fita simples, rapidamente seria reconhecido e clivado por nucleases. Com isso, o cromossomo perderia um pedaço a cada nova divisão celular, o que terminaria comprometendo o material genético. Esse problema é evitado pelos **telômeros**, longos trechos de DNA repetitivo (10 kb em humanos) nas extremidades dos cromossomos. Essa sequência repetitiva é sintetizada pela enzima **telomerase**. A telomerase estende a extremidade da fita molde contínua (rica em resíduos de guanina), usando como molde uma sequência de RNA presente em sua própria estrutura que pareia com as sequências repetitivas (Figura 9.28). O domínio catalítico da telomerase assemelha-se com as transcriptases reversas, enzimas que usam um molde de RNA para sintetizar um DNA. A replicação é terminada por uma DNA polimerase, prevenindo o encurtamento dos cromossomos. Ao final desse processo, a extremidade 3′ sempre termina despareada, montando uma "argola" no final de cada cromossomo, denominada "*T-loop*" (ver Figura 9.28).

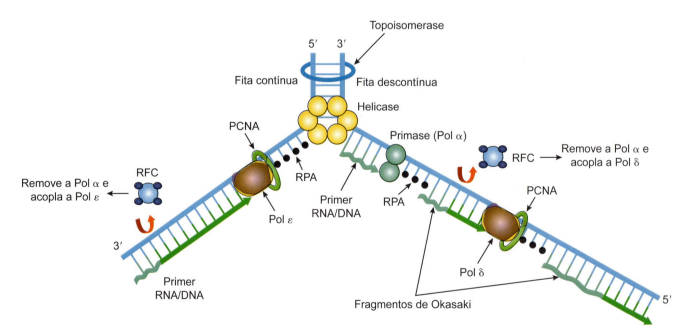

Figura 9.27 Componentes da elongação da forquilha de replicação. *Lado esquerdo*: o *primer* híbrido RNA/DNA (*em verde, ondulado*) sintetizado pela polimerase-α primase (Pol-α) é estendido pela polimerase ε. *Lado direito*: o *primer* híbrido RNA/DNA é sintetizado pela Pol-α várias vezes (aqui estão mostrados só três *primers* RNA/DNA). A extensão desses *primers* é feita pela polimerase δ. Para ambas as fitas, os fatores PCNA (do inglês *proliferating cell nuclear antigen*) e RFC (do inglês *replication factor C*) são importantes para remover a Pol-α e acoplar a polimerase ε e δ ao DNA. As proteínas RPA (do inglês *replication protein A*) se ligam à fita simples de DNA, estabilizando-a e protegendo-a de nucleases.

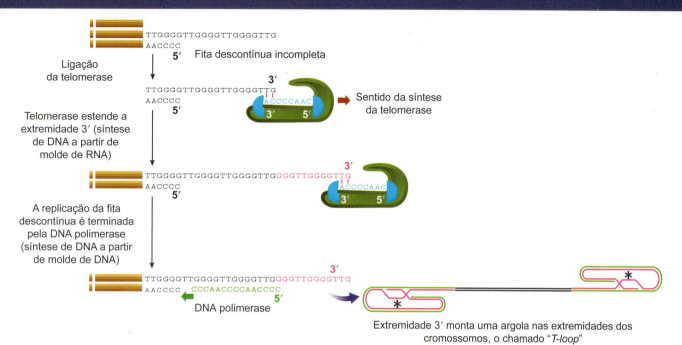

Figura 9.28 Mecanismo de replicação dos telômeros e formação do *T-loop*. A extremidade da fita contínua é estendida pela telomerase, que usa como molde uma sequência de ácido ribonucleico (RNA) presente em sua própria estrutura. Em seguida, uma DNA polimerase termina de replicar a fita descontínua. A fita contínua termina um pouco mais longa do que a descontínua, deixando um trecho de desoxirribonucleico (DNA) de fita simples. Esse trecho de fita simples dobra-se e insere-se dentro da dupla-fita de DNA na região telomérica, formando uma "argola". Note que um pequeno pedaço de DNA permanece como fita simples dentro da argola (*asterisco*).

Bibliografia

Alberts B, Johnson A, Lewis J et al. Molecular Biology of the Cell. New York: Garland Science, Taylor & Francis Group, LLC; 2008.

Briand N, Collas P. Lamina-associated domains: peripheral matters and internal affairs. Genome Biol. 2020;21:85.

Iarovaia OV, Minina EP, Sheval EV et al. Nucleolus: a central Hub for nuclear functions. Trends Cell Biol. 2019;29:647-59.

Misteli T. Beyond the sequence: cellular organization of genome function. Cell. 2007;128:787-800.

Plank JL, Dean A. Enhancer function: mechanistic and genome-wide insights come together. Mol Cell. 2014;55:5-14.

Simon DN, Wilson KL. The nucleoskeleton as a genome-associated dynamic 'network of networks'. Nat Rev Mol Cell Biol. 2011;12:695-708.

Staněk D. Cajal bodies and snRNPs – friends with benefits. RNA Biol. 2017;14:671-9.

Strahl BD, Allis CD. The language of covalent histone modifications. Nature. 2000;403:41-5.

SuONMr MC, Brickner J. The nuclear pore complex as a transcription regulator. Cold Spring Harb Perspect Biol. 2022;14(1):a039438.

van Steensel B, Belmont AS. Lamina-associated domains: links with chromosome architecture, heterochromatin, and gene repression. Cell. 2017;169:780-91.

Capítulo 10

Ciclo Celular: Mitose e Meiose

CAROLINA BELTRAME DEL DEBBIO

Introdução, *201*

Diferenças entre mitose e meiose, *201*

As células sofrem grandes modificações durante a divisão celular, *203*

Controle do ciclo celular, *204*

A fase G1 regula a progressão para a fase de síntese, *208*

A fase G2 controla a entrada na mitose, *209*

Fase M, *210*

A meiose apresenta mais processos que a mitose, *214*

Meiose também apresenta pontos de checagem, *218*

Gametogênese, *218*

A meiose do gameta feminino dos seres humanos pode durar mais de 40 anos, *220*

Bibliografia, *220*

Introdução

Desde o descobrimento das células, cientistas passaram a questionar a origem dessas microunidades estruturais. No século XIX, o cientista Robert Remak observou que as células derivam de outras preexistentes que se dividem. Essa ideia foi reforçada por Rudolf Virchow por volta de 1850, que publicou a frase *Omnis cellula e cellula* (todas as células vêm de células). Essas observações fundamentaram uma das importantes bases da Teoria Celular, que postula que as células são a unidade básica de todos os seres vivos.

A divisão das células é um requisito para todas as formas de vida, uma vez que uma célula dá origem a outras. A importância da divisão celular na homeostase tecidual ganha destaque quando ocorre alguma falha nesse processo, como excesso de divisões ou divisões insuficientes. Em seres multicelulares, divisões celulares insuficientes podem causar anemias e doenças degenerativas. Em contrapartida, o excesso de divisões celulares também é observado nas células do câncer. Divisões malsucedidas podem acarretar aneuploidia (alteração no número de cromossomos). A perda de cromossomos nos organismos unicelulares durante a divisão geralmente provoca a morte desse organismo.

Para que um organismo cresça, preserve sua espécie ou reponha células perdidas, envelhecidas ou danificadas, as células devem dividir-se para criar novas células. A divisão das células varia muito de acordo com o tipo de tecido, podendo ser mais rápida ou mais lenta e também em maior ou menor quantidade. A divisão celular pode não ser observada frequentemente em algumas células já diferenciadas, como no caso dos neurônios.

Em contrapartida, nos tecidos epiteliais (como o epitélio intestinal) e no sanguíneo, por exemplo, as células fazem divisões constantes. Esse processo de duplicação da célula formando duas cópias idênticas da célula original recebe o nome de **mitose**.

Além da mitose, algumas células especializadas podem se dividir formando células-filhas com metade do material genético da célula original, o que possibilitará a realização do processo de reprodução sexuada. Essa divisão celular denomina-se **meiose**.

A divisão do material genético é uma importante etapa da divisão celular, mas, para que a divisão aconteça de modo apropriado, existem outras fases preparatórias que possibilitam e monitoram constantemente a correta duplicação do conteúdo celular e genético, que são nomeadas fases G1, S e G2. O conjunto dessas etapas intitula-se **ciclo celular**.

Neste capítulo, serão abordadas as diferenças entre a mitose e a meiose, as fases do ciclo celular, assim como os mecanismos celulares e moleculares envolvidos nesse processo.

Diferenças entre mitose e meiose

Os processos de divisão celular por mitose ou meiose apresentam diferenças funcionais e estruturais (Figura 10.1 e Tabela 10.1).

As diferentes funções da divisão celular envolvem o propósito biológico (por que a célula precisa se dividir?), os resultados dos processos (o que acontece depois que a célula se divide?), os organismos que a realizam e o tempo de execução desses processos. Quanto ao propósito biológico, nos organismos unicelulares a mitose tem por objetivo dar origem a um novo ser, perpetuando a espécie. Já nos seres pluricelulares, a mitose

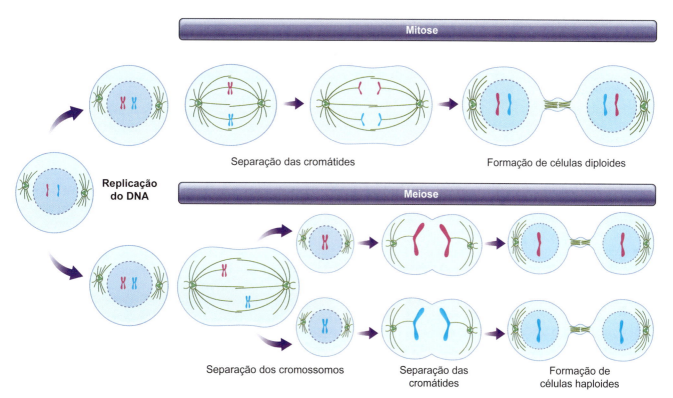

Figura 10.1 Esquema representativo das diferentes etapas entre mitose e meiose. Enquanto a mitose apresenta uma fase de divisão que dá origem a duas células-filhas, a meiose contém duas fases de divisão com maior quantidade de etapas envolvidas, gerando quatro células-filhas com uma só cópia de cada cromossomo.

Tabela 10.1 Tabela exemplificando as principais diferenças funcionais e estruturais entre a mitose e a meiose.

Diferenças	Mitose	Meiose
Biológicas	Organismos unicelulares: origina novos seres Organismos pluricelulares: crescimento do organismo (desenvolvimento) e substituição de células (pós-desenvolvimento)	Formação de gametas para a reprodução sexuada
Genéticas	Formação de células diploides	Formação de células haploides
Tempo de execução	Geralmente mais rápido (podendo durar 30 minutos durante o desenvolvimento)	Geralmente mais demorado (podendo durar vários anos nos gametas femininos humanos)
Etapas	Prófase, metáfase, anáfase e telófase	Meiose I: prófase I, metáfase I, anáfase I e telófase I Meiose II: prófase II, metáfase II, anáfase II e telófase II

promove o crescimento adequado do indivíduo durante seu desenvolvimento (produzindo a quantidade de células adequadas para sua sobrevivência) ou repara e substitui células mortas ou inviáveis após o desenvolvimento. Em contrapartida, a meiose tem o propósito biológico de gerar gametas com metade da cópia do material genético daquele organismo, possibilitando que o encontro dos gametas durante a reprodução sexuada produza a diversidade genética das espécies pluricelulares. Com relação aos resultados dos processos, a mitose gera duas células diploides com informações genéticas idênticas, e a meiose origina células haploides com material genético diferente (ver Figura 10.24 mais adiante neste capítulo, para mais informações sobre células diploides e haploides).

Nem todos os organismos realizam os dois tipos de divisão celular. Ciclos mitóticos ocorrem em todos os eucariotos, já a meiose só ocorre em indivíduos que apresentam reprodução sexuada. Existem algumas exceções entre os seres unicelulares, como as leveduras em brotamento, por exemplo, que formam esporos haploides quando passam por privação nutricional.

Com relação ao tempo de execução, geralmente o ciclo mitótico é mais rápido que o meiótico, mas os tempos desses dois processos podem variar bastante entre as diferentes espécies. A mitose pode durar até 12 horas em algumas células derivadas de epitélio intestinal, assim como fibroblastos podem demorar aproximadamente 20 horas para completar a mitose. Células embrionárias podem dividir-se rapidamente em aproximadamente 30 minutos, e bactérias levam apenas 20 minutos para realizar a mitose. A meiose também apresenta grande variação de tempo entre as espécies: em leveduras, por exemplo, o processo pode durar aproximadamente 6 horas, porém, nos gametas dos seres humanos do sexo feminino, esse processo pode demorar mais de 40 anos para se completar, conforme será apresentado adiante neste capítulo.

Além dessas diferenças funcionais entre mitose e meiose, também existem diferenças estruturais, com diferentes quantidades de etapas na **fase M do ciclo celular**. Enquanto os estágios da mitose na fase M são prófase, metáfase, anáfase e telófase, seguidas ou não por citocinese, na meiose essas etapas dividem-se nas fases I e II, que contemplam prófase I, metáfase I, anáfase I, telófase I e citocinese I, seguidas de prófase II, metáfase II, anáfase II, telófase II e citocinese II. Além disso, a prófase da meiose I, na qual ocorrem "trocas" de segmentos de ácido desoxirribonucleico (DNA) entre os **cromossomos homólogos** e que favorecem a diversidade entre as espécies, apresenta outras cinco subdivisões didáticas (leptóteno, zigóteno, paquíteno, diplóteno e diacinese).

Independentemente das diferenças que ocorram na fase M, tanto a célula em mitose quanto a célula em meiose passarão pelas demais fases do ciclo celular, incluindo as fases G1, S e G2, discutidas a seguir.

O ciclo celular

Todas as atividades que as células desempenham durante a divisão celular são organizadas em fases específicas em um ciclo – o ciclo celular. Este é composto de 4 fases principais que ocorrem sempre na seguinte ordem: G1, S, G2 e M (Figura 10.2). Essas fases são importantes para que a célula tenha tempo de duplicar seu material antes da divisão e de verificar se todas as etapas estariam ocorrendo de maneira apropriada.

O núcleo e o citoplasma dividem-se na **fase M**, que é a primeira etapa do ciclo mitótico, quando os cromossomos se separam. Na segunda parte, ocorre a divisão física do citoplasma, denominada **citocinese**. Após as divisões nuclear e citoplasmática, a nova célula precisa avaliar o que fará na próxima etapa: se irá se autorrenovar (iniciar um novo ciclo celular), se irá se diferenciar ou se irá morrer. Essa avaliação depende das condições em que essa célula se encontra. Se as condições induzem a diferenciação celular ou a morte programada, por exemplo, a célula pode sair do ciclo celular e iniciar a **fase G0**; caso contrário, a célula segue para a fase G1. A fase G1 é a etapa em que a célula interpreta diferentes sinais provenientes do microambiente, de células vizinhas e sinais internos, preparando-se para os próximos passos do ciclo celular. Nessa fase, a célula cresce, isto é, aumenta em massa, confere a integridade do DNA e se há mitógenos e nutrientes. A célula pode permanecer na fase G1 por um longo período antes de prosseguir com o ciclo celular, porém, se as condições propiciam uma nova entrada no ciclo celular e a divisão da célula, ela prossegue pela **fase G1**. A próxima fase é a de síntese de DNA, denominada **fase S**, quando todo o genoma da célula será duplicado uma única vez, por um processo nomeado "replicação" (ver Capítulo 9). Na fase S também ocorre a síntese de histonas e a duplicação dos centrossomos. Após a fase de síntese, a célula se direciona para a **fase G2**, na qual verificará se o DNA se duplicou corretamente ou se ocorreu algum erro de replicação, para, então, preparar-se

Capítulo 10 • Ciclo Celular: Mitose e Meiose   **203**

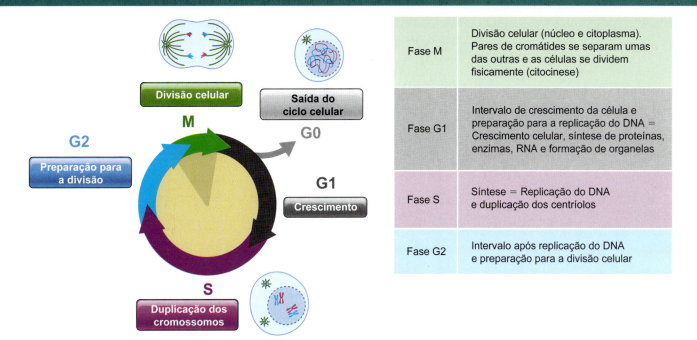

Figura 10.2 Desenho esquemático das fases do ciclo celular. Durante o ciclo celular, a célula cresce, duplica seu conteúdo e divide esse material entre as células-filhas.

para a fase de divisão das células: a **fase M**. As fases G1, S e G2, em conjunto, são conhecidas como **interfase**.

Todas essas fases serão mais bem detalhadas ao longo deste capítulo.

As células sofrem grandes modificações durante a divisão celular

Algumas das etapas do ciclo celular são marcadas pela duplicação do conteúdo celular, pelo rearranjo de estruturas existentes ou pelo surgimento de novas estruturas nas células. Muitas dessas modificações são específicas de determinada etapa do ciclo, como, por exemplo, a replicação do DNA e a duplicação dos centrossomos na fase S ou a montagem do fuso mitótico na fase M (Figura 10.3).

Os centrossomos são estruturas que orientam a formação do fuso mitótico e são formadas por centríolos. **Centríolos** são organelas citoplasmáticas presentes normalmente nas células, mesmo quando estas não estão se dividindo. Os centríolos são formados por nove trios de microtúbulos arranjados de forma radial, com importante função na organização do citoesqueleto e na formação dos cílios (ver Figura 10.3 A). Durante a fase S do ciclo celular, esses centríolos duplicam-se e arranjam-se aos pares. Cada par de centríolos é embebido em uma densa matriz proteica denominada "material pericentriolar (MPC)". Juntos (par de centríolos e MPC) formam os **centrossomos** (ver Figura 10.3 B). Os centrossomos determinam o arranjo espacial dos microtúbulos, influenciando o formato da célula durante o processo de divisão, sua polaridade, motilidade e a organização do fuso mitótico. Cada centrossomo é duplicado uma única vez durante a progressão do ciclo celular,

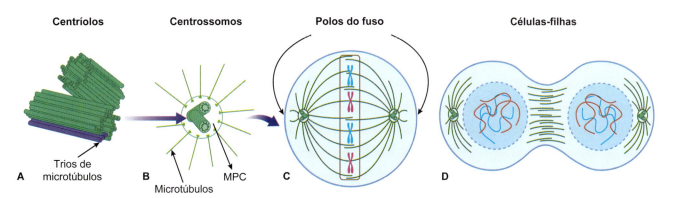

Figura 10.3 Desenho esquemático dos componentes citoplasmáticos encontrados no ciclo celular. **A.** Centríolos formados por nove trios de microtúbulos arranjam-se aos pares para formar um centrossomo (**B**) em conjunto com o material pericentriolar (MPC). Cada centrossomo desloca-se para um dos polos da célula, formando dois polos do fuso mitótico. **C.** Dos centrossomos partem os microtúbulos em direção à região central da célula, formando o fuso mitótico. Durante a mitose, esses microtúbulos despolimerizam-se e retraem-se em direção aos centrossomos, carregando consigo metade do material genético para a periferia da célula. **D.** No decorrer da citocinese, cada célula-filha herda um centrossomo da célula-mãe.

ou seja, a célula contém dois centrossomos durante a divisão celular e cada um deles se desloca para extremidades opostas da célula, formando os polos do fuso (ver Figura 10.3 C). Uma vez que cada centrossomo encontra-se em um polo distinto, cada célula-filha herdará um centrossomo da célula-mãe após a divisão celular (ver Figura 10.3 D).

Durante a mitose, os microtúbulos polimerizam-se e crescem a partir de cada um dos centrossomos em direção à região central da célula, denominada "placa metafásica" (a ser abordada adiante neste capítulo). Esse conjunto de microtúbulos forma o fuso mitótico.

Outra alteração importante que ocorre durante o ciclo celular é a duplicação e a segregação de organelas e material genético. Todo o conteúdo celular deve ser copiado ou expandido (aumentado) antes da separação física das células, incluindo núcleo, mitocôndrias, retículo endoplasmático (RE), complexo de Golgi, lisossomos etc. Essas organelas devem ser repartidas entre as células-filhas durante o ciclo celular para que sejam completamente funcionais ao final do ciclo.

Durante a fase G1, organelas como o RE e o complexo de Golgi aumentam sua massa. Em seguida, precisam ser desacopladas de suas conexões intracelulares e quebradas em porções menores para serem divididas entre as células-filhas. As mitocôndrias têm seu próprio material genético e precisam de um tempo para duplicar esse material. Alguns pesquisadores relatam que as mitocôndrias passam por um ciclo celular próprio antes da célula se dividir. Depois dessa duplicação, as mitocôndrias fragmentam-se em porções menores que serão divididas entre as células-filhas.

A duplicação do material genético do núcleo é denominada **replicação**, e esse evento deve ocorrer da maneira mais perfeita possível, pois produzirá o DNA que será herdado pelas células-filhas. Erros que ocorrem durante a replicação, a junção inapropriada de fragmentos de cromossomos, o acúmulo de erros na sequência de nucleotídios durante a replicação e até mesmo a segregação errada dos cromossomos podem ser catastróficos para as células e para o organismo. Exemplos mais ilustrativos das consequências desses erros são: formação de células tumorais, defeitos de crescimento, neurodegeneração, envelhecimento patológico etc.

Qualquer problema que possa acontecer com a duplicação do material genético é verificado em momentos específicos denominados "pontos de checagem", nos quais é ativada uma cascata de eventos (mecanismos de checagem) direcionados para a verificação e a solução do problema. Esses mecanismos de checagem funcionam igual a uma trava de segurança que interrompe as atividades de um equipamento se ele apresentar mal funcionamento. Indivíduos com defeitos nas proteínas envolvidas nos mecanismos de checagem desenvolvem a síndrome de instabilidade genômica, apresentando maior predisposição genética de desenvolver câncer. Os defeitos nos pontos de checagem também podem influenciar na segregação dos cromossomos, formando células-filhas aneuploides (alterações numéricas que se caracterizam pelo aumento ou diminuição na quantidade de cromossomos). A maioria das alterações na quantidade de cromossomos das células somáticas são incompatíveis com a vida. Os defeitos de segregação dos cromossomos durante a meiose têm consequências graves, pois podem causar abortos espontâneos ou síndromes, como a de Turner (menos cromossomos) ou a de Klinefelter (mais cromossomos). Os mecanismos que controlam e regulam esses pontos de checagem serão discutidos a seguir.

Controle do ciclo celular

As fases do ciclo celular são controladas por muitos agentes reguladores que viabilizam ou restringem sua progressão, como se fossem sinais e agentes de trânsito checando as condições do veículo e sua documentação antes de liberar a viagem (Figura 10.4). Esses mecanismos garantem que eventos importantes do ciclo,

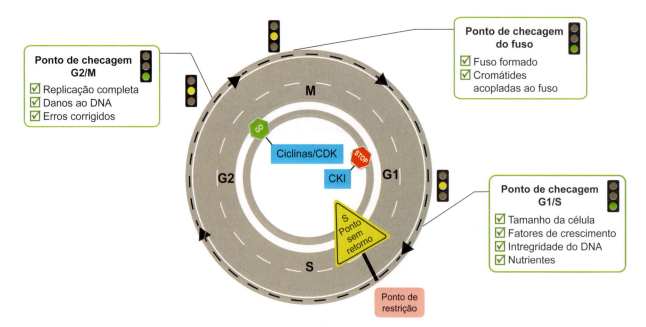

Figura 10.4 Os agentes reguladores garantem a boa evolução do ciclo celular e as paradas obrigatórias nos pontos de checagem. Essas paradas avaliam se as condições para a progressão do ciclo estão adequadas ou se há erros.

como a replicação do DNA ou a separação dos cromossomos, por exemplo, aconteçam corretamente e no momento adequado. Os reguladores também garantem que os eventos do ciclo celular aconteçam na sequência apropriada, certificando-se de que a progressão por uma fase do ciclo ative os eventos necessários para o início da próxima fase. Por exemplo, a progressão pela fase G1 inclui os preparativos para que a fase S possa iniciar em seguida. Esse controle é muito importante, pois, ao longo do ciclo, podem ocorrer diferentes erros (mutações, deleções, quebras, replicação incompleta do DNA, por exemplo) ou as condições para que a célula gere uma nova célula podem não ser ideais (insuficiência de nutrientes e/ou de mitógenos). Pelos motivos expostos, essas etapas do ciclo são constantemente monitoradas e sua progressão pode ser interrompida por agentes reguladores até que a célula corrija o erro.

Aqui, conheceremos os principais agentes que controlam o andamento do ciclo celular e os pontos importantes em que a célula analisa as condições para o progresso do ciclo, chamados "pontos de checagem". As principais famílias de agentes reguladores da progressão do ciclo celular são as **ciclinas**, as **quinases** dependentes de ciclinas (do inglês *cyclin dependent kinases* [**CDK**]), os inibidores de CDKs (CKI), as proteínas E2F e Rb e dois complexos proteicos que promovem a proteólise: o SCF e o APC.

Ciclinas e CDKs

As CDKs (quinases dependentes de ciclinas) são enzimas serina/treonina-quinases que fosforilam muitos alvos essenciais relacionados com o controle do ciclo celular. Essas quinases são expressas continuamente na célula e se mantêm na forma inativa até que se associem a proteínas **ciclinas**, sendo ativadas (Figura 10.5 A). As ciclinas recebem esse nome pois sua expressão é cíclica, dependente do estágio do ciclo celular. Em determinadas fases do ciclo, sua expressão aumenta por ativação da expressão de seus genes ou diminui rapidamente, quando não são mais necessárias, pela ação de complexos de degradação. Dessa maneira, as ciclinas são subunidades regulatórias periodicamente sintetizadas e degradadas pela célula.

Sozinhas, as ciclinas não têm atividade enzimática, porém, quando estão associadas às CDKs, formam um complexo ativado que regula diferentes etapas do ciclo. Mais de 11 ciclinas e 20 CDKs diferentes já foram identificadas em mamíferos até o momento, e cada complexo formado por uma ciclina e uma CDK específica regula uma ação específica no ciclo celular.

As ciclinas são nomeadas de acordo com o estágio celular em que atuam em conjunto com as respectivas CDKs. As classes mais comuns de ciclinas são as da fase G1, ciclinas da fase G1/S, ciclinas da fase S e ciclinas da fase M (Figura 10.5 B e C).

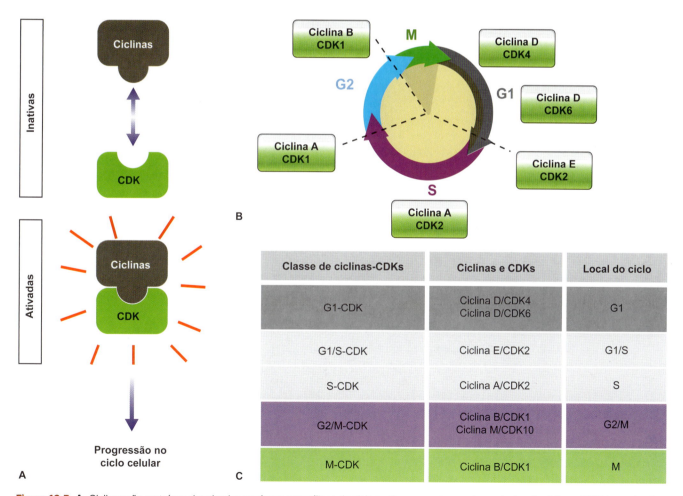

Figura 10.5 A. Ciclinas são proteínas sintetizadas em fases específicas do ciclo e ativam as quinases dependentes de ciclinas (CDKs), regulando a progressão do ciclo celular. **B.** Diferentes ciclinas ligam-se as CDKs específicas formando um complexo ativo, responsável por controlar diferentes funções no ciclo celular. **C.** Os complexos ciclinas/CDKs atuam em fases específicas do ciclo celular.

As ciclinas da fase M, em conjunto com as CDKs específicas, formam complexos M-CDK e atuam para a entrada da célula na fase M do ciclo, assim como as ciclinas da fase G1 formam complexos G1-CDK e promovem a progressão da célula pela fase G1, e assim por diante.

Quando associadas e ativadas, o complexo ciclina-CDK ativa proteínas-alvo específicas que desempenham um conjunto de ações sobre aquela fase do ciclo. Por exemplo, quando M-CDKs são ativadas, o complexo fosforila as proteínas condensinas, responsáveis pela condensação dos cromossomos mitóticos, e as proteínas laminas, que formam uma rede de sustentação na parte interna do envelope nuclear (lâmina nuclear), auxiliando na desmontagem do envelope nuclear durante a mitose. A M-CDK também coordena a formação do fuso mitótico por meio da fosforilação de proteínas que controlam a organização dos microtúbulos.

No início da fase S, as S-CDKs catalisam a fosforilação de proteínas que iniciam a replicação do DNA, tornando possível a formação dos complexos de replicação (ver Capítulo 9).

Embora a interação com ciclinas seja essencial para a ativação das CDKs, muitas vezes não é suficiente. As CDKs apresentam uma fosforilação inibitória em um dos seus domínios. Esse fosfato deve ser removido e é, em grande parte, responsável pela ativação do tipo "tudo ou nada", característica dos complexos ciclina-CDKs.

Inibidores de CDKs

Os reguladores que ativam a progressão do ciclo celular são tão importantes quanto aqueles que interrompem sua atividade. Para controlar a atividade do complexo ciclina-CDK, existe uma categoria de proteínas denominadas "inibidores de CDKs" – CKIs ou CDIs. A importância dessas proteínas torna-se evidente em animais que apresentam defeitos nessas proteínas inibidoras. Esses indivíduos manifestam crescimento corporal anormal e hiperplasia de órgãos.

As CKIs associam-se às CDKs ou aos complexos formados pelas ciclinas e CDKs para inibir sua ação (Figura 10.6). Elas são divididas em duas classes: as que pertencem à família INK4 e aquelas que são da família Cip/Kip.

A família INK4 é composta das proteínas p16INK4, p15INK4b, p18INK4c e p19INK4d. Essas proteínas ligam-se às CDKs e impedem sua interação com a ciclina correspondente, ou seja, competem com as ciclinas pelo sítio de ligação com as CDKs, inibindo diretamente sua ação.

A família Cip/Kip (do inglês *CDK interacting protein e Kinase inhibitory protein*) é composta de três membros: p21^{Cip1}, p27^{kip1} e p57^{kip2}. Essas proteínas inibem a atividade das CDKs através da formação de um complexo trimérico entre as ciclinas, as CDKs e as CKIs. As Cip/Kip apresentam capacidade inibitória mais ampla que as INK4, interagindo com vários complexos e inibindo-os em diferentes fases do ciclo, como no fim da fase G1 e no início da fase S. Ao interagir com o complexo G1-CDK, por exemplo, elas previnem a fosforilação de Rb durante a transição de G1 para S (ver tópico "Rb e E2F", adiante), tornando-se importantes mecanismos de regulação do ciclo celular.

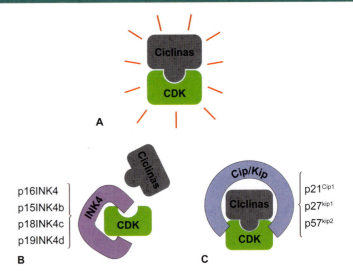

Figura 10.6 A. A interação das proteínas ciclinas com suas quinases dependentes de ciclina (CDK) forma um complexo que ativa a proteína quinase. Proteínas inibidoras de CDKs interrompem a ação desse complexo ciclina-CDK por meio de dois mecanismos: (**B**) ligando-se às CDKs e impedindo a formação do complexo ciclina-CDK (família INK4) ou (**C**) unindo-se ao complexo ciclina-CDK, impedindo sua interação com proteínas-alvo do ciclo celular (família Cip/Kip).

Rb e E2F

Como mencionado anteriormente, a ciclina de G1 interage com as CDKs de G1. Os complexos G1-CDKs e G1/S-CDKs promovem a progressão do ciclo celular pela fase G1. Um dos principais alvos das G1-CDK é a proteína retinoblastoma (Rb), que reprime a transição da fase G1 para S (Figura 10.7). Essa proteína exerce atividade inibitória constante no fator de transcrição E2F. E2F ativa a transcrição dos genes necessários para a síntese de DNA e de outras ciclinas que atuam nas fases G1/S e S, como as ciclinas E e A. Os complexos G1/S-CDK (ciclina E-CDK2) e S-CDK (ciclina A-CDK2) também fosforilam Rb, retroalimentando positivamente a liberação de E2F.

Em humanos, as proteínas Rb têm 16 sítios de fosforilação conhecidos que são alvos de CDKs, e sua fosforilação varia ao longo do ciclo celular. Quando o complexo G1-CDK fosforila Rb, uma cascata de reações tem início, resultando na ativação de complexos G1/S CDKs e S-CDKs e na remoção da repressão do ciclo exercida por Rb, tornando possível a progressão da célula para a fase S (ver Figura 10.7).

Complexos SCF e APC

Para que o ciclo celular prossiga pelas fases na ordem correta (G1-S-G2-M) e de modo irreversível, a célula destrói os reguladores utilizados na fase anterior e mantém apenas os das próximas fases sob controle, evitando, assim, que esses agentes atuem em momentos errados do ciclo.

Essa destruição atinge as ciclinas, as CDKs e as CKIs, sendo promovida por dois grandes complexos proteicos que regulam a proteólise no ciclo celular: os complexos SCF e APC.

O complexo SCF recebe esse nome por causa dos três componentes mais importantes que fazem parte deste grupo: Skp1, Cullin e F-box. Esse grupo de proteínas "marca" os reguladores que serão degradados, por adição de outras pequenas proteínas

Capítulo 10 • Ciclo Celular: Mitose e Meiose **207**

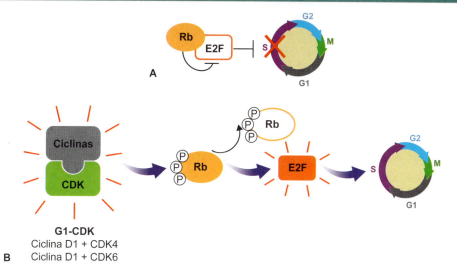

Figura 10.7 **A.** Enquanto não estiver fosforilada, a proteína retinoblastoma (Rb) se liga à proteína E2F e reprime a transição do ciclo pela fase G1. **B.** Na fase G1, quando as condições para continuar com o ciclo celular são favoráveis, a ciclina D1 forma o complexo G1-CDK (ciclina D1 associada a CDK4 ou CDK6), que fosforila e inibe a proteína Rb. Rb fosforilada libera o fator de transcrição E2F de sua inibição que, por sua vez, promove a expressão dos genes da ciclina G1/S (ciclina E) e da ciclina S (ciclina A), permitindo a progressão do ciclo celular.

denominadas "ubiquitinas" (Figura 10.8). O processo de adição dessas proteínas é intitulado ubiquitinação, tornando essas moléculas alvo para degradação. As proteínas ubiquitinadas são reconhecidas e destruídas por um complexo gigante de protease denominado "proteassoma" (ver Capítulo 13).

Outro complexo que também atua como ubiquitina-ligase (que adiciona ubiquitina em uma proteína-alvo) é o APC (do inglês *anaphase promoting complex*) ou ciclossomo. Esse complexo adiciona ubiquitina às ciclinas-M e induz sua degradação pelo proteassoma.

Pontos de checagem

Há três pontos de checagem em momentos estratégicos do ciclo celular que garantem o bom andamento do processo: G1/S, G2/M e ponto de checagem do fuso. Como já mencionado, o ciclo progride à medida que as condições externas e internas da célula estejam favoráveis. Essas condições são constantemente monitoradas de tal modo, que eventos que ameacem a qualidade do produto final (*i. e.*, a nova célula-filha) ativam vias de sinalização que resultam na interrupção do ciclo nesses pontos de checagem. Essas checagens impedem a divisão da célula se esta estiver com o DNA danificado, se as cromátides não estiverem conectadas aos microtúbulos do fuso ou se o ambiente não for favorável. Como a progressão depende basicamente dos complexos ciclina-CDKs, essa sinalização inibe ou previne a ativação desses complexos.

O ponto de checagem do fuso mitótico acontece na fase M do ciclo celular, durante a metáfase. Esse ponto é ativado se forem detectados problemas na formação dos microtúbulos do fuso ou se as cromátides não estiverem corretamente conectadas. Nesse ponto, a célula interrompe a progressão até que o

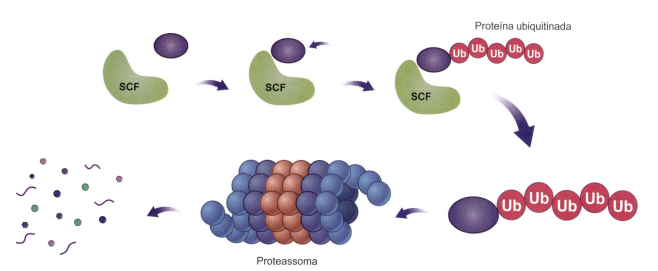

Figura 10.8 O complexo SCF, composto principalmente de **S**kp1, **C**ullin e **F**-box, é uma ubiquitina-ligase, pois se liga a proteínas específicas e facilita a adição de moléculas de ubiquitina a elas. O acréscimo de múltiplas moléculas de ubiquitina marca esse substrato para degradação proteolítica pelo proteassoma.

208 Biologia Celular e Molecular

fuso seja corretamente formado e as cromátides devidamente posicionadas. Só depois desses problemas corrigidos é que o ciclo progride. Esse ponto de checagem garante que a segregação dos cromossomos aconteça adequadamente. Caso ocorram defeitos nos microtúbulos ou na conexão com o cinetocoro, o ciclo cessa.

Os pontos de checagem G1/S e G2/S são acionados em resposta a danos/quebras no DNA e têm o objetivo de repará-lo, prevenindo a transmissão de material genético defeituoso para as células-filhas. Enquanto o ponto de checagem G1/S impede a célula de replicar o DNA danificado (com quebras na duplahélice do DNA), o ponto de checagem G2/M evita que a célula se divida com o DNA incorreto (nucleotídios incorretamente pareados). Se os danos forem irreparáveis, as células morrem. Defeitos nos pontos de checagem permitem a segregação incorreta dos cromossomos e formação de células tumorais.

Se a célula atravessar o ponto de checagem G1/S, o foco central é a duplicação de todo o DNA da célula na etapa de síntese (fase S), responsável por fazer uma única cópia idêntica do DNA da célula-mãe.

A fase G1 regula a progressão para a fase de síntese

As fases do ciclo que precedem as etapas de síntese (S) e de divisão (M) são intervalos importantes para a célula avaliar se as condições internas e externas são apropriadas para seguir com o ciclo celular. As fases G (ou *Gap*) contêm pontos de checagem que permitem ou restringem a progressão do ciclo celular para a fase seguinte (ver tópico "Pontos de checagem").

Ao completar um ciclo, a nova célula avalia as condições para iniciar o próximo. Essa avaliação acontece durante a **fase G1**. Nessa fase, a célula inativa temporariamente os complexos ciclina-CDK por meio da destruição proteolítica das ciclinas através da ação do complexo APC e consequente inativação das CDKs. Essa inativação é reforçada por ação das CKIs e pela supressão da expressão dos genes das ciclinas. Se as condições nutricionais forem insuficientes ou se existirem sinais antiproliferativos no ambiente, as células retardam a progressão do ciclo celular ou até mesmo saem do ciclo, entrando na fase G0.

Em contrapartida, se as condições forem favoráveis, os fatores proliferativos (mitógenos) ativam uma cascata de sinalização intracelular que resulta na transcrição dos genes das ciclinas de G1 (ciclinas D), que se acumula na célula apesar da atividade do APC. Isso é possível porque, diferentemente das demais ciclinas, as ciclinas de G1 não são alvo do complexo APC. Além disso, os complexos G1-CDKs também não são alvos das CKIs; portanto, na fase G1, o APC e a CKI agem em conjunto para inibir as ciclinas-CDKs de outras fases, mas não modulam G1-CDKs quando estas surgem.

Se todas condições forem favoráveis para a progressão do ciclo, mas ainda forem detectados danos no DNA, a progressão no ciclo será interrompida no ponto de checagem G1/S, prevenindo a duplicação de um DNA com danos. A replicação do DNA acontece durante a fase S do ciclo celular e é controlada nos pontos de checagem.

Para se dividir, primeiro a célula precisa fazer cópias do seu DNA original, e esse processo é denominado "replicação", explicado em detalhes no Capítulo 9. A replicação do DNA acontece na fase S e é um processo altamente controlado, para garantir que o genoma da célula seja duplicado corretamente e apenas uma vez por ciclo. Havendo qualquer erro na replicação ou danos ao DNA, uma sinalização é ativada para que esse processo seja temporariamente interrompido no ponto de checagem até que o problema seja sanado.

Como dito anteriormente, o primeiro ponto de checagem é o G1/S. Nesse ponto, a célula avalia as condições ideais para a proliferação, ativando os complexos G1/S-CDKs e S-CDK que irão fosforilar proteínas que iniciam a replicação do DNA, duplicação do centrossomo e demais proteínas dessa fase.

Superado o ponto de checagem G1/S, a célula entra na fase S de modo irreversível, pois o complexo S-CDK fosforila e inativa as ciclinas de G1/S. Esse mecanismo de retroalimentação negativa impede que o ciclo celular retroceda. Se ocorrerem erros ou danos durante a síntese, o ciclo será interrompido novamente mais adiante, no ponto de transição entre as fases G2 e M, que é o ponto de checagem G2/M. Esse ponto previne que o DNA danificado seja distribuído para as duas células-filhas durante a fase M, retardando o andamento do ciclo para que o DNA possa ser reparado. É importante ressaltar que, na impossibilidade do reparo, as células sofrerão morte celular ou senescência. Esses dois destinos são tão importantes quanto o reparo do DNA. Deficiências no reparo do DNA, na execução da morte celular ou da senescência são causas comuns de tumores.

Em procariotos, a replicação começa em um único sítio, denominado "origem de replicação", e continua até o fim do genoma da célula (Figura 10.9 A). Se eucariotos usassem essa mesma estratégia, a finalização da replicação do DNA demoraria vários dias por conta de sua grande extensão; por isso, essas células iniciam a replicação em múltiplos sítios de origem de replicação do DNA.

Cada fita dupla de DNA serve como modelo para a síntese da nova fita, por isso o primeiro passo é "abrir" a dupla-fita de DNA. A abertura do DNA consiste na separação das pontes de hidrogênio que conectam as duas cadeias de nucleotídios (ver Capítulo 2) e é promovida pelas **helicases**, que transformam as fitas duplas em simples (Figura 10.9 B) e são recrutadas pelas S-CDKs ativadas. Nessa etapa, as DNA polimerases interagem com a fita simples de DNA e sintetizam uma cadeia de nucleotídios complementares na sequência correta (ver Capítulo 9). O local do DNA em replicação apresenta formato característico que parece um "Y" e recebe o nome de forquilha de replicação.

As forquilhas de replicação são alvos de pontos de checagem. Quando são detectadas falhas de pareamento de nucleotídios na fita de DNA, vias de sinalização ativam as proteínas quinases ATR (do inglês *ataxia-telangiectasia mutated Rad3-related*) no local da forquilha (Figura 10.9 C). As ATRs são proteínas quinases que fosforilam e ativam outras quinases efetoras, como Rad3 (em leveduras) e Chk1 (do inglês *checkpoint kinase 1*) em mamíferos. Essas quinases efetoras ativadas interrompem a replicação, impedem o desacoplamento das polimerases e evitam o início da fase M do ciclo celular até que o DNA seja completado.

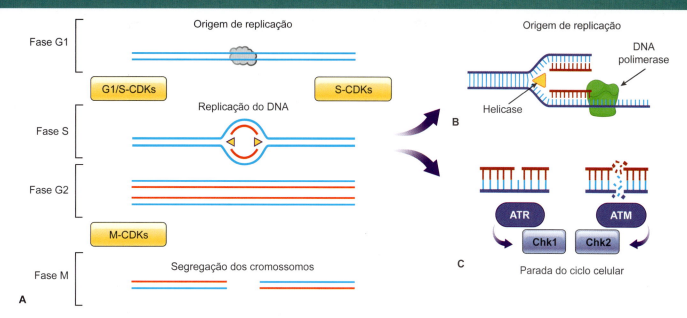

Figura 10.9 A. Replicação do ácido desoxirribonucleico (DNA). Durante a fase G1, complexos replicativos são acionados e localizam-se em regiões estratégicas do DNA, formando pontos de origem de replicação. Na fase S, a fita dupla do DNA é "aberta" pela ação das helicases nesses pontos de origem de replicação, transformando o DNA em duas fitas simples que serão replicadas pelas DNA polimerases (**B**). Cada fita simples (*em azul*) originará uma nova fita dupla de DNA (*em azul e vermelho*), duplicando o material genético da célula. Durante a replicação, a célula confere o material genético em busca de erros. Quando há falhas ou erros de pareamento de nucleotídios na fita de DNA, a proteína ATR é recrutada para o local da falha e ativa a proteína quinase 1 de ponto de checagem (Chk1), que interrompe a replicação (**C**). Quando ocorre quebra na fita de DNA, a proteína ATM é recrutada para o local da alteração e ativa a proteína quinase 2 de ponto de checagem (Chk2), resultando na parada do ciclo celular até que o DNA seja reparado. Se não forem detectados erros na replicação do DNA, a célula prossegue no ciclo celular.

Quando acontecem quebras na dupla-fita durante a replicação, as células recrutam outra proteína quinase, a ATM (do inglês *ataxia-telangiectasia mutated*), que irá fosforilar a proteína Chk2 (do inglês "*checkpoint kinase 2*"), disparando uma sequência de fosforilação de enzimas-alvo e tendo como resultado o reparo da dupla-fita (ver Figura 10.9 C).

A replicação só será retomada quando erros e danos forem reparados. Em células animais, a ativação de ATR e ATM resulta na ativação da proteína p53. Esta proteína estimula uma resposta adicional das células aos danos no DNA. Quando ativada, p53 promove a parada irreversível do ciclo ou a expressão de vários genes envolvidos na morte celular ou na senescência.

Ao final da replicação do material genético, os complexos pré-replicativos dos pontos de origem de replicação se desfazem, impedindo um novo início de duplicação do DNA. A remontagem desse complexo só será reativada se a célula entrar na fase G1 novamente. Se a célula não entrar na fase G1 após a replicação, o complexo não é refeito, garantindo que o processo replicativo aconteça uma única vez por ciclo.

A fase G2 controla a entrada na mitose

Após a fase S, a célula inicia um novo intervalo (ou *gap*) denominado **fase G2**, em que irá se preparar para a mitose. Nessa fase, a cromatina e o citoesqueleto começam a se preparar para as alterações estruturais da fase M. Contudo, se algum DNA danificado for detectado na fase G2, os pontos de checagem retardarão a passagem para essa fase até que aconteça o reparo.

A entrada em mitose é regulada pelo complexo M-CDK (CDK1-Ciclina B1) formado na fase G2. Enquanto a CDK1 é expressa constantemente durante as fases do ciclo celular, a S-CDK (que permanece ativa até o fim de G2) ativa a expressão do gene da ciclina M (ciclina B1) nessa fase. Dessa maneira, os níveis dessa ciclina aumentam gradativamente. Apesar disso, o complexo M-CDK permanece inativo devido a uma fosforilação inibitória na CDK, mencionada anteriormente. Para que o complexo M-CDK cumpra seu papel, o fosfato inibitório deve ser removido.

A presença ou ausência do fosfato inibitório é controlada por duas enzimas que desempenham um papel central no controle do ciclo celular: a quinase Wee1 e a fosfatase cdc25 (Figura 10.10). A quinase Wee1 adiciona um fosfato inibitório a M-CDK. Em contrapartida, por meio de um ativador ainda desconhecido, cdc25 é acionada, resultando na remoção do

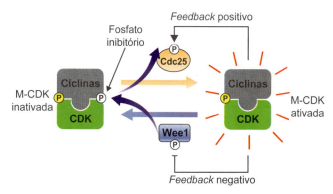

Figura 10.10 Ativação de M-CDK. O complexo M-CDK é inibido pela fosforilação (*P* no círculo branco) catalisada pela quinase Wee1. Um ativador pouco conhecido fosforila e ativa a fosfatase cdc25, resultando na remoção do fosfato inibitório e na ativação de M-CDKs. Tanto Wee1 quanto cdc25 são substratos de M-CDKs. A fosforilação de Wee1 e de cdc25 resultam em sua inibição e ativação, respectivamente, como indicado.

fosfato inibitório e na ativação de M-CDK. Essa regulação tem um mecanismo de retroalimentação positiva muito importante, que torna a ativação da M-CDK "tudo ou nada". Cdc25 e Wee1 são alvos da própria M-CDK, porém o efeito dela sobre ambas é oposto. A fosforilação de Cdc25 pela M-CDK é ativadora (*feedback* positivo); em contraste, a fosforilação de Wee1 a inativa (*feedback* negativo). Dessa maneira, a ativação de poucas moléculas de M-CDK é ampliada para que se ative cada vez mais complexos M-CDKs.

Em contrapartida, se forem detectados defeitos no DNA na fase G2, Wee1 é ativado e Cdc25 inativado, impedindo a ativação de M-CDK e, portanto, retardando a passagem para a M até que aconteça o reparo.

Fase M

A fase M do ciclo celular é destinada à segregação das cromátides duplicadas durante a fase S. Ao microscópio, a fase M chama atenção pelas alterações notáveis que acontecem no núcleo da célula. A maior diferença entre a mitose e as outras fases do ciclo (interfase) está relacionada com as mudanças morfológicas dos cromossomos, que se condensam, se conectam aos microtúbulos e associam-se às proteínas do fuso mitótico, e se separam de suas cromátides-irmãs. Todo esse processo é dividido em cinco fases, com base no estado dos cromossomos e do fuso mitótico. Em sequência temporal de ocorrência, essas fases são prófase, prometáfase, metáfase, anáfase e telófase (Figura 10.11), que serão detalhadas a seguir. Alguns autores consideram a separação física da célula como uma sexta fase da mitose, conhecida como **citocinese**.

A ativação de M-CDK no final de G2 resulta na fosforilação de centenas de substratos. Dentre eles, há fatores que auxiliam em montagem das fibras do fuso, condensação dos cromossomos e alinhamento das cromátides-irmãs na região equatorial da célula (ver Figura 10.21, mais adiante neste capítulo, para mais informações sobre cromátides-irmãs e cromossomos homólogos). Além disso, as M-CDKs fosforilam as laminas da lâmina nuclear, promovendo a desmontagem do envelope nuclear.

Na metáfase, a checagem do fuso mitótico serve para verificar se ocorreram deficiências na condensação dos cromossomos ou se as cromátides-irmãs não foram corretamente alinhadas e conectadas às fibras do fuso. Nesse ponto, a célula interrompe a progressão até que a montagem das fibras e sua interação com as cromátides sejam corrigidas. Esse ponto de checagem garante que a segregação dos cromossomos aconteça corretamente.

Prófase

A prófase é marcada pela compactação da cromatina, ou seja, quando o material genético da célula começa a condensar, diminuindo o espaço que o DNA ocupa no núcleo, ao mesmo tempo que a cromatina se torna mais espessa. Nessa fase, os complexos de transcrição são inativados e a célula interrompe, temporariamente, as transcrições. Por causa da compactação, o DNA apresenta-se em unidades visíveis denominadas **cromossomos**. Essa compactação é mediada, em parte, pelas proteínas coesina e condensina, que formam complexos proteicos (Figura 10.12). As coesinas formam anéis ao redor das cromátides-irmãs mantendo-as unidas, e as condensinas ligam-se e circundam o DNA em múltiplos locais, torcendo a cromatina até que esta se dobre, promovendo seu empacotamento.

Com a compactação do DNA, o nucléolo se dispersa e libera suas partículas no nucleoplasma (ver Capítulo 9; Figura 10.13). Componentes do poro nuclear e fibras de lamina da lâmina nuclear são hiperfosforiladas pela ação de M-CDK, o que faz com que as laminas se dispersem em forma de proteínas solúveis no núcleo, enfraquecendo o envelope nuclear e promovendo seu desmonte. O aumento do cálcio intracelular e a ativação da proteína quinase C (PKC; ver Capítulo 6) participam da dissolução do envelope nuclear, que acaba desaparecendo. Curiosamente, nem todos os eucariotos apresentam a dissolução do envelope nuclear. Amebas e alguns fungos, por exemplo, mantêm o envelope nuclear durante a mitose.

No citoplasma, a síntese de proteínas diminui com a redução de atividade dos ribossomos. Os microtúbulos

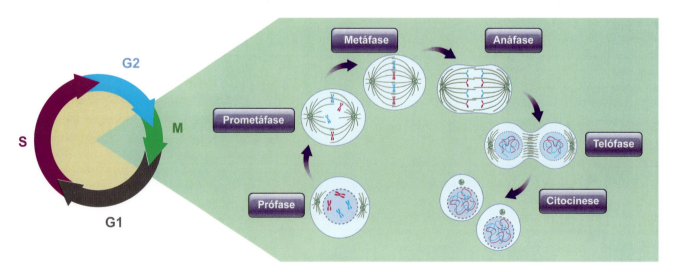

Figura 10.11 Desenho esquemático das fases da mitose.

Capítulo 10 • Ciclo Celular: Mitose e Meiose 211

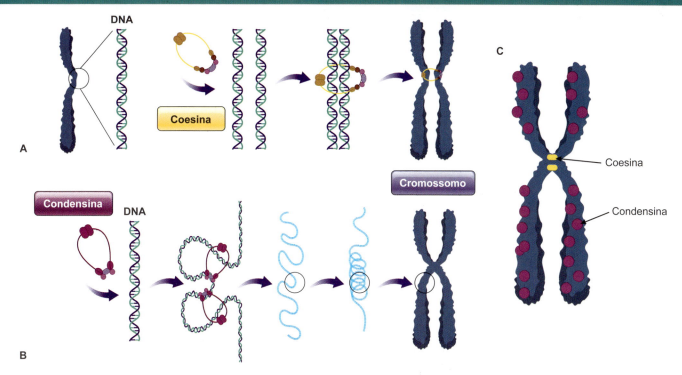

Figura 10.12 **A.** As coesinas são complexos multiproteicos em formato de anel que se ligam ao cromossomo em uma região específica denominada "cinetocoro", que é o ponto de ligação de duas cromátides. Como cada cromátide-irmã tem um cinetocoro, as coesinas mantêm as cromátides unidas durante a mitose e a meiose. **B.** As condensinas são complexos multiproteicos que se conectam a segmentos de DNA da mesma cromátide. As condensinas torcem o DNA formando um anel ou laçarote, que irá compactar o DNA de forma organizada. **C.** As coesinas são frequentemente encontradas nos centrômeros das cromátides, e as condensinas localizam-se em todo o DNA do cromossomo condensado.

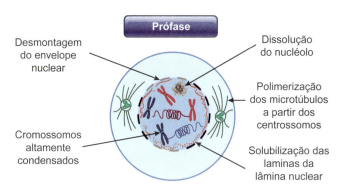

Figura 10.13 A prófase é marcada pela compactação do DNA duplicado na fase S e pela união das cromátides-irmãs por ação das condensinas e das coesinas. A M-CDK nuclear inicia a dissolução do envelope nuclear, o que desestabiliza o nucléolo. Os centrossomos migram para polos opostos da célula e iniciam a polimerização de microtúbulos que formarão o fuso mitótico.

preexistentes e os microfilamentos de actina perdem sua estabilidade e despolimerizam-se no citoplasma; porém, novos microtúbulos começam a se formar a partir dos centrossomos, iniciando a montagem do fuso mitótico. As alterações do citoesqueleto durante a prófase são inter-relacionadas, pois as proteínas do citoesqueleto que se desarranjaram serão reutilizadas na formação do fuso mitótico e na citocinese. Além disso, a célula torna-se arredondada e mais simétrica, possibilitando a distribuição uniforme do seu conteúdo entre as células-filhas.

A dissolução do envelope nuclear determina o fim da prófase e o início da prometáfase.

Prometáfase

Nessa fase, os cromossomos interagem com os microtúbulos do fuso mitótico, conectando-se e garantindo que as cromátides estejam ancoradas nesse fuso antes de sua segregação.

Cada cromátide apresenta uma região de sequência de DNA especializada que conecta o par de cromátides-irmãs entre si, denominada **centrômero**. Na prometáfase, os centrômeros formam complexos com múltiplos peptídios e proteínas, que se transformam em uma região especializada que recebe o nome de **cinetocoro**, o qual interage com os microtúbulos (Figura 10.14). Dentro desse complexo de proteínas, encontram-se proteínas fibrosas que se ligam à parede dos microtúbulos, como Ndc80, NKL1, CLASP1 e CENP-F, por exemplo. Também participam da composição do cinetocoro as proteínas motoras, como a dineína e a cinesina (ou quinesina), que se ligam aos microtúbulos, auxiliando-os na sua dinâmica e no deslocamento dos cromossomos (ver Capítulo 7).

Antes de encontrarem os cromossomos, os microtúbulos do fuso mitótico são dinâmicos, polimerizando-se em direção aos cromossomos e despolimerizando-se constantemente, em busca de um cinetocoro. Ao fazerem contato com essa região, os microtúbulos do fuso estabilizam-se e interrompem essa dinâmica de "vai e volta".

Apenas quando todos os cromossomos estão apropriadamente ligados a um microtúbulo do fuso mitótico, a célula passa para a próxima etapa da mitose.

Metáfase

O alinhamento dos cromossomos na região central da célula estabelece a fase de metáfase (Figura 10.15). O alinhamento na

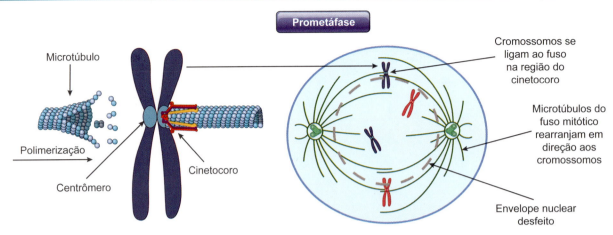

Figura 10.14 Na prometáfase, os microtúbulos polimerizam-se em direção ao centrômero dos cromossomos. Caso não localizem essa região, os microtúbulos despolimerizam-se, retraem-se em direção ao centrossomo e são refeitos novamente. Ao se encontrarem com um centrômero, os microtúbulos fazem contato com um cinetocoro de uma cromátide-irmã, e a ligação torna esse microtúbulo estável. Todas as cromátides se ligarão aos microtúbulos, e aqueles que não fizerem contato com um cinetocoro serão denominados "microtúbulos interpolares".

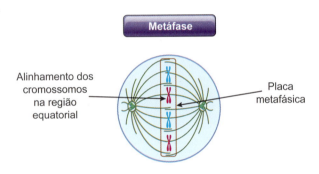

Figura 10.15 A metáfase é marcada pelo alinhamento dos cromossomos na região central da célula, chamada "placa metafásica".

região equatorial coloca todos os cromossomos na mesma "região de partida" antes da separação física das cromátides. Esse arranjo central diminui as chances da distribuição desigual dos cromossomos durante a segregação. Os cromossomos alinham-se na região central pela ação dos cromossomos do fuso e das proteínas do cinetocoro. Esse alinhamento é conhecido como placa metafásica. Com o surgimento da placa metafásica, a M-CDK fosforila e ativa o complexo APC, promovendo a proteólise das ciclinas M e S, e a consequente inativação das CDKs associadas a essas ciclinas; portanto, a M-CDK promove a sua própria inativação.

Os cromossomos só serão separados se todas as cromátides estiverem conectadas aos microtúbulos do fuso e apropriadamente alinhadas na placa metafásica. O fim da metáfase é marcado pelo início da separação das cromátides-irmãs. Esse processo é importante, pois é um ponto irreversível, ou seja, uma vez iniciado, as cromátides serão separadas na anáfase.

Anáfase

As cromátides são separadas pela ação da enzima separase, que hidrolisa as coesinas que mantêm as cromátides-irmãs unidas. Os microtúbulos despolimerizam-se em direção ao seu polo de origem, carregando as cromátides a eles associadas para a periferia da célula (Figura 10.16). De modo interessante, ao mesmo tempo que as cromátides se direcionam para o polo, a força exercida por esses microtúbulos para chegarem ao polo "empurra" esse polo para fora, fazendo com que a célula se torne mais alongada e aumentando a distância entre os polos opostos. Esse alongamento é importante, pois ajudará na separação física das células-filhas nas próximas etapas da mitose.

Essas movimentações envolvem a dinâmica de polimerização dos microtúbulos e as proteínas motoras associadas. O encurtamento dos microtúbulos que estão conectados aos cinetocoros acontece pela perda de subunidades de tubulina nesses complexos proteicos, fazendo com que o microtúbulo se retraia em direção ao polo de origem. Esse movimento denomina-se anáfase A. Nessa fase, as proteínas motoras cinesina e dineína, presentes no cinetocoro, podem participar da ligação do cromossomo ao microtúbulo que está se despolimerizando, fazendo com que o encurtamento desse microtúbulo carregue a cromátide para próximo do polo mitótico.

Nem todos os microtúbulos formados irão se conectar aos cinetocoros, pois existem mais microtúbulos do que cromátides na célula; aqueles que não se conectam aos cromossomos ajudam os centrossomos a se afastar uns dos outros, alongando a célula, como mencionado anteriormente. Os microtúbulos que não estão conectados aos cinetocoros dividem-se em duas categorias: os microtúbulos interpolares e os microtúbulos astrais. Os microtúbulos astrais são mais curtos e estendem-se do centrossomo no polo do fuso em direção à membrana plasmática de que estão próximos. Na membrana plasmática, esses microtúbulos astrais polimerizados comunicam-se com as dineínas ancoradas à membrana. As dineínas tracionam os microtúbulos em direção à membrana como uma corda. Uma vez que esses microtúbulos estão ligados ao centrossomo, essa estrutura também é puxada para a periferia da célula (ver Figura 10.16 A).

Por outro lado, os microtúbulos interpolares são mais longos e crescem do centrossomo do polo do fuso para a região central da célula, mas não se conectam com os cromossomos. Em vez disso, eles interagem com os microtúbulos interpolares originados do polo oposto. Essa interação faz com que as proteínas

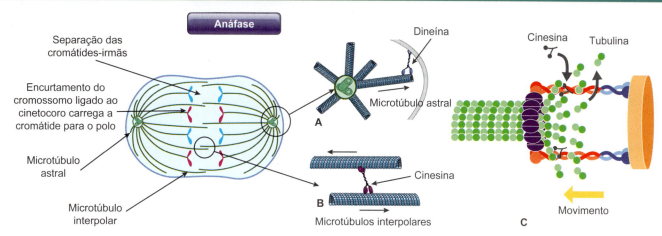

Figura 10.16 A anáfase inicia-se com a separação das cromátides-irmãs por meio da quebra das coesinas do centrômero e pelo alongamento da célula em direção aos polos do fuso, promovido pela despolimerização dos microtúbulos. **A.** Microtúbulos astrais ancorados a dineínas de membrana "puxam" os centrossomos para a periferia da célula. **B.** Microtúbulos interpolares ancorados a cinesinas são empurrados em direção ao seu polo de origem, alongando a célula. **C.** Esquema da despolimerização do microtúbulo associado ao cinetocoro.

motoras (cinesinas) ancoradas nos microtúbulos interpolares opostos empurrem um ao outro para direções contrárias, ou seja, os microtúbulos interpolares conectados no polo direito empurram os microtúbulos do polo oposto para a esquerda (e vice-versa), em direção ao seu polo de origem. Essas forças repelentes promovem o afastamento dos polos e ajudam a promover o alongamento das células, como comentado anteriormente (ver Figura 10.16 B). Esses dois movimentos realizados pelas proteínas motoras nos microtúbulos astrais e interpolares integram a anáfase B.

Telófase

Ao final da anáfase, dois conjuntos de cromossomos são encontrados em polos opostos da célula (Figura 10.17). A inativação da M-CDK promove a desfosforilação de várias proteínas, favorecendo o restabelecimento do envelope e da lâmina nuclear. O complexo APC permanece ativo e há aumento da expressão de CKIs, garantindo que as CDKs permaneçam inativas durante a fase G1 das células recém-geradas. No começo da telófase, os cromossomos condensam-se ainda mais por causa da atividade da condensina, ficando bem próximos do fuso do polo mitótico. As proteínas da região interna do envelope nuclear ligam-se aos cromossomos recém-separados, formando pedaços de envelope nuclear que se conectam entre si e se fundem, criando novo envelope nuclear ao redor dos cromossomos recém-divididos. Nesse ponto, os poros nucleares também se reorganizam, permitindo que a célula reestabeleça a relação entre o nucleoplasma e o citoplasma.

Ao final da telófase, condensinas perdem sua atividade e a cromatina começa a se descondensar, as transcrições que foram interrompidas na prófase são reativadas e o nucléolo forma-se novamente. Em muitas células, a próxima etapa consiste na separação física das duas células-filhas, dividindo o citoplasma em dois, em um processo denominado **citocinese**. Algumas células, como as musculares esqueléticas, por exemplo, não fazem citocinese, formando longas fibras de células multinucleadas.

Citocinese

A separação física das duas células-filhas, ou citocinese, ocorre pelo arranjo bem orquestrado de moléculas do citoesqueleto, que começa muito antes da última fase da mitose. Durante a mitose, o fuso mitótico direciona os cromossomos para a periferia da célula. A citocinese deve ocorrer exatamente na região que fica entre esses cromossomos segregados, conhecida como região interzonal ou zona intermediária do fuso (Figura 10.18). Esse espaçamento garante que cada célula-filha receba um conjunto completo de cromossomos, além de organelas e componentes citoplasmáticos.

Nessa região interzonal surge um sulco de clivagem, caracterizado por uma leve dobra na superfície celular (como se fosse a "cintura" da célula), que se aprofunda para dentro da célula conforme a mitose progride. A porção intracelular do sulco contém filamentos de actina, miosina II e outras proteínas que se tornam cada vez mais organizadas ao redor da região interzonal (ver Figura 10.18 B). A miosina II intercala-se entre filamentos de actina, e toda essa estrutura recebe o nome de anel contrátil, por causa da capacidade de contração criada por esse arranjo (ver Capítulo 7). A redução de diâmetro desse anel inicia a separação física entre os componentes das duas células-filhas. Durante essa contração, os microtúbulos da região

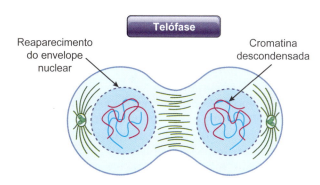

Figura 10.17 Na telófase, a célula se prepara para a separação física das células-filhas. O envelope nuclear reaparece, dividindo as porções nuclear e citoplasmática. Ao descompactar o DNA, as funções da célula começam a ser retomadas.

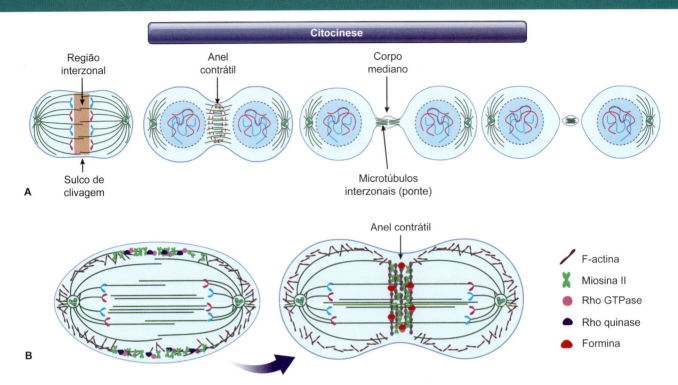

Figura 10.18 **A.** A citocinese é o processo de separação física das células-filhas duplicadas no ciclo celular. **B.** Na região interzonal, existe um acúmulo de proteínas de citoesqueleto, como miosina II, F-actina, formina, septina, anilina etc. Também são encontradas as proteínas responsáveis pela reorganização e atividade dessas proteínas do citoesqueleto, como as Rho GTPases (RhoA) e suas proteínas efetoras (Rho quinase), por exemplo. Sua ativação promove a reorganização e a interação do citoesqueleto, provocando constrição da região central da célula – o anel contrátil.

interzonal começam a se compactar em uma estrutura eletrodensa denominada "corpo mediano". Conforme a contração continua e os componentes citoplasmáticos separam-se completamente entre as duas células, as células-filhas permanecem conectadas apenas pelos microtúbulos condensados da região do corpo mediano, formando uma ponte citoplasmática entre as células.

Acredita-se que essa ponte funcione como uma forma de comunicação entre as duas células-filhas antes de se separarem completamente, promovendo a última troca de citoplasma e organelas entre as células-filhas e sincronizando a diferenciação e o comportamento das duas células. Essa ponte é desfeita na fase final de separação.

As proteínas Rho GTPases desempenham um papel importante na reorganização do citoesqueleto durante a citocinese. Experimentos de laboratório mostraram que a expressão forçada de RhoA em qualquer região da superfície da célula em mitose induz a formação de um sulco de clivagem, independente da sua localização. Rac1 também é importante na reorganização dos filamentos de actina do sulco de clivagem e do anel contrátil, por meio da ativação da proteína 2 e 3 relacionada com a actina, Arp2/3 (do inglês *actin-related protein 2 and 3*), que participa da formação do filamento de actina.

Essa família de proteínas também participa ativamente da função do anel de contração. Quando a GTPase Rho é ativada, ela interage com efetores que desempenham diferentes funções intracelulares, como a ativação da quinase de Rho (ROCK) e forminas. A quinase de Rho fosforila e ativa a cadeia leve de miosina II. A miosina II ativada reduz o diâmetro do anel de actina. A formina ativada reorganiza os filamentos de actina.

A meiose apresenta mais processos que a mitose

Apesar de se acreditar que a meiose evoluiu a partir da mitose, esses processos apresentam alguns passos diferenciados. Além de ser dividida em duas fases (meiose I e II), na meiose, a fase S é mais longa, os cromossomos homólogos sofrem pareamento e ocorre a recombinação entre cromátides não irmãs durante o pareamento. Além disso, também ocorre a supressão da separação das cromátides-irmãs durante a primeira divisão meiótica e a ausência de replicação dos cromossomos durante a segunda divisão meiótica.

As diferenças entre mitose e meiose iniciam-se ainda na fase S, durante a replicação do DNA. Nessa fase, a meiose demora o dobro do tempo para ocorrer nos gametas, em comparação com a fase S de outras células do sistema reprodutor que passam por mitose, como as células foliculares do sistema reprodutor feminino, por exemplo.

Após a replicação do DNA, duas divisões meióticas acontecem sucessivamente, sem a ocorrência de uma nova fase de síntese de DNA. Na primeira divisão meiótica, ou meiose I, ocorre a segregação dos cromossomos homólogos; e na segunda divisão meiótica, ou meiose II, ocorre a separação das cromátides-irmãs (Figura 10.19). Nas duas etapas (meiose I e II), a célula passa pelos processos de prófase, prometáfase, metáfase, anáfase e telófase, mas com particularidades que serão apresentadas nas próximas seções.

Além das diferenças observadas na separação do material genético, a separação do citoplasma também acontece de modo diferente entre os gametas feminino e masculino. Nos mamíferos

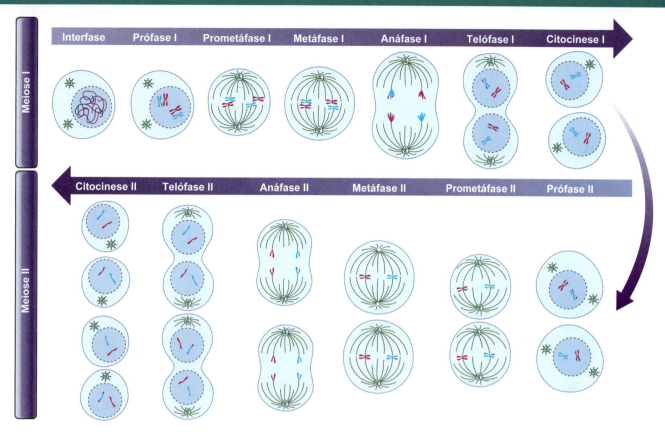

Figura 10.19 Etapas da divisão celular por meiose.

do sexo masculino, a divisão do citoplasma dos gametas é igual, resultando na produção de grande quantidade de células-filhas semelhantes (similar à Figura 10.19). Em contrapartida, nos mamíferos do sexo feminino, os gametas apresentam divisão citoplasmática desigual: uma das células-filhas fica com uma grande parte do citoplasma, e a outra recebe uma quantidade mínima, e será denominada "corpúsculo polar". Essa estratégia garante que o gameta feminino (óvulo) contenha o máximo de nutrientes possíveis para a nutrição inicial do zigoto.

Meiose I

Prófase I

Dois eventos importantes acontecem na primeira prófase da meiose: o pareamento dos cromossomos homólogos e a recombinação gênica. A prófase I é subdivida em cinco etapas: leptóteno, zigóteno, paquíteno, diplóteno e diacinese (Figura 10.20). Na etapa de leptóteno, ocorre o início da compactação da cromatina, e na fase de zigóteno, os cromossomos homólogos maternos e paternos iniciam o pareamento. Este pareamento promove a formação de locais de interação íntima entre os DNAs dos cromossomos homólogos pareados, formando um arcabouço proteico intitulado **complexo sinaptonêmico**. Essas duas etapas são fundamentais para o sucesso da meiose, pois são essenciais para a segregação dos cromossomos homólogos na meiose I. Formados os complexos sinaptonêmicos, ocorre a recombinação de segmentos dos dois cromossomos, isto é, ocorre a troca de parte do material genético entre os cromossomos homólogos: essa etapa é denominada "paquíteno". Por fim, na fase de diplóteno,

os complexos sinaptonêmicos desfazem-se; e na diacinese, os cromossomos homólogos com parte do material genético trocado separam-se, em preparação para a primeira divisão meiótica.

No início da prófase I, cada cromossomo contém duas cromátides-irmãs (representadas pelas cores escuras e claras na Figura 10.21 A) ligadas pelas proteínas coesinas. Aos poucos,

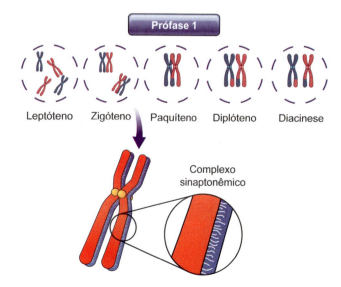

Figura 10.20 Fases da prófase I (leptóteno, zigóteno, paquíteno, diplóteno e diacinese) que resultam no pareamento e na recombinação dos cromossomos homólogos. Durante a fase de zigóteno, as regiões dos cromossomos homólogos que fazem ligação íntima entre os materiais genéticos denominam-se "complexos sinaptonêmicos".

essas duas cromátides partem em busca dos seus cromossomos homólogos para realizar o pareamento. Durante a meiose, esses cromossomos encontram-se no núcleo por meio de um processo ativo pouco conhecido de busca e reconhecimento, pareando os homólogos lado a lado.

Durante o pareamento, o conjunto formado pelas cromátides-irmãs e seus cromossomos homólogos recebe o nome **bivalente**. Nesse momento, os cromossomos perdem algumas de suas interações e expõem partes das suas fitas de DNA para seus cromossomos homólogos, permitindo uma aproximação íntima entre as sequências de DNA. Nessas regiões de contato entre os DNAs, ocorrem quebras na fita dupla do DNA das cromátides-irmãs e troca de segmentos de DNA, resultando em uma grande quantidade de eventos de recombinação entre os homólogos. Essa etapa é essencial para promover a diversidade genética entre as células-filhas e manter os cromossomos associados entre si. Nos mamíferos, a proteína ligante de DNA – PRDM9 – define locais específicos de recombinação do DNA por meio da metilação da histona H3 na lisina 4 (H3K4me3). Essa assinatura epigenética indica que é uma região onde se iniciam a associação e a recombinação dos cromossomos.

Após a recombinação, os complexos sinaptonêmicos começam a se dissociar e os cromossomos se reestabelecem. As proteínas condensinas tornam-se bastante ativas na fase de diplóteno, recompactando os cromossomos recém-recombinados. O envelope nuclear começa a se dissolver, preparando a célula para o início da prometáfase I.

Prometáfase I

O principal evento que acontece na prometáfase I é a ligação dos microtúbulos do fuso meiótico às proteínas do cinetocoro dos cromossomos, na região dos centrômeros. Assim como na mitose, o cinetocoro formado na meiose é composto de um complexo multiproteico que se conecta com os microtúbulos do fuso. No caso da meiose, cada microtúbulo proveniente do centrossomo conecta-se a um cromossomo homólogo, e na mitose, essa conexão é feita com o cinetocoro de cada cromátide-irmã.

Metáfase I

Na metáfase I, os cromossomos bivalentes conectados aos microtúbulos (provenientes dos centrossomos) alinham-se na região central da célula, também chamada "placa metafásica", assim como na mitose (Figura 10.22). Os homólogos maternos e paternos podem se orientar para o lado de qualquer um dos fusos meióticos, fazendo com que as células-filhas recebam esses homólogos de maneira aleatória. Essa flexibilidade de arranjo ajuda a promover a diversidade dos genes dos gametas,

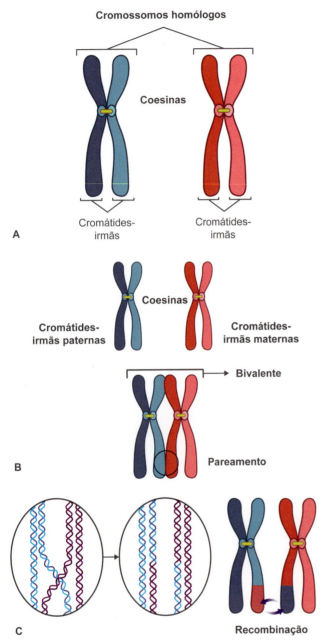

Figura 10.21 A. As células contêm duas cópias de cada cromossomo: uma herdada da mãe (em rosa-escuro) e a outra herdada do pai (em azul-escuro). Durante a replicação do DNA na fase de síntese, cada cromossomo duplica seu conteúdo (indicados pelas cores rosa-claro e azul-claro), formando as cromátides-irmãs. Os cromossomos maternos e paternos de um par específico (original e duplicado) são denominados "cromossomos homólogos". Cada um desses cromossomos homólogos é formado por um par de cromátides-irmãs. As cromátides-irmãs ligam-se entre si pelas proteínas coesinas na região do cinetocoro. **B.** Cada par de cromátides-irmãs irá parear com seu cromossomo homólogo, tornando-se cromossomos bivalentes. **C.** Os cromossomos homólogos pareados unem-se intimamente nos complexos sinaptotênicos, a ponto de promoverem a troca de material genético entre os homólogos, em um processo conhecido como recombinação gênica, o qual garante a variedade genética entre os cromossomos e os futuros gametas.

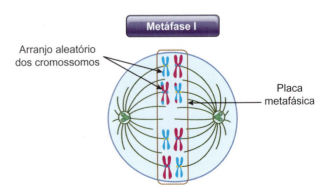

Figura 10.22 A metáfase I é marcada pelo alinhamento aleatório dos cromossomos bivalentes (dois cromossomos homólogos formados por cromátides-irmãs) na região central da célula.

em conjunto com as pequenas diferenças adquiridas pelos cromossomos após o período de recombinação. Pelo princípio da combinatória dos gametas na metáfase I, os seres humanos podem produzir mais de 8 milhões de combinações genéticas diferentes em cada gameta, o que torna pouco provável que duas células haploides tenham a mesma composição genética.

Anáfase I

Na anáfase I, ocorre a separação dos cromossomos bivalentes das células. Diferente da mitose, as cromátides-irmãs continuarão unidas entre si pelas coesinas e apenas os cromossomos separam-se nesse momento.

As cromátides-irmãs permanecem unidas entre si pelas coesinas específicas de meiose presentes no centrômero. A integridade das coesinas e da união entre cromátides-irmãs depende do estado de fosforilação da proteína Rec8, que é um dos componentes do complexo proteico das coesinas. Quando a Rec8 é fosforilada por uma quinase (como a caseína, por exemplo), essa Rec8 fosforilada é reconhecida pela enzima separase, que degrada essa proteína separando-a do complexo das coesinas (Figura 10.23 A). Isso desmonta as coesinas e desfaz a união entre cromátides-irmãs.

Para evitar que isso ocorra na anáfase I, fosfatases são recrutadas para o centrômero e desfosforilam as coesinas. Assim, impedem a ação das separases nessas regiões e mantêm as cromátides-irmãs unidas (Figura 10.23 B). Esse mecanismo garante que as cromátides-irmãs permaneçam unidas pelas coesinas enquanto os microtúbulos levam os homólogos para polos opostos.

A fosforilação de Rec8 e a separação das cromátides-irmãs devem ocorrer apenas mais tarde na meiose, na fase de anáfase II da meiose II, discutida adiante.

Telófase I e citocinese

Durante a telófase I e a citocinese da meiose, os cromossomos homólogos (cada um com duas cromátides-irmãs) posicionam-se nos polos celulares opostos e o envelope nuclear começa a se reorganizar ao seu redor. O sulco de clivagem forma-se na membrana plasmática da região mediana da célula, e as proteínas do citoesqueleto organizam-se para formar o anel contrátil. Após a separação física das células no fim da meiose I, as células-filhas são consideradas **haploides**.

O que são células haploides e células diploides? As **células diploides** contêm dois conjuntos de cromossomos, um herdado do pai e um da mãe (Figura 10.24). Isso quer dizer que cada célula diploide possui duas cópias de cada gene (exceto os alocados nos cromossomos sexuais). Dessa maneira, se o conjunto de cromossomos de um indivíduo for denominado "n", as células diploides são "2n". Por exemplo, os seres humanos possuem 46 cromossomos, sendo metade de origem materna e metade paterna = 2n. Em contrapartida, quando a célula contém apenas um conjunto de cromossomos, ela é denominada "haploide" ("1n" ou apenas "n"). Os gametas são células haploides geradas a partir de células diploides precursoras, e o encontro de dois gametas (1 masculino e 1 feminino) dá origem a uma célula diploide.

Meiose II

Em algumas espécies, as células que finalizam a meiose I entram em um breve período de interfase antes de prosseguirem para a meiose II. Em outras espécies, as células prosseguem com a meiose II logo em seguida da citocinese da meiose I. Em ambos os casos, nenhuma delas passa pela fase S do ciclo celular novamente, não havendo uma nova duplicação dos cromossomos.

As duas células originadas na meiose I passam pelos eventos da meiose II em sincronia. Nessa fase, os eventos são semelhantes aos da mitose, com a diferença de haver apenas uma cópia de cada cromossomo.

Na prófase II, os cromossomos condensam-se novamente. O envelope nuclear inicia nova desorganização, e novos fusos meióticos começam a se formar a partir dos centrossomos que se direcionam, novamente, para polos opostos. Na prometáfase II, os cromossomos do fuso ligam-se ao cinetocoro de cada cromátide-irmã, e cada cromátide direciona-se para um

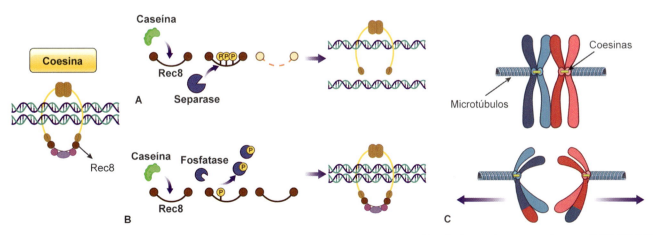

Figura 10.23 As coesinas encontradas na meiose são estruturas anelares formadas por uma combinação de proteínas estruturais, como SMC1, STAGE3 e REC8. **A.** Para ocorrer a separação das cromátides-irmãs, a Rec8 é fosforilada por uma proteína quinase, que pode ser a caseína quinase 1 (CK1) ou a polo, por exemplo. Rec8 fosforilada torna-se suscetível à ação da enzima separase, que quebra a Rec8, desfazendo o complexo das coesinas e soltando as cromátides-irmãs unidas. **B.** Na anáfase I, a proteína Rec8 é protegida de fosforilação pela ação conjunta de fosfatases, como Sgo1 ou PP2A, que desfosforilam e preservam a Rec8 na região do cinetocoro. **C.** Quando os microtúbulos retraem em direção ao polo do fuso, os cromossomos bivalentes separam-se, mas as cromátides-irmãs permanecem unidas pelas coesinas.

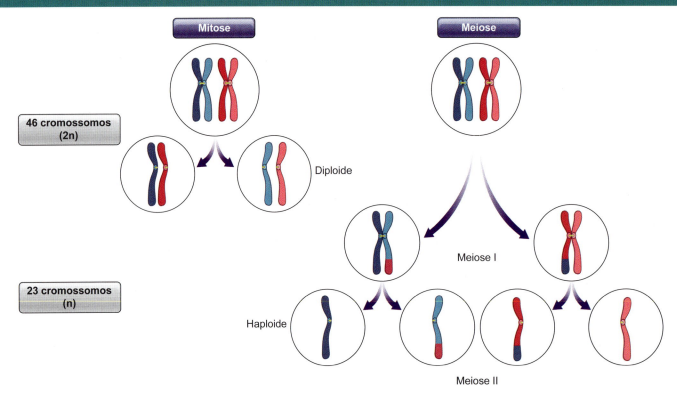

Figura 10.24 As células diploides contêm duas cópias de cada cromossomo, uma herdada da mãe (*em rosa*) e a outra herdada do pai (*em azul*). Antes da divisão celular (mitose ou meiose), as células são diploides. Ao final da mitose, as células-filhas contêm duas cópias dos cromossomos, mantendo-se diploides. Em contrapartida, ao final da meiose, as células-filhas recebem apenas uma cópia de cada cromossomo, tornando-se haploides. Cada conjunto de cromossomos recebe a nomenclatura de "n". Isso significa que as células diploides são 2n e as células haploides são n.

dos polos da célula antes da sua separação. O envelope nuclear fragmenta-se completamente. Na metáfase II, os cromossomos apresentam-se compactados e alinhados na região do equador (placa metafásica), prontos para a última divisão meiótica. Na anáfase II, as cromátides-irmãs são finalmente separadas. As proteínas coesinas, que estavam intactas nos centrômeros até esse momento, mantiveram as cromátides-irmãs unidas até a fase de anáfase II, evitando sua separação prematura. Nessa fase, as quinases são novamente ativadas e fosforilam a proteína Rec8, que faz parte do complexo proteico que mantém as cromátides unidas (ver Figura 10.23). Dessa vez, Rec8 não será protegida pelas fosfatases, sendo clivada pelas separases, dividindo as cromátides-irmãs. Por fim, nas últimas fases da meiose II, telófase II e **citocinese**, as cromátides são deslocadas para os polos opostos da célula e começam a descondensar. O envelope nuclear se reestrutura ao redor do material nuclear e a citocinese separa cada célula em duas, formando, no total, quatro células haploides únicas.

Meiose também apresenta pontos de checagem

Para garantir o sucesso da redução do material genético na divisão meiótica, os eventos precisam ser coordenados de modo apropriado. Assim como na mitose, a meiose apresenta pontos de checagem, que garantem que um evento não comece até que o anterior seja finalizado. Na meiose, existem dois pontos de checagem importantes: um durante a recombinação dos cromossomos, que assegura que as células não saiam da fase de paquíteno até que a recombinação termine; e outro durante a metáfase I, que previne que os cromossomos se separem até que todos estejam orientados no fuso.

Quando os cromossomos meióticos são segregados de maneira errada nos seres humanos, provocam uma variedade de alterações de desenvolvimento e interrupções espontâneas de gestações. Acredita-se que possa haver diferenças no monitoramento da segregação meiótica entre os sexos. Experimentos realizados em camundongos machos indicaram que a meiose é interrompida em sua primeira fase se cromossomos não forem pareados durante a metáfase. Em contraste, os ovócitos de camundongos fêmeas completam a primeira divisão meiótica mesmo não ocorrendo o pareamento de cromossomos.

Gametogênese

Os gametas feminino e masculino originam-se das células germinativas primordiais, que se alojam nas futuras gônadas (ovários e testículos) nas primeiras semanas de desenvolvimento do embrião humano. Essas células passam por várias mitoses durante o período embrionário e recebem o nome de espermatogônias, nos indivíduos do sexo masculino, ou ovogônias, nos indivíduos do sexo feminino. A formação do gameta masculino denomina-se "espermatogênese", e do gameta feminino, ovogênese.

A espermatogênese tem início na puberdade, quando as espermatogônias passam por mitoses dentro dos túbulos seminíferos dos testículos (Figura 10.25). Uma das células-filhas permanece

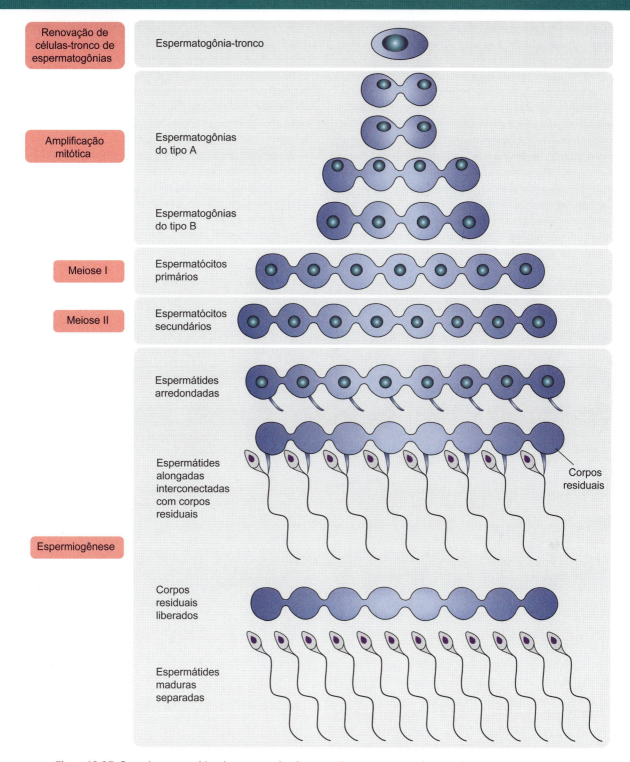

Figura 10.25 Desenho esquemático do processo de mitose e meiose nos gametas dos seres humanos do sexo masculino.

indiferenciada e continua a fazer mitoses. A outra célula-filha inicia o processo de diferenciação, originando as espermatogônias dos tipos A e B. As espermatogônias do tipo B iniciam a meiose em sincronia, ou seja, todas as células-filhas de uma espermatogônia progridem e completam a meiose coordenadamente.

Outro aspecto característico da espermatogênese é a citocinese incompleta. As células-filhas permanecem unidas umas às outras por pontes citoplasmáticas até o fim da espermatogênese. Ao entrarem na fase de meiose I, as espermatogônias passam a ser classificadas como espermatócitos primários. Ao iniciarem a meiose II, recebem o nome de espermatócitos secundários. Ao fim da meiose, as células separam-se umas das outras, denominando-se espermátides. As espermátides maduras separam-se umas das outras, os corpos residuais (citoplasma excedente) são fagocitados pelas células de Sertoli e as células são liberadas pelo processo de espermiação.

A ovogênese inicia-se durante a embriogênese e será discutida a seguir.

A meiose do gameta feminino dos seres humanos pode durar mais de 40 anos

Ainda durante a fase gestacional, as ovogônias iniciam a meiose e passam a ser denominadas "ovócitos". Estes entram na prófase I da meiose, na qual os cromossomos estabelecem os complexos sinaptonêmicos e fazem a recombinação dos homólogos, mas interrompem a divisão ainda na fase de diplóteno da meiose I. Na fase de diplóteno, esses ovócitos, em conjunto com a monocamada de células da granulosa que o circundam, formam uma estrutura conhecida como folículo primordial, que permanece nesse estado dentro dos ovários após o nascimento do indivíduo até sua exposição ao hormônio luteinizante (LH), no ciclo menstrual. Nos seres humanos, os folículos primordiais podem permanecer na fase de diplóteno por muitos anos, podendo até mesmo nunca sair dessa fase.

Na presença do LH, alguns desses folículos primordiais começam a amadurecer, passando pelos estágios de folículo primário, folículo antral e folículo maduro (também conhecido como folículo de Graaf). Pouco antes de se tornarem folículos antrais, os ovócitos prosseguem pela meiose I, entram na meiose II, mas são interrompidos novamente na fase de metáfase II, até que sejam fertilizados. Se forem fertilizados, a meiose se completa, gerando o último corpúsculo polar (Figura 10.26).

Enquanto aguardam o estímulo para a maturação, os folículos primordiais permanecem nos ovários na fase de diplóteno, e esta pode durar décadas nos seres humanos. Lembrando: na prófase I, as cromátides-irmãs permanecem ligadas entre si por ação das coesinas nos centrômeros. Com o passar dos anos, existe uma perda gradual dessas coesinas, o que pode resultar em segregações anormais dos cromossomos, levando a casos de aneuploidias, trissomias (como a síndrome de Down, por exemplo) e interrupções de gestações.

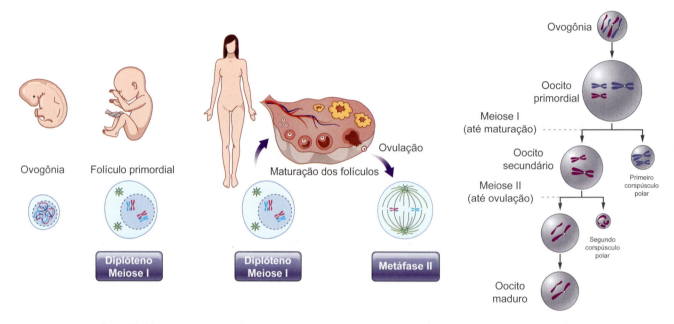

Figura 10.26 Desenho esquemático do processo de meiose nos gametas dos seres humanos do sexo feminino.

Bibliografia

Bueno OS, Sacristán MA. Working on genomic stability: from the S-phase to mitosis. Genes. 2020;11(2):225.

Massagué J. G1 cell-cycle control and cancer. Nature. 2004;432(7015): 298-306.

McIntosh JR. Mitosis. Cold Spring Harb Perspect Biol. 2016;8:a023218.

Morgan D. The Cell Cycle: Principles of Control. Primers in Biology. New Science Press; 2007.Takeda D, Dutta A. DNA replication and progression through S phase. Oncogene. 2005;24:2827-43.

Pollard TD, Earnshaw WC, Lippincott-Schwartz J, Johnson G. Cell Biology Book. 3rd ed. Elsevier; 2017.

Pollard TD, O'Shaughnessy B. Molecular mechanism of cytokinesis. Ann Rev Biochem. 2019;88:12.1-29.

CAPÍTULO 11

Expressão Gênica

PATRICIA PEREIRA COLTRI

Introdução, *223*

Genomas, genes e sequências regulatórias, *223*

O DNA é transcrito em RNAs, *226*

Transcrição em procariotos, *228*

Transcrição em eucariotos, *233*

A RNA polimerase II transcreve os mRNAs, *235*

Splicing de pré-mRNAs, *240*

Transcrição de RNAs não codificadores, *243*

Os rRNAs são transcritos pela RNA polimerase I, *245*

RNAs transcritos pela RNA polimerase III, *246*

A (m)TOR controla a transcrição em eucariotos, *248*

Bibliografia, *249*

Introdução

A informação genética responsável por gerar e manter células e organismos, procariotos e eucariotos, está armazenada no ácido desoxirribonucleico (DNA). Parte desse DNA é convertido em proteínas durante o processo de expressão gênica. Os variados genes presentes em uma mesma célula não são expressos simultaneamente, mas estão sujeitos à regulação em diferentes níveis. A expressão gênica pode variar conforme o organismo, o tipo de célula e também mediante diferentes estímulos do ambiente no qual a célula está. Condições nutricionais e ambientais podem modificar o perfil de expressão gênica de uma célula. O DNA é convertido em ácido ribonucleico (RNA) por meio do processo de transcrição. Esse RNA será decodificado em aminoácidos, gerando uma cadeia polipeptídica pelo processo de tradução (ver Capítulo 12). Em procariotos, os processos de transcrição e tradução são quase simultâneos. Os eucariotos, por outro lado, apresentam células compartimentalizadas, de modo que os processos que medeiam a expressão de um gene ocorrem entre o núcleo e o citoplasma, sendo realizados em momentos diferentes (Figura 11.1). Tanto em procariotos como em eucariotos, a expressão gênica é regulada de maneira precisa. Essa regulação ocorre em múltiplos níveis, desde o DNA, passando por síntese e processamento do RNA, até a produção de proteínas e suas modificações.

Neste capítulo, serão detalhados os processos de transcrição gênica e seu controle em procariotos e eucariotos. Também serão discutidos os pontos de regulação desde o momento em que o DNA é usado para transcrição do RNA, passando por diferentes etapas de processamento, até que essa molécula esteja madura para realização da síntese de proteínas.

Genomas, genes e sequências regulatórias

Por definição da biologia molecular, o DNA, empacotado com proteínas no núcleo, produz moléculas de RNA por meio da transcrição, as quais são traduzidas em proteínas. O conjunto da informação genética de um organismo é denominado **genoma**, o qual é dividido fisicamente em **cromossomos**, e estes são formados pelos genes. A hipótese sugerida pelos experimentos realizados na década de 1940 por George Beadle e Edward Tatum era de que cada gene codificaria uma enzima, "um gene-uma enzima". Naquele momento, os pesquisadores entenderam que as características de um organismo eram determinadas por enzimas diferentes, e cada uma delas teria sido codificada por um gene. Algumas atualizações sobre essa hipótese foram necessárias quando se descobriu que as enzimas não eram formadas por cadeias polipeptídicas únicas, mas poderiam ser compostas por várias cadeias. Por isso, uma nova teoria propôs que um gene codifica um polipeptídio. Com o avanço da identificação e caracterização dos genomas de variados organismos, atualmente sabe-se que não são todos os genes que codificam proteínas. Genes são, portanto, a unidade hereditária que contém sequências de DNA capazes de produzir uma fita de RNA. Este RNA pode produzir um polipeptídio ou um RNA estrutural ou funcional.

Organismos distintos apresentam genomas de tamanhos diferentes e uma razão diferente entre a quantidade de genes e o tamanho do genoma. O genoma humano, por exemplo, tem 3×10^9 pares de bases (pb) e cerca de 25.000 genes; bactérias, por sua vez, têm genomas na ordem de 10^7 pb e aproximadamente 2.000 a 4.000 genes (Tabela 11.1). Em procariotos, o número de genes é frequentemente proporcional ao tamanho do genoma. Existem cerca de 950 genes por 10^6 pb no genoma bacteriano.

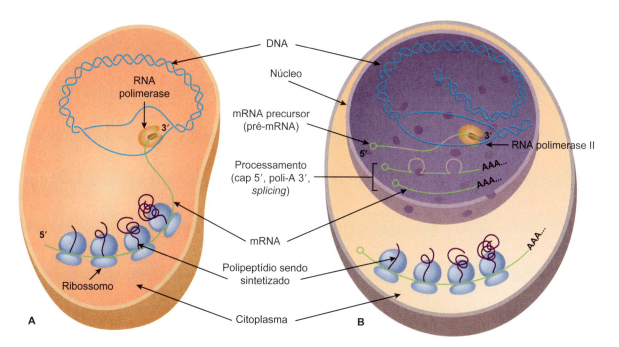

Figura 11.1 Principais etapas da expressão gênica em procariotos e eucariotos. **A.** Em procariotos, o ácido desoxirribonucleico (DNA) é transcrito em ácido ribonucleico (mRNA) e já traduzido em proteína, conforme representado pelos ribossomos na figura. **B.** Em eucariotos, a expressão gênica ocorre entre o núcleo e o citoplasma. O DNA transcreve os RNAs mensageiros (mRNAs) no núcleo. Em seguida, a molécula precursora de mRNA (pré-mRNA) passa por processamento que inclui adição de *cap* à extremidade 5′, *splicing* e poliadenilação, e depois é exportado para o citoplasma, onde é traduzido em proteína pelos ribossomos.

Tabela 11.1 Tamanhos de genomas e número aproximado de genes por organismo.

Organismo	Tamanho do genoma (pb)	Número de genes
Plantas	10^{11}	< 50.000
Mamíferos	3×10^9	30.000
Moscas	$1,6 \times 10^8$	12.000
Fungos	$1,3 \times 10^7$	6.000
Bactérias	< 10^7	2.000 a 4.000

Em eucariotos, entretanto, essa razão não é muito clara. Há genomas grandes, mas com quantidade de genes relativamente baixa. O genoma do arroz, por exemplo, tem 466 mega bases (Mb) e cerca de 32.000 genes. Esse genoma é cerca de 4 vezes maior do que o genoma de *Arabidopsis* (com 119 Mb), porém apresenta apenas 25% a mais de genes.

Mas a que se deve essa diferença? Análises comparativas entre diferentes genomas mostraram que existem muitas outras sequências além dos genes. Isso significa que grande parte dos genomas não gera RNAs nem é codificado em proteínas. Há uma grande quantidade de sequências repetitivas, muitas das quais são conservadas entre diferentes organismos. Quase metade do genoma humano, por exemplo, é formado por sequências repetitivas de DNA. Além destas, muitas são denominadas "sequências não codificadoras", porque não geram proteínas. Parte dessas sequências corresponde a regiões regulatórias dos genes, e outra parcela compreende genes cujos RNAs produzidos não geram proteínas, e são conhecidos por RNAs não codificadores.

As regiões regulatórias dos genes estão localizadas em áreas intergênicas, ou seja, entre os genes. As sequências regulatórias correspondem a aproximadamente 25% do genoma humano, e parte delas está localizada em torno do sítio de início da transcrição (Figura 11.2), tanto em procariotos como em eucariotos. A região que está a montante do início da transcrição em até 200 pb é a região promotora. As sequências promotoras, reconhecidas pela RNA polimerase – enzima responsável pela transcrição –, são essenciais para direcionar o início desse processo. Essas sequências promotoras apresentam trechos de DNA conservados entre diferentes genes e organismos e são necessárias para associação da enzima RNA polimerase e, em eucariotos, dos fatores de transcrição. Fatores de transcrição são proteínas capazes de se associar tanto a RNA polimerase como ao DNA, formando o complexo de transcrição. Uma dessas sequências regulatórias é uma região conservada rica em A-T, denominada "TATA-box". Essa região está presente em genes procarióticos e eucarióticos, e é capaz de guiar a ligação de um importante fator de transcrição: o TBP (do inglês *TATA-binding protein*). Como será explicado adiante, o TBP associa-se a essa sequência e auxilia na montagem da maquinaria de transcrição. Sequências de DNA localizadas à distância maior do que 200 pb a montante do início da transcrição também são consideradas sequências regulatórias, porém distantes.

Estas podem ter afinidade por fatores de transcrição ativadores ou repressores, modulando a taxa de transcrição. As regiões regulatórias podem estar a dezenas de milhares de pares de bases a montante ou a jusante do início da transcrição e possibilitam a associação de fatores de transcrição ativadores (*enhancers*) ou repressores. Conforme mencionado anteriormente, esses fatores são proteínas que interagem ou recrutam outras proteínas, incluindo a própria RNA polimerase, alterando sua eficiência e sua atividade (ver Figura 11.2 B). A combinação dos fatores ativadores e repressores em determinado momento determinará a eficiência da transcrição em um gene específico. Desse modo, a expressão gênica reage diretamente aos estímulos que a célula recebe do meio extracelular. Em eucariotos, esses estímulos podem desencadear a produção de fatores de transcrição, que estimularão a transcrição de um gene ou de genes específicos.

Um ponto crítico para transcrição em eucariotos é o fato de que o DNA está empacotado na **cromatina**. Isso impede o acesso direto de enzimas como a RNA polimerase aos sítios de transcrição. Conforme será discutido adiante neste capítulo, algumas modificações no estado da cromatina são necessárias para que ocorra a transcrição (Figura 11.3). Dessa maneira, proteínas que atuam diretamente na modificação da cromatina estão entre as que podem interagir com os fatores de transcrição. Isso também é especialmente importante no caso de fatores de transcrição que atuam a uma maior distância do sítio de início da transcrição, já que modificações na conformação da cromatina podem aproximar regiões distantes do DNA menos empacotadas e possibilitar que esse contato estimule a transcrição, por exemplo. Desse modo, mesmo situados a uma distância maior do início da transcrição, sequências regulatórias podem aproximar ou afastar fatores de transcrição da maquinaria de transcrição, por meio da interação com outras proteínas e de alterações na conformação da cromatina.

Além das sequências regulatórias, muitas regiões do genoma que não codificam proteínas são importantes para geração de RNAs estruturais ou funcionais. Entre esses RNAs, estão os RNAs transportadores (tRNA) e os RNAs ribossomais (rRNA), por exemplo. Os tRNAs desempenham importante função durante a tradução, para montagem do ribossomo e realização da síntese proteica. Sua síntese e processamento serão descritos adiante neste capítulo. Além destes, outros RNAs, também conhecidos como "RNAs não codificadores" (do inglês *non-coding RNAs* [ncRNAs]), realizam funções específicas no núcleo ou no citoplasma. Existem ncRNAs em procariotos e em eucariotos. Os ncRNAs participam do processamento e de modificações de outros RNAs, controlando as etapas da expressão gênica. Em eucariotos, os ncRNAs podem mediar o remodelamento da cromatina e a eficiência de tradução. A transcrição e o processamento de alguns ncRNAs também serão descritos mais à frente.

Em um mesmo organismo, seja procarioto ou eucarioto, os genes não são expressos ao mesmo tempo. O controle da expressão gênica ocorre em diferentes níveis e etapas. Há genes expressos apenas durante determinadas etapas de desenvolvimento do organismo, com controle executado pela condição nutricional e pelos sinais extracelulares disponíveis, que podem estimular ou reprimir essa expressão. Há ainda controles

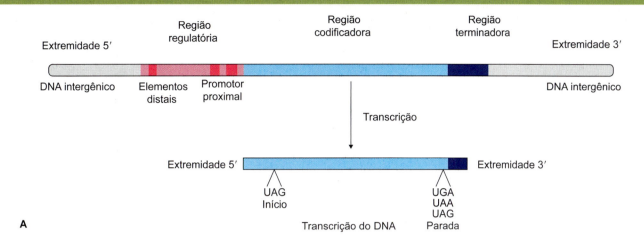

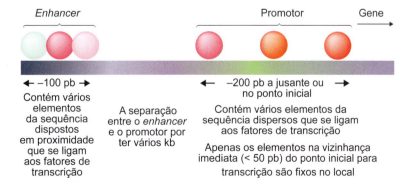

Figura 11.2 Regiões regulatórias de genes procarióticos e eucarióticos. **A.** Os genes procarióticos são formados por uma região codificadora (*em azul-claro*), por regiões regulatórias proximais e distais (*em rosa-escuro* e *rosa-claro*), e pela região terminadora (*em azul-escuro*). As regiões regulatórias proximais formam o promotor, e regiões distais também podem exercer influência na região codificadora. **B.** Em eucariotos, a região codificadora (*em azul-claro* e *azul-escuro*) é formada por sequências que permanecem no ácido ribonucleico (RNA) maduro (os éxons) e sequências intermediárias (íntrons). A região regulatória é constituída por sequências próximas da região codificadora e outras mais distantes (*em rosa-claro*). Ao fim da sequência codificadora há um terminador. Após a transcrição e seu processamento, esse RNA (*em rosa*) é exportado para o citoplasma. **C.** As sequências promotoras e regulatórias mais distantes (*enhancer*) podem ser separadas por dezenas de pares de bases.

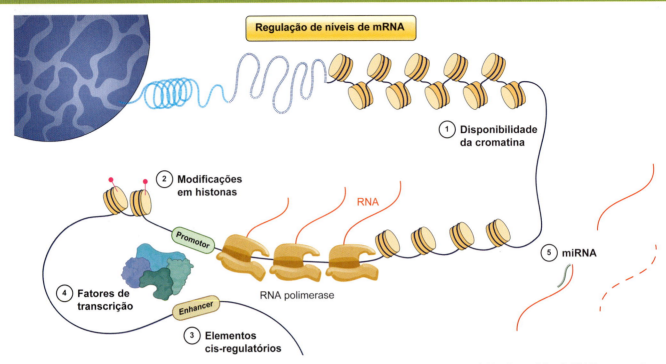

Figura 11.3 Diferentes fatores interferem na regulação da síntese e na estabilidade de mensageiros de ácido ribonucleico (mRNA) em eucariotos. 1. Um dos primeiros fatores é o empacotamento da cromatina no núcleo dos eucariotos; nessa situação não ocorre a associação da RNA polimerase e de fatores de transcrição a regiões regulatórias dos genes. 2. Modificações nas histonas podem aumentar a exposição de regiões regulatórias, propiciando que (3) elementos regulatórios mais distantes também se aproximem da região de início da transcrição. 4. Os fatores de transcrição podem estimular ou reprimir a transcrição, mas dependem da interação com proteínas e a enzima da maquinaria basal de transcrição. 5. Os microRNAs (miRNAs) também podem interferir na estabilidade de mRNAs. No citoplasma, os miRNAs podem associar-se a regiões complementares nos mRNAs, impedindo a tradução.

executados pela combinação de fatores de transcrição disponíveis em algumas situações, o que pode ser característico de um tipo de célula ou tecido, em organismos multicelulares. Esses fatores podem tanto estimular como reprimir a transcrição de um gene, dependendo de sua concentração e interação (Figura 11.4). Além disso, há alguns pontos importantes de controle durante a transcrição e o processamento dos RNAs, os quais podem variar conforme os organismos. Dessa maneira, em uma célula, apenas parte dos genes será ativada e transcrita em um momento específico.

O DNA é transcrito em RNAs

O processo de transcrição gera, a partir do DNA, uma fita simples de RNA complementar ao DNA, denominado "transcrito ou precursor de RNA" (ver Figura 11.1). A partir de uma fita molde de DNA, várias moléculas de RNA podem ser produzidas. Imagens de microscopia eletrônica revelaram que, durante a transcrição do rRNA, várias moléculas de RNA eram produzidas a partir de uma molécula de DNA, resultando em uma imagem similar a um "pinheiro de Natal", na qual o tronco é o DNA e os ramos são os transcritos nascentes de RNA (Figura 11.5). Nessa imagem, os transcritos têm diferentes tamanhos porque diferentes RNA polimerases estão transcrevendo a partir da mesma molécula de DNA.

Os RNAs são moléculas de fita simples, sendo raros os RNAs de dupla-fita encontrados em procariotos e em eucariotos, mas sua característica marcante é a capacidade intrínseca de formar estruturas secundárias, por complementaridade de suas bases.

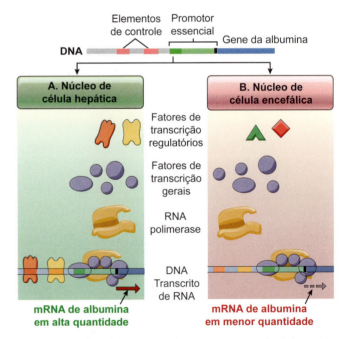

Figura 11.4 A expressão gênica depende da concentração de fatores de transcrição. A taxa de transcrição do gene da albumina pode variar em diferentes tecidos. O gene para albumina tem as mesmas sequências codificadora e regulatória presentes no DNA de todas as células. A RNA polimerase e os fatores basais de transcrição estão presentes nas células, mas fatores de transcrição específicos na (**A**) célula hepática ou (**B**) célula encefálica determinam diferentes taxas de transcrição. Nas células hepáticas, a combinação dos fatores de transcrição e sua associação às sequências regulatórias resulta em alta quantidade de transcritos de mRNA (*seta vermelha*); e, no cérebro, a transcrição ocorre em taxa mais baixa, e resulta em um montante menor de mRNA (*seta cinza*).

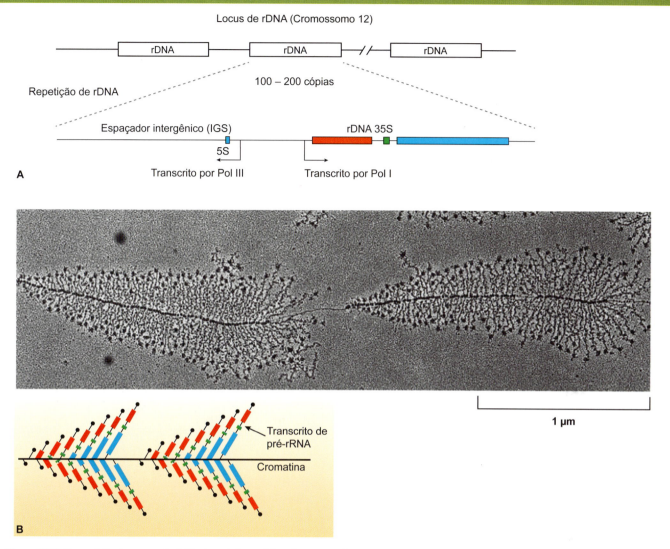

Figura 11.5 Transcrição dos genes de ácido desoxirribonucleico ribossomal (rDNA) pode ser observada por microscopia eletrônica. Os genes para rDNA estão presentes em múltiplas cópias no genoma. **A.** Esquema mostrando a transcrição de rDNA a partir de uma das cópias: à *esquerda*, transcrição do ácido ribonucleico ribossomal (rRNA) 5S pela RNA polimerase III (*em azul*); e à *direita*, transcrição do precursor contendo 18S, 5,8S e 28S pela RNA polimerase I (precursor 35S em leveduras, *em vermelho, verde e azul*). **B.** Imagem de microscopia eletrônica mostrando a RNA polimerase I transcrevendo dois genes adjacentes de rDNA. O DNA é a linha central, as RNA polimerases são os pontos nas extremidades das linhas mais finas, e os transcritos de rRNA são as linhas finas, ou "ramos" das árvores. Há várias RNA polimerases transcrevendo, por isso há rRNAs ainda pequenos e outros maiores. Um esquema explicando a imagem está no quadro abaixo. Nesse quadro, os pontos são as RNA polimerases, e o transcrito de pré-rRNA está *em azul, verde* e *vermelho*.

Na maioria dos casos, a fita simples de RNA se dobra de modo a aproximar bases complementares. As diferentes conformações que podem ser adotadas pelos RNAs impedem que essas moléculas sejam alvos de nucleases – enzimas capazes de desfazer as ligações fosfodiéster que ligam os nucleotídios nas cadeias de ácidos nucleicos. As nucleases podem ser do tipo endonuclease ou **exonuclease**. As endonucleases rompem ligações no meio das cadeias de nucleotídios, e as exonucleases clivam a cadeia a partir de uma de suas extremidades (3′ ou 5′), por isso são denominadas "exonucleases 5′-3′" ou "3′-5′". A formação de estruturas secundárias no RNA protege a cadeia de ácido nucleico do ataque desse tipo de enzima, dificultando o seu acesso. Por conta disso, a estrutura secundária do RNA ajuda a manter a integridade dessa molécula.

Assim que são sintetizados pelo processo de transcrição, os RNAs associam-se a proteínas formando complexos ribonucleoproteicos. Essas proteínas acompanharão os RNAs até a tradução ou até serem encaminhados a suas funções, no caso de RNAs não codificadores. A formação desses complexos ribonucleoproteicos possibilita que o RNA transite por vários locais na célula com relativas segurança e estabilidade. Essas proteínas são fundamentais para definir as interações, os locais de atuação e os processos aos quais esses RNAs estão ligados.

A enzima responsável pela transcrição é a **RNA polimerase**. Essa enzima é, na verdade, um complexo de subunidades proteicas que se organizam em estrutura tridimensional conservada de procariotos a eucariotos. Existe apenas uma RNA polimerase em bactérias, ao passo que em eucariotos três principais RNA polimerases executam a transcrição de RNAs diferentes. A enzima procariótica apresenta cinco subunidades, e a RNA polimerase II, eucariótica, 12. De modo geral, a transcrição ocorre a partir da associação da RNA polimerase a uma região regulatória no DNA de dupla-fita. Essa associação depende dos fatores de transcrição e da conformação da cromatina, que deve ter sido remodelada para promover a interação de outras proteínas com essas sequências no DNA. Além da interação com as sequências regulatórias, a RNA polimerase interage com proteínas que podem estimular ou reprimir a transcrição – os fatores de transcrição. Em seguida, ocorre a separação da dupla-fita, expondo uma das fitas de DNA, denominada "molde", à enzima que sintetiza moléculas de RNA. A estrutura cristalográfica da RNA polimerase revelou uma região responsável pela interação com o DNA de dupla-fita próximo ao sítio ativo, onde a molécula nascente de RNA ainda está associada ao DNA que a gerou. A eficiência da RNA polimerase depende da associação das suas subunidades proteicas com o DNA e o RNA.

Inibidores da transcrição

Os processos biológicos estão sujeitos a mecanismos regulados de controle, indução e inibição. A transcrição é um processo essencial para todos os organismos, e a inibição desse processo ou redução de sua eficiência podem ter efeito direto na sua sobrevivência. Compostos capazes de inibir as RNA polimerases de procariotos e eucariotos já foram identificados, alguns dos quais apresentam especificidade para determinados organismos. Um dos compostos capazes de inibir de forma específica a RNA polimerase bacteriana é o antibiótico rifampicina, pois se liga à subunidade beta da enzima, impedindo que a transcrição avance por mais de dois ou três nucleotídios. Já a actinomicina D bloqueia o movimento das RNA polimerases bacterianas e eucarióticas. Experimentos conduzidos nas décadas de 1960 e 1970 demonstraram que altas doses de actinomicina D ($> 1\,\mu g/m\ell$) bloqueiam a transcrição em todas as espécies. Doses abaixo de 100 ng/mℓ, entretanto, causam inibição apenas na RNA polimerase I eucariótica. Actinomicina D foi associada à indução de apoptose em células tumorais do pâncreas, por isso, cotada como possível terapia antitumoral. É um fármaco amplamente utilizado em quimioterapias para diferentes tipos de câncer, como o testicular, o trofoblástico, o rabdomiossarcoma e o sarcoma de Erwing. Nesse mesmo viés, o composto CX-5461 reduz a atividade de RNA polimerase I em células tumorais humanas, diminuindo a taxa de síntese de rRNAs e a proliferação de células derivadas de tumores hematológicos. Os inibidores de transcrição podem ser bons candidatos para o controle do crescimento celular. O peptídio α-amanitina inibe fortemente a atividade das RNA polimerases eucarióticas II e III. Na RNA polimerase II, esse peptídio impede a incorporação de nucleotídios e a translocação do transcrito. A RNA polimerase III é menos sensível, mas também apresenta alguma redução em sua atividade.

Transcrição em procariotos

A transcrição em procariotos ocorre na região do nucleoide, em que o DNA se concentra na célula. Assim que o RNA começa a ser transcrito, já pode ser traduzido, uma vez que não há separação intracelular nesses organismos, e tanto a maquinaria de transcrição como a de tradução estão próximas (ver Figura 11.1). Em procariotos, a RNA polimerase é composta por seis subunidades: duas α, uma β, uma β', uma ω e a subunidade σ. A maquinaria de transcrição é formada pela RNA polimerase com todas as suas subunidades, também denominada **holoenzima**. A montagem dessa maquinaria no DNA inicia-se com o reconhecimento da sequência regulatória promotora pela subunidade σ. Essa ligação atrai a RNA polimerase com as demais subunidades, já associadas previamente. Dessa maneira, a holoenzima da RNA polimerase procariótica é montada apenas após o reconhecimento do promotor. Ainda durante a transcrição, a subunidade σ dissocia-se das demais subunidades da enzima, o RNA recém-sintetizado é liberado e, por fim, a RNA polimerase desprende-se do DNA (Figura 11.6).

A região promotora dos genes procarióticos é formada por sequências com relativo grau de conservação a montante do início da transcrição (ver Figuras 11.2 e 11.6). Duas sequências conservadas em procariotos, localizadas a 35 pb e 10 pb a montante da primeira base, são fundamentais para iniciar esse processo. Além dessa região mais próxima, alguns genes apresentam uma região que fica mais distante do início da transcrição e pode atrair proteínas que interagem com a RNA polimerase e aumentam sua atividade, elevando a taxa e a eficiência da transcrição. A distância entre as regiões -35 e -10 é fundamental para a associação da subunidade σ aos promotores procarióticos, de modo que pouca variação no espaçamento entre essas duas regiões é observada (Figura 11.6). A própria estrutura tridimensional da subunidade σ determina o limite dessa distância. A região -10 é formada por uma sequência rica em A-T, caracterizando a região TATA-box. A região -35 apresenta a sequência consenso TTGACA, mas pode ter maior variação nas primeiras e nas últimas bases, dependendo do gene.

Apesar de todos os genes bacterianos conterem essas sequências regulatórias nas suas regiões promotoras, pode-se observar variação nos nucleotídios. Esta variação pode determinar a eficiência de transcrição daquele promotor, porque a subunidade σ da RNA polimerase e outros fatores de transcrição podem associar-se com maior ou menor afinidade. Sequências de nucleotídios que diferem muito das sequências consenso, a princípio, podem não apresentar grande afinidade à RNA polimerase, de maneira que a transcrição a partir desse promotor pode ser menos eficiente. A conservação das sequências da região promotora é um primeiro ponto de controle dos níveis de expressão gênica em procariotos. Isso implica que os diferentes genes procarióticos podem apresentar taxas de transcrição e, portanto, níveis de expressão diferentes.

Esse controle também é exercido pelas diferentes subunidades σ, importantes para transcrição a partir de diferentes promotores. A transcrição da maioria dos genes é controlada pela associação da subunidade $\sigma70$, mas há genes que dependem da associação de outros tipos de subunidade σ, específicas aos seus promotores. Por exemplo, $\sigma32$ controla um conjunto de genes envolvidos com a resposta de choque térmico em bactérias, incluindo aqueles que codificam proteínas importantes para realizar o enovelamento de outras proteínas ou genes que proporcionam maior resistência do

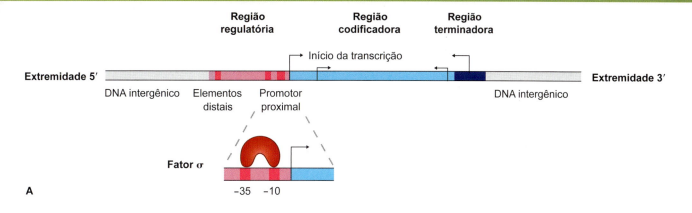

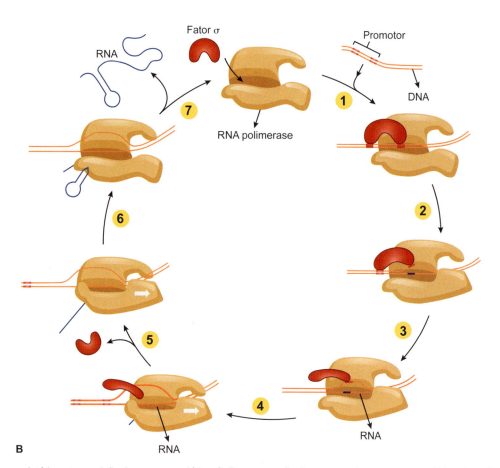

Figura 11.6 Regiões regulatórias e transcrição de gene procariótico. **A.** Representação da estrutura de um gene procariótico. A região regulatória (em rosa-claro e rosa-escuro) é dividida em uma porção próxima à região codificadora e outra mais distante. A região mais próxima está destacada na imagem como −35 e −10, essenciais para ligação do fator sigma (σ). A região codificadora está marcada em azul, e a transcrição inicia-se na seta. **B.** Ciclo de transcrição da RNA polimerase bacteriana. O fator σ reconhece a região regulatória no promotor (1) e liga-se a ela, atraindo as demais subunidades da RNA polimerase e formando a holoenzima. 2. A holoenzima desenovela o DNA e inicia a transcrição. 3. Na sequência, a RNA polimerase avança sobre o DNA, elongando o transcrito, (4) e, à medida que sai do promotor, libera o fator σ. 5. A elongação prossegue até que a RNA polimerase alcance o terminador (6), liberando o RNA recém-sintetizado (7). (Adaptada de Alberts et al., 2008.)

organismo a altas temperaturas. Outra subunidade σ – a σ54 – controla genes envolvidos com o metabolismo de nitrogênio, possibilitando que a bactéria utilize derivados de nitrogênio se estes estiverem presentes no meio. Dessa maneira, o controle transcricional viabiliza aos procariotos a otimização do gasto energético realizado durante o processo de expressão gênica. Apenas genes necessários para o uso dos recursos disponíveis serão transcritos em determinado momento, de maneira que a bactéria possa se adaptar melhor ao meio e se dividir, colonizando o ambiente.

Desse modo, as subunidades σ específicas possibilitam que as bactérias transcrevam genes envolvidos em uma mesma via a partir de um único estímulo e em um mesmo momento. Nesse caso, uma via representa um conjunto de genes que executam uma resposta coordenada da bactéria a determinado estímulo, por exemplo, o choque térmico, a metabolização de determinado composto, ou para síntese de algum aminoácido.

A eficiência da transcrição em procariotos também está relacionada com sua organização gênica. Genes bacterianos podem organizar-se em unidades transcricionais únicas (genes monocistrônicos) (ver Figura 11.2 A) ou em pequenos grupos (genes policistrônicos) (Figura 11.7). Durante a transcrição, genes monocistrônicos geram RNAs que contêm informação de um gene, e os policistrônicos produzem múltiplos RNAs que contêm informação dos respectivos genes, em sequência. Genes envolvidos em uma mesma via, ou em vias relacionadas, podem ser transcritos em conjunto a partir de um mesmo promotor. Essa organização é denominada "operon" e gera um longo mRNA policistrônico (ver Figura 11.7). Ao transcrever um operon, a RNA polimerase sintetiza os RNAs necessários para produzir diferentes proteínas, mas que atuarão em uma mesma via metabólica, aumentando a eficiência de síntese e a metabolização de compostos necessários para utilização de um recurso ou otimização do crescimento das células, por exemplo.

Em 1961, François Jacob e Jacques Monod descreveram o operon lac em *E. coli* (Figura 11.8). Esse operon reúne genes relacionados com a metabolização da lactose, na sequência

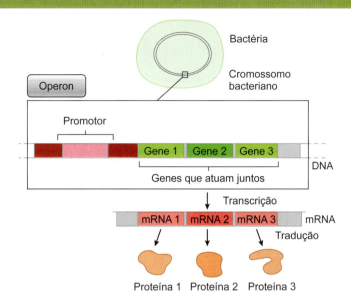

Figura 11.7 Organização de genes policistrônicos em procariotos. Os operons procarióticos reúnem genes relacionados com a resposta a um mesmo estímulo ambiental ou nutricional. Diferentes genes são codificados em sequência (gene 1, gene 2, gene 3) sob controle de um promotor único (*em rosa*), onde a RNA polimerase se liga. Cada um desses genes será traduzido em uma proteína única.

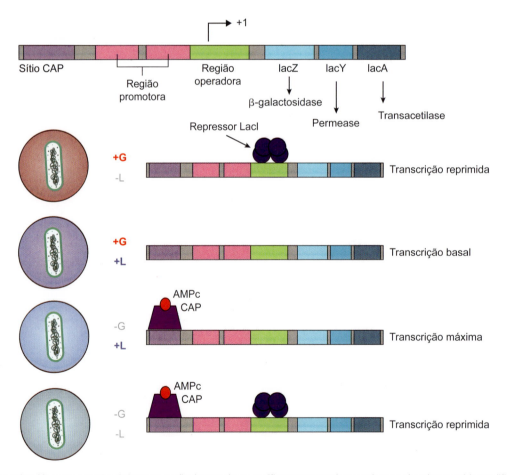

Figura 11.8 Operon lac. *Na parte superior da imagem*, estão destacadas as regiões promotora (*em rosa*), operadora (*em verde*) e codificadora do operon lac. Três genes são transcritos a partir desse operon: lacZ (β-galactosidase), lacY (permease) e lacA (transacetilase). Além do promotor e da sequência operadora, esses genes estão sob controle do sítio de ligação ao CAP (*em roxo*). A transcrição começa na posição onde está apontada a seta. *Na parte inferior*, as diferentes condições para ativação e repressão do operon são mostradas. Na ausência de lactose (L), a proteína repressora LacI (*em azul*) associa-se ao operador e impede a passagem da RNA polimerase, resultando em repressão do operon. Na presença de glicose (G) e lactose, ocorre somente transcrição basal desse operon, e as bactérias preferem a glicose à lactose.

lacZ, lacY e lacA. O lacZ codifica a β-galactosidase, uma enzima que hidrolisa a lactose em monossacarídios, facilitando sua utilização na obtenção de energia. O lacY codifica a lactose permease, uma proteína transmembranar que importa lactose para a célula. O lacA codifica a enzima transacetilase, que modifica a lactose e promove sua internalização mais facilmente. Juntos, os produtos proteicos desses genes permitem que a bactéria utilize a lactose como fonte de carbono alternativa, na ausência de glicose. A transcrição desses genes é controlada pela atividade do promotor e por uma região adjacente denominada "operadora". O operon permanece desligado ou reprimido enquanto não houver lactose no meio porque, nessa situação, um repressor está ligado à região operadora. Esse repressor é o LacI, uma proteína tetramérica, ou seja, formada por quatro subunidades. Quando a lactose está presente, o LacI se liga a ela, desligando-se da região operadora; no entanto, havendo lactose e glicose, o operon apresenta transcrição basal apenas, e a indução não ocorre porque as bactérias metabolizam preferencialmente a glicose. Na ausência de glicose, ocorre retroalimentação positiva do operon. Os níveis de monofosfato cíclico de adenosina (AMPc) elevam-se e associam-se à proteína CAP (proteína ativadora de catabólitos). Essas moléculas juntas ligam-se ao sítio CAP do operon lac, o que favorece a associação da RNA polimerase e a transcrição dos genes desse operon. A atividade máxima do operon ocorre na presença de lactose e ausência de glicose (ver Figura 11.8).

O operon triptofano funciona de modo semelhante e reúne os genes para codificar cinco proteínas para a biossíntese do aminoácido triptofano. Os transcritos sintetizados a partir desse operon são controlados pelas regiões promotora e operadora, que respondem a níveis diferentes do aminoácido triptofano (Figura 11.9). A presença do triptofano no meio exerce retroalimentação negativa no operon, já que a bactéria não precisaria transcrever os genes desse operon para sintetizar esse aminoácido. Nessa condição, uma molécula repressora ativada pelo triptofano liga-se ao operador, funcionando como inibidor do operon. Isso impede a transcrição dos genes desse operon. Na medida em que o aminoácido triptofano se esgota do meio, o repressor torna-se inativo e libera o operador, possibilitando, também, a associação da RNA polimerase e, como consequência, a transcrição dos genes do operon (ver Figura 11.9).

Há ainda um controle adicional na ativação desse operon que funciona como um "sensor" interno. A formação de estruturas secundárias no RNA é muito comum e importante para estabilidade dessas moléculas na célula, mas a consequência da formação dessas estruturas em RNAs recém-transcritos, como um grampo de RNA, por exemplo, é o bloqueio da passagem de enzimas como a RNA polimerase. Em algumas situações, estruturas secundárias podem controlar a transcrição ou finalizá-la, de modo que essas estruturas também estão presentes nos "terminadores". A formação de estrutura secundária é importante para terminar a transcrição em procariotos, conforme será discutido adiante. No caso do operon trp, as primeiras bases codificadas formam uma "sequência líder", que é traduzida em um peptídio constituído principalmente por

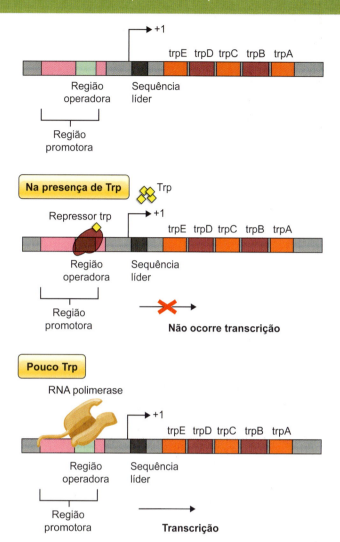

Figura 11.9 Operon triptofano (trp). A biossíntese do aminoácido triptofano é controlada por 5 genes, organizados em um operon (trpE, trpD, trpC, trpB e trpA). Esses genes estão sob controle de um mesmo promotor (*em rosa*) e uma região operadora (*em verde*). O início da transcrição está marcado por +1. Na presença de triptofano (Trp), esse aminoácido (*em amarelo*) liga-se a um repressor que se associa à região operadora do operon, impedindo a transcrição dos genes. Na ausência desse aminoácido, o repressor desprende-se do operador, liberando a região para ligação da RNA polimerase (*em verde*) e promovendo a transcrição.

aminoácidos de triptofano. É importante lembrar que em procariotos o transcrito de RNA é traduzido ainda durante a transcrição, portanto a cadeia polipeptídica é formada enquanto a RNA polimerase está avançando na transcrição. Esse transcrito, gerado pela sequência líder, apresenta regiões complementares que podem parear, formando grampos de RNA (Figura 11.10). Dessa maneira, à medida que a transcrição avança, ocorre também a tradução, e graças à "sequência líder" uma quantidade alta de tRNAs carregados com triptofano é recrutada pelos ribossomos. Se esse aminoácido estiver presente no meio, haverá tRNA-Trp suficientes para que o ribossomo avance na tradução enquanto ocorre também a transcrição. Nesse caso, o ribossomo avançará rapidamente pelas primeiras bases codificando Trp, e serão formadas duas estruturas secundárias nessa região do RNA nascente, similares a grampos. Nessa situação, principalmente por conta da estrutura

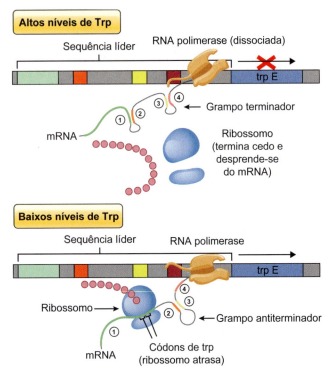

Figura 11.10 Atenuação da transcrição no operon trp. O operon trp é capaz de modular sua transcrição com base na concentração de Trp no meio. Transcrição e tradução são processos quase simultâneos em procariotos. Assim que o transcrito surge, a tradução já é iniciada. A sequência líder (*em verde*, *laranja*, *amarelo* e *rosa*), transcrita inicialmente nesse operon, é constituída por bases que codificam Trp e que possuem complementaridade entre si (numeradas de 1 a 4), formando os grampos no RNA nascente. Havendo maior quantidade de Trp e formação dos grampos, o ribossomo continua a traduzir essa região, mas impede sua passagem para o restante do transcrito. A estrutura de grampo formada funciona como um terminador e causa a liberação do ribossomo e dissociação da RNA polimerase, de modo que a transcrição do operon cessa. Com concentrações mais baixas de Trp, o primeiro grampo não é formado, o que viabiliza a passagem do ribossomo e sua continuação pelo transcrito. Nesse caso, a estrutura secundária na forma de grampo entre as alças 2 e 3 funciona como um antiterminador.

secundária formada, a RNA polimerase desprende-se do DNA, e a transcrição não prossegue, impedindo que a bactéria gaste energia para sintetizar um aminoácido já disponível. Esse mecanismo é denominado "atenuação da transcrição". Entretanto, caso haja pouco Trp, o ribossomo permanecerá mais tempo parado no transcrito, o que possibilitará a formação de uma estrutura secundária alternativa, entre as regiões 2 e 3, também conhecida como "antiterminador". Embora este também seja um grampo, não impede a passagem do ribossomo. Nesse caso, a transcrição do operon prosseguirá, e também sua tradução (ver Figura 11.10).

A formação de estruturas secundárias no RNA capazes de controlar a transcrição é uma estratégia muito explorada por procariotos. Os *riboswitches* são estruturas secundárias formadas por transcritos com a capacidade de retardar ou dissociar a RNA polimerase e, assim, modular a eficiência da transcrição em procariotos. Na maioria dos casos, essas estruturas são controladas pela disponibilidade de determinados nutrientes no meio, de modo similar ao já descrito para o mecanismo de atenuação do operon trp. A transcrição de genes associados à biossíntese de purinas é controlada pela formação de *riboswitches* (ver Capítulo 12). À medida que a RNA polimerase avança para síntese do transcrito, o RNA recém-sintetizado forma uma estrutura secundária capaz de acomodar uma base purínica, uma guanina. Nas condições em que há excesso de guanina disponível, a sua associação a essa estrutura secundária do RNA nascente cria um grampo semelhante ao encontrado na região de terminação dos transcritos. Desse modo, a RNA polimerase dissocia-se do DNA e termina a transcrição (Figura 11.11). Assim como o Trp exerce retroalimentação negativa no operon trp, a guanina atua nos genes codificadores de purinas, indicando que a célula não precisa despender energia para produzir um metabólito já presente.

A região do terminador também é importante para a transcrição em bactérias. Em procariotos, há dois tipos de terminação da transcrição: intrínseca e dependente da proteína Rho (esta proteína procariótica descrita aqui não tem relação com a Rho-GTPase eucariótica). Os terminadores intrínsecos são caracterizados pela transcrição de uma região com alta complementaridade de bases, promovendo a formação de um grampo no RNA nascente, seguida de uma longa sequência de uridinas. A própria estrutura secundária formada no RNA já é suficiente para reduzir o ritmo da RNA polimerase durante a transcrição. As uridinas transcritas na sequência reduzem ainda mais a afinidade do RNA ao DNA e à RNA polimerase, dissociando o complexo e terminando a transcrição. A terminação dependente de Rho, por outro lado, necessita da associação da proteína Rho a uma sequência específica no transcrito, próximo de sua região terminal.

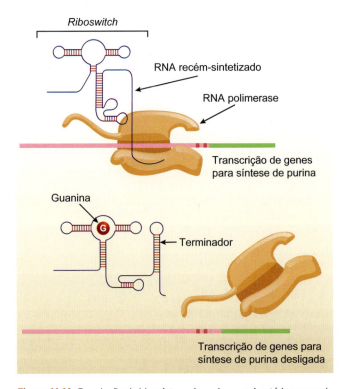

Figura 11.11 Regulação da biossíntese de purinas em bactérias por meio de *riboswitches*. O ácido ribonucleico (RNA) recém-sintetizado (*em azul-escuro*) forma uma estrutura secundária capaz de alocar uma purina e, assim, controlar a formação de um terminador, impedindo a transcrição dos genes para biossíntese dessa molécula. (Adaptada de Alberts et al., 2008.)

Ao se associar ao transcrito, Rho hidrolisa trifosfato de adenosina (ATP) e percorre o RNA nascente até encontrar a RNA polimerase. Nesse ponto, Rho desprende a RNA polimerase do complexo e termina a transcrição.

Transcrição em eucariotos

Embora a síntese dos RNAs ocorra de modo similar, eucariotos apresentam compartimentos intracelulares, o que, diferente dos procariotos, proporciona uma separação espacial e temporal entre os processos de transcrição e tradução (ver Figura 11.1). Com isso, um ponto adicional de regulação aparece nesse processo, o do transporte do RNA do núcleo para o citoplasma. Além disso, essa compartimentalização faz com que fatores de transcrição ativados no citoplasma sob efeito de algum estímulo precisem entrar no núcleo para agirem. A síntese de RNAs é executada pela enzima RNA polimerase no núcleo, e a tradução ocorre no citoplasma. Cinco RNA polimerases já foram caracterizadas em eucariotos, e dessas, três estão presentes em todos os organismos. Outras duas existem apenas em plantas e não serão abordadas neste capítulo (RNA polimerases IV e V). As três principais RNA polimerases de eucariotos são responsáveis pela transcrição de diferentes RNAs (Tabela 11.2). Assim como a RNA polimerase procariótica, as RNA polimerases eucarióticas são formadas por diferentes subunidades de proteínas. Entre essas subunidades estão as proteínas estruturais, importantes para conformação da enzima, as proteínas envolvidas com a interação com o DNA molde para a formação da fita de RNA, e aquelas que se relacionam com os fatores de transcrição. O reconhecimento das sequências regulatórias no DNA eucariótico depende da interação da RNA polimerase com fatores de transcrição, proteínas que guiam essa enzima ao sítio de início da transcrição.

As regiões regulatórias no DNA de eucariotos são formadas por uma região promotora localizada próximo ao início da transcrição, e por outras mais distantes, as quais podem estar a centenas de pares de base do início da transcrição (ver Figura 11.2). Essas regiões distantes muitas vezes modulam as taxas de transcrição. Há algumas variações nas sequências regulatórias para diferentes RNA polimerases eucarióticas, mas com frequência uma região rica em A-T, o TATA-box, é encontrada cerca de 30 pb a montante do início da transcrição. Essa região é responsável pela ligação do fator de transcrição TBP. Este fator é uma das subunidades presentes em fatores de transcrição basais das RNA polimerases eucarióticas e atua em conjunto com outros fatores específicos para cada polimerase para direcionar as RNA polimerases às suas regiões promotoras no genoma (Figura 11.12).

Os fatores de transcrição são proteínas que interagem com o DNA e com outras proteínas como, por exemplo, outros fatores de transcrição ou a própria RNA polimerase. Essas proteínas são essenciais durante a montagem da maquinaria para iniciar e continuar a transcrição. Existem ao menos três diferentes classes de fatores de transcrição em eucariotos:

- Fatores de transcrição basais ou gerais: são essenciais para transcrição e montagem do complexo de iniciação da transcrição. Cada RNA polimerase eucariótica apresenta um grupo de fatores de transcrição basais, os quais recebem o nome de "TF" seguido de um número, indicando a qual RNA polimerase estão relacionados, e uma letra, que especifica o fator de transcrição
- Fatores de transcrição ativadores: reconhecem sequências regulatórias distantes do sítio de início da transcrição, aumentando a taxa de transcrição. Podem ser específicos para determinadas células ou tecidos
- Fatores de transcrição repressores: reconhecem sequências regulatórias distantes do sítio de início da transcrição, reduzindo a taxa de transcrição. Podem ser específicos para determinadas células ou tecidos.

Tabela 11.2 Os RNAs transcritos em eucariotos.

RNA	Função	Transcrição
RNA mensageiro (mRNA)	Codifica proteínas	RNA polimerase II
RNA ribossomal (rRNA)	Componentes dos ribossomos, participam da síntese proteica > 80% RNA total das células	RNA polimerase I (18S, 5,8S, 28S) RNA polimerase III (5S)
RNA transportador (tRNA)	Transporte dos aminoácidos para tradução	RNA polimerase III
RNA nuclear pequeno (snRNA)	Participam do processamento de RNA, especialmente do *splicing*	RNA polimerase II; RNA polimerase III (snRNA U6)
RNA nucleolar pequeno (snoRNA)	Processamento e modificação dos rRNAs	RNA polimerase III; RNA polimerase II
Pequenos RNAs de Cajal (scaRNA)	Processamento e modificação dos snoRNAs e snRNAs	RNA polimerase II
MicroRNAs (miRNA)	Regulação da expressão gênica por associação aos mRNAs	RNA polimerase II; RNA polimerase III
RNAs não codificadores longos (lncRNA)	Regulação da expressão gênica por associação a outros RNAs	RNA polimerase II; RNA polimerase III
Pequenos RNAs de interferência (siRNA)	Participam da degradação de alguns mRNAs e formação de cromatina	RNA polimerase II

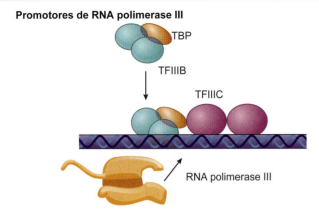

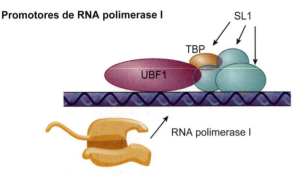

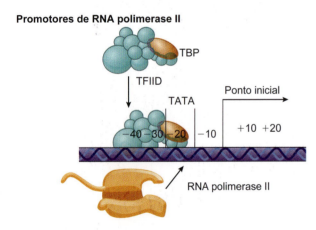

Figura 11.12 O fator de transcrição TBP (do inglês *TATA-binding protein*) é importante para montagem da maquinaria de transcrição das RNA polimerases eucarióticas. TBP é uma subunidade dos fatores de transcrição basais para RNA polimerase III (subunidade de TFIIIB), RNA polimerase I (subunidade de SL1) e RNA polimerase II (subunidade de TFIID).

Os fatores de ativação e repressão podem não estar presentes em todas as células, tecidos ou em todos os estágios de desenvolvimento, e muitos podem ser produzidos em resposta a estímulos do meio externo à célula. Desse modo, a expressão gênica pode ser controlada a partir de estímulos de tecidos, células vizinhas e também do estágio de desenvolvimento do organismo. Assim como em procariotos, o estado nutricional interfere diretamente na transcrição em eucariotos. Na levedura *S. cerevisiae*, a glicose é a fonte preferencial de carbono. No entanto, outros tipos de açúcar também podem ser utilizados na ausência da glicose, ativando outros genes para metabolização, assim como ocorre com o operon lac em procariotos.

Os genes *GAL1*, *GAL2*, *GAL7*, *GAL10* e *MEL1* estão envolvidos no catabolismo de galactose e melbiose, promovendo o uso desses açúcares para produção de energia na levedura, entretanto a transcrição desses genes ocorre apenas quando há esse tipo de açúcar disponível, e quando não há glicose. Esses genes estão sob controle da sequência ativadora UAS$_{GAL}$ (do inglês *upstream activator sequence GAL*), localizada a montante do início da transcrição (Figura 11.13 A). O fator de transcrição Gal4 liga-se à UAS$_{GAL}$ e pode ser controlado pela associação a outras proteínas, cuja presença varia conforme os níveis de glicose e galactose na célula. Isso possibilita que a célula module a transcrição desses genes a partir de variações nos níveis desses açúcares. Na ausência de galactose, a proteína Gal80 liga-se à Gal4 e, embora elas possam se associar à UAS$_{GAL}$, não ativam a transcrição.

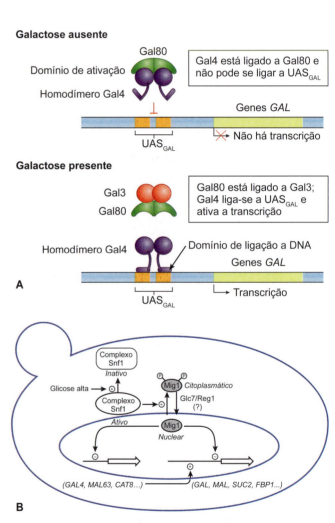

Figura 11.13 Controle da transcrição em eucariotos. Estímulos ambientais e nutricionais podem modular a transcrição em eucariotos. **A.** Os genes *GAL* (em *amarelo*), para metabolização do açúcar galactose, estão sob controle de uma região regulatória a montante do início da transcrição denominada "UAS$_{GAL}$" (em *laranja*). Na ausência desse açúcar, o fator de transcrição Gal4 permanece associado a Gal80, não se liga a essa região e os genes não são transcritos; no entanto, na presença de galactose, a proteína Gal3 associa-se a Gal80, liberando Gal4, que por sua vez ativa a transcrição. **B.** Além do controle exercido em virtude da galactose, esses genes não são transcritos se houver glicose. Nessa condição, a proteína repressora Mig1 é translocada para o núcleo e impede a ligação de Gal4 à UAS$_{GAL}$, reprimindo a transcrição dos genes de metabolização de galactose. (Adaptada de Gancedo et al., 1998.)

Na presença de galactose, a proteína regulatória Gal3 liga-se à Gal80, liberando o fator Gal4. Gal4, então, une-se à UAS_{GAL} e ativa a transcrição dos genes *GAL*.

Além de serem controlados diretamente por influência da galactose, esses genes são reprimidos pela glicose. Isso ocorre porque a expressão da proteína regulatória Gal4 é regulada pelos níveis de glicose. Por exemplo, a glicose pode interferir na ligação de Gal4 à UAS_{GAL} e também pode controlar sua síntese, por meio da ligação da proteína repressora Mig1 ao seu promotor. Quando há glicose, Mig1 é translocada para o núcleo e liga-se a promotores de genes responsivos a esse açúcar, incluindo os genes *GAL* (ver Figura 11.13 B). Assim que a glicose é retirada do meio, Mig1 é fosforilada e transportada para o citoplasma, liberando a UAS_{GAL} para ligação pela Gal4.

Como explicado, o controle da transcrição em eucariotos depende da atividade e interação de diferentes fatores de transcrição, que podem estar presentes em células ou tecidos específicos. A combinação da ação desses fatores de transcrição pode resultar em aumento ou redução na expressão de um gene. Além de interagirem com a maquinaria de transcrição, alguns desses fatores podem recrutar proteínas que modificam a cromatina, como acetilases de histonas, que estimularão a continuação da transcrição. Por outro lado, esses fatores podem também interagir com metiltransferases, que promovem a formação de heterocromatina, impedindo a progressão da transcrição.

Dessa maneira, uma outra característica importante para controle da transcrição em eucariotos é o estado de enovelamento da cromatina (ver Figura 11.3). Regiões com maior quantidade de heterocromatina dificultam o acesso da maquinaria de transcrição às regiões regulatórias e codificadoras dos genes. Por outro lado, regiões de **eucromatina** podem sofrer modificações simples e expõem partes dessas regiões. Por isso a transcrição depende do remodelamento da cromatina. Esse processo é executado por um conjunto de proteínas denominado "complexo de remodelamento", e sua atividade depende de hidrólise de ATP e diferentes proteínas. Algumas atuarão para desenovelar o DNA, outras modificarão as proteínas **histonas**, que empacotam o DNA na cromatina, e outras promoverão a hidrólise de ATP, fornecendo energia para todas essas reações. A principal função desse complexo é expor as regiões regulatórias e codificadoras do DNA à maquinaria de transcrição. O enovelamento da cromatina não é desfeito em toda a extensão do gene, mas ocorre por etapas, expondo primeiramente as regiões regulatórias e promotoras, propiciando a associação entre fatores de transcrição e estes com outras proteínas nucleares, estimulando ou reprimindo a transcrição e seguindo para a região codificadora (ver Figura 11.3).

O complexo de remodelamento altera a associação das histonas ao DNA por modificação da carga dessas proteínas. As histonas são proteínas com alta concentração de aminoácidos básicos, o que é importante para sua associação ao DNA (ver Capítulo 9). Modificações pós-traducionais realizadas em diferentes aminoácidos das histonas diminuem sua afinidade ao DNA, expondo as regiões regulatórias e as disponibilizando para serem reconhecidas por fatores de transcrição e da maquinaria, promovendo o início da transcrição. Essas modificações combinam principalmente acetilações em lisinas e argininas das histonas. Algumas outras alterações, principalmente metilações, podem ter o efeito oposto. Frequentemente, histonas metiladas apresentam maior afinidade pelo DNA e, como consequência, maior grau de enovelamento da cromatina, desencadeando a formação de heterocromatina em determinadas regiões e, assim, impedindo a transcrição. A combinação das modificações em diferentes aminoácidos das histonas determina o grau de enovelamento na cromatina e, portanto, a eficiência da transcrição em genes específicos. Esse efeito é conhecido como "código de histonas".

A RNA polimerase II transcreve os mRNAs

Os **RNAs mensageiros** (mRNAs) são transcritos pela RNA polimerase II. O controle da transcrição depende de sequências de nucleotídios presentes nas regiões regulatórias dos genes e também de diferentes proteínas que atuam diretamente nessas regiões regulatórias ou interagindo com outras proteínas. Entre as sequências importantes para transcrição pela RNA polimerase II, algumas estão próximas ao início da transcrição e outras mais distantes, a dezenas a milhares de pares de bases do início da transcrição (ver Figura 11.2).

Iniciaremos a descrição pelas sequências de DNA regulatórias próximas ao sítio de início da transcrição. Grande parte dos promotores de RNA polimerase II apresenta o TATA-box, sequência rica em A-T presente em vários genes eucarióticos, localizada a cerca de 30 pb a montante da primeira base codificadora em promotores de RNA polimerase II. A sequência BRE (do inglês *B recognition element*) está posicionada 35 pb a montante do início da transcrição e também é importante para montagem da maquinaria inicial de transcrição. Alguns promotores de genes transcritos por RNA polimerase II não apresentam TATA-box. Esses promotores apresentam outra sequência a cerca de 30 pb a jusante do início da transcrição, denominada "DPE" (do inglês *downstream promoter element*), que também auxilia a montagem da maquinaria (Figura 11.14).

Há outras sequências regulatórias de DNA mais distantes do início da transcrição, a dezenas de pares de bases do início da transcrição, tanto a montante como a jusante. Como discutido a seguir, proteínas que estimulam ou reduzem a taxa de transcrição ligam-se a essas sequências. Embora não participem nem sejam necessárias para montagem da maquinaria basal de transcrição, essas sequências e os fatores associados a elas são importantes para controlar a taxa de transcrição e, assim, modular a quantidade de mRNAs produzidos em determinadas células.

Muitos promotores reconhecidos pela RNA polimerase II também apresentam regiões ricas em nucleotídios C e G próximas ao sítio de início de transcrição. Essas regiões com maior concentração de C e G, conhecidas por ilhas CpG, localizam-se entre 200 pb a montante até 200 pb a jusante do início da transcrição. As citosinas são bases que frequentemente sofrem metilação, formando metilcitosinas. Quando metilcitosinas são encontradas em grande quantidade nas ilhas CpG, a associação de proteínas nucleares a essas regiões genômicas é dificultada, reduzindo a taxa de transcrição. Ilhas CpG funcionam, então, como reguladoras da transcrição.

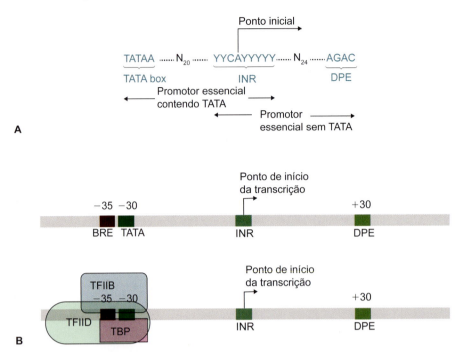

Figura 11.14 Sequências regulatórias em promotores reconhecidos pela RNA polimerase II. **A.** Os promotores de RNA polimerase II apresentam uma região rica em A-T, criando o TATA-box, a montante do início da transcrição (sítio INR). Promotores que não contêm TATA-box apresentam uma sequência regulatória que fica a jusante, dentro da região codificadora (DPE). **B.** Os fatores de transcrição para montagem da maquinaria inicial de transcrição associam-se às regiões regulatórias. O fator TBP é uma subunidade do fator TFIID; ambos se associam ao TATA-box. O fator TFIIB liga-se à região BRE e interage com TFIID. Juntos, esses fatores iniciam a montagem da maquinaria inicial da transcrição. (Adaptada de Alberts et al., 2008.)

Diferentes proteínas controlam a transcrição. Quando interagem com as sequências regulatórias no DNA, são denominadas "fatores de transcrição". Em muitos casos, os fatores de transcrição não são uma única proteína, mas, sim, complexos proteicos que reúnem diferentes proteínas com funções diversas. Os fatores de transcrição podem mediar a interação do DNA com outros fatores que participam da maquinaria de transcrição, assim como podem também interagir com a RNA polimerase e controlar sua atividade. A enzima RNA polimerase II é formada por 12 subunidades proteicas, e para que possa reconhecer as sequências regulatórias no DNA, interage com diversos fatores de transcrição.

A montagem da maquinaria de iniciação da transcrição começa com a associação do TBP ao TATA-box (ver Figura 11.14). A proteína TBP é uma subunidade do complexo TFIID, que faz parte do conjunto de fatores de transcrição basais de RNA polimerase II. O fator TFIID é formado pela TBP e até 14 proteínas associadas, gerando um complexo de cerca de 800 kDa. Essas 14 subunidades associadas a TBP no fator TFIID recebem o nome de TAF (do inglês *TBP-associated factors*), seguido de um número sequencial, marcando da maior para a menor proteína em massa (p. ex., TAF1, TAF2... TAF15). Existem distintos complexos TFIID, e a estequiometria das subunidades que as compõem nem sempre é a mesma em todos, o que indica que possam existir variações do complexo TFIID em diferentes células.

Após a associação de TFIID ao promotor, ocorre o recrutamento sequencial de subunidades para compor a maquinaria basal de iniciação da transcrição. Essas subunidades são nomeadas de TFII seguidas de uma letra (p. ex., TFIIA, TFIIB etc.). TFIIB associa-se à sequência BRE e guia a RNA polimerase II a essa região do promotor. Esta interação também permite a associação dos fatores basais TFIIF, TFIIE e TFIIH, criando a maquinaria basal de iniciação da transcrição (Figura 11.15). É importante lembrar que diferentes subunidades de cada um desses fatores basais de transcrição podem ser ativadas nesse processo, desencadeando eventos importantes, como a atividade helicase ou quinase, causando a fosforilação de algumas proteínas. Por exemplo, TFIIF é um heterotetrâmero, formado por dois tipos de subunidades diferentes. Uma delas tem atividade de helicase e desenovela o DNA durante a iniciação da transcrição. A outra subunidade tem algumas similaridades com a subunidade σ da RNA polimerase de procariotos e interage diretamente com a RNA polimerase II.

TFIIE e TFIIH atuam nas últimas etapas da iniciação da transcrição. TFIIE facilita o desenovelamento de regiões a jusante do início da transcrição, abrindo espaço para passagem da RNA polimerase II. TFIIH é formado por subunidades com diferentes atividades enzimáticas. Além de uma ATPase, que promove hidrólise do ATP, e algumas helicases, que desfazem a dupla-fita de DNA, há uma quinase capaz de atuar na fosforilação do domínio C-terminal (CTD) da RNA polimerase II (ver Figura 11.15).

O CTD da RNA polimerase II tem um importante papel na iniciação e elongação da transcrição, mas também no controle do processamento do pré-mRNA recém-produzido. O CTD é formado por repetições de uma sequência de sete aminoácidos (Tyr-Ser-Pro-Thr-Ser-Pro-Ser). Estes aminoácidos estão sujeitos

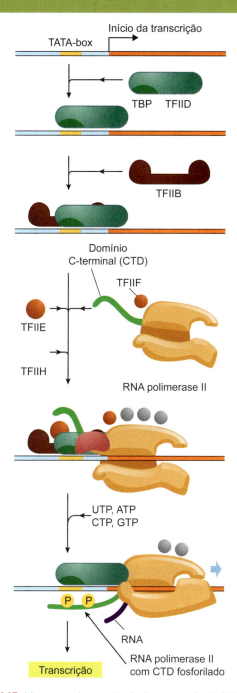

Figura 11.15 Montagem da maquinaria de transcrição de RNA polimerase II. O DNA está *em azul; em amarelo* é mostrada a sequência regulatória TATA-box (no promotor); e *em laranja*, a sequência codificadora. A associação de TFIID, trazendo TBP, ao sítio TATA-box inicia a preparação para a montagem da maquinaria. Na sequência, TFIIB associa-se ao sítio BRE e recruta a RNA polimerase II com outros fatores basais de transcrição, como TFIIF, TFIIE e TFIIH. A fosforilação do domínio C-terminal da RNA polimerase II (CTD) é executada por uma subunidade quinase de TFIIH. (Adaptada de Alberts et al., 2008.)

a fosforilação e desfosforilação ao longo dos ciclos de transcrição. No CTD da RNA polimerase II humana, por exemplo, são encontradas 52 repetições dessa sequência. A fosforilação do aminoácido serina na posição 5 é mediada pelo fator de transcrição basal TFIIH, que tem atividade de quinase. Essa fosforilação é importante no início da transcrição, porque permite o avanço da RNA polimerase na sequência codificadora. Além disso, o estado de fosforilação do CTD regula o processamento do pré-mRNA, ainda durante a transcrição (Figura 11.16). Por exemplo, a fosforilação no resíduo de serina 5 do CTD recruta as proteínas do complexo responsável pela adição do *cap* na extremidade 5' dos pré-mRNAs nascentes. O *cap* é uma guanosina modificada com uma extensão metil, formando a 7-metilguanosina (ver Figura 11.16). A adição do *cap* marca a extremidade 5' e protege os transcritos produzidos pela RNA polimerase II da atividade de exonucleases, prolongando sua estabilidade na célula. Essa fosforilação também atrairá para a maquinaria de transcrição proteínas responsáveis pelo *splicing* de pré-mRNAs e pelo processamento da extremidade 3', essencial para maturação dos mRNAs (ver Figura 11.16). Esse processamento será discutido detalhadamente a seguir. O CTD também pode participar do controle da estabilidade dos mRNAs.

Além dos fatores de transcrição que compõem a maquinaria basal, a atividade da RNA polimerase II pode ser regulada por fatores de transcrição ativadores e repressores, que se associam diretamente aos fatores basais de transcrição ou se ligam a algumas sequências de DNA distantes do início da transcrição (UAS, do inglês *upstream activating sequence*). Estudos com a levedura *S. cerevisiae* mostram que alguns fatores de transcrição que podem se ligar às UAS durante a transcrição determinam a estabilidade dos mRNAs após sua transcrição, bem como medeiam sua exportação ao citoplasma. Em alguns casos, esses fatores estão ligados a regiões regulatórias localizadas a dezenas a milhares de bases distante do início da transcrição, tanto a montante como a jusante. Se o fator ligado a essa região estimular a transcrição, ele é também conhecido como "ativador" (do inglês *enhancer*), porém, se reprimir ou reduzir a taxa de transcrição, é denominado "repressor". Apesar da distância entre as sequências regulatórias e o sítio de início da transcrição, a ligação desses fatores aos componentes da maquinaria basal da RNA polimerase II é possível por meio da interação com um grande complexo de proteínas denominado "mediador" (Figura 11.17). Este complexo reúne mais de 30 diferentes proteínas, muito conservadas entre os diferentes eucariotos. A este complexo associam-se componentes que podem promover o remodelamento da cromatina, estimulando a continuação da transcrição. Por outro lado, a presença de um fator repressor pode recrutar enzimas que modifiquem a cromatina de modo a silenciá-la, impedindo assim a transcrição. De maneira geral, o remodelamento da cromatina nessa etapa é muito importante porque expõe as regiões a serem transcritas, facilitando o acesso da maquinaria de transcrição. Além disso, o remodelamento da cromatina torna possível que sequências distantes, como o sítio de início da transcrição, e sequências ativadoras ou repressoras aproximem-se (ver Figura 11.17).

Com o progresso da transcrição, os resíduos de serina na posição 2 do CTD também são fosforilados. Esse é o sinal necessário para recrutamento de componentes do spliceossomo, a maquinaria macromolecular responsável por catalisar o ***splicing***, discutido na próxima seção. O *splicing* é uma importante etapa de processamento dos mRNAs eucarióticos e ocorre ainda durante a transcrição, para a maioria dos genes. A esta altura, a RNA polimerase II já se direciona para a sequência codificadora, deixando o promotor livre. Nesse ponto, alguns

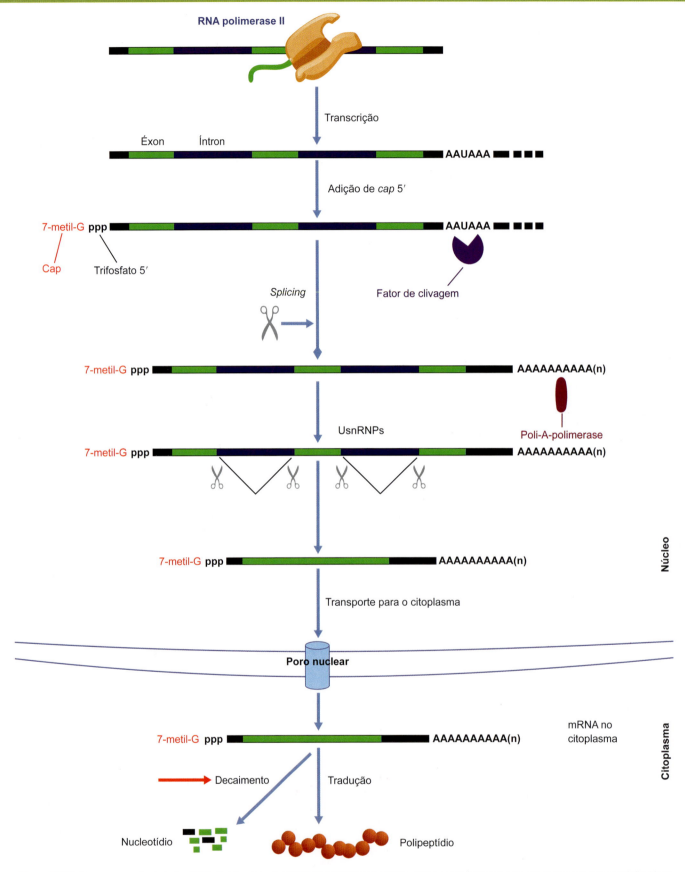

Figura 11.16 Processamento do pré-mRNA. O precursor de mRNA sintetizado pela RNA polimerase II é processado ainda durante a transcrição. Uma metilguanosina é adicionada à extremidade 5', criando o *cap* 5'. Ainda durante a transcrição, os íntrons (*em azul*) são removidos e os éxons (*em verde*) reunidos, por meio da reação de *splicing*. Os U-snRNPs participam do *splicing*. A extremidade 3' é clivada após a transcrição da sequência consenso AAUAAA, e a poli-A-polimerase adiciona adeninas a essa extremidade, criando a cauda de poli-A. Após o processamento, o mRNA maduro é exportado para o citoplasma, onde será traduzido gerando um polipeptídio ou sofrerá degradação, liberando os nucleotídios.

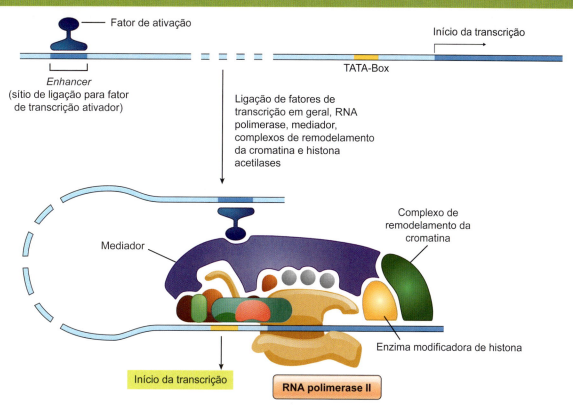

Figura 11.17 Controle da transcrição pela RNA polimerase II depende da interação de vários fatores. O ácido desoxirribonucleico (DNA) está *em azul*, o TATA-box *em amarelo* e a sequência codificadora *em azul-escuro*. Sequências regulatórias distantes do início da transcrição (*em azul*) podem atrair fatores ativadores da transcrição, como os *enhancers*. Por meio de alterações na conformação da cromatina e por interações com o complexo mediador (*em roxo*), formado por cerca de 30 proteínas, os fatores de ativação (*enhancers*) unem-se a sítios próximos do início da transcrição. A associação dessas proteínas também atrai proteínas do complexo de remodelamento da cromatina e enzimas que modificam as histonas, estimulando a transcrição. (Adaptada de Alberts et al., 2008.)

dos fatores da maquinaria basal de transcrição desligam-se do complexo, ficando apenas TFIIE, TFIIH e variadas proteínas associadas ao CTD. Nesse ponto, fatores de elongação como TFIIF e TFIIS associam-se a outras proteínas do complexo de elongação (SEC, do inglês *super elongation complex*). Entre essas proteínas estão Ikaros e P-TEFb. Juntos, esses fatores aceleram a taxa da transcrição. Ao longo da transcrição, a RNA polimerase II pode retroceder quando, por exemplo, ocorre a inserção de um nucleotídio errado.

A maquinaria de transcrição está ligada à maquinaria de reparo do DNA, tanto em eucariotos como em procariotos. Isso explica por que genes que são transcritos em maior frequência também podem ser reparados mais facilmente. Se houver uma base danificada ou incorretamente pareada no DNA, a RNA polimerase II cessa sua atividade, interrompendo a transcrição. O fator TFIIH, presente já no início da transcrição, apresenta entre suas subunidades as helicases XPB e XPD, que podem mediar o reparo. Em algumas situações, a RNA polimerase pausada é degradada para que o reparo possa ocorrer, e, na sequência, a transcrição possa ser reiniciada.

A transcrição continua até que uma sequência conservada, formada pelas bases AAUAAA, seja transcrita. Essa sequência indica que a sequência codificadora está próxima do fim. A terminação dos genes transcritos pela RNA polimerase II ocorre a partir da dissociação do complexo de transcrição do DNA, a cerca de 10 a 30 pb a jusante desse sítio consenso. A fosforilação dos resíduos do CTD nessa etapa determina a associação de proteínas responsáveis pela clivagem do transcrito. Esta clivagem já separa o transcrito de RNA recém-sintetizado do DNA e da maquinaria de transcrição. Em alguns casos, a RNA polimerase II pode continuar transcrevendo por algumas bases, as quais geralmente geram pequenos transcritos ricos em nucleotídios G e U, mas esses RNAs são rapidamente degradados. A partir da clivagem e da dissociação do mRNA recém-produzido, a interação do DNA e da maquinaria de transcrição é muito reduzida, culminando na finalização da transcrição (Figura 11.18).

O processo de clivagem também é importante para o processamento final dos transcritos. Junto com as enzimas responsáveis pela clivagem, proteínas responsáveis pela adição de adeninas ao mRNA associam-se. Entre estas está a poli-A-polimerase e outros fatores associados. Os transcritos humanos apresentam em média de 250 a 300 adeninas na sua extremidade 3'. A proteína PABP (do inglês *poli-A binding protein*) liga-se a essa cauda de adeninas. A presença e extensão da cauda poli-A, e das PABPs associadas a ela, determinam a estabilidade dos mRNAs no ambiente celular. Proteínas associadas à extremidade 3' dos transcritos, em conjunto com o *cap* na extremidade 5', conferem maior estabilidade aos mRNAs, protegendo-os contra a atividade de ribonucleases e de outras proteínas que possam degradar este ácido nucleico.

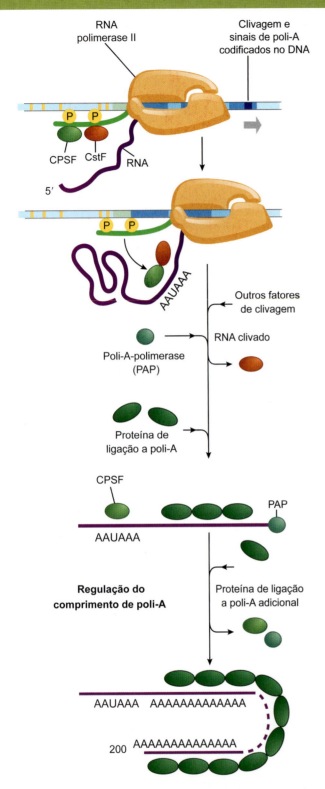

Figura 11.18 Terminação e processamento da extremidade 3' dos pré-mensageiros de ácido ribonucleico (pré-mRNAs). A RNA polimerase II avança até a transcrição da sequência AAUAAA. Proteínas dos complexos CPSF e CstF, recrutadas pelo CTD fosforilado, associam-se a essa sequência e promovem a clivagem do RNA recém-transcrito (em azul). Esta clivagem dissocia o RNA do complexo de transcrição e do DNA molde. A RNA polimerase ainda continua transcrevendo por algumas bases, mas logo se dissocia. A poli-A-polimerase adiciona uma cauda de adeninas a esse transcrito, e a proteína PABP (em verde-escuro) se associa a essas adeninas. Entre 200 e 300 adeninas são adicionadas a transcritos humanos, e a extensão dessa cauda pode determinar a estabilidade dos mRNAs.

Há transcritos com sítios de poliadenilação e clivagem alternativos, ou seja, localizados em diferentes pontos na região final do transcrito. Isso produz transcritos com extremidades 3' diferentes, portanto, gerando mRNAs e proteínas diferentes. O uso de sítios alternativos de poliadenilação pode gerar transcritos provenientes do mesmo gene, mas contendo sequências distintas na sua região 3' (Figura 11.19). Com isso, seria possível criar sítios adicionais para ligação de miRNAs, determinando taxas diferentes de tradução destes transcritos (ver Capítulo 12). Um dos exemplos mais bem descritos sobre a poliadenilação alternativa é o transcrito da calcitonina em ratos. Na tireoide, um dos sítios é utilizado, levando à produção de calcitonina. A calcitonina é um hormônio que atua no equilíbrio dos níveis séricos de cálcio; no entanto, no cérebro, outro sítio é utilizado neste pré-mRNA, gerando o produto conhecido por peptídio CGRP (ver Figura 11.19). O CGRP atua como um vasodilatador.

O transcrito final produzido pela RNA polimerase II é direcionado para exportação para o citoplasma. Durante seu processamento nuclear, especificamente durante o *splicing*, proteínas do complexo EJC (do inglês *exon junction complex*) são posicionadas nos limites dos éxons (ver tópico a seguir "*Splicing* de mRNAs"). As EJC interagem com as proteínas exportinas, responsáveis por mediar a interação com o complexo de poro nuclear. Este mRNA recém-transcrito e já processado é exportado para o citoplasma, onde será traduzido em proteínas.

Splicing de pré-mRNAs

Em eucariotos, os genes são formados por sequências que permanecem nos RNAs maduros, denominadas **éxons**, e por sequências intermediárias, denominadas **íntrons**. Embora sejam transcritos em uma única molécula de pré-mRNA, apenas os éxons farão parte do mRNA maduro. O *splicing* é a retirada dos íntrons e a ligação dos éxons em sequências de mRNA maduro. Enquanto os éxons apresentam, em média, de 200 a 500 nucleotídios, os íntrons são em geral mais longos, formados por cerca de 10^3 a 10^5 nucleotídios (Figura 11.20 A).

A identificação dos éxons e íntrons no pré-mRNA depende do reconhecimento dos sítios de *splicing* 5' e 3' (doador e aceptor, respectivamente). Estes sítios estão localizados nos limites entre os éxons e íntrons. O sítio de *splicing* 5', localizado na extremidade 5' dos íntrons, tem como consenso a sequência formada pelas bases AG|GU (o símbolo | representa a separação entre o éxon e o íntron). Esta sequência é relativamente conservada, mas pode sofrer variações em diferentes organismos. Na extremidade 3', o limite entre o íntron e o éxon tem como consenso as bases CAG|G. Além destas sequências, uma sequência conhecida por "sítio de ramificação", localizada de 20 a 50 bases a montante do sítio 3' de *splicing* e seguida por uma sequência de número variável de pirimidinas, é importante durante a catálise da reação. Esse sítio é formado por uma sequência de 6 bases (CTA/G**A**CTC) com baixa conservação entre os diferentes eucariotos, à exceção da adenina central (*em negrito*), sempre presente (ver Figura 11.20 A).

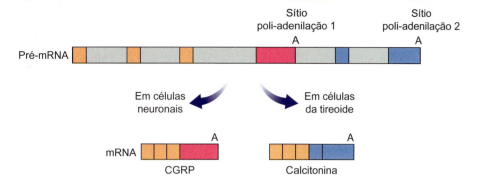

Figura 11.19 Poliadenilação alternativa. Alguns transcritos têm sítios alternativos de poliadenilação, gerando mensageiros de ácido ribonucleico (mRNAs) com extensões 3′ e caudas poli-A diferentes. O pré-mRNA de calcitonina em ratos possui seis éxons (*retângulos coloridos*) e dois sítios alternativos de poliadenilação: o sítio 1 está localizado no fim do éxon 4 (*em rosa*) e o sítio 2 está no final do éxon 6 (*em azul*). Nas células neuronais, o sítio 1 é utilizado, gerando um mRNA que dá origem ao peptídio CGRP. Nas células de tireoide, o sítio 2 é utilizado, gerando a calcitonina.

A reação de *splicing* é catalisada pelo spliceossomo, um grande complexo de proteínas e RNAs. Este complexo é formado à medida que o pré-mRNA é transcrito, conforme os íntrons aparecem na sequência. Os componentes do spliceossomo são recrutados para o pré-mRNA a partir da fosforilação do CTD, como acontece nas outras etapas de processamento do mRNA. Ao todo, cinco pequenos RNAs nucleares (snRNAs) fazem parte do spliceossomo, e são denominados U1, U2, U4, U5 e U6. Estes snRNAs tem sequências ricas em uridina, por isso também são conhecidos por U snRNAs. Eles associam-se a um grupo de proteínas específicas e conservadas entre os diferentes organismos, criando pequenas ribonucleoproteínas nucleares, ou snRNPs (do inglês *small nuclear ribonucleoproteins*). Além dos snRNPs, cerca de 100 proteínas fazem parte desse complexo e estão presentes em todos os organismos, de leveduras a humanos. Muitas dessas proteínas controlam diretamente a eficiência e a fidelidade do processo de *splicing*.

A montagem do complexo spliceossomo tem início com a associação do snRNP U1 ao sítio 5′ de *splicing*. Em seguida, as proteínas U2AF-1 e U2AF-2 ligam-se ao sítio 3′ de *splicing* e à sequência de polipirimidinas, respectivamente, trazendo o snRNP U2 ao complexo. O snRNP U2 interage com o snRNP U1 por meio das proteínas associadas a essas duas moléculas. Os três snRNPs U4, U5 e U6 se juntam a esse complexo ao mesmo tempo, provocando muitas modificações conformacionais e estruturais. Essas alterações provocam a saída de algumas proteínas e entrada de outras, e também promovem a associação dos snRNAs U2 e U6 entre si e com o pré-mRNA. Esses rearranjos propiciam a reação de *splicing*, aproximando os éxons e removendo o íntron. Por isso, mesmo que o íntron seja muito longo, a associação com os snRNAs poderá aproximar os sítios de *splicing*.

Em uma primeira etapa, a ligação fosfodiéster no sítio 5′ de *splicing* é desfeita, por meio de um ataque nucleofílico promovido pela adenina do sítio de ramificação. Na sequência, a extremidade 3′ OH do éxon 5′, agora livre, faz novo ataque nucleofílico ao sítio 3′ de *splicing*, rompendo sua ligação com o íntron (Figura 11.20 B). Ao final do *splicing*, o íntron é liberado na forma de um laço, e os éxons são ligados por uma ligação fosfodiéster, formando o mRNA maduro (ver Figura 11.20).

Este íntron é posteriormente degradado por enzimas específicas no núcleo. Ao finalizar o processamento dos pré-mRNAs, o complexo spliceossomo adiciona proteínas do complexo "*exon junction*" (EJC, do inglês *exon junction complex*) à região onde ocorreu a ligação dos éxons. Essas proteínas permanecem associadas ao mRNA, marcando os RNAs já processados, e são importantes para sinalizar para sua exportação para o citoplasma. Também serão importantes para interagir com fatores de iniciação da tradução, além de controlar a estabilidade dos mRNAs no citoplasma (ver Capítulo 12).

Splicing alternativo

Em metazoários, a maioria dos genes apresenta mais de dois éxons, de maneira que o *splicing* pode resultar na inclusão de éxons diferentes nos mRNAs maduros, os quais vão gerar proteínas diferentes. Esse processo é conhecido como "*splicing* alternativo" e é responsável pela grande diversidade proteica presente principalmente nos eucariotos. Conforme descrito no início deste capítulo, o número de genes em um organismo não necessariamente reflete sua complexidade. O *splicing* alternativo permite que, mesmo a partir de um número reduzido de genes, proteínas diferentes sejam produzidas. Em muitos genes, sítios similares aos sítios consenso de *splicing* estão localizados nos íntrons e/ou nos éxons. O uso destes sítios na reação de *splicing* pode incluir parte de um íntron no mRNA maduro, ou mesmo excluir parte de um éxon. Da mesma maneira, o uso de sítios alternativos pode deixar de incluir determinado éxon no mRNA, o que é conhecido como "*exon skipping*" (Figura 11.21). A formação dos transcritos alternativos de mRNA pode ser importante para a expressão de diferentes proteínas em diferentes células ou tecidos. Além disso, pode ser um mecanismo importante para controlar a síntese de mRNAs e proteínas específicas a partir de estímulos celulares ou teciduais. O uso de sítios alternativos em determinados transcritos também pode modular a expressão gênica conforme o estágio de desenvolvimento do organismo.

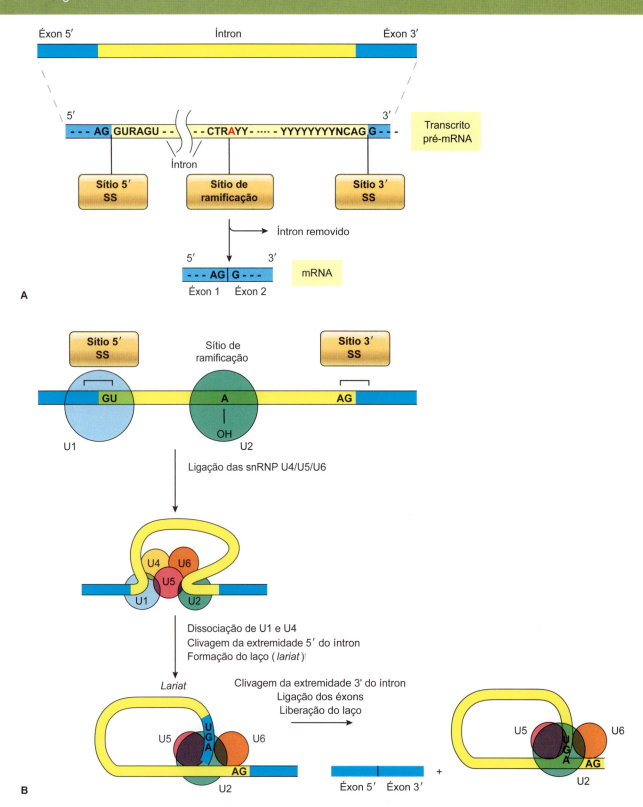

Figura 11.20 *Splicing* dos pré-mRNAs. A maior parte dos transcritos de RNA polimerase II sofrem *splicing* durante a transcrição. **A.** Os pré-mRNAs são formados por éxons (*em azul*) e íntrons (*em amarelo*). *No esquema inferior*, estão destacadas as sequências consenso dos sítios 5′ e 3′ de *splicing*, além do sítio de ramificação. Os íntrons podem ser muito longos, mas apresentam algumas sequências conservadas, especialmente o sítio de ramificação, seguido por uma sequência de 20 a 50 pirimidinas (Y) até o sítio 3′ de *splicing*. A adenina do sítio de ramificação está destacada *em vermelho*. A remoção dos íntrons e a união dos éxons resultam no mRNA maduro (*em azul*). **B.** O spliceossomo é montado a cada novo íntron transcrito. Inicialmente os snRNPs U1 (*em azul*) e U2 (*em verde*) reconhecem o sítio 5′SS e o sítio de ramificação, respectivamente. Vários rearranjos são observados após a entrada do tri-snRNP U4/U6-U5, os quais culminam na formação do complexo catalítico, após a dissociação de U1 e U4. Nesse complexo, ocorrem duas reações de transesterificação. Na primeira o éxon 5′ é liberado, promovendo a formação do laço intrônico, a partir da ligação da extremidade 5′ do íntron com a adenina do sítio de ramificação. Em seguida o éxon 3′ é clivado, após reação envolvendo a extremidade 3′OH do éxon 5′, provocando a junção dos éxons e liberação da maquinaria de *splicing* associada ao laço intrônico. (Imagem A adaptada de Alberts et al., 2008; imagem B adaptada de Menck e van Sluys, 2017.)

Em algumas situações, no entanto, a formação de transcritos alternativos pode resultar em proteínas não funcionais ou truncadas, o que pode desencadear algumas doenças ou mesmo ser letal. Um dos exemplos mais bem estudados é o do *splicing* alternativo no gene *SMN2*. Em humanos, dois genes parálogos codificam a proteína SMN (*survival motor neuron*): *SMN1* e *SMN2*. A atrofia muscular espinal (SMA) é uma doença neuromuscular causada por mutações no gene *SMN1* e acomete aproximadamente 1 a cada 10.000 pessoas. A ausência de SMN provoca degeneração progressiva de neurônios motores da medula espinal e do cérebro, causando fraqueza muscular e atrofia. Entre as crianças que nascem com SMA, 60% apresentam sintomas antes dos 6 meses de vida e têm expectativa média de menos de 2 anos de vida. O gene parálogo de *SMN1* – *SMN2* – codifica uma proteína idêntica a SMN. Mas o *splicing* alternativo no pré-mRNA de SMN2 resulta em isoformas truncadas e não funcionais, impedindo que a proteína possa recuperar a quantidade de proteína SMN nestas pessoas. Esse pré-mRNA sofre "*exon skipping*", e mais de 90% do mRNA formado não apresenta o éxon 7. Nesse caso, uma mutação de ponto no sítio 3' de *splicing* do éxon 7 impede o seu reconhecimento pelo spliceossomo, de modo que ele não faz parte do mRNA maduro produzido. Em 2003, os pesquisadores Luca Cartegni e Adrian Krainer desenvolveram um oligonucleotídio capaz de se ligar a esse sítio e atrair proteínas do spliceossomo, corrigindo o problema no *splicing* e resultando em mRNAs maduros que contêm o éxon 7. Os testes clínicos mostraram que bebês diagnosticados com a doença e tratados com esse oligonucleotídio, nomeado "nusinersen" (nome comercial Spiranza®), tiveram grandes avanços em seu desenvolvimento motor. Esse medicamento foi aprovado pelas principais agências de controle de saúde mundiais, e atualmente é utilizado para tratamento precoce de SMA em mais de 40 países.

Além das proteínas centrais para formação do complexo spliceossomo, necessárias para montagem da maquinaria de *splicing*, o *splicing* alternativo é controlado por proteínas regulatórias que podem ser guiadas de maneira específica para alguns tipos de íntrons, ou sob determinados estímulos celulares. Desse modo, a eficiência do *splicing* em diferentes transcritos pode ser diferente. Além disso, algumas dessas proteínas facilitam o reconhecimento de sítios mais conservados de *splicing*, mas não de outros, menos conservados, podendo atuar diretamente na formação de mRNAs alternativos. A concentração e abundância de tais proteínas pode variar conforme o tipo celular, o estágio de desenvolvimento do organismo ou mesmo o seu estado fisiológico, o que pode desencadear a formação de diferentes transcritos provenientes do mesmo pré-mRNA. As proteínas das famílias hnRNP (do inglês *heterogeneous nuclear ribonucleoprotein*) e SR (do inglês *serine/arginine-rich*) são algumas das principais mediadoras deste processo.

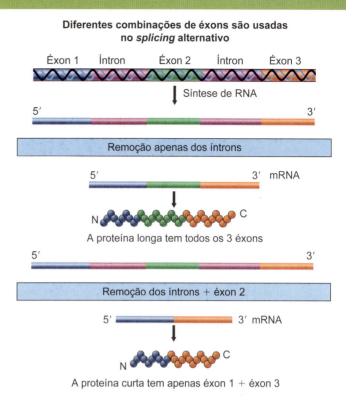

Figura 11.21 *Splicing* alternativo. Muitos genes têm múltiplos éxons e íntrons. Nessa representação, o gene possui três éxons e dois íntrons. A remoção dos dois íntrons (*em rosa*) resulta em um mRNA maduro formado pelos éxons *azul*, *verde* e *laranja*, gerando uma proteína. Os sítios alternativos de *splicing*, ou mesmo mutações no spliceossomo, podem acarretar não inclusão de alguns éxons no mRNA maduro, resultando em um mRNA alternativo que contém apenas o éxon 1 (*em azul*) e o éxon 3 (*em laranja*). Esse mRNA resulta em uma proteína mais curta, apenas com os éxons 1 e 3.

Trans-splicing em tripanossomatídios

A maioria dos genes em tripanossomatídios é transcrita em uma longa molécula precursora de RNA policistrônica, contendo diferentes pré-RNAs em sua sequência. A individualização dos RNAs presentes neste precursor e seu processamento nuclear ocorrem por meio da reação de *trans-splicing*. O processo de *trans-splicing* é semelhante ao processo de *splicing* que ocorre na maioria dos eucariotos, mas envolve a adição de uma pequena molécula de RNA denominada "*splice leader*", ou SL, de 39 nucleotídios, à extremidade 5' do RNA após ele ser removido do policistron. A molécula SL é sempre a mesma para todos os RNAs processados. A SL tem a função dupla de: individualizar os RNAs de uma molécula policistrônica e de fornecer o *cap* na região 5' para cada um dos RNAs. Essa reação é catalisada pelo complexo spliceossomo, que apresenta RNAs e proteínas similares aos encontrados nos demais eucariotos e resulta na formação dos mRNAs maduros, que serão direcionados para a tradução.

Transcrição de RNAs não codificadores

Muitos RNAs não codificadores são transcritos pela RNA polimerase II nas células eucarióticas, como a maioria dos RNAs nucleares pequenos (snRNAs) e dos microRNAs (miRNAs) (ver Tabela 11.2). O processamento desses RNAs ocorre inicialmente no núcleo e alguns terminam sua maturação no citoplasma. A principal semelhança entre os diversos RNAs não codificadores é que eles não codificam proteínas, mas atuam no processamento de outros RNAs. Muitos destes são importantes para realizar interações com complexos proteicos e podem interferir diretamente na expressão gênica, conforme discutido neste capítulo e no Capítulo 12. Após o seu processamento, muitos desses RNAs permanecem armazenados em estruturas subnucleares, como os corpos de Cajal e grânulos intercromatina (ver Capítulo 9).

Os microRNAs (miRNAs) podem ser transcritos a partir de regiões intergênicas ou intragênicas. Uma região intergênica refere-se a uma sequência entre dois genes. miRNAs intragênicos, por outro lado, são codificados a partir de uma sequência presente dentro de um outro gene, também denominado "gene hospedeiro". Os miRNAs intragênicos podem ser codificados a partir de éxons ou íntrons. Em ambos os casos, os miRNAs podem ter promotores próprios ou então, como ocorre com muitos miRNAs intragênicos, utilizar o promotor do gene hospedeiro. Isto quer dizer que a sua transcrição ocorre junto com a transcrição do gene hospedeiro. Desta maneira, se não tiverem promotor próprio, sua transcrição dependerá da transcrição do gene hospedeiro.

Em células animais, a transcrição de miRNAs pela RNA polimerase II forma uma molécula primária de miRNAs ou pri-miRNA, poliadenilada na extremidade 3' e com o *cap* na extremidade 5'. Ainda no núcleo, o pri-miRNA é processado pelo complexo "microprocessor", formado pela endonuclease Drosha e a proteína cofatora DGCR8. O complexo microprocessor realiza as primeiras clivagens no pri-miRNA, removendo parte da sequência que não forma a estrutura secundária central do miRNA, e gerando a molécula precursora de miRNA, o pré-miRNA (Figura 11.22). Esta molécula é em seguida exportada para o citoplasma, onde continua sua maturação com auxílio de outra endonuclease, a Dicer. Essa endonuclease realizará novas clivagens no pré-miRNA, formando a molécula de miRNA dupla-fita. Uma destas fitas será degradada e a outra será direcionada à proteína Argonauta, formando o complexo RISC (do inglês *RNA-induced silencing complex*). Há três tipos de Argonautas já identificadas e caracterizadas em células animais e uma específica para plantas (descrita adiante). O complexo RISC direciona o miRNA à sequência alvo no mRNA. Estas sequências-alvo podem estar nas regiões não traduzidas 5' e 3' UTR (do inglês *untranslated region*), ou então dentro da região codificadora dos mRNAs (ver Figura 11.22).

O processamento de miRNAs em plantas é semelhante; porém tanto a clivagem com Drosha (pelo microprocessor) como pela Dicer ocorrem dentro do núcleo. Após a exportação, os miRNAs de plantas interagem com a proteína Argonauta 1 (AGO1) e este complexo direciona o miRNA ao seu alvo.

Uma vez que o miRNA estiver pareado com o mRNA alvo, diversos processos podem ocorrer, levando à desestabilização do processo de tradução. O complexo miRNA-AGO (ou miRISC) pode provocar deadenilação no mRNA, o que levaria à degradação 3'-5' desta molécula por exonucleases. Além disso, o complexo pode também provocar a remoção do *cap* 5', expondo esta extremidade à exonucleases 5'-3', que podem degradar o mRNA. O resultado da interação do complexo miRISC com os mRNAs é a repressão da tradução, seja por degradação do mRNA ou por bloqueio do complexo de tradução (ver Capítulo 12).

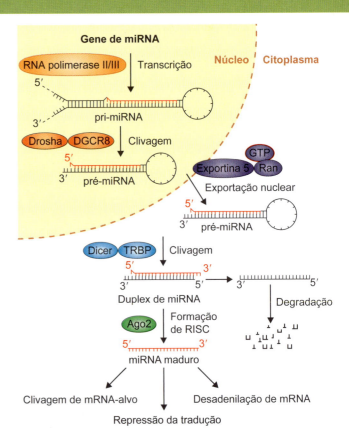

Figura 11.22 Processamento de miRNAs em mamíferos. Os miRNAs podem ser transcritos a partir das RNA polimerases II ou III em mamíferos, gerando uma longa molécula primária de miRNAs (pri-miRNA). *Em vermelho*, está destacada a região que corresponde ao miRNA maduro. Sequências das extremidades 5' e 3' são removidas durante o processamento nuclear pelo complexo microprocessor formado pela Drosha e DGCR8, gerando o pré-miRNA. Essa molécula é então exportada e, no citoplasma, processada com auxílio da Dicer e TRBP, gerando um duplex de miRNA. Uma dessas fitas é degradada e a outra é direcionada ao complexo RISC, interagindo com a Argonauta (Ago2). O miRNA maduro atuará no controle de mRNAs no citoplasma, modificando a sua estabilidade e sua eficiência de tradução. Há miRNAs que podem também atuar no remodelamento da cromatina, retornando para o núcleo. (Adaptada de Winter et al., 2009.)

A maior parte dos snRNAs (do inglês *small nuclear RNAs*) também são transcritos pela RNA polimerase II. Estes são pequenos RNAs nucleares, com tamanhos variando entre 60 e 450 nucleotídios, e com sequências ricas em uridinas, por isso também conhecidos como "U-snRNAs". Embora a maioria seja transcrita pela RNA polimerase II, os snRNAs não são poliadenilados. A transcrição depende da associação a fatores de transcrição específicos, como, por exemplo, SNAPc, INTS9 e INTS11, à maquinaria de transcrição. O processamento destes snRNAs envolve sua exportação para o citoplasma, onde acontecerá a associação de proteínas da classe das Sm. A presença destas proteínas facilitará a importação dos snRNAs de volta ao núcleo, agora denominados "snRNPs" (do inglês *small nuclear ribonucleoproteins*), e sua localização nos corpos de Cajal. Dentro destes corpúsculos, os snRNPs interagem com proteínas, as quais serão importantes para direcioná-los à formação do spliceossomo. Há apenas dois snRNAs transcritos pela RNA polimerase III, o snRNA U6 e snRNA U6atac. Para estes dois, o processamento é exclusivamente nuclear, passando pelo nucléolo e direcionando-os ao corpo de Cajal.

Os rRNAs são transcritos pela RNA polimerase I

Cerca de 80% da massa total de RNA das células eucarióticas é formada por RNA ribossomal (rRNA). Existem quatro rRNAs em eucariotos: 5S, 5,8S, 18S e 28S. Com exceção do 5S, os demais são transcritos pela RNA polimerase I em um precursor único, que passa por clivagens e modificações desde que é sintetizado, no nucléolo, até gerar partículas pré-ribossomais no núcleo. Os genomas de diferentes vertebrados apresentam múltiplas cópias para os genes de DNA ribossomal (rDNA). Em humanos, cópias do cluster contendo o rDNA são encontradas nos cromossomos de número 13, 14, 15, 21 e 22. A sequência desse cluster de rDNA inclui, além dos genes para os rRNAs 18S, 5,8S e 28S, sequências espaçadoras internas e externas (ITS, do inglês *internal spacer sequences*; e ETS, do inglês *external spacer sequences*). As sequências espaçadoras e codificadoras podem apresentar variação entre as cópias, e em alguns casos, o mesmo organismo pode ter número variável de repetições deste cluster.

A sequência promotora de genes transcritos pela RNA polimerase I é reconhecida por um complexo de pré-iniciação formado pela RNA polimerase I, pelo fator de transcrição UBF (do inglês *upstream binding factor*) e pelo complexo de fatores de transcrição SL1 (ou TIFIB em camundongos). O complexo SL1/TIFIB contém a proteína TBP, similar à TBP descrita anteriormente para RNA polimerase II. Assim como no caso de promotores de RNA polimerase II, a TBP reconhece uma sequência rica em A-T no promotor (TATA-box). Além de TBP, o complexo SL1 possui outros fatores de transcrição importantes para o início do processo (TAFs). Além de associar-se à RNA polimerase I, UBF estabiliza o complexo SL1/TIFIB e desloca a histona H1, auxiliando no remodelamento da cromatina nesta região e permitindo que a maquinaria de transcrição avance. SL1/TIFIB é responsável pela seleção específica do promotor (Figura 11.23).

O reconhecimento da sequência promotora do rDNA pelo complexo de iniciação cria uma região subnuclear denominada "região organizadora do **nucléolo**" (NOR, do inglês *nucleolar organizing region*), onde ocorre a transcrição. O rDNA é transcrito em uma longa sequência precursora contendo os rRNAs 18S, 5,8S e 28S separados pelos dois espaçadores internos (ITS 1 e ITS 2) e dois espaçadores externos nas extremidades 5′ e 3′ (5′ ETS e 3′ ETS). Este precursor de rRNA (pré-rRNA) é análogo aos longos transcritos policistrônicos de procariotos (ver tópico "Transcrição em procariotos"). No entanto, em eucariotos, esta molécula passa por um processamento antes que os rRNAs possam formar seus complexos e executar suas funções. Durante esse processamento, o pré-rRNA sofre clivagens e modificações de nucleotídios com a participação de diferentes proteínas, muitas das quais são conservadas de leveduras a mamíferos (Figura 11.24). Este pré-rRNA é inicialmente clivado, separando o pré-rRNA 18S dos pré-rRNAs 5,8S e 28S. Grande parte das clivagens nucleolares são executadas pelo pequeno RNA nucleolar U3 (U3 snoRNA) associado a proteínas específicas. Muitas endonucleases e exonucleases atuam nesta etapa. As clivagens endonucleolíticas iniciais removem os espaçadores. Cerca de 11 exonucleases 3′-5′ formam um complexo denominado "exossomo nuclear". Sua atividade é essencial para o processamento nuclear do pré-rRNA (ver Figura 11.24).

Além destas clivagens, muitos nucleotídios dos pré-rRNAs sofrem modificações, como metilações em adeninas, e pseudouridinilações. Essas modificações de bases ajudam na interação dos rRNAs com outros RNAs e proteínas, especialmente durante a tradução. Estas modificações e clivagens geram duas partículas pré-ribossomais: a partícula pré-40S, formada

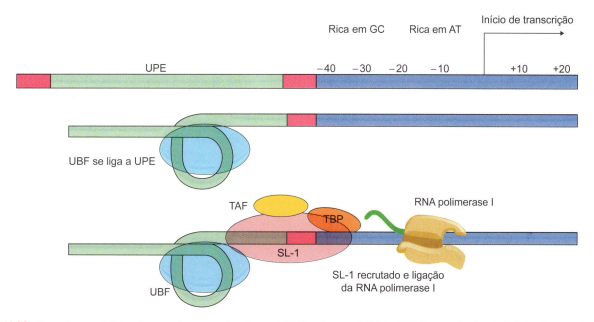

Figura 11.23 Elementos regulatórios de promotores reconhecidos pela RNA polimerase I. O fator TBP é uma subunidade do fator de transcrição SL-1 (TIFA), junto com outros fatores de transcrição associados (TAF). O reconhecimento da região rica em A-T pela TBP traz o fator SL-1 ao promotor. O fator UBF associa-se a uma região a montante do início da região codificadora denominada "UPE" (do inglês *upstream promoter element*, em verde). Alterações na conformação da cromatina desta região aproximam UBF da maquinaria basal de transcrição. Estes fatores permitem a ligação de RNA polimerase I e o início da transcrição. (Adaptada de Menck e Sluys, 2017.)

pelo rRNA 18S e proteínas RPS, e a partícula pré-60S, formada pelos rRNAs 5,8S e 28S e proteínas RPL. A pré-40S será exportada ao citoplasma, onde terminará sua maturação, gerando a subunidade ribossomal 40S. A pré-60S receberá, ainda no núcleo, o rRNA 5S, transcrito a partir da RNA polimerase III (ver adiante). Essa pré-partícula será então exportada ao citoplasma, onde formará a subunidade 60S (ver Figura 11.24) (ver Capítulo 12).

RNAs transcritos pela RNA polimerase III

A RNA polimerase III transcreve, além do rRNA 5S (ver Figura 11.24), os RNAs transportadores (tRNA) e alguns RNAs regulatórios e não codificadores, como o snRNA U6. Três classes de promotores são reconhecidas pela RNA polimerase III; as classes 1 e 2 são conservadas de leveduras a humanos e apresentam as sequências regulatórias localizadas a jusante do início da transcrição, dentro das sequências codificadoras; a classe 3 apresenta sequências regulatórias a montante do início da transcrição, similar aos promotores de RNA polimerase II (Figura 11.25). O rRNA 5S é transcrito por promotores de classe 1. Nesse promotor, TFIIIA e TFIIIC associam-se aos boxes A e C, dentro da região codificadora. Estes fatores recrutam TFIIIB, associado a TBP. A saída de TFIIIA e TFIIIC permite que a RNA polimerase III se associe e inicie a transcrição.

Os promotores de tipo 2 transcrevem os tRNAs. Nesses promotores, TFIIIC associa-se aos boxes A e B, recrutando o fator de transcrição TFIIIB, que possui entre suas subunidades a TBP. Novamente, a saída de TFIIIC permite a associação da RNA polimerase III e promove o início da transcrição. A síntese de RNAs não codificadores, como o snRNA U6, depende dos promotores da classe 3, cuja sequência regulatória está a montante do início da transcrição. Estes promotores são formados por uma sequência rica em A-T, similar ao TATA-box descrito para

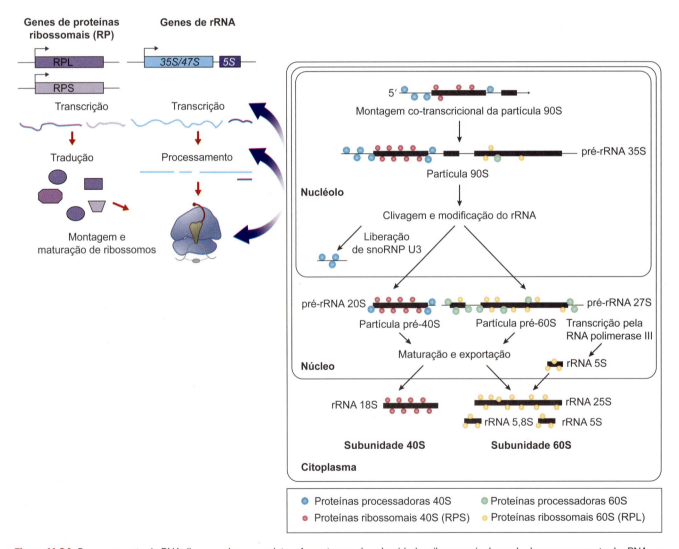

Figura 11.24 Processamento do RNA ribossomal em eucariotos. A montagem de subunidades ribossomais depende do processamento de rRNAs no nucléolo e núcleo, e também da transcrição de genes codificadores de proteínas ribossomais (RPS e RPL), conforme representado no *quadro superior esquerdo*. O processamento de pré-rRNA ocorre assim que este precursor é transcrito, ainda no nucléolo (*à direita*). Este precursor (35S em leveduras ou 47S em mamíferos) contém os genes para os rRNAs 18S, 5,8S e 28S (*retângulos pretos*) separados pelos espaçadores internos (ITS1 e ITS2) e externos (5'ETS e 3'ETS) (*representados pelas linhas*). O seu processamento inicia-se com clivagens executadas pelo snoRNP U3 (*em azul*), formando a partícula 90S que separa o rRNA 18S (pré-40S) dos rRNAs 5,8S e 28S (pré-60S), no núcleo. Muitas modificações de bases também são observadas nesses precursores. Ainda no núcleo, algumas proteínas ribossomais da subunidade menor (RPS, *em rosa*) e da subunidade maior (RPL, *em amarelo*) se associam a essas pré-partículas, auxiliando na sua exportação. No citoplasma, a montagem das subunidades ribossomais é finalizada.

o promotor de RNA polimerase II, 30 pb a montante do início da transcrição. O fator de transcrição TBP se liga a esta sequência, junto com outros fatores do complexo TFIIIB. Nestes promotores, há também outras sequências de nucleotídios importantes para regulação. Uma dessas sequências está localizada 50 pb à montante do sítio de início da transcrição (elemento regulatório proximal, PSE); e outra sequência está localizada mais distante, a cerca de 200 a 250 pb a montante do início da transcrição (elemento distal, DSE) (ver Figura 11.25). Fatores de transcrição específicos podem se associar às sequências PSE e DSE. A região PSE é necessária para transcrição basal a partir desse promotor, e a associação de proteínas à região DSE permite maior eficiência. No caso da transcrição do snRNA U6, ocorre a associação de proteínas do complexo SNAPc (do inglês *small nuclear RNA activating protein complex*) à região PSE. Este complexo também se associa aos promotores de RNA polimerase II que transcrevem os outros snRNAs.

Logo após sua transcrição pela RNA polimerase III, os snRNAs U6 e U6atac recebem a adição de um *cap* na extremidade 5′. Nesse caso, o *cap* é uma guanina monofosfatada na extremidade 5′. A extremidade 3′ destes snRNAs é formada por sequência de uridinas. Esta região sinaliza a terminação da transcrição pela RNA polimerase III e também cria o sítio de ligação de proteínas LSm, importantes para montagem do snRNP que atuará no *splicing*, etapa essencial do processamento de mRNAs (ver tópico "*Splicing* de pré-mRNAs"). Os snRNAs U6 associados a proteínas LSm são direcionados ao nucléolo, onde passam por modificações de nucleotídios. A maturação destes snRNAs só termina após a conclusão destas modificações, com seu direcionamento aos corpos de Cajal, pequenas estruturas subnucleares encontradas nos núcleos eucarióticos (ver Capítulo 9). Nos corpos de Cajal, o snRNA U6 associa-se ao snRNA U4 (transcrito pela RNA polimerase II e armazenado nessa estrutura) com auxílio de algumas proteínas como SART3.

Os tRNAs são transcritos na forma de uma molécula precursora, os pré-tRNAs. Estes precursores sofrem extenso processamento endo- e exonucleolítico em suas extremidades 5′ e 3′, além de clivagens para remoção de algumas regiões de sua sequência, um processo denominado "*splicing* de tRNAs". Grande parte desse processamento é conservada de bactérias a eucariotos, e é essencial para formação de um tRNA maduro com uma estrutura secundária específica, na forma de um "trevo". Esta conformação será importante para a atividade dos tRNAs na tradução (Figura 11.26) (ver Capítulo 12).

O pré-tRNA é processado em suas extremidades 3′ e 5′ por endonucleases específicas. Na sequência, uma enzima específica adiciona a trinca de nucleotídios CCA à extremidade 3′. Algumas bactérias e archaebactérias codificam o CCA a partir do gene para tRNA. Outros organismos, como a levedura *S. cerevisiae* e humanos, por exemplo, não codificam CCA nos genes para tRNA e sofrem adição desta trinca de nucleotídios por meio de enzimas específicas. A principal função da extremidade CCA, que permanece em uma região simples fita na extremidade 3′

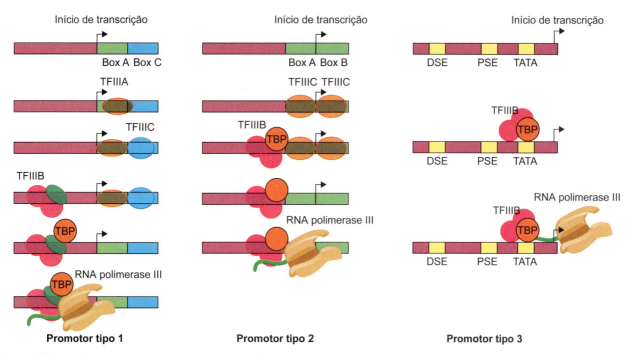

Figura 11.25 Organização de promotores reconhecidos pela RNA polimerase III. Os esquemas mostram as regiões regulatórias *em rosa, verde, azul* ou *amarelo*, e as *setas* indicam o início da transcrição. Há três tipos de promotores reconhecidos: o tipo 1 apresenta sequências regulatórias a jusante da região codificadora, e duas regiões dentro da região codificadora denominadas "box A" e "box C". TFIIIA e TFIIIC associam-se ao box A e C, respectivamente, e recrutam TFIIIB (que traz TBP) à região regulatória a montante do início da transcrição. A saída dos fatores TFIIIA e TFIIIC permite a associação da RNA polimerase III e a transcrição. O tipo 2 é semelhante, porém apenas o box B está à jusante da região codificadora. O box A está a montante do início da transcrição. O fator TFIIIC associa-se a estes dois boxes, e recrutam TFIIIB. Assim como em promotores tipo 1, a saída de TFIIIC permite a associação de RNA polimerase III e o início da transcrição. Os promotores do tipo 3 apresentam as sequências regulatórias a montante da região codificadora, com sítio TATA, que recruta a TBP do fator TFIIIB, além de um elemento regulatório proximal, PSE (−50 pb), e outro distal, DPE, a 200 pb a montante do início da região codificadora. Fatores de transcrição específicos podem ser recrutados por estas regiões. No caso de promotores que transcrevem U6 snRNA, por exemplo, o fator SNAPc se liga à sequência PSE. (Adaptada de Menck e Sluys, 2017.)

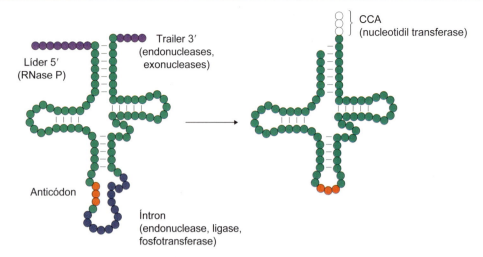

Figura 11.26 Esquema representando a estrutura secundária do pré-tRNA e do tRNA maduro. As bases estão representadas por círculos na estrutura. O pré-tRNA (*à esquerda*) é processado com endo- e exonucleases para retirada das extremidades 5' e 3'. O pré-tRNA sofre *splicing* para remoção da região marcada em azul (íntron). As bases marcadas em verde e laranja permanecem no tRNA maduro (*à direita*). Além disso, ocorre a adição da sequência CCA à extremidade 3', que permanece simples fita e é importante para associação dos aminoácidos a esta molécula. Estas modificações posicionam o anticódon (*em laranja*) em uma região que permite sua associação ao mRNA, durante a tradução. (Adaptada de Hopper et al., 2003.)

dos tRNAs, é facilitar a sua interação com enzimas de acoplamento de aminoácidos (aminoacil-tRNA sintetases) e com componentes do ribossomo durante a tradução (ver Capítulo 12). Essa região funcionaria, desta forma, como um marcador de qualidade do tRNA, assegurando que a molécula será eficiente durante a tradução, um processo que tem alto gasto energético. A ausência das enzimas que adicionam o CCA aos tRNAs pode provocar o desenvolvimento de doenças e ser letal.

Além desse processamento das extremidades, os pré-tRNAs sofrem extensa modificação em seus nucleotídios. Cerca de 1 a cada 10 nucleotídios são modificados nos tRNAs. Estas modificações são conduzidas por outros RNAs pequenos. Entre estas modificações estão a conversão de uridinas em pseudouridinas, ou então sua transformação em diidrouridinas, e também a deaminação de adenosinas produzindo inosinas. Estas bases modificadas podem alterar a conformação da estrutura secundária do tRNA e facilitar a interação com outras moléculas. Por exemplo, a presença de inosina facilita a interação do tRNA com o códon no mRNA durante a tradução.

Alguns pré-tRNAs também passam pelo processo de *splicing* de tRNAs. Em suas sequências precursoras, existem pequenas sequências de íntrons localizadas a 3' da sequência do anticódon. A sequência do anticódon terá uma sequência complementar no mRNA e isso será fundamental para a tradução, como será explicado no Capítulo 12. O íntron é removido por uma sucessão de clivagens endonucleolíticas e uma reação de ligação, para unir as extremidades dos éxons. O complexo responsável pelo *splicing* de tRNAs é o SEN (do inglês *splicing endonucleases*) e é formado por diferentes endonucleases. Em leveduras, este complexo está localizado na membrana externa das mitocôndrias, de forma que o pré-tRNA é exportado do núcleo para o citoplasma para sofrer *splicing*. Mas, em humanos, esse complexo é nuclear e, portanto, o pré-tRNA sofre o processamento dentro do núcleo. Após o *splicing*, os éxons são ligados por uma RNA-ligase (ver Figura 11.26). O *splicing* de tRNA também é considerado um importante marcador da qualidade dos tRNAs.

A (m)TOR controla a transcrição em eucariotos

Assim como as células procarióticas, os eucariotos também controlam a síntese de RNAs de acordo com seu estado nutricional. Desta forma, na presença de nutrientes e fatores de crescimento, há maior síntese de RNAs e também maior síntese proteica. A síntese de proteínas depende de alta quantidade de rRNAs e tRNAs, além dos mRNAs que trazem a informação para codificar as proteínas. Portanto, maiores taxas de crescimento celular estão geralmente acopladas a maiores taxas de síntese de rRNAs, tRNAs e mRNAs. A falta de nutrientes suficientes ou a privação de algum fator importante para o crescimento celular pode inibir ou reduzir a taxa global de transcrição nos eucariotos.

Esse mecanismo depende muito da quinase TOR, ou, em mamíferos, mTOR (do inglês *mammalian target of rapamycin*). Inicialmente identificada como controladora da transcrição em genes de RNA polimerase I, a TOR pode regular a transcrição promovida pelas três RNAs polimerases eucarióticas (Figura 11.27). No caso da RNA polimerase I, a falta de nutrientes inativa TOR e reduz a fosforilação na serina 44 de TIFIA, reduzindo a transcrição do rRNA. Esta modificação no fator TIFIA provoca sua translocação do nucléolo para o citoplasma, o que reduz a disponibilidade deste fator de transcrição no nucléolo e contribui para redução na taxa de transcrição desta polimerase.

A TOR também interfere na transcrição de genes codificadores de proteínas ribossomais (RP), que compõem as subunidades do ribossomo. Estas proteínas são codificadas a partir de mRNAs transcritos pela RNA polimerase II. TOR regula dois fatores de transcrição responsáveis por auxiliar na transcrição destes genes. Por fim, TOR também regula a transcrição do rRNA 5S e do tRNA, realizada pela RNA polimerase III. TOR regula o estado de fosforilação do fator TFIIIB, essencial para montagem da maquinaria de transcrição de RNA polimerase III. Em conjunto, as atividades da quinase TOR aumentam a quantidade de ribossomos presentes nas células, levando a um aumento da síntese proteica global e, portanto, do crescimento celular.

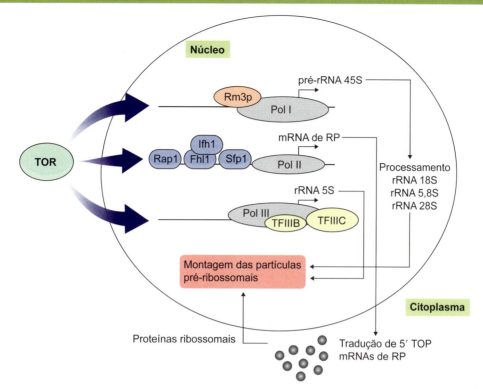

Figura 11.27 TOR interfere na atividade das três RNAs polimerases eucarióticas. A quinase TOR atua diretamente nos fatores de transcrição que podem estimular a transcrição a partir das RNA polimerases I, II e III. Sua atividade resulta em maior síntese de rRNAs, mRNAs para proteínas ribossomais (RP), rRNA 5S e tRNAs, o que leva a maior quantidade de ribossomos montados e maior atividade de tradução. TOP: sequência 5'-terminal oligo-pirimidina. (Adaptada de Mayer e Grummt, 2006.)

Bibliografia

Alberts B, Bray D, Hopkin K, Johnson AD, Johnson A, Lewis J et al. Essential Cell Biology. 2013; New York: Garland Science, Taylor & Francis Group, LLC; 2009.

Alberts B, Johnson A, Lewis J, Lewis J, Raff M, Roberts K, Walter P. Molecular Biology of the Cell. New York: Garland Science, Taylor & Francis Group, LLC; 2008.

Artsimovitch I, Chu C, Lynch AS, Landick R. A new class of bacterial RNA polymerase inhibitor affects nucleotide addition. Science. 2003;302(5645):650-4.

Black DL. Mechanisms of alternative pre-messenger RNA splicing. Annu Rev Biochem. 2003;72:291-336.

Bushnell DA, Kornberg RD. Complete, 12-subunit RNA polymerase II at 4.1-A resolution: implications for the initiation of transcription. Proc Natl Acad Sci USA. 2003;100(12):6969-73.

Bywater MJ, Poortinga G, Sanij E, Hein N, Peck A, Cullinane C et al. Inhibition of RNA polymerase I as a therapeutic strategy to promote cancer-specific activation of p53. Cancer Cell. 2012;22(1):51-65.

Carthew RW, Sontheimer EJ. Origins and Mechanisms of miRNAs and siRNAs. Cell. 2009;136(4):642-55.

Cramer P, Bushnell DA, Kornberg RD. Structural basis of transcription: RNA polymerase II at 2.8 angstrom resolution. Science. 2001;292(5523):1863-76.

Dar D, Sorek R. Bacterial noncoding RNAs excised from within protein-coding transcripts. mBio;2018;9(5).

Engel C, Sainsbury S, Cheung A, Kostrewa D, Cramer P. RNA polymerase I structure and transcription regulation. Nature. 2013;502(7473):650-5.

Finn RD, Orlova EV, Gowen B, Buck M, van Hell M. Escherichia coli RNA polymerase core and holoenzyme structures. Embo J. 2000;19(24):6833-44.

Fromont-Racine M, Senger B, Saveanu C, Fasiolo F. Ribosome assembly in eukaryotes. Gene. 2003;313:17-42.

Gancedo JM. Yeast carbon catabolite repression. Microbiol Mol Biol Rev. 1998;62(2):334-61.

Gourse RL, Takebe Y, Sharrock RA, Nomura M. Feedback regulation of rRNA and tRNA synthesis and accumulation of free ribosomes after conditional expression of rRNA genes. Proc Natl Acad Sci USA. 1985;82(4):1069-73.

Han Y, Yan C, Fishbain S, Ivanov I, He Y. Structural visualization of RNA polymerase III transcription machineries. Cell Discov. 2018;4:40.

Hopper AK, Phizicky EM. tRNA transfers to the limelight. Genes Dev. 2003;17(2):162-80.

Hou YM. CCA addition to tRNA: implications for tRNA quality control. IUBMB Life. 2010;62(4):251-60.

Jacob F, Monod J. Genetic regulatory mechanisms in the synthesis of proteins. J Mol Biol. 1961;3:318-56.

Krebs JE, Goldstein ES, Kilpatrick ST. Lewin's Genes XII. Jones & Bartlett Learning; 2018.

Mariani R, Maffioli SI. Bacterial RNA polymerase inhibitors: an organized overview of their structure, derivatives, biological activity and current clinical development status. Curr Med Chem. 2009;16(4):430-54.

Mayer C, Grummt I. Ribosome biogenesis and cell growth: mTOR coordinates transcription by all three classes of nuclear RNA polymerases. Oncogene. 2006;25(48):6384-91.

Meinhart A, Cramer P. Recognition of RNA polymerase II carboxy-terminal domain by 3'-RNA- processing factors. Nature. 2004;430(6996):223-6.

Menck CFM, van Sluys MA. Genética Molecular Básica: dos Genes aos Genomas. Rio de Janeiro: Guanabara Koogan; 2017.

Ng Kwan Lim E, Sasseville C, Carrier MC, Massé E. Keeping up with RNA-based regulation in bacteria: new roles for RNA binding proteins. Trends Genet. 2021;37(1):86-97.

Padgett RA, Mount SM, Steitz JA, Sharp PA. Splicing of messenger RNA precursors is inhibited by antisera to small nuclear ribonucleoprotein. Cell. 1983;35(1):101-7.

Paget MS, Helmann JD. The sigma70 family of sigma factors. Genome Biol. 2003;4(1):203.

Pereira TC. Introdução ao universo dos non-coding RNA. Ribeirão Preto: Sociedade Brasileira de Genética; 2017.

Staley JP, Guthrie C. Mechanical devices of the spliceosome: motors, clocks, springs, and things. Cell. 1998;92(3):315-26.

Turowski TW, Boguta M. Specific features of RNA polymerases I and III: structure and assembly. Front Mol Biosci. 2021;8:680090.

Turowski TW, Leśniewska E, Delan-Forino C, Sayou C, Boguta M, Tollervey D. Global analysis of transcriptionally engaged yeast RNA polymerase III reveals extended tRNA transcripts. Genome Res. 2016;26(7):933-44.

Wahl MC, Will CL, Luhrmann R. The spliceosome: design principles of a dynamic RNP machine. Cell. 2009;136(4):701-18.

Wilkinson ME, Charenton C, Nagai K. RNA splicing by the spliceosome. Annu Rev Biochem. 2020;89:359-88.

Winter J, Jung S, Keller S, Gregory RI, Diederichs S. Many roads to maturity: microRNA biogenesis pathways and their regulation. Nat Cell Biol. 2009;11(3):228-34.

CAPÍTULO 12

Síntese de Proteínas: Tradução

PATRICIA PEREIRA COLTRI

Introdução, *253*
Código genético, *254*
Início da tradução, *256*
Bibliografia, *264*

Introdução

A tradução é o processo pelo qual os mensageiros de ácidos ribonucleicos (mRNAs) são codificados em cadeias polipeptídicas, formando proteínas. Para que esse processo ocorra, são necessários os aminoácidos, os mRNAs, os ácidos ribonucleicos transportadores (tRNAs) e os ribossomos, formados por ácidos ribonucleicos ribossomais (rRNAs). Os nucleotídios dos mRNAs são organizados em combinações de três (trincas), conhecidas como **códons**, os quais indicarão o aminoácido a ser incluído na cadeia polipeptídica em formação. Em contraposição, cada tRNA apresenta uma sequência **anticódon** em uma extremidade, que é complementar aos códons dos mRNAs. A outra extremidade do tRNA é carregada com o aminoácido correspondente ao anticódon (Figura 12.1). Desse modo, os tRNAs são essenciais para decodificar a mensagem presente nos mRNAs, conectando a sequência de nucleotídios dos códons do mRNA aos aminoácidos correspondentes. Essas interações ocorrem em sítios específicos nos ribossomos, que são grandes complexos macromoleculares formados por rRNAs associados a proteínas. Os ribossomos catalisam a adição e a ligação de aminoácidos em uma cadeia polipeptídica. São considerados grandes ribozimas, uma vez que a sua atividade catalítica depende principalmente dos RNAs presentes no complexo.

A estrutura tridimensional dos ribossomos de procariotos foi apresentada no início da década de 2000 e revelou a organização dos rRNAs e das proteínas na macromolécula, indicando regiões importantes para a função dessa maquinaria. O coeficiente de Svedberg (representado pela letra S nos nomes de rRNAs) indica a densidade relativa das subunidades e é calculado com base em experimentos de ultracentrifugação das partículas ribossomais. Theodor Svedberg foi um químico sueco que inventou a ultracentrífuga, e o nome do coeficiente é uma homenagem a ele. Os ribossomos procarióticos são formados por uma subunidade maior – 50S – e uma subunidade menor – 30S –, que juntas formam a partícula 70S, com peso molecular médio de 2,5 MDa. A subunidade maior agrupa os rRNAs 5S e 23S, além de 34 proteínas. A subunidade menor, ou 30S, é formada pelo rRNA 16S e 21 proteínas (Figura 12.2). Os ribossomos eucarióticos são formados por uma subunidade maior (60S) e uma subunidade menor (40S). Juntas, as subunidades formam o ribossomo 80S, de cerca de 4,2 MDa. A subunidade maior é formada pelos rRNAs 5S, 5,8S e 28S, além de aproximadamente 49 proteínas. A subunidade menor é formada pelo rRNA 18S e outras 33 proteínas.

Os mRNAs interagem com os ribossomos em três sítios, formados a partir da junção das subunidades maior e menor do ribossomo: o sítio A (aceptor), sítio P (peptidil, onde ocorre a ligação peptídica entre dois aminoácidos) e o sítio E (do inglês *exit*,

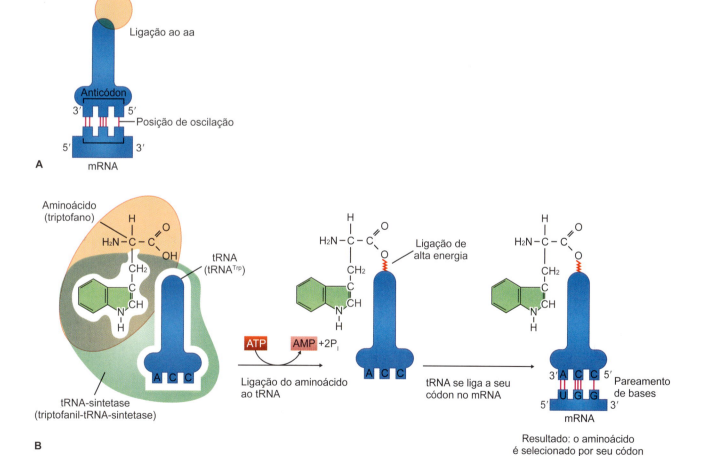

Figura 12.1 O ácido ribonucleico transportador (tRNA). **A.** Representação da estrutura do tRNA destacando o anticódon complementar ao códon na molécula de RNA mensageiro (mRNA). A extremidade marcada com o *círculo laranja* indica a localização do aminoácido. **B.** Acoplamento de triptofano (Trp) ao tRNA-Trp, em reação catalisada pela triptofanil-tRNA sintetase, com gasto de trifosfato de adenosina (ATP). Ao parear com o códon UGG do mRNA no ribossomo, o tRNA traz o Trp, que será incorporado à cadeia polipeptídica. (Adaptada de Alberts et al., 2008.)

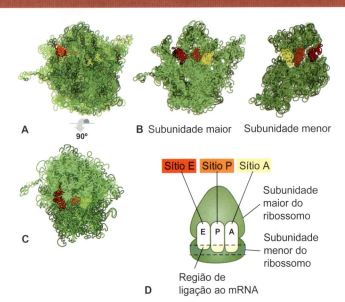

Figura 12.2 A. Estrutura cristalográfica do ribossomo bacteriano: a subunidade maior está *em verde-claro* e a menor *em verde-escuro*. **B.** Estrutura das subunidades maior e menor. **C.** Estrutura do ribossomo observado em **A**, inclinado em 90°. **D.** Representação esquemática do ribossomo destacando os sítios de ligação dos tRNAs. A, P e E. Os sítios A (aceptor, *em amarelo*), P (peptidil, *em laranja*) e E (*exit, em vermelho*) estão destacados nas densidades das macromoléculas. O mRNA se associa a região entre as *retas pontilhadas*. (Adaptada de Alberts et al., 2008.)

indicando a posição de saída do tRNA do ribossomo). O posicionamento desses sítios cria compartimentos sequenciais pelos quais o mRNA passa e é decodificado, gerando a cadeia polipeptídica (ver Figura 12.2).

Inibidores da tradução

Há evidências de que variados fármacos inibem ou alteram a eficiência de diferentes etapas do processo de tradução. Muitos são antibióticos, capazes de atingir diretamente a maquinaria ribossomal ou fatores de tradução associados, impedindo a tradução. O conhecimento sobre a estrutura tridimensional do ribossomo proporcionou melhor compreensão das etapas específicas do processo de tradução e sobre como os antibióticos atuam e suas especificidades para procariotos e/ou eucariotos. Essas informações refinaram o tratamento de doenças de origem bacteriana com o uso de antibióticos específicos para procariotos, e que não interferem no ribossomo eucariótico (Tabela 12.1).

Código genético

O código genético contido na sequência dos mRNAs baseia-se na combinação das quatro seguintes bases: adenina, uracila, guanina e citosina (Tabela 12.2). Esse código é universal, ou seja, está presente em procariotos e eucariotos, com pequenas variações entre os organismos. Esse código possibilita até 64 diferentes combinações, porém codifica somente 20 aminoácidos diferentes. Isso significa que um mesmo aminoácido pode ser codificado por diferentes combinações de bases, ou códons, e por esse motivo é um código considerado "redundante". A diferença nestes códons que codificam o mesmo aminoácido está principalmente na 3ª base na posição de oscilação (Tabela 12.2, ver Figura 12.1 A). A observação da interação do mRNA com

Tabela 12.1 Efeito de antibióticos na maquinaria de tradução.

Antibiótico	Células-alvo	Alvo na tradução
Ácido fusídico	Procariotos	EF-G-GDP não se dissocia do ribossomo, impedindo elongação
Aminoglicosídios	Procariotos	Atinge a subunidade 30S do ribossomo, impedindo o início da tradução
Cloranfenicol	Procariotos	Bloqueia reação de peptidiltransferase, impedindo elongação
Tetraciclina	Procariotos	Impede posicionamento da aminoacil-tRNA no sítio A
Eritromicina	Procariotos	Impede a saída do polipeptídio do ribossomo, inibindo elongação
Espectinomicina	Procariotos	Atinge subunidade 30S do ribossomo, de modo similar aos aminoglicosídios
Tioestreptona	Procariotos	Atinge ligação de IF-2 e EF-G à subunidade 50S, impedindo o início da tradução
Estreptomicina	Procariotos	Impede elongação e pode ocasionar erro na leitura
Higromicina B	Procariotos e eucariotos	Impede translocação do tRNA ao sítio P, impossibilitando elongação
Paromicina	Procariotos e eucariotos	Atinge o sítio A, próximo ao sítio de interação códon–anticódon, e reduz seletividade pelos tRNAs
Puromicina	Procariotos e eucariotos	Liberação prematura da cadeia polipeptídica
Ciclo-hexamida	Eucariotos	Inibe a reação de translocação no ribossomo
Anisomicina	Eucariotos	Impede a reação de peptidiltransferase

tRNA: ácido ribonucleico transportador.

Tabela 12.2 Código genético. A posição dos nucleotídios do códon no mRNA está indicada na primeira linha (1ª, 2ª ou 3ª base)

1ª (5')	2ª								3ª (3')
	U		**C**		**A**		**G**		
U	UUU	Fenilalanina	UCU	Serina	UAU	Tirosina	UGU	Cisteína	U
	UUC		UCC		UAC		UGC		C
	UUA	Leucina	UCA		UAA	**Parada**	UGA	**Parada**	A
	UUG		UCG		UAG		UGG	Triptofano	G
C	CUU		CCU	Prolina	CAU	Histidina	CGU	Arginina	U
	CUC		CCC		CAC		CGC		C
	CUA		CCA		CAA	Glutamina	CGA		A
	CUG		CCG		CAG		CGG		G
A	AUU	Isoleucina	ACU	Treonina	AAU	Asparagina	AGU	Serina	U
	AUC		ACC		AAC		AGC		C
	AUA		ACA		AAA	Lisina	AGA	Arginina	A
	AUG	Metionina	ACG		AAG		AGG		G
G	GUU	Valina	GCU	Alanina	GAU	Ácido aspártico	GGU	Glicina	U
	GUC		GCC		GAC		GGC		C
	GUA		GCA		GAA	Ácido glutâmico	GGA		A
	GUG		GCG		GAG		GGG		G

os sítios ribossomais responsáveis pela tradução e a observação das informações sobre a estrutura dessas regiões indicou que o pareamento da 3ª base do códon (base na extremidade 3′ do mRNA) com o anticódon do tRNA é mais flexível, e, com frequência, não é determinante para alterar a identidade do aminoácido trazido pelo tRNA. Essa é a hipótese *Wobble* (significa "oscilação" em inglês) e a presença da posição de oscilação ajuda a explicar como códons diferentes podem recrutar tRNAs diferentes, porém com os mesmos aminoácidos (ver Figura 12.1 A).

A maioria dos aminoácidos é codificada pelos mesmos códons em diferentes organismos. Há, no entanto, alguns aminoácidos codificados por códons específicos da espécie ou do gênero, o que é conhecido por *codon usage*. Esse mecanismo reflete as especificidades de cada espécie, revelando como pequenas mudanças nas sequências de nucleotídios podem gerar proteínas diferentes nas mais diversas espécies. Uma outra fonte de variação no código genético é o contexto. O mesmo códon pode guiar diferentes tRNAs, carregando aminoácidos diferentes, dependendo de sua localização no mRNA. Por exemplo, em bactérias, o primeiro códon em uma sequência codificadora é o AUG e recruta o tRNAi-Metf (codificando metionina formilada). Entretanto, se um AUG estiver dentro da sequência codificadora, recrutará o tRNA-Met, codificando a metionina não formilada. Um outro exemplo que destaca ainda mais a dependência da localização é que, em alguns casos,

GUG é encontrado como primeiro códon em bactérias. Nessas situações, o GUG recruta o tRNAi-Metf, mas o GUG localizado dentro da região codificadora recruta uma valina à cadeia polipeptídica em formação.

O término da tradução também depende de um código específico nos mRNAs – os códons de parada UAA, UAG e UGA, reconhecidos como tais em quase todos os organismos, com poucas exceções. A frequência desses códons nos diferentes mRNAs e a preferência por um ou outro códon de terminação dependem do organismo.

Conforme descrito anteriormente, uma parte essencial da leitura do código genético nos mRNAs depende da sua organização em códons. Os códons são posicionados para revelar a sequência dos aminoácidos em determinada cadeia polipeptídica. Por definição, há três possíveis leituras ao se considerar uma sequência do mRNA no sentido 5′-3′: o início pode ser na 1ª, 2ª ou 3ª base do códon, e isso interfere diretamente na combinação dos nucleotídios para formação das trincas (códons) e, portanto, na continuação da leitura dessa sequência e em sua conversão em aminoácidos (Figura 12.3). Ou seja, a remoção ou inclusão de uma base na sequência pode alterar completamente a composição dos códons que se seguirão, causando mudanças nos aminoácidos e podendo, inclusive, desencadear a formação de um códon de parada, provocando o término prematuro da tradução.

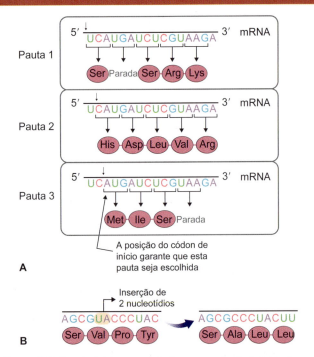

Figura 12.3 Possíveis leituras a partir de uma sequência de ácido ribonucleico mensageiro (mRNA). **A.** A leitura de códons de uma sequência de mRNA ocorre no sentido 5'-3' e pode começar na primeira, segunda ou terceira base, ou pautas (*apontada pela seta*), resultando em diferentes trincas (códons) e, consequentemente, em distintos aminoácidos (*círculos rosa*). O códon de início AUG assegura que uma pauta de leitura específica é utilizada (pauta 3). **B.** Mutações pontuais na sequência dos mRNAs podem resultar em alterações na leitura e na decodificação pelo ribossomo (*frameshift*), gerando cadeias polipeptídicas diferentes.

Em alguns casos, mutações de uma base ao longo da sequência podem produzir alterações na leitura (*frameshift*), gerando proteínas diferentes (ver Figura 12.3). Os polipeptídios gerados a partir de diferentes pautas de leitura não devem ser confundidos com a formação de diferentes isoformas derivadas do *splicing* alternativo, como discutido no Capítulo 11. No caso do *splicing* alternativo, podem ocorrer alteração dos éxons incluídos na sequência madura e mudança na leitura. Isso pode produzir isoformas de mRNA que gerarão proteínas com terminação precoce ou com composição de aminoácidos completamente distintas, resultado da mudança nos códons e da pauta de leitura utilizada (Figura 12.4).

A tradução depende do acoplamento do mRNA ao ribossomo e subsequente recrutamento do tRNA com o anticódon apropriado, carregando o aminoácido correspondente. Os tRNAs são acoplados aos aminoácidos correspondentes à sequência anticódon por meio de reação catalisada por enzimas aminoacil-tRNA sintetases (ARSs), específicas para cada aminoácido. Este acoplamento é crítico para o sucesso da tradução porque garante que o aminoácido correto seja incorporado à cadeia polipeptídica, de acordo com a sequência do mRNA. Por combinar especificamente aminoácidos com o anticódon definido nas sequências de tRNAs, as ARSs são essenciais para a interpretação física do código genético. Imediatamente após a síntese e o processamento dos tRNAs, as enzimas ARSs específicas para cada aminoácido realizam o recrutamento e associam esses aminoácidos aos tRNAs em uma reação com gasto de trifosfato de adenonosina (ATP) (ver Figura 12.1 B). Embora mais de 500 genes para tRNA sejam codificados em humanos, existem apenas 48 anticódons diferentes reconhecidos por essa população de enzimas. Isso significa que mais de um tRNA pode apresentar o mesmo anticódon e, portanto, conectar os mesmos aminoácidos.

Diferentes proteínas associam-se ao complexo de tradução ao longo do processo, desde o reconhecimento de sequências específicas no mRNA até a catálise do processo de síntese de polipeptídios. Os fatores de tradução dividem-se em fatores de iniciação, responsáveis pelo acoplamento da subunidade menor do ribossomo ao mRNA; fatores de elongação, recrutados após união das duas subunidades ribossomais e importantes durante a síntese da cadeia polipeptídica; e fatores de terminação, que medeiam o deslocamento das subunidades ribossomais e a liberação da cadeia polipeptídica. Há ortólogos para essas proteínas em procariotos e eucariotos, e tanto semelhanças quanto diferenças entre os dois sistemas serão detalhados nos tópicos adiante.

Início da tradução

Procariotos

Em procariotos, muitos transcritos são policistrônicos (ver Capítulo 11). Na maioria dos casos, para que esses transcritos policistrônicos sejam traduzidos, é necessária apenas uma região de ligação ao ribossomo, formada por uma sequência de nucleotídios específica. Essa sequência, localizada a montante do primeiro códon, é reconhecida inicialmente pela subunidade menor do ribossomo procariótico (30S) associada aos fatores de iniciação IF1 e IF3. Algumas regiões da subunidade menor, especificamente do rRNA 16S, pareiam com a sequência de ligação ao ribossomo, que precede o início da região codificadora no mRNA. Esse pareamento ocorre com uma sequência conservada encontrada nos mRNAs denominada "Shine-Dalgarno", cujo consenso é 5'-AGGAGGU-3'. O grau de complementaridade dessa sequência com o rRNA 16S é importante para determinar a eficiência da tradução. O complexo inicial, formado pela subunidade menor, pelos fatores de iniciação e pelo mRNA, rastreia o mRNA em busca do primeiro códon ou do início da região codificadora, onde a síntese de proteínas terá início. Na maioria das vezes, o início da região codificadora é marcado pelo códon AUG, que codifica a metionina formilada. Assim que o códon AUG atinge o sítio P do ribossomo, a subunidade maior 50S acopla-se à 30S e, assim, o ribossomo procariótico 70S é formado (Figura 12.5).

O início da tradução em bactérias ocorre com a chegada de um tRNA com o aminoácido carregado pelos fatores EF-Tu/EF-G acoplado à guanosina-trifosfato (GTP). Ao se ligar ao sítio A, o GTP é dissociado em guanosina-difosfato (GDP), liberando fosfato inorgânico (Pi). Essa hidrólise também desloca o fator EF-Tu/EF-G, promovendo a translocação do tRNA para a posição P, onde ocorrerá a primeira ligação peptídica (ver Figura 12.5). A associação do próximo tRNA deslocará o tRNA anterior da posição P para o sítio E, onde, com menos interações, será dissociado do ribossomo.

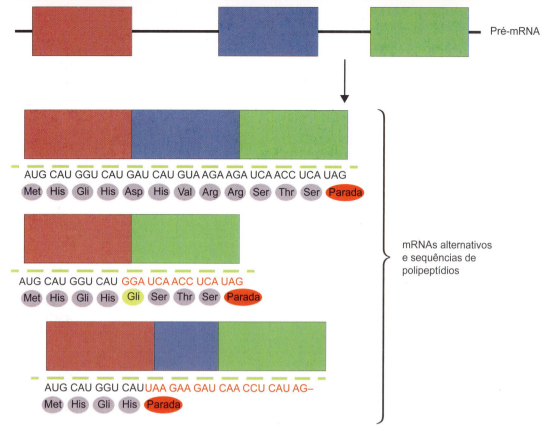

Figura 12.4 Mudanças na pauta de leitura produzidas por *splicing* alternativo. O pré-mensageiro de ácido ribonucleico (pré-mRNA) eucariótico apresenta sequências de éxons (*retângulos coloridos*), que permanecem no mRNA maduro, e de íntrons (*linhas pretas*). Os mRNAs podem ser formados por todos os éxons ou ter alguns éxons apenas, ou parte deles. Na *parte inferior da imagem*, estão alguns transcritos gerados por *splicing* alternativo e as sequências de aminoácidos (*círculos*). Essas alterações produzem mudanças nas pautas de leitura, determinando a formação de diferentes proteínas. A mudança de pauta provocou modificação do aminoácido utilizado (*marcado em amarelo*) e dos seguintes na sequência. Em outra isoforma, o *splicing* gerou um mRNA que formou um códon prematuro de parada (*em vermelho*).

Ao mesmo tempo, um outro tRNA associa-se ao sítio A trazendo o aminoácido correspondente ao códon no mRNA, e o ciclo reinicia-se. A cadeia polipeptídica estende-se à medida que novos aminoácidos são adicionados.

A associação da subunidade menor do ribossomo, o rastreamento da sequência Shine-Dalgarno e o acoplamento da subunidade maior do ribossomo dependem não somente do reconhecimento da sequência consenso no mRNA, mas também da estrutura secundária adotada pela sequência de nucleotídios dessa região, que é similar a um grampo. A iniciação da tradução pode ser controlada pela alteração na estrutura secundária dessa região. Mecanismos que promovem a desnaturação desse grampo, como a inclusão de uma molécula nessa região, ou RNA antisenso, podem modular o início da tradução. Essa regulação é bastante utilizada por procariotos e também ocorre em muitos genes eucarióticos. Há exemplos de sequências desse tipo cuja estrutura secundária possibilita a ligação de diferentes metabólitos como, por exemplo, íons, precursores de ácidos nucleicos e cofatores enzimáticos. Essas estruturas denominam-se *riboswitches* e, se estiverem localizadas nas regiões 5' não traduzidas (5'UTR, do inglês *untranslated regions*) dos mRNAs bacterianos, podem controlar o acesso de fatores de tradução a esse mRNA e também sua eficiência de tradução (Figura 12.6).

Eucariotos

A tradução ocorre de maneira semelhante em eucariotos, mas há algumas diferenças quanto ao arranjo das moléculas e aos aminoácidos envolvidos. Nesses organismos, os fatores de iniciação da tradução recebem o nome de *eukaryotic initiation factor*, com a abreviação de eIF, seguida por números que os diferenciam. Existem cerca de 12 fatores de iniciação, todos importantes na regulação do início da tradução. Eles são enumerados de 1 a 6 e podem receber letras após o número (p. ex., eIF1, eIF2 etc.).

Assim como em procariotos, o mRNA interage inicialmente com a subunidade menor do ribossomo eucariótico (40S). Para que essa interação ocorra, o fator de iniciação eIF2 é essencial. Este fator é formado por três subunidades – α, β e γ – e pode estar ligado a GDP ou GTP. O eIF2 está inativo se ligado a GDP, e é ativado com a ligação ao GTP. A troca de GDP por GTP é realizada pela proteína eIF2B – um fator de troca de guaninas (GEF). A ligação ao GTP torna possível a associação de eIF2 ao tRNA iniciador carregado com metionina (tRNAi-Met). Esse complexo ternário com eIF2-GTP e tRNAi-Met associa-se à subunidade 40S. Além do complexo ternário da eIF2-GTP, outros fatores de iniciação como eIF1, eIF1A e eIF3 associam-se, criando o complexo de pré-iniciação 43S.

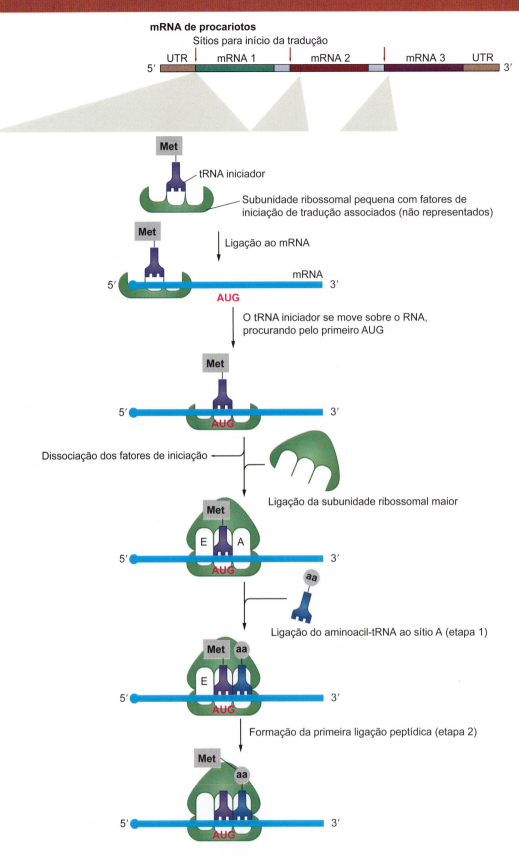

Figura 12.5 Em procariotos, os mRNAs podem organizar-se em sequências policistrônicas. Cada uma dessas sequências de mRNA é traduzida de maneira independente, a partir de sítios marcando o início de cada sequência codificadora (*setas*). UTR (do inglês *untranslated region*) indica região não traduzida. O início da tradução ocorre com a associação da subunidade ribossomal menor ao tRNA iniciador (carregado com metionina formilada [Metf] em procariotos, e metionina não formilada [Met] em eucariotos). Esse complexo, associado a fatores de iniciação, liga-se ao mRNA e inicia o rastreamento pelo primeiro códon AUG. Nesse momento, os fatores de iniciação dissociam-se do complexo, e a subunidade maior acopla-se à menor, formando a partícula ribossomal completa. Após a ligação do próximo tRNA carregado ao sítio A, ocorre a formação da primeira ligação peptídica. (Adaptada de Alberts et al., 2008.)

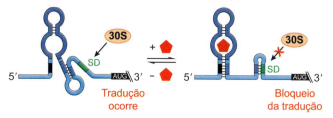

Figura 12.6 A estrutura secundária da região do ácido ribonucleico mensageiro (mRNA) que precede o primeiro códon pode controlar a tradução em procariotos. A formação de *riboswitches* é um modo de monitorar o acesso da subunidade menor do ribossomo e dos fatores de tradução aos sítios de início da tradução. À esquerda, a estrutura formada mantém a sequência Shine-Dalgarno (SD) livre para interação com o complexo de pré-iniciação que traz a subunidade ribossomal 30S. A tradução pode ocorrer. À direita, a adição de uma molécula a essa estrutura modifica-a e provoca a formação de um outro grampo à frente, que inclui a sequência Shine-Dalgarno. Desse modo, a interação com a subunidade ribossomal 30S não ocorre e tampouco a síntese de proteína. (Adaptada de Lotz e Suess, 2018.)

Em seguida, este complexo unir-se-á ao mRNA. Os fatores de iniciação presentes nesse complexo têm funções específicas e importantes que proporcionam essa interação. eIF3, por exemplo, mantém a 40S dissociada da 60S até que o AUG seja identificado, com o auxílio dos fatores eIF1 e eIF1A (Figura 12.7).

Alguns fatores de iniciação da tradução também interagem diretamente com o mRNA. O fator eIF4F é um complexo de três subunidades (eIF4E, eIF4A e eIF4G), importante para mediar a ligação do mRNA ao complexo de pré-iniciação 43S. eIF4E liga-se ao *cap* na extremidade 5′ dos mRNAs, e eIF4A é uma helicase importante para desfazer estruturas secundárias do mRNA. eIF4G, por sua vez, interage com a proteína de ligação a poli-A (PABP, do inglês *poly-A-binding protein*), presente na cauda poli-A da extremidade 3′ dos mRNAs. A associação destes fatores ao mRNA auxilia na circularização da molécula, facilitando o recrutamento do complexo de pré-iniciação 43S (ver Figura 12.7).

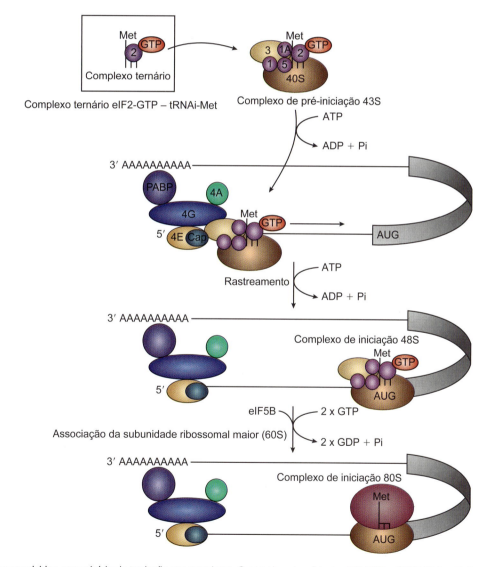

Figura 12.7 Fatores envolvidos com o início da tradução em eucariotos. O complexo ternário de eIF2-GTP – tRNAi-Met está destacado *no quadrado superior esquerdo*. Os fatores de iniciação estão *marcados em círculos coloridos com números e letras*. O complexo de eIF2 e outros fatores de iniciação (eIF1, eIF1A e eIF3) associam-se à subunidade ribossomal 40S, formando o complexo de pré-iniciação 43S. Esse complexo associa-se ao mensageiro do ácido ribonucleico (mRNA), por meio da interação com as subunidades dos fatores de iniciação eIF4 (eIF4G e eIF4E). eIF4E conecta-se ao *cap* 5′ do mRNA e eIF4G à proteína de ligação poli-A (PABP, do inglês *poly-A-binding protein*), presente na extremidade 3′ dos mRNAs. Após a interação de eIF4E e eIF4G, ocorre a circularização do mRNA. A hidrólise da guanosina-trifosfato (GTP) da molécula eIF2 promove a associação da subunidade ribossomal maior (60S) e o início da tradução. (Adaptada de Gebauer e Hentze, 2004.)

Outros fatores de iniciação também se conectam a esse complexo como, por exemplo, o fator eIF5B acoplado ao GTP. Os sítios ribossomais que mediam a inclusão de aminoácidos (A, P e E) estão situados na subunidade menor do ribossomo e são fundamentais para a interação do complexo 43S com o mRNA. Com a ligação do complexo 43S ao mRNA, inicia-se um rastreamento pelo primeiro códon codificador, o AUG, que codifica uma metionina. Os fatores eIF1 e eIF1A auxiliam nesse processo. A correta localização do códon de início da tradução (AUG) depende também da sequência que está ao seu redor, denominada "sequência de Kozak". O consenso dessa sequência é frequentemente 5'-ACC<u>AUG</u>G – 3'. A metionina, primeiro aminoácido na maioria das proteínas codificadas, já estava associada ao complexo porque foi trazida pelo eIF2-GTP, que montou o complexo de iniciação, similar ao que ocorre com a tradução em bactérias. A hidrólise do GTP acoplado ao eIF2 possibilita não só a adição do primeiro aminoácido da cadeia polipeptídica como também associação da subunidade ribossomal maior (60S), formando a partícula ribossomal completa 80S (ver Figura 12.7). Na sequência, o ribossomo continua a tradução, adicionando aproximadamente dois aminoácidos por segundo e gerando uma sequência polipeptídica (Figura 12.8).

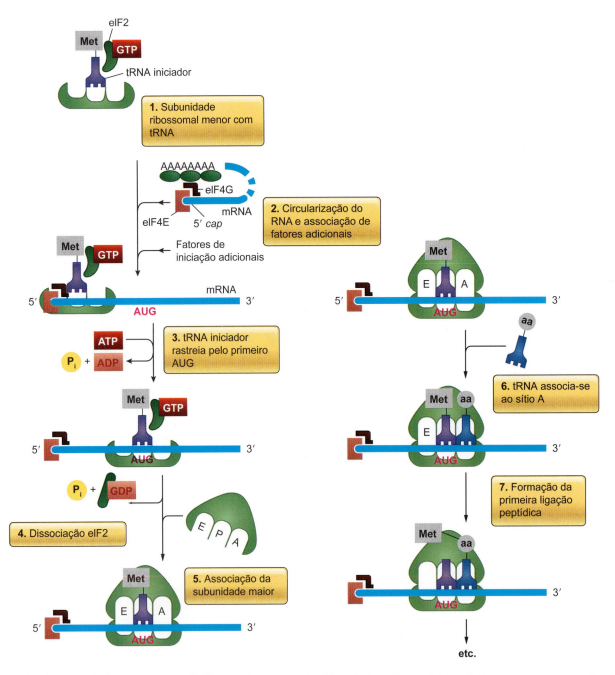

Figura 12.8 Início da tradução em eucariotos: (*1* a *3*) o complexo com a subunidade 40S e os fatores de iniciação fazem um rastreamento do mRNA em busca do primeiro AUG, com gasto de trifosfato de adenosina (ATP); (*4*) ao chegar ao AUG, eIF2-GTP sofre hidrólise, liberando guanosina-difosfato (GDP) e dissociando-se do complexo; (*5*) nessa etapa, a subunidade ribossomal maior (60S) associa-se, mantendo o tRNAi-Met na posição P e recebendo (*6*) o próximo tRNA carregado na posição A; (*7*) nesse ponto, ocorre a primeira ligação peptídica, e a síntese prossegue. (Adaptada de Alberts et al., 2008.)

Todos esses fatores têm papel importante no controle da tradução. A modulação da ativação do fator eIF2 determina o controle inicial da tradução em eucariotos. Na ausência do GEF eIF2B, o eIF2 mantém-se inativo, ligado ao GDP. Outro fator importante no controle do início da tradução é o eIF4E. Com frequência, o mRNA é circularizado antes do início da tradução, o que é facilitado pela interação de proteínas do complexo eIF4 (eIF4A, eIF4B, eIF4E e eIF4G), em um processo com gasto de ATP (ver Figura 12.7). A circularização dos mRNAs é importante para o início da tradução, por reunir importantes fatores de iniciação da tradução e também por propiciar a associação de muitos ribossomos a uma única molécula de mRNA, traduzindo-a e amplificando a síntese de proteínas. A molécula contendo mRNA associado a muitos ribossomos denomina-se "polirribossomo".

O eIF4E reconhece a extremidade 5' *cap* do mRNA e é responsável por recrutar outros fatores (eIF4 G, eIF4A e eIF4B) e direcionar o mRNA ao complexo de iniciação 43S. eIF4E normalmente associa-se à proteína 4E-BP. Quando há estímulo para síntese proteica, por exemplo, na presença de um fator de crescimento celular, 4E-BP é fosforilada e dissocia-se de eIF4E. Somente após essa separação, eIF4E pode ligar-se ao mRNA e iniciar o processo de tradução, como descrito anteriormente. A tradução que depende dessa interação dos fatores de iniciação com o cap ocorre com maior frequência entre as fases G1 e S do ciclo celular e é inibida durante a mitose.

Alguns mRNAs apresentam sequências internas para início da tradução, localizadas a jusante do primeiro códon, denominadas "IRES" (do inglês *internal ribosome entry site*). Essa organização é comum em RNAs virais e é observada em muitos transcritos que codificam reguladores do ciclo celular, importantes durante a mitose. A tradução a partir de sequências IRES não depende da interação de fatores associados ao cap e pode ocorrer durante a mitose. O início da tradução é um pouco diferente do descrito anteriormente e depende principalmente da associação do fator eIF4G à sequência IRES e de fatores específicos. Esses fatores conectam as sequências IRES à maquinaria de tradução e denominam-se ITAFs (do inglês *IRES-trans acting factors*).

Elongação e terminação da cadeia polipeptídica

As etapas de elongação da cadeia polipeptídica ocorrem a partir do acoplamento da subunidade maior do ribossomo – 50S em procariotos ou 60S em eucariotos –, formando a partícula ribossomal completa. Em procariotos, nessa etapa, os fatores EF-Tu, EF-Ts e EF-G são fundamentais para recrutar e acoplar os aminoácidos trazidos pelos tRNAs. Em eucariotos, os respectivos fatores de elongação ortólogos eEF1a, eEF1βγ e eEF2 (do inglês *eukaryotic elongation factor*) realizam a hidrólise de GTP, catalisam a ligação peptídica e a translocação do ribossomo para promover a elongação da cadeia (Figuras 12.8 e 12.9).

Todos os fatores de elongação têm afinidade com o ribossomo se associados a GTP, porém essa conexão diminui se estiverem ligados a GDP. Esse é um mecanismo importante para associação e dissociação de fatores durante a elongação. EF-Tu/eEF1a associado a GTP e acoplado ao tRNA é trazido para o sítio A. Nesse ponto, o GTP contido no complexo EF-Tu/eEF1a-GTP é hidrolisado liberando GDP e Pi, e o aminoácido

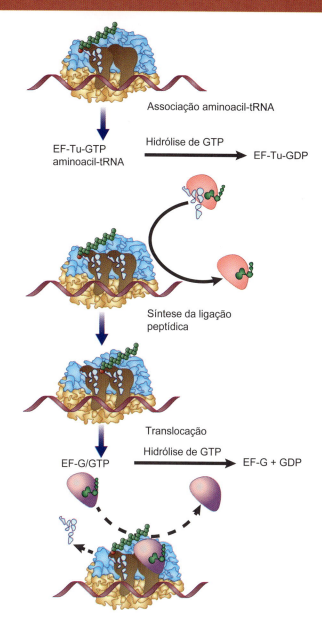

Figura 12.9 Elongação da cadeia polipeptídica. O fator EF-Tu/eEF1-GTP acoplado ao ácido ribonucleico transportador (tRNA) carregado é recrutado ao sítio A. A guanosina-trifosfato (GTP) é hidrolisada, gerando guanosina-difosfato (GDP) e fosfato livre (Pi), e o aminoácido trazido pelo tRNA é incorporado à cadeia polipeptídica (*em verde*), por meio de ligação peptídica com o aminoácido presente no sítio P. Em seguida, EF-G/eEF2-GTP promove a translocação do ribossomo, posicionando o próximo códon do ácido ribonucleico mensageiro (mRNA) no sítio A. O primeiro tRNA é, então, deslocado para o sítio E e desprende-se do ribossomo. O próximo tRNA será trazido com auxílio de EF-Tu/eEF1-GTP, recomeçando o ciclo. (Adaptada de Krebs et al., 2018.)

forma uma ligação peptídica com o aminoácido anterior no sítio P (ver Figura 12.9). Na sequência, o fator EF-G/eEF2-GTP promove a translocação do ribossomo no mRNA, posicionando o próximo códon no sítio A. O GTP ligado ao eEF2 deve ser hidrolisado para permitir essa reação. A cada códon reconhecido, um anticódon de um tRNA se associa e é trazido com o auxílio de um novo EF-G/eEF2-GTP. Os ribossomos não se ligam a EF-Tu/eEF1a e EF-G/eEF2 simultaneamente, implicando na formação de apenas uma ligação peptídica por vez (ver Figura 12.9).

O processo de tradução está sujeito a erros que podem mudar os aminoácidos nas sequências polipeptídicas e, consequentemente, desencadear alterações na estrutura das proteínas. Pelo menos três pontos do processo de tradução são críticos: (1) A incorporação de aminoácidos incorretos aos respectivos tRNAs pode acarretar variados problemas. De maneira geral, as aminoacil-tRNA sintetases têm uma taxa de falha de 1 a cada 10^5 a 10^7 reações. (2) O transporte dos aminoácidos correspondentes ao códon até o ribossomo, realizado pelo fator de elongação eEF1-GTP, também é crítico. Nesse ponto, a interação dos fatores com os rRNAs do ribossomo, por meio dos sítios A e P, é essencial. (3) Além disso, a especificidade do pareamento do códon ao anticódon é fundamental para evitar erros de incorporação na cadeia. A terminação da tradução ocorre quando um códon de parada é reconhecido no sítio A do ribossomo (ver Tabela 12.2). Esse códon não recruta tRNAs específicos, mas os fatores de liberação RF1, RF2 e RF3 em procariotos, ou eRF1 e eRF3 em eucariotos. Assim que se ligam ao sítio A, catalisam a adição de uma hidroxila à extremidade carboxi-terminal do último aminoácido e, ao atingir o sítio P, provocam dissociação das subunidades ribossomais e liberação da cadeia polipeptídica formada (Figura 12.10).

Controle da tradução

Existem diferentes níveis de regulação da tradução em eucariotos, modulando desde a estrutura secundária do mRNA até a atividade dos fatores de tradução necessários para a síntese proteica. Um dos exemplos mais bem descritos sobre o papel da estrutura secundária do mRNA na tradução está relacionado com a metabolização de ferro nas células. O ferro extracelular liga-se à transferrina, e sua entrada nas células ocorre por endocitose, a partir do receptor de transferrina. Uma vez dentro da célula, o ferro é armazenado pela ferritina. Além de impedir que o excesso de ferro exerça efeitos nocivos às células, a ferritina é necessária para mobilizá-lo rapidamente (Figura 12.11). Tanto o mRNA da ferritina como o mRNA do receptor de transferrina podem formar estruturas secundárias nas regiões não traduzidas (UTR) 5' e 3', o que controla sua tradução e interfere na metabolização de ferro. Na ausência de ferro, uma estrutura de grampo forma-se na região 3'UTR do mRNA do receptor de transferrina. Este receptor é traduzido, aumentando a eficiência de captação de ferro pela célula. Como há pouco ferro disponível, não há necessidade de produzir mais ferritina para armazená-lo intracelularmente. Dessa maneira, ao mesmo tempo, uma estrutura de grampo forma-se no 5'UTR do mRNA que codifica para ferritina. Nesse caso, essa estrutura impede o rastreamento pela subunidade menor do ribossomo e a tradução de ferritina. Esse grampo é reconhecido pela aconitase citoplasmática, enzima que controla os níveis de ferro circulantes (Figura 12.12).

Quando há excesso de ferro, a aconitase citoplasmática não se associa ao grampo formado na região 5'UTR da ferritina, porque a ligação do ferro a essa enzima modifica sua estrutura e impede essa ligação. Desse modo, o mRNA da ferritina é traduzido, possibilitando que a célula armazene todo o ferro que for incorporado. Ao mesmo tempo, o mRNA do receptor de transferrina é degradado, porque a ligação do

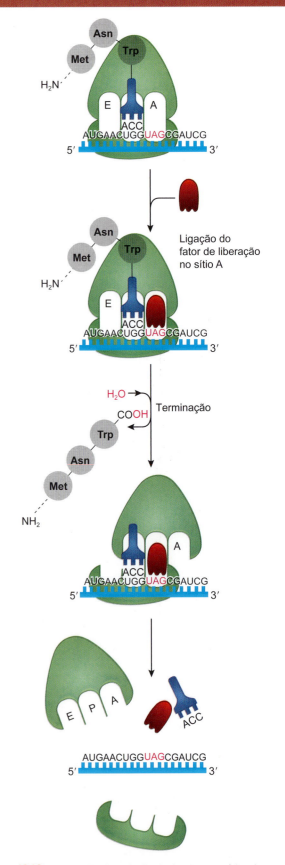

Figura 12.10 Terminação da tradução. Assim que um códon de parada é reconhecido no sítio A (UAG, em letras rosa), um fator de liberação (em vermelho) é recrutado, e não um tRNA carregado. Em uma reação com H_2O, um grupo –OH é adicionado ao último aminoácido da cadeia, liberando o polipeptídio e dissociando as subunidades ribossomais. (Adaptada de Alberts et al., 2008.)

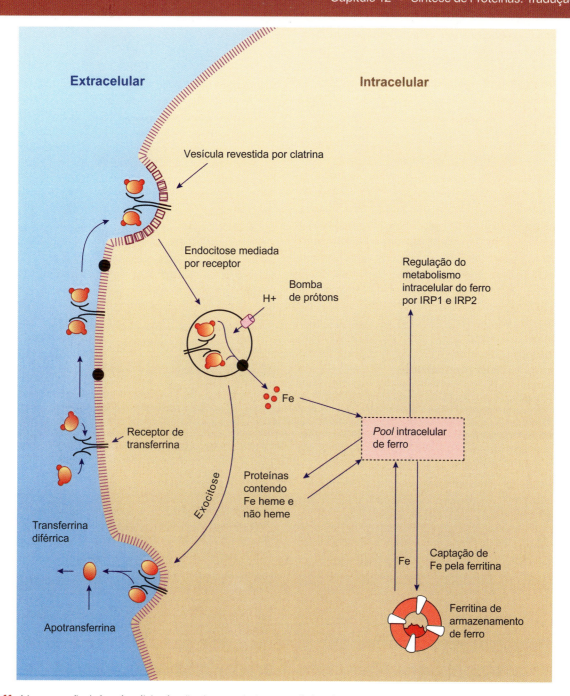

Figura 12.11 A incorporação de ferro às células é realizada por endocitose, mediada pelo receptor de transferrina. O ferro extracelular (*pequenos círculos vermelhos*) é carregado pela molécula de transferrina, que apresenta um receptor específico nas células de mamíferos e pode ser internalizado. Uma vez no endossomo, o ferro é liberado e pode ser armazenado na proteína ferritina. (Adaptada de Ponka et al., 2015.)

ferro à aconitase citoplasmática impede sua ligação à região 3'UTR e desestabiliza o mRNA. Esse mecanismo de controle da tradução regula os níveis de ferro armazenados nas células (ver Figura 12.12).

A atividade dos fatores de tradução também é um ponto importante no controle da tradução. Um fator importante no controle da atividade de fatores de tradução em eucariotos é a quinase mTOR (do inglês *mammalian target of rapamycin*). Esta quinase pertence ao grupo de serina/treonina quinases e modula a tradução proteica por dois mecanismos: via Rheb-GTP ou via 4E-BP, que modula a eIF4E. No primeiro mecanismo, mTOR ativa Rheb GTP, que, por sua vez, aumenta a atividade da RNA polimerase III. Isso resulta no aumento da síntese do rRNA 5S e a taxa de biogênese ribossomal (ver Capítulo 11). No segundo mecanismo, mTOR inibe diretamente a atividade de 4E-BP, liberando eIF4E para o início da tradução. Devido à sua ação modulatória na tradução, mTOR participa da regulação de proliferação celular, crescimento celular, transcrição e síntese proteica, além da metabolização do receptor de insulina. A quinase mTOR reage, ainda, à sinalização por diferentes nutrientes, aminoácidos e fatores de crescimento. A desregulação dessa proteína pode estar associada ao desenvolvimento de alguns tipos de câncer e de doenças como Alzheimer.

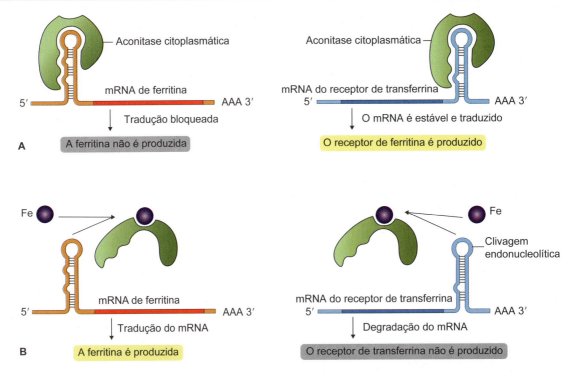

Figura 12.12 Controle pós-traducional da metabolização de ferro. **A.** Na ausência de ferro, a aconitase citoplasmática (*em verde*) liga-se à estrutura secundária formada pela região 5'UTR do mensageiro de ácido ribonucleico (mRNA) da ferritina, impedindo a montagem da maquinaria e a tradução desse mRNA. O mRNA para o receptor transferrina, por outro lado, é traduzido normalmente, e a ligação da aconitase citoplasmática ao 3'UTR de seu mRNA não reduz sua tradução. **B.** Quando há ferro disponível (*círculo roxo*), a aconitase citoplasmática liga-se a esse íon e sofre mudança conformacional, o que a impede de ligar-se ao 5'UTR da ferritina, possibilitando, desse modo, a tradução desse mRNA. Nessa situação, a aconitase também não se associa ao 3'UTR do mRNA do receptor transferrina, o que acarreta a clivagem do grampo nessa região e a degradação desse mRNA. (Adaptada de Alberts et al., 2008.)

Bibliografia

Alberts B, Bray D, Hopkin K, Johnson A, Lewis J, Raff M et al. Essential Cell Biology. New York: Garland Science, Taylor & Francis Group, LLC; 2009.

Alberts B, Johnson A, Lewis J, Raff M, Roberts K, Walter P. Molecular Biology of the Cell. New York: Garland Science, Taylor & Francis Group, LLC; 2008.

Batey RT, Gilbert SD, Montange RK. Structure of a natural guanine-responsive riboswitch complexed with the metabolite hypoxanthine. Nature. 2004;432:411-5.

Breaker RR. Riboswitches and translation control. Cold Spring Harb Perspect Biol. 2018; 10(11):a032797.

Fromont-Racine M, Senger B, Saveanu C, Fasiolo F. Ribosome assembly in eukaryotes. Gene. 2003;313:17-42.

Gebauer F, Hentze MW. Molecular mechanisms of translational control. Nat Rev Mol Cell Biol. 2004;5(10):827-35.

Korostelev A, Trakhanov S, Asahara H, Laurberg M, Lancaster L, Noller HF. Interactions and dynamics of the Shine Dalgarno helix in the 70S ribosome. Proc Natl Acad Sci USA. 2007;104(43):16840-3.

Krebs JE, Goldstein ES, Kilpatrick ST. Lewin's Genes XII. Jones & Bartlett Learning; 2018.

Kronja I, Orr-Weaver TL. Translational regulation of the cell cycle: when, where, how and why? Philos Trans R Soc Lond B Biol Sci. 2011;366(1584):3638-52.

Lu C, Smith AM, Fuchs RT, Ding F, Rajashankar K, Henkin TM. Crystal structures of the SAM-III/S(MK) riboswitch reveal the SAM-dependent translation inhibition mechanism. Nat Struct Mol Biol. 2008;15(10):1076-83.

Lu Y, Turner RJ, Switzer RL. Function of RNA secondary structures in transcriptional attenuation of the Bacillus subtilis pyr operon. Proc Natl Acad Sci USA. 1996;93(25):14462-7.

Moore PB, Steitz TA. The ribosome revealed. Trends Biochem Sci. 2005;30:281-3.

Noller HF. RNA structure: reading the ribosome. Science. 2005;309:1508-14.

Ponka P, Beaumont C, Richardson DR. Function and regulation of transferrin and ferritin. Semin Hematol 1998;35:35-54.

Ponka P, Tenenbein M, Eaton JW. Iron. In: Nordberg GF, Fowler BA, Nordberg M. (Eds.). Handbook on the Toxicology of Metals. Academic Press. 2015:879-902.

Steitz TA. A structural understanding of the dynamic ribosome machine. Nat Rev Mol Cell Biol. 2008;9(3):242-53.

Sutcliffe JA. Improving on nature: antibiotics that target the ribosome. Curr Opin Microbiol. 2005;8:534-42.

Yusupov MM, Yusupova GZ, Baucom A, Lieberman K, Earnest TN, Cate JH et al. Crystal structure of the ribosome at 5.5 A resolution. Science. 2001;292:883-96.

CAPÍTULO 13

Endereçamento, Enovelamento e Degradação Proteica

FÁBIO SIVIERO

Endereçamento, *267*

Enovelamento, *277*

Degradação proteica, *283*

Bibliografia, *289*

Capítulo 13 • Endereçamento, Enovelamento e Degradação Proteica **267**

A combinação de até 20 aminoácidos através de ligações peptídicas, bem como suas características estruturais, permitem a formação de cadeias polipeptídicas com complexas conformações tridimensionais e propriedades físico-químicas variadas (ver Capítulo 2). Como resultado dessas combinações são formadas moléculas de uma família extremamente versátil: as proteínas, que podem realizar funções diversas, como catalisadoras, componentes celulares estruturais e sinalizadoras.

O uso de proteínas oferece às células a possibilidade de evoluir inúmeras ferramentas modulares, um grau de liberdade essencial para o desenvolvimento da vida como a conhecemos hoje.

A síntese de proteínas segue uma programação codificada no genoma, e a regulação desse processo está intimamente ligada ao destino das moléculas nascentes. A síntese de uma proteína depende de uma molécula resultante do processo de **transcrição**, o mRNA (ver Capítulo 11), que será exportado do núcleo, quando devidamente maduro, através dos poros presentes no envelope nuclear. A seguir, abordamos os longos processos relacionados à tradução e iniciados com a ativação de promotores dos genes presentes no DNA, que resultam nas proteínas. Tais processos definem a localização final das proteínas, sua estrutura tridimensional (enovelamento), suas funções e até mesmo a regulagem da sua degradação (durabilidade e mecanismos).

O processo de tradução dos RNAs mensageiros exportados do núcleo, descrito no Capítulo 12, é basicamente o mesmo para todas as proteínas. No entanto, esse processo é regulado, permitindo diversos ajustes na molécula nascente, tanto de modos cotraducionais quanto pós-traducionais, como modificações covalentes pós-traducionais na cadeia peptídica, enovelamento, além de seu endereçamento, determinando o compartimento celular em que estará presente ao fim do processo. Assim, desde a sua síntese, já estão determinados as características moleculares e o destino dos peptídios nascentes.

Endereçamento

A localização de uma proteína é tão importante quanto sua correta síntese e enovelamento. Proteínas codificadas por genes nucleares podem ter como destino diversos compartimentos, como o citoplasma, o interior de organelas e suas membranas, ou serem exportadas para o meio externo; esse destino reflete em sua síntese, como é descrito a seguir.

A própria sequência de aminoácidos das proteínas contém a informação sobre sua localização na célula quando maduras. Segmentos de sua sequência chamados "sinais de endereçamento" (também referidos como peptídios sinais ou sequências sinais) são reconhecidos por proteínas especializadas solúveis ou por complexos de proteínas de transporte através de membranas (p. ex., um translocador) – enfim, receptores específicos que dão início ao processo de inserção da proteína em um compartimento, tanto no interior da célula quanto no seu exterior. Tal processo de endereçamento pode ocorrer durante ou após a tradução, dependendo do destino da proteína, como veremos adiante. A ausência de um peptídio sinal eventualmente mantém a proteína no citoplasma.

Normalmente, os sinais de endereçamento possuem de 15 a 30 aminoácidos, mas foram identificados exemplos com mais de 80 resíduos. Essas sequências não possuem um consenso, porém várias compartilham características em comum, tais como uma estrutura composta de três regiões distintas (uma porção inicial hidrofílica que pode possuir carga positiva, uma porção intermediária hidrofóbica e uma porção polar voltada ao terminal carboxílico). A maioria dos sinais de endereçamento está presente em regiões amino-terminais das proteínas; no entanto, existem exemplos de sequências sinais em porções carboxi-terminais (C-terminal) e até mesmo casos de sinais descontínuos ao longo da sequência primária da proteína (regiões-sinal ou *patch signal*), ativados após o enovelamento das regiões que os contêm (Figura 13.1; Tabela 13.1). Existem proteínas com múltiplos sinais de endereçamento, que são reconhecidos sequencialmente e que podem, por exemplo, posicionar a proteína inicialmente em uma organela e em seguida direcioná-la à membrana desta estrutura, orientar uma proteína que se move ciclicamente entre compartimentos ou direcionar a inserção de múltiplos domínios transmembranar de uma proteína integral de membrana.

Diversas evidências sugerem que o reconhecimento dos sinais de endereçamento não depende de uma sequência específica de aminoácidos, mas sim das propriedades físico-químicas deles, como carga e hidrofobicidade, corroborando a ausência de consensos nesses segmentos.

Os sinais de endereçamento não são necessariamente parte de uma proteína madura já devidamente posicionada. Em geral, esses sinais são clivados por proteases específicas, chamadas "peptidases sinais", durante ou após o término da tradução. Entretanto, são comuns proteínas que carregam sinais de endereçamento em sua sequência de forma permanente, podendo até ser úteis em casos de proteínas que sejam transportadas ciclicamente entre compartimentos, como os fatores de transcrição ou os reguladores do ciclo celular, que portam sinais de localização nuclear e são transportados de forma regulada para o núcleo ou exportados do mesmo de acordo com complexos processos de sinalização celular (ver Capítulos 6 e 11).

Outra forma de direcionar uma proteína ocorre durante a síntese proteica no retículo endoplasmático, em que modificações pós-traducionais também participam do direcionamento do peptídio sendo sintetizado; as glicosilações são um exemplo, uma vez que podem marcar essas proteínas para uma localização na superfície celular ou regiões intracelulares. Esse mecanismo é descrito em detalhes no Capítulo 14.

Translocadores

Muitas proteínas precisam atravessar membranas e, consequentemente, a porção hidrofóbica da bicamada lipídica para chegar ao seu destino, indicado por seu peptídio sinal. Uma forma de realizar essa travessia é através de translocadores, complexos de proteínas integrais de membrana que formam canais especializados no transporte de peptídios entre compartimentos. Esses canais são regulados, ou seja, enquanto não transportam peptídios, estão fechados, impedindo a passagem indiscriminada de outras moléculas. A seletividade dos translocadores é tal que nem mesmo moléculas pequenas, como íons, atravessam esses canais, mesmo durante a passagem de proteínas. Alguns complexos translocadores podem reconhecer domínios hidrofóbicos de proteínas transmembranar que estão sendo translocadas e mudar sua conformação, de modo a inserir o domínio hidrofóbico no interior da bicamada lipídica e continuar translocando o restante da proteína.

A passagem de polipeptídios por translocadores pode ocorrer durante ou após a tradução; assim, a translocação pode ser impulsionada pela própria síntese proteica (associada a ribossomos), pela hidrólise de trifosfato de adenosina (ATP; associado às chaperonas) ou até mesmo por potenciais elétricos entre os compartimentos separados pela membrana.

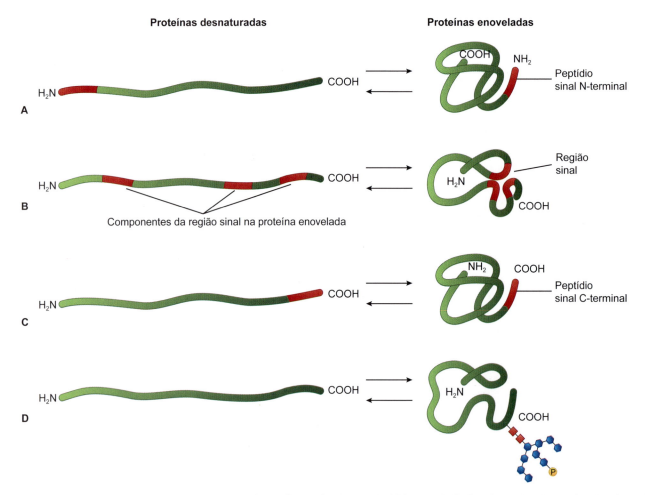

Figura 13.1 Tipos de sinalização de localização proteica. **A.** Peptídio sinal amino-terminal (N-terminal). **B.** Sequência sinal descontínua (região sinal). **C.** Peptídio sinal carboxi-terminal (C-terminal). **D.** Glicosilação. (Adaptada de Alberts et al, 2014.)

Tabela 13.1 Alguns exemplos de sequências sinais.

Função	Exemplo
Importação para o núcleo	-Pro-Pro-Lys-Lys-Lys-Arg-Lys-Val-
Exportação do núcleo	-Met-Glu-Glu-Leu-Ser-Gln-Ala-Leu-Ala-Ser-Ser-Phe-
Importação para a mitocôndria	+H3N-Met-Leu-Ser-Leu-Arg-Gln-Ser-Ile-Arg-Phe-Phe-Lys-Pro-Ala-Thr-Arg-Thr-Leu-Cys-Ser-Ser-Arg-Tyr-Leu-Leu-
Importação para os peroxissomos	-Ser-Lys-Leu-COO⁻
Importação para o RE	+H3N-Met-Met-Ser-Phe-Val-Ser-Leu-Leu-Leu-Val-Gly-Ile-Leu-Phe-Trp-Ala-Thr-Glu-Ala-Glu-Gln-Leu-Thr-Lys-Cys-Glu-Val-Phe-Gln-
Retorno para o RE (KDEL)	-Lys-Asp-Glu-Leu-COO⁻

Proteínas destinadas às mitocôndrias

Apesar de mitocôndrias possuírem genoma próprio e ribossomos, são poucos os transcritos mitocondriais traduzidos nesta organela (13 em humanos). A maioria das proteínas mitocondriais é codificada no DNA nuclear e traduzida no citoplasma (até mesmo suas proteínas ribossomais mitocondriais e maquinaria de replicação de seu genoma). Assim, o funcionamento adequado da mitocôndria depende da importação de proteínas. Conforme o organismo, entre 1.000 e 1.500 proteínas são direcionadas de modo específico para as membranas mitocondriais, espaço intermembranar e matriz mitocondrial.

As proteínas endereçadas às mitocôndrias são inteiramente sintetizadas por ribossomos presentes no citoplasma. Sua sequência de aminoácidos possui um ou mais sinais de endereçamento responsáveis pelo transporte desse precursor (proteína imatura) não só até a mitocôndria, como também até o compartimento mitocondrial adequado.

Os sinais de endereçamento mitocondriais são diversos, e muitos ainda são pouco caracterizados. Podem ser compostos de 10 a 80 aminoácidos e normalmente apresentam uma estrutura secundária característica, que alterna aminoácidos hidrofóbicos e hidrofílicos, formando uma α-hélice anfifílica, na qual as cadeias laterais apolares são dispostas em um lado da hélice e as cadeias laterais com carga positiva são expostas na face oposta (Figura 13.2). Os sinais mitocondriais amino-terminais (N-terminais), também conhecidos como pré-sequências, são posteriormente clivados. Sinais em uma porção interna do peptídio, como os que direcionam para as membranas mitocondriais, não são removidos após a importação.

Os precursores de proteínas mitocondriais precisam ser translocados para a mitocôndria (através de uma ou duas membranas), passando por complexos de membrana com aberturas muito estreitas – praticamente do diâmetro do peptídio. Para esse processo ocorrer, os peptídios não podem estar enovelados em uma estrutura secundária. Assim, ao serem sintetizados, eles são mantidos em um estado desnaturado por meio da associação de chaperonas citoplasmáticas da família proteínas de choque térmico 70 (Hsp70, do inglês *heat shock proteins 70*), que acompanham o precursor até a mitocôndria (Figura 13.3).

Outros fatores também estão associados ao polipeptídio, com a função de auxiliar o endereçamento e a translocação e, principalmente, manter o precursor desnaturado.

Na membrana mitocondrial externa, todas as proteínas destinadas à mitocôndria interagem com o complexo translocador da membrana mitocondrial externa (TOM, do inglês *translocase of the outer mitochondrial membrane*). A partir dessa interação, os precursores podem ser direcionados para a membrana externa, espaço intermembranar, membrana interna ou matriz mitocondrial, de acordo com seus sinais de endereçamento (ver Figura 13.3). Uma das subunidades do complexo TOM reconhece, entre outros sinais de endereçamento mitocondrial, o peptídio sinal N-terminal e o transfere para a subunidade Tom40, que contém o domínio de translocação através da membrana (um domínio barril-β). Nesse momento, o peptídio começa a ser translocado, e suas proteínas associadas (Hsp70 e outros fatores) são removidas à medida que ocorre a passagem pelo canal.

Proteínas destinadas à *membrana mitocondrial externa* contendo domínios transmembranar grandes e complexos, como o domínio barril-β, são translocadas ao espaço intermembranar pelo complexo TOM, onde chaperonas associadas à membrana interna (Tim9 e Tim10) acompanham essa proteína desnaturada até o complexo de montagem e distribuição (SAM, do inglês *sorting and assembly machinery*), que enovela e insere a proteína na membrana externa. Outras proteínas da membrana mitocondrial externa que são mais simples, com um único domínio transmembranar, N ou C-terminal, podem ser inseridas pelo complexo TOM durante a translocação (ver Figura 13.3).

Proteínas destinadas à *matriz mitocondrial* possuem um peptídio sinal N-terminal que é reconhecido por subunidades específicas do complexo TOM; após a passagem pela subunidade Tom40, esses peptídios atravessam um complexo translocador da membrana mitocondrial interna (complexo TIM, do inglês *translocase of the inner mitochondrial membrane*),

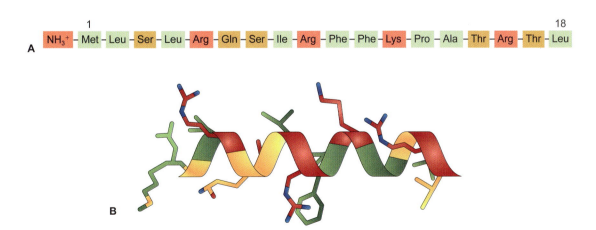

Figura 13.2 Estrutura primária e secundária de uma sequência sinal de importação mitocondrial para matriz mitocondrial. A *cor verde* denota aminoácidos hidrofílicos, e a *vermelha*, hidrofóbicos. **A.** Disposição alternada dos aminoácidos hidrofílicos e hidrofóbicos. **B.** Estrutura secundária, que é reconhecida ainda durante a tradução e direciona o peptídio nascente para a mitocôndria. A disposição dos aminoácidos hidrofílicos e hidrofóbicos está em lados opostos da α-hélice. A proteína contendo esse peptídio sinal é mantida desnaturada no citoplasma e só assume uma conformação terciária após ser entregue ao seu destino na mitocôndria.

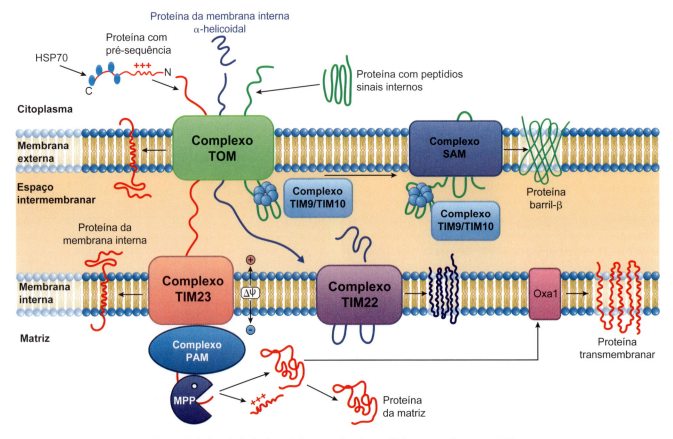

Figura 13.3 Possíveis destinos de importação mitocondrial e os complexos envolvidos.

especificamente o complexo TIM23. Esse complexo interage com o sinal de endereçamento N-terminal, tracionando-o ao seu canal para a translocação. Diferentes evidências experimentais sugerem que TOM e TIM23 podem interagir entre si, o que favoreceria a translocação de proteínas para a matriz mitocondrial (ver Figura 13.3).

A translocação através da membrana mitocondrial interna faz uso de duas formas de energia: a hidrólise de ATP e o potencial elétrico presente entre os compartimentos isolados pela membrana. A matriz mitocondrial possui carga negativa em relação ao ambiente intermembranar, favorecendo a entrada do peptídio sinal (positivamente carregado). Uma vez inserido na matriz, monômeros de uma forma mitocondrial da Hsp70 (mtHsp70) interagem com o peptídio, formando o complexo motor associado à translocação de pré-sequência (PAM, do inglês *presequence translocase-associated motor*) juntamente a outras proteínas, puxando-o em um mecanismo similar a uma catraca (ver Figura 13.3). O trifosfato de adenosina (ATP) seria gasto em ciclos de: ligação de mtHsp70 ao peptídio, impedindo o movimento reverso; consequentes mudanças de conformação do complexo, que exercem força de tração; e liberação do peptídio. Outro componente aceito como tracionador na importação do peptídio seria representado por movimentos brownianos para o interior da matriz, resultante de interações aleatórias com as moléculas do solvente.

Uma vez que o peptídio sinal N-terminal é internalizado na matriz, ele é clivado pela peptidase de processamento de matriz mitocondrial (MPP, do inglês *matrix processing peptidase*).

A proteína pode então assumir sua conformação nativa, auxiliada por chaperonas mitocondriais, como mtHsp70 e Hsp60, por processos dependentes de ATP.

Proteínas destinadas à *membrana mitocondrial interna* podem ser inseridas na bicamada lipídica por meio do complexo TIM22. Normalmente, proteínas da membrana interna não possuem um peptídio sinal N-terminal, sendo o endereçamento realizado por sequências mais internas da proteína, como ocorre com o antiportador ADP-ATP e outros carreadores de metabólitos comuns nessa membrana. Seus precursores são translocados por TOM após o reconhecimento do sinal interno pela subunidade Tom70; no espaço intermembranar, Tim9 e Tim10 (e outras proteínas relacionadas ao TIM) atuam como chaperonas, interagindo com suas porções hidrofóbicas, e acompanham o precursor peptídico desnaturado até o complexo TIM22. O precursor é então transferido ao translocador Tim22, que realiza o deslocamento lateral da(s) porção(ões) transmembranar do peptídio, inserindo-o na membrana mitocondrial interna por meio de um mecanismo ainda não esclarecido, mas dependente do potencial de membrana.

Existem outras rotas para a inserção de proteínas na membrana interna, como através do complexo TIM23, que é capaz de reconhecer peptídios sinais de parada de alguns precursores e liberar seus domínios transmembranar na bicamada. Outra via é a importação da proteína para a matriz, atravessando TOM e Tim23, quando o sinal de endereçamento N-terminal é removido pela peptidase sinal e um novo peptídio sinal é exposto na porção N-terminal, que direciona o peptídio para a proteína translocadora de montagem de oxidase 1 (Oxa1, do inglês *oxidase assembly protein 1*), presente na membrana interna da mitocôndria e que insere a proteína na membrana. A proteína Oxa1, que é muito semelhante a translocadores de bactérias, pode ancorar ribossomos mitocondriais presentes na matriz e, assim, inserir na membrana interna da mitocôndria proteínas codificadas no genoma mitocondrial e traduzidas *in situ*.

Por fim, proteínas destinadas ao *espaço intermembranar mitocondrial* podem ser transportadas para esse compartimento por no mínimo três rotas:

- Algumas proteínas são translocadas pelo complexo TOM diretamente no espaço intermembranar; geralmente esses peptídios não apresentam sinal N-terminal e, uma vez no compartimento, são enovelados e aprisionados
- Um precursor pode ser importado para a matriz e inserido na membrana interna, conforme já descrito, e em seguida sofrer uma clivagem, que separa o domínio transmembranar da porção já presente no espaço intermembranar. O fragmento livre é então enovelado pelas chaperonas presentes e permanece retido nesse compartimento por não possuir outras sequências de endereçamento
- Outro tipo de proteína do espaço intermembranar refere-se às proteínas periféricas da membrana interna, ou seja, proteínas importadas até a membrana, conforme o exemplo anterior, expostas ao espaço intermembranar, mas não clivadas, permanecendo ancoradas à membrana.

Proteínas destinadas aos peroxissomos

Peroxissomos são organelas pequenas e delimitadas por uma membrana simples que contém aproximadamente 50 enzimas envolvidas em metabolismo oxidativo (catalase e urato oxidase, por exemplo). Diferentemente das mitocôndrias, peroxissomos não possuem genoma. Seus componentes são codificados em genes nucleares e traduzidos no citoplasma. As proteínas endereçadas aos peroxissomos também são integradas a esta organela após a tradução, podendo ter como destino seu lúmen ou sua membrana.

Proteínas direcionadas para o lúmen do peroxissomo podem apresentar dois tipos de sinal de endereçamento. O sinal de direcionamento peroxissomal 1 (PTS1, do inglês *peroxisome targeting signal 1*) é o sinal de endereçamento para o peroxissomo mais comum e o mais curto. Esse sinal é C-terminal e tem apenas três aminoácidos (sua sequência consenso é Ser-Lys-Leu). Já o sinal PTS2 está presente na extremidade N-terminal ou próxima a ela. Consiste em nove aminoácidos, com uma sequência consenso fracamente definida, e está presente em poucas proteínas.

Proteínas contendo PTS1 e PTS2 são reconhecidas por receptores solúveis distintos do citoplasma, que as acompanham até a membrana dos peroxissomos, onde são transferidas a complexos de translocação para atravessar a membrana. As proteínas não precisam estar desnaturadas, o que nos leva a acreditar que o poro dos translocadores possui diâmetro variável.

As peroxinas são responsáveis pela translocação das proteínas endereçadas ao lúmen ou pela inserção de proteínas endereçadas à membrana do peroxissomo, com consumo de ATP.

Elas estão presentes na membrana do peroxissomo ou associadas a ela, e mutações nos genes que as codificam (genes *PEX*) estão relacionadas a doenças graves.

Síndrome de Zellweger

A síndrome de Zellweger, ou síndrome hepatorrenalcerebral, é um distúrbio hereditário raro, caracterizado por diversos defeitos neurológicos, hepáticos e renais, que geralmente leva à morte ainda durante a infância. Foi observado que o fígado e os rins do paciente apresentam peroxissomos vazios, constituídos somente pelas membranas, e cujas enzimas, normalmente localizadas em seu interior, aparecem livres no citoplasma, de modo que não podem funcionar normalmente. Portanto, as células do paciente não perdem a capacidade de sintetizar as enzimas típicas dos peroxissomos, mas sim a possibilidade de transferir para os peroxissomos as enzimas produzidas. O estudo genético dos portadores da síndrome de Zellweger detectou mutações em diversos genes, todos codificadores de proteínas que participam do processo de importação de enzimas pelos peroxissomos. Os genes já foram isolados, e foi demonstrado que as proteínas que eles codificam são receptores para enzimas dos peroxissomos ou participam da introdução das enzimas nos peroxissomos. O número de genes e proteínas envolvidos mostra a complexidade do processo de translocação de enzimas para o interior dessas organelas.

Proteínas contendo PTS1 são reconhecidas pelo fator de reconhecimento e importação Pex5, que se liga à proteína e a acompanha até a membrana do peroxissomo, em que um complexo de peroxinas transloca a proteína e Pex5 para o lúmen, em um processo que consome ATP. Após liberar a carga no interior do lúmen, o Pex5 é ubiquitinado (seção "Ubiquitinação" deste capítulo) e transportado de volta ao citoplasma, onde é desubiquitinado e está livre para mais um ciclo de transporte de peptídio contendo PTS1 (Figura 13.4).

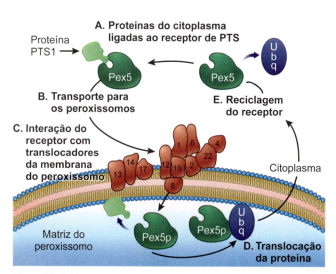

Figura 13.4 Exemplo de transporte de proteína endereçada ao lúmen do peroxissomo contendo PTS1. (Adaptada de Pollard e Earnshaw, 2007 [figura 19-8].)

Proteínas contendo PTS2 são reconhecidas por Pex7, mas seu mecanismo de importação ainda não foi completamente elucidado.

O sinal de endereçamento para a membrana do peroxissomo é bastante variável, e proteínas com destino à membrana do peroxissomo podem apresentar uma ou mais sequências de direcionamento para a membrana peroxissomal (mPTS, do inglês *membrane peroxisomal targeting sequences*). O mPTS é um grupo de aminoácidos básicos com uma possível conformação em α-hélice, flanqueado por um ou dois domínios transmembranar. O seu receptor no citoplasma é a proteína Pex19 (cuja ação é também similar a uma chaperona ao estabilizar uma porção hidrofóbica do sinal), que o acompanha até a membrana do peroxissomo para interagir com Pex3 e Pex16 e efetuar sua inserção na membrana.

Tráfego nuclear

O direcionamento e transporte através do envelope nuclear tem características bastante peculiares:

- A importação e exportação entre o compartimento nuclear e o citoplasma ocorrem através do complexo do poro nuclear (ver Capítulo 9), atravessando as duas membranas lipídicas de uma vez por um único complexo de translocação
- O transporte entre esses compartimentos é bidirecional, ou seja, o poro transporta centenas a milhares de substâncias nos dois sentidos simultaneamente
- O complexo do poro nuclear permite a passagem regulada de diferentes categorias de moléculas (proteínas enoveladas, ácidos ribonucleicos e complexos ribonucleoproteicos montados)
- Utiliza um engenhoso mecanismo molecular para definir o sentido de transporte através do envelope nuclear.

Como descrito anteriormente, o endereçamento de proteínas depende de sinalização; no caso de proteínas que precisem ser importadas para o núcleo, é necessário que contenham a **sequência de localização nuclear** (NLS, do inglês *nuclear localization sequence*) em qualquer porção de sua sequência de aminoácidos. As NLS mais comuns são sequências simples, compostas de quatro a oito aminoácidos básicos, normalmente positivamente carregados (arginina ou lisina). Um segundo tipo de NLS é chamado "bipartido" e consiste em dois grupos de dois a quatro aminoácidos básicos, separados por uma região espaçadora de nove a doze aminoácidos. Existem ainda outros tipos de NLS, inclusive um chamado "não clássico" (ncNLS, do inglês *non-classical nuclear localization signal*); eles variam muito em estrutura e sequências e ainda possuem muitos aspectos funcionais a serem elucidados.

Importação nuclear

O passo inicial no transporte em direção ao nucleoplasma é o reconhecimento da NLS por um receptor de transporte nuclear (ou carioferina), uma proteína solúvel pertencente à superfamília das *importinas*. As importinas atuam como heterodímeros (complexo de importinas α/β) ou como monômeros (importina β). Importina α possui função adaptadora, apresentando em sua estrutura: um domínio N-terminal de ligação à importina β (IBB, do inglês *Importin Beta Binding*); repetições do motivo Armadillo (ARM) contendo triptofano, asparagina e resíduos ácidos, que atuam como sítio de ligação à NLS; e uma porção terminal, que interage com fatores de exportação nuclear.

As importinas β podem reconhecer diretamente diversos alvos contendo NLS ou associar-se à importina α ligada a uma carga contendo NLS. Quase todas as importinas β possuem repetidos domínios helicoidais HEAT (domínio composto de duas α-hélices ligadas por uma alça, seu nome é um acrônimo do nome de outras proteínas que possuem esse domínio) e sítios de ligação para a *GTPase Ran* (do inglês *RAs-related Nuclear protein*, proteína com afinidade de ligação à trifosfato de guanosina – GTP – e atividade hidrolítica, convertendo-o em GDP).

A célula dispõe de diferentes receptores de transporte nuclear (importinas β; mais de 20 em humanos) que podem reconhecer NLS específicas ou atuar em conjunto com proteínas adaptadoras (importinas α), reconhecendo assim a grande variedade de proteínas e complexos que é endereçada ao interior do núcleo e favorecendo a regulação de seu transporte através do poro nuclear.

O complexo de importação completo é composto da proteína (contendo NLS), associada à importina (com ou sem adaptador) e GTPase Ran associada a difosfato de guanosina (Ran-GDP; Figura 13.5A). A GTPase Ran altera sua conformação de acordo com o nucleotídio ligado a ela, modulando a afinidade da importina pela carga a ser transportada. Esse mecanismo é importante para definir a direção do transporte através do envelope nuclear, descrito mais adiante.

O complexo de importação liga-se às fibrilas citoplasmáticas do complexo do poro nuclear e é levado à região central do poro, onde, por um mecanismo ainda desconhecido, atravessa passivamente para o interior do núcleo. Acredita-se que os repetidos domínios helicoidais HEAT das importinas β interagem com porções repetitivas de fenilalanina-glicina (repetições-FG) presentes nas nucleoporinas da região central do poro nuclear, facilitando sua passagem.

No nucleoplasma, Ran-GDP troca seu nucleotídio por GTP, pela ação do fator de troca de guanina de Ran (Ran-GEF, do inglês *Ran guanine exchange factor*; ver Capítulo 6). A Ran muda sua conformação ao ser associada a GTP, induzindo a importina a liberar a sua carga no núcleo, desligando-se da NLS. Caso a importação tenha ocorrido utilizando um adaptador, outro fator é necessário para desmontar e exportar o adaptador e a Ran-GTP do núcleo. Ao liberar a carga, a importina β, importina α (adaptador) e Ran-GTP são movidos para o citoplasma (ver Figura 13.5A).

No citoplasma, a *proteína ativadora de atividade de GTPase de Ran* (Ran-GAP, do inglês *Ran GTPase-activating protein*) promove a hidrolise do GTP pela Ran, convertendo-o em GDP (ver Figura 13.5A). Neste ponto, um novo ciclo pode ser iniciado, pois estão disponíveis o receptor de importação nuclear e Ran-GDP (e adaptador) para compor um novo complexo de importação com uma nova carga contendo NLS.

Exportação nuclear

Proteínas e complexos ribonucleoproteicos também são exportados do núcleo de forma regulada, seja após realizar suas funções (um fator de transcrição, por exemplo), seja como parte de processos celulares usuais (a exportação de mRNA).

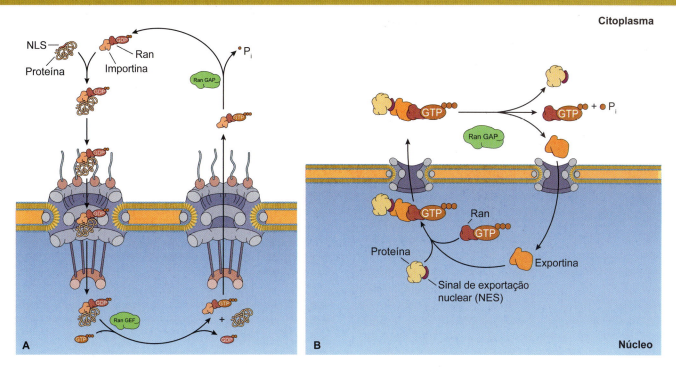

Figura 13.5 **A.** Importação nuclear representada com enfoque no ciclo de importina-β/Ran, sem o uso de adaptador (importina-α). **B.** Exportação nuclear representada com enfoque no ciclo de importina/Ran. (Adaptadas de Cooper e Hausman, 2007 [figuras 8.9 e 8.10].)

A exportação desses elementos pode ser uma estratégia de regulação, ao remover elementos que consigam ativamente iniciar ou modular processos nucleares, podendo levar algumas proteínas a se deslocarem ciclicamente entre núcleo e citoplasma.

A exportação nuclear é sinalizada por uma sequência de exportação nuclear (NES, do inglês *nuclear export sequence*), que pode estar na sequência de uma proteína a ser exportada ou em um adaptador contendo este sinal. As NES consistem geralmente em 8 a 15 resíduos, em que há quatro aminoácidos hidrofóbicos (sendo a leucina bastante comum) espaçados por outros aminoácidos. Uma estrutura bastante frequente é "ΦXXXΦXXΦXΦ", em que Φ representa um resíduo hidrofóbico, e X, qualquer aminoácido.

A exportação nuclear ocorre de forma muito semelhante à importação, compartilhando parte dos elementos envolvidos. De fato, ambos os processos ocorrem simultaneamente.

No núcleo celular, a *exportina*, uma carioferina da mesma superfamília das importinas, liga-se ao sinal de exportação nuclear (NES) presente em proteínas (ou em complexos ribonucleoproteicos) que sejam endereçadas à exportação. A Ran-GTP associa-se também a esses elementos, compondo, enfim, o complexo de exportação (ver Figura 13.5 B).

Ao ser transportado para o citoplasma através do poro nuclear, o complexo se desassocia. Similarmente à importação, sob ação da Ran-GAP, o GTP presente no complexo (Ran-GTP) é hidrolisado, e a mudança de conformação de Ran (agora Ran-GDP) induz a separação de seus componentes (ver Figura 13.5 B).

A carga é liberada no citoplasma, e a exportina é transportada de volta ao núcleo. Para que possa ser reutilizada em outro evento de exportação, a Ran-GDP pode retornar ao núcleo pela via de importação ou importada para o núcleo por um receptor específico, onde será convertida em Ran-GTP pela Ran-GEF.

Sinalização do sentido de transporte pelo gradiente Ran-GTP/Ran-GDP

Note que a presença de Ran-GAP no citoplasma e de Ran-GEF no interior do núcleo promove a formação de um gradiente entre os compartimentos definidos pelo envelope nuclear, em que Ran-GDP concentra-se no citoplasma, e Ran-GTP, no núcleo. Note ainda que a importação depende da ligação de Ran-GDP ao receptor utilizado para a importação, enquanto o receptor para exportação depende de Ran-GTP. Assim, o sentido do transporte, bem como a sinalização dos compartimentos separados pelo envelope nuclear estão definidos molecularmente. O GTP é a única molécula hidrolisada nos processos de importação e exportação pelos mecanismos descritos.

Regulação do transporte nuclear

Dada a importância do complexo do poro nuclear e a grande quantidade de substâncias que o atravessam a todo instante, ele é um ponto crítico que pode modular a fisiologia de toda a célula. Sabemos que diferentes tipos celulares apresentam um número distinto de poros nucleares, relacionado diretamente a suas atividades metabólicas, o que sugere que modular a quantidade dessas passagens no envelope pode ser significativo. No entanto, o complexo do poro nuclear está relacionado a diversos processos celulares (ciclo celular, transcrição, tradução, entre outros), e a densidade de poros no envelope não reflete exclusivamente uma regulação no transporte nuclear.

Uma forma bastante específica de regulação do transporte nuclear ocorre diretamente nos peptídios sinais, que endereçam a carga para importação ou exportação, impedindo-os de ser reconhecidos pelas carioferinas por modificação, ocultação ou sequestro no citoplasma. As NLS ou NES podem ser modificadas de maneira pós-traducional, geralmente por meio de fosforilação; podem ser ligadas a inibidores proteicos que as impedem de ser reconhecidas pelos receptores de transporte nuclear; ou ainda podem associar-se a inibidores e ser armazenadas de forma mais duradoura em complexos agregados no citoplasma ou ligadas a alguma estrutura celular até que sejam necessárias e liberadas pela ação de um fator específico.

Várias proteínas (como fatores de transcrição) podem apresentar tanto NLS como NES, que são moduladas sequencialmente durante ciclos de transporte destas proteínas para o citoplasma ou para o núcleo.

Exportação de mRNA

Subunidades ribossomais e pequenos RNA não codificantes, como miRNA, tRNA e UsnRNA, são transportados através do envelope nuclear por carioferinas (membros da família de importina β) pelos mecanismos descritos neste capítulo e com consumo de GTP. Porém, a exportação nuclear de mRNA ocorre de forma distinta.

Durante o complexo processo de transcrição e processamento do mRNA (ver Capítulo 11), diversos fatores proteicos e ribonucleicos são associados cotranscricionalmente ao mRNA nascente, entre eles o complexo de transcrição-exportação (TREX, do inglês *transcription-export*) e proteínas ricas em serina e arginina (proteínas SR). Estes sinalizam a necessidade de exportação do complexo ribonucleoproteico em desenvolvimento. Após o término do processamento e verificação do mRNA, todo o complexo ribonucleoproteico é direcionado para o poro nuclear. O receptor de exportação nuclear, o heterodímero Nxf1-Nxt1, interage com o complexo TREX e as proteínas SR (entre outros fatores) e acaba associando-se ao mRNA. O Nxf1-Nxt1 interage com os domínios FG das nucleoporinas, promovendo o transporte do complexo de mRNA e proteínas. Uma vez no citoplasma, os fatores envolvidos com a exportação do mRNA são removidos do complexo, evitando seu retorno ao núcleo. O sentido da translocação do mRNA é definido por ATP, e não por GTP.

Proteínas destinadas ao retículo

O retículo endoplasmático é a organela de entrada para a maioria das proteínas destinadas à secreção ou determinados compartimentos celulares, como membrana plasmática, complexo de Golgi, lisossomos, o próprio retículo e outras organelas delimitadas por membranas. As proteínas endereçadas ao retículo podem ser levadas ao seu lúmen (proteínas solúveis), de onde podem ser transportadas e modificadas ao longo de um complexo sistema de transporte vesicular (ver Capítulo 14) ou ainda ser inseridas na membrana do retículo (proteínas transmembranar), que também fazem uso do transporte vesicular para maturação e deslocamento. O retículo é o principal produtor de proteínas de membranas da célula; logo, o tráfego de proteínas endereçadas ao retículo é intenso. A translocação de proteínas para esta extensa organela pode ocorrer de dois modos: cotraducional ou pós-traducional.

Como nos exemplos descritos anteriormente, as proteínas destinadas ao retículo devem possuir um peptídio sinal, uma sequência de aminoácidos que deve ser reconhecida para o direcionamento do polipeptídio para a membrana do retículo.

Proteínas endereçadas ao lúmen do retículo

A maioria das proteínas endereçadas ao retículo apresenta um peptídio sinal N-terminal com uma porção central hidrofóbica, que é reconhecido durante sua tradução e desencadeia a translocação da proteína por um mecanismo cotraducional (descrito com mais detalhes a seguir). Um complexo contendo múltiplas proteínas e uma única molécula de RNA é chamado "partícula de reconhecimento de sinal" (SRP, do inglês *signal recognition particle*) e possui afinidade pelo ribossomo e pelo peptídio sinal, que é reconhecido tão logo surja pelo canal de saída de polipeptídios na subunidade maior do ribossomo (Figura 13.6). A SRP, ao se ligar ao peptídio sinal e ao ribossomo, induz a interrupção da síntese do peptídio quando ocupa o sítio de ligação dos fatores de elongação no ribossomo. Dessa forma, a SRP assume uma conformação que permite que seja reconhecida por um receptor de SRP na membrana do retículo.

O receptor de SRP recruta um complexo translocador (complexo Sec61) na membrana do retículo e transfere o ribossomo com seu peptídio nascente. O translocador fica fechado até estar devidamente ligado ao ribossomo, quando o peptídio nascente é inserido no canal transmembranar. A SRP e o receptor de SRP são então liberados do complexo, e o ribossomo retoma a síntese do peptídio, que agora é translocado para o lúmen do retículo à medida que é sintetizado. O ribossomo e o translocador permanecem associados até o final da tradução do mRNA, quando o ribossomo é liberado e suas subunidades ficam disponíveis no citoplasma para tradução de um novo mRNA. O mRNA, após ser processado por um ou vários ribossomos, pode ser novamente complexado por subunidades de ribossomos e reinicia o processo de tradução, ou, caso esteja no final de sua vida útil (p. ex., apresentando cauda de poli-A degradada ou sem CAP 5′), ou ainda, caso seja alvo de uma regulação ativa, é degradado por endo e exonucleases.

Acredita-se que a interrupção da tradução induzida por SRP apresente diferentes vantagens ao metabolismo celular, bem como um mecanismo de segurança: a grande quantidade de proteínas endereçadas ao retículo exigiria um custo energético muito maior para sua translocação caso utilizasse um mecanismo pós-traducional, demandando desnaturação e/ou uso de chaperonas para manter uma conformação desenovelada; uma quantidade muito maior de proteínas nascentes no citoplasma representa um risco de agregações inespecíficas de porções hidrofóbicas; proteínas direcionadas ao retículo costumam ter atividade enzimática, algumas hidrolíticas, de enovelamento espontâneo, o que exigiria a presença de inibidores no citoplasma.

Muitos detalhes do mecanismo de formação de complexos e transferência do ribossomo para o translocador ainda não estão elucidados, mas sabe-se que a SRP e o receptor de SRP possuem sítios de ligação a GTP. Acredita-se que a ligação e a

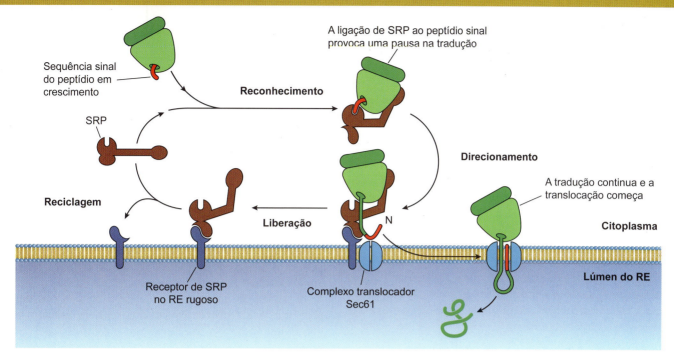

Figura 13.6 Partícula de reconhecimento de sinal (SRP) e receptor de SRP direcionando a síntese proteica do complexo para a membrana do retículo. (Adaptada de Alberts et al., 2014 [figura 12-37].)

hidrólise de GTP em diferentes momentos nesses sítios possam induzir mudanças conformacionais que auxiliem na montagem dos complexos entre o ribossomo e o translocador, bem como a liberação de SRP e do receptor de SRP após a correta associação entre eles.

O polipeptídio, ao ser translocado para o lúmen do retículo, passa a ser processado por enzimas e chaperonas presentes no interior do retículo (ver Capítulo 14). Uma peptidase sinal de membrana, associada ao translocador, cliva o peptídio sinal N-terminal que o direcionou até ali, durante ou após a translocação (Figura 13.7). O peptídio sinal, que é hidrofóbico, é liberado na membrana do retículo, podendo ser degradado por proteases ou exercer alguma função celular.

Polirribossomos

No Capítulo 12, viu-se que um mRNA pode estar associado a vários ribossomos, produzindo múltiplas cópias de sua proteína codificada em uma estrutura chamada "polirribossomo". Polirribossomos também podem ser encontrados na superfície do retículo endoplasmático, contendo um mRNA associado a diversos ribossomos ligados a diferentes translocons, translocando múltiplas cópias da proteína codificada pelo mRNA. Seus arranjos podem ser vistos em micrografias eletrônicas em formas espirais sobre as membranas de cisternas de retículo rugoso.

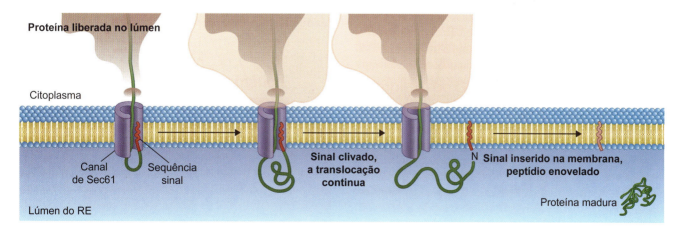

Figura 13.7 Importação de proteínas para o lúmen do retículo. *1.* Após a associação do ribossomo ao translocador, o peptídio sinal (*em vermelho*) na região N-terminal da proteína nascente interage com o Sec61, o que leva à abertura desse complexo e ao início de translocação do restante da proteína de modo cotraducional (com reinício da tradução). *2.* A própria síntese proteica promove as forças necessárias à translocação da proteína. *3.* A proteína nascente passa a ser processada no lúmen do retículo; uma peptidase sinal cliva o peptídio sinal, que fica inserido na membrana (onde pode ser degradado ou possuir função). O restante da proteína é sintetizado e translocado; ao fim do processo, a proteína está enovelada, e o complexo ribossomo-translocador se desmonta, ficando disponível para um novo ciclo. (Adaptada de Earnshaw et al., 2016 [figura 20.8].)

Proteínas endereçadas à membrana do retículo

O complexo translocador Sec61 pode mudar de conformação e expor uma abertura lateral voltada para a bicamada lipídica, por onde o peptídio sinal N-terminal é liberado após sua clivagem, como visto anteriormente. Essa possibilidade de abertura lateral de forma regulada é fundamental para a inserção de domínios transmembranar na bicamada lipídica do retículo (Figura 13.8). O peptídio sinal N-terminal também é chamado "sinal de 'início e transferência'" (do inglês *start-transfer signal*), uma vez que é reconhecido pelo complexo translocador para iniciar a passagem do peptídio pelo canal e por induzir a abertura do translocador para transferência lateral desse peptídio após sua clivagem. Da mesma maneira, sinais internos na sequência de aminoácidos podem induzir a interrupção do processo de translocação e a transferência lateral desse segmento para a membrana – os chamados "sinais de 'parada e transferência'" (do inglês *stop-transfer signal*), que possuem caráter hidrofóbico.

Diferentes arranjos e repetições desses sinais podem orientar diversas variações de inserção de proteínas na membrana do retículo, que têm suas orientações através da membrana mantidas ao longo do transporte vesicular (ver Capítulos 14 e 15). A topologia das proteínas de membrana é funcionalmente importante, sendo mantida quando as proteínas são entregues a seus destinos, onde devem realizar suas funções (ver Capítulo 4).

Um peptídio contendo uma sequência sinal N-terminal e um sinal de parada e transferência interno é translocado normalmente até o segmento hidrofóbico do sinal de parada e transferência. Com esta sequência no canal de translocação, o processo é interrompido, e a peptidase sinal cliva o peptídio N-terminal, que é liberado do complexo. Em seguida, o translocador libera lateralmente o segmento hidrofóbico (em geral em α-hélice) na membrana. A proteína resultante tem sua extremidade N-terminal no lúmen do retículo, um domínio transmembranar e sua extremidade C-terminal no citoplasma (Figura 13.9 A).

Algumas proteínas de membrana apresentam um peptídio sinal N-terminal com um segmento hidrofóbico maior, que serve de domínio transmembranar após sua rápida inserção no canal do translocador (ver Figura 13.11 D). Outras proteínas de membrana de passagem única possuem o peptídio sinal (início e transferência) em uma posição interna na sequência. Essa disposição leva ao reconhecimento do sinal pela SRP depois que certa extensão do peptídio já foi traduzida. Esse peptídio sinal interno, ao ser levado ao translocador, pode ser inserido de dois modos: um resulta em uma proteína de membrana com a extremidade N-terminal no lúmen do retículo, enquanto o outro produz uma proteína de membrana com uma extremidade N-terminal no citoplasma (ver Figuras 13.9 B e 13.11 C). Em ambos os casos, o peptídio sinal não é clivado, mas sim lateralmente deslocado no translocador, servindo de domínio transmembranar em posição mais interna na cadeia.

A disposição de múltiplos sinais de "início e transferência" e "parada e transferência" de modo alternado (ou não alternado em alguns casos) leva à inserção de múltiplos domínios transmembranar da proteína na membrana do retículo, originando proteínas de passagens múltiplas pela membrana, como os receptores de membrana contendo o domínio "sete hélices transmembranares" (do inglês *seven-transmembrane helix*). Nessas proteínas, os peptídios sinais de início e de parada não são removidos, mas, sim, tornam-se domínios transmembranar da proteína (Figuras 13.10, 13.11 E e F).

Translocação pós-traducional para o retículo

Apesar de ser menos frequente que o modo cotraducional já descrito, eucariotos podem utilizar o mesmo complexo translocador (complexo Sec61) para transportar proteínas já sintetizadas para o retículo, em um mecanismo pós-traducional de translocação com gasto energético. As proteínas que utilizam esse mecanismo possuem peptídios sinais e receptores específicos, logo não usam SRP ou receptor de SRP, e são mantidas em uma conformação não enovelada por chaperonas citoplasmáticas até serem translocadas.

Como a tradução não é acoplada à translocação, o mecanismo e as forças que a promovem são diferentes da translocação cotraducional. Proteínas acessórias se ligam ao complexo Sec61 no lado luminal da membrana do retículo, e, após a inserção do peptídio no canal do complexo translocador, múltiplos monômeros da chaperona *proteína de ligação à imunoglobulina* (BiP, do inglês *binding immunoglobulin protein*, também conhecida como GRP78 ou HSPA5; uma proteína da família das Hsp70) associam-se à sua extremidade N-terminal já na face interna da membrana do retículo. Esses monômeros fornecem a força de tração necessária para a translocação ocorrer, através de ciclos de ligação e liberação do peptídio, com consumo de ATP em um modelo de "catraca", similar ao já descrito na translocação em mitocôndrias. A chaperona BiP está envolvida em muitas funções importantes no RE (ver Capítulo 14).

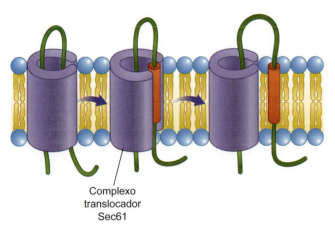

Figura 13.8 O complexo translocador Sec61 pode assumir uma conformação que expõe uma abertura lateral voltada para a bicamada lipídica, por onde um domínio hidrofóbico da proteína nascente pode ser liberado, ficando inserido na membrana.

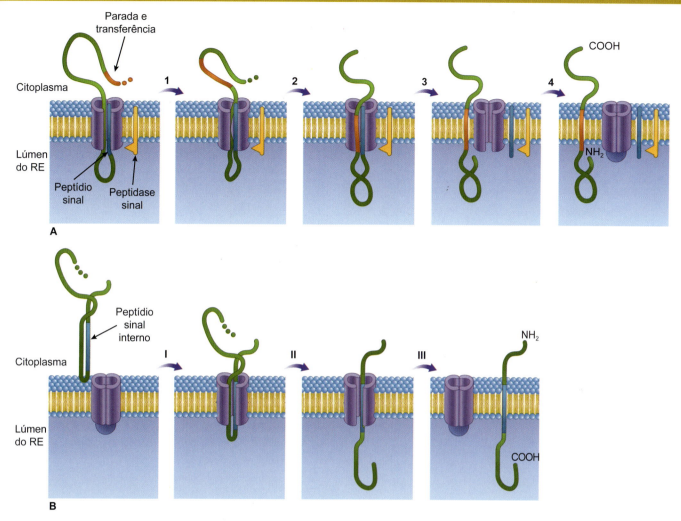

Figura 13.9 Dois exemplos de inserção cotraducional de proteínas transmembranar de passagem única (para facilitar a visualização, os ribossomos foram excluídos). **A.** A proteína apresenta o peptídio sinal (*em azul*) na região N-terminal, que interage com o Sec61, o que leva à abertura deste complexo e ao início de translocação do restante da proteína. *1.* O restante da cadeia peptídica segue sendo translocado (*em verde*). *2.* A cadeia peptídica apresenta ainda outra região hidrofóbica (*em vermelho*), que, ao passar pelo translocador, indica uma parada de transferência (também chamada "sequência de parada e transferência"). *3.* O peptídio sinal é clivado pela peptidase sinal, e o translocador, por uma abertura lateral, permite que essas cadeias peptídicas (tanto o peptídio sinal quanto a sequência de parada e transferência são altamente hidrofóbicas) interajam com a região hidrofóbica da bicamada lipídica, se deslocando lateralmente. *4.* Tanto a proteína recém-sintetizada quanto o peptídio sinal, agora separados e fora do Sec61, permanecem ligados à membrana. O peptídio sinal pode ser posteriormente degradado. Assim, esta proteína de membrana de passagem única fica com a região N-terminal voltada para o lúmen do retículo endoplasmático rugoso (RER), e a região C-terminal, para o citoplasma. **B.** A proteína apresenta um peptídio sinal (*em azul*) mais central do que em **A**. *1.* Quando ocorre a translocação da região do peptídio sinal, este acaba inserido na membrana, por induzir uma parada de translocação, similar ao descrito em **A**. *2.* O restante da proteína pode continuar a ser inserido conforme é sintetizado pelo ribossomo, até que toda a região C-terminal entre no lúmen do RE. *3.* A peptidase sinal não é capaz de clivar o peptídio sinal neste caso, por estar em uma posição mais interna na proteína, e esta permanece ligada à membrana por essa sequência. Então, neste exemplo, a porção N-terminal fica voltada para o citoplasma, e a C-terminal, para o lúmen do RE.

Enovelamento

O processo de tradução gera as proteínas por um processo de adição sequencial de aminoácidos, baseado na informação contida em ácidos nucleicos. No entanto, esse "cordão" peptídico só tem função se estiver arranjado em uma conformação tridimensional específica, chamada "conformação nativa", que representa um estado de menor energia ou uma conformação estável (de diversas opções possíveis). O processo de dobramento e ajuste tridimensional da cadeia peptídica é chamado "enovelamento".

A sequência de aminoácidos da proteína é determinante nesse processo e especifica as estruturas secundárias e o mecanismo de enovelamento de acordo com as características físico-químicas de seus resíduos. Interações hidrofóbicas entre os aminoácidos são as principais forças responsáveis pela formação de estruturas secundárias proteicas, seguidas por ligações de hidrogênio, pares iônicos e interações de van der Waals.

A maioria das proteínas começa seu enovelamento enquanto são traduzidas, de forma espontânea, à medida que deixam a subunidade grande do ribossomo e interagem com o ambiente celular a que estão expostas. As características do microambiente (força iônica, pH, temperatura, solvente) influenciam diretamente o enovelamento ao interagir com os aminoácidos, os quais possuem variadas propriedades físico-químicas. Assim, uma proteína solúvel citoplasmática pode se enovelar de forma rápida e autônoma, enquanto uma proteína transmembranar sofre um enovelamento por um mecanismo diferente, com auxílio de outros complexos e em um ambiente distinto (ver Capítulo 14).

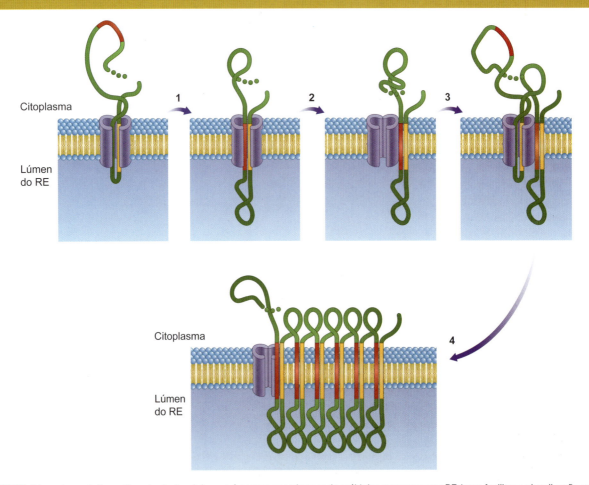

Figura 13.10 Mecanismo de inserção cotraducional de proteínas transmembranar de múltiplas passagens no RE (para facilitar a visualização, os ribossomos foram excluídos da figura). As regiões mostradas em *amarelo* e *vermelho* são ricas em aminoácidos hidrofóbicos, que constituem, respectivamente, as sequências de "início e transferência" (*em amarelo*) e "parada e transferência" (*em vermelho*). Nesse exemplo, é mostrada uma proteína cujo peptídio sinal é mais interno (*primeira região amarela*), que permanece incorporado à membrana (ver Figura 13.9) e é a sequência que induz o início da translocação da proteína nascente. *1.* Após interação do peptídio sinal com o Sec61, o restante da proteína é translocada (*em verde*), até que uma segunda região hidrofóbica (*em vermelho*) inicia a passagem pelo translocador e sinaliza uma parada na translocação. *2.* As regiões hidrofóbicas da proteína saem pela abertura lateral do Sec61 e interagem diretamente com a membrana. *3.* A tradução de outra sequência contendo aminoácidos hidrofóbicos (*em amarelo*) leva ao reinício da translocação; esta nova sequência interage com o Sec61 e permanece ali, enquanto o restante da proteína que está sendo traduzida é translocada para o lúmen do RE. A tradução de outra sequência hidrofóbica (*em vermelho*) indica uma nova parada de translocação para o Sec61. Assim como mostrado no item 2, as duas regiões hidrofóbicas saem por sua abertura lateral. *4.* Enquanto novas regiões de início de translocação (*em amarelo*) e parada de translocação (*em vermelho*) forem traduzidas, novos ciclos de produção de regiões transmembranar, interligadas por voltas hidrofílicas (*em verde*), são produzidos. Assim, as sequências altamente hidrofóbicas ímpares sinalizam para o início de translocação da proteína, enquanto as sequências pares, para sinais de parada de translocação.

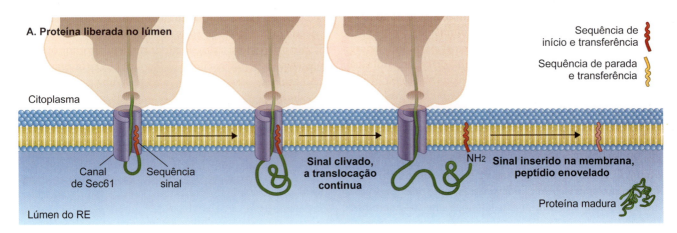

Figura 13.11 Importação de proteínas para o retículo e diferentes estratégias para inserir domínios hidrofóbicos na membrana do retículo, produzindo topologias distintas das proteínas de membrana. (Adaptada de Earnshaw et al., 2016 [figura 20.8].) (*continua*)

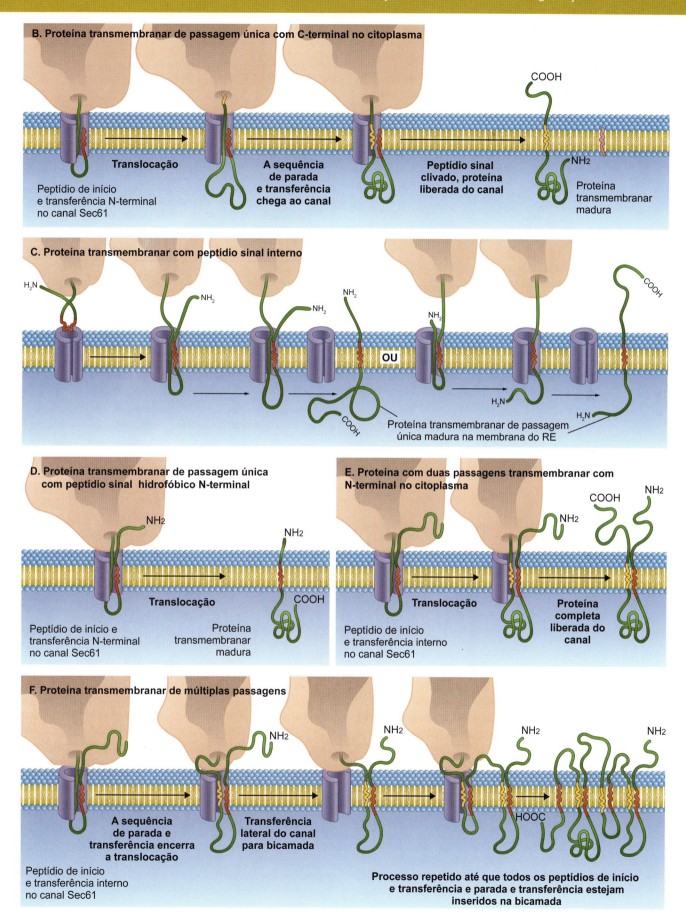

Figura 13.11 (*Continuação*) Importação de proteínas para o retículo e diferentes estratégias para inserir domínios hidrofóbicos na membrana do retículo, produzindo topologias distintas das proteínas de membrana. (Adaptada de Earnshaw et al., 2016 [figura 20.8].)

Possibilidades de auxílio ao enovelamento

Três tipos de proteínas acessórias podem auxiliar o enovelamento: peptidilprolil *cis-trans* isomerases, isomerases de dissulfetos de proteínas e chaperonas moleculares.

Peptidilprolil *cis-trans* isomerases

O aminoácido prolina possui uma cadeia lateral com uma estrutura cíclica que confere uma rigidez em sua ligação peptídica, podendo assumir uma conformação *cis* ou *trans*. A grande maioria dos polipeptídios sintetizados nas células possuem ligações peptídicas com prolina na conformação *trans*, que oferece menos impedimentos estéricos. No entanto, algumas proteínas precisam do isômero *cis* das ligações X-Pro (em que X representa qualquer aminoácido ligado à *Pro*lina).

A isomerização da ligação X-Pro é cineticamente muito desfavorável; apesar de não haver grandes diferenças de energia entre as conformações, o processo é muito lento e insignificante em condições biológicas, a ponto de inviabilizar o enovelamento de suas proteínas contendo essas ligações. Ou seja, o processo não ocorre de forma espontânea devido à energia de ativação necessária. Assim, proteínas que possuem prolina e necessitam alterar sua conformação durante o enovelamento podem ter esse passo como limitante de velocidade. As peptidilprolil *cis-trans* isomerases (também conhecidas como "rotamases") transpõem esta limitação ao catalisar a interconversão entre as conformações *cis* e *trans* da ligação peptídica da prolina (X-Pro; Figura 13.12). Peptidilprolil *cis-trans* isomerases estão presentes tanto em procariotos quanto em eucariotos. As famílias desta enzima estão

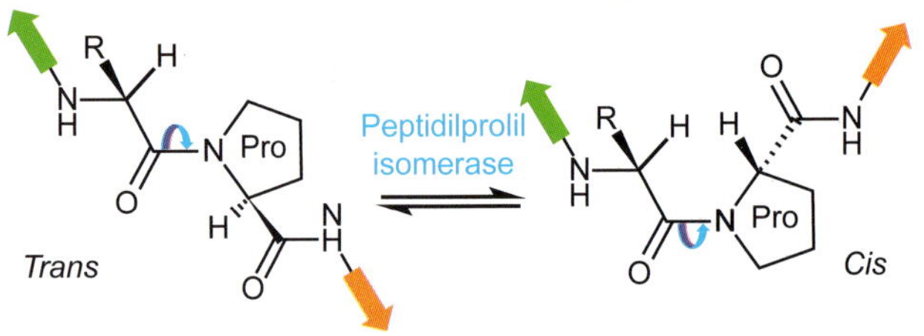

Figura 13.12 Ação das peptidilprolil *cis-trans* isomerases. Essas enzimas catalisam a interconversão entre as conformações *cis* e *trans* da ligação peptídica da prolina (X-Pro), processo que demanda energia de ativação relativamente alta e que não ocorre de forma espontânea. Apesar de a maioria dos polipeptídios sintetizados nas células possuir ligações peptídicas com prolina na conformação *trans*, que oferece menos impedimentos estéricos, algumas proteínas precisam do isômero *cis* para sua conformação nativa.

relacionadas a processos celulares importantes, como ciclo celular, sinalização, apoptose, síntese e manutenção de matriz extracelular, além de possuírem relevância clínica, por seu envolvimento com processos inflamatórios, câncer e doenças infecciosas.

Isomerases de dissulfetos de proteínas

Isomerases de dissulfetos de proteínas são enzimas presentes no retículo endoplasmático, que possuem sítio ativo com o motivo Cys-Gly-His-Cys, de modo que as sulfidrilas laterais das cisteínas possam participar de reações de trocas de pontes dissulfeto (Figura 13.13). Assim, de forma pós-traducional, elas podem rearranjar ligações dissulfeto em polipeptídios até alcançarem as ligações nativas.

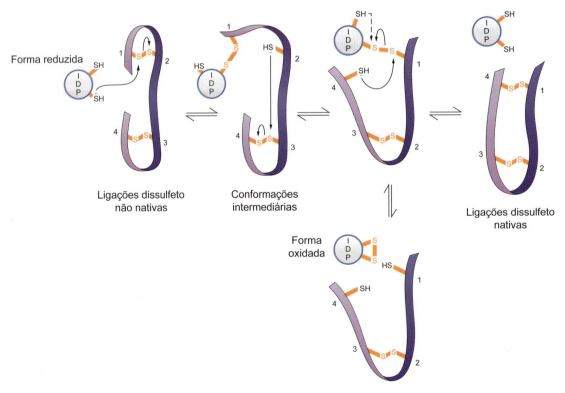

Figura 13.13 Exemplo de atividade das isomerases de dissulfetos de proteínas promovendo o rearranjo de ligações dissulfeto (os resíduos participantes dessas ligações estão indicados por números). Em seu sítio ativo, essa isomerase possui um motivo Cys-Gly-His-Cys, cujas sulfidrilas podem participar de pontes dissulfeto com proteínas nascentes ou em conformações não nativas no retículo. Consecutivos rearranjos de ligações dissulfeto levam à conformação correta das proteínas; esse processo também é conhecido como "enovelamento oxidativo". (Adaptada de Voet e Voet, 2010 [Figura 9-15].)

Chaperonas moleculares

Proteínas pequenas e relativamente simples tendem a se enovelar espontaneamente. Contudo, proteínas maiores e estruturalmente mais complexas apresentam múltiplos domínios e subunidades e demandam um auxílio para realizar seu enovelamento até a conformação ideal. Chaperonas moleculares são uma classe de proteínas que têm afinidade por regiões hidrofóbicas de polipeptídios. Ligando-se a estas porções, elas impedem a associação indevida a peptídios nascentes ou proporcionam um ambiente propício para ciclos de desnaturação e renaturação, que favorecem o enovelamento adequado. Normalmente, chaperonas possuem atividade de ATPase e utilizam a hidrólise de ATP para promover o enovelamento. Sua ação pode ocorrer durante a síntese proteica ou sobre proteínas maduras que sofreram desnaturação por motivos diversos, como aquecimento. Este papel, necessário durante alterações térmicas, deu origem ao nome proteínas de choque térmico, comum a muitas chaperonas.

Existem diferentes famílias de chaperonas moleculares, com funções distintas. Algumas têm ação geral, enquanto outras podem ser específicas para o enovelamento de alguns grupos de proteínas, como as nucleoplasminas, chaperonas ácidas nucleares necessárias para a montagem adequada dos nucleossomos.

O citoplasma e outros compartimentos celulares contêm uma grande quantidade de proteínas sendo sintetizadas, enoveladas ou degradadas, expondo muitos grupos hidrofóbicos que têm potencial para se associar entre si e formar agregados, desnaturações irreversíveis e até depósitos amiloides insolúveis. As chaperonas impedem essas associações, além de desempenhar muitas outras funções.

Existem ainda proteínas auxiliares das chaperonas, as cochaperonas – proteínas que modulam a atividade de ATPase das chaperonas ou que se ligam a substratos e recrutam as chaperonas. Elas modulam a afinidade das chaperonas por seus substratos ou auxiliam em funções regulatórias que estas podem participar.

Hsp70

As proteínas da família Hsp70 são chaperonas moleculares monoméricas de 70 kDa. Elas são muito conservadas em procariotos e eucariotos; neste último, ocorrem variantes específicas para compartimentos diferentes, assim temos variantes citoplasmáticas, mitocondriais (mtHsp70), no retículo endoplasmático (BiP) e em cloroplastos. As Hsp70 apresentam três domínios: um domínio N-terminal com afinidade por ATP e atividade de ATPase; um domínio de ligação ao substrato (DLS), formado por folhas-β arranjadas em uma estrutura capaz de acomodar porções de aproximadamente oito resíduos neutros e hidrofóbicos de peptídios nascentes ou desnaturados; e, finalmente, um domínio C-terminal, composto de α-hélices que agem como um grampo, fechando a cavidade contendo o substrato (Figura 13.14). Enquanto a hidrólise do ATP e a liberação do fosfato induzem o domínio C-terminal a mudar de conformação

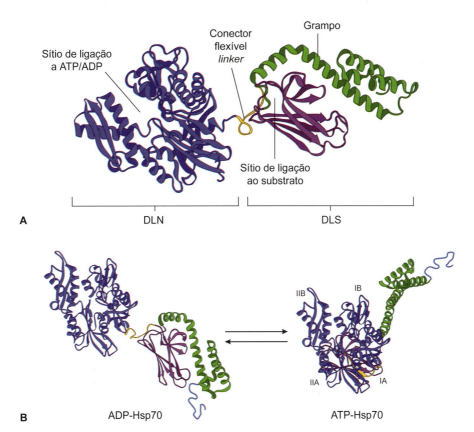

Figura 13.14 **A.** Representação da estrutura secundária de Hsp70, em disposição que permite a visualização do domínio de ligação ao substrato (DLS, *em roxo*), região hidrofóbica que interage com até oito aminoácidos de cada vez, e domínio de ligação a nucleotídios (DLN, *em azul*), com atividade de ATPase. **B.** Projeções das conformações aberta (DLS exposto) e fechada (domínio C-terminal fechando o domínio hidrofóbico de DLS). A mudança de conformação do domínio C-terminal é induzida pela presença de difosfato de adenosina (ADP) ou ATP no domínio de ligação a nucleotídios N-terminal.

e "prender" a porção hidrofóbica de um peptídio na Hsp70, a entrada de um novo ATP no domínio N-terminal "abre" o grampo e libera o substrato.

Ciclos de ligação e liberação do peptídio nos domínios de Hsp70 permitem que suas regiões hidrofóbicas fiquem isoladas de outros segmentos proteicos a que possam se agregar. Permitem ainda a desnaturação de proteínas em conformações erradas ou agregadas, promovendo novas oportunidades de assumir uma conformação de menor energia, até alcançar o enovelamento adequado. A atividade de Hsp70 sobre agregados proteicos ou proteínas desnaturadas ocorre em associação à cochaperona Hsp40. Como visto anteriormente, as Hsp70 também mantêm peptídios recém-sintetizados desnaturados até serem translocados em suas organelas-alvo (mitocôndrias e cloroplastos).

Hsp90

As proteínas Hsp90 são muito abundantes em células de eucariotos, representando aproximadamente 2% das proteínas em células normais e 4 a 6% do conteúdo proteico em células sob estresse térmico. A Hsp90 é uma proteína solúvel, que forma homodímeros e possui grande afinidade pelas porções hidrofóbicas expostas presentes em peptídios desnaturados ou mal enovelados. Sua atividade é dependente de ATP, atuando como chaperona geral, porém possui outras funções relacionadas a sinalização celular, degradação de proteínas e transporte intracelular.

A Hsp90, em conjunto com outras cochaperonas, atua na manutenção de receptores de hormônios esteroides (que possuem regiões hidrofóbicas expostas) em uma conformação estável e apta a receber os hormônios esteroides (hidrofóbicos; ver Capítulo 6). Esses receptores alteram sua conformação quando se ligam a esteroides, dissociam-se das Hsp90 e são translocados para o núcleo, onde atuam na regulação da expressão de genes específicos. Receptores do tipo tirosina-quinase também estão relacionados à Hsp90, corroborando o papel regulador incomum dessa chaperona molecular.

Chaperoninas

As chaperoninas são, atualmente, a classe de chaperonas mais caracterizada. As chaperoninas são dotadas de um eficiente mecanismo de enovelamento de proteínas nascentes, recém-sintetizadas ou maduras e desnaturadas, por meio de um processo que ocorre no interior de sua estrutura molecular de forma cilíndrica (Figura 13.15). As chaperoninas bacterianas e de organelas de eucariotos atuam em conjunto com cochaperoninas, proteínas que formam complexos em forma de disco que fecham a abertura do cilindro (chaperonina) e modulam sua atividade.

As chaperoninas estão presentes em procariotos e eucariotos. Em *E. coli*, são designadas como GroEL, e sua cochaperonina, como GroES; neste organismo, o mecanismo de funcionamento dessa classe foi descrito de forma mais detalhada. Em eucariotos, as chaperoninas são chamadas *Hsp60* (por terem aproximadamente 60 kDa), e sua cochaperonina, *Hsp10*, e diferentes membros das famílias estão presentes em diversos compartimentos celulares (CCT ou TRiC, no citoplasma; Hsp60/Hsp10, em mitocôndrias; Cnp60/Cnp10, em cloroplastos), o que reflete sua importância para a célula. As chaperoninas de organelas (Hsp60/Hsp10, Cnp60/Cnp10) são muito semelhantes às chaperoninas de bactérias (p. ex., GroEL/GroES), formando um grupo bastante conservado. Já as chaperoninas citoplasmáticas, apesar das semelhanças estruturais, são mais complexas e não necessitam de uma cochaperonina para fechar o compartimento interno, por exemplo.

Análises de determinação de estrutura molecular de GroEL (60 kDa) indicam que a estrutura cilíndrica do complexo formado pelas chaperoninas é composta de dois anéis heptaméricos, formados por subunidades idênticas de 60 kDa. Estes anéis são dispostos um contra o outro, de maneira a formar

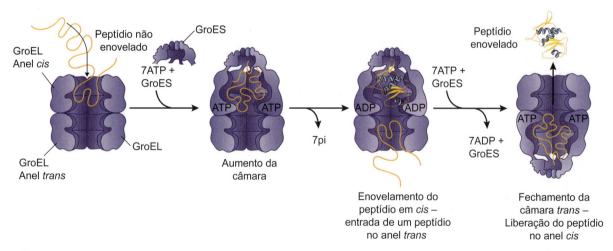

Figura 13.15 Modelo proposto para a atividade das chaperoninas (Hsp60/GroEL; Hsp10/GroES). Essas chaperoninas formam um cilindro composto de dois anéis heptaméricos de GroEL, formando duas câmaras que não se comunicam pela região central do cilindro. 1. Um peptídio não enovelado interage com porções hidrofóbicas na abertura da câmara de um anel e é internalizado; esse anel passa a ser chamado *cis* e contém sete ATPs. 2. O anel *cis* associa-se à uma "tampa", um disco heptamérico de GroES, o que resulta em uma mudança de conformação no cilindro como um todo. 3. O peptídio em *cis* agora está em um ambiente favorável para seu enovelamento. 4. Após a hidrólise dos ATPs, que regulam o tempo de exposição do peptídio a esse ambiente, o GroES desliga-se do anel *cis*, o peptídio é liberado, e novos ATPs e um peptídio não enovelado ligam-se ao anel *trans*. Uma proteína pode necessitar de vários ciclos de enovelamento auxiliado por chaperoninas antes de chegar à sua conformação nativa. As cavidades são utilizadas de forma alternada. (Adaptada de Earnshaw et al., 2016 [figura 12.4].)

duas aberturas idênticas em ambos os lados do cilindro (porções apicais do complexo) com regiões hidrofóbicas, enquanto a região equatorial dos anéis forma as duas câmaras dentro do cilindro que abrigam as proteínas a serem enoveladas (chamadas "substrato" ou "clientes das chaperonas") e têm sete sítios de ligação para ATP. A região de contato entre os anéis possui segmentos proteicos que obstruem a livre passagem de proteínas de uma câmara para outra.

As cavidades dentro do complexo formado por essas chaperoninas criam um ambiente isolado da influência de compostos presentes no citoplasma, uma condição muito diferente do que vimos com as chaperonas Hsp90 e Hsp70.

As proteínas GroES (10 kDa) se associam em um heptâmero composto de subunidades idênticas, em formato de cúpula, e cuja face interna é rica em aminoácidos hidrofílicos. Essa face interna tem afinidade pelas aberturas dos cilindros de GroEL, quando este último está associado a proteínas não enoveladas e ATP. Em outras palavras, o GroES age como uma tampa para o GroEL. O funcionamento proposto para esse tipo de chaperonina ocorre da seguinte maneira (ver Figura 13.15):

1. Uma proteína desnaturada (com porções hidrofóbicas expostas), ou seja, o substrato, interage com as regiões hidrofóbicas apicais de um dos anéis de subunidades de 60 kDa (ver Figura 13.15) que já contém sete ATPs em seus sítios internos. Após a internalização do peptídio na câmara desse anel (chamado *cis* agora), a "tampa" composta de subunidades de 10 kDa de GroES liga-se à região apical deste anel e muda a conformação do cilindro (inclusive do segundo anel aberto e vazio, no lado oposto, chamado *trans*).

2. A mudança de conformação oculta domínios hidrofóbicos e induz o aumento do volume da câmara que contém a proteína desnaturada no anel *cis*. O substrato agora está em um compartimento isolado do citoplasma e livre de interações hidrofóbicas, podendo alterar sua conformação apenas por meio de interações autógenas (entre porções do próprio polipeptídio). É possível que, entre a interação com os domínios hidrofóbicos na abertura do anel e o fechamento da cavidade, as chaperoninas exerçam um efeito desnaturante sobre o substrato, facilitando sua renaturação (sobretudo se estiver em uma conformação errada, mas estável).

3. Após um período, os sete ATPs são hidrolisados na câmara que contém o substrato sendo enovelado e liberam seus fosfatos do complexo, o que induz um enfraquecimento da associação do anel *cis* de GroEL com sua "tampa" de GroES.

4. Por fim, a associação dos sete ATPs e uma nova proteína desnaturada na câmara oposta (aberta, *trans*; ver Figura 13.15) promove a liberação da "tampa", do substrato e dos sete ADPs da câmara que estava fechada.

O ciclo continua com o fechamento da câmara recém-ocupada pelo complexo da cochaperonina de 10 kDa, conforme descrito anteriormente. Se a proteína estiver corretamente enovelada, ela é liberada; se ainda possuir porções hidrofóbicas expostas, ela é rapidamente reassociada aos domínios hidrofóbicos do cilindro (Hsp60/GroEL), e o ciclo pode ser reiniciado.

A estrutura do complexo GroEL, a disposição dos ATPs e o funcionamento das mudanças conformacionais permitem que seja utilizada uma câmara de cada vez e que o ritmo do processamento seja ditado pela hidrólise do ATP.

Como é possível perceber, apesar de uma parte das proteínas celulares ser capaz de enovelamento espontâneo, as células desenvolveram diversas estratégias e proteínas acessórias para garantir a correta conformação proteica após sua síntese e a proteção ao lidar com desnaturação em situações de estresse em todos os seus compartimentos.

Além da sua função no enovelamento, essas proteínas acessórias (chaperonas, principalmente) participam de muitos processos celulares que não foram abordados aqui, podendo assumir papéis na sinalização celular, regulação do ciclo celular e diferenciação. Suas capacidades de monitoramento da qualidade de proteínas são importantes também no direcionamento de proteínas irreparáveis para processos de degradação, que é abordado na próxima seção.

Degradação proteica

Existe um equilíbrio dinâmico que mantém todo o conjunto de proteínas de uma célula em concentrações adequadas e conformações funcionais. Esse estado é chamado "proteostase" e é resultado de uma vasta malha de processos celulares que regulam a síntese de proteínas, seu enovelamento, transporte celular e degradação. A rede de vias responsável por esse equilíbrio geralmente é muito resiliente e adaptável, porém agentes ou condições que o prejudicam costumam ser de ação crônica. A proteostase está relacionada à homeostase celular e ao processo de envelhecimento, e distúrbios dessa condição estão relacionados a diversas condições patológicas.

Uma vez sintetizadas e devidamente enoveladas, as proteínas estão aptas para exercer suas funções. No entanto, com o passar do tempo, essas proteínas podem sofrer danos, que, acumulados, são capazes de prejudicar sua função, exigindo assim sua renovação. Diversos fatores de origem tanto intracelular quanto extracelular podem promover o surgimento de danos em proteínas. Os danos podem variar de uma desnaturação, ocasionada por alterações ambientais ou químicas, até modificações covalentes, como oxidação, alquilação e ligações cruzadas com açúcares, lipídios ou outras macromoléculas.

Exemplificando como o ambiente fisiológico intracelular pode ser agressivo, temos a ocorrência de danos provenientes da ação de espécies reativas de oxigênio ou de nitrogênio (EROs e ERNs, respectivamente), que são resultantes do metabolismo celular usual (ver Capítulo 5).

Essas alterações proteicas podem ocorrer de forma não regulada, o que levaria a condições prejudiciais ou catastróficas para a célula ou para o organismo. As vias enzimáticas podem ser afetadas pela perda de eficiência de seus catalizadores ou perda de afinidade de seus reguladores; os processos de replicação e expressão gênica também podem ser comprometidos; e ainda há o risco de formação de agregados proteicos intra ou extracelulares. Essas condições são formas de estresse celular, e existem mecanismos capazes de mitigar seus efeitos (p. ex., chaperonas e vias de degradação proteica) quando são decorrentes do metabolismo natural da célula. No entanto, há condições em que o estresse supera a capacidade da célula de suportá-lo.

Algumas proteínas desnaturadas e/ou quimicamente danificadas (em geral, produtos de oxidação) podem adquirir afinidade entre si, tornando os seus agregados mais difíceis de solubilizar ou degradar através da atividade de proteases. O acúmulo de proteínas danificadas é capaz de afetar o funcionamento celular e levar ao desenvolvimento de doenças graves no organismo. Agregados proteicos podem oferecer uma superfície reativa abundante, onde são possíveis interações com íons metálicos e reações cruzadas com metabólitos, gerando radicais livres ou inibindo processos de degradação proteica, por exemplo. Agregados desse tipo podem ser observados em pacientes com doença de Alzheimer e de Parkinson. Ainda não há um consenso se os processos de formação de agregados proteicos são controlados pela célula.

Poucos são os mecanismos de reparo presentes em uma célula para essa categoria de moléculas. Proteínas são muito diversas, e os mecanismos de reparo já caracterizados são bastante específicos, poucos dos danos gerados conseguem ser revertidos e geralmente apenas em aminoácidos específicos, tornando o custo inviável para um amplo processo de reparo dessa família de macromoléculas. Assim, processos de degradação são a principal via de eliminação de proteínas atípicas, degradando-as até seus aminoácidos componentes, que são reutilizados pela célula.

O tempo de meia-vida de uma proteína normal é dependente de fatores diversos, tais como sua função, sequência, localização e estado nutricional da célula, e pode variar de minutos a meses. De fato, a degradação de uma proteína pode fazer parte do controle de um processo biológico.

Processos de degradação também eliminam proteínas sintetizadas com erros em sua sequência ou sua conformação, bem como proteínas que já cumpriram seu papel no desenvolvimento ou em resposta a uma condição fisiológica (p. ex., isoformas fetais, mioglobinas, proteínas de choque térmico após o estresse ou eliminando enzimas de uma via em desativação). Logo, processos de degradação proteica são fundamentais para a célula, tanto para evitar o acúmulo de proteínas danificadas quanto para reaproveitar os aminoácidos de proteínas disfuncionais. Constitui-se uma função comum em eucariontes e em procariontes, que ajuda a manter os intrincados equilíbrios que regulam a proteostase.

Proteassomo

A degradação proteica mediada por proteassomos é a principal via de degradação de proteínas desnaturadas ou danificadas, além da degradação regulada de proteínas de vida curta. Dois componentes principais participam desta via de degradação: o processo de ubiquitinação, que marca as proteínas que devem ser degradadas, e o proteassomo, um grande e abundante complexo proteico com atividade de protease.

Reconhecimento de proteínas a serem degradadas

A ubiquitina, como o próprio nome sugere (deriva-se de "ubíquo"), é uma proteína encontrada em todas as células eucariontes e é altamente conservada. Seus 76 aminoácidos (8,6 kDa) formam uma estrutura compacta (Figura 13.16) que permite sua atuação como uma "etiqueta". Devido ao seu pequeno volume, a

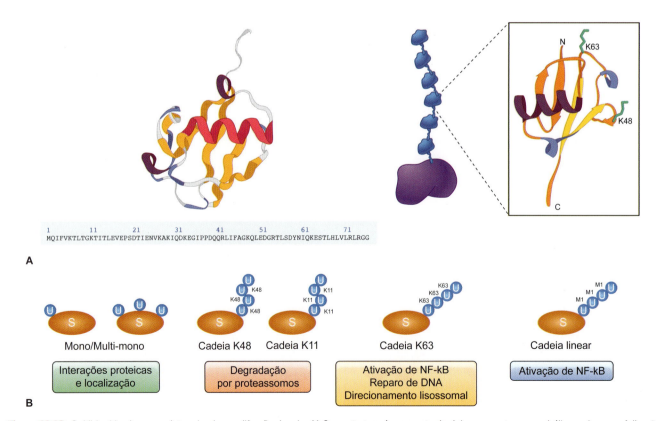

Figura 13.16 **A.** Ubiquitina humana determinada por difração de raios X. Sua estrutura é composta de dois segmentos em α-hélice e cinco em folha-β. *No detalhe*: a ubiquitina pode formar diferentes tipos de cadeia utilizando suas diversas lisinas (apenas duas estão representadas). **B.** Diferentes formas de utilização da ubiquitina e seus papéis em diversos processos celulares.

ubiquitina, quando ligada a uma proteína, dificilmente afeta suas conformações ou atividades. Ela possui ainda diferentes sítios que podem se ligar a outros monômeros de ubiquitina (entre eles, 7 lisinas), possibilitando a formação de diferentes cadeias. Cadeias com múltiplas unidades de ubiquitina ligadas pela lisina 48 direcionam as proteínas marcadas para o proteassomo (ver Figura 13.19 mais adiante). Outras formas de ubiquitinação estão relacionadas a outros processos celulares (ver Figura 13.16 B).

Ubiquitinação

A ubiquitinação é uma modificação pós-traducional reversível, envolvida em diversos processos biológicos. Além da marcação de proteínas para degradação, através da poliubiquitinação com ligações na lisina 48 da cadeia de ubiquitina, existem outras marcações específicas, como monoubiquitinação, múltiplas monoubiquitinações em diferentes resíduos de lisina e poliubiquitinação utilizando outros dos sete resíduos de lisina presentes na ubiquitina para a formação da cadeia. Essas marcações resultam em destinos distintos para suas proteínas marcadas, em diferentes processos celulares (endocitose, transcrição, reparo de DNA, entre outros). O destino dos alvos contendo algum desses tipos de ubiquitinação é definido por proteínas com domínios de ligação à ubiquitina. Esses domínios são bastante conservados e capazes de reconhecer e interagir de forma específica e não covalente com essas diferentes marcações de ubiquitina.

A ubiquitinação das proteínas a serem degradadas resulta na ligação covalente de cadeias de ubiquitina por ligações isopeptídicas (ligações amida caracterizadas por envolver ao menos uma cadeia lateral de aminoácido) nos resíduos de lisina 48 (Figura 13.17 B), abrangendo diferentes passos realizados por enzimas distintas, chamadas "E1, E2 e E3" (Figura 13.17 A).

O passo inicial consiste na conjugação da enzima ativadora de ubiquitina (E1) na terminação carboxílica da ubiquitina, por meio de uma ligação tioéster, em uma reação que exige ATP (ver Figura 13.17 A). O próximo passo corresponde à transferência da ubiquitina ligada a E1 para uma cisteína de uma enzima de conjugação de ubiquitina (E2). Finalmente, as enzimas ubiquitina-ligases (E3) são responsáveis por transferir a ubiquitina ativada ligada à E2 para a cadeia lateral de uma lisina da proteína a ser degradada, formando uma ligação isopeptídica. O processo pode ser repetido para formar cadeias de poliubiquitina, necessárias para marcar as proteínas que devem ser degradadas no proteassomo 26S. Um mínimo de quatro ubiquitinas na cadeia de poliubiquitina é necessário para o reconhecimento e o processamento no proteassomo, mas essas cadeias podem alcançar dezenas de monômeros.

A maioria dos eucariontes tem apenas um tipo de E1, diversas E2 e centenas de E3. A grande variedade de enzimas ubituitina-ligases E3 pode ser explicada pela especificidade de seus substratos, pois cada E3 é capaz de catalisar a ligação de ubiquitinas

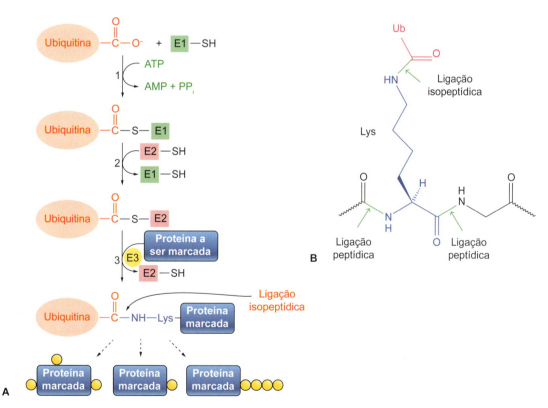

Figura 13.17 A. Sequência de eventos para a ubiquitinação de proteínas e seus diferentes tipos de marcação resultante. *1.* O primeiro passo é a conjugação da enzima ativadora de ubiquitina (E1) no C-terminal da ubiquitina. Esse passo consome ATP. *2.* Em seguida, ocorre a transferência da ubiquitina ligada a E1 para uma cisteína de uma enzima de conjugação de ubiquitina (E2). *3.* Por fim, a ubiquitina ativada ligada à E2 é transferida para a cadeia lateral de uma lisina da proteína a ser marcada, por meio de uma enzima ubiquitina-ligase (E3). Em eucariotos, existem dezenas de E2 e centenas de E3, e a especificidade ao processo de ubiquitinação decorre de diversas associações possíveis entre E2 e E3 específicas. **B.** Ao fim da ubiquitinação, é formada uma ligação isopeptídica entre a ubiquitina e a proteína a ser marcada. Uma ligação isopeptídica caracteriza-se por apresentar ao menos um de seus grupos formadores em uma cadeia lateral de um aminoácido; no caso da ubiquitinação, o C-terminal da ubiquitina forma uma ligação isopeptídica com um grupo amino da cadeia lateral de uma lisina.

a proteínas ou conjuntos de proteínas específicas, enquanto associada a determinada enzima E2. Diversas associações possíveis entre E2 e E3 específicas regulam e conferem especificidade ao processo de ubiquitinação. Um conjunto de ubiquitina-ligases E3 reconhece proteínas com anormalidades (desnaturações, conformações incorretas, oxidações, alquilações, entre outras), ou seja, são as responsáveis por identificar e direcionar proteínas contendo erros para a degradação.

O processo de ubiquitinação é reversível por meio da ação de desubiquitinases, enzimas numerosas que apresentam normalmente atividade de cisteína protease (foram identificadas quase uma centena em humanos). As desubiquitinases têm diferentes especificidades de alvos e atuam reciclando monômeros de ubiquitina de proteínas condenadas. Dessa forma, essas enzimas mantêm os níveis celulares de ubiquitina livre e regulam processos de degradação proteica, podendo até reverter a sinalização de degradação.

O sistema de ubiquitinação envolve outros complexos proteicos que auxiliam no reconhecimento de substratos específicos. Recai sobre o sistema de ubiquitinação a tarefa de reconhecer não somente as proteínas danificadas ou anormalmente sintetizadas, mas também aquelas que possuem um tempo de meia-vida regulado por diferentes processos celulares. Muitos processos críticos não podem depender da degradação estocástica de proteínas, ou seja, aguardar o acúmulo de agressões químicas para depois degradar essas proteínas; certos alvos precisam ser ativamente direcionados para degradação, definindo bem as janelas de tempo para a atividade dessas proteínas-alvo. É possível citar a necessidade de eliminação de ciclinas para o avanço do ciclo celular, regulação de respostas inflamatórias e imunológicas por meio da degradação de inibidores de NF-κβ, apoptose, entre outros processos que dependem da ubiquitinação específica de alvos para ocorrer adequadamente, tanto em momentos definidos quanto em locais específicos. Muitas proteínas possuem sítios de fosforilação que sinalizam à maquinaria de ubiquitinação o momento para os alvos serem marcados para degradação, demonstrando que existem mecanismos precisos para regular o tempo de atividade de proteínas em uma célula.

Estrutura do proteassomo

O proteassomo 26S é um grande complexo enzimático com múltiplos sítios catalíticos (aproximadamente 2,5 MDa) encontrado tanto no citoplasma quanto no núcleo celular. Pode ser dividido em duas subunidades: o cerne 20S proteolítico e a unidade reguladora 19S. Sua atividade depende de ATP e é responsável pela maior parte da degradação regulada de proteínas na célula eucariota.

O complexo 20S (cerne), com atividade proteolítica, é composto de quatro anéis heptaméricos, compostos por sete subunidades α (α1 a α7) e sete subunidades β (β1 a β7), formando uma estrutura similar a um barril (Figura 13.18).

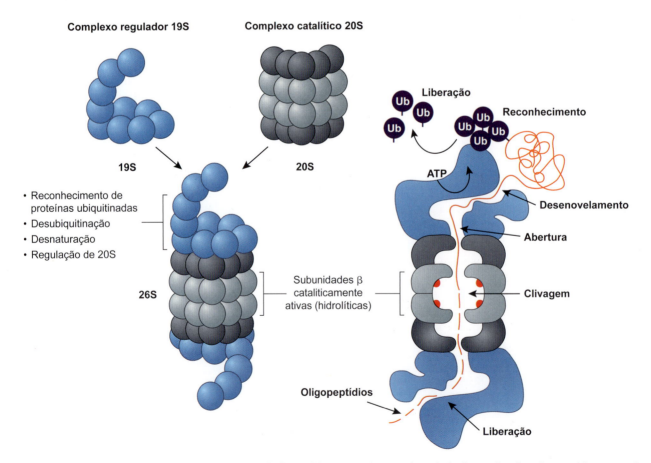

Figura 13.18 No complexo 20S, as subunidades β1, β2 e β5 são cataliticamente ativas, tendo preferência por clivar ligações peptídicas em aminoácidos ácidos, básicos e hidrofóbicos, respectivamente; por este motivo, suas atividades podem ser referidas como similares à caspase, à tripsina e à quimotripsina. (Adaptada de Kaur e Debnath, 2015.)

As subunidades β (especificamente β1, β2 e β5) são responsáveis pelas atividades hidrolíticas do complexo. As hidroxilas de seus resíduos de treonina N-terminais participam da hidrólise de ligações peptídicas em aminoácidos ácidos, básicos e hidrofóbicos, respectivamente.

O complexo 19S pode ligar-se a uma ou duas extremidades do cerne 20S. Sua forma e posição assemelham-se às tampas acopladas ao barril formado pelo complexo 20S. Composto de múltiplas subunidades, o complexo pode ser subdividido em dois complexos menores, chamados "base" e "tampa". As funções de 19S envolvem a captação das proteínas ubiquitinadas, sua desubiquitinação antes de sua degradação e a regulação da atividade do complexo 20S. Evidências experimentais indicam que a perda da atividade de desubiquitinação de subunidades de 19S impede a degradação proteica no complexo todo.

A abertura do canal formado pelas subunidades α do complexo 20S é pequena, exigindo que proteínas destinadas a degradação sejam desnaturadas e translocadas. Essas funções são realizadas pelas subunidades com atividade de ATPase presentes nos anéis-α, que também regulam a abertura do canal. Ao atravessar a subunidade 20S, a proteína é hidrolisada, gerando oligopeptídios de 4 a 25 resíduos. Esses fragmentos proteicos são degradados no citoplasma celular por exopeptidases, liberando os aminoácidos que os compõem.

Existem também proteassomos específicos em certas células ou tecidos, como: imunoproteassomos em células da linhagem hemocitopoética, envolvidas com apresentação de antígenos (oligopeptídios gerados em proteassomos a partir de proteínas fagocitadas); timoproteassomos (envolvidos com a seleção positiva de linfócitos T no timo); e proteassomos testiculares (que atuam na regulação da espermatogênese).

A compartimentalização que ocorre ao restringir a degradação proteica ao interior da subunidade 20S cria um microambiente favorável às reações hidrolíticas eficientes e inespecíficas, sem o risco de proteólise acidental de outros componentes celulares. A degradação das proteínas marcadas independe de suas sequências primárias, e as moléculas de ubiquitina são recicladas para o meio intracelular.

Compartimentos para proteólise

Proteases em um arranjo cilíndrico com seus sítios catalíticos voltados para seu interior parecem ser uma solução antiga na natureza. O proteassomo 20S está presente nos eucariotos, archeas e em algumas bactérias; no entanto, todos os organismos celulares possuem proteases com esse arranjo, chamadas "proteases autocompartimentalizadas", que desempenham funções muito similares às do proteassomo 20S. Um exemplo muito interessante é a família de serina proteases dependentes de ATP, chamada "Lon", uma enzima homo-oligomérica solúvel encontrada em todas as células. No citoplasma de bactérias e archeas, ela desempenha um importante conjunto de funções na degradação proteica, porém, em eucariotos, está localizada na matriz mitocondrial, onde atua na manutenção das funções mitocondriais, degradando proteínas danificadas principalmente por oxidação e desnaturação, além de participar da regulação de processos metabólicos, degradando proteínas específicas (não danificadas). Em eucariotos, seus genes estão presentes no genoma nuclear, e, após sua tradução no citoplasma, são translocadas para a mitocôndria pelo reconhecimento de um sinal MTS (do inglês *mitochondrial targeting sequence*) N-terminal.

Autofagia e degradação via lisossomos

Uma segunda via de significativa importância na degradação proteica é através dos lisossomos. Ao contrário dos proteassomos, a via lisossomal não é exclusiva para proteínas, não exige desnaturação prévia e não é finamente regulada ou estritamente seletiva.

Entretanto, lisossomos possuem uma capacidade de degradação de proteínas muito maior que os proteassomos. Eles podem receber material extracelular (via endocítica) e intracelular (autofagia) e degradam grandes complexos proteicos, proteínas de membrana e proteínas solúveis, além de lipídios, carboidratos e ácidos nucleicos.

Os lisossomos são organelas delimitadas por uma membrana que mantém ativamente o meio de seu interior em pH ácido e com dezenas de enzimas hidrolíticas altamente eficientes. A partir desse meio reacional em seu interior, os lisossomos liberam, através de permeases presentes em sua membrana, os componentes reutilizáveis, como aminoácidos, açúcares e ácidos graxos.

A autofagia corresponde a um processo biológico, muito conservado entre os eucariotos, que permite a degradação de grandes volumes de componentes celulares – entre eles, proteínas de longa duração e organelas inteiras. Esse processo ocorre de forma acelerada (e seletiva) em períodos de estresse celular, como baixa disponibilidade de nutrientes, permitindo a sobrevivência por certo período. Os componentes celulares podem ser direcionados para o lisossomo por diferentes mecanismos, os quais caracterizam os tipos distintos de autofagia.

A macroautofagia caracteriza-se pelo engolfamento da porção citoplasmática a ser degradada por uma membrana chamada "fagóforo", originando uma vesícula delimitada por uma dupla membrana chamada "autofagossomo". O autofagossomo é levado a se fundir com um lisossomo através de mecanismos de transporte intracelular, e seu conteúdo será digerido (autolisossomo; Figura 13.19).

A microautofagia, por sua vez, envolve a captação de material citoplasmático através da invaginação da membrana do lisossomo (ver Figura 13.19).

O último tipo de autofagia que envolve degradação de proteínas é a autofagia mediada por chaperonas. Esse processo é seletivo e tem como substrato proteínas solúveis portadoras de um sinal pentapeptídico, chamado "motivo KFERQ". Estima-se que 25 a 35% das proteínas citoplasmáticas contenham o motivo KFERQ (ou uma variação que preserve as características físico-químicas dessa sequência – porções básica-hidrofóbica-ácida), capazes de direcioná-las para autofagia mediada por chaperonas. Os substratos são reconhecidos pela chaperona Hsc70 (do inglês *heat shock cognate*) citoplasmática. O complexo é transportado ao lisossomo, e o substrato é desnaturado e translocado através da membrana do lisossomo pela

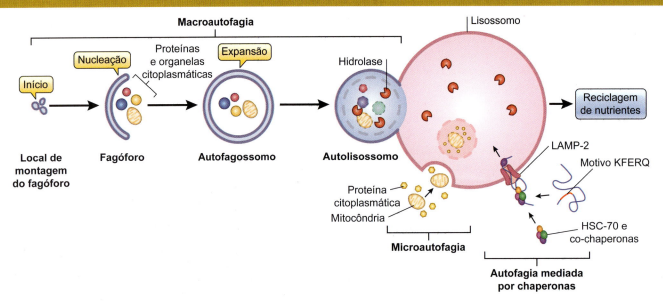

Figura 13.19 Representação esquemática de macroautofagia, microautofagia e autofagia mediada por chaperonas. (Adaptada de Karatas e Bouchecareilh, 2020.)

proteína associada à membrana lisossomal-2 (LAMP-2, do inglês *lysosomal-associated membrane protein 2*). Nesse tipo de autofagia, os substratos são translocados individualmente através de receptores na membrana lisossomal, diferindo dos outros mecanismos anteriormente descritos, em que grandes quantidades de substrato podem ser levadas ao lisossomo de uma vez (ver Figura 13.19).

Foram identificados mais de 30 genes relacionados à autofagia (genes ATG), que controlam a formação de fagóforos e regulam o processo autofágico. A transcrição desses genes está relacionada a sinais intracelulares e provenientes do ambiente, através de diferentes vias de transdução de sinais. A regulação da autofagia modula diversas etapas do processo, como a seleção dos substratos a serem degradados e as vias de degradação utilizadas. Curiosamente, a vasta rede de regulação dos processos autofágicos também inclui ubiquitina. Enquanto cadeias formadas por ubiquitinas ligadas pela lisina-48 direcionam proteínas para o proteassomo, cadeias ligadas por lisina-63 ou monoubiquitinação, por exemplo, podem direcionar substratos para degradação lisossomal (via endocítica).

Degrons

Elementos proteicos que podem ser reconhecidos por um sistema proteolítico e modular a degradação da proteína que os contém são chamados *degrons*, sinais de degradação. Os degrons podem ser sequências de aminoácidos, domínios estruturais ou alguns aminoácidos específicos expostos. Podem estar presentes em qualquer parte da proteína, e sua ação pode ou não ser dependente de ubiquitinação. Podem ainda ser adquiridos (transferidos por modificação pós-traducional, por exemplo, alquilação, fosforilação e formação de complexos). Sua presença em um polipeptídio é capaz de regular sua meia-vida ou fazer parte de um mecanismo de controle de qualidade de proteínas. Alguns estudos descrevem até mecanismos condicionais para a ação destes elementos. Acredita-se que uma proteína devidamente enovelada consiga manter seus degrons ocultos, mas, ao sofrer desnaturação, esses degrons são expostos. Caso a ação de chaperonas não renature o peptídio, acabam por desencadear um mecanismo proteolítico.

Autofagia

As células eucarióticas possuem um sistema de renovação de organelas e reutilização dos seus componentes denominado "autofagia". O termo autofagia foi cunhado pelo bioquímico Christian de Duve, em 1963, e a descoberta dos mecanismos envolvidos na regulação deste sistema levou o cientista Yoshinori Ohsumi a ganhar o prêmio Nobel em Fisiologia e Medicina em 2016. Esse mecanismo tem um papel essencial na homeostase, ao eliminar organelas mais velhas e reutilizar seus componentes. Por outro lado, problemas na regulação podem causar algumas doenças humanas.

Em geral, a autofagia pode ser induzida por diferentes estresses, como a falta de nutrientes. A degradação de componentes celulares resulta diretamente em aminoácidos que podem ser utilizados para outras funções nas células. No fígado, estes aminoácidos são essenciais para a gliconeogênese. O papel constitutivo do sistema de autofagia é ainda mais destacado quando há acúmulo de proteínas nas células, como acontece na doença de Parkinson. Células derivadas de doenças neurodegenerativas apresentam acúmulo de vacúolos de autofagia. A indução farmacológica da autofagia, inclusive, já mostrou redução de agregados proteicos em células neurais, bem como reduziu a progressão dos sintomas em modelos animais.

Bibliografia

Alberts B, Johnson A, Lewis J, Morgan D, Raff M, Roberts K et al. Molecular biology of the cell. 6th. ed. Garland Science; 2014.

Chondrogianni N, Petropoulos I, Grimm S, Georgila K, Catalgol B, Friguet B et al. Protein damage, repair and proteolysis. Molecular Aspects of Medicine. 2012;35:1-71.

Cooper GM, Hausman RE. A célula: uma abordagem molecular. 3. ed. São Paulo: Artmed; 2007.

Earnshaw WC, Pollard TD, Lippincott-Schwartzet J, Johnson G. Cell Biology. 3th ed. Elsevier; 2016.

Endo T, Yamano K. Transport of proteins across or into the mitochondrial outer membrane. Biochim Biophys Acta. 2010;1803(6):706-14.

Hughes T, Rusten T. E. (s.d.). Origin and Evolution of Self-consumption: Autophagy. Adv Exp Med Biol. 2007;607:111-8.

Karatas E, Bouchecareilh M. Alpha 1-antitrypsin deficiency: a disorder of proteostasis-mediated protein folding and trafficking pathways. Int J Mol Sciences. 2020;21(4):1493.

Katahira J. Nuclear export of messenger RNA. Genes (Basel). 2015 Mar 31;6(2):163-84.

Kaur J, Debnath J. Autophagy at the crossroads of catabolism and anabolism. Nat Rev Mol Cell Biol. 2015;16:462-72.

Lu J, Wu T, Zhang B, Liu S, Song W, Qiao J et al.Types of nuclear localization signals and mechanisms of protein import into the nucleus. Cell Commun Signal. 2021;19(1):60.

Mokranjac D, Neupert, W. The many faces of the mitochondrial TIM23 complex. Biochim Biophys Acta. 2010;1797(6-7):1045-54.

Pollard TD, Earnshaw WC. Biologia Celular. Rio de Janeiro: Elsevier; 2007.

Schueller N, Holton SJ, Fodor K, Milewski M, Konarev P, Stanley WA et al. The peroxisomal receptor Pex19p forms a helical mPTS recognition domain. EMBO J. 2010;29(15):2491-500.

Sijts EJAM, Kloetzel PM. The role of the proteasome in the generation of MHC class I ligands and immune responses. Cell Mol Life Sci. 2011;68(9): 1491-502.

Strambio-De-Castillia C, Niepel M, Rout M. The nuclear pore complex: bridging nuclear transport and gene regulation. Nat Rev Mol Cell Biol. 2010;11(7):490-501.

Voet D, Voet JG. Biochemistry. 4th ed. Wiley; 2010.

Capítulo 14

Retículo Endoplasmático e Complexo de Golgi

FERNANDA ORTIS

Retículo endoplasmático, *294*

Importância do retículo endoplasmático liso para a síntese e o metabolismo de lipídios, *303*

Participação do retículo endoplasmático liso no metabolismo de glicogênio, *306*

Importância do retículo endoplasmático liso para detoxicação do organismo, *306*

Armazenamento, liberação e captação de cálcio controlada pelo retículo endoplasmático liso, *307*

Interação do retículo endoplasmático com outras organelas, *307*

Complexo de Golgi, *307*

Funções específicas do complexo de Golgi, *309*

Manutenção da estrutura e da composição da membrana do retículo endoplasmático e do complexo de Golgi, *312*

Distribuição e características específicas em diferentes tipos celulares do retículo endoplasmático e complexo de Golgi, *315*

Bibliografia, *318*

Capítulo 14 • Retículo Endoplasmático e Complexo de Golgi

A reunião, em grandes complexos proteicos, de enzimas requeridas para reações químicas que devem acontecer em cadeia é uma estratégia que melhora a eficiência dessas reações. Essa organização é observada em diferentes tipos celulares, sejam procariotos ou eucariotos. Essa estratégia leva à formação das chamadas "organelas", regiões especializadas em funções celulares exclusivas. Em células eucarióticas, há um nível adicional de separação dessas reações específicas, em que, pela presença de membranas intracelulares (ou endomembranas), são formados compartimentos internos individualizados, conhecidos como *organelas envoltas por membrana*.

A existência de organelas envoltas por membrana permite, além da agregação de enzimas especializadas tanto em seu interior quanto em sua membrana, a formação de um ambiente com composições químicas de solutos e pH específicos. Cria-se, assim, um arranjo vantajoso para que reações químicas específicas ocorram com maior eficiência. Como visto no Capítulo 4, as propriedades biofísicas das membranas celulares fazem com que seja possível a criação de ambientes com concentrações de solutos diferenciadas.

Neste capítulo, são abordadas duas dessas organelas: o *retículo endoplasmático* (RE) e o *complexo de Golgi* (CG), que apresentam funções interconectadas. Essas organelas estão intimamente relacionadas à síntese de proteínas específicas, que necessitam de modificações especiais, que podem ocorrer devido à produção ser realizada em um ambiente diferente do citoplasma. Além disso, são discutidas as características estruturais e funcionais dessas organelas, relacionadas à síntese, modificação e endereçamento das principais macromoléculas que compõem as células. Essas macromoléculas compreendem, além das já citadas proteínas, os lipídios e os carboidratos. Além de sua produção, esses dois compartimentos são responsáveis pela seleção e endereçamento dessas macromoléculas, tanto para regiões intracelulares quanto para o meio externo; essas organelas são, portanto, também cruciais para a secreção celular (ver Capítulo 15).

São igualmente abordadas a interconexão extremamente organizada desses dois compartimentos e a produção e modificação das macromoléculas que seguem rotas de transporte específicas, até que estejam prontas e sejam selecionadas para entrega a diferentes organelas ou ao meio extracelular, como indicado na Figura 14.1.

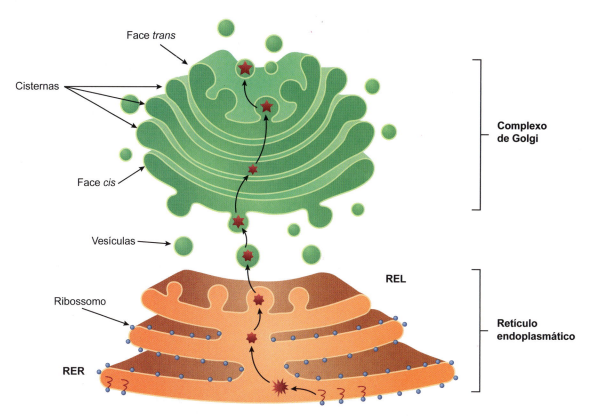

Figura 14.1 Retículo endoplasmático (RE) e o complexo de Golgi (CG) apresentam funções interconectadas. A organização estrutural dessas duas organelas evidencia sua colaboração para produção, modificação e endereçamento de macromoléculas para a célula ou meio extracelular. Utilizando uma proteína hipotética como exemplo (*em vermelho*), é mostrado o caminho pelo qual macromoléculas produzidas por essas organelas devem passar até serem entregues para seu alvo. No RE, ocorre a tradução da proteína por ribossomos ligados à sua membrana; a proteína, conforme é produzida, entra no lúmen do RE de forma desenovelada. A região do RE que possui ribossomos ligados à sua membrana é conhecida como *RE rugoso* (RER). No lúmen do RE, a proteína desenovelada assume progressivamente seu dobramento adequado. Ao assumir sua conformação adequada, ela é transportada para a região *cis* do CG por vesículas de transporte. A região por onde a proteína sai do RE é uma região que não apresenta ribossomos ligados à membrana, sendo conhecida como *RE liso* (REL). Assim, o RE tem duas regiões distintas morfologicamente, mas que estão interconectadas fisicamente e trabalham de modo complementar. No CG, a proteína sofre modificações específicas nas diferentes cisternas dessa organela, sendo transportada entre elas em direção à região *trans* do CG. Na região *trans*, já em sua conformação final, a proteína é direcionada para vesículas de transporte específicas, que a entregam para os compartimentos-alvo. É importante observar que a proteína "vermelha" é mostrada com diferentes formas, demonstrando as mudanças que sofre durante sua "caminhada" pelas organelas.

Retículo endoplasmático

Em microscópio de luz, o RE pode ser identificado como uma estrutura citoplasmática basófila (que se cora bem com corantes ácidos) difusa, devido à associação de ribossomos à sua membrana. Inicialmente, essa estrutura recebeu o nome de ergastoplasma, do grego *ergazomai* ("elaborar" ou "sintetizar"). O uso de microscopia eletrônica possibilitou uma melhor visualização e distinção dessa organela, tendo sido descrita como um componente membranoso reticular que não se conecta à membrana plasmática. Por essas características, foi denominado "retículo endoplasmático".

Posteriormente, tanto as imagens eletrônicas quanto as técnicas citoquímica e de radioautografia permitiram melhor entendimento sobre sua morfologia e organização, assim como a identificação de duas regiões morfologicamente distintas: uma apresenta ribossomos acoplados à sua face citoplasmática, conhecida como *retículo endoplasmático rugoso* (RER) ou *granular*, contínua com o envelope nuclear e formada majoritariamente por pilhas de sacos achatados (cisternas; Figuras 14.2 e 14.3); e a outra região, o *retículo endoplasmático liso* (REL), é composta de membranas contínuas ao RER que não possuem ribossomos ligados e apresenta um formato mais tubular (ver Figuras 14.2 e 14.3) e brotamentos vesiculares, que promovem a conexão com o CG (ver Figura 14.1).

Assim, o RE é uma rede tridimensional e interconectada de cavidades delimitadas por membrana, podendo ser encontrado em diferentes formas, como cisternas (sacos achatados) e túbulos (Figuras 14.2 e 14.3), e distribuído por todo o citoplasma. Em geral, essa organela ocupa um grande volume nas células, ampliando o campo para a atividade de enzimas e reações químicas importantes para o metabolismo celular, a síntese de proteínas e o armazenamento. Além desse aumento da superfície de membranas celulares internas, fornecendo "plataformas" para reações químicas específicas, o RE também ajuda na organização interna das células, por servir como um ponto de ancoragem com organelas e citoesqueleto. Apesar de sua extensão e morfologia variável, o RE apresenta-se como uma única organela (ver Figuras 14.1 e 14.2), com organização espacial mantida pela interação com o citoesqueleto, como é descrito em mais detalhes a seguir.

O RE é uma organela que está envolvida em diferentes funções na célula, sendo uma das principais sua atuação na via *biossintética secretora*, responsável pela síntese de proteínas, incluindo proteoglicanos e glicosaminoglicanos (GAG), e lipídios destinados tanto para outras organelas quanto para fora da célula. O RE também é responsável pela produção de todas as membranas celulares, compreendendo a síntese de lipídios, proteínas e carboidratos, que são incorporados a membranas preexistentes.

O RE também está envolvido nas modificações co e pós-traducionais de proteínas, lipídios e carboidratos, assim como na seleção destes enquanto pertencentes ao RE ou produtos que devam ser exportados, incluindo seu correto empacotamento para entrega ao CG. Essa atividade requer várias etapas que ocorrem em locais específicos da organela, o que leva à formação dos diferentes domínios encontrados no RE. Tanto o RER quanto o REL, em um grau menor ou maior, participam de diferentes etapas desse processo, como veremos em detalhes mais adiante. Enquanto a síntese e o processamento das proteínas são mais restritos ao RER, outras funções do RE são mais restritas ao REL, como metabolismo e degradação de xenobióticos e produtos biossintéticos endógenos (processo conhecido como detoxificação). Ademais, é principalmente no REL que funções relacionadas a glicogenólise, regulação da concentração de Ca^{2+} e importantes reações de síntese dos triglicerois (triglicerídios) acontecem (Figura 14.4). Além disso, o REL é a região por onde as vesículas de transporte brotam do RE para o CG (ver Figuras 14.1 e 14.4), sendo importante para o reconhecimento do material a ser transportado.

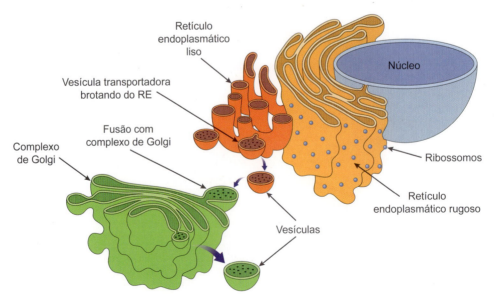

Figura 14.2 Retículo endoplasmático. A membrana externa nuclear (*em azul*) é contínua à membrana do retículo endoplasmático rugoso (RER) (*em amarelo*), e ambas apresentam ribossomos ligados à sua membrana. A membrana do RER apresenta morfologia de pilhas de sacos achatados e é contínua à membrana do retículo endoplasmático liso (REL) (*em laranja*). O REL não apresenta ribossomos e tem um formato mais tubular. As vesículas de transporte brotam de regiões do RE que não apresentam ribossomos, ou seja, de porções especializadas do REL, também chamadas "elemento transicional".

Capítulo 14 • Retículo Endoplasmático e Complexo de Golgi **295**

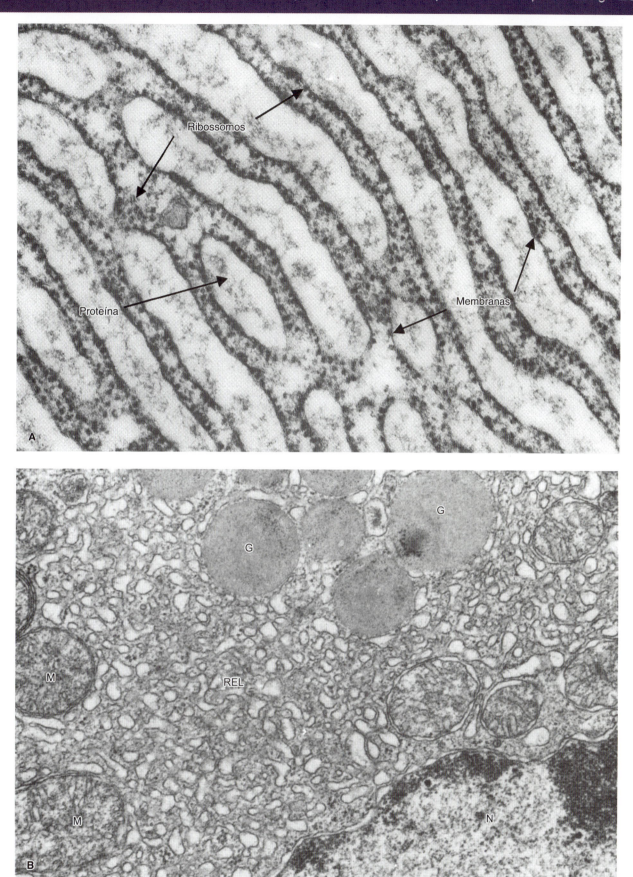

Figura 14.3 Eletromicrografia evidenciando retículo endoplasmático rugoso (RER) (**A**) e retículo endoplasmático liso (REL) (**B**). **A.** Região rica em RER em uma célula que sintetiza muita proteína. As membranas do RER apresentam ribossomos ligados à sua superfície externa (citoplasmática). As moléculas proteicas sintetizadas são segregadas no interior das cisternas do RE, aparecendo como um material granular. (Aumento: 84.000×.) **B.** Célula intersticial do testículo que apresenta um REL formado por túbulos que se anastomosam. (Aumento: 40.000×.) N: núcleo; M: mitocôndria; G: gotículas lipídicas.

296 Biologia Celular e Molecular

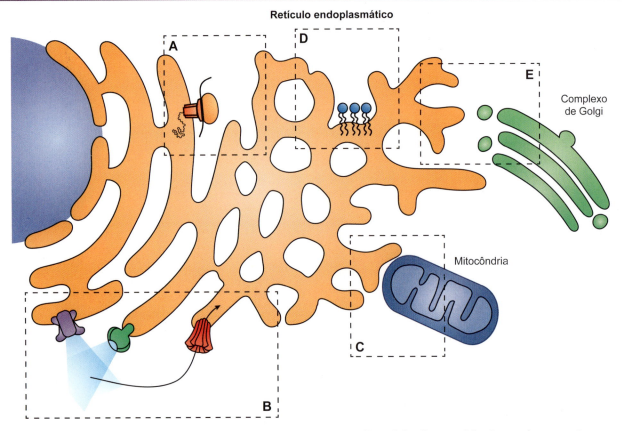

Figura 14.4 O retículo endoplasmático (RE) apresenta domínios funcionalmente específicos. **A.** Regiões especializadas em *síntese proteica*, nas quais a presença de ribossomos ligados à membrana confere uma característica única, definindo o retículo endoplasmático rugoso (RER). Outras funções não relacionadas à síntese proteica são então distribuídas por porções específicas do RE, onde não há ligação de ribossomos, sendo conhecidas como retículo endoplasmático liso (REL), por exemplo. **B.** Regiões que apresentam grande concentração de canais e bombas de cálcio, com importante função de *regulação da concentração de cálcio* no citoplasma e no RE. **C.** Regiões de *contato com outras membranas*, que apresentam proteínas de membrana específicas para esta interação – é mostrado um local de interação com mitocôndria, chamado "mitocôndria associada à membrana de RE" (MAM, do inglês *mitochondria associated ER membrane*). **D.** Regiões que apresentam um enriquecimento de proteínas de membrana relacionadas ao *metabolismo de lipídios*. **E.** Regiões nas quais os produtos a serem exportados para o complexo de Golgi (CG) são reconhecidos e empacotados; nessa região encontramos enriquecimento de proteínas envolvidas com esse *transporte*.

Síntese de cadeias polipeptídicas pelo retículo endoplasmático rugoso

Proteínas de membrana, proteínas secretadas e proteínas residentes do RE, CG e lisossomos são sintetizadas em polirribossomos ligados à membrana do RE. Esses ribossomos se associam a proteínas de membrana e complexos multiproteicos envolvidos na translocação de proteínas para o interior das cisternas do RE. Essa translocação ocorre, na maioria das vezes, simultaneamente à sua síntese, ou seja, de forma cotraducional (ver Capítulo 13). As proteínas devem assumir sua conformação (enovelamento) apropriada, e esse processo se inicia normalmente assim que são sintetizadas. Desse modo, quando suas regiões adentram o lúmen do RE, essas cadeias peptídicas passam a sofrer enovelamento e modificações pós-transducionais, auxiliadas por proteínas **chaperonas** (ver Capítulo 13) e outros complexos enzimáticos. São produzidas tanto proteínas solúveis quanto de membrana, que sofrem processos adicionais e específicos de modificações pós-traducionais no RE, até chegarem à sua conformação final, podendo ser transportadas para o CG (ver Figura 14.1) ou permanecer no RE, caso sejam proteínas residentes desta organela. Esses processos são discutidos a seguir em mais detalhes.

O primeiro passo para esse processo se inicia no citoplasma, como descrito no Capítulo 13; assim, proteínas que devam ser sintetizadas no RE apresentam uma sequência específica de aproximadamente 20 aminoácidos, chamada "sequência sinal" (ou peptídio sinal). Essa região, altamente hidrofóbica, fica em geral na porção amino-terminal (N-terminal) da proteína, a primeira a ser sintetizada. A tradução dessa proteína se inicia por um ribossomo livre, e, assim que a região N-terminal é sintetizada, ela é reconhecida por uma proteína chamada "partícula de reconhecimento de sinal" (PRS ou SRP, do inglês *signal-recognition particle*). A ligação da PRS com o ribossomo e com a cadeia polipeptídica recém-formada leva ao bloqueio da tradução, até que a PRS se ligue ao receptor PRS, presente na membrana do RER. Essa ligação libera a PRS e permite que o ribossomo, agora ligado ao complexo multiproteico de translocação de proteínas (**translócon**), continue a tradução do mRNA. A ligação do ribossomo a esse complexo é estabelecida por sua interação com uma proteína receptora de ribossomo.

O *complexo Sec61*, a parte central do translócon, forma um canal aquoso que permite a passagem do peptídio que está sendo sintetizado através da membrana do RE (Figura 14.5). O Sec61 é constituído por três proteínas transmembranar (α, β e γ), que formam um canal que fica fechado enquanto não há translocação, com presença da chaperona BiP (do inglês *binding immunoglobulin protein*). Assim, a translocação da cadeia peptídica nascente se inicia após o reconhecimento da sequência sinal por uma região dentro do complexo Sec61, o que induz sua abertura e desligamento da BiP, permitindo a entrada do peptídio conforme é produzido em direção ao lúmen do RE (ver Figura 14.5).

Proteínas acessórias adicionais se associam ao Sec61, interagindo com a cadeia peptídica nascente. A proteína TRAM (do inglês *translocating chain-associated membrane*) e o complexo proteico TRAP (do inglês *translocon-associated protein*), por exemplo, auxiliam a passagem da cadeia peptídica nascente através da membrana. Já a enzima *peptidase sinal* e o complexo OST (*oligosaccharyl transferase*) atuam em modificações pós-traducionais, que podem ocorrer assim que a cadeia peptídica adentra a cisterna do RE. Primeiramente, a sequência sinal (que permanece ligada à membrana) é clivada pela *peptidase sinal*, liberando a cadeia nascente (ver Figura 14.5). Algumas proteínas podem ter oligossacarídios adicionados em aminoácidos específicos pelo complexo OST (Figura 14.6), e a importância dessas modificações será discutida mais adiante.

Proteínas produzidas no retículo endoplasmático podem ser solúveis ou de membrana

As proteínas solúveis produzidas no RE são liberadas no seu lúmen assim que a translocação acaba (ver Figura 14.5). Já as proteínas de membrana apresentam sequências específicas de aminoácidos que as direcionam para a inserção na membrana. Essas sequências apresentam alta hidrofobicidade e em geral assumem uma conformação em α-hélice, conhecida como *sequência de parada de transferência*, ou seja, como a nomenclatura indica, elas bloqueiam a translocação dessa parte da cadeia peptídica pelo complexo Sec61. Este possui uma abertura lateral que permite a interação dessa região com a região hidrofóbica da bicamada lipídica, saindo do canal lateralmente por deslocamento da Sec61. Assim, o canal fica livre para permitir a translocação das regiões não hidrofóbicas dessa cadeia nascente, conforme a produção da proteína continua (ver Capítulo 13).

A maneira como a proteína de membrana é inserida (única ou múltiplas passagens; ver Capítulo 4) ou se tem a porção N-terminal ou carboxi-terminal (C-terminal) voltada para o lúmen está relacionada ao número e à posição dessas sequências altamente hidrofóbicas (ver Capítulo 13). Como discutido no Capítulo 4, a topologia das proteínas de membrana é funcionalmente importante, sendo mantida quando as proteínas são entregues a seus locais de ação. No RE, essas proteínas, assim como as solúveis, passarão por modificações pós-traducionais e são direcionadas, por reconhecimento e endereçamento, para seus locais específicos de ação, passando por modificações adicionais no CG.

Atuação das proteínas residentes do retículo endoplasmático na maturação de proteínas

As proteínas que adentram o RE pelo complexo Sec61 estão desenoveladas e precisam assumir a conformação correta para exercer suas funções adequadamente (ver Capítulo 13). Assim, sofrem processamentos adicionais, como dobramento (enovelamento) e modificações covalentes para alcançar estruturas tridimensionais secundárias e terciárias, ou, ainda, associam-se a outras cadeias polipeptídicas para formar estruturas quaternárias. Esse processo é conhecido como *maturação de proteínas*.

Proteínas produzidas no RE sofrem esse processamento nas cisternas dessa organela, sendo auxiliadas por chaperonas exclusivas do RE; algumas são descritas em mais detalhes a

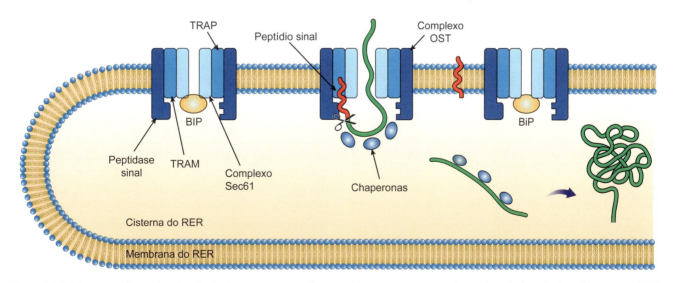

Figura 14.5 Síntese proteica após a ligação do ribossomo ao complexo translócon presente na membrana do retículo endoplasmático rugoso (RER). O translócon é formado pelo complexo Sec61, pela proteína associada ao translocador (TRAM), pela peptidase sinal, pelo complexo oligossacaril-transferase (OST) e pela proteína associada ao translócon (TRAP). A cadeia peptídica nascente interage com o complexo e induz sua abertura e desligamento da proteína BiP, formando um túnel através da membrana, por onde entra a cadeia peptídica que é progressivamente formada. À medida que a cadeia peptídica é translocada, sua sequência sinal é clivada pela peptidase sinal, que permanece inserida na membrana. Várias chaperonas do RE se associam à cadeia polipeptídica assim que esta surge no lúmen do RE, auxiliando no seu dobramento. Ao fim de sua síntese, as duas subunidades do ribossomo, que é omitido na figura para facilitar a visualização do complexo translócon, se separam e se desligam do complexo, e o translócon volta à sua conformação fechada, ligado a BiP.

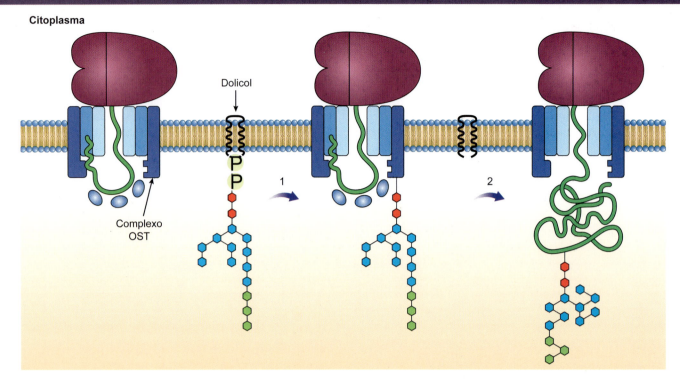

Figura 14.6 Glicosilação da cadeia polipeptídica no interior da cisterna do retículo endoplasmático rugoso (RER). O bloco de oligossacarídio, formado por 14 resíduos de açúcares, liga-se à membrana por meio de dolicol fosfato (sintetizado no retículo endoplasmático). *1.* O bloco de oligossacarídio é transferido para o complexo OST. *2.* À medida que a cadeia peptídica é translocada, o aparecimento de uma sequência de aminoácidos Asn-X-Ser ou Asn-X-Thr (no qual X é qualquer aminoácido, exceto a prolina) induz a transferência desse bloco de oligossacarídios para a asparagina dessa sequência presente na cadeia polipeptídica.

seguir. Além disso, as chaperonas também são importantes para o *controle de qualidade* das proteínas que deixam o RE. Somente proteínas com conformação adequada devem seguir para o CG. Como discutido no Capítulo 13, o acúmulo de proteínas mal enoveladas é danoso para a célula, e, no caso do RE, por seu alto grau de produção proteica, este acúmulo pode comprometer seriamente seu funcionamento; entretanto, o RE desenvolveu mecanismos específicos para lidar com eventuais acúmulos de proteínas mal enoveladas.

Estresse de retículo endoplasmático e ativação de vias de resposta a proteínas mal enoveladas

O acúmulo de proteínas mal enoveladas pode gerar sérios problemas para as células, pois propicia ambientes onde há precipitação de proteínas, que atrapalham as funções celulares, além de diminuir a capacidade de produção de novas proteínas funcionais, por ocupar a maquinaria responsável pela produção e controle de qualidade das proteínas. Quando isso ocorre no RE, a organela perde sua capacidade de função adequada e entra em um estado conhecido como *estresse de RE*. Frente a esse estresse, o RE ativa vias específicas, em um mecanismo conhecido como resposta a proteínas mal enoveladas (UPR, do inglês *unfolded protein response*) (Figura 14.7). Essa resposta induz: 1) diminuição da chegada de novas proteínas a serem dobradas no RE, por paralização de tradução de novas proteínas em geral; 2) aumento da capacidade de dobramento de proteínas no RE, por aumento da expressão gênica e produção de proteínas relacionadas a essa função (como chaperonas) e de proteínas responsáveis por aumentar o tamanho do RE; e 3) aumento da capacidade de degradação de proteínas mal enoveladas, pela via da degradação da proteína associada ao retículo endoplasmático (ERAD, do inglês *endoplasmic-reticulum-associated protein degradation*), aumentando a expressão gênica e produção de proteínas envolvidas nessa via.

A resposta é mediada por três vias paralelas da UPR, reguladas pelas proteínas transmembranar do RE: PERK, IRE1 e ATF6 (do inglês *protein kinase R-like ER kinase*, *inositol-requiring kinase 1* e *activating transcriptional factor 6*, respectivamente). Em condições normais, essas vias estão inativadas pela ligação da chaperona BiP, que está em excesso no RE, e sua ativação ocorre somente quando há acumulo de proteínas mal enoveladas no RE (ver Figura 14.7).

Nos últimos anos, com um maior entendimento da regulação da UPR, muitas doenças foram relacionadas a uma disfunção dessas vias. Essa desregulação pode levar a disfunção e morte de algumas células específicas, como no caso de diabetes melito. Em laboratório, o uso de agentes que atrapalham a função de RE e promovem acúmulo de proteínas mal enoveladas trouxe grande progresso para esses estudos sobre o funcionamento do RE. Esses agentes diminuem a presença de cálcio no RE (diminuindo a função das chaperonas) ou inibem a glicosilação de proteínas.

Capítulo 14 • Retículo Endoplasmático e Complexo de Golgi

Ambos dificultam o dobramento adequado das proteínas no RE. Por outro lado, o uso de chaperonas químicas também é utilizado para suprir a falta ou a diminuição da atividade das chaperonas biológicas, mostrando caminhos para possíveis terapias.

A *BiP* (ou GRP78) é uma chaperona muito importante do RE, que, entre outras funções, auxilia no dobramento adequado de proteínas solúveis. Ela se liga a regiões hidrofóbicas expostas de proteínas mal enoveladas (ver Capítulo 13), impedindo sua agregação com outras proteínas e que proteínas que ainda não tenham atingido sua conformação correta saiam do RE em direção ao CG. Essa ligação ocorre assim que a cadeia polipeptídica emerge da Sec61 para o lúmen do RE (ver Figura 14.5).

Essa interação intercala ciclos de ligação e desligamento da cadeia peptídica, com gasto de trifosfato de adenosina (ATP), similar ao que acontece na inserção pós-traducional de proteínas de membrana (ver Capítulo 13), permitindo que a proteína possa atingir seu dobramento.

Outra proteína residente do RE, muito importante para maturação proteica, é a dissulfeto isomerase (PDI, do inglês *protein dissulfite isomerase*). Ela catalisa a oxidação de grupos sulfidrilo, ou tiol (SH), em resíduos de cisteína, formando pontes dissulfeto (Cis-S-S-Cis). Essa modificação é importante para estabilizar estruturas tridimensionais de algumas proteínas, como a formação do hormônio insulina e de imunoglobulinas. Esse tipo de modificação é encontrado em proteínas que ficam no meio extracelular ou voltado para o lúmen de organelas específicas, visto que o ambiente citoplasmático é muito redutor.

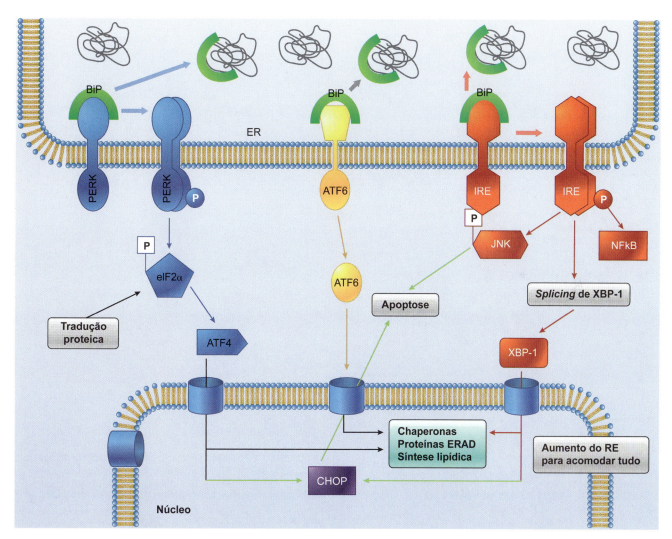

Figura 14.7 Quando ocorre acúmulo de proteínas mal enoveladas, a BiP é recrutada e se desliga das proteínas transmembranar PERK, IRE e ATF6. A PERK (*via azul*) se dimeriza, o que leva à sua ativação por autofosforilação; a P-PERK fosforila a eIF2α (do inglês α-*subunit of eukariotic initiation factor 2*). A fosforilação do eIF2α leva à diminuição da translação de proteínas e à ativação do fator de transcrição ATF4 (do inglês *activating transcriptional factor 4*). A ATF6 (*via amarela*) é transportada por vesículas para o CG, onde sofre clivagem e libera uma porção que atua como fator de transcrição. Por fim, a IRE (*via vermelha*), também uma quinase, sofre dimerização e autofosforilação e induz a ativação de diferentes fatores de transcrição. Nessa condição, ela age também como uma endonuclease que promove o *splicing* alternativo do mRNA do XBP-1 (que ocorre excepcionalmente no citoplasma, não no núcleo). Desse RNA, é produzido o fator de transcrição conhecido como XBP-1 s (*spliced*). Este, com ATF4 e ATF6, são importantes fatores de transcrição, que levam ao aumento da expressão de chaperonas, proteínas do ERAD (do inglês *ER-associated degradation*) e síntese de lipídios. Uma vez que a homeostase do RE é recuperada, por diminuição do acúmulo das proteínas mal enoveladas, a BiP volta a se ligar às proteínas transmembranar da UPR, e o RE retoma seu funcionamento normal. Em algumas condições de estresse extremo, a homeostase não é restaurada, e a célula fica por muito tempo ou fortemente sob o estresse de RE. Essa é uma condição anormal e patológica, e, nesse caso, a manutenção prolongada de ativação da UPR leva à indução de vias pró-apoptóticas (*setas verdes*).

Outras importantes chaperonas do RE são a *calnexina* (proteína de membrana) e *calreticulina* (proteína solúvel), ambas dependentes de Ca^{2+}. Elas participam da maturação e controle de qualidade de glicoproteínas, sendo capazes de reconhecer e se ligar a carboidratos (também chamadas **lectinas**), assim como em regiões mal enoveladas de proteínas.

Aproximadamente 50% de todas as proteínas produzidas no RE são glicosiladas, o que facilita o dobramento da proteína, por aumentar sua solubilidade, e permite seu reconhecimento pelas chaperonas calreticulina e calnexina. Como mostrado anteriormente, assim que uma sequência de aminoácidos Asn-X-Ser/Thr (em que X é qualquer aminoácido, exceto a prolina) passa pelo Sec61, o complexo OST ligado ao translócon catalisa a transferência do oligossacarídio para a proteína nascente. Esta transferência é feita para o grupo amino (NH_2) da asparagina e é conhecida como *ligação N-glicosídica* (ver Figura 14.6). Esses oligossacarídios são compostos de 14 resíduos de açúcar, sendo dois N-acetilglucosaminas, três glicoses e nove manoses. Ele é sintetizado no RE e mantido ligado a um lipídio de membrana, o dolicol fostato (ver Figura 14.6). A quebra da ligação entre o oligossacarídio e o dolicol fornece energia para essa transferência.

A partir daí, inicia-se o processamento desse oligossacarídio, ao mesmo tempo que a cadeia peptídica passa por ciclos de enovelamento. Inicialmente, dois resíduos de glicose do oligossacarídio são retirados pela ação da glicosidase I e II. A presença de uma única glicose no oligossacarídio ligado a esta proteína, aliada à presença de regiões hidrofóbicas (indicando que a cadeia polipeptídica não está em sua conformação correta), faz com que a proteína seja reconhecida pela calnexina ou calreticulina (Figura 14.8). Depois de um tempo, ocorre a remoção do último resíduo de glicose do oligossacarídio ligado à proteína, por ação de uma glicosidade específica. A ausência dessa glicose faz com

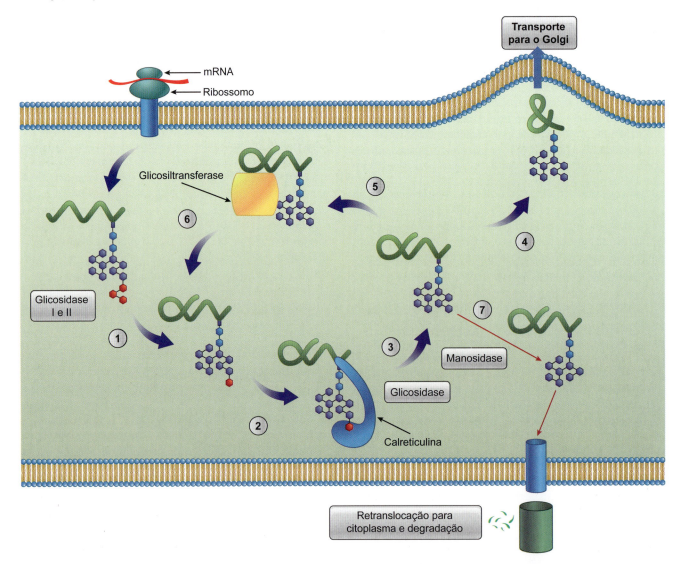

Figura 14.8 Etapas de enovelamento de uma glicoproteína no retículo endoplasmático (RE). *1.* Assim que é produzida e glicosilada, a glicoproteína desenovelada é reconhecida por duas glicosidades (I e II), perdendo duas glicoses (*hexágonos vermelhos*). *2.* A proteína é reconhecida pelas chaperona calreticulina (ou calnexina). Essa interação se dá por reconhecimento da glicose no oligossacarídio e pela interação com regiões hidrofóbicas expostas na cadeia peptídica. *3.* Ao sofrer ação de outra glicosidase, perdendo a última glicose, a proteína perde a afinidade pela chaperona. *4.* A proteína pode se enovelar em sua conformação correta e ser transportada para o complexo de Golgi. *5.* Não tendo encontrado a conformação correta, ela também pode ser reconhecida por uma glicosiltransferase, que adiciona uma glicose ao seu oligossacarídio, e (*6*) ser novamente reconhecida pela chaperona, voltando a entrar no ciclo de enovelamento. *7.* Se a proteína ficar muito tempo neste ciclo, isto é, sem conseguir atingir seu enovelamento correto, ela é reconhecida por uma manosidase de RE (*setas vermelhas*). Ao perder um resíduo de manose (*hexágono roxo*), a proteína não pode mais ser reconhecida pela glicosiltransferase e é, então, reconhecida para ser degradada pelo ERAD.

que a proteína se desligue da chaperona, permitindo que possa completar seu dobramento. Se essa cadeia peptídica atingir seu enovelamento correto, a cadeia peptídica é reconhecida por proteínas envolvidas no endereçamento e montagem de vesículas de transporte (ver Capítulo 15), sendo enviada para o CG (ver Figura 14.8). Caso a proteína não esteja enovelada corretamente, ela é reconhecida pela glicosiltransferase, que adiciona uma glicose ao oligossacarídio. A presença dessa glicose e de regiões hidrofóbicas permite que a proteína seja novamente reconhecida pelas chaperonas, entrando em um novo ciclo de enovelamento (ver Figura 14.8). Quando uma proteína permanece muito tempo nesse ciclo, por não atingir o enovelamento adequado, ela pode sofrer a ação da manosidase do RE (que apresenta uma atividade mais lenta). Esta cliva um resíduo de manose do oligossacarídio ligado à proteína, impedindo que a glicosiltransferase adicione uma glicose ao oligossacarídio e, consequentemente, seu reconhecimento pela canexina ou calreticulina (ver Figura 14.8). Nesta conformação, a proteína é enviada para degradação no citoplasma, passando pelo processo conhecido como ERAD (do inglês *ER-associated degradation*). Esse processamento do oligossacarídio, portanto, está envolvido no controle de qualidade da proteína, funcionando como um "cronômetro", em que proteínas que "demoram" muito para atingir a conformação adequada podem sofrer a ação da manosidase, que impede que possam continuar no ciclo de dobramento. Para algumas proteínas, existe até 80% de falha no enovelamento adequado.

O ERAD apresenta várias etapas, sendo a primeira o reconhecimento de proteínas que não atingem o enovelamento adequado para exportação para o citoplasma. Essa exportação é conhecida como *retrotranslocação* ou translocação no sentido inverso. A retrotranslocação apresenta similaridade ao processo de inserção de proteínas de membrana pós-tradução, como mostrado no Capítulo 13. As proteínas devem ser mantidas desenoveladas e protegidas de agregação, por interação com chaperonas. Elas passam por um translocador, no sentido RE-citoplasma, auxiliadas por proteínas acessórias e com gasto de energia da quebra de moléculas de ATP. No citoplasma, elas são marcadas pela ubiquitina E3 e direcionadas para degradação pelo proteassoma (Figura 14.9). Não somente proteínas mal enoveladas podem ser degradadas por esta via, como também algumas proteínas mal localizadas ou que tenham sido sinalizadas para degradação – por exemplo, o peptídio sinal que é clivado da proteína nascente.

ERAD

O ERAD é importante também para o controle de quantidade de algumas proteínas, respondendo a sinais metabólicos. Um bom exemplo deste tipo de sinalização é o das enzimas 3-hidroxi-3-methyl-glutaril-CoA redutase (HMGR) e esqualeno mono-oxigenase (SM, do inglês *squalene monooxygenase*), importantes para a biossíntese do colesterol e presentes na membrana do RE. O acúmulo de metabólitos de esterol na membrana do RE ativa sua degradação pelo ERAD, mostrando a importância deste mecanismo, que vai além do controle de qualidade. Antes, acreditava-se que, após a RE, a degradação de proteínas de membrana que seguiam a via biossintética secretora era realizada somente por uma via dependente de degradação lisossomal, porém foi observado que existem mecanismos de degradação, muito similares ao ERAD, presentes no CG e em endossomos, conhecidos como degradação associada a Golgi (EGAD, do inglês *golgi-associated degradation*). Além da regulação de degradação de proteínas de membrana, a EGAD também é importante para homeostase lipídica em células eucarióticas, por regular a presença de proteínas de membrana envolvidas no metabolismo de lipídios.

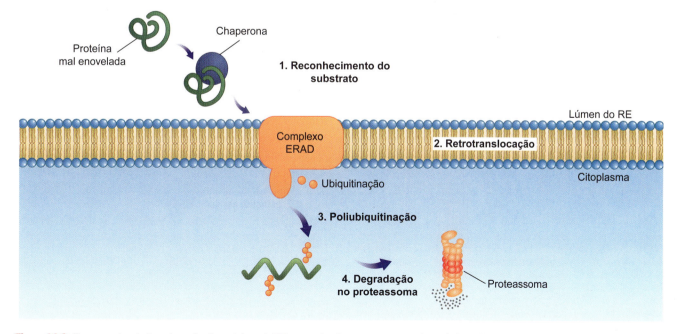

Figura 14.9 Processo de retrotranslocação de proteínas do RE para o citoplasma, para serem degradadas pelo proteassoma. *1.* Proteínas a serem degradadas são reconhecidas e direcionadas para o complexo ERAD presente na membrana do RE. *2.* Ocorre o processo de retrotranslocação para o citoplasma, as proteínas desenoveladas passam por um complexo que forma uma abertura pela membrana do RE, e este transporte ocorre com gasto de ATP. *3.* Uma ERAD E3 ligase (presente no complexo ERAD) adiciona ubiquitinas à proteína no citoplasma. *4.* A proteína é então degradada no proteassoma.

Mecanismos de transporte, reconhecimento e endereçamento de proteínas

Proteínas que passam pelo processamento e alcançam com sucesso sua conformação final fazem parte de dois grupos distintos: as que devem ser exportadas para o CG e as residentes do RE. O primeiro grupo é reconhecido por proteínas envolvidas na formação de vesículas de transporte (ver Capítulo 15) e entregue ao CG. No CG, se não pertencer a essa organela, a proteína é transportada, também por vesículas, para endossomos ou para a membrana plasmática, onde é secretada (ver Capítulo 15). Esse endereçamento e transporte são altamente regulados e acontecem em resposta a sequências de aminoácidos de endereçamento presentes na própria proteína.

As proteínas residentes do RE apresentam sequências de endereçamento específicas que as identificam. Essas sequências podem funcionar como *sinais de retenção*, que as mantêm ligadas a proteínas presentes no RE, e como *sinais de recuperação*. Estes são importantes quando uma proteína residente do RE é erroneamente capturada por uma vesícula de transporte e enviada para o CG. Nessa organela, existem proteínas (receptores) que reconhecem o sinal de recuperação das proteínas residentes do RE e formam uma vesícula de transporte, que envia a proteína de volta para essa organela.

A sequência KDEL ou HDEL (Lis/His-Asp-Glu-Leu) é uma sequência de recuperação bem conhecida em proteínas solúveis do RE. Proteínas de membrana do RE apresentam outras sequências de retenção, como a KKXX ou KXKXX (em que X pode ser qualquer aminoácido), presente na porção C-terminal. Ainda existem proteínas que são mantidas no RE, mas não é conhecida uma sequência específica para essa localização. Proteínas solúveis produzidas no RE e sem sequências sinais de endereçamento adicionais (para lisossomos, CG etc.) são secretadas constitutivamente (ver Capítulo 15).

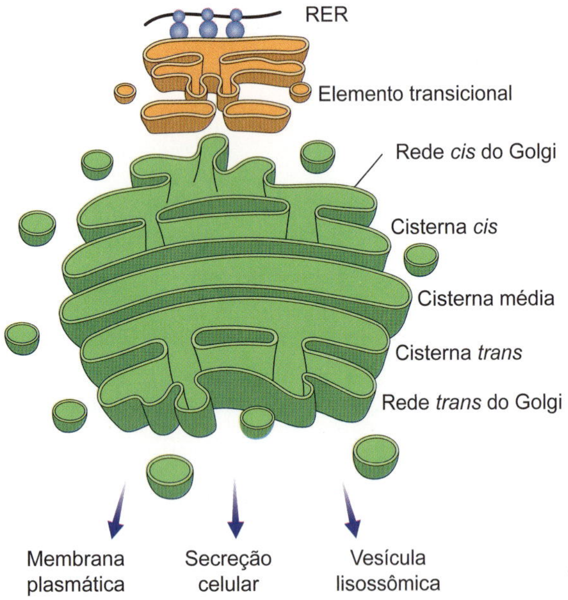

É importante lembrar que, apesar do RER ser o local principal da produção e dobramento das proteínas, ele é contínuo como o REL, e as proteínas necessariamente passam por essa região para serem entregues ao CG. Desse modo, proteínas responsáveis pelo controle de qualidade por glicosilação e dobramento adequado das produzidas no RER também são encontradas no REL. Alguns estudos mostram que proteínas relacionadas ao ERAD estão mais concentradas na membrana do REL do que na do RER. Também é no REL que estão as proteínas envolvidas no reconhecimento de proteínas para a formação de vesículas de transporte (ver Figura 14.4). Mesmo em células que não possuem o REL muito desenvolvido, ele está sempre presente como um local de passagem entre o RER e o CG, região que apresenta muitas vesículas de transporte e conhecida como *região de transição* ou *elemento transicional* (Figura 14.10).

Figura 14.10 Relação do complexo de Golgi com o retículo endoplasmático. As proteínas sintetizadas no RE são transportadas para o Golgi no interior de vesículas de transporte, formadas no elemento transicional do RE. Essas vesículas de transporte se fundem com as membranas da rede *cis* do Golgi. Nessa região, há ligação física entre a rede *cis* do Golgi (continuidade de suas membranas). Esse material é modificado à medida que passa pelas várias cisternas golgianas, que não tem continuidade física entre si; portanto, o transporte é feito por vesículas. Essas modificações são importantes para a seleção e endereçamento dos produtos. As vesículas que brotam da rede *trans* do Golgi (que também apresenta continuidade de suas membranas) contêm as proteínas destinadas a compor a membrana plasmática ou a serem secretadas pelas células e os lisossomos.

Elemento transicional

Grupos de vesículas e túbulos são observados entre a membrana do REL e o CG, região também conhecida como compartimento intermediário ER-Golgi (ERGIC), conjunto vesículo-tubular (VTC), intermediários pré-Golgi ou elemento transicional. Essa região é responsável pelo transporte dos componentes produzidos no ER, que devem ser modificados e entregues para outras organelas.

Os MHCs são produzidos no RE

O complexo principal de histocompatibilidade (MHC) classe I e II tem uma função importantíssima no sistema imune adaptativo, participando da apresentação de antígenos para células-T. A produção desses complexos ocorre no RE, onde diferentes subunidades são montadas, formando uma estrutura que é estabilizada pela ligação a antígenos específicos. Somente nesta conformação final o complexo é reconhecido para ser transportado para o CG e direcionado para a membrana plasmática, onde apresenta o antígeno para células-T. Estes antígenos podem ser provenientes da degradação de proteínas endógenas via proteassoma; os fragmentos gerados são transportados para dentro do RE, por transportadores do tipo cassete de ligação de ATP (ABC, do inglês *ATP-binding cassette*; ver Capítulo 4), e se ligam a subunidades específicas do complexo principal de histocompatibilidade (MHC) classe I. Esta ligação promove a montagem final do complexo e seu reconhecimento como estando em uma conformação final, para que seja transportado para o CG e de lá seja entregue à membrana plasmática.

A apresentação desse tipo de antígeno demonstra que a célula pertence ao organismo ("*self tolerance*"). Outros antígenos podem ser provenientes de patógenos, que, ao serem endocitados, são degradados no citoplasma por proteassomas e similarmente transportados para o RE. Lá, eles se ligam ao complexo MHC classe II, promovendo sua montagem e conformação final e permitindo que seja transportado para a membrana plasmática, marcando essas células para reconhecimento e destruição pelas células-T. Mais recentemente, outras vias de produção de peptídios e, assim, formação de complexos MHC específicos têm sido evidenciadas, em que outras proteínas do RE, como peptidases presentes em sua membrana, podem participar da formação desses peptídios, independentemente do proteassoma. Assim, o papel do RE em respostas adaptativas do sistema imune parece ter um papel ainda mais complexo.

Importância do retículo endoplasmático liso para a síntese e o metabolismo de lipídios

Na membrana do REL, ocorrem importantes reações para a síntese de lipídios que constituem as membranas celulares, os fosfolipídios e colesterol. Além disso, o REL participa também da elongação e promoção de insaturações de cadeias de ácidos graxos e formação de triglicerídios (TAG), importante macromolécula para o metabolismo energético.

A produção do TAG se inicia no citoplasma, onde é formada uma molécula de ácido fosfatídico (Figura 14.11). Essa molécula se insere na membrana do RE, onde sofre modificações catalisadas por enzimas presentes em sua monocamada citoplasmática. A formação de TAG ocorre na membrana do RE, pela ação de uma aciltransferase (ver Figura 14.11), que volta para o citoplasma. Em hepatócitos, esses ácidos graxos são exportados para a corrente sanguínea na forma de lipoproteínas de densidade muito baixa (VLDL).

O REL também tem uma importante função em processos de elongação e dessaturação de ácidos graxos. Enzimas elongases, presentes no lúmen desta organela, são capazes de promover a adição de duas unidades de carbono a uma molécula de ácido graxo, produzido no citoplasma ou proveniente da dieta. Esse ácido graxo é transportado para o interior do RE e, após a elongação, pode ser exportado para o citoplasma. A presença do complexo dessaturase na face citoplasmática da membrana do REL, que apresenta um pequeno sistema de transporte de elétrons que contém as proteínas de citocromo b5 e NADPH-citocromo-b5-redutase (Figura 14.12), é capaz de inserir insaturações em ácidos graxos. Como discutido no Capítulo 4, a presença de insaturações em ácidos graxos da membrana celular é importante para sua fluidez. Vale ressaltar que animais têm uma capacidade limitada de adicionar insaturações às cadeias de hidrocarbonetos de ácidos graxos.

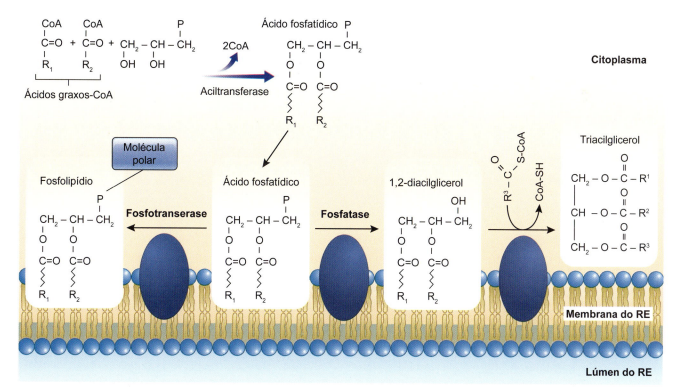

Figura 14.11 O ácido fosfatídico é um precursor comum para formação de triacilgliceróis (TAG) e fosfolipídios na membrana do RE. A síntese de TAG e fosfolipídios se inicia no citoplasma, a partir de duas moléculas de ácidos graxos-CoA e uma molécula de glicerol, formando o ácido fosfatídico, que é inserido na membrana do REL, onde sofre ação de uma fosfatase para formar o 1,2-diacilglicerol e, em seguida, da diacilglicerol aciltransferase, sendo convertido em triacilglicerol, que sai da membrana para o citoplasma. O ácido fosfatídico é também o precursor dos fosfolipídios de membrana, onde, via o intermediário de 1,2-diacilglicerol ou diretamente (dependendo do tipo de fosfolipídio que será formado), sofre ação de fosfotransferases específicas (em alguns casos, reações com transferases e quinases são necessárias). Então, uma molécula polar (serina, colina, etanolamina etc.) é adicionada ao fosfato, formando a cabeça polar do fosfolipídio.

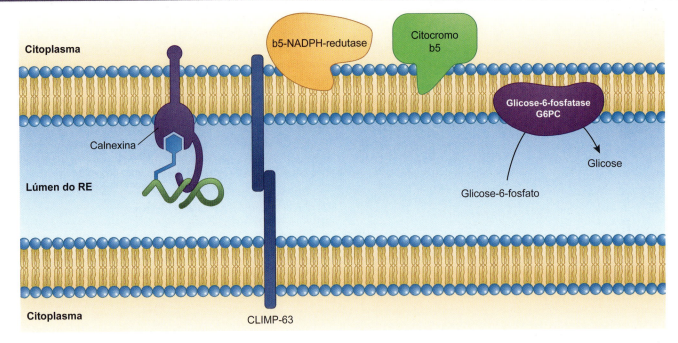

Figura 14.12 Disposição de diferentes proteínas na membrana do retículo endoplasmático (RE). A enzima glicose-6-fosfatase e a chaperona calnexina têm suas porções catalíticas voltadas para o lúmen do RE. Os complexos citocromo-redutases, como o b5 e o b5-NADPH-redutase, são voltados para o citoplasma. A proteína CLIMP-63 apresenta uma porção citoplasmática responsável pela interação com citoesqueleto e ancoragem do ribossomo e uma porção intraluminal importante para interação com outra CLIMP-63, presente na membrana oposta, auxiliando na manutenção do formato das cisternas do RER.

A membrana do RE é responsável também pela síntese de lipídios que fazem parte das membranas celulares. A molécula de ácido fosfatídico inserida na membrana (ver Figura 14.11) pode também ser modificada por outras enzimas presentes na porção citoplasmática, para formação de glicerofosfolipídios (ver Figura 14.11). Essas enzimas catalisam a adição de moléculas polares (serina, colina, etanolamina etc.) ao ácido fosfatídico, formando a cabeça hidrofílica dos fosfolipídios (ver Capítulos 2 e 4). Essas reações podem dar origem a fosfatidilserina (PS), fosfaditiletanolamina (PE) e fosfatidilcolina (PC). Algumas dessas reações ocorrem totalmente na membrana do RE; outras, porém, necessitam de enzimas existentes nas membranas de mitocôndrias. Por exemplo, a fosfatidilserina formada na membrana no RE pode ser transportada para a membrana da mitocôndria, onde sofre descarbolixação, dando origem à fosfatidiletanolamina. Esta pode retornar para o RE e seguir para o CG, passando por outras modificações, sendo depois entregue a membranas-alvo. Como é discutido adiante, existem regiões de interação entre as membranas da mitocôndria e do RE (ver Figura 14.4), que permitem, com ajuda de proteínas de transferência (Figura 14.13), a troca de lipídios entre si. Essas regiões de interação também são enriquecidas com proteínas envolvidas na produção de fosfolipídios.

Como a incorporação desses novos fosfolipídios ocorre na monocamada de membrana do RE voltada para a face citoplasmática (ver Figura 14.11), para que haja crescimento homogêneo das duas camadas, algumas moléculas devem ser translocadas para a outra face da membrana (Figura 14.14). Essa translocação é feita com o auxílio de flipases (ver Capítulo 4). A presença de flipases, que são mais eficientes para alguns tipos de fosfolipídios, contribui para a criação de assimetria dos lipídios entre as duas camadas (ver Capítulo 4). Por esse motivo, o fosfatidilinositol, por exemplo, é muito mais enriquecido na face citoplasmática da membrana plasmática (ver Figura 14.14).

Na face externa da membrana do RE, ocorre também a biossíntese da ceramida, em um processo que envolve quatro reações diferentes e tem como precursores o palmitoil-CoA e a serina. A ceramida é translocada para a face luminal e transportada por meio de vesículas para o CG.

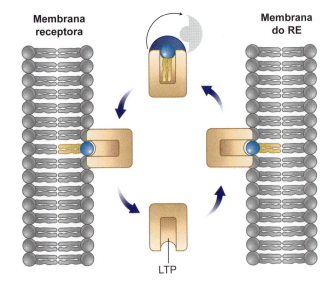

Figura 14.13 Lipídios de membrana produzidos na membrana do retículo endoplasmático (RE) podem ser transportados para membranas de outras organelas, pelo intermédio de proteínas de transferência de lipídios (LTP, do inglês *lipid transfer protein*). As LTP apresentam uma estrutura em forma de tampa, que se abre quando elas sofrem modificações conformacionais, possibilitando que o lipídio a ser transportado tenha acesso à cavidade hidrofóbica da LTP e possa assim ser transportado pelo citoplasma. Quando o complexo LTP-lipídio encontra a membrana-alvo (receptora), o lipídio é inserido nessa membrana.

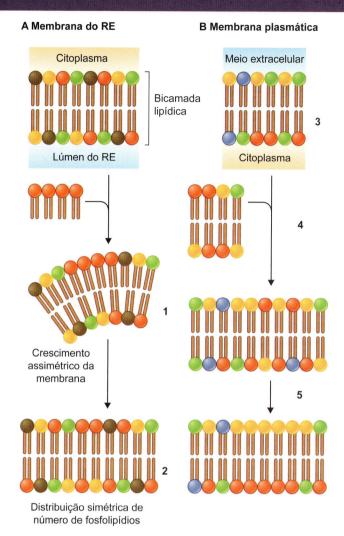

Figura 14.14 **A. 1.** Os novos fosfolipídios de membrana são sintetizados na hemicamada voltada para a face citoplasmática da membrana do retículo endoplasmático (RE), gerando uma assimetria durante o crescimento dessa membrana. **2.** Proteínas que catalisam a translocação de fosfolipídios entre as hemicamadas de uma bicamada lipídica (flipases ou translocases) rearranjam esses fosfolipídios (aleatoriamente) de modo que as duas hemicamadas recebam a mesma quantidade dessas moléculas. **B. 3.** Alguns fosfolipídios apresentam distribuição assimétrica entre as hemicamadas. O fosfatidilinositol (*em vermelho*), por exemplo, é enriquecido na face citoplasmática da membrana plasmática. **4.** Neste caso, os novos fragmentos de membrana, que apresentam distribuição aleatória de fosfolipídios entre as duas hemicamadas ao serem entregues para a MP, **(5)** sofrem ação de flipases específicas para o fosfatidilinositol, que catalisam sua translocação para o lado interno da membrana, preservando sua assimetria.

O colesterol também é sintetizado nas membranas do RE, a partir de acetil-CoA citoplasmática; essa produção envolve várias etapas e conta com a participação de enzimas presentes na membrana no RE. Entre elas, a enzima HMG-Coa redutase, uma enzima transmembranar cuja região catalítica é voltada para a face citoplasmática da membrana do RE, é importante por ter sua ativação regulada, sendo o passo limitante desta reação e, consequentemente, da formação do colesterol. Em mamíferos, as células têm duas fontes de colesterol: uma do LDL (aproximadamente 30%), presente na corrente sanguínea, e outra pela síntese na membrana do RE (aproximadamente 70%). Os dois processos são regulados direta ou indiretamente por proteínas da membrana no RE.

Assim, a membrana do RE participa da formação de lipídios para estoque energético e para produção de membranas, que são dependentes das mesmas moléculas precursoras. Existe um balanço para a regulação destas duas vias, em que, por meio de mecanismos de retroalimentação (*feedback*) negativo ou positivo, algumas vias são diminuídas ou ativadas em resposta a necessidades celulares, como no caso da produção de colesterol, uma vez que a composição lipídica dessa membrana também é importante para essa regulação.

Regulação do metabolismo do colesterol

O colesterol é o mais abundante esterol encontrado em vertebrados, sendo extremamente importante para a formação de ácidos biliares, vitamina D3 e hormônios esteroides (por ser seu precursor) e por ter uma importante função na estrutura e viscosidade das membranas celulares. A regulação do metabolismo de colesterol é feita com a ajuda de fatores de transcrição, que regulam a expressão de genes envolvidos na síntese e absorção desse lipídio. Os fatores são conhecidos como proteínas de ligação ao elemento regulador de esteróis (SREBP, do inglês *regulatory element binding protein*), encontradas na membrana do RE em sua forma inativa. A diminuição de colesterol na célula dispara um sinal que induz a conversão da SREBP para sua forma ativa, sendo primeiramente transportada para a membrana do CG, onde é clivada. Sua porção solúvel migra para o núcleo e atua como um fator de transcrição, regulando elementos responsivos ao esterol (SER), que controlam a expressão de várias enzimas pertencentes à via de biossíntese do colesterol, como as HMG-Coa redutase, e de receptores de LDL (ver Capítulo 15), afetando de maneira positiva, respectivamente, a produção e endocitose desta molécula. Foi observado, mais recentemente, que esses fatores de transcrição também regulam a expressão de enzimas que regulam a produção de ácidos graxos, sendo assim responsáveis pela regulação de lipídios de membrana em geral. Quando a concentração de colesterol é alta, esse complexo é retido no RE em sua forma inativa.

A produção de hormônios esteroides (esteroidogênese), que tem o colesterol como precursor, também é realizada por enzimas presentes na membrana do REL: as enzimas do citocromo P450. A presença delas, juntamente à de NADPH-citocromo P450 redutase, permite a reação de transferência de elétrons necessária para a modificação do colesterol e formação dos diferentes hormônios esteroides, cuja produção é exclusiva a alguns tipos celulares, como as gônadas e a glândula adrenal. Essas enzimas estão igualmente envolvidas no metabolismo da vitamina D3, que também tem o colesterol como precursor.

Exportação de lipídios do retículo endoplasmático liso

Os lipídios de membrana produzidos no RE devem ser entregues a seus locais de destino, existindo três mecanismos de entrega dessas moléculas. O primeiro envolve sua difusão pela bicamada lipídica, o que lhes permite chegar a diferentes regiões do RE e ser entregues ao envelope nuclear, pela continuidade dessas membranas (ver Figura 14.2). O segundo mecanismo envolve o transporte por vesículas e fusão de membranas (ver Capítulo 15); por esse mecanismo, os lipídios são entregues ao CG e podem sofrer modificações, como a glicosilação, sendo depois entregues a membranas de lisossomos, endossomo e plasmática. O terceiro mecanismo envolve a exportação feita com auxílio de LTP (Figura 14.13). Existem várias LTP especializadas no transporte de lipídios específicos; em mamíferos, existem, por exemplo, a proteína de transferência de ceramida (CERT, do inglês *ceramide transfer protein*), START (do inglês, *StAR-related lipid-transfer*) e D1/D3, que têm especificidade pelo transporte de colesterol. Ainda podemos citar as proteínas GLTP e PITP (do inglês *glicolipide-transfer protein* e *phosphoinositides-transfer proteins*), que transportam glicolipídios e fosfatidilinositol/fosfatidilcolina, respectivamente. Essas proteínas são solúveis, mas apresentam uma região hidrofóbica que forma um "bolso", onde os lipídios a serem transportados podem se acomodar, sem contato como o meio hidrofílico (ver Figura 14.13). Após o reconhecimento de lipídios específicos da membrana doadora, essas proteínas transportadoras sofrem uma mudança conformacional que expõe sua região hidrofóbica, e o lipídio é retirado dessa membrana e transportado pelo citoplasma até "chegar" à membrana receptora. A proximidade entre membranas nas regiões de contatos do RE e de outras organelas permite uma maior eficiência dessa migração, principalmente em mitocôndrias, peroxissomos e plastídios, em que este é o principal mecanismo de transporte de lipídios. O mecanismo de troca de lipídios também ocorre entre as membranas do CG e plasmática – nesta última, parece estar envolvido em mecanismos de manutenção da homeostase lipídica e sinalização.

> ### Proteínas de transferência de lipídios são importantes para o bom funcionamento celular
>
> A importância das LTP para o bom funcionamento celular é bem conhecida, uma vez que várias doenças humanas têm origem por problemas em seu funcionamento. Um exemplo é a hiperplasia congênita da adrenal, em que a síntese de esteroides é prejudicada por uma mutação de proteínas STAR D1/D3, responsável pela transferência de colesterol. Além disso, várias moléculas lipídicas estão envolvidas em processos de sinalização, controlando vias de sobrevivência celular, proliferação e migração. Como as LTP podem controlar a composição lipídica das membranas, sua presença influencia tanto as propriedades biofísicas como as de sinalização por lipídios. Estudos recentes têm associado expressão e regulação por diferentes LTP e modificações na composição lipídica de regiões de contato entre membranas ao desenvolvimento de alguns cânceres humanos.

Participação do retículo endoplasmático liso no metabolismo de glicogênio

A glicogenólise, um processo bioquímico para obtenção de glicose a partir do glicogênio, é importantíssima para atender necessidades metabólicas do organismo. As células musculares e hepáticas têm os maiores estoques de glicogênio no organismo, porém somente as últimas são capazes de mobilizar essa reserva para suprir necessidades de outros tecidos do organismo. A presença da enzima glicose-6-fosfatase na membrana do REL em hepatócitos é responsável por essa função.

A glicogenólise inicia-se no citoplasma e, por meio de três reações consecutivas, forma uma glicose 6-fosfato, que não pode sair da célula. Em células hepáticas, durante baixas concentrações de glicose no sangue, a glicose 6-fosfato é transportada para o interior do RE, pelo transportador T1. Nas cisternas do REL, ela é convertida em glicose, pela ação da glicose-6-fostatase presente na membrana do REL (ver Figura 14.12). Essa glicose é, então, transportada para o citoplasma pelos transportadores T2 e T3, liberada em seguida na corrente sanguínea para distribuição para outros tecidos. Por essa razão, em células hepáticas, o REL está localizado próximo aos depósitos de glicogênio no citoplasma.

Importância do retículo endoplasmático liso para detoxicação do organismo

A conversão de substâncias nocivas em inofensivas, de fácil excreção, é o processo conhecido com detoxicação. As substâncias podem derivar de processos metabólicos normais ou extracorpóreos, incluindo herbicidas, conservantes, corantes alimentares e medicamentos. Os citocromos P450 e sua redutase, presentes na membrana do REL com sua porção catalítica voltada para o citoplasma, participam desse processo. Assim, as substâncias tóxicas são hidroxiladas por esse complexo no citoplasma (Figura 14.15). A modificação torna a molécula hidrossolúvel, facilitando sua eliminação pela célula e excreção pelos rins. O fígado tem um grande papel nesse mecanismo, mas outros tecidos também participam, como a pele, os rins e os pulmões.

> ### Importância do retículo endoplasmático liso no processo de detoxicação
>
> É observado que o uso contínuo de alguns medicamentos, como barbitúricos, aumenta a quantidade de REL nas células hepáticas, aumentando assim sua capacidade de neutralização desses compostos. Acredita-se que esse seja um dos motivos da perda de eficiência de alguns medicamentos, que, após muito tempo de uso, devem ter suas doses aumentadas para atingir o mesmo efeito. Esse aumento do REL induz inclusive diminuição da quantidade de RER, causando possivelmente problemas no funcionamento das células.
>
> É no REL que o pigmento bilirrubina, liberado durante a destruição de hemácias velhas no fígado, é solubilizado pela ação da glicuronil-transferase. A deficiência na ação dessa enzima leva a um quadro de icterícia, em que o paciente apresenta uma cor amarelada, pelo acúmulo do pigmento no sangue. Dependendo do grau de deficiência da glicuronil-transferase, os sintomas podem ser leves ou severos. Em alguns casos, o uso de barbitúricos pode ajudar nos sintomas, por aumentar a síntese de proteínas detoxificantes do REL.

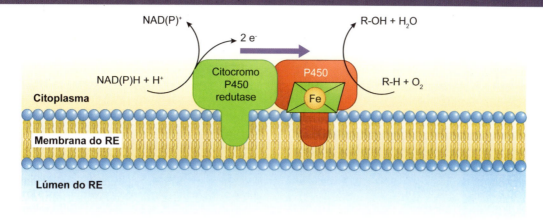

Figura 14.15 Reações de hidroxilação catalisadas pelo citocromo P450 e sua redutase, presentes na membrana do retículo endoplasmático liso (REL). A redutase contém dois cofatores (dinucleótido de flavina e adenina [FAD, do inglês *flavin adenine dinucleotide*] e mononucleótido de flavina [FMN, do inglês *flavin mononucleotide*]), que recebem dois elétrons do NAD(P)H e os transferem para o grupo heme do citocromo P450. Os elétrons são então transferidos para uma molécula de O_2. Essas reações de oxirredução levam à hidroxilação do substrato orgânico (RH) a R-OH, pela incorporação de oxigênio (O_2), e formação de H_2O.

Armazenamento, liberação e captação de cálcio controlada pelo retículo endoplasmático liso

O RE também tem um papel importantíssimo no controle dos níveis do íon cálcio no citoplasma das células. Como visto no Capítulo 4, a concentração desse íon no citoplasma é muito baixa, comparada às concentrações tanto extracelulares quanto no RE. O aumento do íon no citoplasma desencadeia várias respostas celulares, controladas por diferentes vias de sinalização (ver Capítulo 6). Na membrana do RE, principalmente no REL, existem bombas de cálcio que, com gasto de energia, bombeiam esse íon para o interior do RE (ver Figura 14.4). No RE, o cálcio fica armazenado, em geral ligado a proteínas residentes do RE, uma vez que muitas chaperonas do RE são dependentes de cálcio para funcionar adequadamente. Mediante estímulo (ver Capítulo 6), são abertos canais iônicos de cálcio da membrana do RE, e rapidamente a concentração desse íon aumenta no citoplasma. Assim que o estímulo termina, esses canais se fecham, e o cálcio é rapidamente bombeado para dentro do RE.

Interação do retículo endoplasmático com outras organelas

Além da já mencionada associação de ribossomos no RER, o RE interage com praticamente todas as organelas presentes na célula e a membrana plasmática. Essa interação pode ser indireta, por meio de tráfego vesicular (ver Capítulo 15), ou direta, por meio de ligações com proteínas de sua membrana, incluindo sua interação com o citoesqueleto.

Por ser uma rede de membranas que ocupa em geral grandes áreas, o RE auxilia, juntamente ao citoesqueleto, a manutenção da distribuição dos componentes celulares, servindo como uma plataforma de ancoragem. Além dessa função de arcabouço, existem mais razões para que o RE tenha sítios de ligação com outras membranas celulares. Assim, temos regiões de contato com membrana plasmática, também chamadas "membranas associadas à membrana plasmática" (PAM, do inglês *plasma membrane-associated membranes*), membrana do RE associada à mitocôndria (MAM, do inglês *mitochondria-assiated ER membranes*) e outras interações com membranas do endossomo, CG, peroxissomos, lisossomos e gotículas lipídicas (Figura 14.16). Nessas interações, há formação de plataformas de comunicação entre diferentes organelas, possibilitando a troca de lipídios (ver Figura 14.13), íons cálcio e outros metabólitos, por vias independentes de transporte vesicular. Essas estruturas são altamente dinâmicas e formadas por interações entre proteínas específicas e lipídios presentes nas membranas.

A transferência de lipídios produzidos no RE, sem uso de vesículas de transporte, é o mecanismo de entrega de lipídios para a membrana de mitocôndrias, plastos e peroxissomos.

Existem ainda evidências em estudos por microscopia eletrônica de interações entre as membranas do RE e da região *trans* do CG, além de locais de interação entre endossomos e lisossomos com regiões tubulares do RE, mesmo que haja uma comunicação intensa dessas organelas via vesículas de transporte (ver Capítulo 15).

Complexo de Golgi

O CG foi primeiramente descrito pelo cientista Camilo Golgi, em 1898. Ao estudar células de Purkinje, contrastadas com tetróxido de ósmio (OsO_4), ele observou uma estrutura reticular, que chamou de *aparato reticular interno*. A imagem obtida por essa preparação, em microscópios de luz, mostrou uma estrutura enovelada com formato irregular, como exemplificado na Figura 14.17. Devido à falta de resolução dos microscópios, a descoberta gerou controvérsias, pois muitos creditavam o observado a um artefato criado pela técnica. Somente 50 anos após sua descrição, com a utilização de microscopia eletrônica, a existência dessa organela foi provada sem dúvidas. Estudos de microscopia eletrônica, fracionamento celular e imuno-histoquímicos (discutidos mais adiante)

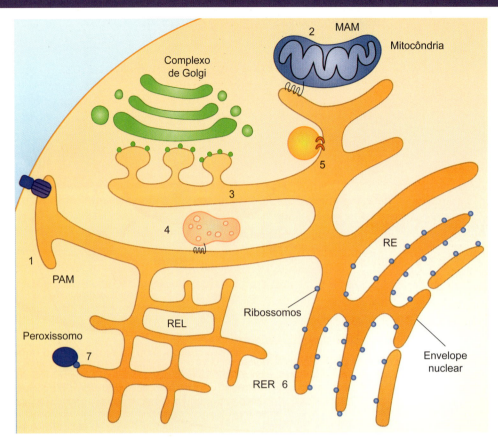

Figura 14.16 A membrana do RE apresenta pontos de ligação com praticamente todas as membranas de uma célula. *1.* As PAM, que ligam a membrana plasmática e o RE, podem ser encontradas em quase todos os tipos celulares e apresentam como principal função a troca de cálcio e a de lipídios, regulando sua homeostase lipídica; estão relacionadas à regulação da sinalização celular. *2.* De modo similar, as MAM, pontos de ligação com a mitocôndria, permitem sua proximidade com o RE, aumentando a eficiência de sinalização por cálcio vindo do RE, assim como a troca de lipídios, e estão envolvidas em processos de morte celular regulada (ver Capítulo 16), incluindo autofagia; influenciam o dinamismo das mitocôndrias (processos de fissão e fusão; ver Capítulo 5) e produção de lipídios. *3.* Os sítios de contato com a membrana do CG parecem ter uma importante função na troca de lipídicos específicos, regulando sua homeostase. *4.* Da mesma maneira, os sítios de contato com membrana de endossomos têm a importante função de troca de lipídios e regulação de processos de maturação dos endossomos, fissão e sua associação com proteínas motoras. Esses sítios estão envolvidos também com processos de autofagia e formação de endolisossomos. *5.* Os locais de contato com gotículas lipídicas são formados por uma monocamada lipídica e proteínas específicas, que permitem o armazenamento de lipídios no interior da célula. Sua formação e maturação dependem do RE; por essa razão, sítios de contato podem ser observados entre as estruturas, onde ocorre transporte de lipídios e proteínas. *6.* Contato com os ribossomos tem a já bem discutida função de síntese proteica. *7.* Os locais de contato com peroxissomos permitem a troca e produção de lipídios específicos.

produziram o conhecimento que temos hoje sobre o CG. Essa organela é também denominada "aparelho de Golgi" ou "complexo golgiense".

O CG tem uma íntima relação funcional com o RE, uma vez que moléculas produzidas no RE são transportadas para o CG, onde podem passar por modificações adicionais. Além disso, ocorre a identificação, a seleção e o envio para os locais em que essas moléculas devem atuar (ver Figura 14.10). Por sua relação com o RE e as vias de secreção (ver Capítulo 15), o CG é normalmente encontrado próximo ao núcleo celular, entre o RE e a membrana plasmática, apresentando uma polaridade, com regiões especializadas na modificação sequencial de moléculas vindas do RE, empacotadas e enviadas para outras organelas (ver Figura 14.10) ou para fora de célula (secreção). Essa organização fica bem evidenciada em células polarizadas, especializadas na secreção (Figura 14.18). Assim como sua localização, a organização morfológica do CG também é influenciada pela sua função, como veremos em mais detalhes a seguir.

Organização das cisternas do complexo de Golgi

O CG é composto de estruturas membranosas saculares empilhadas, que podem estar fisicamente interconectadas, formando a rede *cis* e *trans* (extremidades das pilhas; ver Figura 14.10) ou sáculos independentes, conhecidos como *cisternas* (região central da pilha; ver Figura 14.10). Esse agrupamento trabalha como uma unidade funcional, sendo que as cisternas se comunicam (trocam moléculas) através de vesículas de transporte. O conjunto de estruturas membranosas e suas vesículas de transporte são também chamados *dictiossoma* (do grego *díkton* [rede] e soma [corpo]).

Cada dictiossoma tem formato curvo (ver Figuras 14.10 e 14.18), apresentando uma região convexa, de entrada ou proximal, chamada "face (ou rede) *cis*". A denominação tem relação com sua função de receber vesículas de transporte vindas do RE, estando voltada para essa organela (ver Figura 14.10). A rede *cis* é formada por estruturas saculares e tubulares

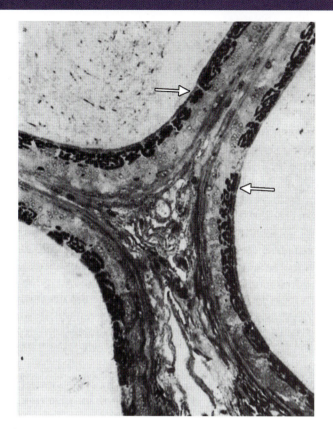

interconectadas e por vesículas de transporte vindas do elemento transicional do RE. Já a cisterna *cis* é uma região sacular que tem conexão física com a rede *cis* (ver Figura 14.10). Podem também ser encontradas cisternas independentes, sem continuidade física com as outras cisternas, conhecidas como *cisternas médias*. A quantidade de cisternas médias pode variar de célula para célula. Na outra extremidade do CG, temos a cisterna *trans*, que se conecta fisicamente com a rede *trans*, região convexa do CG. Essa região tem uma estrutura de túbulos associados a sáculos e vesículas de transporte que brotam da extremidade em direção a membrana plasmática, lisossomos ou endossomos (ver Figura 14.10).

As moléculas modificadas no CG, que pertencem ao RE ou ao próprio CG, são entregues por vesículas de transporte, que seguem um caminho inverso, indo na direção *trans*-Golgi para *cis*-Golgi, chamado *tráfego retrógrado* (Figura 14.19). Além disso, o CG também recebe proteínas recicladas do sistema endossomal (ver Capítulo 15) pela face *trans*, que segue a via de transporte retrógrado. Assim, o CG é um local de intenso tráfego de proteínas vindas de diferentes locais, tendo especializações capazes de reconhecer diversas vesículas de transporte e direcionar seu conteúdo com alta precisão.

Funções específicas do complexo de Golgi

Macromoléculas produzidas no RE sofrem modificações adicionais no CG, chamadas *modificações pós-traducionais*. Elas são importantes para que macromoléculas (como lipídios,

Figura 14.17 Fotomicrografia de corte de epidídimo que mostra complexo de Golgi (CG) impregnado pela prata. As *setas* apontam o CG em duas células diferentes.

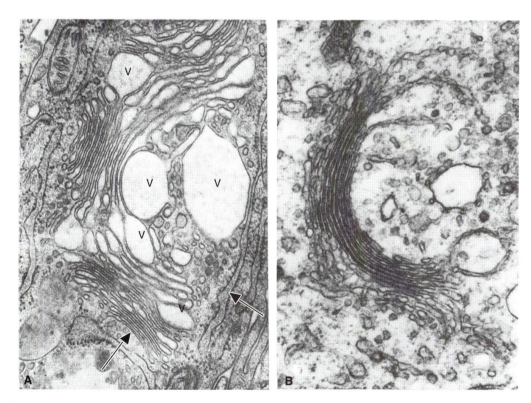

Figura 14.18 Eletromicrografias de complexos de Golgi de dois tipos celulares. **A.** Complexo de Golgi da célula secretora de muco (célula caliciforme do intestino). Observe, especialmente à direita, o retículo endoplasmático rugoso que tem continuidade com o retículo endoplasmático liso (*seta*); a diferença entre os dois é notada pela ausência de ribossomos ligados à membrana do último. À *esquerda*, vesículas de transporte confluem para o complexo de Golgi e, do lado oposto, saem vesículas grandes (V). (Aumento: 40.000×.) **B.** Complexo de Golgi de células do testículo. Note como os sacos membranosos estão dispostos compactamente. (Aumento: 30.000×.)

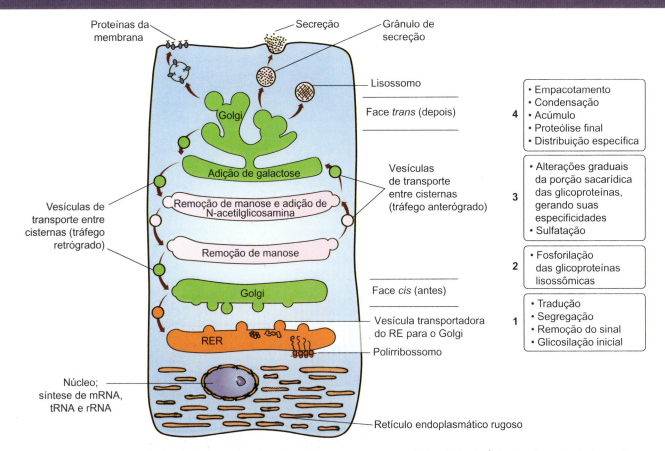

Figura 14.19 Esquema da organização do complexo de Golgi, usando como exemplo uma célula polarizada. À direita, são evidenciados os diferentes compartimentos do CG, como as faces *cis* e *trans*, as cisternas médias e as vesículas importantes para a via anterógrada. Nos *quadros*, à direita, são destacados alguns dos processos moleculares e funcionais que ocorrem nos respectivos compartimentos. A síntese das glicoproteínas começa no retículo endoplasmático (RE), de onde são transportadas por vesículas para a rede *cis* do Golgi e, sucessivamente, para vários compartimentos, até alcançarem o ápice da célula (tráfego anterógrado). Observe que a marcação de enzimas lisossômicas começa precocemente, por fosforilação, na rede *cis* do Golgi. As glicoproteínas são modificadas gradualmente, por remoção e adição de porções glicídicas em diferentes cisternas, formando glicoproteínas específicas. Na rede *trans* do Golgi, as glicoproteínas se associam a diferentes tipos de receptores específicos, sendo então levadas aos locais a que se destinam. À esquerda, está indicado um fluxo invertido de vesículas (tráfego retrógrado), que podem conter proteínas transportadas para o RE, para outras cisternas do Golgi ou ainda para reciclagem, vindas de endossomos.

proteínas e carboidratos) atinjam seu grau de maturação correto e possam assim exercer suas funções adequadamente. Algumas dessas modificações são iniciadas já no RE, como o dobramento de proteínas, a formação de pontes dissulfeto e a adição de oligossacarídios por ligação N-glicosídica, que será discutida em maiores detalhes a seguir, porém uma grande variedade de modificações pós-traducionais importantes ocorre exclusivamente no CG. Podem também estar relacionadas ao endereçamento apropriado das macromoléculas, já que outra função importante do CG é a *triagem, empacotamento e endereçamento de moléculas* para diferentes locais dentro e fora da célula. Além das moléculas que chegam do RE, o CG recebe moléculas de endossomos pela via retrógrada (ver Figura 14.19), funcionando como um tipo de "estação central" celular. Uma terceira e importante função é *a síntese de algumas macromoléculas*.

Processamento de oligossacarídios no complexo de Golgi

A montagem e processamento de oligossacarídios é um processo conhecido com *glicosilação* (a importância da glicosilação de proteínas e lipídios é discutida em maiores detalhes nos Capítulos 4 e 8). É no CG que ocorre o processamento dos oligossacarídios conectados a proteínas por uma *ligação N-glicosídica*, que pode gerar duas classes de arranjos glicídicos: *oligossacarídios complexos* e *oligossacarídios ricos em manose*.

Na formação dos oligossacarídios complexos, ocorre a hidrólise de alguns resíduos glicídicos e a adição de outros, que podem ser N-glicosaminas, galactose, fucose e ácido siálico. Este último, por apresentar carga negativa (Figura 14.20), tem grande importância para as características químicas da molécula formada. Já no caso dos oligossacarídios ricos em manose, não há adição de outros tipos de glicídios, mantendo a composição rica em manoses (ver Figura 14.20).

Uma proteína pode apresentar os dois tipos de complexos. A formação dessas duas classes de oligossacarídios vai depender da acessibilidade do oligossacarídio original às enzimas responsáveis pela modificação. Assim, para a formação de oligossacarídios complexos, é preciso que a proteína, à qual o oligossacarídio original está ligado, apresente uma conformação tridimensional que exponha seus resíduos de glicídios, permitindo sua interação com as enzimas *glicosiltransferases* (adiciona resíduos específicos de glicose) ou *glicosidases* (hidrolisa resíduos específicos de glicose) específicas, presentes no CG.

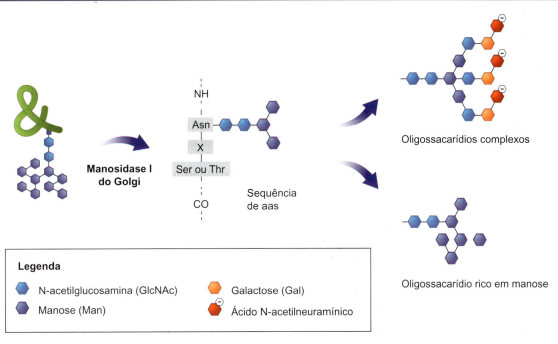

Figura 14.20 Dois tipos de processamento de oligossacarídios N-ligados a proteínas que ocorrem no complexo de Golgi (CG). Após a entrada no CG, os oligossacarídios N-ligados a proteínas sofrem ação da manosidade I do Golgi, que remove mais três manoses. Caso esse oligossacarídio esteja em uma conformação acessível a N-acetilglucosaminase transferase I, ele recebe um resíduo de N-acetilglucosamina e é sequencialmente modificado (por adição de alguns resíduos de carboidratos específicos e de retirada de dois resíduos de manose), para formação de oligossacarídios complexos. Caso não esteja exposto à transferase I, será um oligossacarídio rico em manose. O ácido N-acetilneuramínico é um tipo de ácido siálico, sua adição ao oligossacarídio leva à formação de uma molécula com carga negativa.

Existem aproximadamente 200 tipos diferentes de enzimas que participam do processo de biossíntese de glicolipídios e glicoproteínas. A variedade de modificações e, consequentemente, de produção de oligossacarídios diferentes em uma célula varia de acordo com o conjunto de glicosiltransferases e glicosidases presentes. O conjunto, por sua vez, varia de acordo com o tipo celular, momento de seu desenvolvimento e diferenciação e processos patológicos.

Glicobiologia

A importância dos diferentes conjuntos de glicoconjugados que compõem os seres vivos e suas funções é estudada por um ramo específico da biologia, conhecido como *glicobiologia*. Devido ao seu papel central em mecanismos de sinalização e reconhecimento, as modificações em padrões de glicosilação afetam fortemente diferentes processos celulares e são causadas por eventos genéticos e epigenéticos na regulação da expressão de glicosiltransferases ou glicosidases, relacionados a diferentes patologias. Nos últimos anos, a presença de glicosilação proteica aberrante em diferentes tipos de câncer tem sido alvo de vários estudos da glicobiologia, mostrando sua ligação em processos como comunicação, sinalização e invasão celular, interação célula-matriz, angiogênese e imunomodulação tumoral e formação metastática. Essa relação direta com o desenvolvimento e progressão do câncer e padrões específicos de glicosilação têm gerado conhecimentos sobre possíveis alvos biomarcadores que podem ser utilizados para diagnóstico, produção de medicamentos específicos para terapia e desenho das chamadas "imunoglicoterapias" no combate ao câncer.

Glicosiltransferases específicas do CG conferem sua capacidade de produzir glicoproteínas que apresentam *ligações do tipo O-glicosídeas*, que ocorrem por adição de oligossacarídios em grupamentos OH de aminoácidos de serina ou treonina. Diferentes resíduos de monossacarídios são então agregados sequencialmente, formando cadeias de carboidratos. Em geral, o ácido siálico é incorporado à periferia dessas cadeias glicídicas, que apresentam assim importante caráter negativo, como observado em glicoproteínas que formam secreções mucosas. Esse tipo de ligação glicídica é importante também para a proteína central presente em *proteoglicanos*. Assim, a montagem dos proteoglicanos é feita no CG, com a adição de cadeias GAG à proteína central. Elas também sofrem sulfatação no CG, o que gera um caráter altamente negativo para as moléculas, que é muito importante para sua função. Inúmeros proteoglicanos são secretados e fazem parte da matriz extracelular (ver Capítulo 8), enquanto outros ficam ancorados à membrana pelo lado externo, fazendo parte do glicocálice (ver Capítulo 4), ou são componentes importantes para a formação do muco.

Além da glicosilação, as macromoléculas que passam pelo CG, como os lipídios, as proteínas e os glicídios, podem sofrem outras modificações, como as já mencionadas sulfatação e fosforilação. No CG, essas modificações ocorrem em ordem sequencial, seguindo a organização das cisternas, como visto na Figura 14.19.

Triagem e exportação de macromoléculas para sua destinação final pelo complexo de Golgi

As macromoléculas que chegam do RE para o CG e são por ele modificadas até atingir sua maturação devem ser direcionadas para seu destino, que pode ser para a rede *trans* ou direcionado para outras organelas, membrana plasmática ou meio extracelular (tráfego anterógrado). Outras macromoléculas podem ser direcionadas para o RE ou para alguma cisterna específica do CG (tráfego retrógado; ver Figura 14.19). Em adição a esse transporte, o CG também tem a função de reciclar proteínas vindas do sistema endossomal (ver Capítulo 15), que chegam pela rede *trans*-Golgi, e devem também sofrer modificações para serem reutilizadas, e novamente endereçadas. Deste modo, temos um tráfego de macromoléculas intenso na organela, que segue nas duas direções (anterógrado e retrógrado), o que é altamente regulado.

A triagem, o reconhecimento e o empacotamento das macromoléculas são feitos por proteínas receptoras específicas presentes no CG, que podem introduzir modificações nas macromoléculas (endereçamento discutido adiante) e auxiliar na formação de vesículas de transporte (como veremos em mais detalhes no Capítulo 15). Lembrando que sequências específicas de aminoácidos, presentes nas proteínas, indicam os locais para onde essas proteínas devem ser transportadas, como discutido no Capítulo 13. As vesículas de transporte apresentam proteínas de membrana que servem como marcadores para seu endereçamento e interagem com proteínas presentes na superfície de membrana aceptora (que recebe a macromolécula; ver Capítulo 15).

Algumas dessas modificações auxiliam no endereçamento; um exemplo clássico é a presença da *manose-6-fosfato* (M6P) em hidrolases lisossomais, proteínas solúveis com função no lisossomo. Ainda na rede *cis* do Golgi, essas proteínas são reconhecidas por uma fosfatotransferase e uma glicosidase específicas. Por meio de duas reações, essas enzimas promovem a fosforilação do carbono-6 de um resíduo de manose ligado à proteína, formando a M6P. A presença da M6P faz com que a proteína seja reconhecida por receptores na rede *trans* do Golgi, sendo capturada em vesículas de transporte direcionadas para lisossomos (ver Capítulo 15).

As proteínas destinadas para o meio externo são secretadas, a partir de duas rotas distintas: *secreção constitutiva* (assim que a carga estiver empacotada, a vesícula se funde à membrana) ou *secreção regulada* (a vesícula de secreção é formada, mas as proteínas ficam estocadas e sofrem secreção somente após estímulo específico; ver Capítulo 15). A diferenciação para formação desses dois tipos de secreção está nas sequências pépticas de endereçamento. Quando uma proteína não apresenta nenhuma outra sequência de endereçamento além daquela inicial que a direciona para o RE, ela é secretada constitutivamente. A secreção constitutiva é importante também para entrega de novas porções de membrana para as células, além de macromoléculas da matriz extracelular.

Algumas moléculas são sintetizadas no complexo de Golgi

A glicosilação dos lipídios de membrana ocorre somente no CG; assim, podemos afirmar que a síntese de glicolipídios ocorre nesta organela. Eles são formados pela adição, por ação de diferentes enzimas presentes na face luminal da membrana do CG, de resíduos de carboidratos à ceramida, presente na membrana e produzida no RE. Desse modo, os carboidratos estão sempre voltados para a face luminal do CG.

É também na face luminal que ocorre a *síntese da esfingomielina*, um esfingofosfolipídio presente nas membranas celulares (ver Capítulos 2 e 4), formado pela ligação da ceramida a uma fosforilcolina. Essa reação é catalisada por uma transferase específica presente na membrana do CG. Ambos os lipídios, inseridos na membrana, são entregues à membrana plasmática por vesículas de transporte e, como estão presentes na hemicamada voltada para a face luminal da vesícula, ao se fundirem com a MP, ficam voltados para o meio externo (ver Capítulo 4).

O CG também é responsável pela polimerização de polissacarídios. Em células animais, ocorre a síntese dos GAG e, em células vegetais, de hemicelulose e pectina. Os GAG, como já mencionado, são importantes para a formação de proteoglicanos, entre outras funções, e a hemicelulose e a pectina são dois dos três componentes que formam a parede celular de células vegetais.

Manutenção da estrutura e da composição da membrana do retículo endoplasmático e do complexo de Golgi

Como discutido até aqui, a organização estrutural do RE e do CG é importante para suas funções, o que inclui formação de locais especializados, com presença de enzimas específicas e interações com outras organelas. Além disso, a manutenção de sua localização na célula também tem grande relevância para sua função. A organização espacial de ambas as organelas é mantida principalmente por interações com proteínas do citoesqueleto, apresentando um formato extremamente dinâmico e que varia de acordo com as necessidades tróficas celulares. Uma terceira regulação importante é a manutenção de domínios específicos para determinadas reações enzimáticas, o que também é discutido neste capítulo.

Manutenção da estrutura e da composição da membrana do retículo endoplasmático

O RE, como outras organelas envoltas por membrana, aumenta seu tamanho por adição de novos componentes de membrana e do lúmen a uma organela já existente. Durante a divisão celular, esses componentes são divididos entre as células-filhas. A estrutura do RE é bem dinâmica, consistindo em uma rede de variados formatos, como cisternas, túbulos e brotamentos de membrana, que sofrem constantes rearranjos. Esse dinamismo ocorre por movimentos de alongamento e retração de túbulos e formações de novas junções entre seus constituintes, o que ocorre ou por modificações no tamanho de filamentos de citoesqueletos ligados a proteínas da membrana do RE, ou por deslizamento de proteínas motoras ligadas a membrana do RE sobre esses filamentos (ver Capítulo 7). Os microtúbulos são os mais importantes em células de mamíferos, enquanto em plantas e leveduras os filamentos de actina têm essa relevância. Apesar de ser importante para a dinâmica e a localização da rede de RE, o citoesqueleto não parece ser fundamental para a manutenção de sua estrutura básica, já que experimentos utilizando agentes despolarizantes do citoesqueleto causam sua retração para o centro celular, mas a estrutura básica de cisternas e de túbulos é mantida.

Durante a mitose, o envelope nuclear é desfeito, e as regiões da membrana ficam retraídas junto ao RE, devido à continuidade de suas membranas (ver Figura 14.4). Apesar de a interação de proteínas do RE e microtúbulo sofrer modificações durante a mitose, o RE não se desfaz em vesículas, permanecendo majoritariamente como cisternas e túbulos. Ao final da mitose, o envelope nuclear é refeito por interação de proteínas específicas com os cromossomos recém-duplicados, formando assim dois núcleos que são separados pela citocinese. O RE, contínuo ao envelope nuclear, é então dividido em duas redes, uma para cada célula-filha.

A maioria das proteínas de membrana do RE pode ser encontrada tanto em RER quanto em REL, porém cada tipo apresenta maior abundância de proteínas envolvidas diretamente com suas funções. Deste modo, as proteínas envolvidas na translocação e processamento de proteínas recém-sintetizadas são mais frequentes na membrana do RER, enquanto as envolvidas na produção de hormônios esteroides estão enriquecidas na membrana do REL (ver Figura 14.4). A manutenção desses domínios é feita pelos mecanismos descritos no Capítulo 4, como interação com proteínas da face interna da membrana ou interação com o citoesqueleto, que formam barreiras físicas restritivas ao movimento lateral de complexos proteicos. A proteína de membrana de ligação ao citoesqueleto 63 (CLIMP-63), por exemplo, é uma proteína transmembranar encontrada com mais frequência na membrana do RER, que auxilia nessa função de barreira física, por interagir com a CLIMP-63 da membrana oposta, formando uma barreira para deslocamento de proteínas (ver Figura 14.12). Essa formação é também importante para manutenção do formato de cisterna observado no RER; além disso, essa proteína participa da interação do ribossomo com a membrana o RE. A presença de proteínas específicas em diferentes domínios do RE será discutida quando esses domínios forem descritos adiante.

Como toda membrana celular, a presença de assimetria na membrana do RE é importante para sua função; assim, as proteínas que constituem os sistemas enzimáticos do citocromo *p450* e *b5*, assim como suas respectivas redutases, estão voltadas para o citoplasma (ver Figuras 14.12 e 14.15), uma vez que estes sistemas atuam em macromoléculas presentes nesse compartimento, como visto anteriormente. O mesmo é observado em enzimas que participam da síntese de lipídios de membrana (ver Figura 14.11). Já a glicose-6-fosfatase, presente em células hepáticas e que promove a remoção do fosfato da glicose, permitindo sua exportação para a corrente sanguínea, tem sua região catalítica voltada para o lúmen da organela (ver Figura 14.12), assim como a calnexina, proteína de membrana que atua como chaperona, auxiliando a maturação de proteínas na cisterna do RE, tem sua porção ativa voltada para a porção luminal da membrana (ver Figura 14.12). Além disso, como visto no Capítulo 4, as cadeias glicídicas de proteínas que são incorporadas às membranas no RE e entregues por vesículas de transporte para a membrana plasmática, passando pelo CG, estão sempre voltadas para o lado luminal de sua membrana.

Domínios de membrana e mitose

Durante a mitose, a CLIMP-63 sofre fosforilação, o que interfere em sua interação com os microtúbulos, sugerindo que, no momento da divisão celular, os domínios de membrana podem ser desfeitos.

Em termos da composição lipídica, a membrana do RE também apresenta algumas características específicas, sendo ligeiramente mais fina e fluida que a membrana plasmática. Essa diferença ocorre por ter uma menor presença de esfingolipídios e colesterol. Assim que os lipídios são adicionados à membrana do RE, são rapidamente transportados para o CG e, de lá, para a membrana plasmática. Essa maior fluidez parece importante para a função do RE, e aparentemente a perda desses lipídios, por seu rápido transporte, facilita a incorporação de novos lipídios e produção de membrana por essa organela. A presença de colesterol na membrana do RE é um fator importante para regulação de seu metabolismo.

Técnicas para estudo do retículo endoplasmático

A composição das membranas, de todas as organelas, pode ser estudada pelo uso de métodos *in situ* (citoquímicos e imunocitoquímicos) ou por separação de frações de membrana por centrifugação diferencial (ver Capítulo 2). Os estudos *in situ* evidenciam a presença e a localização de componentes específicos dessas organelas. Podemos utilizar como exemplo de um método citoquímico a detecção da enzima glicose-6-fosfatase, específica para a membrana do RE. Para isso, utiliza-se seu substrato (glicose-6-fosfato) em combinação com o nitrato de chumbo, em células fixadas com glutaraldeído. O fosfato liberado, pela ação da enzima, forma então o nitrato de chumbo, que permite a visualização da organela em microscópio eletrônico. A adição de sulfeto de amônia gera um precipitado negro que pode ser visualizado em microscópio de luz. Para os ensaios imunocitoquimicos, utilizam-se anticorpos específicos para proteínas presentes nas organelas estudadas. Esses anticorpos são ligados a enzimas, fluoróforos ou metais, o que possibilita a detecção e a localização dessas proteínas e identificação de porções do RE (assim como outras organelas). Essas marcações podem ser também utilizadas para visualizar a presença de proteínas luminais (solúveis) e assim determinar os locais das porções do RE (REL ou RER).

Por último, muitas informações sobre a constituição bioquímica das membranas do RE foram obtidas utilizando-se a centrifugação diferencial. Microssomos contendo ribossomos, pertencentes a regiões do RER, são facilmente isolados por esse método, permitindo seu estudo bioquímico. Já os microssomos pertencentes ao REL se misturam aos pertencentes de outras organelas, devido a sua sedimentação similar, o que se mostra um problema para seu estudo. Entretanto, essa dificuldade foi diminuída utilizando hepatócitos ou células musculares, que apresentam um REL muito desenvolvido. Desse modo, é possível obter uma fração de microssomos muito enriquecida com porções do REL.

Organização das cisternas do complexo de Golgi é mantida por interação com microtúbulos e proteínas

Assim como no RE, a manutenção da localização e da estrutura dos dictiossomos é dependente de sua interação com o citoesqueleto, principalmente com os microtúbulos. Em vertebrados, agentes que despolimerizam os microtúbulos levam à fragmentação do CG, fazendo com que porções dos sáculos fiquem espalhadas pelo citoplasma, junto a regiões de RE. Nesses animais, vários CGs apresentam-se conectados lateralmente e localizam-se próximos a centrossomos (Figura 14.21).

Outra família de proteínas que é de extrema importância para manutenção da organização e correto funcionamento do CG são as golginas. Essa família de proteínas apresenta domínios em forma de dupla espiral (*coiled-coil*) na membrana do CG, com regiões que se projetam no citoplasma (Figura 14.22). Essa conformação permite que interajam (como amarras) com as membranas de outras cisternas do CG e elementos do citoesqueleto. Além da manutenção da estrutura dos dictiossomas, as golginas ainda são importantíssimas para guiar as vesículas de transporte, interagindo com proteínas de membrana destas. Sendo uma família de proteínas, cada cisterna deve apresentar golginas específicas que identificam sua membrana e ajudam no endereçamento das vesículas.

Durante a divisão celular, quinases mitóticas fosforilam proteínas golginas, fazendo com que percam afinidade por seus ligantes, o que espalha o CG em fragmentos pelo citoplasma. Ao final do ciclo celular, com a defosforilação dessas proteínas, os fragmentos do CG, divididos entre as células-filhas, voltam a se organizar em dictiossomas, interagindo entre si e com os microtúbulos.

Composição diferenciada de enzimas e lipídios das membranas das cisternas do complexo de Golgi

Essas cisternas funcionam como organelas sequenciais, que são responsáveis por modificação covalentes, seleção e endereçamento específico das moléculas que lhes são entregues. Apresentam assim composição de proteínas diferencial, de acordo com essas funções.

A membrana do CG também apresenta proteínas específicas, envolvidas com sua função enzimática. Como discutido anteriormente, encontramos glicosiltransferases (envolvidas na glicosilação), glicosidases (retirada de açúcares), sulfotransferases (sulfatação) e fosfotransferases (fosforilação). Por microscopia eletrônica, utilizando marcação *in situ* para diferentes enzimas presentes no CG, observa-se que esses processos acontecem em cisternas específicas (ver Figura 14.19). Assim, as enzimas responsáveis pelo processamento inicial de oligossacarídio, por exemplo, se encontram em cisternas mais próximas

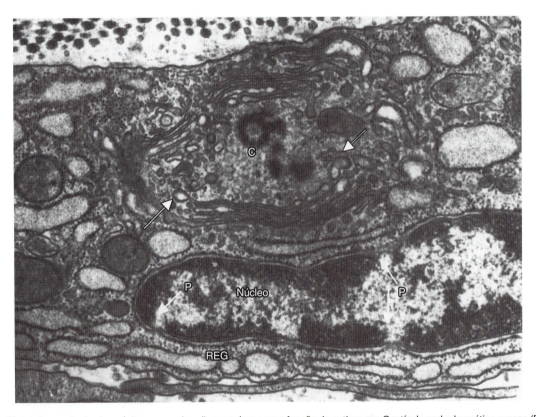

Figura 14.21 Eletromicrografia de plasmócito, que produz glicoproteínas com a função de anticorpos. O retículo endoplasmático rugoso (RER) (ou REG, de retículo endoplasmático granular) é abundante, e suas cisternas contêm proteínas que aparecem com um material granular. O núcleo apresenta dupla membrana, sendo a face citoplasmática da membrana externa revestida de ribossomos. A cromatina se condensa perto da membrana, exceto nos locais onde existem poros nucleares (P). Acima do núcleo, um nítido complexo de Golgi circular envolve um par de centríolos (C). Pequenas vesículas afluem para as membranas do Golgi, e notam-se vesículas dilatadas que se destacam das suas membranas (*setas*). Trata-se de um exemplo de célula que sintetiza e exporta, mas não acumula vesículas. (Aumento: 40.000×.)

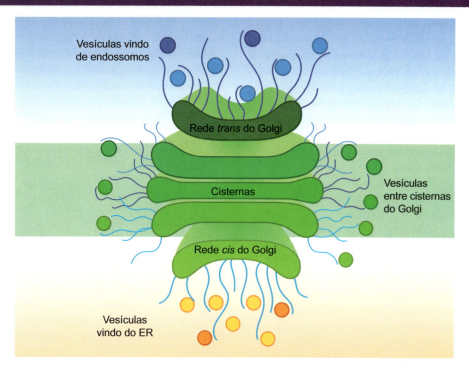

Figura 14.22 Modelo de interação das golginas entre si e com vesículas de transporte, vindas do retículo endoplasmático (RE), entre as cisternas e de endossomos. Existem diferentes golginas presentes nas cisternas e redes *cis* e *trans* do Golgi, dando uma identidade e especificidade a este reconhecimento.

à região *cis* do Golgi, enquanto enzimas responsáveis pela modificação seguinte estão concentradas na cisterna subsequente, indo em direção à rede *trans* (ver Figura 14.19). Acredita-se que as proteínas residentes do CG sejam proteínas de membrana, e as reações enzimáticas que ocorrem nessa organela são sempre próximas a regiões de membrana. O conteúdo solúvel do lúmen seria então composto de moléculas que estão sendo modificadas para serem exportadas.

A composição lipídica dessa membrana apresenta aproximadamente 55% de fosfolipídios e, diferentemente da membrana do RE, uma concentração maior de colesterol (18%) e a presença de esfingomielina (12%). Avaliações mais detalhadas, por marcação de moléculas específicas utilizando microscopia eletrônica, mostraram que esse aumento na concentração de colesterol e esfingomielina é mais evidente em regiões voltadas para a face *trans*, indicando que são moléculas exportadas para outras membranas.

Formação e manutenção dos compartimentos do complexo de Golgi

Ainda não é totalmente compreendido o mecanismo pelo qual ocorre a formação e a manutenção desses diferentes compartimentos do CG. Existem evidências experimentais de que dois mecanismos distintos contribuem para isso. No primeiro, as moléculas são transportadas por vesículas que se fundem à cisterna seguinte, que já possui diferentes enzimas especializadas. E, no segundo, as cisternas sofrem maturação, se deslocando da região *cis* para a *trans* conforme a maturação (recebimento de enzimas especializadas em outras modificações).

Distribuição e características específicas em diferentes tipos celulares do retículo endoplasmático e complexo de Golgi

A localização e a abundância do RE, incluindo seus subcompartimentos (REL ou RER), e do CG nos diferentes tipos celulares estão diretamente relacionadas à função exercida pela célula e demandas fisiológicas. Ainda, tanto a fase do ciclo celular quanto a fase de desenvolvimento de um organismo podem influenciar nessas características.

O retículo endoplasmático rugoso é mais desenvolvido em células especializadas em secreção celular

Como discutido anteriormente, de um modo geral, algumas das principais funções basais do RER são a produção de proteínas para membrana, enzimas para lisossomos e proteínas da matriz extracelular, que em geral estão presentes em todos os tipos celulares. Dessa maneira, em células que apresentam somente a função basal do RER, este não precisa ser muito desenvolvido. Por outro lado, células especializadas na secreção de proteínas apresentam um RER muito desenvolvido. Em células pancreáticas acinares, por exemplo, o RER pode ocupar até cerca de 50% da área total de citoplasma e representar até 60% de todas as membranas da célula, enquanto a área da membrana plasmática é de 5% e do REL representa menos de 1% do total de membranas.

Essa organela é muito dinâmica e pode sofrer processos de maior desenvolvimento ou involução, em resposta a demandas fisiológicas. Linfócitos, por exemplo, quando estão em um estado de repouso, apresentam um RER pouco desenvolvido.

Quando ativados, sofrem modificações morfológicas importantes para as funções que devem exercer. Assim, linfócitos do tipo B efetor, células especializadas na produção e secreção de anticorpos (também chamados "plasmócitos"), apresentam um RER muito desenvolvido que ocupa a maior parte do citoplasma (Figura 14.23). Já um linfócito efetor do tipo T apresenta pouco RER, pois a produção de proteínas importantes para sua função é feita no citoplasma, por ribossomos livres.

O REL apresenta também funções gerais, encontradas em todos os tipos celulares, e outras mais especializadas. Tem, por exemplo, um grande envolvimento no metabolismo de lipídios e, dessa maneira, é muito desenvolvido em células especializadas na secreção de hormônios esteroides, como em células de Leydig e produtoras de hormônios do córtex da adrenal (Figura 14.24). O REL é muito abundante em hepatócitos, que atuam na detoxificação de substâncias hidrofóbicas e na glicogenólise. Outra função importante do REL é o controle do armazenamento e fluxo de cálcio (Ca^{2+}). Esse íon, além de ser importante para funções sintéticas no RE (como discutido anteriormente), também tem papel muito importante na sinalização celular (ver Capítulo 6). A contração muscular, por exemplo, ocorre quando há aumento de sua concentração no citoplasma, enquanto o relaxamento muscular ocorre quando sua concentração diminui; dessa maneira, o REL tem um papel importantíssimo em células musculares – tanto que, nessas células, por ter uma organização (morfologia) muito adaptada à sua função, recebe o nome de *retículo sarcoplasmático*.

Importância do retículo sarcoplasmático em células musculares

A rede de cisternas do REL em células musculares esqueléticas envolve grupos de miofilamentos, de forma que o influxo de Ca^{2+} ocorra próximo a estes, e interage com expansões da membrana plasmática (chamada "sarcolema"), que adentram as células (túbulos T) e formam a estrutura conhecida como tríade. Nessas células, as PAM apresentam um importante desenvolvimento e são caracterizadas pela presença de proteínas específicas e alta concentração de canais e bombas de cálcio. Dessa maneira, a despolarização dos túbulos T é rapidamente transmitida para o retículo sarcoplasmático, levando a uma rápida e abrangente liberação do Ca^{2+}, o que induz à contração muscular. Células musculares cardíacas apresentam uma organização similar.

A localização e quantidade do CG podem variar de acordo com o tipo celular (ver Figura 14.23); em geral, apresenta-se como uma estrutura única, normalmente próxima ao núcleo e ao centríolo. Porém, em alguns tipos celulares com alta taxa secretora, o CG consegue ser mais volumoso, podendo se espalhar pelo citoplasma e ser composto de vários agregados (ver Figura 14.23), como no caso dos neurônios (Figura 14.25) e hepatócitos, que podem chegar a ter 50 dictiossomas por célula. O CG, portanto, pode ser formado por uma ou várias unidades de dictiossomo.

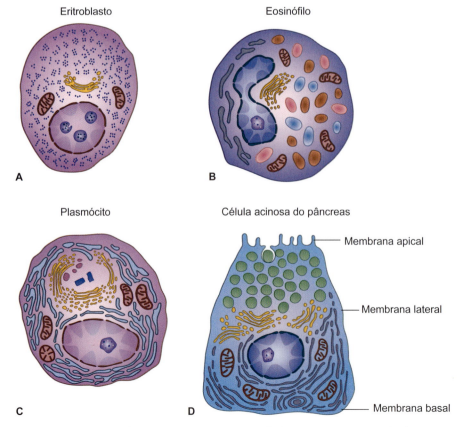

Figura 14.23 Esquema da ultraestrutura característica de quatro tipos gerais de célula com intensa atividade de síntese proteica. A ultraestrutura varia de acordo com o destino das proteínas sintetizadas.

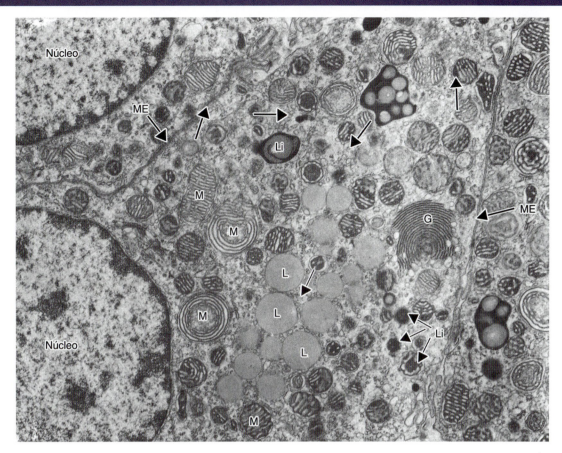

Figura 14.24 Eletromicrografia de partes de duas células da região cortical de glândula adrenal, produtoras de hormônios esteroides. *À esquerda*, dois núcleos celulares. Nos citoplasmas, nota-se o acúmulo de gotículas de lipídios (L), mitocôndrias (M) e lisossomos (Li). O REL é abundante (*setas*). Nessas células, o complexo de Golgi (G) é constituído por muitos sáculos achatados e dispostos em semicírculos. ME indica as membranas das duas células contíguas. (Aumento: 14.000×.)

Variação da distribuição celular das organelas de acordo com o tipo celular

Nos linfócitos, a secreção (fusão das vesículas secretoras com a membrana plasmática) pode ocorrer em qualquer local da membrana, padrão observado em neutrófilos e eosinófilos (ver Figura 14.23), entre outros. Isso é diferente, porém, para algumas células secretoras que apresentam polaridade (ver Capítulo 4), cujo produto característico é secretado em regiões específicas de membrana e, desse modo, as organelas envolvidas na secreção estão estruturadas no citoplasma a fim de proporcionar uma maior eficiência na função. Podemos usar como exemplo a célula pancreática acinar (ver Figura 14.23), que apresenta domínios específicos de membrana:

- Membrana basal que está ancorada a proteínas e voltada para o tecido conjuntivo de suporte (lâmina basal)
- Membrana lateral que está ligada a células adjacentes (os domínios de membrana basal e lateral são também descritos como basolateral)
- Membrana apical.

A membrana apical corresponde à superfície livre, voltada para o meio externo, onde ocorre a secreção das vesículas contendo enzimas digestivas específicas. Essa célula possui um RER muito desenvolvido, que fica disposto na região basal (próximo à membrana basal), junto ao núcleo. Logo acima do núcleo, ficam posicionados os CG, que tem função complementar à do RER na maturação e entrega de vesículas secretoras e seu conteúdo (via *biossintética-secretora*). Os CG ficam com sua região de produção de vesículas secretoras voltadas para a membrana apical. Assim, as vesículas secretoras ficam próximas à membrana apical, com a qual são fusionadas durante a exocitose (ver Capítulo 15).

Outro ponto importante que influencia a morfologia de células secretoras está ligado às estratégias de secreção. Em alguns casos, a secreção é constitutiva: assim que as vesículas secretoras estiverem prontas, elas sofrem exocitose, sem haver seu acúmulo no citoplasma. Outras vesículas têm sua secreção regulada, ocorrendo somente após uma sinalização extracelular específica. Nesse caso, há um acúmulo de vesículas secretoras, que ocupam uma grande parte do citoplasma. Existem ainda células que apresentam os dois tipos de secreção, como as células β pancreáticas, ou as que apresentam somente o primeiro tipo, como os fibroblastos. Esses mecanismos são discutidos no Capítulo 15.

Os neurônios apresentam também uma polaridade bem característica, importante para sua função. Seu RER é bem desenvolvido, formando agregados de cisternas paralelas, com numerosos polirribossomos livres presentes entre elas. Esse arranjo pode ser visualizado por microscópio ótico

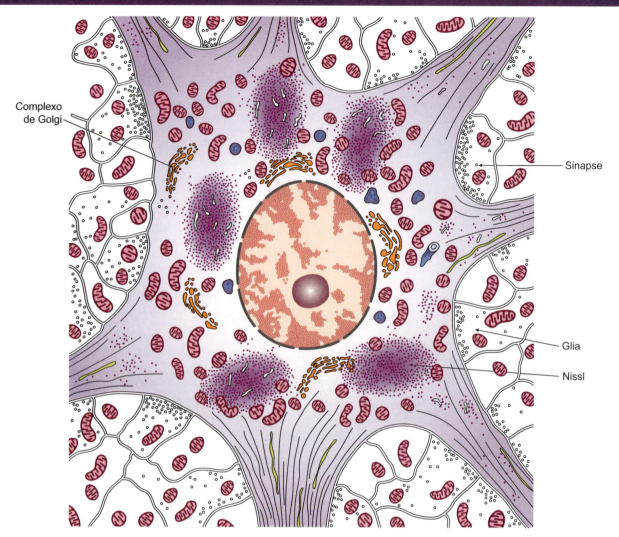

Figura 14.25 Desenho com base em micrografias eletrônicas, evidenciando um neurônio típico que apresenta corpúsculos de Nissl espalhados em seu citoplasma. Esses conjuntos de retículo endoplasmático rugoso (RER) se apresentam em microscópios ópticos como manchas basófilas (que se coram fortemente com corantes ácidos).

como manchas que se coram fortemente por corantes ácidos (que interagem bem com proteínas) em torno do seu núcleo. Essas manchas, tão típicas desse tipo celular, receberam o nome de corpúsculos de Nissl (ver Figura 14.25). A quantidade das estruturas varia de acordo com o estado funcional das células, sendo muito abundante em neurônios motores.

Bibliografia

Alberts B. Molecular Biology of the Cell. 6th ed. New York: Garland Science Taylor & Francis; 2015.
Casares D, Escribá PV, Rosselló CA. Membrane Lipid Composition: Effect on Membrane and Organelle Structure, Function and Compartmentalization and Therapeutic Avenues. Int J Mol Sci, 2019;20(9):2167.
Costa AF, Campos D, Reis CA, Gomes C. Targeting Glycosylation: A New Road for Cancer Drug Discovery. Trends Cancer, 2020;6(9):757-66.
De Robertis E M, Hib J. Biologia Celular e Molecular. 16ª ed. Rio de Janeiro: Guanabara Koogan; 2014.
Fonseca D, Carvalho P. EGAD! There is an ERAD doppelganger in the Golgi. EMBO J., 2019;38(15).
Gilardi G, Di Nardo G. Heme iron centers in cytochrome P450: structure and catalytic activity. Rendiconti Lincei, 2017;28(S1):159-67.
Goedeke L, Fernandez-Hernando C. Regulation of cholesterol homeostasis. Cell Mol Life Sci. 2012;69(6):915-30.
Gu F, Crump CM, Thomas G. Trans-Golgi network sorting. Cell Mol Life Sci. 2001;58(8):1067-84.
Jacquemyn J, Cascalho A, Goodchild RE. The ins and outs of endoplasmic reticulum-controlled lipid biosynthesis. EMBO Rep., 2017;11:1905-21.
Jakobsson A, Westerberg R, Jacobsson A. Fatty acid elongases in mammals: Their regulation and roles in metabolism. Prog Lipid Res., 2006;45:237-49.
Johnson BM, DeBose-Boyd RA. Underlying mechanisms for sterol-induced ubiquitination and ER-associated degradation of HMG CoA reductase. Semin Cell Dev Biol., 2018;81:121-8.
Kaisto T, Metsikko K. Distribution of the endoplasmic reticulum and its relationship with the carcoplasmic reticulum in skeletal myofibers. Exp Cell Res., 2003;289:47-57.
Lavoie C, Paiement J. Topology of molecular machines of the endoplasmic reticulum: a compilation of proteomics and cytological data. Histochem Cell Biol., 2008;129:117-28.
Lin S, Meng T, Huang H, Zhuang H, He Z, Yang H et al. Molecular machineries and physiological relevance of ER-mediated membrane contacts. Theranostics, 2021;2:974-95.
Lowe M. The Physiological Functions of the Golgin Vesicle Tethering Proteins. Front Cell Dev Biol., 2019;7(94).
Meyrovich K, Ortis F, Florent A, Cardozo K. Endoplasmic reticulum stress and the unfolded protein response in pancreatic islet inflammation. J Mol Endocrinol., 2016;57:R1-17.
Monostorya K, Dvorakb Z. Steroid Regulation of Drug-Metabolizing Cytochromes P450. Curr Drug Metab., 2011;12(2):154-72.

Oliveira CC, van Hall T. Alternative antigen processing for MHC class I: multiple roads lead to Rome. Front Immunol, 2015;6.

Peretti D, Kim S, Tufi R, Lev S. Lipid Transfer Proteins and Membrane Contact Sites in Human Cancer. Front Cell Dev Biol., 2020;7(371).

Phillips MJ, Voeltz GK. Structure and function of ER membrane contact sites with other organelles. Nat Rev Mol Cell Biol., 2016;17(2):69-82.

Pinho SS, Reis CA. Glycosylation in cancer: mechanisms and clinical implications. Nat Rev Cancer. 2015;15(9):540-55.

Sandoz PA, van der Goot FG. How many lives does CLIMP-63 have? Biochem Soc Trans., 2015;43(2):222-8.

Satoh A, Hayashi-Nishino M, Masuda J, Masuda J, Koreishi M, Murakami R et al. The Golgin Protein Giantin Regulates Interconnections Between Golgi Stacks. Front Cell Dev Biol., 2019;7(160).

Schwarz DS, Blower MD. The endoplasmic reticulum: structure, function and response to cellular signaling. Cell Mol Life Sci, 2016;73(1):79-94.

Sommer N, Junne T, Kalies KU, Spiess M, Hartmann E. TRAP assists membrane protein topogenesis at the mammalian ER membrane. Biochim Biophys Acta (BBA) – Mol Cell Res., 2013;1833(12):3104-11.

van Meer G, Voelker DR, Feigenson GW. Membrane lipids: where they are and how they behave. Nat Rev Mol Cell Biol., 2008;9(2):112-24.

Voeltz GK, Rolls MM, Rapoport TA. Structural organization of the endoplasmic reticulum. EMBO Rep., 2002;3(10):944-50.

Voet D, Voet JG. Bioquímica. Porto Alegre: Artmed; 2013.

Voigt S, Jungnickel B, Hartmann E, Rapoport TA. Signal Sequence-dependent Function of the TRAM Protein during Early Phases of Protein Transport across the Endoplasmic Reticulum Membrane. The J Cell Biol., 1996;134:25-35.

Capítulo 15

Transporte Através de Membranas Celulares e Tráfego Intracelular

FERNANDA ORTIS

Tráfego intracelular de membranas: "rotas celulares" das vias secretórias e endocíticas, *324*

A dependência da formação de vesículas de transporte a partir do reconhecimento da carga e do recrutamento de proteínas de revestimento, *324*

A secreção celular é responsável pela exportação de macromoléculas para o meio extracelular, *333*

As vias endocíticas são responsáveis pela internalização de componentes extracelulares e reciclagem da membrana plasmática, *337*

Os endossomos são responsáveis pela triagem e direcionamento do material endocitado, *341*

Reciclagem da membrana plasmática altamente regulada para manutenção do tamanho celular, *345*

Bibliografia, *345*

As trocas de substância entre os diferentes compartimentos envoltos por membrana, assim como entre a célula e o meio extracelular, devem atravessar a barreira da bicamada lipídica. Como discutido no Capítulo 4, as moléculas lipossolúveis, pequenas ou apolares podem passam por difusão simples através da bicamada lipídica. Já moléculas maiores, polares ou hidrossolúveis têm a bicamada como uma barreira para sua passagem. Nesse caso, a passagem dessas moléculas depende de proteínas transportadoras que agem como "portões". O transporte através dessas proteínas pode ser **transporte passivo**, a favor do gradiente de concentração e sem gasto de energia, ou **transporte ativo**, contra o gradiente de concentração e com gasto de energia (ver Capítulo 4). Ainda temos o transporte por poros nucleares (ver Capítulo 9), que também é feito com gasto energético.

As células são igualmente capazes de transferir para o seu interior ou exterior, em blocos, grupos de macromoléculas (proteínas, polissacarídios, polinucleotídios) e até mesmo partículas visíveis ao microscópio óptico, como bactérias e outros microrganismos. Esse transporte depende de alterações morfológicas das membranas celulares, onde se formam dobras que englobam o material a ser transportado, formando vesículas de transporte, como citado no Capítulo 14. Essas vesículas são constituídas de bicamada lipídica, com uma porção voltada para o citoplasma (face citoplasmática) e outra para seu interior (face luminal; Figura 15.1). Esse tipo de transporte envolve tanto a formação quanto a translocação da vesícula entre compartimentos celulares. Assim, as vesículas de transporte brotam da membrana (membrana doadora) do compartimento doador, levando o material a ser transportado, que pode ser tanto substâncias solúveis quanto componentes da própria membrana, chamados genericamente "carga". As vesículas percorrem o citoplasma por interação com citoesqueleto e proteínas motoras (ver Capítulo 7), até encontrar a membrana (membrana-alvo) do compartimento-alvo, ou receptor, fundindo-se a esta e descarregando sua carga nesse compartimento, que pode ser o interior de uma organela ou o meio extracelular (ver Figura 15.1). O processo de formação desses brotamentos de membrana é altamente regulado, contando com a presença de proteínas específicas e envolvendo gasto energético. Existem também proteínas envolvidas nos processos de reconhecimento e fusão de membranas-alvo com vesículas de transporte. Todos esses eventos são discutidos com detalhes neste capítulo.

Na membrana plasmática, a internalização de substâncias do meio extracelular pela formação de vesículas é conhecida como **endocitose**. A externalização de substâncias por fusão de vesículas de transporte à membrana plasmática é chamada **exocitose**. Essas vesículas participam da **via biossintética secretora**, permitindo que as células "comam" e secretem componentes, se comunicando com o meio externo.

Outra importante função desse tipo de transporte é a entrega de porções de membrana para as diferentes organelas e para a membrana plasmática, permitindo sua manutenção, o ajuste

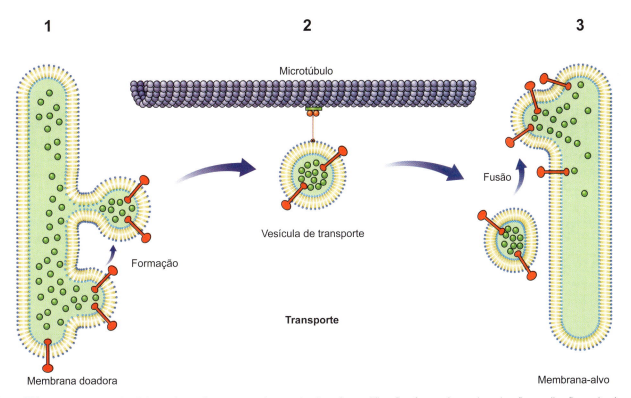

Figura 15.1 Transporte vesicular. *1.* A membrana de um compartimento doador sofre modificações, formando uma invaginação, em direção ao citoplasma, e engloba a carga a ser transportada: substâncias solúveis (*em verde*) e proteínas de membrana (*em vermelho*). *2.* Após seu brotamento da membrana doadora, a vesícula de transporte percorre o citoplasma por interação com o citoesqueleto e proteínas motoras, até ser entregue à membrana do compartimento-alvo específico. *3.* Ocorre a fusão das membranas vesiculares e do compartimento-alvo, com consequente entrega da carga, que pode ser tanto material solúvel carregado dentro da vesícula quanto a própria membrana da vesícula. Note que a topologia das membranas é mantida nesse transporte, em que a face da membrana voltada para o citoplasma (face citoplasmática, *em azul-escuro*) e a voltada para o lúmen (face luminal, *em azul-claro*) são mantidas em todos os compartimentos.

de componentes e até mesmo seu crescimento (aumento da sua superfície), em resposta às demandas do ambiente. Assim, é possível rapidamente adicionar ou remover proteínas da superfície celular, como receptores específicos, mudando a sensibilidade da célula em determinado momento (ver Capítulo 6). Por exemplo, se houver diminuição de receptores de insulina na membrana plasmática, a célula tem menor capacidade de responder ao hormônio (sensibilidade). Os componentes endocitados podem ser degradados ou reciclados, ligando estas vesículas às vias endossômicas e lisossômicas.

Tráfego intracelular de membranas: "rotas celulares" das vias secretoras e endocíticas

O transporte vesicular entre os sistemas de endomembranas apresenta rotas específicas entre os diferentes compartimentos (Figura 15.2), que seguem sobre os "trilhos" de filamentos do citoesqueleto celular (ver Capítulo 7), com a ajuda de proteínas motoras ligadas à sua membrana (ver Figura 15.1).

Como visto no Capítulo 14, a via biossintética se inicia com a síntese de produtos pelo retículo endoplasmático (RE). Esses produtos sofrem modificações pós-traducionais e, ao atingir sua conformação correta, são reconhecidos por receptores específicos. Essa interação induz a formação de um brotamento de membrana, que os engloba (ver Figura 15.1). O brotamento se destaca da membrana de origem (membrana doadora) e forma uma vesícula de transporte, que leva a carga para a rede *cis* do complexo de Golgi (CG) e se funde a ela (membrana-alvo), entregando assim sua carga. Essa carga sofre processamento adicional e é transportada para diferentes cisternas do Golgi, seguindo a rota da via biossintética-secretora até chegar à rede *trans*-Golgi (ver Figura 15.2). A carga é então selecionada para vesículas, que a direcionam para a membrana plasmática (via secretora) ou para endossomos tardios, que terminam nos lisossomos. Nos dois casos, existem rotas retrógradas de reciclagem para o CG. Ainda, substâncias modificadas no Golgi podem ser devolvidas para o RE.

Temos também uma via endocítica, responsável pela captação de substâncias do meio externo através da formação de vesículas endocíticas (ver Figura 14.2). Essas substâncias podem ser entregues a endossomos e seguir para lisossomos, onde são degradadas, ou podem ser recicladas para a membrana plasmática ou para o CG, por vesículas de reciclagem de endossomos.

Existem, portanto, diversas rotas de transporte vesicular. Para que a entrega das diferentes cargas seja feita de forma eficiente e correta, vários passos devem ser cumpridos.

1. As cargas devem ser selecionadas e direcionadas às vesículas específicas. Esta etapa garante que somente cargas destinadas a determinado compartimento-alvo sejam englobadas pela vesícula de transporte correta – por exemplo, somente proteínas destinadas à membrana plasmática são englobadas por vesículas que se dirijam a este compartimento.

2. As vesículas de transporte devem ter sinais que as endereçam para as membranas-alvo, onde a carga deve ser entregue.

3. Apesar dessa intensa troca de membranas, pela fusão das membranas de vesículas às membranas-alvo, os diferentes compartimentos devem manter a identidade de suas membranas. Essa identidade é gerada pela presença de componentes próprios de membrana (que podem ser chamados "marcadores"), tanto de natureza lipídica quanto proteica. Assim, um conjunto de diferentes marcadores leva à produção de identidades específicas das diferentes membranas-alvo e de suas vesículas de transporte. Após a fusão da membrana de transporte com sua membrana-alvo, existem mecanismos que reconhecem esses componentes como "de outra membrana" e os englobam em vesículas de transporte, que se fundem ao seu compartimento de origem.

A dependência da formação de vesículas de transporte do reconhecimento da carga e do recrutamento de proteínas de revestimento

A primeira etapa para formação de uma vesícula de transporte é a seleção das cargas a serem transportadas, o que requer o reconhecimento de sequências de endereçamento por proteínas receptoras, provenientes de membranas do tipo transmembranar. A região do receptor voltada para a face luminal de organelas ou extracelular da membrana plasmática interage com a carga, e a região do receptor voltada para a região citoplasmática recruta e interage com proteínas adaptadoras, o que auxilia no acúmulo dessas estruturas (carga-receptor-proteína adaptadora) em uma mesma região da membrana e na ligação de proteínas de revestimento. Essa ligação induz a formação de uma protuberância na membrana por força mecânica, gerando uma invaginação da mesma (Figura 15.3).

Essas ligações são feitas de forma cooperativa e exigem reconhecimento específico entre carga-receptor de membrana, proteínas adaptadoras e fosfolipídios de membrana específicos (Figura 15.4), presentes na membrana doadora, que recrutam proteínas de revestimento para os diferentes tipos de vesículas de transporte formadas. Um número mínimo desses complexos (receptor-carga e proteínas adaptadoras) deve ser formado em uma mesma região de membrana, para que haja o recrutamento de proteínas de revestimento capazes de garantir a deformação adequada da membrana no momento correto e consequente formação da vesícula de transporte.

Após a formação da invaginação na membrana, a vesícula se desliga do compartimento doador, o que constitui seu brotamento (ver Figura 15.3). Esse tipo de vesícula de transporte, por ter sua montagem dirigida por proteínas de revestimento, é chamada "vesícula revestida". Assim que ela se solta da membrana de origem, as proteínas de revestimento são liberadas de sua superfície. Isso é importante para que marcadores de endereçamento, presentes na membrana vesicular, possam ser expostos para interagir e reconhecer proteínas de superfície da membrana-alvo, com a qual se fusiona.

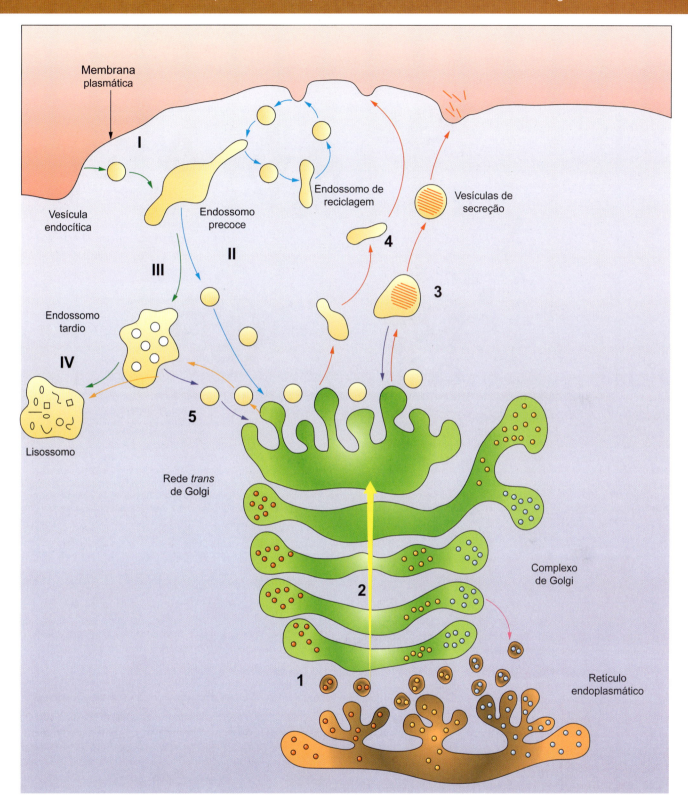

Figura 15.2 Rotas do transporte vesicular em uma célula modelo. A via biossintética-secretora é identificada por números arábicos (*1* a *5*), e a via endocítica, por romanos (*I* a *IV*). *1.* Substâncias produzidas no retículo endoplasmático (RE) são transportadas para a rede *cis* do complexo de Golgi (CG) por vesículas de transporte. *2.* Essas substâncias são transportadas entre as cisternas do CG em direção a sua rede *trans* (*seta amarela*). Há um transporte retrógrado, em que proteínas ou lipídios específicos são enviados para o RE (*seta rosa*). *3* e *4.* Do *trans*-Golgi, brotam vesículas de secreção regulada (*3*) ou constitutiva (*4*), em direção à membrana plasmática (MP; *setas vermelhas*). Há um transporte retrógrado de parte da membrana das vesículas de secreção regulada (*seta roxa*). *5.* Proteínas lisossômicas são capturadas por receptores de manose-6-fosfato (MRP) e levadas para endossomos tardios (*setas laranja*). Os receptores são reciclados para o CG (*setas roxas*). *I.* Moléculas endocitadas na MP são transportadas para endossomos precoces (*seta verde*). *II.* Nos endossomos precoces, ocorre a triagem para degradação (*setas verdes*) ou reciclagem (*setas azuis*) dessas moléculas. Componentes de reciclagem são entregues para a MP ou CG, via formação de endossomos de reciclagem (*setas azuis*). *III.* Moléculas selecionadas para degradação são entregues a endossomos tardios. *IV.* Estes, ao receber enzimas lisossômicas e ter seu pH diminuído, originam os lisossomos, onde ocorre a digestão dos componentes endocitados (*setas verdes*).

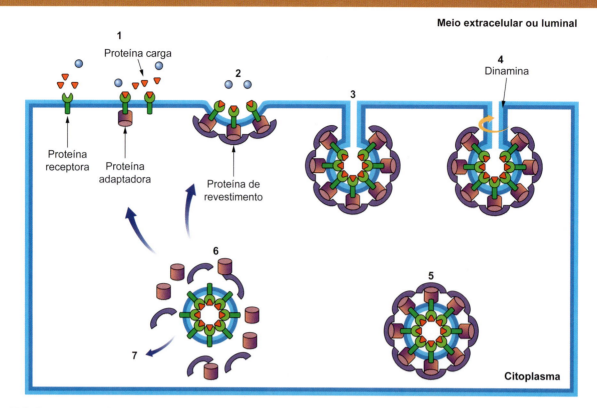

Figura 15.3 Formação de vesículas de transporte revestidas de clatrina. *1.* Proteínas receptoras, do tipo transmembranar, se ligam a proteínas-carga. Proteínas adaptadoras são então recrutadas para a região citoplasmática do receptor. *2.* Esses complexos se acumulam em uma mesma região da membrana e recrutam proteínas de revestimento, que se ligam às proteínas adaptadoras. A proximidade desses complexos gera deformações da membrana. *3.* O aumento da concentração dos complexos leva à formação de invaginações, que englobam as cargas e se mantêm ligadas à membrana doadora por um pescoço estreito. *4* e *5.* A interação de proteínas específicas (dinamina, nesse caso), com gasto de energia, leva (*4*) ao estrangulamento do pescoço e (*5*) à separação da vesícula da membrana doadora. *6.* Após o brotamento da vesícula, as proteínas adaptadoras e de revestimento se desligam e ficam livres para formação de novas vesículas. *7.* A vesícula é direcionada para sua membrana-alvo. Note que a face da membrana voltada para o lado luminal de uma organela ou para o meio extracelular (*em azul-claro*) nunca entra em contato com o citoplasma, somente a face citoplasmática (*em azul-escuro*) mantém esse contato.

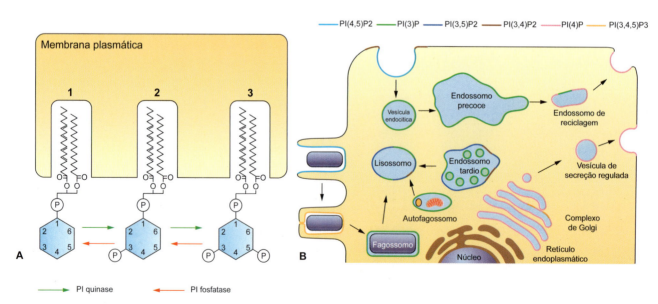

Figura 15.4 Os fosfoinositídios marcam domínios de membrana e dão identidade à membrana das organelas. Os fosfoinositídios (PIPs), fosfolipídios derivados do fosfatidilinositol (PI), têm uma importante função na regulação de diferentes processos celulares, como crescimento, diferenciação, sobrevivência, organização do citoesqueleto e transporte entre membranas. **A.** Esses fosfolipídios, presentes nas membranas celulares, podem sofrer fosforilação e defosforilação em carbonos do seu grupo inositol, formando diferentes PI. Como exemplo, a fosforilação no carbono 3 de um PI (mostrado em 1), leva à formação de PI(3)P (mostrado em 2), e a fosforilação do carbono 5 do PI(3)P leva à formação do PI(3,5)P2 (mostrado em 3), assim as siglas mostram quais carbonos de PI estão fosforilados e quantas fosforilações estão presentes. Esses diferentes padrões de fosforilação fazem com que sejam reconhecidos por diferentes proteínas, interagindo e recrutando proteínas e facilitando reações específicas nesses domínios de membrana. **B.** A presença de variadas fosfatases ou quinases para os PIPs, nas diferentes membranas, garante que cada membrana apresente um enriquecimento de determinado PIP, o que é muito importante para a identidade de membranas celulares, pois participa dos processos de reconhecimento de locais de formação e fusão de vesículas de transporte.

Diferentes proteínas de revestimento para diferentes tipos de vesículas de transporte

As células produzem diferentes tipos de vesículas de transporte, que diferem quanto à membrana de origem, alvo e carga. São conhecidos três tipos de revestimento: **clatrinas** e de proteínas do envoltório (COP, do inglês *coat protein*) com dois membros: COP I e COP II.

As clatrinas (do latim *clathrum*, que significa engradado) revestem vesículas que participam de processos de endocitose, transporte de enzimas lisossômicas da região *trans*-Golgi para endossomos e transporte de receptores manose-6-fosfato (MPR) de volta para a região *trans*-Golgi (Figura 15.5), processo chamado "reciclagem". As clatrinas se organizam em uma estrutura chamada "trisquélion", formada por três cadeias pesadas (180 kDa) e três cadeias leves (35 kDa). A associação de vários trisquélions

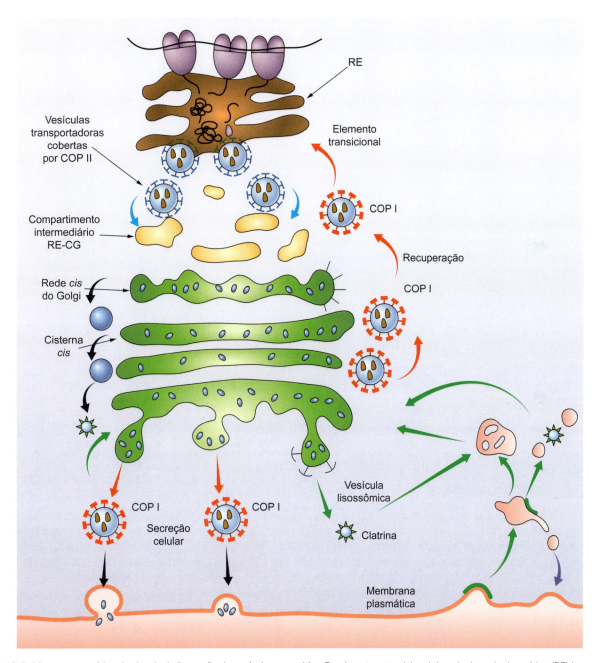

Figura 15.5 Mapa esquemático dos locais de formação de vesículas revestidas. Do elemento transicional do retículo endoplasmático (RE) brotam vesículas recobertas por COP II (*em azul*), que entregam seu conteúdo para a rede *cis*-Golgi. As vesículas que transportam o material entre as cisternas do CG e a rede *trans* não apresentam proteínas de revestimento conhecidas. Proteínas recuperadas do CG para o RE são transportadas nesta direção por vesículas revestidas de COP I (*em vermelho*). Da rede *trans*-Golgi brotam vesículas de secreção, revestidas de COP I, que são direcionadas para a membrana plasmática (MP). Essas vesículas podem sofrer maturação, em que partes de sua membrana são enviadas de volta para a rede *trans*-Golgi pela formação de vesículas revestidas de clatrina (*em verde, à esquerda*). Do CG, brotam também vesículas revestidas de clatrina carregadas de enzimas lisossômicas (*em verde, à direita*), que são entregues aos endossomos tardios. Deste compartimento brotam vesículas revestidas de clatrina que reciclam receptores para o CG. Da membrana plasmática são formadas vesículas endocíticas, revestidas de clatrina, que entregam seu conteúdo aos endossomos precoces (ou iniciais), a partir dos quais são formadas vesículas de reciclagem que entregam material para o CG, revestidas de clatrina, ou para a membrana plasmática (*seta roxa*), que não apresentam revestimento conhecido.

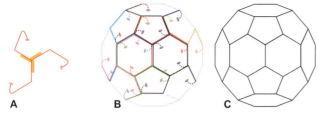

Figura 15.6 Estrutura da cobertura de clatrina. **A.** Trisquélion (*em destaque*) apresenta três cadeias de clatrina pesadas (*em vermelho*) e três cadeias leves (*em laranja*). **B.** São mostrados alguns trisquélions (*cada arranjo em cores diferentes*) interagindo para formar uma capa de clatrina que envolve uma vesícula de transporte. **C.** Esquema da vesícula revestida de clatrina que forma uma rede em arranjo poligonal.

forma uma rede que recobre externamente a membrana vesicular (Figura 15.6), e a interação entre eles forma arranjos poliédricos sobre a membrana que resultam em uma curvatura e consequente invaginação da membrana. Essa invaginação engloba o material a ser transportado e gera um pescoço que mantém a conexão da vesícula em formação à membrana de origem (ver Figura 15.3).

A associação das proteínas de revestimento com a membrana doadora ocorre por intermédio de proteínas adaptadoras; no caso das clatrinas, são conhecidas como adaptadoras de clatrina ou adaptinas. As adaptinas são proteínas presentes no citoplasmática, que reconhecem e se ligam aos receptores de carga da membrana doadora, formando o complexo carga-receptor-adaptina, e induzem a formação da vesícula (ver Figura 15.3). As vesículas apresentam características específicas relacionadas ao tipo de carga (que indica o endereçamento) e local onde são formadas (CG, endossomos, membrana plasmática etc.), existindo diferentes adaptinas para os diferentes receptores. Essas adaptinas são chamadas "adaptadores de proteína" (AP, do inglês *adaptor proteins*) e apresentam uma numeração: AP1, AP2, AP3, …, para diferenciá-las.

A AP1, por exemplo, reconhece e se liga à região citoplasmática de receptores MPR ligados à sua carga (M6P), e, como se viu no Capítulo 14, a presença de M6P é um marcador de proteínas lisossômicas. Assim, a AP1 é importante para a formação de vesículas originadas da rede *trans*-Golgi e direcionadas para os endossomos tardios, que se diferenciam em lisossomos (ver Figura 15.5).

Uma das adaptinas mais bem estudadas é a AP2, importante para endocitose. Seu funcionamento é um bom exemplo da interação cooperativa entre proteínas adaptadoras, receptores-carga e elementos de membrana, como os fosfolipídios. A presença do PI(4,5)P2 no lado citoplasmático da membrana doadora (ver Figura 14.4) recruta a AP2 à essa membrana, que se liga ao lipídio. Essa ligação induz uma modificação conformacional na AP2, o que facilita sua interação com o complexo receptor-carga. O complexo AP2-receptor-carga apresenta uma maior estabilidade e passa a recrutar clatrinas (ver Figura 15.3). Além disso, GTPases monoméricas específicas estão também envolvidas no recrutamento e montagem dessas estruturas, como é discutido adiante.

GTPases monoméricas são importantes em vários processos celulares

As GTPases monoméricas são uma superfamília de enzimas que catalisam a hidrólise de guanosina trifosfato (GTP) para guanosina difosfato (GDP) (ver Figura 14.7). Seus diferentes membros são fundamentais em vários processos celulares, como transdução de sinal, diferenciação, proliferação, regulação do citoesqueleto e transporte (incluindo o tema deste capítulo: transporte vesicular). Uma importante característica comum aos membros desta família é que assumem uma forma quando ligados a GDP e outra quando ligados a GTP (ver Figura 14.7). Essas diferentes formas, reguladas pela troca de nucleotídio ligado a ela em um momento específico, permitem que mude sua função de acordo com o contexto celular. Podem, por exemplo, interagir com uma proteína se ligada a GDP e com outra se ligada a GTP, ou ser solúvel quando ligada a GDP e ancorada a uma membrana quando ligada a GTP.

Cada GTPase monomérica apresenta um par de proteínas reguladoras, os fatores de troca de nucleotídios de guanina (GEFs) e a proteína ativadora de GTPase (GAP). A GEF, como o nome diz, promove a troca do GDP por um GTP. Já a GAP ativa a GTPase e faz com que a hidrólise de GTP ocorra rapidamente. Entretanto, a ativação da função de GTPase também depende do tempo; assim, a hidrólise pode ocorrer mesmo na ausência de GAP, porém é mais lenta (ver Figura 14.7). Essa característica faz com que algumas GTPases monoméricas atuem como temporizadores de processos celulares: depois de algum tempo ligada ao GTP e exercendo determinada função, ela hidrolisa o GTP, mudando sua forma e, consequentemente, sua função.

Fazem parte dessa família proteínas do tipo Ras (*Rat sarcoma vírus*, envolvidas na tradução de sinais), ARF (*ADP ribosylation factor*, família reguladora da biogênese de vesículas de transporte), Rho (*Ras-homology*, família que participa do remodelamento do citoesqueleto), Rab (*Ras-related in brain*, família que participa da formação, transporte pelo citoesqueleto e fusão de vesículas) e Ran (*Ras-related nuclear protein*, que têm função no transporte através de poros nucleares e na mitose)–GTPase.

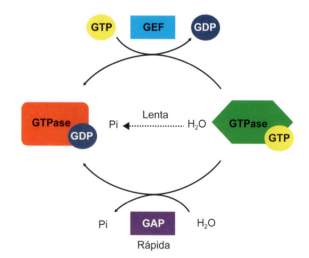

Figura 15.7 GTPases monoméricas podem se ligar a GDP ou GTP e, assim, apresentar duas formas diferentes. Para a GTPase mostrada na figura, temos uma GEF (fator de troca de nucleotídio de guanina) específica que troca o nucleotídio GDP por um GTP dessa GTPase. Tem-se também uma GAP (proteína ativadora de GTPase) específica que induz sua atividade de GTPase, levando à hidrólise do GTP em GDP (rápida). A GTPase também pode ser ativada em função do tempo, levando à hidrólise de GTP, sem interferência da GAP, porém essa é uma reação que leva mais tempo para acontecer (lenta).

Os outros dois tipos de revestimento de vesículas, COP I e COP II, são formados por complexos proteicos, compostos de diferentes subunidades. As vesículas revestidas por COP estão envolvidas no transporte de cargas entre o RE e CG (ver Figura 15.5). Diferentemente das vesículas revestidas por clatrina, que medeiam o transporte bidirecional, as vesículas revestidas por COP I fazem o transporte retrógrado (do CG para o RE), e as revestidas de COP II, o transporte anterógrado (do RE para o CG).

A COP I é composta de múltiplos complexos proteicos heptaméricos, conhecidos como coatômero (Figura 15.8); enquanto a COP II é formada por múltiplas unidades proteicas compostas das subunidades heterodiméricas, Sec13/Sec31 (Figura 15.9). Ambos os complexos se ligam a proteínas adaptadoras presentes na membrana que são formadas por dímeros – no caso de COP I, o dímero p23/p34, e da COP II, o dímero Sec23/Sec24. Essas proteínas adaptadoras, assim como as clatrinas, se ligam à região citoplasmática dos receptores de carga (quando estes estão ligados à sua carga) e com uma GTPase monomérica da família ARF (do inglês *adenosine diphosphate ribosylation factor*), presentes na membrana doadora. As ARF são importantes para o recrutamento e montagem do revestimento. A *ARF1* é específica para revestimento de COP I (ver Figura 15.8), e a *Sar1* (ARF "*smile*") específica para COP II (ver Figura 15.9). A montagem do revestimento de clatrina também depende de uma ARF.

A função dessas GTPases recrutadoras de revestimento pode ser exemplificada no processo de formação de vesículas revestidas por COP II. A Sar1, quando ligada a GDP, é uma proteína solúvel. Regiões da membrana do RE, onde ocorre formação de vesículas de transporte, apresentam complexos receptor-carga e proteínas GEF específicas para a Sar1 (GEF-Sar1). Quando a Sar1 se aproxima dessa região, ocorre a troca do seu GDP por um GTP (ver Figura 15.9), que induz uma modificação conformacional na Sar1, expondo uma região hidrofóbica desta proteína, que se insere na membrana. A Sar1 agora interage com o complexo heterodimérico de proteínas adaptadoras de COP II (Sec23 e Sec24). A proteína Sec24 se liga, por sua região voltada para a membrana, ao complexo receptor-carga, estabilizando o complexo na membrana. A formação de vários complexos neste local provoca curvaturas de membrana, que permitem o recrutamento e a ligação das subunidades heterodiméricas Sec13/31 (ver Figura 15.9). Quanto maior o número desses complexos, mais rápido é o recrutamento das proteínas de cobertura e geração da vesícula por deformação da membrana.

Além dessa função, a presença das ARFs também garante que a formação de uma vesícula de transporte ocorra somente se houver material a ser transportado em quantidade correta. A Sar1, como todas as GTPases monoméricas, tem uma função de hidrólise de GTPs, que pode ser ativada por sua interação com uma proteína GAP específica para Sar1 (GAP-Sar1), ou depois de um tempo, espontaneamente (ver Figura 14.7). Assim, se houver poucos complexos receptor-carga, o recrutamento dos complexos adaptadores e proteínas de revestimento é muito lento, e a atividade hidrolítica da Sar1 é ativada antes da formação da vesícula. Nesse caso, a Sar1 está ligada a uma GDP, o que faz com que mude sua conformação e se torne novamente

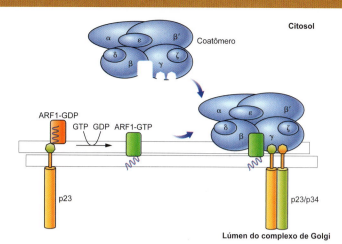

Figura 15.8 Recrutamento do revestimento de COP I na membrana do CG. O coatômero é um complexo proteico citoplasmático que contém sete subunidades (α, β, β', ε, δ, γ e ζ). Seu recrutamento para a membrana-alvo se inicia pela ligação da ARF1-GDP com proteínas adaptadoras p23, presentes em regiões de membrana do CG ativas na formação de vesículas revestidas por COP I. Essas regiões possuem GEF-ARF1 (não mostrada na figura), que promove a troca de GDP por GTP. A ARF1-GTP muda sua conformação e se desliga da p23. Essa mudança conformacional expõe uma região hidrofóbica, que faz com que a ARF1-GTP se insira na membrana. Ocorre a formação do complexo heterodimérico de proteínas adaptadoras (p23/p34) nesta mesma região. A presença de ARF1-GTP e de p23/p34 recruta o coatômero para esta região. A formação de vários complexos deste tipo, em um mesmo local da membrana doadora, induz a formação da vesícula revestida de COP I, em um mecanismo similar ao observado para clatrina ou COP II.

solúvel, desmontando os complexos antes da formação da vesícula. Também são recrutadas outras proteínas de membrana, que auxiliam no direcionamento e reconhecimento da membrana-alvo, assim como na fusão das duas membranas (vesicular e alvo), como é discutido a seguir.

O brotamento da vesícula da membrana de origem depende agora de proteínas citoplasmáticas adicionais, que auxiliam na fusão das membranas que formam o pescoço da invaginação e seu consequente desligamento da membrana de origem (Figura 15.10). Esse mecanismo é mais bem caracterizado em vesículas revestidas de clatrina, cuja principal proteína é a dinamina, uma GTPase monomérica que é recrutada para a região do pescoço da invaginação, por se ligar ao PI(4,5)P2 presente nesta região.

O tamanho e o formato das vesículas são variáveis e dependem da origem e tipo de carga transportada. Assim, o tamanho varia entre 50 e 250 nm, com exceção dos fagossomos, que são maiores. O formato pode ser mais esférico ou tubular, caso das vesículas que transportam moléculas de pró-colágeno, que devem ser maiores para acomodar a carga.

O revestimento proteico e a exposição de marcadores de endereçamento após a formação das vesículas

Após a formação das vesículas, as proteínas de revestimento se desligam da membrana vesicular. A perda desta cobertura é importante para que as vesículas possam expor sinais de reconhecimento para suas membranas-alvo, assim como se

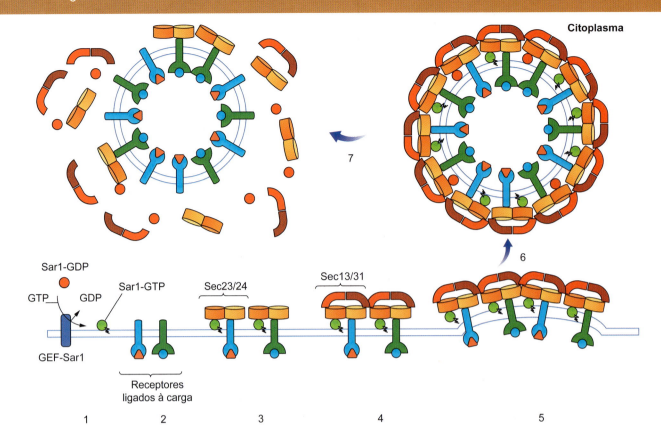

Figura 15.9 Mecanismo de formação de vesículas revestidas por COP II. *1.* A presença de uma GEF-Sar1 na membrana do RE induz a troca de um GDP por um GTP na Sar1 e a consequente inserção da Sar1-GTP nessa membrana. *2.* Ocorre a formação dos complexos receptor-carga. *3.* A presença de Sar1-GTP e receptores-carga recrutam o complexo heterodimérico Sec23/24, que interage com a porção citoplasmática dos receptores-carga e da Sar1-GTP. *4.* A presença de Sec23/Sec24 recruta o complexo de proteínas de revestimento Sec13/31. *5.* O aumento da concentração desses complexos em um mesmo local da membrana força sua curvatura e molda a formação de uma vesícula. *6.* Após o brotamento da vesícula de transporte revestida de COP II, ocorre a ativação da Sar1, por interação com uma GAP-Sar1. A Sar1-ATP, por uma mudança conformacional, perde afinidade pela membrana da vesícula, o que leva ao desligamento das proteínas de revestimento. No caso particular das vesículas revestidas de COP II, algumas proteínas adaptadoras permanecem ligadas à membrana.

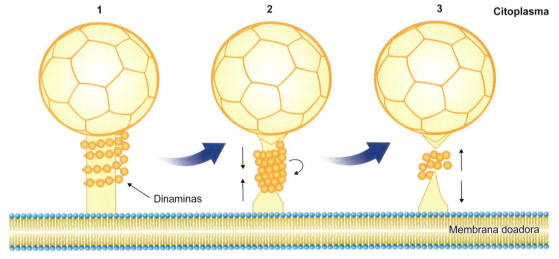

Figura 15.10 Brotamento da vesícula de transporte revestida de clatrina. *1.* Várias dinaminas formam um anel em espiral em torno do pescoço que liga a vesícula em formação à membrana de origem. *2.* Ao hidrolisar o GTP, as dinaminas sofrem mudanças conformacionais que, em conjunto com outras proteínas recrutadas na região (não mostradas na figura), fazem com que o anel sofra processos de torção e compactação. *3.* O processo leva à fissão da membrana, liberando a vesícula. Após o brotamento, as dinaminas também se desligam da membrana.

fusionar a elas. No caso das vesículas revestidas por COP II, esse processo ocorre pela hidrólise do GTP ligado a Sar1, por ação de uma Sar1-GAP, fazendo com que esta perca a afinidade pela membrana e seja liberada no citoplasma (ver Figura 15.9). Apesar do desligamento da Sar1, algumas proteínas de revestimento são mantidas na superfície da membrana e podem permanecer até a vesícula se aproximar da membrana-alvo. São então fosforiladas por quinases presentes na membrana-alvo, o que leva a seu desligamento. No caso das vesículas revestidas de clatrina e COP I, o desligamento das proteínas de cobertura é imediato após a formação da vesícula. Assim como ocorre para a COP II, a hidrólise de GTP, ligado a uma ARF-GTPase, é a causa principal do desligamento. Nas vesículas revestidas de COP I, foi observado o recrutamento de uma ARF1-GAP durante a formação da cobertura, e sua ativação depende da curvatura da membrana da vesícula. Em todos os casos, após o desligamento das vesículas, as proteínas de revestimento e adaptadoras ficam livres no citoplasma e podem ser reutilizadas na montagem de novas vesículas (ver Figura 15.3).

Mecanismos de reconhecimento da membrana-alvo envolvidos com o recrutamento de diversas proteínas

As vesículas são transportadas no citoplasma por proteínas motoras sobre filamentos do citoesqueleto (Figura 15.11) até a sua membrana-alvo. Para que a carga seja entregue ao local correto, é necessário um reconhecimento recíproco entre a membrana da vesícula de transporte e a membrana-alvo. A família das Rab-GTPases é essencial nesse processo, em que seus diversos membros apresentam especificidade para diferentes membranas. Assim, cada tipo de vesícula de transporte apresenta em sua membrana um tipo específico de Rab-GTPase, que é reconhecida por uma proteína de aprisionamento presente na face citoplasmática da membrana-alvo (ver Figura 15.11). Essa primeira interação aproxima as membranas, o que ajuda no recrutamento de proteínas adicionais que auxiliam no processo de ancoragem da vesícula e fusão com a membrana-alvo (ver Figura 15.11). Como discutido no Capítulo 14, para o reconhecimento de vesículas que fazem o

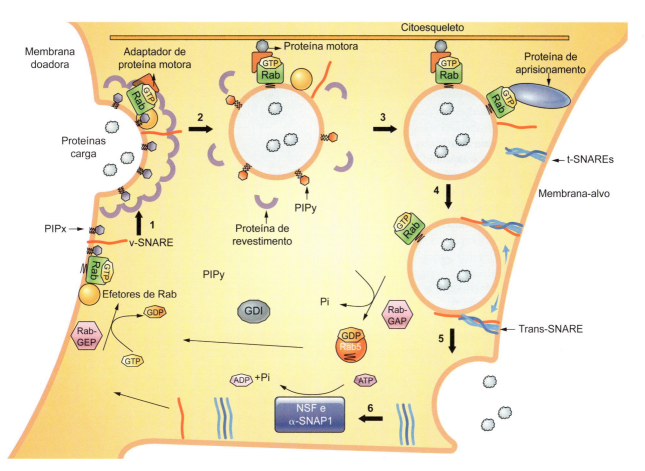

Figura 15.11 Processos do transporte vesicular regulados por Rab-GTPases. *1.* A inserção de Rab-GTP na membrana doadora induz o recrutamento de diferentes proteínas efetoras na formação de vesículas de transporte, como quinases e fosfatases de PIPs, v-SNAREs (do inglês *soluble N-ethylmaleimide-sensitive fusion attachment receptor*) e adaptadores de proteínas de revestimento. *2.* A vesícula formada é transportada por microtúbulos, interagindo com proteínas motoras por meio de uma proteína adaptadora ligada a Rab-GTP. Fosfatases ou quinases de PIP induzem a modificação de PIPs (representados como PIPx e PIPy), que influencia a perda de afinidade das proteínas de revestimento. *3.* Ancoragem: a Rab-GTP interage com uma proteína de aprisionamento na membrana-alvo. *4. Priming*: formação do complexo *trans*-SNARE (interação entre a v-SNARE, mostrada *em vermelho*, e as t-SNAREs, *em azul*) e sua torção. As *setas azuis* indicam a saída de moléculas de água da região entre as membranas. *5.* Ocorre a fusão entre as membranas e desligamento da Rab-GDP. A Rab-GDP se liga a inibidora da dissociação da guanosina (GDI) e é reciclada para a membrana de origem. *6.* O complexo proteico de fusão sensível a N-etilmaleimida (NSF) e a α-proteínas de fixação NSF solúveis (α-SNAP1) induz a separação do complexo *trans*-SNARE. A v-SNARE pode ser reciclada para a membrana doadora.

transporte entre as cisternas do CG, há o envolvimento das golginas, que, nesse caso, funcionam como proteínas de aprisionamento de Rabs específicas das vesículas de transporte entre as cisternas do Golgi.

As Rabs atuam na formação de domínios de membrana importantes para o processo do transporte vesicular

As Rabs fazem parte da família das GTPases monoméricas (ver Figura 15.7) que atuam na entrega de vesículas de transporte para o seu destino correto. As Rabs conferem identidade à membrana e atuam na formação das vesículas, no transporte pelo citoesqueleto e na fusão entre as membranas vesiculares e alvo, além de interagir e recrutar adaptadores, fatores de aprisionamento, quinases, fosfatases e proteínas motoras (ver Figuras 15.11 e 15.12). Outra característica importante das Rabs, que faz com que possam exercer suas funções no transporte vesicular, é que podem assumir uma conformação solúvel, quando ligada à GDP (Rab-GDP) ou inserida na membrana, quando ligada à GTP (Rab-GTP), assim como as ARFs. Deste modo, dependendo da presença de uma GEF ou GAP específica em uma membrana, essa proteína é recrutada e pode interagir e recrutar outras proteínas efetoras, dando identidade à membrana e criando um microdomínio com funções específicas (Figura 15.12). A tabela 15.1 mostra a participação de Rabs específicas em diferentes processos de transporte vesicular em uma célula epitelial.

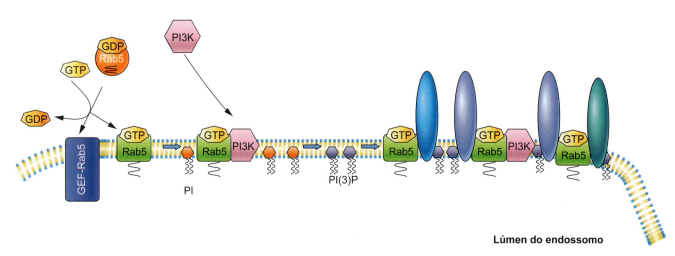

Figura 15.12 As Rabs são capazes de recrutar diferentes quinases e fosfatases de PIPs, participando de processos de reconhecimento e identidade de membranas. A presença de GEF-Rab5 na membrana de endossomos precoces induz a troca de GDP para GTP de uma Rab5, que a insere na membrana. A Rab5-GTP na membrana recruta a PI3 K, que fosforila PIs, convertendo-os em PI(3)P. A presença de Rab5-GTP e PI(3)P leva ao recrutamento de outras proteínas efetoras, que participam do reconhecimento, do ancoramento e da fusão entre as membranas vesicular e alvo, criando um domínio de membrana específico. Essa montagem de domínio é cooperativa, visto que a presença de PI(3)P também recruta mais GEF-Rab5 para a membrana, aumentando a presença de Rab5. Tanto Rab5-GTP quanto a Rab7-GTP são capazes de recrutar PI3 K para membranas em que estejam inseridas, porém a presença de GEF-Rab5 na membrana de endossomos precoces e de GEF-Rab7 de endossomos tardios garante a especificidade dessas membranas.

Tabela 15.1 Participação de Rabs específicas em diferentes processos de transporte vesicular em uma célula epitelial.

Tipo de Rab	Atuação no transporte vesicular
Rab 1 e Rab 2	Tráfego entre retículo endoplasmático e rede *cis* do complexo de Golgi
Rab 3, Rab 26, Rab 27 e Rab 37	Mediação de diferentes tipos de secreção (exocitose) regulada
Rab 4	Reciclagem via endossomos iniciais
Rab 5	Endocitose e fusão de endossomos com vesículas revestidas de clatrina
Rab 5, 14 e 22	Maturação de fagossomos iniciais
Rab 5 e 34	Tráfego e formação de vesículas de macropinose
Rab 6, Rab 33 e Rab 40	Tráfego entre rede *cis* do complexo do Golgi
Rab 7	Maturação de endossomos tardios e fagossomos
Rab 8	Tráfego constitutivo biossintético da rede trans-Golgi (TGN, do inglês *trans Golgi network*) para a membrana plasmática

(continua)

Tabela 15.1 Participação de Rabs específicas em diferentes processos de transporte vesicular em uma célula epitelial. (*Continuação*)

Tipo de Rab	Atuação no transporte vesicular
Rab 8, Rab 10 e Rab 14	Tráfego de vesículas de GLUT4 para a membrana plasmática
Rab 9	Tráfego entre endossomo tardio e TGN
Rab 11 e 35	Reciclagem via endossomos de reciclagem
Rab 15	Tráfego entre endossomos iniciais e de reciclagem e entre membrana apical e basolateral via endossomos de reciclagem
Rab 17 e 25	Tráfego entre endossomos de reciclagem e membrana apical
Rab 21	Endocitose de integrinas
Rab 22	Tráfego entre TGN e endossomos iniciais
Rab 27	Translocação de melanossomas para a periferia celular
Rab 32 e Rab 38	Biogênese de melanossomas
Rab 33 e Rab 24	Formação de autofagossomos

GLUT4: transportador de glicose tipo 4, do inglês *glucose transporter type 4*.

O reconhecimento adicional é dado pelas proteínas do tipo transmembranar da família das SNAREs (do inglês *soluble NSF fusion attachment receptor*). Essa família de proteínas contém membros que estão na membrana das vesículas, as v-SNARE ("v" do inglês *vesicle*) e membros que estão na membrana-alvo, as t-SNARE ("t" do inglês *target*). Existem aproximadamente 35 SNAREs que têm sua associação dependente do tipo de membrana (membrana-específica) às diferentes membranas presentes nas células animais, onde uma v-SNARE se associa especificamente à sua t-SNARE complementar. Assim, após a ancoragem, a porção citoplasmática da v-SNARE interage com a porção citoplasmática da t-SNARE, formando um complexo *trans*-SNARE de uma v-SNARE com três t-SNAREs (ver Figura 15.11). A torção dessas proteínas entre si força a aproximação das membranas e a saída de moléculas de água da região entre as membranas, processo chamado "iniciação" ou "*priming*". A ausência de água permite a troca de lipídios entre as membranas e sua consequente fusão (ver Figura 15.11).

Para que a identidade das diferentes membranas seja mantida, essas proteínas devem ser liberadas e recicladas às membranas de origem. Assim, após a formação do complexo *trans*-SNARE, a Rab-GTP, proveniente da vesícula de transporte, interage com uma Rab-GAP e ativa a hidrólise do GTP, tornando-se uma Rab-GDP. A Rab-GDP nessa conformação se desliga da membrana e interage com sua proteína inibidora, a GDI. A presença de uma GEF-Rab na membrana de origem permite que esta GTPase possa ser reciclada para a membrana (ver Figura 15.11). Após a fusão das membranas, o complexo *trans*-SNARE é separado, por ação de proteínas citoplasmáticas fusogênicas, a NSF (do inglês *N-ethylmaleimide-sensitive fusion*) e SNAPs (do inglês *soluble NSF attachment proteins*), que são recrutadas pelo complexo *trans*-SNARE após a ancoragem da vesícula à membrana-alvo. Essa separação ocorre à custa de ATP, e as v-SNARE são redirecionadas às membranas de origem, provavelmente por vesículas de reciclagem (ver Figura 15.11).

A secreção celular é responsável pela exportação de macromoléculas para o meio extracelular

Como discutido no Capítulo 14, as vesículas de transporte que brotam da rede *trans*-Golgi podem ser direcionadas para diferentes compartimentos celulares, utilizando mecanismos de endereçamento e reconhecimento específicos. Quando direcionadas para a membrana plasmática, seguem o caminho da via secretora, entregando produtos para o meio extracelular. Além dessa função, a adição das vesículas fornece lipídios e proteínas recém-formadas ou recicladas à membrana plasmática. O mecanismo mais comum de secreção celular e mais utilizado pela via biossintética-secretora é o da fusão da membrana vesicular com a membrana plasmática, promovido pela formação do complexo *trans*-SNARE (ver Figura 15.11). Essa fusão com a membrana plasmática é chamada "exocitose" (do grego *exo* [fora] e *cytos* [célula]), e esse tipo de secreção é conhecida como secreção merócrina.

Tipos de secreção celular, além da merócrina

Existem outras formas de secreção celular, chamadas "secreção apócrina e holócrina". Na primeira, o produto secretado é liberado para o meio externo circundado por uma parte da membrana plasmática; este tipo de secreção é observado na glândula mamária em lactação, contendo gotículas lipídicas liberadas no leite, e em alguns tipos glandulares da pele, glândulas ciliares e ceruminosas do meato acústico. Na secreção holócrina, ocorre a morte da célula secretora, com liberação do conteúdo secretado do seu citoplasma, em conjunto com todo seu conteúdo celular; este tipo de secreção é observado em glândulas sebáceas da pele e glândulas tarsais da pálpebra. Existe ainda outro tipo de secreção de peptídios por mecanismos que não seguem a via biossintética-secretora; nesse caso, os peptídios são produzidos por ribossomos livres no citoplasma e liberados para o meio externo por meio de proteínas transportadoras presentes na membrana plasmática, do tipo cassete de ligação de ATP (ABC, do inglês *ATP-binding cassette*; ver Capítulo 4). Por fim, em neurônios, as vesículas sinápticas podem ser formadas a partir de vesículas endocíticas de membranas pré-sinápticas, em um mecanismo que permite sua formação rapidamente, reutilizando neurotransmissores secretados nessa fenda.

Existem duas vias gerais de exocitose: a via constitutiva de secreção e a via regulada de secreção (Figura 15.13). Na via constitutiva, as vesículas de transporte (conhecidas também como vesículas de secreção), que brotam da rede *trans*-Golgi, sofrem fusão com a membrana plasmática e entregam seus produtos ao meio externo assim que são ancoradas (ver Figura 15.13). A entrega ocorre de forma contínua, como observado na secreção de pró-colágeno pelos fibroblastos. Em células que apresentam polaridade (ver Capítulo 4), como as epiteliais, as vesículas secretoras são direcionadas para diferentes regiões da membrana, como a apical ou basolateral. As vesículas destinadas à membrana apical são revestidas por clatrina; porém ainda não se conhece que tipos de proteínas revestem as vesículas destinadas à membrana basolateral, ainda que esse processo ocorra. Em alguns tipos celulares, por exemplo, todas as proteínas integrais são entregues à membrana basolateral e de lá são endocitadas e selecionadas em compartimentos endossômicos. São então recicladas para a membrana basolateral ou apical, dependendo de seu endereçamento.

De maneira geral, todas as células apresentam a via de secreção constitutiva, porém células secretoras especializadas, como endócrinas, exócrinas e neurônios, apresentam também a via de secreção regulada. Nesse caso, produtos solúveis, como hormônios, neurotransmissores e enzimas, são estocados em vesículas secretoras, que são direcionadas para a membrana plasmática. A secreção só ocorre após um sinal específico, que promove a fusão das membranas das vesículas com a membrana plasmática (ver Figura 15.13). A dependência do sinal acopla a secreção a uma resposta fisiológica específica. Assim, o complexo *trans*-SNARE se forma (ver Figura 15.11), porém a torção é bloqueada até a chegada deste sinal extracelular (Figura 15.14). No caso da secreção regulada em neurônios ou células β-pancreáticas, por exemplo, o sinal de disparo para a

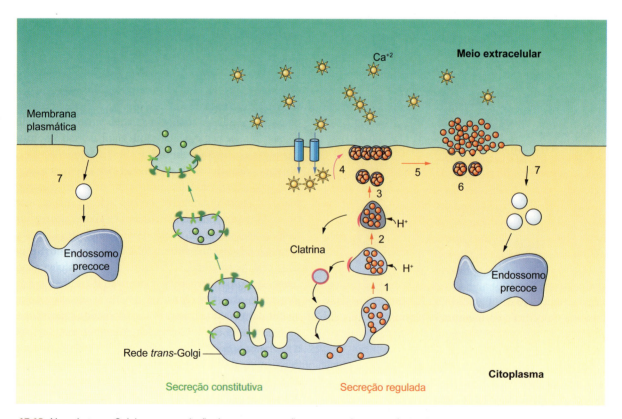

Figura 15.13 Na rede *trans*-Golgi, ocorre a seleção das cargas, que são empacotadas em vesículas de secreção constitutiva (*setas verdes*) ou regulada (*setas vermelhas*). As vesículas de secreção constitutiva entregam cargas (solúveis e porções de membrana) à membrana plasmática (MP) por exocitose. Na secreção regulada, as vesículas passam por uma maturação, em que: 1. Parte da membrana dessas vesículas imaturas é reciclada para o CG, e o pH de seu lúmen é diminuído (*tons escuros de cinza* representam um pH mais baixo). 2. A maturação vesicular continua ao longo de seu transporte até a MP. 3. Ocorre ancoragem e *priming* na MP, com bloqueio da torção do complexo *trans*-SNARE. 4. Sinais extracelulares levam à secreção das vesículas (neste exemplo, de secreção regulada por Ca^{2+}, a abertura de canais de Ca^{2+} permite a entrada do íon no citoplasma). 5. A interação do Ca^{2+} com a maquinaria de ancoragem da vesícula permite a exocitose simultânea de várias vesículas. 6. Vesículas maduras que estão próximas da MP são ancoradas a ela, ficando prontas para um novo ciclo de secreção. 7. Nos dois casos, o ganho de membrana pela exocitose é contrabalanceado pela retirada de membrana pela endocitose.

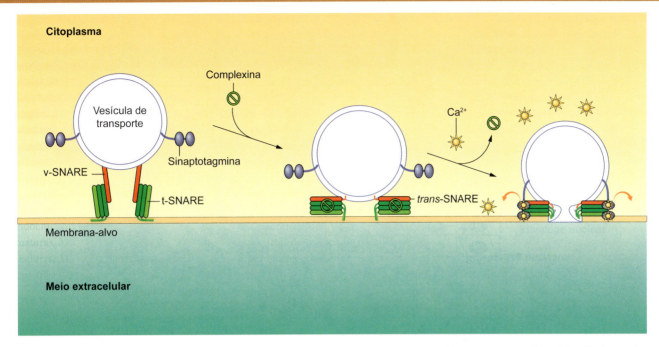

Figura 15.14 A abertura dos canais de Ca^{2+} dependentes de voltagem é induzida por sinais extracelulares que causam despolarização da membrana plasmática. Esse tipo de secreção é chamado *secreção acoplada ao Ca^{2+}*. Os componentes do complexo de fusão desse tipo de vesícula foram desvendados em neurônios, onde a proteínas v-SNARE (sinaptobrevina/proteína de membrana associada à vesícula [VAMP, do inglês *vesicle-associated membrane protein*]) interagem com as proteínas t-SNARE (SNAP25 e sintaxina) da membrana-alvo. A formação do complexo *trans*-SNARE é chamado "iniciação" ou "*priming*". A proteína complexina é então recrutada para este complexo e bloqueia a torção completa do complexo *trans*-SNARE, impedindo a fusão das membranas. O complexo permanece ligado à membrana plasmática até que haja uma despolarização da membrana e consequente abertura de canais de Ca^{2+}, com aumento de sua concentração no citoplasma. Esse íon se liga à sinaptotagmina, uma proteína presente na membrana da vesícula, o que leva a sua mudança conformacional e interação com as proteínas do complexo SNARE, liberando a complexina do complexo *trans*-SNARE, que pode, assim, completar sua torção e a fusão das membranas vesicular e sináptica.

fusão das membranas é feito por um aumento na concentração de Ca^{2+} no citoplasma (ver Figura 15.13), induzido pela abertura de canais de Ca^{2+} presentes na membrana plasmática. O influxo do íon para o citoplasma ocorre porque sua concentração no meio extracelular é muito maior do que no citoplasma (ver Capítulo 4). O Ca^{2+} interage com a maquinaria que regula a torção das *trans*-SNAREs, liberando esse complexo e permitindo a fusão das membranas e secreção (ver Figuras 15.13 e 15.14). Após a secreção, a maquinaria volta a se organizar e novas vesículas de secreção assumem o lugar das que foram secretadas, permitindo uma nova onda de secreção, caso ocorra um novo sinal (ver Figura 15.13).

Em geral, diferentes sinais podem induzir a secreção dessas vesículas, como ligação de hormônio ou neurotransmissores em receptores específicos da membrana plasmática, mas ela também pode ser induzida por sinais que levem a mudanças metabólicas na célula. O aumento da concentração da glicose extracelular, por exemplo, faz com que mais glicose entre no citoplasma de células β-pancreáticas. A glicose é metabolizada e leva a um aumento da relação ATP/ADP citoplasmática, o que inibe canais de potássio da membrana plasmática, levando à despolarização desta membrana, que induz abertura de canais de Ca^{2+}, e o influxo desse íon resulta na exocitose regulada de insulina pelos mecanismos descritos anteriormente. Esse exemplo demonstra a importância da secreção regulada, visto que o hormônio insulina é necessário somente quando há aumento da concentração glicêmica no indivíduo, assim sua secreção ocorre somente nessas condições.

Processos de maturação de vesículas secretoras

As vesículas de secreção brotam de porções dilatadas de regiões específicas da rede *trans*-Golgi, que podem ser identificadas por microscopia eletrônica como uma região eletrodensa. Essas vesículas, conhecidas como vesículas imaturas, sofrem reabsorção de partes de sua membrana, que são recicladas para a rede *trans*-Golgi, por vesículas revestidas de clatrina (ver Figuras 15.5 e 15.13). Ocorre também um processo de acidificação de seu lúmen, pela ação de bombas de próton (H^{+}-ATPase) presentes em sua membrana. Essa maturação leva à formação de vesículas menores e com baixo pH, que podem ter uma concentração de carga até 200 vezes maior do que das vesículas imaturas que brotam da rede *trans*-Golgi. As vesículas maduras podem ser distinguidas em microscopia eletrônica por seu conteúdo eletrodenso, sendo chamadas também "grânulos de secreção".

A concentração da carga é importante para que uma quantidade grande de carga, alojada em diversas vesículas simultaneamente ancoradas à membrana plasmática, possam ser secretadas rápida e sincronicamente quando necessário, ou seja, quando o sinal para a secreção chega à célula. Outra vantagem dessa concentração é que, ao diminuir o tamanho da vesícula, o impacto do aumento da membrana plasmática é reduzido ao receber a fusão de muitas vesículas ao mesmo tempo, como ocorre na secreção regulada. Em células pancreáticas acinares, por exemplo, pode ocorrer inserção de até

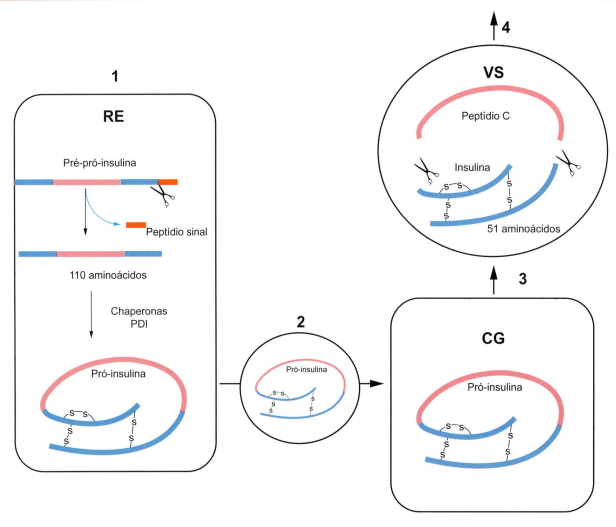

Figura 15.15 Processamento do hormônio peptídico insulina. *1.* O peptídio pré-pró-insulina (110 aminoácidos) é sintetizado por um ribossomo ligado à membrana do RE. Dentro do retículo endoplasmático (RE), o peptídio sinal é clivado, gerando a pró-insulina (81 aminoácidos). Com o auxílio de chaperonas, a pró-insulina assume sua conformação correta. *2.* Nessa conformação, ela é levada por vesículas de transporte para o complexo de Golgi (CG). *3.* No CG, ela é direcionada para vesículas de secreção junto a enzimas proteolíticas, que separam o peptídio C da molécula de insulina madura (51 aminoácidos). *4.* Essa vesícula de secreção (VS) é transportada em direção à membrana plasmática e passa pelos processos de maturação, com bombeamento de próton e diminuição da sua membrana. No caso da insulina, o transporte e a maturação incluem o bombeamento de zinco, que auxilia na formação de cristais deste hormônio e em seu empacotamento.

900 μm² de membrana em uma região apical de aproximadamente 30 μm², após estímulo para secreção. Como discutiremos mais adiante, essa inserção é contrabalanceada por uma endocitose (ver Figura 15.13), para que o tamanho da célula permaneça estável. Mesmo assim, se não houver o processo de maturação e diminuição do tamanho dos grânulos de secreção, a quantidade de membrana inserida de uma vez é muito maior para a mesma quantidade de produto secretado, o que poderia prejudicar o contrabalanceamento.

A condensação da carga não é o único processo de modificação durante a maturação das vesículas de secreção. Vários hormônios peptídicos e neuropeptídicos, assim como enzimas hidrolíticas, são sintetizados como precursores inativos (pró-peptídios) e são proteoliticamente processados em vesículas de secreção. Um exemplo clássico de processo de maturação de hormônios peptídicos é o da insulina. A pré-pró-insulina é sintetizada e depois processada à pró-insulina no lúmen do RE, sendo então transportada para o CG e, de lá, para a membrana plasmática por transporte vesicular. A pró-insulina é clivada na vesícula de secreção e direcionada à membrana plasmática, gerando o hormônio ativo insulina e o peptídio C (ver Figura 15.14).

Quantificação do peptídio C para avaliação da função da célula beta

Como o peptídio C é secretado junto à insulina, ele pode ser utilizado como um marcador para avaliar se o paciente está secretando insulina adequadamente. A regulação da depuração da insulina é um processo importante para controle de seus efeitos no organismo. Este hormônio sofre degradação em diferentes tecidos, principalmente no fígado, por onde passa logo após sua secreção, e a sua taxa de degradação varia de acordo com as necessidades do organismo. Assim, a medida da concentração sanguínea do peptídio C é um melhor marcador para avaliar a função da célula β-pancreática – sua capacidade de produção e secreção de insulina em resposta ao aumento da concentração de glicose sanguínea – do que a própria insulina, uma vez que o peptídio C apresenta uma taxa estável de degradação após secreção, e, assim, sua concentração no sangue representa melhor a quantidade de secreção da célula β-pancreática. Estudos mais recentes avaliam que o peptídio C pode apresentar funções próprias na regulação metabólica, que ainda precisam ser investigadas.

Existem também casos em que uma mesma cadeia polipeptídica pode ser processada em peptídios menores, resultando em diferentes produtos finais, com funções distintas (Figura 15.16). O processamento desse polipeptídio e, consequentemente, o produto de secreção formado dependem da presença de enzimas que clivam esses polipeptídios em diferentes fragmentos. Desta forma, a presença ou não dessas enzimas, em diferentes tipos celulares ou em dado momento fisiológico de uma célula, determina quais são os produtos secretados (ver Figura 15.16).

Esse mecanismo é comum para produtos de secreção muito pequenos, como as endorfinas. Essas moléculas são sintetizadas como cadeias polipeptídicas maiores, contendo todas as informações para o seu endereçamento e empacotamento. Na vesícula de secreção, elas são processadas, gerando os produtos finais (ver Figura 15.16). No caso das enzimas hidrolíticas, sua ativação acontece somente em vesículas de secreção, uma vez que podem ser danosas para a célula caso acidentalmente vazem para o citoplasma, sendo interessante que estejam na sua forma ativa somente quando já empacotadas para secreção. Vesículas secretoras de produtos que, para sua ativação, devem ser clivadas (zimogênios), são conhecidas como grânulos zimogênicos.

As vias endocíticas são responsáveis pela internalização de componentes extracelulares e reciclagem da membrana plasmática

O termo "endocitose" engloba os processos de formação de vesículas de transporte para captação de fluidos, solutos, macromoléculas e até mesmo outras células do meio extracelular, assim como para a reciclagem de componentes da membrana plasmática. Nesse processo, ocorre uma invaginação da membrana plasmática e formação de vesículas endocíticas (ver Figura 15.2). Dependendo das características do material capturado e das proteínas envolvidas no processo, a endocitose é classicamente dividida em dois tipos principais: a **pinocitose**, presente em todos os tipos celulares, e a **fagocitose**, presente em tipos celulares específicos.

Pinocitose é a captação ativa de macromoléculas em solução

Este termo foi inicialmente utilizado para designar o englobamento de gotículas de líquido (do grego *pini* [beber]), observado em células cultivadas. Esse tipo de endocitose, porém, é observado somente em alguns tipos celulares em cultura. Na pinocitose, presente em todas as células, ocorre a invaginação

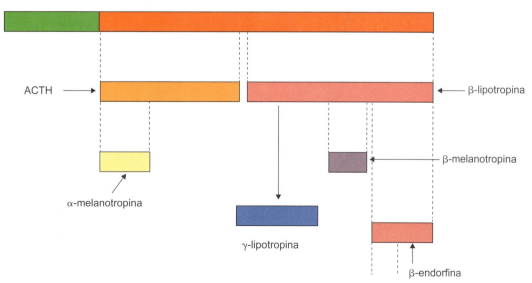

Figura 15.16 Sequência proteolítica alternativa do polipeptídio pró-melanocorticotropina (POMC), que pode gerar diferentes hormônios. A pré-pró-melanocorticotropina é produzida no RE, onde o peptídio sinal é retirado (*em verde*). A pró-melanocorticotropina segue pela via biossintética-secretora e sofre clivagens específicas que podem gerar diferentes produtos com ação hormonal distinta. A formação de um ou outro produto depende da presença e concentração de proteases específicas em determinado tipo celular. Por exemplo, células presentes no lóbulo anterior da adeno-hipófise são mais eficientes na produção de hormônio adrenocorticotrófico (ACTH) e de β-lipotropina, enquanto no lóbulo intermediário produzem mais α- e β-melanotropina, β-endorfina e γ-lipotrofina. As linhas tracejadas indicam os locais de ação das proteases.

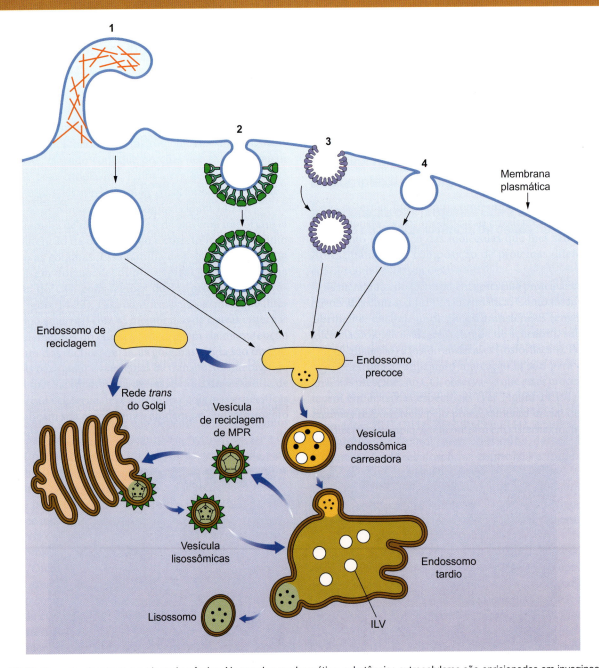

Figura 15.17 Tipos de pinocitose e a via endossômica. Na membrana plasmática, substâncias extracelulares são aprisionadas em invaginações da membrana que formam vesículas endocíticas. Essa formação pode ser: *1.* Macropinocitose; *2.* Dependente de clatrina (*em verde*); *3.* Dependente de cavaeolina (*em roxo*); ou *4.* Independente de ambas. As vesículas endocíticas se fundem a endossomos precoces. Esse compartimento apresenta um pH mais baixo que o do citoplasma (indicado por um lúmen com coloração mais intensa). Algumas cargas são enviadas para endossomos de reciclagem e entregues para a membrana plasmática ou rede *trans*-Golgi; o restante é enviado para endossomos tardios (que têm pH ainda mais baixo) em vesículas endossômicas carreadoras, que apresentam grande quantidade de vesículas intraluminais (ILVs, do inglês *intraluminal vesicles*). Aos endossomos tardios são entregues as enzimas lisossômicas (ligadas aos MPR). Os receptores MPR são reciclados para a rede *trans*-Golgi por vesículas de transporte revestidas de clatrina. A contínua diminuição do pH dessa estrutura leva à ativação das enzimas lisossômicas e formação do lisossomo.

de uma área da membrana plasmática, formando pequenas vesículas endocíticas que penetram no citoplasma (Figura 15.17) e se deslocam sobre o citoesqueleto. Essas vesículas carregam líquidos e solutos e têm aproximadamente 150 a 200 nm de diâmetro. Nesta classe, conhecemos quatro mecanismos diferentes de endocitose:

- A pinocitose comum, que é independente de clatrina e cavéolas, é uma via constitutiva de endocitose

- A macropinocitose está associada à indução de deformações na membrana induzida por fatores de crescimento, que envolvem mudanças no citoesqueleto
- A endocitose dependente de clatrina, também conhecida como **dependente de receptores**
- A endocitose dependente de cavéolas (do latim *caveolae* [pequenas valas]).

As duas últimas são as mais bem estudadas.

As vias específicas de endocitose reguladas por receptores

A via dependente de clatrina é regulada por receptores, um processo que corre em regiões específicas da membrana e depende da ligação da proteína AP2 e recrutamento de clatrinas para indução da curvatura da membrana plasmática e formação da vesícula revestida de clatrina (ver Figura 15.3). Essas regiões podem ser visualizadas por microscopia eletrônica, apresentando regiões eletrodensas. Um exemplo bem estudado é o da importação do colesterol em células de mamíferos. A maior parte do colesterol é transportada na corrente sanguínea, estando o colesterol complexado com proteínas na forma de lipoproteínas de baixa densidade (LDL), sendo removida do sangue para as células por receptores de LDL. Quando a captura de colesterol é necessária, por exemplo, para produção de mais membranas, a célula aumenta o número de receptores LDL na face externa da membrana plasmática. A porção citoplasmática do complexo LDL-receptor é reconhecida pelas AP2. Esse complexo difunde-se lateralmente e concentra-se em regiões específicas de membrana. O recrutamento de clatrinas, que se ligam ao complexo receptor-carga-AP2, induz a deformação da membrana para geração das vesículas endocíticas (ver Figuras 15.3 e 15.17), que se desprendem da membrana plasmática através da dinamina (ver Figura 15.10) e, em seguida, perdem seu revestimento de clatrina, sendo entregues a endossomos primários.

Diversos pontos desse processo garantem sua especificidade e eficiência. Primeiramente, o reconhecimento receptor-carga é altamente seletivo. Além disso, o recrutamento de clatrina para formação da vesícula só ocorre quando complexos receptor-carga se concentram em uma mesma região de membrana. Existem vários outros receptores de membrana especializados na captura de diferentes ligantes através de vesículas revestidas de clatrina. Esse tipo de endocitose, portanto, varia de célula para célula, de acordo com a presença de receptores específicos na membrana plasmática.

Hipercolesterolemia familiar

A hipercolesterolemia familiar é uma doença relacionada a mutações no gene que codificam o receptor de HDL. Em decorrência dessas mutações, o receptor pode ser disfuncional e, consequentemente, incapaz de se ligar ao LDL ou de recrutar adaptinas, ou ainda não ser expresso pela célula, o que leva ao acúmulo de colesterol na corrente sanguínea, acarretando uma predisposição ao desenvolvimento de arteriosclerose precoce, com alta chance de ataques cardíacos, devido a bloqueios nas artérias coronárias do indivíduo.

A endocitose mediada por cavéolas acontece em domínios de membrana conhecidos como balsas lipídicas (ver Capítulo 4), onde ocorrem depressões de membrana (cavéolas). Neste caso, a força mecânica para produzir a invaginação da membrana plasmática e formar a vesícula de transporte é dada por uma família de proteínas do tipo transmembranar, chamadas "caveolinas". Elas estão presentes em grande quantidade nas balsas lipídicas e interagem com proteínas específicas do lado citoplasmático da membrana, que ajudam na estabilidade da curvatura da membrana. Essas regiões de balsas lipídicas apresentam receptores que podem aumentar a taxa de formação das vesículas pinocíticas, mediante estímulo.

Vias endocíticas são utilizadas por diferentes vírus para infectar as células

Alguns vírus utilizam vias endocíticas para invadir as células hospedeiras, podendo ser endocitados pelos diferentes tipos de endocitose descritos neste capítulo. Os vírus da família dos polioma (como o SV40), por exemplo, invadem a célula hospedeira por vesículas endocíticas dependentes de cavéolas e são entregues ao RE pela via retrógrada de transporte vesicular, ganhando acesso ao núcleo celular, onde se replicam. Outros, como o vírus da influenza A e adenovírus 2, invadem as células hospedeiras por endocitose dependente de clatrinas. Em muitos casos, esses vírus dependem da queda do pH nos endossomos para completar sua invasão celular. Já os Coronavírus podem utilizar diferentes vias de endocitose, porém também dependem da queda de pH em endossomos para ganharem acesso ao citoplasma.

Fagocitose: uma forma especial de endocitose

A fagocitose (do grego *phagos* [comer]) é o processo pelo qual células especializadas englobam no seu citoplasma partículas sólidas relativamente grandes, formando uma categoria de vesícula endocítica chamada "fagossomo" (Figura 15.18). A fagocitose ocorre quando uma partícula específica no meio extracelular é reconhecida por receptores presentes na membrana plasmática da célula, e essa ligação receptor-partícula desencadeia uma resposta, com participação do citoesqueleto, levando à formação de pseudópodos em torno da partícula (ver Figura 15.18).

Nos protozoários, a fagocitose é um processo de alimentação; em organismos multicelulares como mamíferos, porém, os alimentos sofrem uma hidrólise prévia para serem absorvidos por vias endocíticas comuns. Portanto, em organismos multicelulares, a fagocitose é mais restrita a algumas células especializadas, como os neutrófilos e macrófagos (sistema fagocitótico mononuclear), como uma função principal de defesa do organismo. Estas células são capazes de fagocitar e eliminar bactérias, vírus e pequenos parasitas, assim como outros corpos estranhos ao organismo. Além disso, os macrófagos funcionam como células de "limpeza", fagocitando restos celulares e células lesionadas ou mortas. Durante a evolução, vários microrganismos patogênicos (*pathos*, doença; *genesis*, geração) desenvolveram estratégias para evadir esse sistema de digestão após sua fagocitose (ver Figura 15.19).

A ativação dos receptores de membrana que induzem a fagocitose pode ocorrer por diferentes fatores, como observado na membrana de neutrófilos, onde há receptores do tipo toll (do inglês *toll-like receptor*), que reconhecem padrões moleculares associados a patógenos (PAMP) e receptores de varredura (do inglês *scavanger receptor*). Estes são ativados diretamente

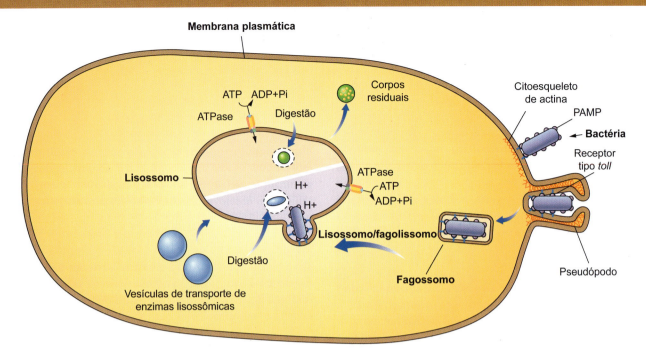

Figura 15.18 Fagocitose de uma bactéria via receptores do tipo *toll*. Um receptor tipo *toll* reconhece padrões moleculares associados a patógenos (PAMPs) presentes na parede de uma bactéria. A ligação dos receptores aos PAMPs induz sinais intracelulares que ativam o remodelamento do citoesqueleto de actina neste local, induzindo a formação de pseudópodos em torno da bactéria. As membranas dos pseudópodos se fundem, englobando a bactéria e formando o fagossomo, que adentra o citoplasma e se funde a lisossomos, gerando fagolissomos. A queda do pH de seu lúmen ativa enzimas lisossômicas que digerem o material fagocitado. Algumas substâncias não são digeríveis e, nesse caso, são mantidas em corpos residuais no citoplasma ou secretadas para o meio extracelular por exocitose.

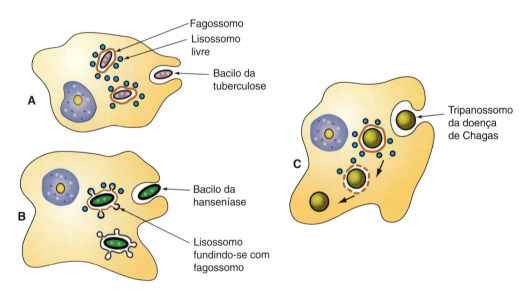

Figura 15.19 Ilustração de três mecanismos utilizados por microrganismos patogênicos para escapar da morte após serem fagocitados. **A.** Alguns, como o bacilo da tuberculose, secretam substâncias que impedem a fusão dos lisossomos com os fagossomos. **B.** Outros, como o bacilo causador da hanseníase, desenvolveram uma cápsula resistente e impermeável às enzimas lisossômicas. **C.** O *Trypanosoma cruzi*, ao ser fagocitado, digere rapidamente a membrana do fagossomo, tornando-se livre no citoplasma.

pelas moléculas do patógeno, enquanto outros, como os receptores da região do fragmento cristalizável (Fc) de anticorpos e os de complemento, precisam que os microrganismos sofram uma opsonização (do grego *opson* [iguaria]). Na opsonização, a membrana do patógeno deve ser revestida por anticorpos ou proteína complemento, respectivamente, para que os receptores das células imunes "entendam" que o alvo deve ser fagocitado. Células apoptóticas, por exemplo, expõem em sua face extracelular da membrana plasmática a fosfatidilserina, o que desencadeia sua fagocitose por macrófagos. Outros materiais não biológicos, como partículas de carbono inaladas, poeira inorgânica e pigmentos, também desencadeiam fagocitose. Devido a essa gama de sinais que pode induzir a fagocitose, existem também sinais para a inibir. Células vivas, por exemplo, apresentam sinais de "não me coma" em sua membrana, garantindo que a fagocitose somente ocorra quando necessária.

A ativação dos receptores de fagocitose induz vias intracelulares que provocam a reorganização localizada de filamentos de actina, através da ativação de Rho GTPases (ver Capítulo 7) e presença de PI(4,5)P2 (ver Figura 15.4). Essa reorganização do citoesqueleto de actina leva à formação de projeções da membrana plasmática (pseudópodos), que envolvem o material a ser fagocitado (ver Figura 15.18). Assim que o material é envolvido por essas projeções, ocorre um rearranjo dos filamentos de actina, ligado ao aumento da concentração de PI(3,4,5)P3 nessa membrana (ver Figura 15.4), que provoca o fechamento das projeções entre si, com fusão das membranas, formando a vesícula fagocítica, ou fagossomos, dentro da célula (ver Figura 15.18). Esse é um processo independente de clatrina, mas dependente de actina.

Os fagossomos, em geral, são muito maiores do que as vesículas endocíticas comuns. Seu tamanho depende do tamanho da partícula ingerida, que, em alguns casos, pode ser maior que a própria célula fagocítica. Os fagossomos se fundem a lisossomos, gerando os fagolissomos. O pH dessa organela chega a valores ideais para ativação de hidrolases ácidas, para que o material possa ser digerido, por ação de bombas de próton em sua membrana (ver Figura 15.18). Parte da membrana internalizada consegue ser recuperada, e substâncias que não são digeridos podem permanecer nos lisossomos, formando os **corpos residuais** (ver Figura 15.18), ou serem secretados por exocitose.

A formação das tatuagens depende de macrófagos

As tatuagens são feitas pela injeção de pigmentos na derme, região da pele logo abaixo da epiderme e irrigada por vasos sanguíneos. A presença destes pigmentos, reconhecidos como corpos estranhos ao organismo, junto à danificação causada pelas agulhas para injetá-los, leva a um processo inflamatório local. Assim, células do sistema imune, principalmente macrófagos, são atraídas para a região. Os macrófagos fagocitam as partículas de pigmento, mas não são capazes de digeri-las. Desse modo, os pigmentos ficam presos dentro dos macrófagos nos locais que foram injetados. Como estas células têm tempo de vida restrito, acabam entrando em apoptose e são fagocitadas por outros macrófagos. Esse processo perpetua a localização do pigmento na derme, mantendo a tatuagem. A nitidez da tatuagem, porém, pode ser perdida com o passar do tempo, devido ao processo de substituição dos macrófagos.

Os endossomos são responsáveis pela triagem e direcionamento do material endocitado

As vesículas entregam os componentes capturados a compartimentos envoltos por membrana, chamados "endossomos" (ver Figura 15.17), que podem então seguir para vias de digestão ou para a reciclagem. Os endossomos são compartimentos membranares citoplasmáticos com distribuição ampla, ocupando desde a periferia celular até as regiões próximas do CG, com formatos e tamanho variados.

Assim, as vesículas endocíticas recém-formadas se fundem aos endossomos primários (também chamados "precoces" ou "iniciais"), presentes no citoplasma, próximos à membrana plasmática, com formato túbulo-vesicular (ver Figura 15.17). Esse compartimento, responsável pela triagem dos componentes endocitados, apresenta em sua membrana bombas de próton, cuja ação leva à diminuição do pH no lúmen deste compartimento (6,2 a 6,5) comparado ao citoplasma (7,2). O pH mais baixo promove a separação de alguns receptores-carga endocitados (como o receptor de LDL), permitindo sua reciclagem, em conjunto com outros componentes de membrana (Figura 15.20). Tanto a reciclagem para a membrana plasmática quanto o envio de cargas para a rede *trans*-Golgi (via retrógrada) ocorrem pela formação de endossomos de reciclagem tubulares que são entregues a estes compartimentos (ver Figura 15.17). Assim, nos endossomos, permanecem cargas e alguns receptores marcados com ubiquitina, que são enviados para degradação (ver Figura 15.20). Por essa via, são degradadas proteínas e lipídios de membrana plasmática, que não são mais necessários ou necessitam de renovação.

Nos endossomos primários, inicia-se a formação de vesículas intraluminais (ILVs, do inglês *intraluminal vesicles*) (ver Figura 15.17), a partir de invaginações de sua membrana produzidas por ação do complexo de classificação de endossomos necessários para o transporte (ESCRT, do inglês *endosome sorting complexes required for transport*). O formato dos endossomos primários passa por modificações, com diminuição de suas porções tubulares pela formação de vesículas de reciclagem para a membrana plasmática ou *trans*-Golgi. À medida que esse compartimento amadurece, aumenta a formação das ILVs, que aprisionam componentes para degradação (ver Figura 15.20). A maturação desses compartimentos continua e sua localização muda da região periférica em direção ao CG, próximo ao núcleo (ver Figura 15.17). A presença de muitas ILVs faz com que estes compartimentos sejam agora chamados "corpos multivesiculares" (CMVs) ou endossomos multivesiculares. Os CMVs transportam substâncias entre os endossomos iniciais e tardios (também chamadas "vesículas endossômicas carreadoras"; ver Figuras 15.17 e 15.20). Esse compartimento se fusiona com endossomos tardios ou secundários, que, pela ação contínua das bombas de próton em suas membranas, apresenta pH ainda mais baixo (5,5 a 6) do que os endossomos iniciais (ver Figura 15.17). Aos endossomos tardios são também entregues vesículas de transporte, vindas da rede *trans*-Golgi, carregadas de enzimas lisossômicas ligadas ao seu receptor MPR (ver Figura 15.17). No endossomo tardio, as enzimas lisossômicas se desligam de seus receptores devido ao baixo pH de seu lúmen, que são reciclados para a rede *trans*-Golgi por vesículas de transporte revestidas de clatrina. A contínua diminuição do pH dessa estrutura, 4,7 a 5, ativa as enzimas lisossômicas livres – muitas são também ativadas por uma proteólise que ocorre somente após sua entrega a este compartimento. Com essa ativação, o compartimento é agora um lisossomo, onde a digestão das cargas endocitadas ocorre. Os endossomos tardios podem também ser chamados "pré-lisossomos", uma vez que a diferenciação entre lisossomos e endossomos tardios é feita pela ausência de MPR no primeiro. As moléculas resultantes da digestão, como os aminoácidos, ácidos graxos e carboidratos, são levadas para o citoplasma por transportadores presentes na membrana dos lisossomos (ver Capítulo 13), onde serão utilizadas na síntese de macromoléculas celulares.

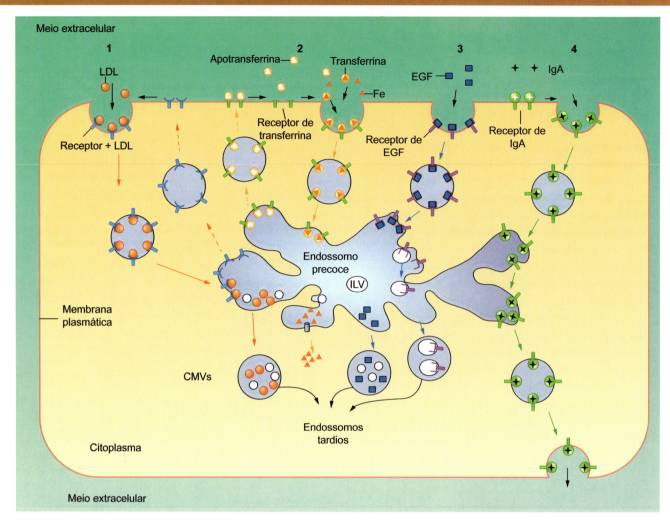

Figura 15.20 Diferentes destinos dos complexos receptor-carga após endocitose. As *setas contínuas* dentro da célula indicam os caminhos endocíticos, enquanto as *setas tracejadas* indicam os caminhos de reciclagem para a membrana plasmática, e as *setas pretas fora da célula* indicam o caminho seguido das cargas em relação a célula. *1.* Receptor é reciclado para a membrana plasmática após desligamento da carga (*setas vermelhas*); exemplo: o receptor de LDL. *2.* Receptor é reciclado juntamente a sua carga (*setas laranja*); exemplo: o receptor de transferrina. *3.* O receptor é degradado (*setas azuis*); exemplo: o receptor de fator de crescimento epidérmico (EGF, do inglês *epidermal growth factor*). *4.* Transcitose do complexo receptor-carga (*setas verdes*); exemplo: o receptor de imunoglobulina A (IgA) em células epiteliais absortivas do intestino.

Complexos ESCRT

Os complexos ESCRT (do inglês *endosome sorting complex required for transport*) fazem parte da via mais importante para degradação de proteínas do tipo transmembranar. Essa degradação se inicia com a monoubiquitinação da porção citoplasmática dessas proteínas. Essa marcação ajuda no seu direcionamento para regiões de formação de vesículas revestidas de clatrina, que são entregues a endossomos primários, onde induzem a formação de ILVs, que é dependente de complexos citoplasmáticos ESCRTs e, consequentemente, induzem a formação dos CMVs. Existem cinco complexos ESCRTs (0, I, II, III e Vps4), que apresentam funções específicas e sequenciais na formação das ILVs. O complexo ESCRT-0 é o primeiro a ser recrutado, interagindo com regiões da membrana do endossomo primário ricas em PI(3)P e ubiquitinas presentes nas proteínas marcadas para degradação (ambos expostos na região citoplasmática da membrana do endossomo). ESCRT-I, II, III e Vps4 são recrutados sequencialmente, nessa ordem, em que ESCRT-III é o elemento principal para deformação da membrana (invaginação) e seu desligamento da membrana de origem. Por fim, o complexo Vps4 é importante para o desligamento desses complexos da membrana, após a formação da ILV, permitindo a reciclagem de seus membros. A degradação de receptores de membrana por esse mecanismo é extremamente importante para infrarregulação (*downregulation*) da sinalização celular. A captura dessas proteínas em ILVs, por exemplo, impede que um complexo receptor-carga continue sinalizando no citoplasma, mesmo antes de sua degradação. Estudos mais recentes mostram que os complexos ESCRT estão envolvidos em outras importantes funções celulares, além da formação de CMVs, como brotamento de partículas virais, secreção de exossomas e autofagia.

Os diferentes destinos dos complexos receptor-carga após endocitose

Após endocitose, existem quatro principais destinos que os receptores-carga podem seguir (ver Figura 15.20). No primeiro caso, o *receptor é reciclado para a membrana plasmática* após o desligamento de sua carga; nesse tipo, tem-se o exemplo do receptor de LDL, descrito anteriormente. O LDL se liga ao seu receptor na membrana plasmática, induzindo a formação de uma vesícula endocítica, que entrega o complexo LDL-receptor para um endossomo precoce. Devido ao pH mais baixo, ocorre a separação do LDL e seu receptor. O LDL é selecionado para vesículas endossômicas carreadoras (ou CMVs) e entregue a endossomos tardios. O receptor é selecionado para vesículas de reciclagem e entregue na membrana plasmática, podendo ser novamente utilizado.

No segundo caso, o *receptor é reciclado juntamente à sua carga*; como exemplo, tem-se o receptor da transferrina (ver Figura 15.20). Esse receptor é capaz de se ligar à proteína somente se ela estiver ligada ao ferro. Esse complexo induz a formação de uma vesícula endocítica na membrana plasmática, que entrega sua carga para o endossomo precoce. Devido ao pH mais baixo desse compartimento, ocorre a separação do ferro e da transferrina, que passa a ser chamada "apotransferrina". O ferro é então liberado no citoplasma por meio de canais na membrana do endossomo precoce. Já a apotransferrina permanece ligada ao seu receptor, e este complexo é reciclado para a membrana plasmática por vesículas de transporte. Ao ser exposto ao pH do meio extracelular, ocorre o desligamento da apotransferrina de seu receptor, até que ela se ligue a um íon de ferro e o ciclo de endocitose recomece.

No terceiro caso, ocorre a *degradação do receptor*, exemplificada pelo receptor de EGF (ver Figura 15.20). O EGF se liga a seu receptor na membrana plasmática e ativa as vias intracelulares específicas. Forma-se uma vesícula endocítica, a região citoplasmática desse receptor é marcada por ubiquitinação, e o complexo receptor-EGF é entregue ao endossomo precoce. No endossomo, pode ocorrer a separação do EGF de seu receptor, e ambos são entregues ao CMV para seguirem a rota de degradação. O receptor, após reconhecimento de sua ubiquitinação por uma maquinaria específica no citoplasma, é englobado em ILVs, que se formam por invaginação da membrana endossomal. A degradação de receptores de membrana plasmática pela via endossômica é um mecanismo importante de regulação da sinalização celular. A redução de receptores na membrana plasmática diminui a sensibilidade da célula a seus respectivos ligantes extracelulares. Neste caso, a degradação do receptor é induzida pela ativação de sua via de sinalização (formação do complexo receptor-ligante), em um mecanismo de retroalimentação negativa. Esse fenômeno é responsável pela infrarregulação da sinalização de receptores específicos e pode estar relacionado a alguns casos de tolerância a fármacos.

Por último, em alguns casos, ocorre a transcitose do complexo receptor-carga. A transcitose é um processo em células epiteliais que permite que uma carga endocitada em uma região da membrana plasmática atravesse o citoplasma e seja entregue a outro domínio de membrana plasmática por exocitose. Este é um processo muito importante, que permite a troca regulada

Degradação de receptores de membrana e uso de fármacos

Alguns fármacos agem como agonistas ou antagonistas de receptores de membrana plasmática, induzindo ou inibindo a sinalização deste receptor nas células. Essa ligação com o receptor pode induzir a endocitose deste complexo e o direcionamento do receptor para degradação pela via endossomo-lisossomo (ver Figura 15.20). Dessa maneira, a célula-alvo diminui a quantidade de receptores que respondem ao fármaco, levando a uma desensibilização. Alguns estudos mostram que esse mecanismo pode ser importante para evitar a indução de tolerância a fármacos observada em tratamentos crônicos, que leva à necessidade de administração de doses cada vez maiores para obter o efeito original do tratamento.

de substâncias entre diferentes compartimentos em animais multicelulares. A transcitose, portanto, é muito comum em células que formam barreiras, como as endoteliais de capilares sanguíneos (Figura 15.21), as absortivas do sistema digestório e as do sistema urinário. Em alguns casos, as vesículas endocíticas dessa via passam por endossomos antes de serem entregues à membrana plasmática oposta. Em outros, essa via pode ser utilizada por complexos receptor-carga. Durante a lactação de roedores e ruminantes, por exemplo, as IgA, provenientes do leite materno, são absorvidas pelas células intestinais do recém-nascido, no pH baixo do intestino, e se ligam a seus receptores na membrana apical das células absortivas, induzindo endocitose mediada por receptores (ver Figura 15.20). As vesículas formadas, revestidas por clatrina, são entregues a endossomos primários, e o complexo receptor-anticorpo é mantido pelo pH baixo do compartimento. Através da formação de endossomos de reciclagem, esse complexo receptor-anticorpo é exocitado na membrana basolateral dessa célula. Como nesta região o pH é mais alto, o anticorpo se desliga do receptor e é liberado na corrente sanguínea. O transporte de IgG materno para o feto, através da barreira placentária, segue uma via semelhante.

Esses exemplos mostram que a influência do pH dos endossomos na interação receptor-ligante varia de acordo com o tipo de receptor e que o destino de cada receptor nesta via é importante para sua função.

Endossomos utilizados como locais de estocagem de proteínas da membrana plasmática

Os endossomos de reciclagem, por regularem o retorno de proteínas de membrana à membrana plasmática, podem controlar a concentração dessas proteínas na membrana. Um bom exemplo é o dos transportadores de glicose dependentes de insulina, presentes no tecido adiposo e em células da musculatura esquelética estriada. Esses transportadores, chamados "transportadores de glicose tipo 4" (GLUT4, do inglês *glucose transporter type* 4), são estocados em vesículas de endossomos de reciclagem especializados (Figura 15.22).

Na presença de altas concentrações de glicose na corrente sanguínea, ocorre a secreção da insulina pelas células β-pancreáticas. A ligação da insulina ao seu receptor na membrana plasmática de adipócitos ou células musculares esqueléticas induz a fusão dessas vesículas endossômicas especializadas à membrana plasmática. Esse processo aumenta a quantidade de GLUT4 na membrana plasmática e, consequentemente, a capacidade de transporte da glicose para dentro das células. Um mecanismo similar é observado em células renais, que aumentam a presença de aquaporinas e bombas de próton em sua membrana plasmática, por entrega de endossomos de reciclagem em resposta a hormônios específicos.

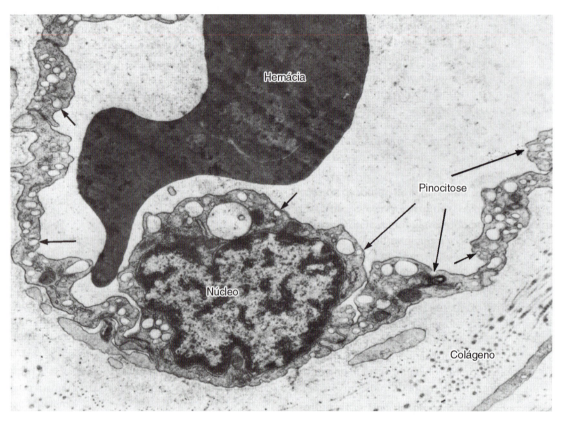

Figura 15.21 Parede de vaso capilar sanguíneo mostrando células endoteliais com numerosas vesículas de pinocitose (setas). (Eletromicrografia. Aumento: 18.000×.)

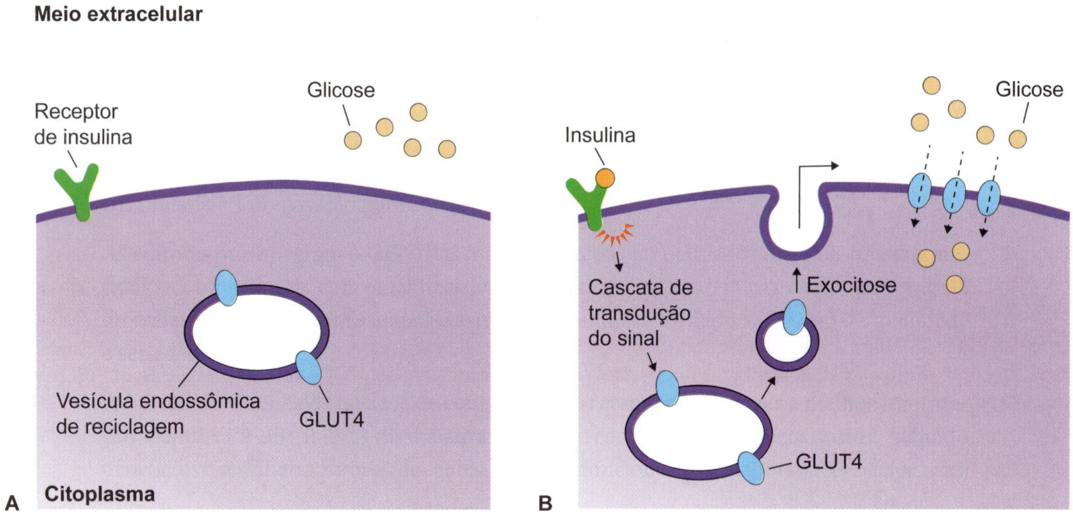

Figura 15.22 Aumento da capacidade de captação de glicose induzida por insulina em células adiposas. **A.** Na ausência de insulina, os transportadores de glicose do tipo GLUT4 são estocados em vesículas endossômicas de reciclagem especializados. **B.** A ligação da insulina a seu receptor na membrana plasmática ativa uma cascata de sinalização, que induz a exocitose das vesículas endossômicas contendo o GLUT4. O aumento de GLUT4 na membrana plasmática aumenta a captação de glicose na célula.

Reciclagem da membrana plasmática e manutenção do tamanho celular

Grandes quantidades de membrana plasmática são introduzidas no citoplasma por vesículas endocíticas, sem que se note encolhimento da membrana. A enorme quantidade de membrana retirada da superfície celular pelos processos de fagocitose e pinocitose é compensada pela introdução de membrana por vesículas de secreção (ver Figura 15.2) e pelo retorno da membrana das vesículas de pinocitose e fagocitose depois da liberação de suas cargas nos endossomos (ver Figura 15.2). O oposto ocorre em células secretoras, onde, em um curto período, uma grande área da membrana vinda da exocitose é incorporada na membrana plasmática, mas que é rapidamente contrabalanceada pela formação de vesículas endocíticas (ver Figura 15.13). Assim, existe nas células um fluxo constante de membranas, entre a plasmática e a das vesículas de fagocitose, pinocitose e de secreção. As células mantêm o tamanho não somente pela síntese da nova membrana plasmática, mas pela devolução da membrana retirada. O controle do tráfego entre as membranas é um processo altamente regulado.

Bibliografia

Alberts B. Molecular biology of the cell. 6th ed. Garland; 2008.

Baranska A, Shawket A, Jouve M, Baratin M, Malosse C, Voluzan O et al. Unveiling skin macrophage dynamics explains both tattoo persistence and strenuous removal. J Exp Med., 2018;215(4):1115-33.

Borgland SL. Acute opioid receptor desensitization and tolerance: is there a link? Clin Exp Pharmacol Physiol., 2001;28(3):147-54.

Chrétien M, Mbikay Majambu. 60 years of POMC: From the prohormone theory to pro-opiomelanocortin and to proprotein convertases (PCSK1 to PCSK9). J Mol Endocrinol., 2016;56(4):T49-T62.

Clarke J. Lipid signalling: picking out the PIPs. Cur Biol., 2003;13:R815-17.

Colom A, Redondo-Morata L, Chiaruttini N, Roux A, Scheuring S. Dynamic remodeling of the dynamin helix during membrane constriction. Proc Natl Acad Sci U S A., 2017;114(21):5449-54.

Cossart P, Helenius A. Endocytosis of viruses and bacteria. Cold Spring Harb Perspect Biol., 2014;6(8):a016972.

DeTulleo L. The clathrin endocytic pathway in viral infection. EMBO J., 1998;17(16):4585-93.

Duden R. ER-to-Golgi transport: COP I and COP II function (Review). Mol Membr Biol., 2003;20:197-207.

Harrison S, Kirchhausen T. Structural biology: conservation in vesicle coats. Nature, 2010;466(7310):1048-49.

Henne WM, Buchkovich NJ, Emr SD. The ESCRT Pathway. Dev Cell., 2011;21:77-91.

Lakadamyali M, Rust MJ, Zhuang X. Endocytosis of influenza viruses. Microbes Infec., 2004;6(10):929-36.

Littleton J. Receptor regulation as a unitary mechanism for drug tolerance and physical dependence-not quite as simple as it seemed! Addiction, 2001;96:87-101.

Mayor S, Pagano RE. Pathways of clathrin-independent endocytosis. Nat Rev Mol Cell Biol., 2007;8:603-12.

Mercer J, Schelhaas M, Helenius A. Virus entry by endocytosis. Ann Rev Biochem, 2010;79:803-33.

Nakatsu F, Ohno H. Adaptor protein complexes as the key regulators of protein sorting in the post-Golgi network. Cell Struc Func., 2003;28(5):419-29.

Nickel W, Brügger B, Wieland FT. Vesicular transport: the core machinery of COPI recruitment and budding. J Cell Sci., 2002;115(16):3235-40.

Padrón D, Wang YJ, Yamamoto M, Yin H, Roth MG. Phosphatidylinositol phosphate 5-kinase Iβ recruits AP-2 to the plasma membrane and regulates rates of constitutive endocytosis. J Cell Biol., 2003;162(4):693-701.

Pawlina W, Ross MH. Histology: a text and Atlas. 6th ed. Rio de Janeiro: Guanabara Koogan; 2002.

Robertis EM, Hib J. Biologia celular e molecular. 16ª ed. Rio de Janeiro: Guanabara Koogan; 2014.

Sato K, Nakano A. Mechanisms of COPII vesicle formation and protein sorting. FEBS Lett., 2007;581(11):2076-82.

Shang J, Wan Y, Luo C, Ye G, Geng Q, Auerbach A, Li F. Cell entry mechanisms of SARS-CoV-2. Proc Natl Acad Sci U S A., 2020;117(21):11727-34.

Stenmark H. Rab GTPases as coordinators of vesicle traffic. Nat Rev Mol Cell Biol., 2009;10:513-25.

Zanetti G, Pahuja KB, Studer S, Shim S, Schekman R. COPII and the regulation of protein sorting in mammals. Nat Cell Biol., 2012;14(1):20-28.

Capítulo 16

Morte Celular

CAROLINA BELTRAME DEL DEBBIO

Morte celular: evento importante e natural, *349*

Classificação de acordo com morfologia e formato dos fragmentos celulares, *349*

As células podem morrer de forma acidental, regulada ou regulada programada, *350*

Apoptose, *350*

Necrose, *355*

Autofagia, *357*

Bibliografia, *358*

A morte celular é caracterizada pela interrupção irreversível das funções vitais da célula, como a produção de trifosfato de adenosina (ATP) e a preservação da homeostase, levando à perda da integridade e função celular.

Esse evento é tão comum e importante quanto a divisão e a diferenciação celular. Na verdade, o equilíbrio entre estes três eventos (morte, proliferação e diferenciação) controla o número de células que existem no organismo e mantém suas funções preservadas. Por exemplo, o ser humano tem aproximadamente 10^{14} células (100.000.000.000.000). Se, de alguma forma, fosse possível interromper o processo de morte de todas as células do organismo, uma pessoa de 80 anos teria 2 toneladas de medula óssea e linfonodos, 2 km² de pele e 16 km de intestino.

Os primeiros relatos sobre morte celular foram feitos em 1842, por Carl Vogt, mas, curiosamente, o termo "morte celular" não foi usado para descrever o fenômeno. Na época, os cientistas preferiram usar termos mais genéricos, como histólise, ingressão, involução e degeneração celular. Com o passar do tempo, foram classificados dois tipos diferentes de morte celular: necrose e apoptose. Hoje, há mais de 30 formas de morte celular classificadas, envolvendo grandes ou pequenas diferenças, e as classificações não param de aumentar. Para evitar confusões e facilitar a compreensão sobre os eventos relacionados com a morte celular, foi criado, em 2005, o Comitê de Nomenclatura de Morte Celular, com papel de unificar, regularizar e atualizar os conhecimentos nessa área. Esse comitê se reúne periodicamente para reorganizar esses conhecimentos.

Neste capítulo, serão discutidos alguns dos mecanismos envolvidos em três das formas mais clássicas e distintas de morte celular reconhecidas há anos: apoptose, autofagia e necrose.

Morte celular: evento importante e natural

Ao pesquisar na literatura, a morte celular é abordada como um evento importante em diferentes áreas, como na patologia, neurobiologia, desenvolvimento, genética, teratologia, imunologia, oncologia, bacteriologia, envelhecimento, homeostase e até mesmo na área de sobrevivência e regeneração. Praticamente todos os artigos científicos que abordam a morte celular contêm a frase: "A morte celular é um processo essencial", indicando que este conceito é unânime.

O que é interessante nesse assunto, e até mesmo surpreendente, é que, em muitos casos, as células morrem de maneira programada ou regulada, ou seja, as células se programam para morrer caso algumas situações se apresentem. Isso é muito importante para o organismo, pois as células que apresentam defeitos nessa programação de morte tornam o organismo inviável. Por exemplo, animais que apresentam mutações nos mecanismos de morte que envolvem as mitocôndrias, o citocromo-c e as caspases-9 e -3 (vistos adiante neste capítulo) morrem durante a embriogênese, em decorrência de um crescimento excessivo do prosencéfalo e excesso de neurônios. Na verdade, a maioria dos animais com defeitos no mecanismo de morte regulada não sobrevive ao período embrionário, pois apresenta defeitos de fechamento de tubo neural e de organogênese. Os animais que sobrevivem apresentam múltiplos defeitos craniofaciais, acúmulos celulares, infecções recorrentes por funcionamento inadequado do sistema imune e até mesmo taxas mais elevadas de células tumorais. O oposto também não é adequado, pois animais com maior atividade de morte celular apresentam maiores taxas de doenças degenerativas.

Classificação de acordo com morfologia e formato dos fragmentos celulares

Apesar de apresentar algumas limitações, uma das formas mais comuns de classificar a morte celular é pelas alterações observadas no aspecto micro e macroscópico da célula. Ao analisar os fragmentos celulares, a morte celular pode ser classificada em três tipos: apoptose ou tipo I, em que a célula exibe encolhimento de citoplasma, condensação da cromatina, fragmentação nuclear e surgimento de "bolhas" na membrana plasmática que formam pequenas vesículas denominadas "corpos apoptóticos", sendo estas fagocitadas e degradadas pelos lisossomos das células vizinhas; autofagia ou tipo II, que se manifesta pelo aparecimento de diversos vacúolos citoplasmáticos, que também são fagocitados e degradados por células vizinhas; e necrose ou tipo III, que se caracteriza pelo inchaço celular, dilatação da mitocôndria e do retículo endoplasmático (RE) e formação de vacúolos no citoplasma, finalizando com o rompimento celular e espalhamento do seu conteúdo no meio extracelular. As características morfológicas de cada tipo estão descritas na Tabela 16.1.

Tabela 16.1 Alterações morfológicas mais comuns durante a apoptose, a autofagia e a necrose.

Parâmetro	Apoptose	Autofagia	Necrose
Membrana plasmática	Preservada ou com bolhas	Ruptura em estágios tardios e possibilidades de bolhas	Ruptura precoce
Núcleo	Compactação, encolhimento e fragmentação	Pequenas alterações, com possibilidade de dilatação do espaço perinuclear	Dilatação da membrana nuclear
Cromatina	Condensação	Condensação moderada	Condensação moderada
Mitocôndria	Normal	Pequena dilatação ou estrutura interna anormal	Inchaço
Citoplasma	Encolhimento	Presença de vacúolos, autofagossomos, autolisossomos, fragmentação e depleção do RE	Poucas alterações
Outros	Arredondamento celular, despregamento de superfícies, presença de corpos apoptóticos	Aumento da adesão da célula nas superfícies	Inchaço da célula e organelas

RE: retículo endoplasmático.

Essa forma simplificada de classificação pela morfologia limita a identificação correta de todos os processos de morte celular conhecidos atualmente. Portanto, outras classificações mais abrangentes são empregadas para acomodar corretamente os diversos processos de morte celular e são descritas a seguir.

As células podem morrer de forma acidental, regulada ou regulada programada

Uma forma mais completa e abrangente de classificar os diferentes tipos de morte celular está relacionada aos mecanismos que iniciam o processo de morte, podendo ser de forma acidental ou regulada (Figura 16.1).

A morte celular acidental ou não programada é uma morte catastrófica e instantânea da célula, que pode ser causada por lesões físicas (por temperatura ou pressão, por exemplo), lesões químicas (por grandes alterações de pH e exposição a detergentes fortes) ou lesões mecânicas (como cortes, rompimentos e laceramentos). Essa categoria de morte celular não pode ser prevenida por agentes farmacológicos ou intervenções genéticas de nenhum tipo. De maneira geral, a célula fica exposta a uma condição físico-química muito severa e perde completamente sua estrutura, não havendo envolvimento de mecanismos moleculares específicos ou controlados.

Em contrapartida, a morte celular regulada envolve a ativação de uma maquinaria de regulação intracelular (ou sinalização celular), que pode ser alterada ou controlada por agentes farmacológicos ou genéticos. No geral, essa categoria pode ser iniciada em decorrência de alterações no microambiente da célula, na presença de um agente de estresse (como radiação ultravioleta), no período embrionário, no processo de homeostase, em respostas imunes, por receptores de superfície etc.

Algumas mortes celulares classificadas como reguladas são apoptose (intrínseca e extrínseca), anoikis (semelhante à apoptose, mas iniciada por sinais provenientes da matriz extracelular), autofagia (degradação dos componentes celulares por lisossomos da própria célula), ferroptose (interação entre hidroperóxidos de lipídio e ferro, formando espécies reativas ao oxigênio), piroptose (regulada pelo sistema imune), necroptose (iniciada por receptores de morte, mas com resultados semelhantes à necrose) e mitoptose (suicídio da mitocôndria).

Quando a morte regulada se inicia independentemente de um evento de estresse, como a morte natural que ocorre em algumas células durante o desenvolvimento embrionário e homeostase nos indivíduos adultos, este evento é subclassificado como morte regulada programada, um evento fisiológico fundamental que ocorre em todos os indivíduos e é indispensável para a vida do organismo.

Apoptose

A **apoptose** é um processo de morte celular programada que se caracteriza por um conjunto de eventos que interrompe os processos de crescimento e divisão celular, inicia mecanismos de degradação controlada dos componentes internos da célula e termina com a morte celular, sem o "espalhamento" do conteúdo da célula no ambiente. Por esse motivo, a apoptose é conhecida como uma "morte limpa" da célula.

Ao ser ativado o programa de apoptose, a célula encolhe e se condensa. O citoesqueleto entra em colapso, o envelope nuclear se desarranja, e o material nuclear é quebrado em fragmentos. A superfície celular começa a formar "bolhas" com pedaços da célula. Se a célula for grande, seu conteúdo se rompe, mas é mantido encapsulado por membranas, recebendo o nome de corpos apoptóticos. Os componentes da superfície da célula apoptótica se transformam, tornando a célula e os corpos apoptóticos atraentes para os macrófagos fagocitarem os restos (Figura 16.2).

Qual a importância da apoptose? Esse evento é fundamental durante toda a vida do organismo (Figura 16.3). Por exemplo, durante o desenvolvimento embrionário, muitos neurônios

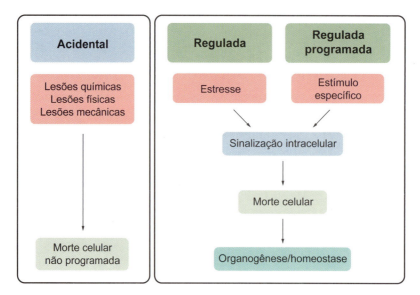

Figura 16.1 Tipos de morte celular. Células expostas a estímulos extremos de lesão morrem de maneira acidental e descontrolada. Alternativamente, a morte regulada das células inicia uma cascata de sinalização intracelular que leva à morte celular de forma controlada. A morte regulada programada ocorre como parte fisiológica do organismo e não é iniciada por estímulo de estresse.

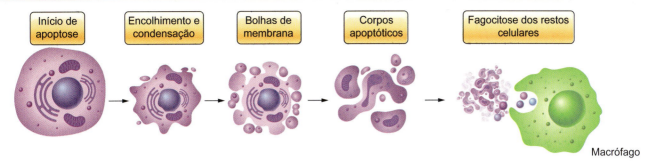

Figura 16.2 Uma vez ativados os mecanismos de apoptose, várias enzimas quebram os componentes celulares, fragmentam o DNA e fazem com que o núcleo se condense e a célula encolha. Diversas protuberâncias ("bolhas") começam a surgir na membrana plasmática, e o conteúdo celular se desfaz em vários pedaços, que são embalados por membranas, os chamados "corpos apoptóticos". Esses componentes são fagocitados por macrófagos, eliminando todos os resquícios da célula morta e mantendo o ambiente "limpo".

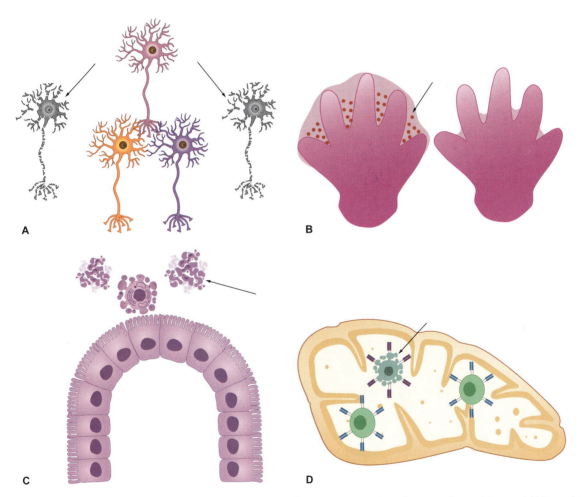

Figura 16.3 O desenho esquemático indica diferentes momentos em que há apoptose no organismo. Durante o desenvolvimento, há (**A**) neurônios apoptóticos que não estabelecem conexão com células-alvo e (**B**) apoptose das células interdigitais durante a formação dos dedos. No animal adulto, há (**C**) células apoptóticas se despregando do topo das vilosidades intestinais, e, (**D**) no timo, as células-T passam por processo de seleção, em que as células que são autorreativas têm o programa de apoptose ativado. As *setas* indicam algumas das células apoptóticas.

morrem naturalmente por apoptose logo após sua diferenciação, permanecendo vivos apenas os neurônios que realizaram conexões sinápticas (ver Figura 16.3 A). Esse é um processo fundamental para que o organismo mantenha apenas os neurônios que desempenham alguma função no sistema, eliminando os sobressalentes que não fazem parte da rede sináptica. Cerca de 20 a 80% dos neurônios originalmente gerados no sistema nervoso dos mamíferos morrem. Nos gânglios nervosos de gatos, por exemplo, mais de 80% das células neurais morrem por apoptose logo após o nascimento do animal.

O desenvolvimento dos olhos também é controlado por apoptose durante o desenvolvimento. A abertura das pálpebras e a seleção de quais neurônios devem ser mantidos nas retinas do indivíduo após seu nascimento são processos controlados por apoptose. Ainda neste período, a apoptose também participa do desenvolvimento cardíaco apropriado, da formação da boca primitiva de algumas espécies e da formação das áreas interdigitais dos embriões. Durante o desenvolvimento dos membros, essas regiões são esculpidas de forma diferente entre as espécies. Nos mamíferos, por exemplo, a morte celular é observada nas regiões do mesênquima interdigital, promovendo a separação dos dedos e tornando-os independentes (ver Figura 16.3 B).

Nos organismos adultos, a apoptose também tem papel fundamental. No trato intestinal de indivíduos adultos, a apoptose e a proliferação celular constantes ajudam a manter a quantidade correta de células no órgão, preservando seu tamanho e função (ver Figura 16.3 C). A apoptose também é constantemente ativada nas células-T do timo, que reconhecem antígenos do próprio organismo (conhecidos como *self*), eliminando-as e evitando a autoimunidade (ver Figura 16.3 D).

Por conta de sua grande importância, o aumento ou a inibição excessivas da apoptose podem resultar em condições patológicas, como câncer e doenças autoimunes, inflamatórias, neurodegenerativas e hematológicas, além de facilitar infecções virais, lesões teciduais e muitos outros problemas.

A perturbação do microambiente celular pode iniciar a apoptose intrínseca ou extrínseca

Diferente da morte celular acidental, que se inicia por algum tipo de trauma sofrido e que não depende dos mecanismos da célula para iniciar ou prosseguir, a apoptose necessita de um investimento energético inicial por parte da célula para acontecer; por isso, é considerada um processo ativo. Em outras palavras, a apoptose se inicia na presença de um estímulo, que pode ser interno ou externo, e que ativa uma das duas vias de inicialização intracelular conhecidas: a via intrínseca ou a via extrínseca.

A apoptose intrínseca se inicia em resposta a diferentes estímulos. Quando ocorrem danos ao DNA ou falhas de replicação, por exemplo, a apoptose intrínseca é ativada, pois o DNA danificado contribui para a formação de tumores e desenvolvimento de células resistentes a tratamentos terapêuticos. A apoptose intrínseca também é ativada quando ocorre estresse de RE, aumento de espécies reativas ao oxigênio e defeitos na mitose. Na falta de estímulos provenientes de fatores de crescimento no microambiente (moléculas secretadas e biologicamente ativas que afetam a sobrevivência, o crescimento e a proliferação celular; ver Capítulo 6), as células ativam o programa de apoptose intrínseco através da liberação do citocromo-c pela mitocôndria e ativação das caspases, um mecanismo descrito adiante neste capítulo.

Todos esses sinais ativam as proteínas intracelulares da família linfoma de células B tipo 2 (Bcl-2, do inglês *B-cell lymphoma 2*), que provocam alterações na permeabilidade da membrana externa mitocondrial, um processo chamado "MOMP" (do inglês *mitochondrial outer membrane permeabilization*), levando à liberação do citocromo-c, que é considerado o ponto crítico e sem retorno para a apoptose. Por este motivo, a apoptose intrínseca também é chamada "via mitocondrial de apoptose" e é a forma mais comum de morte celular conhecida, responsável por eliminar 60 bilhões de células do ser humano todos os dias.

Em contrapartida, a apoptose extrínseca tem início com a ativação de um receptor de membrana específico. Existem dois tipos principais de receptores de membrana que iniciam a apoptose extrínseca: 1) os receptores de morte (que são ativados na presença de um ligante); e 2) os receptores de dependência (que são ativados quando os níveis dos ligantes diminuem abaixo do limite específico).

Independentemente do tipo de início da apoptose, ambas as vias ativam uma família de proteínas chamadas **caspases**, que são as enzimas efetoras da morte celular. As duas vias apoptóticas e as caspases são discutidas com detalhes a seguir.

A modulação das proteínas Bcl-2 determina a morte ou a sobrevivência da célula na apoptose intrínseca

A grande família das proteínas Bcl-2 é classificada em três grupos: 1) as iniciadoras pró-apoptóticas; 2) as efetoras pró-apoptóticas; e 3) as proteínas antiapoptóticas (Figura 16.4 A). Curiosamente, o efeito apoptótico das proteínas iniciadoras e efetoras é contra-atacado pela ação direta das proteínas antiapoptóticas desta mesma família. Esse balanço delicado e dinâmico determina se a célula entra em apoptose ou se sobrevive (Figura 16.4 B).

No aspecto molecular, os membros dessa família compartilham sequências conservadas de domínios Bcl-2 Homólogos, chamados "BH" (BH1, BH2, BH3 e BH4), e muitas proteínas da família Bcl-2 possuem múltiplos desses domínios (Figura 16.5). Esses domínios controlam a função de cada membro dessa família. Por exemplo, todas as Bcl-2 do grupo antiapoptótico e algumas pró-apoptóticas têm múltiplos domínios diferentes, enquanto um grupo específico de Bcl-2 pró-apoptótico possui apenas o domínio BH3 e é essencial para o *início* da cascata de apoptose.

Como essa família de proteínas participa da ativação da apoptose? Na presença do estímulo inicial de apoptose intrínseca, a síntese das proteínas pró-apoptóticas iniciadoras (com domínio BH3 apenas, como BIM [do inglês *Bcl-2 interacting mediator*], PUMA [do inglês *p53 upregulated modulator of apoptosis*] e BID [do inglês *BH3 interacting-domain*]) é estimulada, aumentando suas quantidades dentro das células (Figura 16.6). Em contrapartida, as proteínas antiapoptóticas da família Bcl-2 entram em ação, tentando evitar a apoptose. As proteínas antiapoptóticas (como Bcl-2, Bcl-X e a Mcl-1) sequestram ou se ligam às proteínas apoptóticas iniciadoras, impedindo que deflagrem o processo de morte celular. Porém, se a quantidade de proteínas iniciadoras da apoptose for maior que a quantidade de proteínas antiapoptóticas, esses reguladores se tornam saturados e não conseguem impedir a cascata de apoptose. Nesse caso, as proteínas iniciadoras se dirigem até a mitocôndria e ativam as proteínas pró-apoptóticas efetoras.

As proteínas efetoras citoplasmáticas pró-apoptóticas (como BAX e BAK, por exemplo) se localizam na membrana externa da mitocôndria e, quando ativadas, se congregam em oligômeros, que formam macroporos na membrana, aumentando a MOMP. Os macroporos permitem a saída de compostos que são normalmente mantidos dentro do espaço intermembranar da mitocôndria (espaço entre as membranas interna e externa) para o citoplasma, como o citocromo-c.

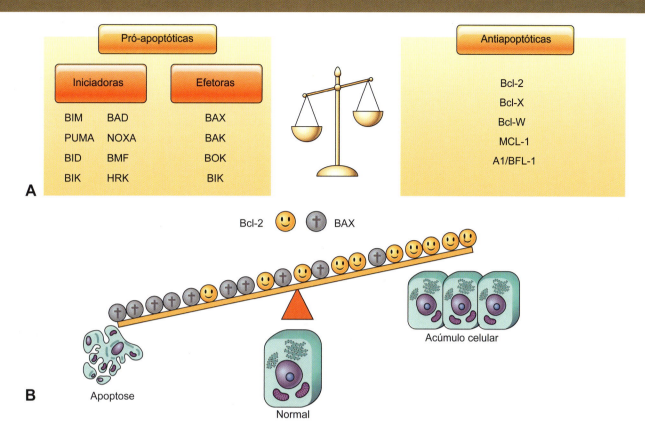

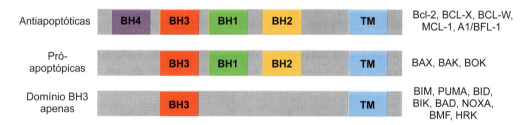

Figura 16.4 **A.** A apoptose intrínseca é regulada pelas proteínas da família Bcl-2, subdivididas em pró-apoptóticas ou antiapoptóticas. As pró-apoptóticas são subclassificadas como iniciadoras ou efetoras. **B.** O balanço entre as proteínas pró e antiapoptóticas determina a sobrevivência ou a morte das células.

Figura 16.5 As proteínas da família Bcl possuem domínios intracelulares específicos, sendo múltiplos domínios BH (Bcl homólogos), como as proteínas pró-apoptóticas efetoras e as antiapoptóticas; ou um domínio único BH3, como as pró-apoptóticas iniciadoras. Essas proteínas se ancoram na membrana através do domínio transmembranar (TM).

O citocromo-c é uma proteína associada à membrana interna da mitocôndria que participa da cadeia transportadora de elétrons e da prevenção do estresse oxidativo. Sua ausência provoca letalidade ainda no estágio embrionário, o que exemplifica sua importância. Porém, ao ser liberado para o citoplasma da célula, o citocromo-c se torna peça importante na via de apoptose. O citocromo-c citoplasmático, na presença de ATP, ativa uma molécula adaptadora denominada "fator 1 de ativação da protease apoptótica" (APAF-1, do inglês *apoptosis-protease activating factor 1*), que forma um heptâmero chamado "apoptossomo". O apoptossomo recruta uma proteína chamada "caspase iniciadora" (pró-caspase-9), iniciando a cascata das caspases.

Caspases

Caspases são uma família de proteases, ou seja, enzimas que hidrolisam outras proteínas, e desempenham papel central na apoptose. As duas vias de apoptose (intrínseca e extrínseca), assim como a maioria das vias de morte celular programada, levam à ativação de caspases. O significado do nome diz muito sobre sua estrutura e modo de ação: protease específica de aspartato dependente de cisteína (ou, em inglês, *cysteine-dependent aspartate specific protease*) e, de maneira geral, isso quer dizer que a família das caspases tem cisteína no sítio catalítico, portanto, são classificadas como cisteínas-proteases e hidrolisam proteínas-alvos em domínios específicos que contêm o aminoácido aspartato (Asp).

As caspases podem ser classificadas de duas formas, dependendo de sua função na apoptose: 1) caspases iniciadoras, que iniciam o processo apoptótico ativando as caspases executoras; e 2) caspases executoras, que catalisam as atividades diretamente relacionadas com a morte celular, por meio da interação com diversas proteínas-alvos (Tabela 16.2).

Essa classificação ainda não é perfeita, pois algumas caspases não se enquadram completamente nessas categorias. Por exemplo, a caspase-6 é classificada como executora, mas não consegue

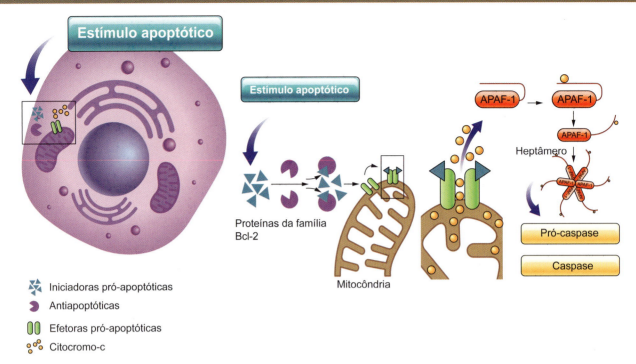

Figura 16.6 A apoptose intrínseca se inicia a partir de um estímulo, que resulta no aumento de transcrição ou modificações pós-traducionais das proteínas Bcl-2 iniciadoras pró-apoptóticas (*triângulos azuis*), que contêm apenas o domínio BH3. Essas proteínas podem ser sequestradas pelas Bcl-2 antiapoptóticas (*em roxo*), evitando a apoptose. Se o sequestro não for suficiente, as iniciadoras pró-apoptóticas ativam as efetoras pró-apoptóticas (*cilindros verdes*) na membrana externa das mitocôndrias, formando macroporos e liberando o citocromo-c. A ligação do citocromo-c com a proteína APAF-1 (do inglês *apoptosis-protease activating factor 1*) induz a formação de um heptâmero, chamado "apoptossomo", que recruta e ativa pró-caspases iniciadoras, que, por sua vez, ativam outras caspases executoras.

Tabela 16.2 Substratos alvos e atividades de algumas caspases executoras.

Caspases executoras	Categoria dos alvos	Substratos	Atividade	Resultado
Caspase-3 Caspase-6 Caspase-7	Fatores de transcrição	Iκbα (Asp35 e Ser36)	Fosforilação e degradação de Iκbα e inativação de NF-κB	Apoptose
	Enzimas	PARP, DNA-PK, ICAD, CAD, PKC-γ, Rb	Inibição do reparo do DNA Clivagem do DNA genômico Interrupção do ciclo celular	
	Proteínas estruturais	Gelsolina, PAK2 Fodrina Actina Laminina	Alterações nas membranas do núcleo e plasmáticas	

executar a apoptose em todas as células. A caspase-2, por sua vez, é classificada como iniciadora, mas sua especificidade pelo substrato é compatível com a classificação de uma caspase executora. Existe, ainda, uma terceira classificação que pode (ou não) culminar na morte celular, mas que é utilizada apenas por alguns autores: as caspases inflamatórias, que estão envolvidas no processamento e maturação de mediadores inflamatórios, com as interleucinas. Neste capítulo, daremos ênfase apenas ao modo de ação das caspases iniciadoras e executoras.

Uma diferença importante entre as caspases iniciadoras e as executoras está na sua forma de ativação. As pró-caspases (iniciadoras) são ativadas por autocatálise, ou seja, quando duas pró-caspases se encontram, elas são capazes de se autoativar após o estímulo inicial de morte. Em contrapartida, as caspases executoras são ativadas pelas caspases iniciadoras.

Caspases iniciadoras ativam as caspases executoras

Na ausência de sinal para morte celular, as caspases iniciadoras mantêm-se inativas em forma de monômeros no citoplasma e são chamadas "pró-caspases" ou "caspases inativas". Frente a um sinal inicial intrínseco ou extrínseco de apoptose, como estresse de RE ou ativação de um receptor de morte, os monômeros das pró-caspases iniciadoras dimerizam, formando preferencialmente homodímeros (caspases-8, -9 e -10), em vez de heterodímeros. As duas moléculas de caspases iniciadoras dimerizadas se clivam em um processo chamado "autocatálise", formando um tetrâmero (Figura 16.7 A). A dimerização e a formação do tetrâmero ativam a porção das caspases com atividade catalítica que interagem com as caspases executoras.

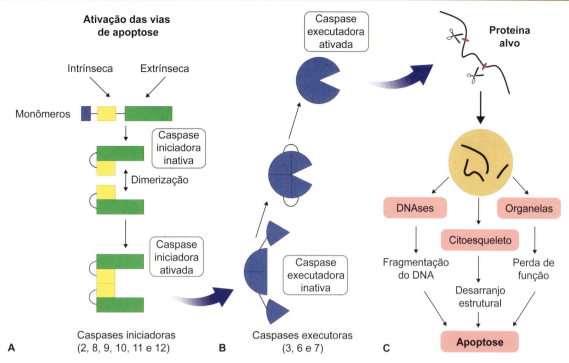

Figura 16.7 Esquema da ativação das caspases. **A.** As caspases iniciadoras existem no citoplasma como monômeros inativos. Quando um sinal apoptótico intrínseco ou extrínseco é ativado, esses monômeros se aproximam uns dos outros e dimerizam. A dimerização ativa a porção catalítica das caspases, ativando-as. **B.** As caspases executoras existem no citoplasma como dímeros inativos, com duas subunidades em cada porção (uma pequena e uma grande). A região entre essas subunidades é clivada pelas caspases iniciadoras ativas, ativando o domínio catalítico das caspases executoras. **C.** As caspases executoras interagem com substratos intracelulares que promovem a desestruturação dos componentes celulares, levando à morte por apoptose.

A ativação inicial das caspases pode ser induzida por um conjunto de proteínas adaptadoras estimuladas pelos sinais de apoptose intrínseca ou extrínseca. Por exemplo, na apoptose intrínseca, as proteínas pró-apoptóticas da família Bcl-2 formam macroporos na membrana da mitocôndria, liberando o citocromo-c. Este ativa a proteína APAF-1, que forma um heptâmero chamado "apoptossomo", que recruta a pró-caspase-9 e induz sua dimerização, ativando-a (ver Figura 16.6). Na apoptose extrínseca (discutida a seguir), o receptor de morte se conecta ao ligante e ativa o domínio intracelular da morte, que, por sua vez, recruta diferentes proteínas adaptadoras, como a proteína associada ao Fas com domínio da morte (FADD, do inglês *fas-associated protein with death domain*). As proteínas adaptadoras recrutam pró-caspases-8 ou 10, que se tornam ativadas e fazem parte do complexo de sinalização de indução da morte (DISC, do inglês *death-inducing signaling complex*; ver Figura 16.8).

Uma vez ativadas, as caspases iniciadoras ativam as caspases executoras (ver Figura 16.7 B). Por exemplo, as caspases-8 e 9 (iniciadoras), quando ativadas respectivamente pela via de sinalização iniciada pelos receptores de morte e pelo apoptossomo, ativam as caspases-3 e 7 executoras.

Caspases executoras ativas interagem com substratos promovendo a morte celular

As caspases executoras ativadas clivam uma série de proteínas-alvo que promovem a morte da célula por meio da fragmentação do DNA, degradação de proteínas do citoesqueleto e do ciclo celular, destruição de organelas, entre outros (ver Tabela 16.2 e Figura 16.7 C). Por exemplo, as caspases -3 e -7 (executoras) clivam uma DNAse chamada "CAD/DFF40". Durante essa clivagem, é removida a molécula inibidora que mantinha esta DNAse inativa, tornando-a ativa. Quando ativada, esta DNAse fragmenta preferencialmente o DNA de fita-dupla. Em outro exemplo, a caspase-3 também cliva proteínas do citoesqueleto, como a gelsolina, uma proteína que participa da formação dos filamentos de actina. A fragmentação de gelsolina pela caspase-3 leva ao colapso do citoesqueleto de actina e, por consequência, ao desarranjo estrutural da célula, à alteração da forma da célula e à nucleólise. As caspases ativadas também desestruturam organelas como o RE e o complexo de Golgi (CG); elas clivam proteínas constituintes do CG (golgina-160 e GRASP65) e proteínas que participam do transporte de substâncias entre RE e CG (Bap31), interrompendo a ação dessas organelas e promovendo a perda de sua função. Tudo isso resulta na morte da célula por apoptose.

A apoptose extrínseca se inicia pela ativação de receptores de membrana específicos

Assim como a via intrínseca de apoptose utiliza as proteínas da família Bcl-2 como iniciadoras, a apoptose extrínseca também tem mecanismos próprios de inicialização, através da ativação específica de receptores na membrana plasmática. A via de apoptose extrínseca pode ser ativada por duas classes de receptores de membrana: 1) os receptores de morte, cuja ativação depende de um ligante específico; e 2) os receptores de dependência, cuja ativação ocorre quando os níveis de um ligante específico ficam abaixo do nível ideal.

Dentro da primeira categoria, os receptores de morte mais bem estudados pertencem à família do fator de necrose tumoral (TNF, do inglês *tumor necrosis factor*). Essa superfamília de receptores de membrana possui três porções estruturais específicas: uma porção extracelular, que se conecta ao ligante; uma porção transmembranar, responsável pela ancoragem do receptor na membrana das células; e um domínio intracelular, que ativa a cascata da apoptose e é dramaticamente conhecido como domínio da morte (Figura 16.8 A).

Os receptores mais bem estudados desta família são conhecidos como Fas, TNF-receptor 1 (TNF-R1), TNF-receptor relacionado ao ligante indutor de apoptose-1 (TRAIL-R1, do inglês *TNF-related apoptosis-inducing ligand receptor 1*) e TRAIL-R2. Outros membros dessa família, também conhecidos como "receptores de morte", são receptor de morte 3 (DR3, do inglês *death receptor 3*) e o DR6. A ativação dos receptores Fas, TRAIL-R1 e TRAIL-R2 são direta e unicamente associadas à morte celular por apoptose. Em contrapartida, o receptor TNF-R1 pode ativar mecanismos de geração de citocinas, inflamação e até mesmo sobrevivência celular, além da apoptose.

De forma geral, os receptores de morte são ativados por sinalização dependente de contato (ver Capítulo 6). Brevemente, a molécula sinalizadora, chamada "ligante de morte", é uma proteína transmembranar que está ancorada na célula emissora do sinal. Em alguns casos, os ligantes de morte podem ser liberados no meio extracelular pela célula sinalizadora, porém o sinal para iniciar a apoptose proveniente dos ligantes solúveis é menos eficaz em comparação aos ligantes ancorados à membrana (Figura 16.8 B).

A ligação do receptor com a molécula sinalizadora provoca uma mudança conformacional no receptor, ativando-o. Uma vez ativado, a porção intracelular do receptor de morte recruta proteínas adaptadoras intracelulares diferentes – por exemplo, as proteínas que se associam ao receptor Fas são chamadas "FADD", e as proteínas associadas ao TNF-R1 com domínio de morte são chamadas "TRADD" (do inglês *TNF receptor-associated protein with death domain*). Essas proteínas adaptadoras acopladas ao receptor se ligam e ativam as proteínas caspases iniciadoras (caspases 8 e 10), formando o complexo de sinalização indutor de morte DISC.

Além dos receptores de morte, a via extrínseca da apoptose também pode ser iniciada por receptores de dependência, conhecidos por estimular a sobrevivência, a proliferação e a diferenciação da célula em condições fisiológicas. Porém, quando o ligante desse receptor se torna escasso no microambiente e seus níveis se encontram abaixo do esperado, esses receptores ativam cascatas de morte intracelular, envolvendo a via das caspases por mecanismos que ainda não são bem compreendidos. Nessa categoria, se encontram alguns receptores de proteínas, como a netrina e sonic hedgehog (SHH). Na falta do ligante específico, o receptor da netrina (DCC) é clivado pela caspase 3 e inicia uma série de eventos que levam à apoptose. Já na falta do ligante SHH, seu receptor (PTCH1) interage com proteínas adaptadoras citoplasmáticas que recrutam um complexo que envolve a caspase 9 e outras proteínas de degradação, levando igualmente à morte celular.

Necrose

Diferente da apoptose, a **necrose** é uma forma não programada de morte celular, induzida por um organismo, um fator ou uma lesão severa de origem externa à célula, como hipóxia, inflamação, radiação, calor, agentes químicos e determinados vírus e bactérias. Outra diferença importante entre necrose e apoptose refere-se ao início da morte celular na necrose, que independe do gasto de energia da célula afetada.

Um dos primeiros efeitos observados na célula que morre por necrose é a alteração na produção de ATP. A ATP é produzida por fosforilação oxidativa na mitocôndria e na presença de oxigênio. Assim, se a mitocôndria está danificada ou se falta

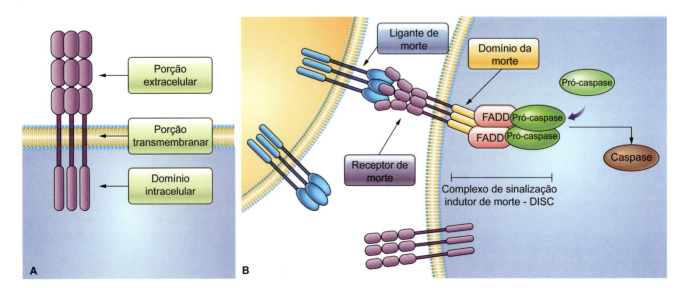

Figura 16.8 A. Esquema representativo de um receptor de morte Fas. **B.** Quando um ligante de morte (**FasL**) se liga ao receptor Fas, este altera sua conformação e recruta proteínas intracelulares adaptadoras **FADD** (do inglês *fas-associated death domain*), que interagem com o domínio de morte de Fas. FADDs se tornam ativadas e recrutam caspases iniciadoras inativas, chamadas "pró-caspases", formando um grande complexo chamado "DISC" (do inglês *death-inducing signaling complex*). Nesse complexo, as caspases iniciadoras são ativadas, tornando-se aptas para ativar demais caspases, as caspases executoras.

oxigênio (no caso da hipóxia), a produção de ATP fica comprometida e leva à falha do funcionamento das bombas de sódio na membrana plasmática. Como consequência, as membranas da célula perdem o controle sobre a entrada e saída de alguns componentes, e os íons e fluídos extracelulares entram na célula de forma descontrolada, causando uma sequência de efeitos deletérios. Por exemplo, o aumento do influxo de cálcio e água no ambiente intracelular resulta no inchaço do retículo endoplasmático e desacoplamento dos ribossomos. O aumento do cálcio intracelular também pode ativar enzimas citoplasmáticas, como lipases e proteases, que promovem a hidrólise de diversas proteínas e ruptura de membranas celulares. A ruptura das membranas dos lisossomos é um bom exemplo, pois libera uma grande variedade de enzimas dentro da célula, como proteases, RNAses, DNAses e fosfatases. Essas enzimas soltas e descontroladas dentro da célula causam danos irreparáveis ao DNA, RNA e proteínas em geral. O resultado da necrose é o inchaço celular, a ruptura da membrana plasmática e o espalhamento do conteúdo da célula nos arredores, como uma explosão celular. Esse processo pode ativar respostas inflamatórias no microambiente e lesão do tecido.

A necrose libera moléculas que indicam perigo

A necrose quase sempre está associada à ativação de uma resposta inflamatória do tecido. Nosso organismo interpreta a necrose como um sinal de que algo muito ruim está acontecendo ou está prestes a acontecer e, por isso, ativa as respostas inflamatórias. As células que morrem por necrose espalham partículas para o meio extracelular, chamadas "padrões moleculares associados a danos" (DAMP, do inglês *damage-associated molecular patterns*). Os DAMPs têm atividade imunorreguladora e podem, inclusive, propagar uma resposta citotóxica para as células vizinhas. Essas partículas podem ser variadas, como ácido úrico, ATP, subprodutos de degradação do fibrinogênio, DNA cromossomal ou mitocondrial, histonas e interleucinas. Geralmente, os DAMPs não são encontrados livres no meio extracelular sob nenhuma outra circunstância, portanto sua presença extracelular é um indicador preciso de células necróticas. Um desses DAMPs mais bem estudados é a interleucina-1 (IL-1). Membros da família da IL-1 se ligam a receptores de membrana específicos que são altamente expressos nas células sentinelas do sistema imune, nas células endoteliais e nas células epiteliais. Dessa maneira, quando liberadas por células necróticas, as IL-1 acionam neutrófilos, mastócitos, macrófagos, células-T e muitos outros tipos celulares.

Como a necrose mata células úteis de forma inesperada, as células não necróticas tentam regenerar o tecido e compensar o que foi perdido. Em alguns casos, a consistente perda de grande quantidade de células não pode ser compensada, como no caso da infecção crônica pelo vírus da hepatite B, em que os hepatócitos se tornam necróticos constantemente pela infecção do vírus, a ponto de não conseguirem regenerar o tecido. Nesse ponto, os fibroblastos do tecido conjuntivo formam um tecido cicatricial que se manifesta como cirrose nos pacientes com hepatite.

Novas descobertas sobre os processos de morte celular se apresentam frequentemente e, por isso, novas subclassificações são adicionadas na literatura. Por exemplo, em 2005, alguns pesquisadores descreveram uma forma de morte celular semelhante à necrose, porém com processos celulares iniciados de forma regulada. Nesse caso, a morte celular é iniciada pela ação de receptores de morte (como na apoptose extrínseca), mas a célula sofre permeabilização das membranas celulares e as mesmas consequências morfológicas vistas na necrose (infiltração de fluídos e inchaço celular). Esse tipo de morte celular foi denominado "necroptose" e classificado dentro da categoria de morte celular programada.

De forma geral, a necroptose, diferente da necrose, é um tipo de morte celular regulada iniciado por perturbações no meio extracelular ou intracelular que ativam os receptores de morte, como FAS, TNF-R1 e TLR (do inglês *toll-like receptor*). Esse tipo de morte regulada é acionado para mediar respostas adaptativas da célula (principalmente quando as respostas naturais ao estresse falham), garante a eliminação de células potencialmente defeituosas durante o desenvolvimento do organismo e é observado atuando na rotina de controle da homeostase das células-T do timo.

Autofagia

A **autofagia** é um processo natural utilizado pelas células para degradar alguns de seus próprios componentes celulares. Esse processo é ativado como uma forma de "controle de qualidade" interno, degradando proteínas velhas e organelas danificadas. Apesar de ser um evento natural voltado para reciclar componentes celulares e manter a saúde da célula, esse processo também pode resultar na eventual destruição da célula. Na morte celular por autofagia, grandes quantidades de componentes celulares, como macromoléculas e até mesmo organelas inteiras, são sequestradas para dentro dos lisossomos das próprias células para serem degradados. Relembrando: lisossomos são organelas revestidas por membrana que contêm uma gama de enzimas degradativas, capazes de quebrar todos os tipos de polímeros biológicos, como DNA, RNA, polissacarídios e lipídios (ver Capítulo 1).

A autofagia pode ser iniciada por diversos sinais, como a privação calórica (falta de nutrientes), por sinais presentes no processo de diferenciação celular, durante o período de embriogênese, por sinais liberados por organelas danificadas e por células senescentes (envelhecidas). Por ser um evento controlado por sinais moleculares, a autofagia é classificada na categoria de morte regulada.

As três formas mais conhecidas de autofagia são: a macroautofagia, a microautofagia e a autofagia seletiva. Na macroautofagia, grandes porções da célula são envolvidas por vesículas de dupla-membrana, denominadas "autofagossomos", que se fundem com os lisossomos e se transformam em autofagolisossomos, cujo conteúdo é degradado pelas proteases presentes nos lisossomos. Na microautofagia, o conteúdo a ser degradado (organelas ou componentes citoplasmáticos) interage e se funde diretamente com os lisossomos. Essa forma de autofagia é mais específica do que a macroautogafia, e pode ser induzida por moléculas sinalizadoras presentes na superfície das organelas a serem degradadas, possibilitando a fusão dos lisossomos diretamente a elas. Dependendo da organela envolvida no processo, alguns autores classificam essa autofagia de forma mais específica, como mitofagia (quando a mitocôndria se funde com o lisossomo) e peroxofagia (quando o peroxissomo se funde com o lisossomo). Por fim, a autofagia seletiva também é conhecida como autofagia mediada por chaperonas, proteínas que auxiliam no dobramento apropriado de outras proteínas durante sua síntese ou depois de uma desnaturação parcial e ajudam a translocar essas proteínas para seus devidos lugares dentro da célula. As chaperonas citoplasmáticas interagem com um peptídio específico da proteína-alvo, marcando-a, o que permite a ela se ligar ao receptor de membrana associado ao lisossomo (LAMP2, do inglês *lysosome-associated membrane protein 2*), resultando no carregamento da proteína para dentro do lisossomo e sua subsequente degradação.

Como a autofagia natural se torna letal para a célula? Ainda não se sabe completamente os motivos pelos quais a célula extrapola este processo a ponto de se matar. Entretanto, dados científicos apontam algumas diferenças moleculares entre os mecanismos regulatórios da autofagia normal e da autofagia letal. A autofagia que leva à morte da célula induz uma hiperativação dos mecanismos iniciais de indução da autofagia, aumentando a presença de quinases intracelulares e a resposta inicial de autofagia. Esta alteração inicial leva a uma formação anormal de autofagossomos, que também são menos degradados que os fagossomos convencionais, permanecendo por mais tempo nas células do que deveriam e aumentando as taxas de degradação.

Uma vez que os processos regulados de morte celular são fundamentais para o funcionamento adequado dos seres vivos, as diferentes categorias de morte apresentadas neste capítulo podem estar presentes ao mesmo tempo ou ocorrer em sequência em uma situação fisiológica no mesmo tecido como estratégia de homeostase tecidual. A morte celular deve ser vista como um evento normal e uma ferramenta importante das células, contribuindo para o equilíbrio do ambiente.

Bibliografia

Galluzzi L, Vitale I, Aaronson AS, Abrams MJ, Adam D, Agostinis P et al. Molecular mechanisms of cell death: recommendations of the Nomenclature Committee on Cell Death. Cell Death Differ. 2018;25(3):486-541.

Adam CM, Clark-Garvey S, Porcu P, Eischen CM. Targeting the Bcl-2 Family in B Cell Lymphoma. Front Oncol. 2019;8:636.

Guicciardi ME, Gores GJ. Life and death by death receptors. FASEB J. 2009;23(6):1625-37.

Shalini S, Dorstyn L, Dawar S, Kumar S. Old, new and emerging functions of caspases. Cell Death Differ. 2015;22(4):526-39.

D'Arcy MS. Cell death: a review of the major forms of apoptosis, necrosis and autophagy. Cell Biol Int. 2019;43(6):582-92.

Martin SJ. Cell death and inflammation: the case for IL-1 family cytokines as the canonical DAMPs of the immune system. FEBS J. 2016;283(14):2599-615.

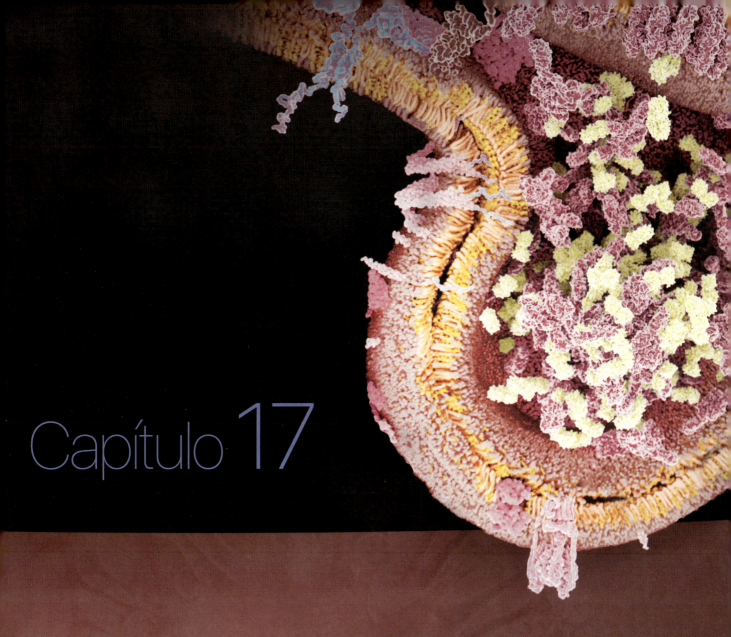

Capítulo 17

Diferenciação Celular

CHAO YUN IRENE YAN

Divisão assimétrica e diferenciação, *362*
Sinalização extracelular e diferenciação, *369*
Bibliografia, *374*

A diferenciação celular forma subpopulações celulares com características distintas a partir de uma população inicial homogênea, por meio da alteração sequencial e contínua dos mRNA transcritos pelas células. Chamamos isso de perfil transcriptômico ou transcriptoma. Na maioria dos casos, o conteúdo genômico celular não é alterado, ou seja, as diversas células diferentes que compõem um organismo multicelular têm o mesmo código genético. Portanto, a diferenciação depende da regulação da expressão gênica, que resulta em transcrição seletiva de mRNA.

Um exemplo claro desse processo é a formação de tecidos embrionários. O zigoto recém-formado detém no seu genoma todos os genes necessários para a formação das subpopulações celulares que resultam no organismo completo, porém ainda não transcreve nenhum dos genes que caracterizam uma célula diferenciada. Consideramos que o zigoto tem o potencial máximo e o nível mínimo de diferenciação. À medida que o embrião aumenta seu número celular, por sucessivas mitoses, as células iniciam seu processo de diferenciação.

Uma representação clássica desse conceito é a Colina de Waddington (Figura 17.1), em que o zigoto está no topo da colina, onde tem potencial máximo. A progressão da diferenciação é representada pela descida da colina, e as diversas vias de diferenciação surgem na forma de trilhas. O fim de cada trilha representa um *destino* ou *identidade celular*. A passagem do embrião por essas trilhas representa sequências distintas de expressão gênica. O ponto de bifurcação entre trilhas diferentes representa momentos-chave de decisão, também conhecidos como *pontos de compromisso*. Esses eventos são abordados ao longo do capítulo, e retornaremos a essa colina para ilustrar outros conceitos.

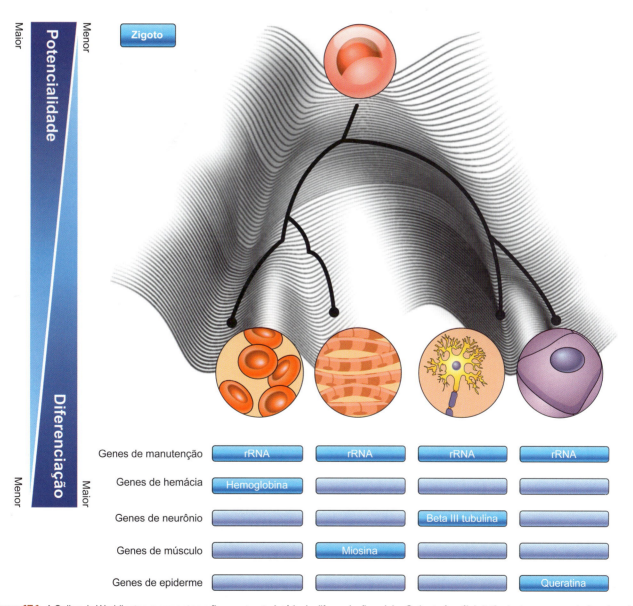

Figura 17.1 A Colina de Waddington representa graficamente a trajetória da diferenciação celular. O zigoto é a célula totipotente – *representada pela esfera no topo da colina* – que tem o maior potencial e que descerá a colina durante a diferenciação. À medida que a célula embrionária se diferencia, realiza escolhas de vias de diferenciação em pontos de compromisso, aqui representadas por forquilhas entre vias diferentes. A progressão da diferenciação necessariamente implica a redução proporcional da potencialidade da célula, por isso é representada como a descida de uma ladeira. O retorno ao estado indiferenciado a partir da célula diferenciada é menos frequente. O transcriptoma presente ao fim do processo de diferenciação contém genes de manutenção, comuns a todas as células (p. ex., rRNA) e genes característicos de cada linhagem. (Adaptada de Aldana e Maximino, 2014.)

Se definirmos a evolução do transcriptoma celular como a força-motriz da sua diferenciação, precisamos então compreender os mecanismos que regulam a expressão gênica. Muitos deles já foram abordados em capítulos anteriores deste livro, como no Capítulo 6. De maneira resumida, o transcriptoma responde a alterações e vias de sinalização engatilhados por estímulos extracelulares (Figura 17.2). Nessa equação, existem dois componentes dinâmicos: a capacidade intrínseca de resposta da célula e o estado do microambiente extracelular. O primeiro depende da presença ou ausência de componentes de vias de sinalização e da ativação ou inativação de receptores celulares. Por exemplo, a disponibilidade de quinases, fosfatases e fatores de transcrição, conformação da cromatina e assinatura epigenética determinam se uma célula responde ou não a um sinal extracelular, ou seja, o estado dos receptores e seus efetores determinam como uma célula altera diversos aspectos nucleares relevantes para a transcrição gênica (ver Figura 17.2). Por outro lado, a ativação ou inativação de receptores celulares depende da presença e concentração de ligantes no meio extracelular. Dessa maneira, a expressão gênica resulta do somatório dos componentes celulares e das informações presentes no meio extracelular.

O ambiente celular e o extracelular se regulam mutuamente. Os componentes solúveis e insolúveis de um microambiente extracelular são definidos pela síntese proteica e atividade secretória das células circunvizinhas. Por exemplo, a diferenciação da epiderme (componente mais superficial da pele) depende de componentes da matriz extracelular presentes na interface entre epiderme e derme – a lâmina basal. Por outro lado, as próprias células da epiderme determinam a composição da matriz extracelular. Portanto, o estado celular influencia o microambiente em que está inserido. Em outras palavras, há uma coevolução da célula com o seu microambiente: ambos são dinâmicos e interdependentes.

Divisão assimétrica e diferenciação

A segregação diferencial dos componentes citoplasmáticos pela divisão celular assimétrica

Um exemplo da importância de componentes intracelulares na diferenciação ocorre nas primeiras mitoses do zigoto. O novo núcleo diploide – resultante da fusão dos pró-núcleos materno e paterno – necessita de um tempo antes de iniciar a transcrição gênica a partir do novo genoma. Nesse intervalo, em que não há nova síntese de mRNA, o zigoto depende temporariamente dos componentes citoplasmáticos produzidos durante a ovogênese. A latência entre o início da transcrição zigótica e a fecundação varia de espécie para espécie, porém, em todos, a partilha de componentes citoplasmáticos de origem materna durante os primeiros eventos mitóticos é fundamental para definir as primeiras subpopulações celulares do novo organismo.

A definição do eixo dorsoventral do embrião da rã *Xenopus laevis* é um paradigma clássico que ilustra bem a relevância da partilha de componentes citoplasmáticos. O estabelecimento dos eixos corporais embrionários é necessário em todas as espécies para definir as coordenadas tridimensionais que norteiam o posicionamento de órgãos e tecidos. São três eixos corporais: dorsoventral, cefalocaudal (ou anteroposterior) e levo-dextro. A ordem em que esses eixos são estabelecidos varia entre espécies. No embrião de *Xenopus*, o primeiro eixo a ser definido é o dorsoventral.

O ovo de *Xenopus* é esférico e radialmente simétrico, e a esfera é subdividida em polo animal (onde fica o pró-núcleo materno) e vegetal (onde há acúmulo de vesículas). A simetria radial do ovo é quebrada com a fertilização (Figura 17.3), e o espermatozoide pode contactar qualquer ponto do polo animal. A entrada do pró-núcleo masculino é acompanhada do ingresso do centríolo espermático, cujo ponto de entrada inicia uma série de rearranjos celulares. Como visto no Capítulo 7, centríolos são organizadores de microtúbulos, e sua presença organiza a polimerização dos microtúbulos do ovo em uma matriz paralela, com polaridade voltada ao centríolo. A rede organizada de microtúbulos direciona o transporte vesicular para o ponto oposto à posição do centríolo; como consequência, são transportadas vesículas que foram depositadas no polo vegetal durante a ovogênese. Este fenômeno é conhecido como rotação cortical. Ao fim desse transporte, o ovo recém-fertilizado tem um citoplasma assimétrico – uma subregião está enriquecida de vesículas do polo vegetal, enquanto o restante carece dessas vesículas. Essas vesículas contêm componentes de sinalização da via do Wnt-β catenina (ver boxe *Via de sinalização de Wnt*) e são fundamentais para a definição do eixo dorsoventral, como veremos mais adiante. Elas são chamadas "vesículas de GBP-Dsh" (do inglês *GSK3 binding protein-dishevelled*).

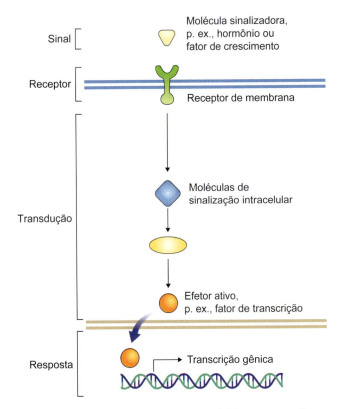

Figura 17.2 Esquema simples dos elementos básicos que compõem a relação entre a sinalização extracelular e a transcrição.

Capítulo 17 • Diferenciação Celular 363

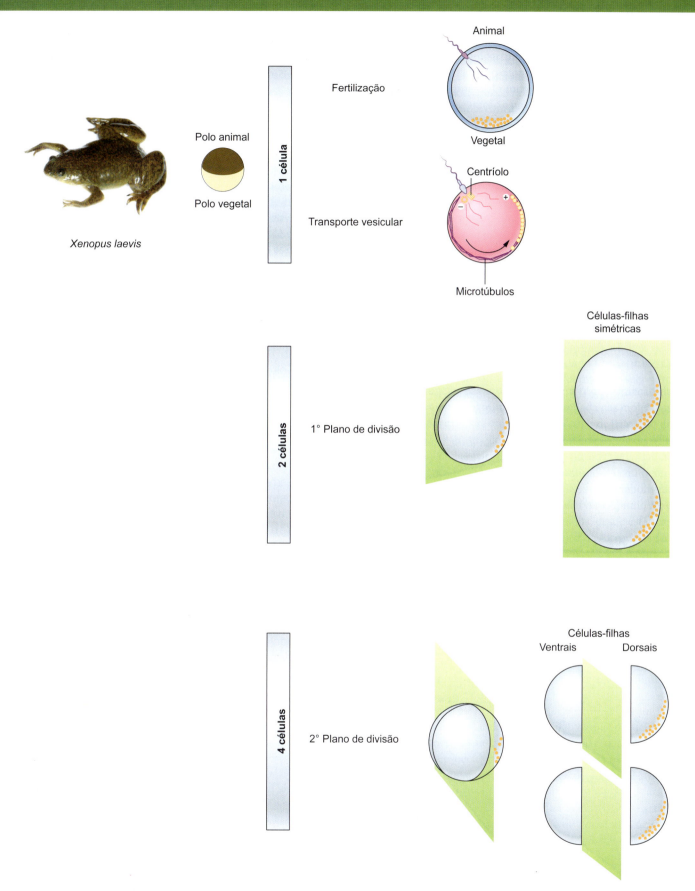

Figura 17.3 O anfíbio *Xenopus laevis* tem desenvolvimento externo. A fêmea deposita centenas de óvulos com um hemisfério pigmentado (polo animal) e outro claro (polo vegetal). O polo vegetal contém vesículas de GBP-Dsh (*pontos laranja*). A entrada do espermatozoide no polo animal polariza os microtúbulos, que deslocam as vesículas para a região oposta. O primeiro plano de divisão, que gera duas células, partilha as vesículas igualmente entre elas. O segundo plano de divisão gera quatro células, duas das quais não têm as vesículas e duas têm. (Adaptada de Domenico et al., 2015.)

Via de sinalização de Wnt

A via de sinalização de Wnt é conservada entre os metazoários, e sua ativação depende da presença de ligantes Wnt – glicoproteínas secretadas. O nome Wnt é a combinação do nome do homólogo em *Drosophila* (**w**ingless) com o homólogo de vertebrado (*int*egrated). A presença extracelular de Wnt inicia múltiplos eventos intracelulares, que fazem parte da via canônica e não canônica. As duas categorias de vias Wnt diferem na sua consequência celular imediata: a via canônica afeta a transcrição celular. Existem duas vias não canônicas: uma altera níveis de cálcio citoplasmático, e a outra, o citoesqueleto. Ambas são importantes para eventos diversos da diferenciação celular.

Via canônica de Wnt

A sinalização canônica de Wnt é bastante linear; inicia-se com os receptores de membrana Frizzled (Frz) e LRP e termina com o fator de transcrição β-catenina (Figura 17.4). Na ausência de Wnt, a β-catenina é constantemente direcionada para degradação proteossômica por um complexo proteico constituído de Axin, APC (do inglês *adenomatous polyposis coli*) e a quinase glicogênio sintase 3 (GSK3, do inglês *glycogen synthase kinase*). A GSK3 fosforila a β-catenina, o que a torna um alvo para ubiquinação e posterior degradação (ver Capítulo 13). Neste cenário, em que os níveis de β-catenina são baixos, a transcrição dos genes-alvo de Wnt é reprimida pela presença de complexos entre a proteína nuclear TCF/LEF e fatores de transcrição repressores nos *enhancers* (ver Capítulo 11).

Quando Wnt interage simultaneamente com os seus receptores Frz e LRP, o complexo ligante-receptores recruta e ativa Dsh (*dishevelled*). Dsh defosforila Axin e desfaz o complexo que contém GSK3. Dessa maneira, β-catenina não é mais degradada e transloca para o núcleo, onde desloca os fatores de transcrição repressores que interagem com TCF/LEF. O complexo β-catenina-TCF/LEF ativa a transcrição dos genes-alvo.

No eixo dorsoventral dos embriões de *Xenopus*, o deslocamento de vesículas de GBP-Dsh inibe a atividade da GSK3 das futuras células dorsais, o que resulta no acúmulo de β-catenina nuclear. Em contrapartida, as células que não herdam as vesículas de GBP-Dsh carecem de β-catenina nuclear e, portanto, têm um perfil transcriptômico distinto.

Via não canônica de Wnt ou via de polaridade planar

As descobertas sobre as vias de sinalização não canônicas são mais recentes que as descobertas sobre as vias canônicas, e seus elementos ainda não foram totalmente mapeados. Essas vias conectam os elementos intracelulares em rede e não de forma tão linear. Em uma das vias não canônicas, Wnt interage com as proteínas de membrana Frz e ROR (do inglês *retinoic acid receptor* [RAR]-*related orphan receptor* – os receptores órfãos relacionados ao receptor de ácido retinoico). Esse complexo também recruta e ativa

Dsh, mas, em contraste à via canônica, Dsh interage com Daam-1 (do inglês *disheveled-associated activator of morphogenesis 1*) para ativar a guanosina trifosfatases (GTPases) Rho e Rac (ver Capítulo 6), culminando com alterações do citoesqueleto.

Na outra via não canônica, o trio Wnt-ROR2-Frz ativa a fosfolipase C, que inicia uma cascata de sinalização que culmina com a liberação de íons cálcio de estoques intracelulares (ver Capítulo 14).

O plano de divisão celular ao fim do primeiro ciclo mitótico partilha o citoplasma do zigoto em duas metades; ou seja, cada célula-filha herda metade das vesículas. Nesta primeira divisão celular, ambas as células-filhas têm potencial de desenvolvimento igual. Neste caso, a divisão é dita simétrica e gera duas células-filhas iguais, com distribuição assimétrica interna de vesículas de GBP-Dsh. A assimetria embrionária é gerada na segunda citocinese: o segundo plano de clivagem é perpendicular ao primeiro e divide cada célula em uma célula-filha que não contém as vesículas de GBP-Dsh e outra que contém. Como esta divisão celular gera duas células-filhas distintas, ela é assimétrica.

A presença ou ausência das vesículas de GBP-Dsh determina se a linhagem descendente das células-filhas formará tecidos do eixo dorsal ou ventral. Os tecidos do eixo dorsal incluem – mas não se limitam a – sistema nervoso e estruturas cefálicas. Os tecidos do eixo ventral incluem – mas não se limitam a – sistemas vascular e digestório. As células que herdaram as vesículas de GBP-Dsh ativam a via de sinalização de Wnt, o que culmina com a transcrição de genes relevantes para o estabelecimento da identidade dorsal. Os genes específicos para cada tecido dorsal só são expressos bem mais adiante no desenvolvimento. Em contraste, as células que não herdam as vesículas de GBP-Dsh transcrevem outro conjunto de genes necessários para a definição da identidade ventral. Desse modo, são estabelecidos perfis transcriptômicos distintos entre células da linhagem dorsal e ventral.

O processo de estabelecimento do eixo dorsoventral de *Xenopus* ilustra que a herança assimétrica de componentes celulares define linhagens celulares e direciona vias de diferenciação (Figura 17.5). Se aplicarmos o modelo de Waddington nesse exemplo, o primeiro ponto de compromisso que define a escolha entre identidade dorsal ou ventral é a presença ou não das vesículas de GBP-Dsh.

O exemplo levanta pontos adicionais importantes. Primeiramente, um evento estocástico pontual – o ponto de entrada do espermatozoide – define o eixo dorsoventral embrionário. Esse estímulo pontual é reforçado e ampliado por eventos celulares subsequentes. O segundo ponto importante a ser ressaltado é que a diferenciação em linhagens dorsoventrais depende da combinação da distribuição assimétrica de componentes citoplasmáticos dentro de uma única célula com a herança assimétrica entre as células-filhas durante a citocinese. A distribuição assimétrica depende da reorganização do citoesqueleto e do posicionamento do segundo plano de clivagem da citocinese. Nenhum desses dois eventos pode falhar.

Capítulo 17 • Diferenciação Celular 365

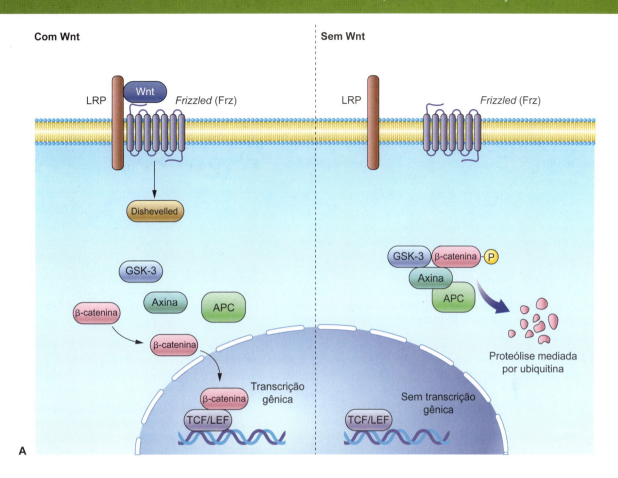

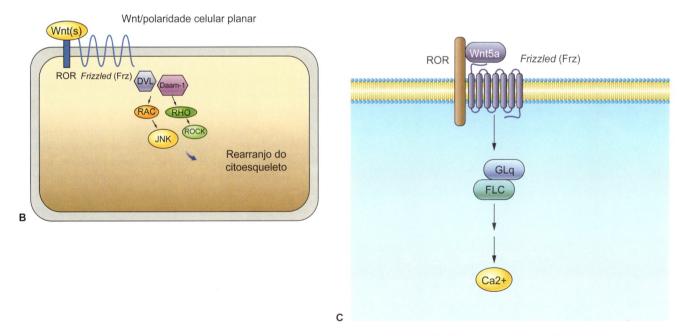

Figura 17.4 A via canônica regula a transcrição gênica por meio do acúmulo de β-catenina (**A**). Na ausência do ligante Wnt no meio extracelular, o complexo proteico contendo APC e GSK3 fosforila β-catenina, direcionando-a para a degradação proteica mediada pela ubiquitina. Na presença de Wnt, os receptores de membrana Frizzled e LRP recrutam *Dishevelled* (Dsh), que reprime a atividade do complexo APC-GSK3. Portanto, os níveis de β-catenina aumentam. No núcleo, β-catenina age em conjunto com TCF-LEF para ativar a transcrição dos genes-alvo. As vias não canônicas não modulam a presença de β-catenina. Em vez disso, alteram atividade de GTPases, que regulam motilidade ou (**B**) polaridade celular, ou (**C**) níveis de cálcio intracelular. (Adaptada de Koni, Pinnarò e Brizzi, 2020.)

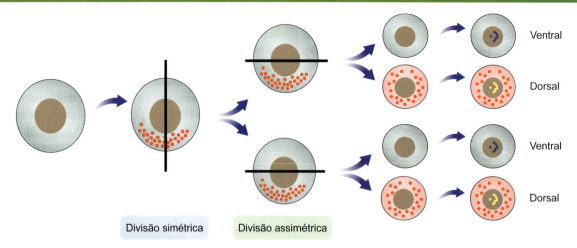

Figura 17.5 Mitose com divisão assimétrica de componentes celulares. O primeiro plano de divisão celular é simétrico porque distribui as vesículas de GBP-Dsh (*vesículas vermelhas*) igualmente entre as duas células-filhas. O segundo plano de divisão é assimétrico porque uma das células-filhas herda as vesículas, e outra, não. A presença das vesículas de GBP-Dsh no citoplasma resulta na presença de β-catenina/TCF-LEF no núcleo (*pontos amarelos no núcleo*) e na transcrição de genes relevantes para identidade dorsal. Em contrapartida, a célula-filha que não herda as vesículas de GBP-Dsh não tem β-catenina no núcleo, embora tenha outros fatores de transcrição (*pontos azuis*), e suas descendentes seguem vias de diferenciação de tecidos ventrais.

O equilíbrio entre divisão celular e diferenciação determinado pela divisão assimétrica

A divisão assimétrica também é importante para a homeostase tecidual. Um exemplo está na epiderme, o tecido epitelial na camada mais externa da pele. A reposição regular das células da epiderme (queratinócitos) mantém a integridade tecidual e depende da mitose de células-tronco na sua camada mais basal. Além da sua capacidade mitótica, as células-tronco basais são caracterizadas pela expressão de integrinas e pelos filamentos intermediários Keratin 5 e 14. Durante a diferenciação, as células da epiderme deixam a camada basal e se deslocam gradualmente para as mais superficiais. A primeira camada é composta de células espinhosas, onde o perfil de proteínas intermediárias muda para Keratin 1 e 10. Células diferenciadas não retornam naturalmente ao estado de células-tronco – é um processo unidirecional –, ou seja, as células diferenciadas não realizam mitose. Então, é fundamental equilibrar a proliferação de células-tronco com a diferenciação das mesmas. Para isso, as células-tronco epiteliais adotam duas estratégias distintas de divisão celular: divisão simétrica e assimétrica. A divisão simétrica gera duas células-tronco que permanecem no microambiente basal e não se diferenciam. A divisão assimétrica gera uma célula-filha que se afasta do microambiente basal e se diferencia e outra que permanece como célula-tronco.

A proporção entre o número de divisões simétricas e assimétricas foi documentada em embriões de camundongo. Há uma variação ao longo da vida do organismo e ilustra as vantagens dessa estratégia mista. Na fase embrionária inicial, a pele ainda está se expandindo para acompanhar o crescimento do corpo, e a epiderme ainda não apresenta todas as camadas diferenciadas – afinal, dentro do ambiente uterino e imerso no líquido amniótico, o embrião não necessita de proteção contra atrito ambiental. Nessa situação, todas as divisões são simétricas (Figura 17.6). Quando o embrião entra nas fases finais da gestação, a epiderme já evoluiu para uma histologia mais complexa, com múltiplas camadas diferenciadas.

Para suprir estas camadas superiores, a maioria das divisões são assimétricas (cerca de 70%) e uma minoria é simétrica.

Ainda não está claro se, como no embrião de *Xenopus*, a divisão assimétrica de células-tronco epidermais resulta em partilha assimétrica de componentes citoplasmáticos, mas se sabe que a divisão assimétrica nesse contexto posiciona as células-filhas em microambiente distintos. A célula-filha basal interage com a matriz extracelular através de integrinas e também está exposta a fatores de crescimento secretados pelos fibroblastos subjacentes à membrana basal. Em contraste, a célula-filha que se afasta da matriz se aproxima de células em camadas superiores e ativa a via do Notch através de interações célula-célula (ver Capítulo 6). Os efetores de Notch reprimem a expressão de Keratin 5/14, induzem a transcrição de Keratin 1/10 e direcionam a célula para a diferenciação. Então, se aplicarmos a Colina de Waddington ao paradigma da epiderme, o ponto de decisão está na ativação da via do Notch.

Então, o zigoto de *Xenopus* é um exemplo de divisão assimétrica em que o objetivo é a herança diferenciada de componentes citoplasmáticos, o que determina se a via do Wnt será ativada. No exemplo da epiderme, o objetivo da divisão assimétrica é a relocalização da célula-filha para um microambiente distinto, o que modifica os estímulos extracelulares disponíveis. Em conjunto, esses dois exemplos demonstram que o posicionamento do plano de clivagem na citocinese é importante tanto para partilha citoplasmática assimétrica quanto para posicionamento das células-filhas.

A divisão celular simétrica e assimétrica determinada pelo posicionamento do fuso mitótico

A orientação do plano de clivagem é um dos mecanismos fundamentais que controla a taxa de mitose com decisões de diferenciação e posição celular. Considerando a sua importância nesses eventos, o posicionamento do plano de clivagem é altamente regulado.

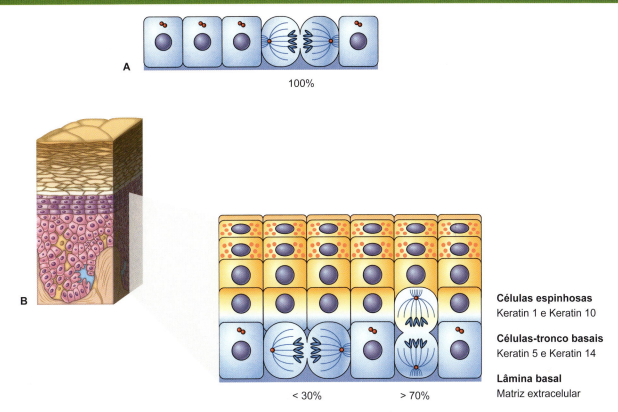

Figura 17.6 No período embrionário, antes da estratificação do epitélio, todas as divisões celulares são simétricas, aumentando o número de células-tronco basais (**A**). A partir do momento que o epitélio se estratifica em camadas diversas de queratinócitos, as células-tronco basais seguem duas formas de divisão: simétrica e assimétrica (**B**). Na divisão assimétrica, a célula-filha mais distante da lâmina basal deixa de transcrever Keratin 5 e 14 e passa a transcrever Keratin 1 e 10. (Adaptada de Kulukian e Fuchs, 2013.)

Como visto no Capítulo 10, o plano de clivagem da citocinese se forma na zona intermediária do fuso mitótico. Resumidamente, o citoesqueleto se organiza nessa região do anel contrátil, que realiza a separação física da célula em duas células-filhas. Portanto, o posicionamento do plano de clivagem depende da orientação do fuso mitótico.

A orientação dos microtúbulos do fuso mitótico ocorre por meio de uma série de interações proteicas que culminam no ancoramento dos microtúbulos do fuso nos polos celulares apropriados. A proteína que ancora os microtúbulos do fuso nos centrossomos é NuMA (Figura 17.7). NuMA é a abreviação em inglês para o nome que denota tanto sua localização quanto sua função: *nuclear mitotic apparatus*, que pode ser traduzido como "aparato mitótico nuclear". Na interfase, o NuMA se concentra no núcleo e, durante a metáfase, é encontrado nos polos dos fusos mitóticos. Estruturalmente, o NuMA se divide em três domínios proteicos, listados na sequência amino (N) para carboxi-terminal (C-terminal): o primeiro interage com a proteína motora dineína, o segundo é utilizado para homodimerização e o terceiro domínio interage com microtúbulos e com a proteína de polarização LGN, apresentada mais adiante.

Com esses domínios, o NuMA funciona como uma ponte que concentra microtúbulos em feixes e os acopla com proteínas de polaridade celular. Para a formação de feixes, cada proteína de NuMA interage diretamente com microtúbulos por meio do seu domínio C-terminal. A agregação dos NuMA-microtúbulos em feixes ocorre pela formação de homodímeros NuMA-NuMA através do sítio de dimerização.

NuMA também interage com a proteína motora dineína. Durante a divisão celular, os microtúbulos se dividem em astrais e e interpolares. A dineína está acoplada aos microtúbulos astrais, mas não os interpolares (ver Capítulo 10). Como NuMA interage diretamente tanto com microtúbulo quanto com dineína, a homodimerização de NuMA-microtúbulo com NuMA-dineína conecta microtúbulos astrais e interpolares nos mesmos feixes.

Além disso, NuMA interage com a proteína de polaridade celular LGN através do seu domínio C-terminal. O acoplamento de NuMA e dos ásteres de microtúbulos com o complexo de polaridade celular é o evento-chave para a divisão assimétrica. As proteínas de polaridade celular definem domínios celulares de acordo com os eixos de orientação. Por exemplo, são fundamentais para definir os compartimentos apico-basais da membrana plasmática de células epiteliais do intestino (ver Capítulo 4). Em outras palavras, são proteínas que determinam a assimetria subcelular.

A polaridade celular no eixo apico-basal definida por um complexo proteico

Os elementos centrais para definição da polaridade celular são Par3, Par6 e a quinase atípica de proteína C (aPKC, do inglês *atypical protein kinase C*). Par3 e Par6 são proteínas de acoplamento da região cortical do citoplasma que recrutam e promovem a interação de diversas proteínas no complexo de polaridade celular. Para isso, ambas possuem múltiplos

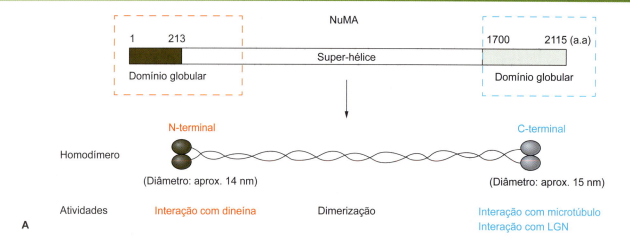

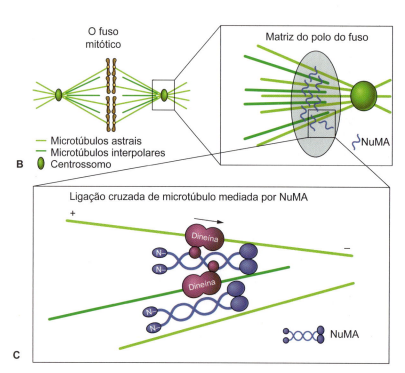

Figura 17.7 NuMA é um homodímero com múltiplos domínios (**A**) e agrega os microtúbulos no fuso mitótico (**B**). A interação com microtúbulos pode ser direta, por meio do domínio na região carboxi-terminal (C-terminal), ou indireta, com a dineína, por meio do domínio na região amino-terminal (N-terminal). O sítio de dimerização, que fica entre a região N e C-terminal (**A**), agrega os microtúbulos em feixes. (Adaptada de Kiyomitsu e Boerner, 2021; e de Radulescu e Cleveland, 2010.)

domínios de interação com outras proteínas, mas não apresentam atividade enzimática própria. Por outro lado, aPKC fosforila as proteínas que são integradas ao complexo de polaridade pelas proteínas Par. O efeito combinado dessas três proteínas, quando associadas entre si, é de recrutamento e fosforilação de proteínas efetoras que mantêm e ampliam a assimetria da polaridade celular. Portanto, a definição inicial da polaridade celular depende da distribuição diferencial Par3-Par6-aPKC. A sub-região do córtex celular onde eles se agregam acumula proteínas efetoras ativadas. Essas proteínas efetoras não são ativadas no polo oposto, onde não há Par3-Par6-aPKC. A distribuição assimétrica de componentes celulares é ampliada através das proteínas efetoras fosforiladas. No caso da célula epitelial intestinal, o complexo define o domínio apical, e sua ausência define o domínio basolateral e a compartimentalização das suas respectivas proteínas. A distribuição assimétrica de Par3-Par6-aPKC é utilizada para direcionar múltiplos eventos celulares que precisam ser coordenados ao longo do eixo celular.

No caso específico da divisão celular assimétrica, o complexo Par3-Par6-aPKC recruta a proteína LGN e a subunidade G-alfa$_i$ de proteínas tetraméricas do tipo G. LGN (nomeada por ter domínios ricos em leucina-glicina-asparagina) também é uma proteína acopladora (Figura 17.8). Ela possui três domínios: a região N-terminal, que interage com NuMA, seguida de um domínio que interage com o complexo de polaridade celular, e, por fim, o domínio C-terminal, que se liga a G-alfa$_i$. Ao interagir simultaneamente com NuMA e o complexo de polaridade, a LGN alinha o fuso mitótico com a coordenada celular.

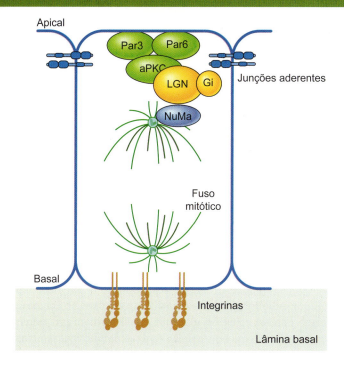

Figura 17.8 A polaridade celular em células-tronco basais da epiderme é determinada pela diferença de sinais recebidas na membrana basal e apical. Na região basal, a matriz extracelular da lâmina basal sinaliza por meio de integrinas. Em contraste, no polo apical, as junções aderentes mantêm a região enriquecida de complexo de Par3-Par6-aPKC. Durante a divisão celular, Par3-Par6-aPKC recruta LGN e G-alfa$_i$ para o polo apical. A LGN é uma proteína acopladora que possui três domínios distintos, por meio dos quais ela alinha o fuso mitótico com a polaridade celular.

Resumindo, a assimetria celular, que é mantida e definida pelo complexo de polaridade Par3-Par6-aPKC, determina o plano de clivagem celular. O complexo de polaridade recruta LGN-G-alfa$_i$ assimetricamente e, como consequência, posiciona o NuMA e os feixes de microtúbulos do fuso mitótico em um polo celular.

Permanece, então, a questão de como a polaridade celular é determinada nas células-tronco basais epidermais. A membrana celular da célula-tronco basal é exposta a estímulos distintos antes da mitose (ver Figura 17.8). A subregião da membrana plasmática basal está em contato com a matriz extracelular da lâmina basal (ver Capítulo 8), e a membrana apical, com a membrana celular das células espinhosas nas camadas mais superiores. A matriz da lâmina basal contém ligantes que sinalizam por meio das integrinas na membrana basal. Em contraste, a membrana apical desta mesma célula interage com as células vizinhas e espinhosas por meio das caderina-cateninas presentes em junções aderentes (ver Capítulo 8). A sinalização por integrinas basais e a presença de junções aderentes apicais são essenciais para definir e manter a polaridade das células-tronco basais. A remoção das integrinas basais ou cateninas apicais perturba gravemente a polaridade celular e reduz drasticamente o número de divisões assimétricas. Condizente com a importância da divisão assimétrica na estratificação da epiderme, em ambas as situações, a epiderme deixa de formar suas camadas.

Sinalização extracelular e diferenciação

Durante o desenvolvimento embrionário, os tecidos integram todas as vias de sinalização às quais as células estão expostas para gerar o transcriptoma de diferenciação. Um exemplo está no desenvolvimento da medula espinal, que se origina do tubo neural embrionário.

Durante seu desenvolvimento, o tubo neural organiza suas subpopulações celulares ao longo do eixo centro-periférico: as células-tronco proliferantes são retidas perto da luz do tubo; e as células precursoras pós-mitóticas, distribuídas para regiões periféricas do tubo. Assim como na epiderme, as células-tronco sofrem divisão simétrica ou assimétrica. A escolha de permanecer como célula-tronco ou progredir para a diferenciação também envolve a ativação da via do Notch, mas, ao contrário da epiderme, a célula-filha que ativa a via do Notch permanece próxima à luz do tubo neural e não diferencia, ao passo que a célula-filha que não tem a via do Notch ativada segue para a diferenciação neural. Isso indica, primeiramente, que a via do Notch é uma via decisória de destino celular em diversos contextos e que requer contato célula-célula, sendo, portanto, muito restrita quanto à sua influência espacial e mais adequada para estabelecer coordenadas locais. Por outro lado, ela também demonstra que a mesma via de sinalização pode reger decisões opostas, dependendo do contexto.

O tubo neural apresenta de maneira similar um eixo dorsoventral que é herdado pela medula espinal: a região dorsal abriga neurônios sensoriais, e a região ventral, os neurônios motores (Figura 17.9). Os neurônios sensoriais da medula recebem os estímulos de tato, dor, temperatura e propriocepção, enquanto os neurônios motores emitem um comando de movimento para a musculatura. Entre a região dorsal e ventral residem e atuam múltiplos subtipos de interneurônios que modulam a conversão de informação sensorial em resposta motora.

A polaridade dorsoventral do tubo neural condiz com o eixo-dorso ventral do embrião como um todo. O tubo neural está abaixo do epitélio de revestimento e acima da notocorda. Esses dois tecidos adjacentes definem as coordenadas histológicas dorsoventrais para cada subtipo neuronal no tubo neural, por meio de coordenadas estabelecidas pelas diferentes concentrações de ligantes solúveis no meio extracelular. As coordenadas histológicas dependem primariamente de duas características desse cenário: gradientes de ligantes extracelulares, em que a concentração de ligantes varia em pontos diferentes do tecido; e a resposta celular proporcional à intensidade da sinalização.

O gradiente de ligantes é gerado por duas fontes específicas: o epitélio de revestimento secreta BMP e a notocorda secreta Shh (abreviação para o nome em inglês *sonic hedgehog*). Por serem solúveis, ambos os ligantes extracelulares se difundem

370 Biologia Celular e Molecular

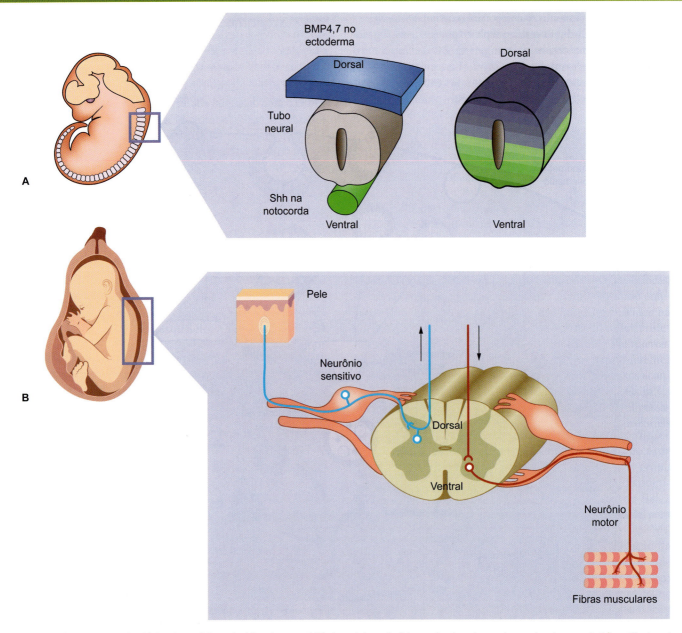

Figura 17.9 A origem embriológica da medula espinal é o tubo neural (**A**). A medula espinal é organizada ao longo do seu eixo dorsoventral. A região dorsal abriga primariamente os neurônios envolvidos com a percepção sensorial, e a região ventral, os neurônios motores (**B**). Essa organização é determinada pelas vias de sinalização no período embrionário. No embrião, a região dorsal é exposta à sinalização da proteína morfogenética óssea (BMP, do inglês *bone morphogenetic protein*), que é secretada pelo ectoderme sobrejacente (*representada em azul em* **A**). Em contraste, a região ventral é exposta a altas doses de proteína Shh (do inglês *sonic hedgehog*), produzida pela notocorda (*representada em verde em* **A**). Esse posicionamento cria um gradiente duplo de BMP (*em azul*) e de Shh (*em verde*). Os gradientes são mutualmente opostos.

pelo tecido, criando um gradiente em que células próximas à fonte de secreção são expostas a altas concentrações, enquanto células mais distantes são expostas a concentrações menores, proporcionais à distância. Portanto, a concentração de BMP extracelular segue um gradiente que decresce no sentido dorsal-ventral. Em contrapartida, o gradiente de concentração de Shh decresce no sentido ventral-dorsal. Como esses ligantes estão em gradientes opostos, a concentração de BMP varia inversamente em relação a Shh ao longo do eixo dorsoventral. Em outras palavras, o conjunto de gradientes de ligantes ancora as coordenadas histológicas do tecido em relação às coordenadas anatômicas dos tecidos circundantes e cria um padrão de diferenciação ao longo do eixo dorsoventral. Chamamos este processo de padronização.

O progenitor neuronal mais próximo da região dorsal está exposto a altos níveis de BMP e baixos níveis de Shh e se diferencia em interneurônio sensorial. Já o progenitor neuronal mais próximo da região ventral está exposto a baixos níveis de BMP e altos níveis de Shh e se diferencia em neurônios motores. Quando há esta relação de proporcionalidade entre concentração de ligante e identidade celular, o ligante é denominado "morfógeno". É importante ressaltar que, antes da exposição a BMP ou Shh, o progenitor neural está indefinido quanto à programação de diferenciação.

Diferentes concentrações de morfógenos determinam vias de diferenciação distintas

A identidade celular é definida pelo seu transcriptoma, que, como vimos anteriormente (ver Capítulo 6), responde à ativação de vias de sinalização que regulam a expressão gênica. Portanto, se a definição da identidade celular depende da concentração de ligante extracelular, as etapas intermediárias entre ligante-receptor e transcrição – ou seja, a via de sinalização – devem variar na sua intensidade de resposta.

A ação de morfógenos é regrada por princípios básicos: primeiramente, a informação fornecida pelos gradientes de ligantes modula a expressão gênica através de fatores de transcrição (ver Capítulo 11). Além disso, a transcrição de genes-alvo é controlada por elementos genômicos que contêm múltiplos sítios de ligação para diversos fatores de transcrição, o que permite a integração – no núcleo – de diversas vias de sinalização que modulam fatores de transcrição distintos.

Utilizaremos a via de Shh para explicar o primeiro princípio. Shh é o ligante do receptor transmembranar Ptc (do inglês *patched*), que se concentra na membrana de cílios (Figura 17.10).

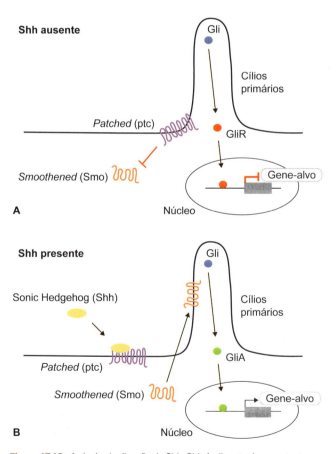

Figura 17.10 A via de sinalização de Shh. Shh é o ligante do receptor transmembranar Ptc (*Patched*), que se concentra na membrana de cílios e, na ausência de Shh, reprime a proteína intracelular Smo (*Smoothened*). Nessa situação, os fatores de transcrição Gli são degradados ou sofrem proteólise parcial para gerar a forma Gli repressora (GliR), que reprime a transcrição de genes-alvo. Quando Shh interage com Ptc, Smo é liberada da repressão e ativa múltiplas proteínas efetoras intracelulares; entre elas, os fatores de transcrição da família Gli. Gli não sofre proteólise e se acumula como um fator de transcrição ativador (GliA), que ativa a transcrição de genes-alvo. (Adaptada de Jacobs e Huang, 2012.)

Na ausência de Shh, a proteína intracelular Smo (do inglês *smoothened*) se mantém fora do cílio e inativa. Quando Shh interage com Ptc, Smo é liberada da repressão e se acumula nos cílios; ela então ativa múltiplas proteínas efetoras intracelulares e culmina na regulação da atividade dos fatores de transcrição da família Gli. Na ausência de Shh, as proteínas Gli são degradadas ou sofrem proteólise parcial para gerar a forma Gli repressora (GliR), que reprime a transcrição de genes-alvo, mas a presença de Shh e ativação de Smo reverte a situação. Gli não sofre proteólise e se acumula como um fator de transcrição ativador (GliA). Nesses passos, Smo é o elo-chave que vincula a concentração de Shh com a ativação da sua via de sinalização. De fato, a quantidade de Smo ativada é proporcional à concentração de Shh extracelular.

Consequentemente, a relação GliA/GliR é proporcional à concentração de Shh. Em outras palavras, a soma da atividade Gli (repressora e ativadora) determina a expressão gênica da via de Shh. Além disso, genes-alvo da via de Shh são controlados por elementos genômicos que contêm múltiplos sítios Gli, reconhecidos tanto por GliA quanto GliR. No modelo mais simples de diferenciação de neurônios ventrais da medula, o número de sítios para Gli ocupados por GliA ou GliR determina se um gene é expresso ou não (Figura 17.11). Em condições de altos níveis de Shh, a maioria dos sítios é ocupada por GliA, e o gene é transcrito. Em contraste, quando a maioria é ocupada por GliR, o gene não é transcrito. Um parâmetro adicional é que os elementos regulatórios de cada gene podem ter número de sítios diferentes para Gli, ou seja, os genes têm sensibilidade diferente à proporção GliA/GliR.

Vias de sinalização moduladas reciprocamente

A sensibilidade dos progenitores neurais à sinalização Shh é modulada pela via do Notch em dois níveis: na membrana e no núcleo. A via do Notch aumenta a disponibilização do receptor Smo nos cílios, além de ser necessária para a transcrição e a estabilidade dos fatores de transcrição Gli, efetores de Shh. Então, ativação da via do Notch é um pré-requisito para responder a Shh, ou seja, a via do Notch prepara a célula para responder a Shh, fornecendo transcritos de Gli, que são convertidos em GliA na presença de Shh. Essa relação entre vias de Notch e Shh é um mecanismo que acopla a manutenção da população de células-tronco com as diferentes escolhas de diferenciação. Também podemos interpretar como um ponto de cruzamento entre o eixo centro-periférico e o eixo dorso-ventral do tubo neural.

Esse exemplo também demonstra a importância do deslocamento celular na definição da rota de diferenciação. Se a célula migra de um microambiente para outro, é exposta ou a níveis diferentes de sinalizadores, ou a outros sinalizadores (Figura 17.12). Ao se deslocar, a célula em diferenciação recebe sinais diversos em microambientes diferentes, que também devem ser integrados ao longo do tempo. Temos, portanto, um cenário onde o destino da célula em diferenciação depende não só do somatório de sinais recebidos em um dado momento, mas também do histórico de sinalização durante sua trajetória histológica. Essa combinação aumenta o número das possibilidades.

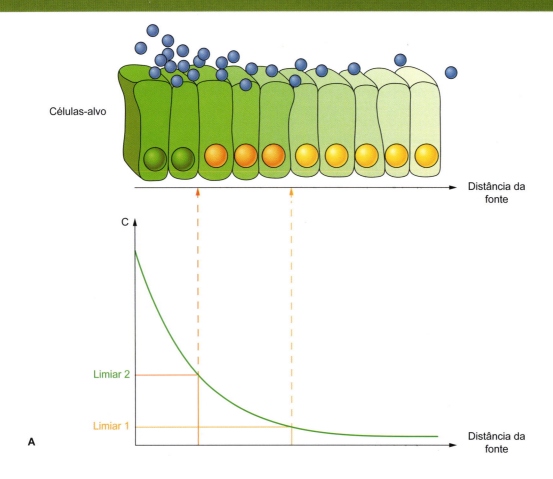

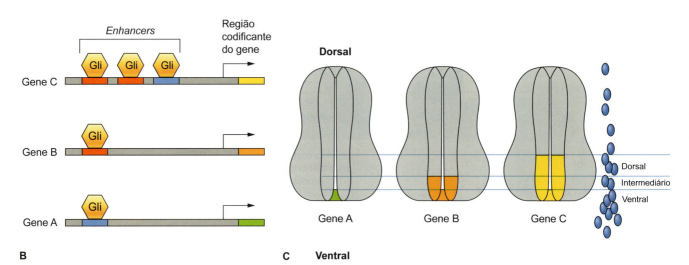

Figura 17.11 Na padronização da diferenciação por morfógenos, a resposta celular é proporcional à concentração do ligante, que por sua vez é proporcional à distância da fonte produtora do sinal (**A**). As células que estão expostas a concentração de morfógenos acima do limiar 2 transcrevem um conjunto de genes (*núcleo em verde*). Por outro lado, suas células vizinhas estão expostas a morfógenos com concentração entre o limiar 1 e 2. Estas transcreverão um outro conjunto de genes (*núcleo em laranja*). Por fim, as células expostas a níveis baixos do morfógeno expressam um outro transcriptoma, diferente das demais (*núcleos em amarelo*). Para que o perfil de expressão gênica na medula embrionária responda a concentrações diferentes do morfógeno, a transcrição dos genes envolvidos depende da concentração de GliA (**B**). Por exemplo, os genes A, B e C contêm sítios *enhancers* com afinidades diferentes para GliA. O sítio azul é de baixa afinidade e tem menor probabilidade de ser ocupado por GliA; o sítio vermelho é de alta afinidade (**C**). Dessa maneira, o gene A, que contém apenas o sítio de baixa afinidade, só é transcrito em situações em que há grande quantidade de Gli. Em contraste, o gene C é expresso em uma área maior, porque seus *enhancers* estão ocupados por Gli em situações de baixa e alta concentração. Então, as células mais dorsais expressam somente o gene C; as células intermediárias, o gene B e C; e as células mais ventrais, os genes A, B e C. (Adaptada de Dessaud, McMahon e Briscoe, 2008.)

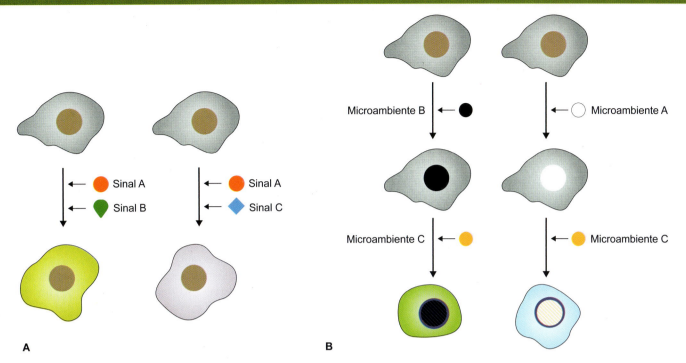

Figura 17.12 A presença/ativação de vias é resultado da combinação de todos os sinais recebidos (**A**). E, quando as células mudam de (micro)ambiente, são expostas a sinais distintos que se somam temporalmente (**B**). Cada uma dessas possíveis combinações contribui para gerar vias de diferenciação distintas. (Adaptada de Alberts et al., 2017.)

Desdiferenciação celular

A reversão artificial da programação celular – ou reprogramação celular – é uma conquista recente. Biologicamente, significa que uma célula diferenciada readquire o potencial de se tornar outra célula diferenciada. Considerando a Colina de Waddington, seria o equivalente a retornar a célula morro acima, antes das diversas forquilhas de decisão. O painel de escolhas se amplia proporcionalmente à extensão da reversão. Em casos de reversão parcial, a célula desprogramada pode ser redefinida como outra célula do mesmo folheto embrionário (*multipotente*). Em reversões mais completas, a célula desprogramada teria o potencial de se diferenciar em um número maior de tecidos, até mesmo um organismo completo (*pluripotente*). A reprogramação celular é a base e a esperança para novas terapias regenerativas, cujo objetivo principal é retornar uma célula somática/diferenciada ao estado pluripotente do zigoto recém-formado.

Em 1962, sir John Gurdon demonstrou que o transplante do núcleo de uma célula do epitélio intestinal (Figura 17.13) em um ovócito enucleado reverteu totalmente sua diferenciação. Essa célula gerou o primeiro organismo clonado: um anfíbio *Xenopus*. Esse experimento demonstrou diversos pontos fundamentais: primeiro, o núcleo de uma célula terminalmente diferenciada preserva toda a informação necessária para a formação de todos os tecidos de um organismo; segundo, a diferenciação não é um estado terminal, mas reversível sob condições apropriadas; por fim, o citoplasma do ovócito contém elementos ativos que proveem essas condições.

Mais recentemente, Shinya Yamanaka e colaboradores identificaram quatro fatores de transcrição (Klf4, Sox2, c-Myc e Oct4), que, em conjunto, reprogramam células diferenciadas em células pluripotentes. A expressão artificial dos fatores de transcrição reverte o transcriptoma celular para o perfil anterior à aquisição da diferenciação, atingindo a pluripotência. Desse modo, as células pluripotentes geradas pela transfecção são denominadas "células-tronco de pluripotência induzida" (iPSC, do inglês *induced pluripotent stem cell*). A tecnologia iPSC é mais eficiente e eficaz que as tecnologias anteriores de reprogramação e foi um importante avanço para terapias regenerativas. O impacto dessas duas descobertas foi reconhecido em 2012, com a concessão do prêmio Nobel para sir John Gurdon e Shinya Yamanaka.

Durante a desprogramação celular, a retomada do transcriptoma característico da célula pluripotente envolve a repressão da expressão de genes do perfil somático e a expressão de genes de pluripotência. Em geral, durante o processo de diferenciação, os genes de pluripotência são reprimidos por diversos mecanismos e, frequentemente, estão metilados e em estado de heterocromatina (ver Capítulo 11). Dessa forma, uma das barreiras da desprogramação é a reversão do perfil epigenético somático para que os genes de pluripotência sejam disponibilizados novamente. O grau da reversão epigenética determina diretamente o grau de pluripotência. Mesmo com os fatores de Yamanaka mencionados acima, a eficácia da reversão epigenética não é garantida e varia bastante.

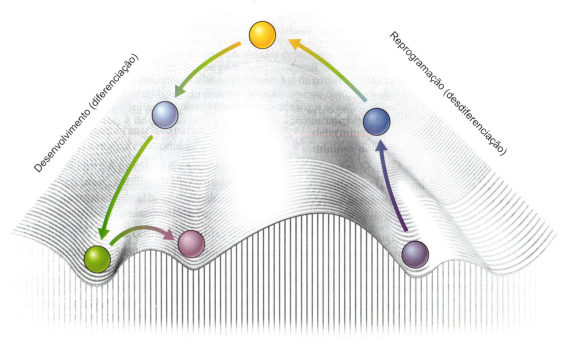

Figura 17.13 Na reprogramação celular, ocorre a recuperação do potencial celular, possibilitando a rediferenciação seguindo as vias distintas das que foram tomadas anteriormente. Na representação da Colina de Waddington, seria o equivalente a subir a colina para ampliar o leque de opções. (Adaptada de Takahashi e Yamanaka, 2015.)

Bibliografia

Alberts B, Johnson A, Lewis J, Morgan D, Raff M, Robertos M et al. Molecular biology of the cell. 6th ed. Garland Science; 2017.

Aldana M, Sandoval S, Torres C, García MP. Criticality in gene networks. In: Benítez M, Miramontes O, Valiente-Banuet A. Frontiers in ecology, evolution and complexity. Editora C3; 2014. p. 159-181.

Barresi JF, Gilbert SF. Developmental Biology. 12. ed. Oxford: Oxford University Press; 2019.

Briscoe J, Small S. Morphogen rules: design principles of gradient-mediated embryo patterning. Development. 2015;142(23):3996-4009.

Dessaud E, McMahon AP, Briscoe J. Pattern formation in the vertebrate neural tube: a sonic hedgehog morphogen-regulated transcriptional network. Development. 2008;135(15):2489-503.

Domenico E, Owens NDL, Grant IM, Gomes-Faria R, & Gilchrist MJ. Molecular asymmetry in the 8-cell stage Xenopus tropicalis embryo described by single blastomere transcript sequencing. Dev Biol. 2015;408(2):252-68.

Di Pietro F, Echard A, Morin X. Regulation of mitotic spindle orientation: an integrated view. EMBO Rep. 2016;17(8):1106-30.

Hoppler SP, Kavanagh CL. Wnt signalling: Variety at the core. J Cell Sci. 2007;120(3):385-93.

Jacobs CT, Huang P. Complex crosstalk of Notch and Hedgehog signalling during the development of the central nervous system. Cell Mol Life Sci. 2012;78(2):635-44.

Kiyomitsu T, Boerner S. The Nuclear Mitotic Apparatus (NuMA) Protein: A Key Player for Nuclear Formation, Spindle Assembly, and Spindle Positioning. Front Cell Dev Biol. 2021;9:1-12.

Koni M, Pinnarò V, Brizzi MF. The Wnt signalling pathway: a tailored target in cancer. Int J Mol Sci. 2020;21(20):1-26.

Kulukian A, Fuchs E. Spindle orientation and epidermal morphogenesis. Philos Trans R Soc B Biol Sci. 2013;368(1629):20130016.

Radulescu AE, Cleveland DW. NuMA after 30 years: The matrix revisited. Trends Cell Biol. 2010;20(4):214-22.

Simpson CL, Patel DM, Green KJ. Deconstructing the skin: Cytoarchitectural determinants of epidermal morphogenesis. Nat Rev Mol Cell Biol. 2011;12(9):565-80.

Takahashi K, Yamanaka S. A developmental framework for induced pluripotency. Development. (Cambridge). 2015;142(19):3274-85.

Weaver C, Kimelman D. Move it or lose it: Axis specification in Xenopus. Development. 2004;131(15):3491-99.

Glossário

A

A-actinina. Interage com actina, auxiliando na formação de feixes de microfilamentos.

Acetil-CoA (acetilcoenzima A). Intermediário metabólico originado do catabolismo de diversos compostos, como ácidos graxos, e utilizado como substrato inicial do ciclo respiratório ou ciclo do ácido cítrico (cíclico do ácido tricarboxílico), que tem lugar nas mitocôndrias.

Acrocêntrico. Cromossomo com o centrômero subterminal, isto é, deslocado para uma das extremidades.

Actina. Proteína muito abundante nas células eucariontes e que existe sob a forma de monômeros globulares (actina-G) ou sob a forma de filamentos flexíveis (actina-F) constituídos pela polimerização da actina-G. Os filamentos de actina fazem parte do citoesqueleto e participam da migração e alterações da forma das células. Actina nuclear é importante na distribuição espacial da cromatina.

Adenilato-ciclase. Enzima ligada à membrana celular que catalisa a síntese de AMP (monofosfato de adenosina) cíclico ou cAMP, a partir de ATP. O cAMP é um componente importante de diversas vias intracelulares transmissoras de sinais recebidos pela célula.

ADP. Difosfato de adenosina; nucleotídio originado pela hidrólise do grupo fosfato terminal da molécula de ATP, no processo de liberação da energia armazenada no ATP; geralmente, é importado pelas mitocôndrias, nas quais é fosforilado para formar novas moléculas de ATP, ricas em energia facilmente utilizável pela célula.

Aeróbias. Células que sobrevivem e proliferam na presença de oxigênio.

Ameboide. Tipo de movimentação celular pela emissão de prolongamentos citoplasmáticos curtos, os pseudópodos. Os glóbulos brancos do sangue (leucócitos), as amebas e os macrófagos do tecido conjuntivo se locomovem por movimento ameboide.

Amido. Polissacarídio utilizado pelos vegetais como reserva de energia; sua molécula, muito grande, é constituída exclusivamente por glicose. É, portanto, um polímero da glicose.

Aminoácido. A unidade monomérica das proteínas. A molécula dos aminoácidos tem um grupamento COOH em uma extremidade e um grupamento NH2 na outra. São exceções a prolina e a hidroxiprolina, que têm grupos NH, e não NH2.

AMP cíclico. Monofosfato de adenosina cíclico, uma molécula importante na transmissão intracelular de sinais.

Anabolismo. Parte do metabolismo que consiste na síntese de moléculas maiores, a partir de precursores menores.

Anaeróbias. Células que somente conseguem sobreviver e proliferar na ausência de oxigênio; utilizam vias metabólicas que não necessitam de oxigênio, como a fermentação.

Aneuplodia. Condição anormal na qual a célula tem um número de cromossomos que não é múltiplo do número haploide típico da célula.

Anfifílicas. Mesmo significado do termo "Anfipática".

Anfipática. Molécula com uma região hidrofílica e outra hidrofóbica.

Ânion. Molécula ou átomo com carga elétrica negativa.

Anisotropia. Característica de materiais cujas propriedades mudam de acordo com a orientação.

Anticódon. Os três nucleotídios, na molécula do RNA de transferência, que reconhecem o códon do RNA mensageiro. A complementaridade entre o anticódon e o códon serve para inserir, na molécula proteica, o aminoácido transportado pelo RNA de transferência.

Anticorpo monoclonal. Anticorpo produzido por um clone de células, isto é, por células que se originaram de uma única célula precursora. Esses anticorpos têm grande especificidade.

Anticorpo. Proteína sintetizada pelos plasmócitos, células do sistema imune, em resposta a moléculas estranhas que, por exemplo, podem fazer parte de um transplante de tecido ou de microrganismo invasores. O anticorpo reage com a molécula estranha e pode destruir as células do transplante ou os microrganismos.

Antígeno. Molécula estranha ao organismo que, ao ser encontrada pelas células do sistema imunitário, desenvolve neste sistema uma resposta contra o antígeno.

Apoenzima. Enzima sem o seu cofator; é inativa, pois a atividade dessas enzimas depende do cofator (há enzimas que não dependem de cofatores).

Apoptose. Morte celular regulada. Ocorre em consequência de uma programação interna da célula ou como resposta a uma injúria ou dano irreparável.

Atividade ATPásica. Atividade enzimática apresentada pela ATPase.

ATP. Trifosfato de adenosina; nucleotídio produzido no citoplasma (pela glicólise) e nas mitocôndrias (na respiração celular). É constituído pela adenosina com três radicais fosfato. É a principal fonte de energia facilmente utilizada pela célula.

ATPase. Enzima que rompe a ligação química do grupo fosfato terminal do ATP, liberando energia e gerando ADP e fosfato inorgânico.

ATP-sintase. Mesmo significado do termo "ATP-sintetase".

ATP-sintetase. Complexo enzimático encontrado na membrana interna das mitocôndrias, na membrana dos cloroplastos e na membrana plasmática das bactérias. Catalisa a síntese de ATP a partir de ADP e fosfato inorgânico.

Autofagia. Digestão de organelas e outros componentes celulares pelas enzimas dos lisossomos. Importante para a eliminação de componentes de que a célula não mais necessita, para a renovação de estruturas celulares e como mecanismo de sobrevivência, em condições de estresse.

Autólise. Destruição das células por suas próprias enzimas, geralmente após a morte do animal ou a remoção de tecidos.

Autossomos. O conjunto dos cromossomos de uma célula, excluindo os cromossomos sexuais.

Autotrófico. Organismo que é capaz de sobreviver tendo o gás carbônico como única fonte de carbono para sintetizar moléculas complexas.

Axônio. Prolongamento da célula nervosa, quase sempre único, geralmente longo, que conduz com grande velocidade o impulso nervoso de uma célula nervosa para outra ou para uma célula efetora.

B

Biogênese mitocondrial. Formação de novas mitocôndrias.

Birrefringência. Característica óptica de materiais que apresentam distintos índices de refração para diferentes ângulos de incidência da luz.

Bivalente. Conceito que indica que um elemento químico pode interagir com dois outros elementos químicos.

Blastômero. Célula indiferenciada que se forma pelas primeiras divisões mitóticas do zigoto (óvulo fecundado).

Blástula. Fase precoce do desenvolvimento embrionário, quando o embrião consiste em uma massa de células com uma cavidade cheia de líquido, a blastocele; a fase seguinte é a gástrula.

Bomba de íons. Proteínas transmembranar que transportam íons, com gasto de ATP.

Bomba de Na+/K+. Trata-se de uma bomba de sódio e potássio encontrada na membrana plasmática. Utiliza a energia da hidrólise do ATP para transportar três íons de sódio para fora e dois íons de potássio para dentro da célula.

C

Caderina. Proteína da membrana plasmática que medeia a adesão entre duas células. As caderinas perdem a capacidade de unir as células quando a concentração de íons cálcio é muito baixa no meio extracelular.

Calmodulina. Proteína citoplasmática das células eucariontes, que sofre modificação na forma de sua molécula, ao se ligar com íons Ca2+, tornando-se capaz de se combinar com determinadas proteínas. Dessa maneira, na presença de Ca2+, a calmodulina modula a atividade de enzimas e de proteínas transportadoras.

CAM (*cell adhesion molecules*). São glicoproteínas integrais da membrana plasmática, responsáveis pela adesão entre as células; algumas perdem a adesividade quando a concentração de íons cálcio é muito baixa.

Canal iônico. Uma proteína transmembranar em forma de um poro hidrofílico. É permeável a um íon específico ou a alguns íons.

Capacidade térmica. Grandeza física que determina a relação entre a quantidade de calor fornecida a um corpo e a variação de temperatura observada nele.

Cardiolipina. Fosfolipídio com quatro cadeias de ácidos graxos, encontrado somente na membrana interna das mitocôndrias. A membrana plasmática das bactérias também contém cardiolipina.

Cariótipo. Imagem obtida pela organização de fotomicrografias dos pares de cromossomos dispostos em ordem decrescente do tamanho dos cromossomos.

Cascata de sinalização intracelular. Reações bioquímicas sequenciais no interior da célula.

Caspases. Família de enzimas proteolíticas do citoplasma, contendo cisteína, que podem ser ativadas para desencadear a morte celular. Atacam os substratos na altura dos resíduos de aspartato.

Catabolismo. Clivagem enzimática de moléculas grandes, com a formação de moléculas menores e, geralmente, liberação de energia.

Cdk (*cyclin-dependent kinase*). Quinase que só funciona ao formar um complexo com uma ciclina. Os complexos de Cdk e ciclina participam do controle do ciclo celular.

cDNA. O mesmo que DNA complementar; molécula de DNA sintetizada como uma cópia de um RNA mensageiro, que é constituída somente por éxons, sem íntrons. Utilizado para determinar a sequência de aminoácidos em uma proteína, para determinar a sequência de nucleotídios no cDNA ou para produzir grandes quantidades de uma proteína.

Célula efetora. A célula que executa a função final de um determinado processo. Por exemplo, a célula muscular é efetora dos impulsos nervosos produzidos por neurônios motores.

Célula germinativa. São os óvulos e os espermatozoides, e as precursoras dessas células.

Célula somática. Células, geralmente diploides, que constituem grande maioria dos tecidos do organismo, distintas das células germinativas (óvulos e espermatozoides), que são haploides.

Célula-alvo. A célula que tem receptores para determinada molécula ou sinal químico.

Células diploides. Células que apresentam duas cópias de cada cromossomo.

Celulose. Polissacarídio encontrado em grande quantidade no meio extracelular dos vegetais. É o polímero mais abundante na Terra. Constituída de unidades repetidas de D-glicose ligadas por covalência pelo oxigênio entre o carbono número 1 de uma glicose e o carbono número 4 da próxima glicose.

Centrifugação fracionada. Técnica para separar organelas celulares fundamentada no fato de que, desde que sejam mais densas do que o meio no qual estão suspensas, as organelas centrifugadas tendem para a parte distal do tubo em que estão contidas, em uma velocidade que depende da forma e do tamanho de cada organela. São feitas centrifugações sucessivas, as forças (velocidades de centrifugação) cada vez maiores, separando-se assim, em cada centrifugação, um tipo de organela.

Centríolo. Pequeno cilindro constituído de microtúbulos e proteínas associadas (muito semelhante ao corpúsculo basal). Em geral, cada célula tem um par de centríolos, localizados no centrossomo.

Centro ativo. Região na superfície da enzima que interage com o seu substrato.

Centrômero. O mesmo que constrição primária. É a porção estreitada dos cromossomos mitóticos, que contém os cinetocoros, nos quais se prendem os microtúbulos do fuso mitótico. Na duplicação dos cromossomos, o novo cromossomo formado (cromátide) permanece ligado, durante determinado tempo, ao cromossomo antigo pelo centrômero.

Centrossomo. O mesmo que centro celular. É o principal centro de organização dos microtúbulos; na mitose, constitui os centros organizadores do fuso. Localiza-se próximo ao núcleo da célula e, na maioria das células animais, contém um par de centríolos.

Chaperona (ou chaperone). Proteína que auxilia outras proteínas a não dobrarem suas moléculas ou a se dobrarem de modo correto.

Cianobactéria. Também chamada "cianofícea", é um procarionte complexo que contém membranas e vesículas fotossintéticas.

Ciclina. Família de proteínas que ativa determinadas quinases de proteínas, participando do controle do ciclo celular.

Ciclo celular. Período que compreende as modificações ocorridas em uma célula, desde a sua formação até sua própria divisão em duas células-filhas; divide-se em interfase e mitose.

Ciclo da ureia. Principal via bioquímica responsável pelo processamento de nitrogênio celular.

Ciclo do ácido cítrico. Mesmo significado do termo "ciclo de Krebs".

Cílio. Extensão filamentosa e móvel da superfície das células.

Cinases proteicas. Também chamadas "quinases proteicas" ou *quinases de proteínas*. Família constituída de numerosas enzimas que catalisam a transferência de radicais fosfato de ATP para um aminoácido de uma proteína.

Cinases. Também chamadas *quinases*, são enzimas que transferem um grupo fosfato de um nucleosídio trifosfatado, como ATP, para outra molécula.

Cinesina. Família de proteínas motoras, de peso molecular elevado, que movimentam vesículas e organelas ao longo dos microtúbulos e sempre na direção da extremidade menos ($-$) para a extremidade mais ($+$) dos microtúbulos.

Cinetocoros. Discos localizados nos centrômeros, em que se inserem os microtúbulos do fuso mitótico.

Cisterna. Compartimento intracelular delimitado por membranas do retículo endoplasmático ou do complexo de Golgi.

Citocina. As citocinas constituem um extenso grupo de peptídios e de glicoproteínas de baixo peso molecular (8 a 80 kDa). São moléculas sinalizadoras que influenciam numerosos processos biológicos.

Citocinese. Na mitose, a divisão do citoplasma que se segue à divisão do núcleo; tem início na anáfase e termina após a telófase. Nas células dos animais é produzida pela contração de um anel citoplasmático que contém actina e miosina.

Citocromos. Transportadores de elétrons, constituídos por proteínas com o grupamento heme, que contém ferro.

Citoesqueleto. Um arcabouço intracelular, constituído por três tipos de filamentos: microfilamentos de actina, filamentos intermediários e microtúbulos.

Citoplasma. O mesmo que matriz citoplasmática; inclui todos os componentes do citoplasma que preenchem o espaço entre as organelas e inclusões.

Clatrina. Proteína encontrada nas vesículas encobertas (*coated vesicles*) que se formam na endocitose.

Clone celular. População de células derivadas de sucessivas divisões de uma única célula.

Cloroplasto. Organela encontrada nas células vegetais e nas algas verdes, constituída por membrana dupla; internamente, o cloroplasto tem um sistema delimitado por membrana, contendo clorofila, pigmento que capta a energia da luz para a fotossíntese; cada cloroplasto contém várias moléculas circulares de DNA.

Códon. Sequência de três nucleotídios, na molécula do RNA mensageiro, que representa a instrução para a incorporação de um determinado aminoácido no polipeptídio em formação.

Códon de iniciação. É o códon AUG, em que o ribossomo se prende ao RNA mensageiro, assegurando a leitura correta do mRNA e a síntese do polipeptídio com a sequência correta de aminoácidos.

Códon de terminação. Sequência de três nucleotídios, na molécula do RNA mensageiro, que significa a instrução para o término da síntese do polipeptídio. Há mais de um códon de terminação.

Coenzima. Molécula necessária para a atividade da enzima (a coenzima é um tipo de cofator). Em geral termoestáveis (as enzimas são termolábeis).

Cofator. Molécula ou íon necessária(o) para a atividade de determinadas enzimas.

Colágeno. Uma família de glicoproteínas fibrosas (moléculas alongadas). Alguns tipos de colágeno formam fibras no meio extracelular muito resistentes a trações.

Colchicina. Alcaloide que impede a polimerização dos microtúbulos do fuso mitótico durante a divisão mitótica, interrompendo a divisão na fase de metáfase, quando os cromossomos estão muito compactados.

Coloração. Procedimento químico que visa aumentar contrastes ou dar realce a componentes ou estruturas em amostras para microscopia.

Complexo do poro nuclear. Estrutura nuclear, constituída por diversas proteínas e situada no interior e na periferia do poro nuclear, que participa do controle do intercâmbio de moléculas entre o núcleo celular e o citoplasma.

Complexo molecular. Conjunto de macromoléculas, unidas por ligações não covalentes, que desempenha determinada função na célula.

Complexo sinaptonêmico (CS). Estrutura responsável pelas sinapses cromossômicas, na fase de zigóteno da prófase I da meiose, quando ocorre recombinação genética. Essas sinapses unem cromossomos homólogos para formar tétrades (cromossomos com quatro cromátides). Não confundir com sinapse entre células nervosas.

Conexon. Estrutura que pode ser encontrada na membrana plasmática de determinadas células, constituída por seis subunidades proteicas que delimitam um canal hidrofílico de aproximadamente 1,4 nm. A justaposição de conexons de células contíguas forma as junções comunicantes, por meio das quais as células trocam íons e pequenas moléculas informacionais.

Corpo residual. Lisossomo com restos de material que resistiu à digestão pelas enzimas do lisossomo.

Corpúsculo basal. Pequeno cilindro constituído por microtúbulos e proteínas associadas, existente na base dos cílios e flagelos das células eucariontes.

Córtex celular. Camada do citoplasma localizada subjacente à membrana plasmática, muito rica em actina. Os filamentos de actina ligam-se a outras proteínas para constituir uma proteção mecânica, participando também da forma e dos movimentos celulares.

Cristas mitocondriais. Dobras em forma de prateleiras, ou de túbulos, que aumentam a superfície da membrana interna das mitocôndrias.

Cromátide. Uma cópia do cromossomo que ainda se acha presa, pelo centrômero, à outra cópia; os filamentos de DNA recebem essa designação nos cromossomos das células em divisão.

Cromátide-irmã. É uma das duas cromátides de um cromossomo recém-replicado. Elas ficam presas entre si pelo centrômero.

Cromatina. Material intranuclear constituído de DNA e proteínas associadas.

Cromatina sexual. É encontrada nas células dos mamíferos do sexo feminino; consiste na cromatina de um cromossomo X que permanece condensado. Geralmente localizada na profundidade do núcleo ou presa ao envelope nuclear.

Cromatossomo. O mesmo que nucleossomo. É a unidade estrutural básica dos cromossomos das células eucariontes, constituído por DNA e histonas.

Cromossomo homólogo. Cada um dos cromossomos do par em um organismo diploide.

Cromossomo. Estrutura constituída por DNA e proteínas; muito longo nas células que não estão em divisão; a molécula de DNA permanece íntegra durante toda a vida da célula, porém os cromossomos são mais facilmente visíveis durante a mitose e a meiose, quando estão condensados; contém quase todos os genes da célula (as mitocôndrias e os cloroplastos têm alguns genes).

Cromossomos sexuais. Os cromossomos que determinam o sexo (XX ou XY, na espécie humana).

Crossing over. O mesmo que recombinação genética; é o rearranjo de genes que mudam de posição durante a meiose, como resultado da ruptura e reunião de segmentos dos cromossomos homólogos (um materno e o outro paterno).

D

Dálton. Medida da massa molecular; 1 Dálton é igual à massa de um átomo de hidrogênio; abreviado: 1 Da, 1 kDa (quilodálton).

Dendrito. Prolongamentos da célula nervosa, curtos, ramificados como os galhos de uma árvore, especializados na recepção de estímulos, geralmente de outras células nervosas.

Desidrogenase. Enzima que remove átomos de hidrogênio de uma molécula, transferindo-os para outra molécula.

Desmina. Proteína encontrada nos filamentos intermediários das células musculares lisas, esqueléticas e cardíacas.

Desmossomo. Especialização da superfície de duas células contíguas, com a função de aderência. Tem forma de disco, e, na membrana de cada célula, existe uma placa, na qual se inserem filamentos intermediários de queratina. São frequentes entre as células epiteliais.

Dictiossomo. Nome dado a cada pilha de cisternas do complexo de Golgi, com suas vesículas associadas.

Diferenciação. Processo que leva uma célula a se especializar em uma determinada função (contração, secreção), que ela passa a executar com grande eficiência.

Dineína. Família de moléculas proteicas muito grandes, com peso molecular superior a 1 milhão de dáltons, que funcionam como motor intracelular para a movimentação de organelas, vesículas secretórias, cromossomos mitóticos e outras estruturas, utilizando energia de ATP. As dineínas movimentam as partículas guiadas pelos microtúbulos e caminhando sempre da extremidade mais (+) para a extremidade menos (−) dos microtúbulos. Participam também dos movimentos dos cílios e flagelos.

Diploide. Célula que contém os dois conjuntos de cromossomos homólogos (um paterno e o outro materno); portanto, contém uma duplicata de cada gene.

DNA complementar. Mesmo significado do termo "cDNA".

DNA recombinante. Moléculas de DNA que contêm sequências nucleotídicas provenientes de mais de uma fonte. Muito utilizado na clonagem de genes e na produção de organismos geneticamente modificados.

DNA polimerases. Enzimas que catalizam a síntese de novos filamentos de DNA, copiando os filamentos antigos.

DNA-satélite. DNA altamente repetitivo (muitos nucleotídios iguais) que se concentra em regiões específicas do genoma (não confundir com satélite do cromossomo).

E

Elastina. Uma família de glicoproteínas com consistência de borracha, dotadas de grande elasticidade. Constituinte principal das fibras elásticas responsáveis pela elasticidade de determinados órgãos, como a pele e a artéria aorta.

Elétron-densa. Estrutura que dispersa os elétrons, aparecendo escura nas micrografias eletrônicas.

Endocitose. Internalização de moléculas na célula, por meio de modificações da membrana plasmática, visíveis ao microscópio eletrônico.

Endonuclease de restrição. Também conhecida simplesmente como enzima de restrição: enzima que corta a molécula de DNA em locais específicos, identificados por uma sequência de nucleotídios, que é reconhecida pela enzima.

Endossimbiose. É o processo de simbiose intracelular; admite-se que os cloroplastos e as mitocôndrias se originaram, durante a evolução das células, por endossimbiose de células procariontes, que, aos poucos, passaram parte dos seus genomas para a célula hospedeira.

Endossomo. Compartimento citoplasmática resultante da endocitose.

Endotoxina. Substância tóxica que é parte integrante da parede das bactérias gram-negativas, geralmente liberada quando a bactéria morre.

Envelope nuclear. Estrutura que envolve o núcleo de células eucariontes. É composto por duas membranas contendo poros nucleares, revestidas internamente pela lâmina nuclear.

Enzima de restrição. Outra designação para uma endonuclease de restrição.

Estrutura primária. Sequência dos aminoácidos que constituem a molécula de um polipeptídio.

Estrutura quaternária. Organização espacial de uma molécula proteica constituída por mais de um polipeptídio. Em geral, mantida por forças fracas, como pontes de hidrogênio. Exemplos: microtúbulos, filamentos de actina, capsômeros dos vírus.

Estrutura secundária. A organização tridimensional de *partes* da molécula de um polipeptídio; o arranjo tridimensional do polipeptídio inteiro é sua estrutura terciária.

Estrutura terciária. A forma tridimensional de um polipeptídio inteiro, que pode existir isolado ou unido a outros polipeptídios, para formar a estrutura quaternária da molécula proteica.

Eucromatina. Cromatina frouxa, correspondente à parte não condensada dos cromossomos (transcreve a informação genética).

Exocitose. O processo de fusão da membrana de uma vesícula intracelular com a membrana plasmática, levando à saída das moléculas contidas na vesícula para o meio extracelular. Dele participam o citoesqueleto e moléculas proteicas, denominadas fusogênicas, que facilitam a fusão de membranas.

Éxons. Partes da molécula de um pré-RNA mensageiro (ou seu equivalente no DNA) que irão codificar uma cadeia polipeptídica após remoção dos íntrons.

Exonuclease. Enzima que cliva a extremidade de um nucleotídio.

Exportina. Grupo de proteínas que participa da exportação dos RNA e de proteína do núcleo.

Extremidade +. Das duas pontas do microtúbulo ou do microfilamento de actina, aquela que recebe subunidades com maior velocidade; o microtúbulo ou o microfilamento crescem pela extremidade + (mais).

F

FACS (*fluorescence-activated cell sorter*). Aparelho que separa células em suspensão, desde que algumas delas estejam marcadas com um composto fluorescente; as células fluorescentes são separadas das não fluorescentes em recipientes distintos.

Fagocitose. Subtipo da endocitose na qual a célula forma prolongamentos (pseudópodos) que englobam partículas e as introduzem no citoplasma.

Fagossomo. Compartimento citoplasmático resultante da fagocitose.

Fase G1 (*Gap* 1). Fase do ciclo celular, de duração muito variável, situada entre a mitose e a fase S. Durante a fase G1, existe intensa síntese de moléculas.

Fase G2 (*Gap* 2). Fase do ciclo celular preparatória para o início da mitose, situada entre a fase S e a mitose.

Fase G-zero (G0). Fase da vida da célula durante a qual ela não está participando do processo proliferativo, podendo voltar à fase G1 do ciclo desde que receba um estímulo adequado. É na fase G0 que a célula executa suas funções especializadas, como secreção, contração, dentre outras.

Fase M. Fase em que o núcleo e o citoplasma se dividem, dando origem a duas novas células.

Fase S. Fase do ciclo celular durante a qual tem lugar a síntese de DNA.

Fator de crescimento. Molécula proteica que promove o crescimento e a proliferação das células.

Fator de iniciação. Proteína responsável pela associação correta dos ribossomos com a molécula de RNA mensageiro e que é essencial para o início da síntese proteica.

Fenótipo. As características observáveis de uma célula ou organismo (em grande parte, depende do genótipo).

Fibronectina. Glicoproteína da matriz extracelular.

Filamentos de actina. São constituídos de *actina F*, que se forma pela polimerização de monômeros globulares da proteína *actina G*. Os filamentos de actina, também conhecidos como microfilamentos, são componentes do citoesqueleto das células eucariontes.

Filamentos intermediários. Filamentos do citoesqueleto com aproximadamente 10 nanômetros de diâmetro, constituídos de proteínas diferentes conforme o tipo celular; são resistentes e oferecem estabilidade à forma da célula, além de participarem de outras funções.

Fixação. Procedimento físico e químico que visa à preservação de estruturas em tecidos para análises microscópicas.

Flagelo. Prolongamento longo, que contém microtúbulos, que causa propulsão celular

Flipase. Proteína que participa da transferência de moléculas de fosfolipídios entre duas monocamadas de uma bicamada lipídica.

Fosforilação oxidativa. Síntese de ATP pela oxidação de moléculas geradas no ciclo de Krebs e na via glicolítica. Ocorre na membrana mitocondrial interna.

Fosforilação. Adição de um grupamento fosfato a uma molécula.

Fotorrespiração. Consiste na oxidação de compostos resultantes da fotossíntese, formando hidratos de carbono como produto final. Na fotorrespiração, há consumo de oxigênio e produção de gás carbônico.

Fragmentos de Okasaki. Fragmentos pequenos de DNA produzidos na cadeia descontínua durante a replicação e, depois, unidos pela enzima DNA-ligase, formando uma molécula contínua. O nome é uma homenagem ao descobridor do processo.

Fusão celular. União de duas ou mais células que, ao entrarem em contato, se fundem em razão da fragilização temporária de suas membranas plasmáticas e misturam seus conteúdos, formando uma célula única.

G

Genoma. A totalidade da informação genética contida no DNA da célula (RNA, em alguns vírus).

Genótipo. A constituição genética total de uma célula ou de um organismo.

Glicocálice. Camada intimamente ligada ao folheto externo da membrana plasmática e formada pelas porções glicídicas de moléculas da própria membrana (glicoproteínas, glicolipídios), mais moléculas que são secretadas para o meio extracelular e aderem à superfície das células. Sua composição molecular varia muito de uma célula para a outra.

Glicogênio. É o polissacarídio utilizado como reserva energética pelas células animais; constituído pela polimerização de moléculas de glicose; ao microscópio eletrônico, aparece como pequenos grânulos isolados ou aglomerados.

Glicogenólise. Processo do qual participam várias enzimas que quebram o glicogênio em moléculas de glicose. Uma dessas enzimas está na membrana do retículo endoplasmático liso (REL) e as outras se localizam no citoplasma.

Glicólise. Via metabólica presente no citoplasma, que converte moléculas de glicose até o estado de piruvato e produz pequena quantidade de ATP.

Gliconeogênese. Síntese de glicogênio a partir de precursores não glicídicos, como aminoácidos.

Glicoproteína. Proteína que apresenta na molécula uma ou mais cadeias glicídicas (formadas de glicídios ou açúcares); muito frequente na superfície das células e nas secreções celulares.

Glicosaminoglicana (GAG). Polissacarídio formado por repetições de um dissacarídio (isto é, dois glicídios). Pode estar ligada a uma proteína para constituir uma proteoglicana. É um componente da matriz extracelular. O ácido hialurônico, a heparina e o condroitim sulfatado são exemplos de GAG.

Glicose-6-fosfatase (G-6-Pase). Enzima encontrada no retículo endoplasmático liso, que participa da obtenção de glicose a partir do glicogênio (glicogenólise). G-6-Pase é abundante nos hepatócitos (células do fígado), que acumulam glicogênio como reserva energética.

GTP (guanosina trifosfato). Originada da adição de mais um radical fosfato à *GDP* (guanosina difosfato). *GTP*, como *ATP*, libera grande quantidade de energia livre quando seu radical fosfato terminal é hidrolisado. Participa da montagem dos microtúbulos e da síntese de proteínas. Além disso, tem importante papel na propagação intracelular de sinais químicos recebidos pela membrana plasmática.

H

Haploide. Célula que contém apenas um conjunto de cromossomos, como as células da linhagem sexual: óvulos e espermatozoides.

Helicase. Enzima que separa as duas cadeias do filamento duplo de DNA, consumindo energia do ATP para romper as pontes de hidrogênio entre as bases. Essencial para a replicação do DNA e para a síntese de RNA na transcrição.

Hemidesmossomo. Estrutura em forma de disco especializada na função de aderência, encontrada na porção basal da membrana plasmática de células epiteliais, em contato com a lâmina basal. Ao hemidesmossomo, como ao desmossomo, prendem-se filamentos intermediários de queratina.

Hemólise. Ruptura da membrana plasmática das hemácias, que acontece quando elas são colocadas em meio hipotônico. Inicialmente, a hemácia aumenta de volume e depois se rompe, liberando seu conteúdo.

Heterocário. Célula com dois ou mais núcleos, formada pela fusão de células diferentes.

Heterocromatina. Cromatina que permanece condensada e, portanto, geneticamente inativa.

Heterocromatina constitutiva. É a heterocromatina que permanece condensada em todas as células de um determinado organismo; é constituída por sequências curtas e repetitivas de DNA.

Heterocromatina facultativa. É a heterocromatina que se apresenta condensada em algumas células, mas não em outras, do mesmo organismo. Não é formada por sequências repetitivas de DNA. Exemplo: a cromatina sexual que, em umas células, é formada pelo cromossomo X paterno e, em outras, pelo cromossomo X materno.

Heteropolímero. Molécula polimérica, constituída de monômeros diferentes (exemplo: ácidos nucleicos, formados pela união de nucleotídios).

Heterotróficas. Células que dependem de um suprimento externo de compostos de carbono; são incapazes de sintetizar moléculas complexas de carbono a partir de moléculas muito simples, como o gás carbônico.

Hibridização *in situ*. Técnica para a localização de genes (DNA) ou de RNA mensageiro. O ácido nucleico em estudo é conservado no seu local celular, e sobre ele se faz reagir moléculas conhecidas e marcadas de DNA ou de RNA (sondas ou *probes*). A identificação da molécula marcada indica a localização do gene ou do mRNA procurado.

Hibridoma. Linhagem celular mista, formada pela fusão de plasmócitos (células produtoras de anticorpos) com células de mieloma (malignas). As células do hibridoma se multiplicam e produzem grande quantidade de um só tipo de anticorpo, por isso chamado anticorpo monoclonal.

Hidrólise. Ruptura de uma ligação covalente, com a adição dos componentes da água: H a um dos produtos e OH ao outro.

Hipertônico. Qualquer meio, ou solução, com alta concentração de solutos; causa a saída de água da célula, com diminuição do volume celular.

Hipotônico. Qualquer meio, ou solução, com tão baixa concentração de solutos, que causa a entrada de água nas células; no meio hipotônico, a célula aumenta de volume e pode romper.

Histona. Proteína com carga elétrica positiva (proteína básica) que se prende ao DNA (carga negativa) para constituir os nucleossomos, componentes fundamentais dos cromossomos. São bem conhecidos cinco tipos principais de histonas: H1, H2A, H2B, H3 e H4.

Holoenzima. Complexo da enzima com o cofator.

Homopolímero. Molécula polimérica constituída de monômeros semelhantes (p. ex.: as proteínas que contêm apenas aminoácidos).

I

Importina. Família de proteínas citoplasmáticas que reconhecem as proteínas destinadas ao núcleo celular, participando da transferência das proteínas do citoplasma para o núcleo celular.

Inflamação. Resposta localizada caracterizada por dilatação dos vasos sanguíneos, acúmulo de fluido e leucócitos em reaposta a um traumatismo ou infecção. Leva a um aumento de volume, de calor, rubor e dor, localizados.

Inibição alostérica. Inibição total ou parcial (modulação) da atividade de uma enzima através da alteração da sua conformação. É um tipo de inibição não competitiva.

Inibição por contato. É a interrupção da proliferação de células cultivadas sobre um substrato em resposta ao contato entre as células.

Inibidor competitivo. Inibidor que se liga ao sítio ativo da enzima e compete com o substrato pela ocupação desse sítio; a atividade do inibidor competitivo diminui quando se aumenta a concentração do substrato.

Inibidor não competitivo. Inibidor de uma enzima que não se liga ao sítio ativo da enzima, e, por isso, a inibição depende somente da concentração do inibidor, sendo independente da concentração do substrato da enzima.

Integrina. Proteína transmembranar que participa da ligação do citoesqueleto com a matriz extracelular.

Intercinese. Estágio entre a primeira e a segunda divisão meiótica. Na intercinese, o número de cromossomos é haploide, mas a quantidade de DNA é diploide, pois cada cromossomo é duplo (tem duas cromátides).

Interfase. Período da vida da célula entre duas divisões mitóticas.

Interferonas. Citocinas glicoproteicas produzidas por qualquer célula que seja invadida por vírus. Os interferons agem sobre receptores da membrana de diversas células induzindo-as a produzirem moléculas que inibem a multiplicação dos vírus.

Intermediário metabólico. Molécula produzida em uma etapa de uma via metabólica.

Íntrons. As partes da molécula de um pré-RNA mensageiro, ou seu equivalente no DNA, que são removidas por *"splicing"*, para possibilitar a junção dos éxons que irão constituir a molécula do RNA mensageiro.

Isoenzimas. Enzimas diferentes, que atuam sobre o mesmo substrato e catalisam a mesma reação. Diferem na cinética enzimática ou no modo como são reguladas.

J

Junção aderente. Muito frequentemente, forma *zônula aderente*, isto é, envolve toda a periferia da célula, como um cinto. Apresenta uma placa na face citoplasmática da membrana, onde se prendem filamentos de actina. Tem a função de prender as células, sendo muito comum nos tecidos epiteliais. Às junções aderentes e às zônulas aderentes de uma célula correspondem estruturas semelhantes nas células adjacentes, para assegurar a aderência intercelular.

Junção comunicante. Túnel constituído por moléculas da membrana celular (conexons) que comunica o citoplasma de células adjacentes, fazendo com que elas funcionem em conjunto.

L

Lâmina basal. Material extracelular que envolve as células musculares e adiposas e separa os epitélios do tecido subjacente; constituída por colágeno tipo IV e diversas outras proteínas.

Lâmina nuclear. Camada localizada na face interna do envelope nuclear, constituída por uma rede de filamentos formados por três proteínas denominadas laminas (pronuncia-se *lamínas*).

Laminina. Glicoproteína da lâmina basal constituída por três polipeptídios formando uma cruz, que se liga a proteínas da membrana plasmática e a outras proteínas da matriz extracelular.

Laminopatia. Síndromes causadas por mutação nos genes que codificam as laminas ou as proteínas que ancoram as laminas no envelope nuclear.

Lectina. Proteína que se liga fortemente e especificamente a determinados glicídios. Cada molécula de lectina tem, no mínimo, dois sítios ativos. Por isso, podem aglutinar células.

Leitura de prova ou *proofreading*. Propriedade de DNA polimerase III de substituir as bases erradas pelas bases certas durante a síntese de DNA. Por isso, são muito raros os defeitos na duplicação do DNA nuclear.

Ligante. Qualquer molécula que se liga de modo específico a receptores celulares, geralmente desencadeando uma resposta (contração, síntese, secreção); pode ser um hormônio, um neurotransmissor, um fator de crescimento etc.

Ligase. Enzima que liga os fragmentos de DNA da cadeia *lagging* na forquilha de replicação (*replication fork*). É a mesma enzima que fecha as falhas durante a reparação do DNA danificado por agentes químicos ou físicos.

Linhagem celular. Células animais ou vegetais de um tipo que podem ser mantidas indefinidamente em cultura.

Lise celular. Ruptura da membrana plasmática, geralmente pela ação de soluções hipotônicas, causando a liberação do conteúdo da célula e sua morte.

Lisossomo. Organela que contém enzimas hidrolíticas, com atividade máxima em pH ácido; a membrana do lisossomo tem bombas de H+ que acidificam o interior da organela.

M

Macrófago. Célula do tecido conjuntivo especializada na defesa do organismo pela fagocitose de microrganismos invasores, resíduos de células mortas e secreção de moléculas que participam da resposta do sistema imunitário.

Macromoléculas. Moléculas que são grandes e complexas, essenciais para a estrutura e o funcionamento das células. Algumas vezes, são constituídas de unidades ou monômeros. Incluem lipídios, proteínas, polissacarídios e ácidos nucleicos.

Material pericentriolar. Componente do centrossomo que fica em torno do par de centríolos e de onde se originam microtúbulos. Esse material é granular e denso aos elétrons.

Matriz mitocondrial. Material aquoso e viscoso contido no interior da mitocôndria e delimitado pela membrana interna da mitocôndria.

Matriz nuclear. Endoesqueleto nuclear constituído por um trançado de filamentos que sustenta os cromossomos interfásicos. Também chamado de nucleoesqueleto.

Meiose. Divisão celular que origina os óvulos e espermatozoides, que contêm metade do número de cromossomos e da quantidade de DNA típicos da espécie. É essencial na reprodução sexuada.

Metabolismo. O conjunto do total de reações químicas que têm lugar nas células.

Metacêntrico. Cromossomo com centrômero central, dividindo o cromossomo em dois braços do mesmo tamanho.

Metástase. Processo pelo qual um neoplasma maligno (câncer) origina tumores secundários em outros locais, geralmente através dos vasos sanguíneos ou linfáticos.

Microfilamentos. Designação utilizada algumas vezes para os filamentos de actina, participantes dos movimentos celulares e encontrados em todas as células eucariontes, como um componente do citoesqueleto. Fazem parte do aparelho contrátil das células musculares e não musculares e servem de apoio às proteínas motoras no transporte intracelular de partículas.

Micrômetro (mm). Unidade de medida utilizada em microscopia. Um micrômetro equivale a um milésimo do milímetro.

Microscópio confocal. Um tipo de microscópio que utiliza um delgado feixe de raios *laser* para fazer uma varredura em determinado plano da célula. Geralmente é utilizado com células tratadas por corantes fluorescentes. Permite a realização de "cortes ópticos" que são examinados em um vídeo. Com o auxílio de um programa de computador, possibilita a reconstrução tridimensional das estruturas intracelulares.

Microssomos. Vesículas formadas durante a técnica de fracionamento celular, pela ruptura das endomembranas, principalmente do retículo endoplasmático rugoso. Constituem um artefato da técnica de centrifugação diferencial, mas são úteis no estudo da composição química das endomembranas.

Microtúbulo. Componente do citoesqueleto em forma de túbulo rígido com 20 nanômetros de diâmetro, constituído pela proteína tubulina. Participa da determinação da forma da célula, e dos batimentos dos cílios, do transporte de organelas e de vesículas no citoplasma.

Mitose. Fase do ciclo celular durante a qual os cromossomos se tornam bem visíveis ao microscópio óptico e a célula se divide em duas células-filhas.

Mol. Quantidade de uma substância, em gramas, em que o número de gramas é igual à massa molecular da substância.

Mosaico fluido. Nome do modelo proposto para as membranas celulares (universalmente aceito). Admite que as membranas são constituídas por uma bicamada lipídica, fluida, em que se inserem proteínas. As proteínas têm mobilidade no plano da membrana, mas os lipídios podem passar da camada lipídica interna para a externa, e vice-versa.

Movimento ameboide. Processo de movimentação de alguns tipos de células que emitem prolongamentos (pseudópodos) e assim se locomovem.

Mutação. Alteração na sequência de nucleotídios na molécula de DNA.

Mutação somática. Mutação no genoma de célula do corpo de um organismo, não transmissível aos descendentes, ao contrário da mutação nas células germinativas (óvulo e espermatozoide), que se transmite aos descendentes.

N

Nanômetro (nm). Principal unidade de medida utilizada em microscopia eletrônica. Um nanômetro é igual a um milésimo do micrômetro.

Necrose. Morte celular, geralmente por falta de oxigênio, por microrganismo patógeno ou por substância tóxica. A célula e as organelas aumentam de volume, ocorre a ruptura da célula e instala-se um processo inflamatório.

Neoplasma. Proliferação celular anormal e descoordenada, que persiste mesmo quando cessa o estímulo que a iniciou (atualmente, o termo neoplasma tem sido utilizado como sinônimo de tumor).

Neoplasma benigno. Neoplasma que se mantém localizado.

Neoplasma maligno. O mesmo que câncer. Neoplasma (tumor) gerador de metástases que se espalham pelo corpo, produzindo neoplasmas secundários. O neoplasma que não gera metástases é denominado neoplasma benigno.

Neurotransmissor. Molécula produzida nas sinapses do sistema nervoso que transmite o impulso nervoso de um neurônio para outro, ou para uma célula efetora (célula secretora, célula muscular).

NOR (*nucleolar organizing region*). Região de um ou mais cromossomos onde se forma o nucléolo; na espécie humana, cinco pares de cromossomos têm NOR.

Nucléolo. Estrutura do núcleo, constituída principalmente de RNA e proteínas, mas contendo também DNA, em que há transcrição de RNA ribossomal e montagem das duas subunidades dos ribossomos.

Nucleoporina (Nup). Designação geral para as proteínas (mais de 100 moléculas) que constituem o complexo do poro nuclear.

Nucleossomo. O mesmo que *cromatossomo*. Unidade estrutural dos cromossomos das células eucariontes, constituída por um segmento de DNA que envolve uma parte central formada por moléculas de histonas.

O

Oncogene. Gene mutante que participa da formação de células malignas (cancerosas); origina-se por mutação de genes que normalmente controlam a proliferação celular (protoncogene).

Organismo transgênico. Organismo que contém em seu genoma DNA (genes) proveniente de outra espécie.

P

Par de bases (pb). Dois nucleotídios na molécula de um ácido nucleico (RNA ou DNA) que se unem por pontes de hidrogênio. Muitas vezes, o número de par de bases é utilizado para indicar o tamanho da molécula.

Parede celular. Camada protetora que dá forma a determinadas células (bactérias, células vegetais, fungos e algas), sintetizada pela própria célula e situada por fora da membrana

384 Biologia Celular e Molecular

plasmática; não existe nas células dos animais. As paredes das células dos vegetais (plantas) são constituídas por celulose e outros polissacarídios, como hemicelulose e pectina.

Partícula beta. Elétron emitido por determinados radioisótopos.

Pectina. Polissacarídios complexos altamente ramificados e hidrofílicos. Contêm resíduos do ácido D-galacturônico.

Permutação. O mesmo que *crossing over*; ocorre na prófase I da meiose e consiste na troca de DNA entre um cromossomo materno e um cromossomo paterno.

Peroxidase. Enzima que catalisa a retirada de hidrogênio (oxidação) de determinadas substâncias, transferindo-o para o peróxido de hidrogênio e produzindo água: $2H + H2O2 \ S \ 2H2O$.

Peroxissomo. Organela que utiliza $O2$ para oxidar moléculas diversas; produz e degrada $H2O2$.

Pinocitose. Um tipo de endocitose em que pequenas quantidades de material solúvel são envoltas por depressão da membrana plasmática, que se separa e forma uma vesícula no citoplasma.

Placa celular. Tabique na altura do equador da célula vegetal, que se forma na telófase pela fusão de vesículas procedentes do complexo de Golgi, para dividir a célula em duas.

Plasmídio. Molécula circular de DNA, existente em células procariontes, que se duplica independentemente da duplicação do cromossomo; os plasmídios são muito utilizados como vetores (transportadores) de genes de um organismo para outro.

Polimerização. União de muitas subunidades menores (monômeros) para formar uma molécula maior, em que as subunidades se repetem.

Polímero. Macromolécula constituída pela repetição de subunidades menores, denominadas monômeros.

Poliploide. Célula cujo núcleo contém mais de dois conjuntos de cromossomos.

Polirribossomo. Conjunto formado por uma molécula de RNA mensageiro e os ribossomos a ela ligados, para sintetizar proteína.

Politênico. Cromossomo gigante (até 150 a 200 mm) presente nas larvas de alguns dípteros. Cada um é constituído por muitos filamentos de cromossomos homólogos que se emparelham e se duplicam repetidas vezes, porém não se separam.

Ponto de restrição. Situado no final do período G1, este importante ponto do ciclo celular impede a progressão do ciclo em condições insatisfatórias. Quando a célula passa o ponto de restrição o ciclo continua e a célula entra no período S (de síntese de DNA).

Porina. Designação das proteínas que formam canais não seletivos permeáveis a pequenas moléculas presentes na membrana externa dos cloroplastos, na membrana externa das mitocôndrias e na membrana das bactérias.

Poro nuclear. Um canal, com uma estrutura em forma de cesta, que controla o intercâmbio de moléculas entre os dois principais compartimentos celulares: o núcleo e o citoplasma.

Primase. Enzima que sintetiza os pequenos fragmentos de RNA que são *primers* dos pedaços de DNA da cadeia descontínua na forquilha de replicação; essa enzima é chamada também de DNA-primase (o *primer* da cadeia contínua é sintetizado pela RNA polimerase).

Promotor. Sequência no DNA em que a RNA polimerase se liga para iniciar a transcrição de um gene.

Prostaglandina. Família de ácidos graxos de cadeia longa (20 carbonos) derivados do ácido araquidônico, com funções principalmente parácrinas, participando de numerosos processos funcionais.

Proteína G. Uma dentre as numerosas proteínas transmissoras de sinais químicos da superfície para o interior da célula, ativada pela combinação reversível com GTP; o sinal químico é inicialmente captado por um receptor localizado na membrana, que passa a informação para a proteína G; foi uma das primeiras proteínas transmissoras de sinais a serem estudadas.

Proteína globular. Proteína com a molécula de forma globosa; o termo se refere à estrutura terciária da proteína, pois moléculas proteicas globulares podem ligar-se formando filamentos (estrutura quaternária), como os microfilamentos de actina, que são constituídos de monômeros de actina G, uma proteína globular.

Proteína motora. Grupo de proteínas que utilizam energia de ATP para gerar força mecânica que movimenta a própria proteína e partículas aderidas a ela. O conjunto se movimenta ao longo dos constituintes do citoesqueleto. São conhecidas as cinesinas (quinesinas) e as dineínas, que se movimentam ao longo dos microtúbulos; e as miosinas que se movimentam ao longo dos microfilamentos.

Proteína Ras. Uma das proteínas sinalizadoras que transmitem sinais químicos da superfície celular para o citoplasma, e que se ativa pela ligação com GTP.

Proteína transmembranar. Uma proteína de membrana celular que atravessa toda a espessura da membrana, fazendo saliência em ambos os lados.

Proteína transportadora. Componente das membranas celulares; sofre modificações na forma tridimensional ao se combinar com determinadas moléculas que atravessam as membranas, impulsionadas pela proteína transportadora.

Proteoglicana. Complexo de proteína-polissacarídio que consiste em uma molécula central de proteína à qual se prendem diversas cadeias de glicosaminoglicanas. As glicosaminoglicanas têm cargas negativas e prendem cátions aos quais se ligam numerosas moléculas de água. Assim se forma um gel muito rico em água e que resiste às compressões. As proteoglicanas são frequentes no material extracelular.

Proteoma. O conjunto das proteínas que constituem a célula.

Proteossomo. Complexo multienzimático em forma de barril, encontrado no citoplasma, no qual são digeridas proteínas marcadas para destruição, geralmente pela ligação com moléculas de ubiquitina.

Pseudogene. Gene que sofreu mutação e deixou de codificar proteína.

Glossário 385

Q

Queratina. Grupo de proteínas (mais de 20 tipos) encontradas nas células epiteliais e nas estruturas formadas por elas, como unhas, chifres e pelos. São filamentos intermediários.

Quiasma. Fragmento do complexo sinaptonêmico que permanece entre cromossomos homólogos, na fase de diplóteno da meiose.

Quimiotactismo. Resposta de uma célula móvel, procarionte ou eucarionte, que é atraída ou repelida por uma substância solúvel.

Quinase. Enzima que transfere um grupo fosfato de um nucleosídio trifosfatado, como ATP, para outra molécula.

Quinase de proteína. O mesmo que quinase proteica; grupo de enzimas que transfere um radical fosfato do ATP para um aminoácido de uma proteína.

R

Ran. GTPase que participa do transporte de moléculas através do poro nuclear. Hidrolisa GTP, liberando energia para a translocação molecular.

Receptor. Proteína, localizada na superfície ou no interior da célula, que, ao se ligar especificamente a determinadas moléculas, promove uma resposta celular; a molécula que se liga ao receptor se chama ligante ou sinal químico.

Recombinação genética. O mesmo que *crossing over*; é o rearranjo de genes que mudam de posição durante a meiose, como resultado da ruptura e reunião de segmentos dos cromossomos homólogos (um materno e o outro paterno).

Replicação. Duplicação do genoma (DNA nas células, RNA em alguns vírus) pela atividade das enzimas chamadas polimerases.

Réplicon. Local do genoma no qual se inicia a duplicação do DNA; no núcleo das células eucariontes pode haver 20.000 a 30.000 réplicons.

Respiração. O processo celular de liberação de energia dos nutrientes, que consome oxigênio e libera gás carbônico.

Retículo endoplasmático liso (REL). Sistema de estruturas membranosas intracitoplasmáticas, sem ribossomos, delimitando cisternas com a forma anastomosada. Essas estruturas têm várias funções; inativam moléculas tóxicas, sintetizam fosfolipídios, participam da produção de hormônios esteroides e armazenam íons cálcio.

Retículo endoplasmático rugoso (RER). Também chamado retículo endoplasmático granular. Rede de membrana que delimita cavidades (cisternas) contínuas. A membrana deste retículo apresenta polirribossomos acoplados à sua superfície citoplasmática. As proteínas sintetizadas nos polirribossomos deste retículo se destinam ao próprio retículo, ao complexo de Golgi, aos lisossomos, às membranas celulares, ou então são secretadas.

Retículo sarcoplasmático. Retículo endoplasmático liso das células ou fibras musculares; além de outras funções, é um reservatório de Ca2+, que é lançado no citoplasma para desencadear a contração celular.

Retrovírus. Vírus com genoma de RNA que se multiplica nas células fazendo primeiro uma cópia do seu genoma em DNA, graças às transcriptases reversas, enzimas que não existem nas células, sendo codificadas pelos próprios retrovírus. Assim chamados porque promovem a síntese de DNA sobre molde (*template*) de RNA, ao contrário do que acontece nos organismos em geral, onde ocorre a síntese de RNA dirigida por molde de DNA.

RNA heterogêneos. Também designados "hnRNA", é um grupo complexo de moléculas de RNA intranucleares, algumas muito grandes, e incluindo os pré-RNA. Estes últimos, depois de processados por *splicing*, dão origem aos RNA mensageiros.

RNA mensageiro. Ou "mRNA", é a molécula intermediária entre um gene e o polipeptídio codificado por ele. A molécula do RNA mensageiro é sintetizada sobre um filamento de DNA e contém a informação para codificar um determinado polipeptídio.

RNA polimerase I. A enzima de transcrição encontrada nas células eucariontes que sintetiza os RNA ribossomais 28S, 18S e 5,8S.

RNA polimerase II. A enzima de transcrição encontrada nas células eucariontes, que sintetiza os RNA mensageiros e a maioria dos RNA de moléculas pequenas.

RNA polimerase III. A enzima de transcrição encontrada nas células eucariontes que sintetiza os RNA de transferência e o RNA 5S dos ribossomos.

S

Sarcômero. Unidade contrátil dos tecidos musculares estriados; consiste, principalmente, de moléculas de miosina e de actina.

Satélite do cromossomo. Pequena porção de cromatina terminal, situada depois de uma constrição secundária, quando esta se localiza perto da ponta de um cromossomo (não confundir com DNA-satélite).

Simbiose. União entre dois organismos que é benéfica para ambos.

Sinal químico. Molécula que é reconhecida por receptores celulares e resulta em uma resposta na célula.

Sinapse. Local onde o axônio de um neurônio faz contato com um dendrito, com o corpo de outra célula nervosa, ou com uma célula efetora; nas sinapses, o terminal axônico libera neurotransmissores que transmitem o impulso para a célula seguinte da cadeia. A secreção de neurotransmissores caracteriza as sinapses químicas. Nas sinapses elétricas (raras nos mamíferos), as membranas celulares se unem e o impulso nervoso é transmitido diretamente, sem a participação de neurotransmissores.

Sincício. Estrutura constituída por um citoplasma volumoso e contendo muitos núcleos.

Síndrome de Zellweger. Distúrbio hereditário humano, muito pouco frequente, resultante de uma falha no direcionamento das enzimas destinadas aos peroxissomos. Nesses doentes, os peroxissomos ficam vazios, apesar de suas enzimas serem sintetizadas. Elas ficam dispersas no citoplasma.

Síntese pré-biótica. Síntese realizada nos primórdios da Terra, antes do aparecimento das primeiras células.

SNARE. Proteína que possibilita a fusão da membrana de vesículas citoplasmáticas com outras membranas da célula.

snRNA. As letras sn vêm do inglês *small nuclear*. Pequenas moléculas de RNA encontradas exclusivamente no núcleo celular, que fazem parte dos *spliceosomes* e participam da remoção dos íntrons das moléculas do RNA mensageiro.

Spliceosome. Maquinaria intranuclear na qual os íntrons são removidos das moléculas de pré-RNA mensageiro, permanecendo apenas os éxons. Os *spliceosomes* são constituídos de pequenas moléculas de RNA (snRNA) e algumas proteínas.

Splicing. Processo que tem lugar na molécula precursora do RNA mensageiro, pelo qual os íntrons são removidos e os éxons são soldados para formar uma molécula definitiva do RNA mensageiro.

Submetacêntrico. Cromossomo com braços de tamanhos desiguais.

Substrato. Molécula sobre a qual uma enzima atua.

Svedberg. Unidade para expressar o tamanho de macromoléculas e partículas muito pequenas. É o coeficiente de sedimentação avaliado pela velocidade como a molécula ou partícula sedimenta em uma ultracentrífuga. Esse coeficiente depende do tamanho e da densidade da macromolécula ou partícula. O nome refere-se ao químico sueco Theodor Svedberg, que aperfeiçoou a ultracentrífuga.

T

Tampão. Solução que contém compostos que interagem com hidrogênio livre e com íons hidroxila, minimizando as alterações do pH.

Tecido conjuntivo. Caracteriza-se pela abundância de material extracelular, que pode conferir propriedades especiais ao tecido. Apresenta diversas variedades com acentuadas diferenças na constituição extracelular. São exemplos os tecidos ósseo e cartilaginoso, os tendões, ligamentos e a derme.

Tecido epitelial. Tecido com células muito próximas, praticamente sem material extracelular, que reveste a superfície externa do corpo e as cavidades naturais, como a boca, o estômago e as vias respiratórias. Constitui também as glândulas endócrinas e exócrinas.

Tecido muscular. É formado por células alongadas, muitas vezes chamadas fibras musculares, especializadas na contração. Apresenta três variedades: o tecido esquelético, de contração voluntária, com células multinucleadas e apresentando estrias transversais; o tecido cardíaco, também estriado, porém de contração involuntária; e o tecido muscular liso, sem estriação transversal, presente nas vísceras e de contração involuntária.

Tecido nervoso. Tecido constituído principalmente por células excitáveis, especializadas em captar estímulos químicos e mecânicos originados no meio externo e no interior do organismo, transmitindo-os para outras células. É formado por neurônios e células auxiliares denominadas células da glia.

Telocêntrico. Cromossomo com centrômero na sua porção terminal.

Telomerase. Enzima que restaura a sequência repetitiva localizada nas extremidades (telômeros) dos cromossomos. A telomerase tem em sua molécula uma porção de RNA onde está registrada a sequência de nucleotídios que deve ser reposta nos telômeros. Essa enzima mantém constantes o tamanho e as propriedades do telômero.

Telômero. As extremidades do cromossomo, formadas por uma sequência muito repetida de nucleotídios; essas sequências especiais são importantes para a estabilidade das extremidades do cromossomo.

Topoisomerases. Enzimas que desfazem as voltas das cadeias duplas de DNA para permitir a separação delas na replicação do DNA (duplicação semiconservadora das cadeias de DNA) e na transcrição (cópia da informação do DNA para molécula de RNA).

Tradução. Síntese de uma molécula proteica sob o comando da informação contida na molécula de um RNA mensageiro.

Transcrição. Síntese de RNA sobre um modelo (*template*) de DNA, catalisada pelas enzimas denominadas RNA polimerases ou transcriptases.

Transcriptase. Enzima que participa da fabricação de moléculas de RNA copiando um modelo (*template*) de DNA no processo denominado transcrição.

Transcriptase reversa. Também chamada transcriptase inversa; enzima que sintetiza DNA copiando uma molécula de RNA; importante para a multiplicação dos vírus com genoma de RNA (retrovírus).

Transformação bacteriana. Captação, por uma bactéria, de DNA do meio externo e expressão dos genes nele contidos (não confundir com transformação de células eucariontes cultivadas).

Transformadas. Células cultivadas que adquirem características de malignidade.

Transgênico. Um animal ou vegetal que incorporou ao seu genoma, de forma estável, genes provenientes de outro organismo, sendo capaz de transmitir esses genes aos descendentes.

Translocon. Canal hidrofílico com 2 a 6 nm de diâmetro localizado na membrana do retículo endoplasmático rugoso, por onde penetram as moléculas proteicas recém-sintetizadas nos polirribossomos.

Transporte ativo. Processo pelo qual uma substância se prende a uma proteína transmembranar e é transportada, através da membrana, contra um gradiente eletroquímico, com gasto de energia.

Transporte passivo. Transferência de moléculas através de uma membrana da célula, a favor de um gradiente e sem gasto de energia.

Transposon. Sequência de DNA que salta de um lugar para outro em um cromossomo ou mesmo para um cromossomo diferente.

Triacilglicerídio. O mesmo que triglicerídio ou gordura neutra; constituído por uma molécula de glicerol e até três moléculas de ácidos graxos.

U

Ubiquitina. Pequena proteína que se liga por covalência a resíduos de outras proteinas, marcando-as para degradação nos proteossomos.

V

Vimentina. Proteína de um tipo de filamento intermediário.

Z

Zônula aderente. Uma junção aderente que, em vez da forma de um disco, é um cinto em volta da célula.

Zônula oclusiva. Especialização das membranas de células contíguas que estabelece uma vedação do espaço extracelular.

Índice Alfabético

A

A-actinina, 147, 375
Abertura numérica (AN), 46
Ação enzimática, 25
Acetil-CoA (acetilcoenzima A), 102, 375
Ácido(s)
- araquidônico, 115
- desoxirribonucleico (DNA), 223
- fosfatídico, 39, 303
- fusídico, 254
- graxos, 17, 37
- nucleicos, 17, 30
- pseudouridílico, 35
- ribonucleico (RNA), 26, 223
- - transportador (tRNA), 253
- ribotimidílico, 35
Acrocêntrico, 375
Actina, 131, 375
Adaptadoras de clatrina, 328
Adaptinas, 328
Adenilato-ciclase, 122, 375
Adenina, 31
Adenosina-trifosfato (ATP), 101

Adesão(ões)
- célula-célula, 157
- celular, 171
- - durante a mitose, 175
- reticulares, 176
ADP, 375
Aeróbias, 375
Alfa-aminoácidos, 20
Alfa-hélice, 22
Alteração
- conformacional, 111, 120
- do volume celular devido à pressão osmótica, 88
Alumínio, 17
Ameboide, 375
Amido, 40, 41, 375
Amilopectina, 41
Amilose, 41
Aminoácidos, 17, 116, 375
Aminoacil-tRNA sintetases (ARSS), 256
Aminoglicosídios, 254
AMP cíclico, 375

Amplificação
- de genomas completos (WGA), 67
- mitótica, 219
Anabolismo, 376
Anaeróbias, 376
Anáfase, 210, 212
- A, 212
- B, 213
- I, 217
- II, 218
Analisador, 47
Ancoragem, 331
- da vesícula, 331
Anel contrátil, 213
Anelamento, 65
Aneuplodia, 376
Anfifílicas, 376
Anfipática, 376
Animalia, 3
Ânion, 376
Anisomicina, 254
Anisotropia, 376
Antibióticos, 254

390 Biologia Celular e Molecular

Anticódon, 34, 253, 376
Anticorpo, 376
- monoclonal, 376
Antígeno, 376
Antiporte, 87
Aparelho de Golgi, 308
APC, 205
Apoenzima, 26, 376
Apoptose, 82, 106, 349, 350, 376
- extrínseca, 352, 355
- intrínseca, 352, 354, 355
Aquaporinas, 86, 87
Aquecimento corporal, 104
Archaea, 3
Áreas intergênicas, 224
Armazenamento de cálcio, 307
Assimetria das membranas celulares, 81
Ativação
- de receptores de membrana, 355
- de vias de resposta a proteínas mal
    enoveladas, 298
Atividade
- ATPásica, 376
- catalítica dos receptores tirosina-
    quinases, 123
- enzimática, 27
ATM, 209
ATP, 376
ATP-sintase, 96, 104, 376
ATP-sintetase, 376
ATPase, 376
Atrofia muscular espinal, 243
Atuação das proteínas residentes do
    retículo endoplasmático na maturação de
    proteínas, 297
Autocatálise, 354
Autoduplicação, 6
Autofagia, 13, 287, 288, 349, 357, 376
- seletiva, 358
Autofagossomos, 357
Autólise, 376
Autossomos, 376
Autossplicing, 6
Autotrófico, 376
Auxílio ao enovelamento, 280
Axônio, 376

B

B-oxidação de ácidos graxos, 105
Balsas lipídicas, 82, 339
Banda
- A, 147
- I, 147
Beta-catenina, 166
Bicamada lipídica, 74, 75
Biogênese mitocondrial, 100, 376
Biomoléculas, 18

Birrefringência, 376
Bivalente, 376
Blastômero, 376
Blástula, 376
Bomba
- de íons, 376
- de Na^+/K^+, 89, 376

C

Cadeia(s)
- de transporte de elétrons, 104
- enzimática, 27
- laterais de aminoácidos, 19
Caderinas, 158, 376
- clássicas, 160
- não clássicas ou desmossomais, 160
Caldo primordial, 5
Calmodulina, 123, 376
Calnexina, 300
Calreticulina, 300
CAM (cell adhesion molecules), 376
CAMP, 122
Canal(is), 109
- com comporta, 86
- de vazamento ou sem comporta, 86
- iônicos, 86, 377
- - e poros, 78
Câncer de mama, 123
CAP, 237
- Z, 147
Capacidade térmica, 377
Captação de cálcio, 307
Características celulares e moleculares dos
    receptores de superfície, 119
Carboidratos, 17
Carbono, 17
Cardiolipina, 377
Carga, 323
Cariótipo, 377
- da espécie, 190
Cascata de sinalização
    intracelular, 111, 377
Caspases, 352, 353, 377
- executoras, 353, 354
- - ativas, 355
- - inativas, 354
- iniciadoras, 353, 354
Catabolismo, 377
- completo de carboidratos, 102
Caveolinas, 339
CDIS, 206
CDK (cyclin-dependent kinase), 205, 377
CDNA, 377
Célula(s)
- adiposas, 37
- diploides, 217, 377
- efetora, 377

- especializadas em secreção celular, 315
- eucariontes compartimentalizadas, 8
- germinativa(s), 377
- - primordiais, 218
- procariontes e heterotróficas, 6
- sinalizadoras, 110
- somática, 377
Célula(s)-alvo, 377
- vizinhas, 113
Células-filhas
- aneuploides, 204
- haploides, 217
Célula-tronco de pluripotência
    induzida, 373
Celulose, 377
Centrifugação
- contragradiente, 60
- diferencial, 59, 60, 96
- fracionada, 60, 377
Centríolos, 203, 377
Centro
- alostérico, 27
- ativo, 377
- fibrilar, 190
Centrômero, 190, 211, 377
Centrossomo, 137, 203, 377
Cerebrosídios, 40
Chaperonas, 24, 377
- HSC70, 25, 287
- HSP60, 25
- moleculares, 280, 281
Chaperoninas, 282
Cianobactéria, 377
Ciclinas, 205, 377
Ciclo
- celular, 202, 377
- da ureia, 105, 377
- do ácido cítrico, 102, 377
Ciclo-hexamida, 254
Cílios, 141, 377
Cinases, 377
- proteicas, 377
Cinesina, 377
Cinética de desnaturação, 33
Cinetocoro, 190, 211, 377
Cingulina, 167
Cisterna(s), 294, 378
- médias, 309
- trans, 309
Citocina, 378
Citocinese, 202, 210, 213, 217, 218, 378
Citocromo-C, 353
Citocromos, 378
Citoesqueleto, 129, 158, 182, 378
Citoplasma, 8, 378
Citosina, 31
Citosol, 10, 137
CKIS, 206

Índice Alfabético 391

Classificação dos seres vivos, 4
Clatrinas, 327, 378
Claudinas, 167
Clone celular, 378
Cloranfenicol, 254
Cloroplasto, 378
Código
- de histonas, 188
- genético, 254, 255
Códon(s), 34, 253, 378
- de iniciação, 378
- de terminação, 378
Codon usage, 255
Coenzima, 26, 378
Cofatores, 26, 378
Cofilina, 133
Colágeno, 24, 378
Colchicina, 144, 378
Colesterol, 38, 40, 305
Coloração, 49, 50, 378
Compartimento(s)
- doador, 323
- para proteólise, 287
- subnucleares, 190
Compartimento-alvo, 323
Complexo(s)
- 19S, 287
- 20S, 286
- APC, 206, 207
- ARP 2/3, 133
- de Golgi, 11, 12, 293, 307
- de importação, 272
- de remodelamento, 235
- do poro nuclear, 181, 183, 378
- enzimáticos, 27
- ESCRT, 342
- golgiense, 308
- M-CDK, 209
- MHC, 81
- "microprocessor", 244
- molecular, 378
- motor associado à translocação de pré-sequência, 270
- pré-replicativo, 194
- principal de histocompatibilidade (MHC), 302
- receptor-carga após endocitose, 343
- remodeladores de cromatina, 188, 189
- ribonucleoproteicos, 227
- SAS-6, 140
- SCF, 206
- SEC61, 296
- sinaptonêmico, 215, 378
- TIM, 269
- TOM, 269
- γ-TURC, 137
Componente(s)
- fibrilar denso, 190

- mitocondriais, 96
Composição
- celular, 17
- das membranas celulares, 74
- diferenciada de enzimas e lipídios das membranas das cisternas do complexo de Golgi, 314
Comunicação
- celular, 109, 110, 113
- - autócrina, 113, 115
- - dependente de contato, 113, 116
- - endócrina, 113, 116
- - parácrina, 113
- intercelular, 166
Condensinas, 206
Conexinas, 168, 169
Conéxon, 168, 378
Configuração nativa, 22
Conformação nativa, 277
Contato direto, 116
Contração no músculo estriado, 147
Contragradiente, 59
Controle
- da apoptose, 106
- da tradução, 262
- da transcrição pela RNA polimerase II, 239
- do ciclo celular, 204
Corantes, 58
- vitais, 58
Corpo(s)
- de Cajal, 193
- mediano, 214
- multivesiculares, 341
- residual, 341, 378
Corpúsculo
- basal, 143, 378
- polar, 215
Córtex celular, 84, 378
Cossubstratos, 26
CRISPR, acrônimo, 69
Cristas mitocondriais, 95, 378
Cromátide, 378
Cromátide-irmã, 190, 378
Cromatina, 31, 181, 185, 224, 378
- estrutura, 186
- sexual, 378
Cromatografia em coluna, 61
Cromatossomo, 378
Cromossomo(s), 181, 189, 210, 223, 378
- homólogo, 202, 190, 378
- - bivalente, 216
- sexuais, 379
Crossing over, 379
Culturas celulares, 63
Curvas de desnaturação de alta resolução (HRM), 33

D

D-glicose, 41
DAG, 122
Dálton, 379
Degradação
- associada a Golgi, 301
- de aminoácidos, 105
- de componentes mitocondriais, 100
- de receptores, 343
- - de membrana e uso de fármacos, 343
- proteica, 283
- via lisossomos, 287
Degrons, 288
Dendrito, 379
Dependente de receptores, 338
Desdiferenciação celular, 373
Desidrogenase, 379
Desintegrinas e metaloproteases (ADAMS), 176, 177
- com domínios de trombospondina (ADAMTS), 176, 177
Desligamento da sinalização, 111, 124
Desmina, 147, 379
Desminopatias, 147
Desmocolinas, 160
Desmogleínas, 160
Desmossomos, 147, 160, 379
Desnaturação, 65
- parcial, 33
Destruição de proteínas defeituosas, 24
Detecção do sinal por um receptor específico na célula-alvo, 111
Diacinese, 215
Diapedese, 165
Dictiossoma, 308
Dictiossomo, 379
Diferenças funcionais e estruturais entre mitose e meiose, 201
Diferenciação, 366, 369, 379
- celular, 172
Difusão
- de solutos, 87
- facilitada, 87
- simples, 87
Dimerização, 120, 123
Dineína, 99, 379
- ciliar, 139, 142
- citoplasmática 1, 139
- citoplasmática 2, 139
2,4-dinitrofenol, 104
Diploide, 379
Diplóteno, 215
- da meiose I, 220
Dipolo, 18
Discinesia ciliar primária, 141
Dissacarídios, 17
Dissulfeto isomerase, 299

392 Biologia Celular e Molecular

Distribuição e características específicas em diferentes tipos celulares do retículo endoplasmático e complexo de Golgi, 315

Divisão
- assimétrica, 366
- - e diferenciação, 362
- celular, 129, 203, 366
- - assimétrica, 362, 366
- - simétrica, 366

DNA (ácido desoxirribonucleico), 31, 32, 58
- complementar, 379
- linker, 187
- mitocondrial, 99
- precursor de RNA, 226
- polimerases, 208, 379
- recombinante, 379
- transcrito em RNAs, 226

DNA-helicase, 195

DNA-satélite, 379

Doenças
- causadas por problemas nos peroxissomos, 14
- neurológicas, 101

Domínio(s), 120
- apical, 84
- *Archaea*, 3
- associados à lamina (LADS), 185
- basolateral, 84
- C-terminal (CTD) da RNA polimerase II, 236
- de membrana, 82
- de membrana e mitose, 313
- EC, 159
- efetor, 119
- Eubactéria, 3
- Eucarya ou eucarionte, 3
- ligante, 119
- modulares, 120
- SH2, 120
- similares à imunoglobulina, 164

DRP1, 99

E

Edição gênica como ferramenta de estudos, 69

Eicosanoides, 115

Elastina, 379

Elemento transicional, 302

Eletroforese em gel, 62

Elétron-densa, 379

ELISA, 57

Elongação e terminação da cadeia polipeptídica, 261

Emagrecimento, 104

Enantiômero, 21

Endereçamento, 267, 302

Endocitose, 323, 339, 379
- dependente de cavéolas, 338
- dependente de clatrina, 338

Endonuclease, 227
- de restrição, 379

Endossimbiontes, 8

Endossimbiose, 379

Endossomos, 13, 125, 341, 379
- de reciclagem, 343
- multivesiculares, 341
- primários, 341
- tardios ou secundários, 341

Endotoxina, 379

Enovelamento, 267, 277
- de peptídios complexos, 24

Ensaio(s)
- bioquímicos, 58
- de imunoabsorção enzimática (ELISA), 57
- *in vivo*, 58
- moleculares, 65

Envelope nuclear, 181, 379

Envoltório nuclear, 10

Enzima(s)
- de restrição, 379
- intracelulares, 118
- reguladora, 27
- viabilizam o metabolismo celular, 25

Epinefrina, 116

Epitélio intestinal, 157

ERAD, 301

Eritromicina, 254

Esferoides, 172

Esfingolipídios, 38, 40

Esfingomielina, 40

Esfingosina, 40

Espaço(s)
- intermembranar mitocondrial, 95, 271
- perinuclear, 181

Especializações
- celulares com microtúbulos, 141
- de membranas plasmáticas, 90

Espécies oxidantes, 106

Espectinomicina, 254

Espermátides, 219

Espermatócitos
- primários, 219
- secundários, 219

Espermatogônias, 218

Espermiação, 219

Espermiogênese, 219

Estabilidade dos microtúbulos, 143

Estabilização da adesão, 165

Estamina, 137

Estereocílios, 90

Esteroides, 116

Estreptomicina, 254

Estresse de retículo endoplasmático, 298

Estrias Z, 147

Estrógenos, 116

Estrutura(s)
- anisotrópicas e birrefringentes, 47
- das mitocôndrias, 95
- do proteassomo, 286
- geral e funções do núcleo, 181
- isotrópicas, 47
- lipoproteica, 74
- modular de fosfolipídios, 40
- primária, 22, 379
- quaternária, 24, 379
- secundária, 22, 379
- terciária, 23, 379

Estudos científicos foram facilitados por métodos de separação, 96

Eubactéria, 3

Eucariotos, 257

Eucarya ou eucarionte, 3

Eucromatina, 181, 235, 379

Evolução das células, 5

Exocitose, 323, 379

Êxodo do vaso sanguíneo, 165

Exon skipping, 241

Éxons, 240, 380

Exonuclease, 227, 380

Exossomo nuclear, 245

Exportação
- de lipídios do retículo endoplasmático liso, 305
- de RNAm, 274
- nuclear, 272

Exportina, 380

Extremidade 1, 380

F

Fábricas
- de replicação, 194
- de transcrição, 192

Face
- citosólica, 323
- luminal, 323

FACS (*fluorescence-activated cell sorter*), 380

Fagocitose, 337, 339, 380

Fagossomo, 380

FAK, 174

Faloidina, 57, 132

Família
- CIP/KIP, 206
- INK4, 206
- RHO, 153

Fármacos que agem em microtúbulos, 144

Fase
- de síntese, 208
- G-zero (G0), 380, 202
- G1 (gap 1), 202, 208, 380

Índice Alfabético **393**

- G2 (gap 2), 202, 209, 380
- M, 202, 203, 210, 380
- S, 202, 380
Fator(es)
- de crescimento, 115, 123, 380
- - epidermal, 116, 165
- de iniciação, 260, 380
- de necrose tumoral, 356
- de sobrevivência, 172
- de tradução, 256
- de transcrição, 224
- - ativadores, 233
- - basais ou gerais, 233
- - E2F, 206
- - repressores, 233
- - TBP, 224
- determinantes para as estruturas secundárias, 23
- trocadores de GTP, 113
Fenótipo, 380
Ferritina, 54
Ferro, 17
Fibras de estresse, 153
Fibrinogênio, 174
Fibroblastos, 147
Fibronectina, 171, 174, 380
Filamentos
- de actina, 129, 131, 380
- intermediários, 129, 144, 380
Filogênese, 3
Filopódios, 152
Filtração em gel, 62
Fimbrina, 134
Fita
- contínua, 195
- descontínua, 196
Fitoesteróis, 40
Fixação, 49, 380
- química, 49
Flagelos, 141, 380
Flipases, 82, 380
Fluidez da bicamada lipídica, 75
Fluoróforos, 53
Focos de adesão, 174
Folículo primordial, 220
Formação
- das vesículas, 329
- e manutenção dos compartimentos do complexo de Golgi, 315
Forminas, 133
Formol, 49
Forquilhas de replicação, 195, 208
Fosfatidilcolina, 39
Fosfatidiletanolamina, 39
Fosfatidilinositol, 39
Fosfatidilserina, 39, 82
Fosfoglicerídios, 38, 39
Fosfoinositídios, 326

Fosfolipase, 115
- C, 122
Fosfolipídios, 38, 39, 75
Fosforilação, 28, 380
- e ativação da cascata de sinalização, 112
- oxidativa, 95, 103, 380
Fotorrespiração, 380
Fotossíntese, 6
Fração solúvel, 60
Fragmentos de Okasaki, 380
Funções específicas do complexo de Golgi, 309
Fungi, 3
Fusão
- celular, 380
- mitocondrial, 99
Fuso mitótico, 203, 204, 366

G

G1/S, 207
G2/M, 207
Gametogênese, 218
Gap, 168
Gap junctions, 109
Gases, 116
GEFS (*guanine nucleotide exchange factors*), 153
Gel
- de agarose, 63
- de poliacrilamida, 62
Gelsolina, 133
Genes, 223
- GAL1, GAL2, GAL7, GAL10 e MEL1, 234
- monocistrônicos, 230
- policistrônicos, 230
- repórteres, 58
Genomas, 223, 380
Genótipo, 380
Glicerol, 17
Glicobiologia, 311
Glicocálice, 80, 380
Glicoesfingolipídios, 40
Glicogênio, 17, 40, 41, 380
Glicogenólise, 380
Glicolipídios, 38, 40, 79
Glicólise, 380
Gliconeogênese, 380
Glicoproteína(s), 40, 41, 79, 381
- transmembranar, 158
Glicosaminoglicanas, 41, 170, 381
Glicose-6-fosfatase (G-6-PASE), 381
Glicosidases, 311
Glicosilação, 310
Glicosiltransferases, 310, 311
Golginas, 314
Gorduras, 38
Gradiente

- de concentração, 87, 89
- de voltagem, 87
- eletroquímico, 85, 87
- osmótico, 87
Grânulos, 190
- de intercromatina, 193
- de secreção, 335
- zimogênicos, 337
Grupo(s)
- apolares, 18
- cromóforo, 50
- polares, 18
- prostético, 21, 26
GTP (guanosina trifosfato), 381
GTPases, 113
- monoméricas, 328, 329
- RHO, 153
Guanilato-ciclase, 119
Guanilil-ciclase, 123
Guanina, 31
Guanosina-trifosfato, 130

H

Haploide, 381
Helicases, 208, 381
Hemicanal, 168
Hemidesmossomos, 147, 174, 381
Hemocianina, 23
Hemoglobina, 23
Hemólise, 381
Heterocário, 381
Heterocromatina, 11, 181, 235, 381
- constitutiva, 381
- facultativa, 381
Heteropolímeros, 41, 381
Heterotróficas, 381
Hibridação fluorescente *in situ* (FISH), 191, 192, 381
Hibridoma, 381
Hidrogênio, 17
Hidrolases, 26
Hidrólise, 381
Higromicina B, 254
Hipercolesterolemia familiar, 339
Hipertônico, 381
Hipotônico, 381
Hipoxantina, 35
Histona(s), 31, 181, 186, 235, 381
- H1, 187
Holoenzima, 26, 228, 381
Homopolímero, 381

I

Identidade celular, 361
Ilhas de CPG, 188, 235
Importação nuclear, 272

394 Biologia Celular e Molecular

Importina(s), 381
- B, 272
Imunocitoquímica, 54
- direta, 54
- indireta, 55
Imunoglobulinas, 158
Inflamação, 381
Influência
- da interação entre fosfolipídios para fluidez da membrana, 76
- da temperatura na composição da bicamada lipídica, 76
Informação genética, 31
Inibição
- alostérica, 381
- competitiva, 27
- não competitiva, 27
- por contato, 381
Inibidor(es)
- competitivo, 382
- da tradução, 254
- da transcrição, 228
- de CDKs (CKI), 205, 206
- de metaloproteases de tecidos (TIMPS), 176
- não competitivo, 382
Início da tradução, 256
Integrinas, 165, 174, 382
Interação, 19
- do retículo endoplasmático com outras organelas, 307
- hidrofóbica, 19, 22, 40, 62
- iônica, 61
- por afinidade, 62
Intercinese, 382
Interfase, 203, 382
Interferonas, 382
Intermediário metabólico, 382
Íntrons, 240, 382
Invadopódios, 152, 153
Ionóforos, 87
IRES (*internal ribosome entry site*), 261
Isoenzimas, 29, 382
Isomerases, 26
- de dissulfetos de proteínas, 280
Isomeria óptica em aminoácidos, 21
ITAFS (*IRES-trans acting factors*), 261

J

Junções
- aderentes, 158, 160, 382
- comunicantes, 109, 166, 168, 382
- oclusivas, 158, 166, 167

L

Lactase, 27

Lactato desidrogenase, 29
Lamelipódios, 152, 153
Lamina, 147, 184, 206
Lâmina
- basal, 169, 382
- nuclear, 181, 184, 185, 382
Laminina, 171, 382
Laminopatia, 382
Lectinas, 57, 77, 300, 382
Leitura de prova ou *proofreading*, 382
Leptóteno, 215
Leucócitos, 174
Leucotrienos, 115
Liases, 26
Liberação
- de cálcio, 307
- ou externalização da molécula sinalizadora, 111
Ligação(ões), 19
- dissulfeto, 22
- do tipo O-glicosídeas, 311
- fortes, 19
- fortes covalentes, 19
- fracas, 19
- iônicas, 19
- N-glicosídica, 300, 310
- peptídica, 22
Ligante, 382
- morfógeno, 370
Ligases, 26, 382
Limite de resolução (LR), 46
Linfoma de células B tipo 2 (BCL-2), 352
Linha M, 149
Linhagem celular, 382
Lipídios, 17, 37
- de reserva nutritiva, 37
- estruturais, 37, 38
Lipofecção, 68
Lipofuscina, 10
Lise celular, 59, 382
Lisossomos, 12, 125, 382
Locus genômico, 163

M

(m)TOR, 248
Macroautofagia, 287, 357
Macrófagos, 341, 382
Macromoléculas, 382
- anfipáticas, 75
Macropinocitose, 338
Manose-6-fosfato, 312
Manosidase do RE, 301
Manutenção da estrutura e da composição da membrana do retículo endoplasmático e do complexo de Golgi, 312
Manutenção do tamanho celular, 345

MAP-quinase ERK (MAPK), 124
MAP-quinase-quinase MEK (ou MAPKK), 124
MAP2, 137
Marcação por ouro coloidal, 52
Marcadores de endereçamento, 329
Marcas de histonas, 188
Mastócitos, 115
Material
- genético, 204
- pericentriolar (MPC), 203, 382
Matriz
- extracelular
- - composição, 169
- - na cultura celular, 172
- mitocondrial, 96, 269, 382
- nuclear, 382
Maturação de proteínas, 297
Mecanismos
- de checagem, 204
- de reconhecimento da membrana-alvo envolvidos com o recrutamento de diversas proteínas, 331
Mecanorrecepção celular, 158
Mecanotransdução, 175
Mediadores químicos de ação local, 115
Medicamentos regulam a ação de segundos mensageiros para tratar doenças, 122
Medula espinal, 370
Meio de inclusão, 50
Meiose, 201, 202, 214, 218, 382
- do gameta feminino, 220
- I, 214, 215, 219
- II, 214, 217, 219
Melanina, 10
Membrana(s)
- apical, 317
- associadas à membrana plasmática, 307
- basal, 317
- celulares, 81
- domínios com funções específicas, 82
- lateral, 317
- mitocondrial
- - externa, 95, 269
- - l interna, 95, 270
- nuclear, 181
- - externa, 181
- - interna, 181
- plasmática, 73
Metabolismo, 383
Metacêntrico, 383
Metáfase, 210, 211
- I, 216
- II, 218, 220
Metaloproteases, 176
- de matriz (MMPS), 176
Metástase, 383
Metilcitosina, 35

Métodos utilizados para fracionar mitocôndrias, 97
Microautofagia, 287, 357
Microfilamentos, 383
Micrômetro, 383
MicroRNAs (miRNA), 33, 233, 244
Microscópio
- composto, 45
- confocal, 47, 383
- - de varredura a *laser*, 47
- de contraste de fase, 47
- de fluorescência, 53
- de luz, 45
- de polarização, 47
- eletrônico, 51
- eletrônico de varredura, 52
- óptico, 45
Microssomos, 383
Microtomia, 50
Microtúbulos, 129, 136, 383
- astrais, 212
- interpolares, 212
Microvilos, 90
Migração celular, 152, 165
Miofibrilas, 147
Mioglobina, 23
Miosina, 134, 136
Mitocôndrias, 13
Mitofagia, 101
Mitofusinas, 99
Mitose, 202, 209, 383
Modificações
- epigenéticas, 188
- pós-traducionais, 309
- - da cromatina, 188
Mol, 383
Molécula(s)
- anfifílicas, 19
- anfipáticas, 19
- assimétrica, 18
- de adesão celular no câncer, 91
- heterofílicas, 158
- hidrofílicas, 18, 117
- hidrofóbicas, 19, 116
- hidrossolúveis, 117
- homofílica, 158
- lipofílicas, 117
- lipossolúveis grandes, 118
- sinalizadoras, 109, 113, 116
- - gasosas, 118
- sintetizadas no complexo de Golgi, 312
MOMP, 352
Monera, 3
Monômeros, 17, 24
Monossacarídios, 17
Montagem do complexo
- de elongação, 195

- de pré-iniciação, 194
- pré-replicativo, 194
Morfogênese, 172
Morfógenos, 371
Morfologia
- e a motilidade das células, 171
- e dinâmica mitocondriais, 96
Morte celular, 349
- acidental ou não programada, 350
- regulada, 350
- - programada, 350
Mosaico fluido, 383
Movimentação
- celular, 129
- de organelas, 129
Movimento(s)
- ameboide, 383
- anterógrado, 98
- celulares, 147
- retrógrado, 98
mRNA (ácido ribonucleico mensageiro), 32, 253
MTOC (*microtubule organizing center*), 137
Músculos estriados esqueléticos, 147
Mutação, 383
- somática, 383

N

Nanômetro, 383
Não histonas, 186
Nebulina, 147
Necroptose, 357
Necrose, 349, 356, 383
Neoplasma, 383
- benigno, 383
- maligno, 383
Nesprinas, 182
Neurofilamentos, 147
Neurotransmissores, 115, 383
Neutrófilo, 165
Nexina, 142
Nitrogênio, 17
Nitroglicerina, 119
Nocodazol, 144
NOR (*nucleolar organizing region*), 383
Nucleação, 131
Nucleases, 227
Núcleo, 10
Nucleoesqueleto, 182
Nucléolo, 190, 245, 383
Nucleoporinas, 183, 383
Nucleosídios, 31
Nucleossomo, 187, 383
Nucleotídios, 17, 30

O

Ocludinas, 167
Óleos vegetais, 38
Oligossacarídios
- complexos, 310
- ricos em manose, 310
Oncogene, 383
OPA1, 99
Operon, 230
Opsonização, 340
Organelas, 7, 204, 293
- envoltas por membrana, 293
Organismo(s)
- autotróficos, 3
- heterotróficos, 3
- multicelulares, 157
- - facultativos, 109
- transgênico, 383
Organização das cisternas do complexo de Golgi, 308
- interação com microtúbulos e proteínas, 314
Origem
- das mitocôndrias, 8, 101
- de replicação, 190, 194, 208
Ovócitos, 220
Ovogônias, 218
Oxidação de ácidos graxos, 104
Óxido nítrico (ON), 118
- aplicação clínica do, 119
Óxido nítrico-sintase, 118
Oxigênio, 17, 18
Oxirredutases, 26
Ozônio (O3), 7

P

Padrões celulares e grandes grupos de seres vivos, 3
Paquíteno, 215
Par de bases (PB), 383
Pareamento, 216
Parede celular, 383
Paromicina, 254
Partícula
- beta, 384
- de reconhecimento de sinal, 274, 296
PCR
- em tempo real, 66
- na pesquisa, 66
Pectina, 384
Pênfigo, 160
Pepsina, 26
Peptidase(s)
- de processamento de matriz mitocondrial, 270
- sinal de membrana, 267, 275

Peptidilprolil cis-trans isomerases, 280
Peptídio(s), 17
- C, 336
- sinal, 296
Pequenas moléculas sinalizadoras lipofílicas, 116
Pequenos
- peptídios, 116
- RNAs
- - de Cajal, 233
- - de interferência (siRNA), 233
- - nucleares ou snRNAs, 33
- - nucleolares ou snoRNAs, 33
Perfil transcriptômico, 361
Permeabilidade
- da membrana celular, 87
- seletiva
- - da bicamada lipídica, 85
- - das membranas celulares, 85
Permeases, 87
Permutação, 384
Peroxidase, 384
Peroxinas, 271
Peroxissomos, 13, 384
Perturbação do microambiente celular, 352
PGC-1, 100
Pinocitose, 337, 338, 384
- comum, 338
Placa
- celular, 384
- metafásica, 212
Plantae, 3
Plaquinas, 147
Plasmídio, 384
Plectina, 147
Poder de resolução, 46
Polaridade
- celular, 83
- - no eixo apico-basal, 367
- das cadeias laterais, 19
Polarizador, 47
Polimerização, 384
Polímero, 384
Poliploide, 384
Polirribossomos, 35, 261, 275, 384
Polissacarídios, 17, 40
- de reserva, 41
- estruturais, 41
Politênico, 384
Polos do fuso, 204
Ponte(s)
- citoplasmática, 214
- de hidrogênio, 19, 22
- dissulfeto, 22
Ponto(s)
- de checagem, 204, 207, 218
- - do fuso, 207

- de compromisso, 361
- de restrição, 384
Porina, 384
Poros, 86
- nucleares, 10, 384
Potencial elétrico, 87
Pré-mRNA, 240
Pré-tRNA, 247
Preparados permanentes, 49
Preparo de amostras para microscopia(s)
- eletrônica, 52
- ópticas, 49
Primase, 384
Priming, 331
Pró-caspases, 354
Procariotos, 256
Processamento
- de oligossacarídios no complexo de Golgi, 310
- do pré-mRNA, 238
- do RNA ribossomal, 246
Processo(s)
- de maturação de vesículas secretoras, 335
- do transporte vesicular, 332
Produção de radicais livres, 106
Prófase, 210
- I, 215
- II, 217
Profilina, 133
Progesterona, 116
Prometáfase, 210, 211
- I, 216
- II, 217
Promotor, 384
Propriedades biológicas das macromoléculas estão relacionadas com sua afinidade pela água, 18
Prostaglandinas, 115, 384
Proteases na adesão celular, 176
Proteassoma, 207
Proteassomo, 284
Proteína(s), 17, 21, 116
- 2 e 3 relacionada com a actina, 214
- acessórias da actina, 132
- acessórias de microtúbulos, 137
- adaptadoras, 158, 324
- adaptadoras e citoesqueleto, 166
- antiapoptóticas, 352
- associada à membrana lisossomal-2, 288
- ativadoras de GTPases, 113
- BCL-2, 352
- chaperonas, 296
- CHK1, 208
- CHK2, 209
- coesina, 210
- condensina, 210

- conjugadas, 21
- das membranas celulares, 77
- de aprisionamento, 331
- de choque térmico, 281
- de ligação
- - à imunoglobulina, 276
- - ao elemento regulador de esteróis (SREBP), 305
- de membrana
- - de adesão intercelular, 158
- - de oclusão, 166
- - de revestimento, 324
- - para diferentes tipos de vesículas de transporte, 327
- de transferência de lipídios, 306
- de transporte, 86
- desacopladora, 104
- destinadas
- - ao retículo, 274
- - aos peroxissomos, 271
- - às mitocôndrias, 269
- do complexo
- - "exon junction" (EJC), 241
- - de elongação (SEC), 239
- do envoltório, 327
- E2F e RB, 205
- efetoras, 121, 122
- - citoplasmáticas pró-apoptóticas, 352
- endereçadas
- - à membrana do retículo, 276
- - ao lúmen do retículo, 274
- específicas, 54
- estruturais da mitocôndria, 101
- G, 112, 121, 122, 384
- gap específica para SAR1 (GAP-SAR1), 329
- globular, 23, 384
- GROES, 283
- HSP70, 281
- HSP90, 282
- inibitórias intracelulares, 125
- integrais, 77
- motoras, 134, 138, 384
- na bicamada lipídica, 77
- PABP, 239
- periféricas, 74, 77, 78
- PRDM9, 216
- pró-apoptóticas iniciadoras, 352
- quinase, 209
- - ATR, 208
- - dependente de CAMP (PKA), 122
- RAD3, 208
- RAS, 124, 384
- Rho GTPases, 214
- simples, 21
- solúveis ou de membrana, 297
- tau, 137
- TRADD, 356

Índice Alfabético

- TRAM, 297
- transmembranar, 74, 78, 384
- - de passagem
- - - múltipla, 78
- - - única, 78
- transportadoras, 86, 384
Proteoglicanas, 40, 41, 170, 171, 384
Proteoglicanos, 311
Proteoma, 384
Proteossomo, 384
Protista, 3
Protocaderinas, 163
Protofilamentos, 146
Pseudogene, 384
Purificação celular, 58
Puromicina, 254

Q

Quantificação do peptídio C para avaliação
    da função da célula beta, 336
Queratina, 24, 147, 385
Queratinócitos, 160
Quetanina, 138
Quiasma, 385
Quimiotactismo, 385
Quinase, 385
- de proteínas, 377, 385
- dependentes de ciclinas, 205
- mTOR, 263
- rock, 153
Quinesina-1, 138
Quiralidade, 21

R

RABS, 332
Radical(is)
- livres, 106
- superóxido, 106
RAN, 385
Rápida amplificação das extremidades
    de cDNA (RACE), 67
Reação(ões)
- de oxirredução, 104
- em cadeia da polimerase, 65
- sequenciais, 27
Receptor(es), 385
- acoplados à proteína G, 121
- associados
- - a canais iônicos, 121, 124
- - a enzimas, 121, 123
- - - e câncer de mama, 123
- de dependência, 356
- de matriz extracelular, 174
- de membrana associado ao
    lisossomo (LAMP2), 358
- de SRP, 274

- de superfície celular, 117, 120
- de transporte nuclear, 272
- intracelulares, 116, 117, 120
- tirosina-quinases, 123
Receptors tyrosin kinase (RTK), 123
Reciclagem da membrana
    plasmática, 337, 345
Recombinação, 216
- genética, 385
Reconhecimento
- adesão e junção entre células, 91
- de proteínas, 284, 302
Região
- de transição, 302
- do terminador, 232
- intergênicas ou intragênicas, 244
- interzonal, 213
- não traduzidas 5′ e 3′ UTR, 244, 257
- organizadoras de nucléolo, 36, 245
- promotora, 224
- TATA-BOX, 224
Regulação
- alostérica, 27
- do metabolismo do colesterol, 305
- do transporte nuclear, 273
- para baixo dos receptores, 125
Remoção da molécula sinalizadora, 125
Remodelamento da cromatina, 188
Renovação de células-tronco de
    espermatogônias, 219
Replicação, 193, 204, 385
- dos telômeros, 196
Replicon, 194, 385
Resistência a remédios, 90
Resolução óptica, 46
Respiração, 385
Resposta celular, 111
Retículo
- endoplasmático, 11, 293, 294
- - liso, 294, 303, 307, 385
- - - no metabolismo de glicogênio, 306
- - - no processo de detoxicação, 306
- - - para detoxicação do organismo, 306
- - mitótico, 185
- - rugoso, 294, 296, 315, 385
- sarcoplasmático, 316, 385
- - em células musculares, 316
Retinoblastoma, 206
Retroalimentação (*feedback*), 305
Retrotranslocação, 301
Retrovírus, 385
Revestimento
- de carboidratos na membrana
    plasmática, 79
- proteico, 329
Ribonuclease, 26, 37
Ribossomos, 35, 253
Riboswitches, 232, 257

Ribozimas, 25, 37
RNA(s), 58
- catalíticos, 37
- de transferência, 33, 34
- heterogêneos, 385
- longos não codificantes, 33
- mensageiro(s), 33, 233, 235, 385
- - policistrônicos, 33
- não codificadores, 224, 243
- - longos, 233
- não codificantes, 36
- nuclear pequeno, 233
- nucleolar pequeno, 233
- polimerase, 227
- - I, 245, 385
- - II, 235, 385
- - III, 246, 385
- ribossomal, 33, 35, 233, 245
- ribossômico, 3
- transportador, 233, 246
Rolamento, 165
Rotas do transporte vesicular, 325
RPA (*replication protein A*), 196
rRNA (ácido ribonucleico ribossomal), 32
- transcritos, 245
Ruptura do envelope nuclear na divisão
    celular, 185

S

Sarcômeros, 147, 385
Satélite do cromossomo, 385
SCF, 205
Secreção
- apócrina, 333
- celular, 333
- constitutiva, 312
- holócrina, 333
- merócrina, 333
- regulada, 312
Segregação diferencial dos componentes
    citoplasmáticos, 362
Segundos mensageiros, 121
Selectinas, 158, 165
Separase, 212
Sequência(s)
- de aminoácidos, 22
- de DNA distantes do início da
    transcrição, 237
- de exportação nuclear, 273
- de Kozak, 260
- de localização nuclear, 272
- de parada de transferência, 297
- KDEL ou HDEL, 302
- regulatórias, 223
- sinais, 268, 296
Sequestro dos receptores, 125
Serina-treoninas-quinases, 123

Silenciamento da expressão gênica, 185
Silício, 17
Simbiose, 385
Simporte, 87
Sinal(is)
- de endereçamento, 267
- de recuperação, 302
- de retenção, 302
- PTS1, 271
- PTS2, 271
- químico, 385
Sinalização
- celular, 41, 109, 111
- do sentido de transporte pelo gradiente
    RAN-GTP/RAN-GDP, 273
- extracelular, 369
- intracelular, 123
- sináptica, 115
Sinapse, 385
Sincício, 385
Síndrome
- cérebro-hepatorrenal, 14
- de Zellweger, 14, 271, 385
Síntese
- da esfingomielina, 312
- da molécula sinalizadora, 111
- de cadeias polipeptídicas, 296
- e o metabolismo de lipídios, 303
- e reciclagem de membranas
    celulares, 91
- prebiótica, 5, 386
Sistemas de grupo sanguíneo ABO, 81
Sítio
- catalítico, 25
- de ligação, 25
SNARE, 386
SNRNA, 386
SNRNPS (small nuclear
    ribonucleoproteins), 241
Sondas moleculares, 54
Speckles, 193
Spliceosome, 386
Splicing, 237, 386
- alternativo, 241
- de pré-mRNAs, 240, 242
SSBS (single strand binding proteins), 196
Submetacêntrico, 386
Substrato, 25, 386
Subunidades, 24
- catalíticas, 122
- regulatórias, 122
Sulco de clivagem, 213
Svedberg, 386

T

Tampão, 386
Tatuagens, 341

Taxol, 144
Tecido
- conjuntivo, 386
- epitelial, 386
- muscular, 386
- nervoso, 386
Técnica(s)
- de marcação immunogold, 52, 54
- de microscopia, 45
- para estudo do retículo
    endoplasmático, 313
Telocêntrico, 386
Telófase, 210, 213
- I, 217
- II, 218
Telomerase, 196, 386
Telômeros, 190, 196, 386
Teoria celular, 201
Termorredução, 5
Territórios cromossômicos, 191
Testes diagnósticos, 57
Testosterona, 116
Tetraciclina, 254
Tetraiodotironina, 116
TGF-β, 123
Timina, 31
Timosina, 133
Tioestreptona, 254
Tipos de fixação, 49
Tirosina, 112
Tirosina-fosfatases, 123
Tirosina-quinase, 123, 174
Tiroxina, 116
Titina, 149
Topoisomerase, 196, 386
Toxinas que afetam o citoesqueleto
    de actina, 132
Tradução, 253, 386
Tráfego
- intracelular de
    membranas, 324
- nuclear, 272
- retrógrado, 309
Trans-splicing em tripanossomatídeos, 243
Transcitose do complexo
    receptor-carga, 343
Transcrição, 33, 223, 239, 267, 386
- de RNAs não codificadores, 243
- em eucariotos, 233, 248
- em procariotos, 228
- reversa seguida de reação em cadeia da
    polimerase (RT-PCR), 66
Transcriptase, 386
- reversa, 386
Transcriptoma, 361
Transfecção, 68
Transferases, 26
Transformação, 68

- bacteriana, 386
- de energia, 101
Transformadas, 386
Transgênico, 386
Transição epitélio-mesenquimal, 161, 162
Translocação pós-traducional para o
    retículo, 276
Translocadores, 267
Translocases, 82
Translócon, 296, 386
Transportadores, 87
- de glicose tipo 4, 343
- do tipo ABC, 90
Transporte
- anterógrado, 329
- ativo, 87, 89, 323, 386
- - primário, 89
- - secundário, 89
- da molécula sinalizadora, 111
- de íons cálcio, 105
- de pequenas moléculas através da
    membrana celular, 87
- de proteínas, 302
- de receptores manose-6-fosfato (MPR), 327
- passivo, 87, 323, 386
- retrógrado, 329
Transposon, 387
Tri-iodotironina, 116
Triacilglicerídio, 387
Triacilgliceróis, 37
Triagem e exportação de macromoléculas
    para sua destinação final pelo complexo
    de Golgi, 312
Trifosfato
- de adenosina, 130, 270
- de inositol, 122
Triglicérides, 17
Triglicerídios, 37
Tripsina, 26
Trisquélion, 327
tRNA (ácido ribonucleico de
    transferência), 32
Tromboxanos, 115
Tropomiosina, 149
Tropomodulina, 147
Troponina, 149
Tubo neural, 370
Tubulina γ, 137

U

U snRNAs, 241
Ubiquitina, 284, 387
Ubiquitinação, 207, 285, 286
Ubiquitinas, 207
Uniporte, 87
Uracila, 31
Uso clínico de PCR, 67

V

Variação da distribuição celular das organelas de acordo com o tipo celular, 317
Velocidade da difusão simples, 87
Vesícula(s), 125
- de secreção, 334
- de transporte, 323
- - do reconhecimento da carga e do recrutamento de proteínas de revestimento, 324
- endocíticas, 337
- imaturas, 335
- maduras, 335
- revestida, 324
Vetores, 67
- virais, 69
Via(s)
- biossintética secretora, 294, 317, 323, 333
- canônica de WNT, 364
- constitutiva de secreção, 334
- de polaridade planar, 364
- de sinalização
- - de WNT, 364
- - moduladas reciprocamente, 371
- dependente
- - de CAMP, 122
- - de íons Ca^{2+}, 122
- endocíticas, 337, 339
- endossômica, 338
- específicas de endocitose reguladas por receptores, 339
- extrínseca, 352
- glicolítica, 102
- intrínseca, 352
- mitocondrial de apoptose, 352
- não canônica de WNT, 364
- regulada de secreção, 334
Vimblastina, 144
Vimentina, 147, 387
Vincristina, 144
Vinculina, 166, 167
Vírus, 339
- da família dos polioma, 339
- Sendai, 65
Visualização das proteínas integrais de membrana, 78
Vitronectina, 174

Z

Zigóteno, 215
Zona de oclusão, 167
Zônula
- aderente, 387
- oclusiva, 387